王圩院士

1938年，童年

1945年，小学时代

1955年，中学毕业

1957年，大学时代

1960年，参加工作后

70年代

80年代

90年代

1964年，香山军训

1982年，访日拜谒周总理雨中岚山诗碑

1982年夏，北海公园

1987年，在日本洋插队

1987年，在日本和房东大妈合影

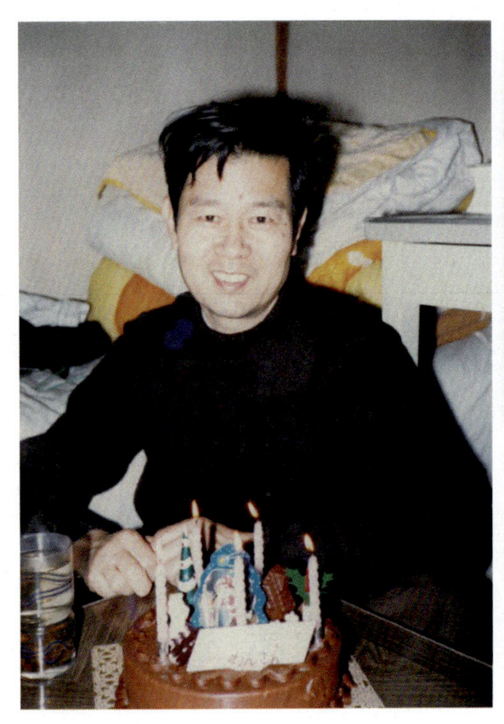

1987年，50岁生日

1987年，在日本长崎核爆中心地纪念碑前

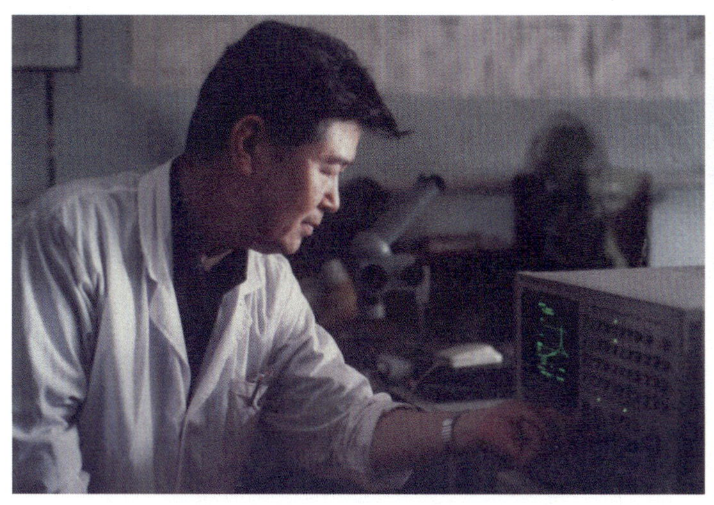

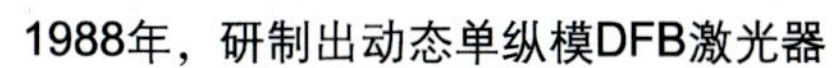

1988年，研制出动态单纵模DFB激光器

1989年，登顶五台山

1990年，斯德哥尔摩市政厅瑞典国王王后历年设晚宴招待诺贝尔奖得主处

1992年，新疆天池

1994年，旧金山大桥

1994年，夏威夷珍珠港事件纪念馆

1995年，访英国Bristal大学，在黄昆先生肖像前留影

1995年，英国拜谒马克思墓

1996年，国际半导体激光器会议组织与会代表参访耶路撒冷老城区

1998年，首次参加中国科学院院士会

1999年，于庐山

1999年，于美国白宫前

1999年，于美国华盛顿特区
独立纪念碑前

2002年，和孙女留影于北京大学

2000 年，美国尼亚加拉大瀑布

2005年，“神六”飞船发射控制中心

2006年，书房中座右铭“淡泊明志”合影

2007年，获何梁何利奖

2009年，海南愿世界充满爱

2009年，海南南山寺

2016年，八旬回顾少年（素描）习作

与夫人吴德馨院士

1967年，“文化大革命”时期

1970年，祖孙三代

1971年春，爸爸抱着儿子、妈妈孕育着女儿

1989年，北海公园留念

1982年底，吴德馨赴美访问学习前夕

1983年，王圩和孩子们留守北京

1985年，吴德馨自美回国后五一节留念

1991年，半导体所宿舍冬景

1992年，半导体所宿舍与夫人吴德馨切磋问题

90年代，登香山

90年代初，游圆明园

90年代，爬香炉峰

1996年春，圆明园踏青

1997年，60岁生日

1998年，于马克吐温故居

1998年，美国自由女神纪念馆

1998年，美国自由女神像前

1999年，于庐山

2000年，中秋节天安门城楼赏月

2005年，于敦煌莫高窟

2005年，在“神六”发射现场

2005年，于九寨沟

2006年，颐和园石舫

2009年，于海南天涯海角

2009年，于哈尔滨花园

2010年夏，游颐和园

2015年，于阿尔山

2015年，金婚纪念

2016年12月20日，吃长寿面

2016年，于海南日月湾

2017年1月1日，牵手51周年

2005年，九寨沟全家福

1982年，访日在末松先生家做客

1982年，访名古屋大学梅野研

1983年，与张静媛、田惠良于北海公园

1987年，在末松先生家聚会

1987年，会见VCSEL创始人东京工业大学Iga教授

1988年，参加日本物理学年会（熊本）

1990年，DFB激光器攻关小组

90年代，工艺中心年轻人登香炉峰

1992年，和王启明、陈良惠在瑞士达沃斯参加国际半导体激光器会议

1992年，和王启明访问瑞典隆德大学黎德堡教授

1992年，与实验室同事张静媛和田慧良

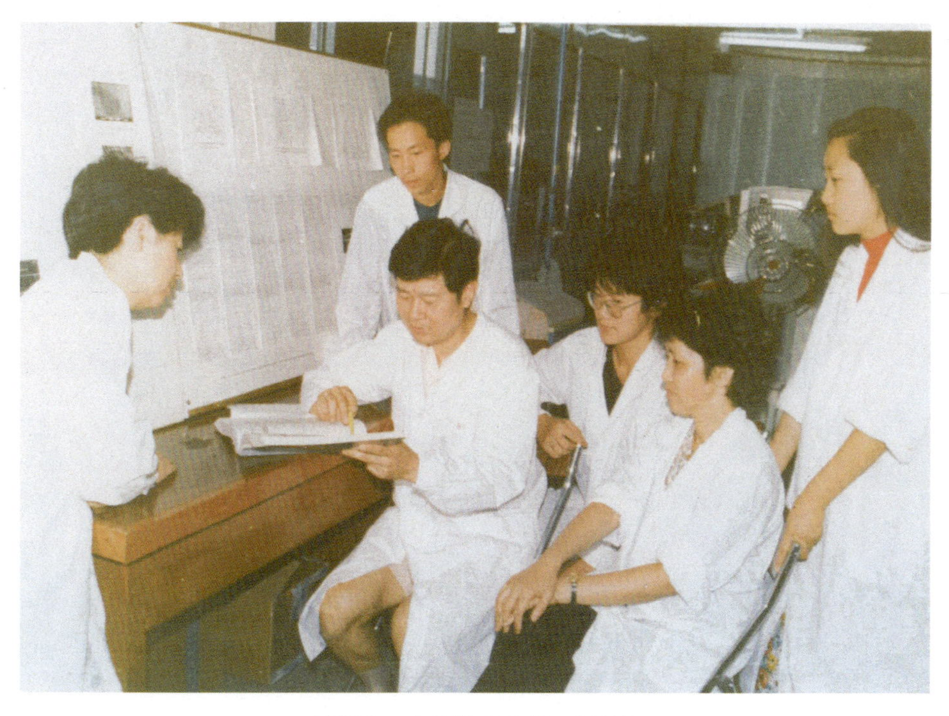

1992年，与实验室小组一起讨论

1992年，和王启明在隆德大学

1992年，在瑞士参加国际半导体激光器会议遇末松教授

1995年，Bell实验室曾焕添访工艺中心

1996年，与张济志于以色列地中海城市海法城区

1997年，60岁生日

1997年，和郑厚植、韩和相等参加中韩半导体物理和器件论坛

1997年，和韩和相在首尔

1998年，参加OFC年会后在机场遇美光学学会会长历鼎毅及夫人

1998年，在San Jose参加OFC年会时在Catron公司展台

1999年，东工大荒井滋久访工艺中心

2001年，研究组在九华山庄开研讨会

2002年，小组人员贺新居

2005年，DFB组登鹫峰

1990年，鉴定会上倾听鉴定会主席叶培大先生意见

1992年，和王启明在瑞典林翘平

1995年，与李志坚院士

1995年，和北大55届半导体专业同学合影

1998年，在巴基斯坦

1998年，联合国教科文暑期讲习班（巴基斯坦）包括李树深、封松林等中方与会者

1998年，于巴基斯坦暑期讲习班

1999年10月1日，王占国、王圩、王守武、王守觉和王启明在天安门观礼台合影

2003年，DFB全组

2003年，参加研究生毕业典礼

2005年，于洛杉矶会见张济志、王志杰和陈博

2005年，于洛杉矶会见张济志、庄严和陈博

2005年，于San Jose会见刘国利、杨国文、杨志宏、刘治政和潘钟

2005年，感恩节于波士顿和钱毅、杨国文等

2005年春节，看望王守武院士

2005年，参加美国东部华人光电子学者交流

2005年，于敦煌月牙河

2007年12月28日，与王占国在全室会上

2007年，70岁生日组内聚会

2011年，人民大会堂院士团拜会

2011年，在人民大会堂金色大厅参加春节团拜会演出小合唱

2014年，和年轻院士龚旗煌(北大副校长)在院士会上

2015年，于信息学部院士讨论会

2015年，DFB全组研究人员和研究生合影

惟实求真

王圩院士文集

中国科学院半导体研究所 编

科学出版社
北京

内 容 简 介

本书梳理和总结了王圩院士的科研成果和学术思想，主要收集了他在国内外高水平期刊上发表的具有代表性的论文，展示了他近60年来在半导体光电子学学科所取得的成绩和在该领域达到的科学水平；同时，体现了他严谨审慎、一丝不苟的治学态度和学术风格，是他致力于前瞻性、开创性科研学术活动的一个例证，也是他教书育人、奉献祖国半导体事业的生动记录。

本书为中国科学院半导体研究所提供了宝贵的图文资料。可供从事半导体事业的科技工作者参考。

图书在版编目(CIP)数据

惟实求真：王圩院士文集／中国科学院半导体研究所编．—北京：科学出版社，2017.11

ISBN 978-7-03-054554-1

Ⅰ.①惟…　Ⅱ.①中…　Ⅲ.①半导体-文集　Ⅳ.①047-53

中国版本图书馆CIP数据核字（2017）第230953号

责任编辑：李　敏／责任校对：彭　涛

责任印制：肖　兴／封面设计：王　浩

科学出版社出版

北京东黄城根北街16号

邮政编码：100717

http://www.sciencep.com

北京凌奇印刷有限责任公司印刷

科学出版社发行　各地新华书店经销

*

2017年11月第　一　版　开本：787×1092　1/16

2017年11月第一次印刷　印张：29 1/4　插页：28

字数：900 000

POD定价：188.00元

（如有印装质量问题，我社负责调换）

序

2017年12月25日，值此中国科学院院士王圩先生80华诞之际，中国科学院半导体研究所编撰出版《**惟实求真** 王圩院士文集》一书，我有幸作序，谨在此向王圩院士表达崇高的敬意和深切的仰慕之情。

王圩院士是我国著名的半导体光电子学专家，1960年毕业于北京大学物理系半导体专业，同年到中国科学院半导体研究所工作至今。近60年来，为我国半导体学科建设、技术创新、产业振兴以及人才培养做出了重要贡献。

王圩院士在半导体光电子学领域辛勤耕耘、造诣颇深，并取得了一系列重要科研成果。20世纪60年代率先在国内研制成功无位错硅单晶，为我国硅平面型晶体管和集成电路的发展做出了贡献。70年代率先在国内研制成功单异质结室温脉冲大功率激光器和面发射高亮度发光管，并成功应用于夜视、引信、打靶和精密测距仪上；参与建立了国内首批Ⅲ-Ⅴ族化合物液相外延方法，为国内首次研制成功GaAs基短波长脉冲激光器奠定基础。80年代至90年代采用大过冷度技术和量子剪裁生长技术，研制出1.3μm/1.5μm激光器和应变量子阱动态单模分布反馈激光器，在西方禁运时期，为我国提供了用于研发第二、第三代长途大容量光纤通信急需的光源。进入新世纪以来，在半导体光电子材料和器件的前端研究领域，主持开展大应变量子阱材料以及不同带隙量子阱材料的单片集成等关键技术的研究，建立了可集成半导体激光器、电吸收调制器、光放大器、探测器以及耦合器等部件的集成技术平台，为开展多个光学部件的单片集成技术奠定了基础，成为我国开展InP基功能集成材料及器件研究、技术辐射和应用的基地。

王圩院士长期坚持工作在科研一线，并致力于科技创新和科研成果的转移转化。先后获得国家“六五”攻关奖、中国材料研究学会科学技术一等奖、中国科学院科学技术进步一等奖、国家科学技术进步二等奖等。发表学术论文百余篇。1997年当选中国科学院院士。

王圩院士甘为人梯、提携后进，培养和造就了一大批优秀科技人才，对我国光电子学事业的发展和光电子学领域人才的培养做出了重要贡献。

他严谨求实，奋斗不止的科学精神和爱国奉献、淡泊名利的高尚品德，更是广大科技工作者和师生学习的榜样。

本书名为“惟实求真”，源于李大钊“凡事都要脚踏实地去作，不驰于空想，不骛于虚声，而惟以求真的态度作踏实的工夫。以此态度求学，则真理可明，以此态度做事，则功业可就”的名言，王圩院士正是以此作为他做人做事的信念。“惟实求真”，既是对他追求真理做科研的写照，也是对他脚踏实地培育人才的体现，更是对他严谨求实、淡泊名利高尚品德的展现。

本文集收录了王圩院士在国内外高水平期刊上发表的具有代表性的论文，这些学术论文体现了他严谨审慎、一丝不苟的治学态度和学术风格，是王圩院士近60年来致力于前瞻性、开创性科研学术活动的一个例证，也是他教书育人、奉献祖国半导体事业的生动记录。

本文集的出版是对王圩院士科研成果和学术思想的总结，也展示了他在半导体光电子学学科所取得的成绩和在该领域达到的科学水平。文集在王圩院士80华诞之际出版，是对他从事半导体教学和科研工作付出辛勤劳动的回报和取得丰硕成果的肯定。同时，也为从事半导体事业的中青年科技工作者提供了一份学习和参考的珍贵资料。

最后，敬祝王圩院士健康长寿，科技之树常青！

李树深

2017年10月

目　　录

附录

王老师回忆文章

忆和二姐相处的日子

王　圩

1　姐弟情深

1.1　平生第一次穿上球鞋

记得我上小学三年级时的1946年，父亲失业，全家除大哥（王塏）在北洋大学读书有助学金自理外，家里其他6口人的生活都靠大姐（王堉）在北平公用局当打字员的微薄薪水以及我母亲为人洗衣服赚点补贴糊口，生活艰难。月底常常是找“打鼓的”（就是旧社会走街串巷收购估衣旧货的）变卖一些旧东西换点钱接济生活，记得一天我眼睁睁地看着打鼓的把我正在收听孙敬修老师播讲“苦儿努力记”节目的话匣子（即收音机）拎走了。我们孩子穿的鞋常年是靠母亲纳的鞋底子绱的布鞋，由于当时我爱踢皮球，鞋底常被磨穿成圆窟窿还照样穿着，我二姐（王境）的情况也不会比我好到哪儿。细心的大姐也许早就发现了。一天，大姐下班回来兴冲冲地告诉我和二姐，单位年底要发双薪，打算给我和二姐每人买双球鞋，这对全家不啻是一件大事，我们热烈地讨论了许久到底买什么牌子的球鞋，大姐坚持要买最好的，这和大姐平常只穿一件洗得发白的阴丹士林蓝色布旗袍工装的朴素打扮形成了鲜明的对照。经过一夜的兴奋辗转，终于等到次日下午放学，二姐和我急着从地安门校场住家步行去地处六部口的北平公用局二楼秘书科，等着大姐下班。还记得大姐工作的打字室有好多年轻的女士们在打字机前忙碌地敲打着“等因奉此”之类的公文，看得出大家都很欢快兴奋，也许都在憧憬着下班时领到双薪后去圆自己的什么梦吧。终于下班铃响了，大姐把领到的双薪放进一个木质提手的花布手提袋内，领着二姐和我步行去了离公用局不远的西单商场。在商场内几经往返，终于在一个价钱还算公道的店里给二姐挑了一双蓝白相间的高腰“回力”牌球鞋，而我选中的是一双黑白相间的回力鞋。当时我们就迫不及待地换上干净袜子穿上了新鞋，大姐看透了我们舍不得让新鞋着地的心理，破例带我们坐环线铛铛车（有轨电车）在厂桥站下车回的家。记得当晚家里是吃白菜帮虾皮馅的玉米面团子。家里没有醋了，我和二姐相伴去西大街打醋。我们走在路上借着皎洁的月光抬腿品评欣赏着我们的新鞋，鞋底海绵的弹性使我们真实地体会了“穿新鞋、高抬脚”的心理和物理的含义，心中的喜悦和姐弟手足之情难于言表。

1.2 难忘的豆腐脑

现在说起豆腐脑可能是再平常不过的北京小吃了，但对小时的我能吃到它却是一件大事。这要从我的邻居、同在西皇城根小学的学伴“小东子”说起，小东子家里比我们条件好，他爸爸常带他出去逛商场、庙会，在外边吃些小吃是家常便饭，他常常说起用芝麻烧饼就着豆腐脑吃是他的最爱。我回家可能无意中也提到了这件事，羡慕之情可能有所流露。说者无心听者有意，由于我在家里是老幺排行老五（乳名小末），大姐（老大）比我大14岁，二姐排行老四，也比我大8岁，在家里人人都宠着我，关爱有加。带我去吃一次豆腐脑大概是家里人的心愿。1947年春节前的一个周末，家人为了了却这件事，决定由大姐和二姐领我去西四牌楼吃豆腐脑。

那天适逢三九隆冬，虽然太阳高照，但呼吼的寒风还是吹得冷彻入骨。当我们走到西四胜利电影院门外的豆腐脑小吃摊前时，从口罩呼出的热气都已经使我们的眉毛和前额的发梢结上了白霜。豆腐脑的摊主是一位紫脸膛络腮胡子，声若洪钟的爽快汉子。见到我们忙招呼“快来三碗热豆腐脑暖和暖和吧。”“我们只要一碗给弟弟”，大姐说着并掏出了一块用手绢包着的“银裹金”烙饼（我母亲用白面裹着黄玉米面烙的饼）说，“请掌柜的把这烙饼烤烤让我弟弟就着豆腐脑吃，谢谢啦!”摊主挑起了浓眉，大声应着“好嘞，请好吧您那!”只见他麻利地用一把长柄浅底的大木勺子从一个锃光瓦亮的紫铜锅内舀出了两大勺细白嫩滑的豆腐脑放入一个敞边的中号白瓷碗里，然后舀入一大勺羊肉口蘑黄花鸡蛋片卤，再用小勺满满的加了两勺用辣椒面炸的红辣椒油，接着撒上一把香菜，红白绿相间的一碗热气腾腾的豆腐脑就摆在我眼前了。摊主手上忙活着，嘴也没闲着，他朝着离开小摊的我的两个姐姐向我努着嘴瓮声瓮气的说“您瞧瞧！多好的两个姐姐，赶明儿你长大了可不要忘了她们哟!”当时无语的我只重重地点头回应着。一碗豆腐脑一刹那就被我风卷残云般地吃下了肚，顿时身上寒气全消。转头望着远处在寒风中伫立着的姐姐们，也许是豆腐脑中过多的辣椒油使我不自主地眼眶迷蒙，但我耳边却一直在回荡着摊主的箴言：“长大了可不要忘了她们哟!”

这是我永生难忘的第一次吃豆腐脑的经历。

2 哥姐对我的启蒙

2.1 在“反饥饿、反内战”请愿书上签名

从日寇投降到北平和平解放，我正值8-11岁的少年时期。其间由于家境贫寒，对哥姐们参加进步青年的活动，如二哥王度（后去解放区改名王在）在四中组办贫穷失学儿童识字班、教这些孩子学文化，大姐参加青年读书会，二姐参加民主青年联盟等反对国民党统治的进步等活动，在朦胧中有一种认同感。我也很愿意让他们带我去参

加一些进步学生的集会。记得有一次我和二姐一起去参加北大沙滩红楼民主广场上的营火晚会，看节目、听演讲。晚会后大家都拥到红楼内一个大房间里，在一个由课桌拼起铺上大字报的请愿书上签名“反饥饿、反内战”，当时我被大家激昂的情绪所感染，也签了名。记得有一位戴眼镜的大哥哥问明我上哪个学校后，还大声宣布欢迎北平小学生代表也参加了我们的行列。在大家叫好鼓掌声中，我感觉又兴奋又有点儿不好意思。

2.2 在解放军围困的北平城内散发传单

1948年的冬天，北京城外的隆隆炮声由远及近，市民们都忙着储存粮食和咸菜，为解放军要攻打北平做着准备，我们家亦不例外。但父母暗自喜悦的心情却大于惴惴不安。因为解放军进城会给他们带来我二哥的消息（1948年秋，我二哥因在天津北洋大学参加地下党被国民党通缉而被党组织秘密送往解放区）。一天清早我去上学，发现学校已被国民党大兵征用了，小学校长宣布无限期放假了。看来，战争的确临近了。那些天我发现大姐和二姐也比从前忙起来了。一天晚上，我见到二姐和大姐进里屋把棉门帘放下了，我好奇地闯进去看到她们正在床上分一沓沓的红绿纸。二姐见我进来，就神情凝重地拉住我小声说：“小末，解放军就要打进来了，你要不要也做点事?”“什么事?”“散发传单”我听了异常兴奋，心里突突地说“我愿意!”“那好！你看这红色的传单是解放军发布的《告全市人民书》，要把它放在人们容易看见的地方，人看到的越多越好。这个绿色的是警告那些地方上当保长之类的那群人，叫他们不要搞破坏，这要送到他们家里。”就这样，我也分到一些传单，开始帮二姐她们干些力所能及的事了。没过几天，只见邻里们拿着传单在窃窃私语，而那些保长之流却龟缩起来，想必他们也在悄悄准备“后事”了。看到此，一种成就感在我心里油然而生。

3 “文化大革命”中“欲加之罪，何患无辞”

“文化大革命”是“一场浩劫，大革文化命”的提法似乎得到了绝大多数经历过这场运动的人们认同。但我觉得“文化大革命”中“两报一刊”有一篇社论剖析说“文化大革命”是一场“触及人们灵魂的大革命”的提法也是客观的描述。事实上，在“文化大革命”“摧枯拉朽”的政治威压舞台上，人们的百态表现恰恰“酣畅淋漓”地反映了不同人灵魂的真、善、美和伪、恶、丑。我相信，会有历史学家、政论学家和社会活动家对这场史无前例的“文化大革命”做出恰如其分的评价。

我是一个科技工作者，我愿意以一个科研人员求真务实的良知来客观叙述我的一段亲身经历。我二姐王境在“文化大革命”前担任广州中山大学马列主义教研室主任兼教研室党支部书记。和全国各地一样，“文化大革命”之初我二姐首当其冲是最先被“革命群众”揪出来的走资本主义道路的当权派。对此，我百思不得其解，一个在国民党白色恐怖下不顾个人安危毅然参加地下党、投身革命的人怎么会蜕变成了阶级敌人？首先，她不可能为了私利不顾掉脑袋的危险，在国民党敌占区“钻入”共产党地下组织。如果不是作为双肩挑的干部在五八年“大跃进”年代以刚刚坐完月子之身（照例可以不下乡）就响应党的号召带头下乡去水田里插秧劳动，也不可能落下了尿失禁和肝损伤的毛病。以我熟知二姐那种疾恶如仇的禀性，我相信在她担任教研室领导期间，不可能在抑恶扬善的工作中不得罪那些心灵不善的人，这些人在“文化大革命”中起来“造反”，表演一番完全符合逻辑。由于这些“造反派”在我二姐身上实在找不出什么能上纲上线的言行，于是就想从家庭社会关系上找突破口。“造反派”们的嗅觉不可谓不灵敏，当探听到我们家和当时已被林彪、江青一伙“揪”出来的所谓“大军阀、大野心家”贺龙有“亲属”关系时，如获至宝，想以此为突破口，把我二姐“打翻在地、永世不得翻身”。事实上，由于贺龙之妻薛明（去延安后改的名，原名王爱真）是我的叔伯堂姐，在北平和平解放后到“文化大革命”之前贺龙及其妻薛明确实和我家有过几次来往，但那都是光明正大的关系，无可厚非。薛明是我六伯父王锦麟提供资助在天津上学，抗日时期奔赴延安入抗大学习并与贺龙相遇、相爱而结婚。北平解放后贺龙通过六伯父得知我大姐、二姐和二哥都是参加地下工作的，贺龙很想见见这几位党的地下革命青年，于是1949年初在北京同和居饭庄约请我二哥（当时在北京军管会工作）、姐（大姐在公用局协助前北京市委书记贾庭三工作，二姐作为地下党员仍在北京女三中高三上学）吃饭，见了一面。后在50年代我哥姐在去看望来北京的六伯时遇到了薛明，闲聊中听说我正在北大物理系学习时，薛明有意让我去她家给其子贺小龙辅导功课，我哥姐当时未置可否，也许他们深知我和他们一样，都有那么点不愿“高攀”的脾气吧，跟我说也只会碰钉子。这就是我们家和贺家淡如水的来往情况。我二姐那儿的造反派想找我母亲下手，派人千里迢迢到北京来套我母亲对此关系的“口供”。记得1970年初冬的一天，母亲患感冒病卧在床，我正好在家照料。突然我家所在的百万庄小区街道办事处的某人未经敲门就径直带领一个戴着眼镜举止猥琐的瘦个儿男子（不知其名，权且尊称“眼镜”）从厨房阳台的后门闯入了我母亲病卧的大房间，二话没说、直奔主题：“杨晓云（我母亲名），有外调！了解你家和贺龙的黑关系！”当时我一把无名火起，从正在给母亲配药的小房间跑过去：“你们要干什么？！连门都不敲！我们是专政对象吗？没看见我妈正病着吗？我在一二九部队（当时科学院新技术学科的几个研究所划归国防科委管辖，有部队编号）工作，我们家和贺龙的事我清楚，我和你们谈！”我的出现，出乎“眼镜”的意料，原以为只有我母亲在家的情报有误，在我的呵斥下，“眼镜”急忙拽着那位还想辩解的街道办事人员退出了我们家，落荒而去。不一会儿，那位街道上的人又来敲门，语调也缓和了：“人家是广东一个什么大学来的外调，有介绍信，被外调的人是你妈，不能代替，请协助到办事处去一趟。”我脾气又要发作，被母亲下床拦下：“算啦，少说一句吧，我去。和薛明的关系也没什么见不得人的，我去。”等母亲回来，听说那个“眼镜”又吓唬我母亲，什么要“坦白从宽、抗拒从严，老实交代”之类词，我听了既好气又好笑，生气的是面对一个柔弱的老太太你发什么淫威！可笑的是难道世上有良知的人都会像你“眼镜”一样，被吓唬两句就昧着良心瞎说吗？想来，那个“眼镜”外调一遭，也没有挖出什么对他们有用的材料，不免恼羞成怒。听说为此还召开了对二姐的批斗会，但批斗的内容却是声讨“眼镜”在北京遭遇的×××部队愣小子的“嚣张气焰”，这大概是“眼镜”在北京受了窝脖气，只能向被他们“专政”的对象撒了。如果“眼镜”们还活着，请扪心自问你们在“文化大革命”中是非颠倒、无法无天的所作所为是道德之举吗？请回归“人之初，性本善”的良知吧。

4 生离死别

1992年初春，从广州传来了不幸的消息，我二姐在手术时发现已罹患肝胆管癌症晚期，只能对症保守治疗。听到噩耗，我立即决定代表在京的大姐（身体不佳，已住在老年公寓）去穗探望和抚慰饱经坎坷风霜的二姐。二姐在新中国成立前，把她的青春献给了为打败国民党旧势力、迎接新中国诞生的伟大事业。在“文化大革命”前，她为了当好双肩挑的基层干部，兢兢业业、不惜以自己的身体健康为代价，为社会主义教育事业贡献了力量。在“文化大革命”中，她经受了无情的打击和迫害而没有屈服。在“文化大革命”结束之初，在落实干部政策中虽遭到不公正的对待，但她忍辱负重、无怨无悔地参加到了恢复高考后教研室百废待兴的重建工作。在家庭，她还要为“文化大革命”中因去干校而10岁出头就无人管的一双儿女的工作和学习而操心奔走。在80年代，她承担了繁重的教学任务，为了获得好的教学效果，她不停地查资料、通宵达旦地赶讲稿等。这一切，从精神和身体上摧残了我二姐，她罹患不治之症就是必然的了。

我这次去看望二姐，谎称是赴穗开会（其实是请假自费）顺道来探望的，以免让她感到有临终探望之嫌。在广州机场，从二姐夫老张那里，已知二姐因化疗低烧进食较困难，采用保守治疗法以抗生素和营养液来延续生命。为了早点见到二姐和尽可能保持带给二姐家乡小吃的新鲜，我下飞机后直奔二姐所住的中山医学院。到达三楼病房，躺在病床上的二姐，意外地看到了我和带来的那些广州少见的家乡小吃，二姐分外高兴。只见她一边兴奋地问着我北京大姐身体如何、弟妹德馨当上学部委员后是不是更忙了以及侄子小璐和侄女小珈的学习现况如何，等等；同时津津有味地吃着我带来的芝麻烧饼夹酱牛肉。这令我百感交集，在病重之际的二姐，仍一如既往地惦记着她的亲人，而唯独没想到自己。同时，见到我带给她的家乡小吃居然能唤起了她的食欲，使我多少有一丝欣慰。现在，联想起我最近患流感发烧期间，吃东西味同嚼蜡，难道当时病重的二姐会有食欲吗？也许她是为了让我宽心、高兴，特意做出来的。想来，这就是她一生总为别人着想的又一写照吧。

和二姐相处几天之后，终于到了和她告别的时候了。在去病房的路上，我想起了1976年秋的一幕，当时“四人帮”被打倒、举国欢腾，二姐要从探视罹患绝症的母亲身边返回广州参加中山大学百废待兴的教学工作。记得二姐在和母亲互道珍重告别之后，照例是由我送二姐去北京火车站。当我们一出百万庄家的大门，二姐的泪水就夺眶而出，她哽咽着说恐怕她这一走就是要和妈生离死别了，再也见不到妈妈了。现在，我也要和二姐告别了，这何尝不是生离死别呢？在病房，我连连嘱咐二姐要注意保重，等等，二姐频频点头。末了，二姐突然冒出一句“你看我这个病还能好吗？”我心中一颤，感到二姐求生愿望是多么强烈！事实上，在当时正在拨乱反正的形势下，二姐面前会有多少事情在等着她去完成，在她和老张终于分到了新的住房要等着他们去设计装修，在已成家的孩子们面前他们还要做多少事来维系这个大家庭的和谐？总之，在历经坎坷，终于见到了光明时，她多么想和家人来共享？面对着二姐的期待目光，我急忙说：“当然，只要和大夫好好配合，你一定会康复的，你要安心养病，等身体条件允许了，我接你去北京住一段。”也许这是我当时唯一能说的宽慰话了。当我随着外甥张跃（准备送我去火车站）离开病房时，二姐还一再叮嘱小能（张跃乳名）一定要找个地方带我去尝一尝广东的早茶，这不仅使我想起了几十年前二姐和大姐带我去西四吃豆腐脑的情景。我的耳边又回荡起那位卖豆腐脑掌柜的箴言：“长大了可不要忘了（你姐姐）她们哟！”当我迈出医院大门，压抑的感情闸门终于冲开了，我大哭起来，宣泄着我和二姐生离死别的悲痛，愧叹我无能让二姐回天和“弟欲养而姐不待”的无奈。

在返回北京的火车上，透过车窗我远眺着巍峨的群山和无边的森林，心中默默地期待着人类能快一点找出战胜癌症的办法，企盼着人类再也不重演“文化大革命”的悲剧，让千千万万像我二姐这样清纯善良的人们不再遭受身心的无辜折磨，健健康康快快乐乐地生活，让人人都能无私地献出自己的爱，使世界变得更美好。

二姐逝去廿周年祭

写于北京新科祥园

王圩

2013.3月

同事朋友学生回忆文章

与半导体所共同成长的王圩和所在团队

何春藩 执笔

1960年9月，毕业于北京大学物理系半导体专业的3位年轻人王圩、汪兆平和许立中来到了刚刚由中国科学院物理研究所脱颖而出的半导体研究所（以下简称半导体所）。从此，他们就把毕生的精力投入到国家半导体科研事业中去了。50年来，他们与半导体所同呼吸、共命运，见证了半导体所的成长壮大，也在半导体所的发展中锻炼了自己，贡献了力量。下面仅就王圩同志及其团队在半导体所各个时期所留下的印记作点滴纪实回顾。

王圩来所后，先进入由林兰英先生领导的一室，被分配到由叶式中负责的硅单晶组。主要任务是为王守觉先生领导的二室提供硅平面晶体管研究所需的直拉硅单晶材料。1961年在林兰英先生指导下，王圩参与了国内首台开门式硅单晶炉的方案设计并代表半导体所参加了试制方——北京机械学院的单晶炉试制，参加设计制图的还有周远、刘巽琅、田金法和郭安等同志，该设备解决了籽晶与坩埚的对中和热场分布等关键问题，其设计理念一直延续至今，目前类似的单晶炉已由最初的加工单位（北京机械学院，现西安机械学院）制造远销海外。王圩利用首台开门式单晶炉主持了硅完美晶体研究工作，与汪光川、李荣英一起创建了排除位错和缀饰位错的方法，率先在国内研制成功无位错硅单晶，为我国硅平面型晶体管和集成电路的发展做出了贡献。本成果通过了以梁俊吾为组长，由林兰英先生、王启明、储一鸣、肖忠业和朱文珍等同志组成的小组严格的审查鉴定，获1964年国家科学技术成果奖。

1965年，王圩和梁俊吾同志（组长）、蒋厚基、石志文一起率先在国内建立了GaAs化合物液相外延方法，为国内首次研制成功短波长GaAs脉冲激光器提供了外延片。随后又作为组长和蒋厚基、石志文、马国荣一起研制成功GaAs/GaAlAs异质结液相外延技术。

1975年，为了使材料和器件的研究更紧密，王圩和石志文、马国荣调到了七室（半导体光电子器件室），石志文和马国荣参加了由王启明和庄婉如负责的GaAs/GaAlAs双异质结激光器研制组，王圩负责研制GaAs/GaAlAs单异质结短波长边发射发光管和面发射高亮度发光管。在张盛廉、潘贵生、龚继书、李静然、胡雄伟、蔡祺松、马朝华、吕卉、张洪琴等同志共同努力下，这两项研究成果于1980年获中国科学院科学技术成果奖二等奖并成功地推广到了长春半导体厂和邮电部上海519厂生产，取得了良好的社会效益。

1976年，美国MIT林肯实验室的美籍华人谢肇金（J. J. Hsieh）采用液相外延技术实现了InP基1.1μm InGaAsP/InP双异质结激光器的室温连续工作。随后的两年中，

1. 3 和 1. 55μm InGaAsP/InP 室温连续工作的激光器相继问世。至此，光纤通信开始从 0. 85μm 短波长的多模光纤传输向 InP 基长波长激光器为光源、以 1. 31μm 零色散和 1. 55μm 低损耗的单模光纤为传输介质的第二代过渡。半导体所光电子研究室（七室）亦于 1979 年年底及时地开展了 InP 基长波长激光器的研究工作，成立了由彭怀德负责的 1. 3μm 激光器组和由王圩负责的 1. 55μm 激光器组。在王圩、张静媛和段树坤的共同努力下，通过调整 InGaAsP 四元体材料有源区的组分，采用质子轰击条型结构，于 1981 年率先在国内研制成功室温连续工作的 1. 55μm 激光器。

1983 年国家科委下达了由中国科学院半导体所、上海冶金所、电子部 13 所、44 所和武汉邮电科学院五家单位共同承担的 1. 3μm 激光器“六五”攻关任务，对器件的阈值、输出功率、线性度等特性和工作寿命都提出了严格的考核指标和考核条件，并确定于 1985 年由国家科委主持、统一对各承担单位的完成情况进行检查和评比验收。为了完成好这项攻关任务，中国科学院半导体所由当时的七室主任王启明同志挂帅、彭怀德作为技术负责人承接攻关。后由于攻关的需要，王圩负责的 1. 55μm 激光器组也投入到 1. 3μm 激光器会战任务中。经过全体人员通力合作，终于在 1985 年研制出了符合攻关要求的 1. 3μm 腐蚀台面条形结构（EMBH）激光器。全面完成了国家科委下达的对器件数量、阈值电流、出光功率、效率、线性度的要求，室温下器件寿命超过了 3 万小时。在国家科委组织的评比中，名列第一位，确定了半导体所在国内半导体光电子器件研究领域的重要地位。为了表彰半导体所在本项攻关中所取得的成绩，国家科委拨专款 40 万美元给半导体所以示嘉奖。此项研究成果于 1986 年初通过了由国家科委组织、以叶培大学部委员为主任的专家委员会的鉴定。该成果获“六五”攻关奖；中国科学院 1986 年科学技术进步奖二等奖。

1987 年国家科技发展计划（863 计划）信息领域光电子主题专家组（307 专家组）针对当时光纤通信发展的趋势以及当时巴黎统筹会对我国先进科学技术和敏感产品的禁运形势，确定上马大容量、长距离光通信所必需的“1. 5μm 动态单模激光器”——“七五”攻关课题，并沿用国家科委“六五”攻关模式，先预拨少量经费由国内 5 家（含半导体所）在半导体光电子器件领域有基础的单位同时启动，而后再通过评比择优一两家予以重点支持。当时，受巴黎统筹会禁运的限制，我国还不能引进金属有机化合物气相沉积（MOCVD）设备，而用液相外延方法在 InGaAsP 四元化合物上生长 InP 外延层时，存在着四元化合物表面被二元材料母液严重回溶问题。由于 InP/In 母液和 InGaAsP 固相表面接触时，不是一个热力学稳定态，它将通过回溶 InGaAsP 表面来补充交界面附近处母液所欠缺的 Ga、As 和 P 原子，以达到交界面处固液相的平衡为止。对于通常只有 50nm 深度的 InGaAsP 光栅很容易在随后生长 InP 光限制层时被回溶掉，而形不成器件的内光栅结构。1988 年年底，在王圩、张静媛、田慧良、汪孝杰、缪育博和高洪海等同志的夜以继日的顽强拼搏下，进行了一系列的科学实验，最终找到了一种满意的抗回溶技术，终于研制出一批边模抑制比在 30dB 以上的脊波导结构的

1.55μmDFB激光器。在国家科委组织的全国评比中名列第一位，再次为半导体所赢得了荣誉，打破了西方在动态单模激光器方面的禁运封锁，为包括清华大学、北京大学、天津大学、中国科学技术大学以及上海科技大学等高校光通信系统科研单位解决了动态单模激光器的来源，也为后来西方就光通信先进光源的解禁起到了促进作用。自此，我国自行研制的第三代光通信单模激光器诞生了。本项成果获中国科学院1991年度科学技术进步奖二等奖和1992年国家科学技术进步奖二等奖。

1993年，国家科委为了加强863计划信息技术领域所属国家光电子工艺中心（建在半导体所，行政和科研业务受国家科委及半导体所双重领导）的光电子器件的研发力量，以王圩为首的DFB激光器研究组调入该中心。1994年秋天从德国引入了Axtron2000型MOCVD设备，由DFB组负责验收并以此设备为基础开始了InP基量子阱激光器的研究。该组经过系列的组分调整、晶格匹配、阱和垒的厚度选择实验，在王圩、张静媛、朱洪亮、汪孝杰、周帆、田慧良、王宝军等同志的共同努力和王志杰、张济志等研究生的参与下，于1995年初在国内率先研制成功应变量子阱结构的1.5μm和1.3 μmDFB激光器，圆满完成了863计划信息技术领域307专家组下达的2.5Gb/s长波长DFB激光器的研制任务。封装好的DFB激光器模块成功地应用于从山西榆次到榆社103km的波分复用演播级通信示范工程中。本成果作为长波长量子阱激光器在国内首次研发成功，被列为1995年度中国十大科技新闻之一，获得中国科学院1996年科学技术进步奖一等奖和国家1997年度科学技术进步奖二等奖。

在国家“九五”和“十五”计划期间，DFB组承担了多项与现代通信网络中的信息传输相关的国家自然科学基金委重大计划、973和863计划重点攻关研究任务：从探索InP基光电子集成材料出发，承担并完成了863计划“九五”攻关项目“2.5Gb/s DFB-LD+EA调制器光发射组件开发研究”，成功地进行了2.5Gb/s、400km的G.652光纤传输试验；在“十五”期间完成了国家863项目“10-40Gb/s的电吸收调制的DFB激光器”，“宽带可调谐半导体激光器”，973计划课题“新型量子阱功能材料”。通过这些项目的实施，研制出了10Gb/s电吸收调制的DFB激光器模块，并成功进行了10Gb/s、53km的G.652光纤传输试验，由于研究工作成绩突出，获得了研究经费的滚动支持，进而研制出调制频率达31.5GHz电吸收调制的DFB激光器芯片。此外，采用选择区域外延技术和量子混杂技术研制出了多种功能集成器件：①宽带、偏振不灵敏的半导体光放大器（SOA）和高速、偏振不灵敏的电吸收调制器（EAM）和模斑转换器（SSC）单片集成的10千兆比特率（10Gb/s）、插损0dB、消光比大于10dB的高速脉冲译码器芯片；②采用取样光栅结构研制出了波长可调范围30nm的宽带可调谐分布布拉格反射激光器集成芯片和模块；③研制出了在同一外延片上具有三种带隙波长的新型量子阱材料，并制备出波长可控的电吸收调制激光器（T-EML）集成芯片和码速为10千兆比特率（10Gb/s）的大容量光通信模块。在王圩、朱洪亮、赵玲娟、潘教青、周帆、王宝军、边静、安欣、王鲁峰、高季林、舒惠云的共同努力和在刘国利、张瑞英、王书荣、张靖、阚强、赵谦、候廉平、胡小华及李宝霞等博士研究生的参与下，得到了 15 项国家发明专利的授权，建成了 InP 基光电子功能材料集成技术平台。2006 年获得了中国材料研究学会的科学技术一等奖。

在“十一五”期间，DFB 组在继续承担着和现代通信网络中的信息传输相关的国家973 和863 计划研究任务同时，开始注意在通信网络的信息处理方面探索解决影响光网络节点处因光-电-光转换所造成信息阻塞的途径，并注意了半导体光子器件在气体传感和新能源开发方面的探索，包括：朱洪亮在完成 863 攻关项目 DFB 激光器列阵研究的同时，承担了新973 项目黑硅太阳能电池的研究；赵玲娟在完成863 可调谐激光器任务和基金重点项目超高速光信息处理技术及集成器件研究的同时，还带领研究生廖栽宜、张云霄、孙瑜协助王圩成功研制出了5Gb/s“与”门光逻辑单元和完成了用放大反馈激光器在网络节点处进行40Gb/s 光信号的 3R 再生的实验；潘教青通过引入大应变超晶格结构，使 InGaAsP/InP 材料体系的发射波长从1. 55μm 扩展到2. 0μm，所研制成功的大应变量子阱长波长（1. 6-1. 8μm）半导体 DFB 激光器是煤矿瓦斯预警、石油天然气、水气和氯化氢等气体探测的重要光源，对发展安全、环保、低碳经济社会具有重大的意义。总之，DFB 组正在开辟把科学研究和国家的重大需求有机结合之路。

王圩和他所在的团队 50 年来的研究纪实，从一个侧面反映了半导体所在半导体光电子研发领域的发展历史。让我们对所有参加这个集体并对半导体所光电子研究发展作过有益贡献的人员表示由衷的敬意。

老同学、老战友、老老板

陈娓兮

我与王圩院士是1955年进入北京大学（以下简称北大）物理系学习的老同学。当时为了搞导弹、原子弹由北大副校长沈克琦（当时系主任）亲自去上海复兴中学把我招生入学的。我们当时的理想是考清华大学电机系，因为列宁说：全国苏维埃加电气化就是共产主义！当时我们只能将第一志愿改为北大物理系。北大物理系55届招了270人，9个班，每班30人，当时学习非常紧张，一星期只有星期六晚上能休息，星期日早晨就去图书馆抢座位念书了。经过5年的时间，55届真正毕业的学生只有150人，其余的都被淘汰了。9个班只留下5个班、5个专业，但后来正是在这大浪淘沙后的毕业生里出现了4位两院院士：当时搞导弹、原子弹的专业出了一个邓稼先助手张信威（2005年当选中国工程院院士）；搞理论的有雷啸霖院士，他80年代创立平衡方程输运理论，90年代中期发展了超晶格子带输运模型（1997年当选为中国科学院院士）；搞黑洞天体物理的有中国科学院院士周友元；另一位就是我最熟悉的搞了一辈子半导体专业的中国科学院院士王圩！

陈娓兮：北京大学物理学院教授。1955-1960年，与王圩院士为北京大学物理系同班同学。1960年毕业于北京大学物理系半导体专业，后留校从事教学和科研工作。20世纪60年代从事锗、硅器件研究；70年代从事硅集成电路及GaAs/AlGaAs激光器和环形激光器研究；1984-2003年先后3次在美国加州大学圣地亚哥分校作为访问学者从事光电器件的研究工作；2004至今，从事于硅基单片集成激光器研究，在中国科学院半导体研究所王圩院士所在的光子集成技术研究组和北京大学物理学院秦国刚院士研究组继续发挥余热。

我一辈子在黄昆先生启蒙下，搞半导体器件，从锗硅材料开始搞到 GaN、InP、GaAs 等三五族器件，从单管到集成器件再到锗硅 III–V 族混合集成。而王圩院士也是，他在研究 DFB 激光器方面做出了很大成绩。改革开放初期，我们北大物理系的科研组也搞过 DFB 激光器，由于搞不过王圩院士组，我们就转变搞 GaN 基的发光管和激光器工作，在此期间我多次到美国加利福尼亚州（以下简称加州）UCSD 当访问学者，期间仍在搞与王圩院士组方向有关的调制器与探测器。我 1996 年年底回国后，1997 年王圩邀请我到这一组，2000 年我再次到美国，2003 年年底回国后，我又回到半导体所一直与王圩院士工作到现在。

另外，北大物理系的秦国刚院士一直在研究 Si 基激光器。由于 Si 是间接带隙很难出激光，需要键合 III–V 材料实现混合集成激光器。他就提出了选区金属键合的办法(是国际上三个流派之一)，这样两个院士就键合在一起了，一起共同承担了 863、973 等多项科研项目，直到现在。两边的院士也是我的老老板！在此期间他们培养了一批新的教授、研究员、博士、硕士，真可谓桃李满天下！我也很高兴可以近距离地学习两个院士的敬业精神，同时也很高兴与年轻人接触，心态、思路都会比较开阔，心态也年轻开朗！

在王圩院士 80 大寿之际，我写这篇文章，一方面是向我的老同学、老战友、老老板的敬业精神学习，更重要的是祝他身体健康、万事如意、永远年轻、永远快乐！

楷模和榜样

——王圩院士80岁华诞有感

朱洪亮

1960年由北京大学毕业即进入中国科学院半导体研究所的王圩老师，从事半导体材料和光电子器件行业已有57个年头。他早期设计硅单晶炉，开展Si单晶材料生长，接着开展GaAs液相外延及其异质结材料生长，即使在“文化大革命”期间，也一直埋头科研，攻坚克难。学而优则仕，演而优则导，1975年王圩老师由材料生长转入Ⅲ-Ⅴ族光电子器件研究，由其负责完成的GaAs/GaAlAs单异质结短波长边发射/面发射发光管研究成果，于1980年获中国科学院科学技术成果二等奖；1979年年底开展InP基长波长1.55μm激光器研究，1981年研制成功室温连续工作的1.55μm质子轰击条形激光器；随后参与了1.3μm激光器的“六五”攻关任务，于1986年获中国科学院科学技术进步奖二等奖；1987年在中国科学院半导体研究所创建了分布反馈（DFB）激光器研究小组（简称DFB组），利用自制液相外延炉解决了外延回溶问题，于1988年年底首次在国内研制出含亚微米级光栅的1.55μm动态单模DFB激光器，成为我国第三代光通信激光光源诞生的标志。单模DFB激光器为北京大学、清华大学等众多光通信科研单位送去了及时雨，为国家光通信系统的研发和建立做出重要贡献，并促使美、欧、日等国家随后解除了对我国部分光通信器件的禁运。该成果在1991年和1992年分别荣获中国科学院和国家科学技术进步奖二等奖。此后，随着MOCVD设备的引进，DFB组在王圩老师的带领下，科研成果如雨后春笋，层出不穷。主要体现在以下三个层面。

（1）材料技术方面

先后开发出对接耦合、选择区域、集束波导、偏移量子阱、叠层双有源区等材料集成技术，InGaAsP/InP系多量子阱（MQW）、InGaAlAs/InP系MQW、大应变长波长（1.6-2.0μm）MQW、应变和应变补偿MQW材料生长技术和量子阱混杂蓝移能带工

朱洪亮：中国科学院半导体研究所，研究员。自1990年加入王圩院士组至今，一直从事半导体光电子材料和器件的研究和开发工作。曾赴德国联邦邮政技术研究中心、香港中文大学作过多年访问学者。在国家“八五”至“十二五”计划期间参与和承担完成了多项国家重点项目和国家自然科学基金项目。分别在1996年、1997年和2006年获中国科学院科学技术进步奖一等奖、国家科学技术进步奖二等奖（排名第三）和中国材料研究学会科学技术一等奖（排名第二），1999年获国务院颁发的政府特殊津贴和证书。

程材料技术等，实现了多类材料和波导的能带调控功能。

（2）新器件方面

相继研制出应变和应变补偿量子阱 DFB 激光器、双段和多段式波长可调谐 T-DFB 激光器、偏振不灵敏半导体光放大器(SOA)、多段式放大反馈(AFL)和自脉动 DFB 激光器、1064nm 大功率和窄线宽高线性 DFB 激光器、电吸收调制器(EAM)和电吸收调制激光器(EML)、2.5–10 Gb/s 到 25–40 Gb/s 单片集成 EML、宽谱可调谐 TEML 集成、EAM 与模斑转换器(SSC)集成、EAM 与 SOA 和 SSC 集成的高速脉冲译码器、“与”门光逻辑单元、取样光栅宽可调范围的分布布拉格(DBR)激光器、DFB 直调激光器阵列、EML 集成调制光发射阵列、波长可调 DBR 激光器阵列、高速光信息处理集成芯片、4×10Gb/s DFB激光器+多模干涉耦合器（MMI）光子集成芯片(PIC)、4×10Gb/s DFB 激光器+MMI+SOA 集成 PIC、4×10 Gb/s EML+MMI 集成 PIC、10×10Gb/s 高速直调 DFB 激光器+MMI 集成 PIC、10×10Gb/s 高速并行 TEML+MMI 集成 PIC、DFB 激光器阵列和 Si 基波导的混合集成器件等，逐步建立和完善了 InP 基光电子器件功能集成技术平台。

（3）应用和产业转化方面

2.5Gb/s DFB 激光器模块早期应用于从山西榆次至榆社 103km 的波分复用演播级通信示范工程；10Gb/s EML 模块成功进行了 10Gb/s、53km 的 G.652 光纤传输试验；1.3–2.0μm 特定谱线的 DFB 激光器在煤矿、城市地下天然气管道泄漏预警、汽车尾气超标检测和石油储存罐、运输船危爆特气探测等多领域发挥显著功效；DFB 激光器产业化工作正在河南仕佳光子科技股份有限公司开足马力、如火如荼地进行之中。

期间 1.3μm 和 1.55μm DFB 动态单模激光器成果于 1996 年和 1997 年分别荣获中国科学院科学技术进步奖一等奖和国家科学技术进步奖二等奖；InP 基光电子功能材料集成技术平台于 2006 年获中国材料研究学会科学技术奖一等奖。

记得当年“七五”攻关 DFB 激光器的年份，王老师指挥大家轮流值班，夜以继日地进行系列科学实验，寻找最佳配比和条件。他本人更是以身作则，天天加班加点，时常工作到深夜。我经常看到他在自制的液相外延炉附近对比测试数据，计算新方案配比，称量各种原料，掐着秒表，盯住炉温，抽动拉杆。最后攻关组硬是在西方各国严密封锁技术和设备的艰苦环境下，凭着精益求精的科学态度、一丝不苟的认真精神和百折不挠的坚韧毅力，克服了一道道难关，解决了一个个难题。尤其是在光栅回溶难题上，他与同事们反复调整配比和外延条件，试验上百次，摸索出抗回溶液相外延新技术，研制出第一批脊型波导 DFB 激光器，在多家单位的角逐和测评中脱颖而出，开创了我国第三代光通信用单模激光光源的新世纪。

王老师对待科研事业执着热情，亲力亲为，全力投入，理论联系实际，长期在第一线从事材料生长、器件工艺和测试分析研究，这是他能够带领团队取得诸多成果的关键所在。

王老师严于律己，但对同事和学生十分包容和宽厚。哪位同事生病，哪位学生家庭有困难，他都及时前往嘘寒问暖、关怀备至。即使年近80岁，他每年都要亲自带队去看望已经退休的组内同事，带去DFB团队的温暖和问候。这一优良传统一直延续至今，并将继续延续下去。

在科学研究工作和成果汇报上，王老师历来是有一说一，从不为了得奖或争取课题而刻意美化、修饰成果。即使是外单位研究人员到我们这里来寻求DFB激光器进行试验，只要是经组里送出去的管芯，也一律都要经过严格的筛选和考核，参数、性能和图谱都标注的一清二楚，让使用者用起来特别踏实。

王老师一辈子从事光电子行业不动摇，从Si基和Ⅲ-V族基础材料生长开始，过渡到Ⅲ-V光电子器件，最后认准了InP基材料及其器件。他38年在该领域埋头耕耘，坚持不懈，毫不动摇，由分立器件到集成器件，到如今的较大规模的光子集成PIC器件，由小做大，由大做强，新器件种类、性能和集成度与日增加、不断提升，为我国的光电子行业打破国际垄断、冲向世界做出了卓越的贡献。

王老师理论联系实际的科学态度、一竿子到底的执著精神、严于律己的工作作风、实事求是的自我评价和宽以待人的谦和风格，是我们的光辉榜样和人生楷模。

值此王老师80岁华诞和由他亲自创建的DFB组成立30周年之际，衷心祝愿王老师健康长寿、他创建的DFB组朝气蓬勃，蒸蒸日上！

毕生中国“芯”，包容学生情

张瑞英

1 结缘王圩老师，选题 SOA

1999 年夏秋之交，与其他考生一样，我怀揣着对中国科学院的敬仰之情踏入了中国科学院半导体研究所的大门，首先拜见了我报考的导师王占国院士。王老师告诉我，现在有三个研究方向可以选择，且其中的两个方向将由其他导师来指导。我拿着三个方向的宣传介绍，认真比对，被全息光栅的炫目和激光器的应用所吸引，几天后找王老师交流了我的研究方向选择，王占国老师让我去见王圩老师。由于不是我报考的方向，当时我对激光器等半导体光电子器件可以说一无所知，那个午后，我怀着忐忑的心情轻敲王老师办公室的大门，一声“请进”将我带到王老师面前。初识王老师，浅灰色中山装，身材魁伟，慈眉善目，王老师和蔼地询问我的一些情况，但没有做任何评论，然后就安排我到 328 房间，与 DFB 组的师兄弟熟悉。自此，我正式成为王圩老师的 1999 级博士生，由此我自己也跨入了半导体光电子器件的行列，从当年的一名新兵磨砺成一名老兵。

在 328 房间中，通过师兄弟介绍，得知当时二年级的师兄刘国利毕业于半导体基地培训班的吉林大学，与我一起进入 328 的孙扬师弟是北京大学的保送生，在王老师名下攻读硕士学位，且组里毕业的几名师兄、师姐也都是名校出身，而我自己本科毕业于内蒙古民族师范学院，硕士毕业于河南师范大学，且硕士期间所做工作是 ZnO 陶瓷材料物理，与半导体光电子器件也相差较远，巨大的差距使得自己不免灰心丧气，为自己的任性选择懊悔不已。王老师得知情况后，要我跟前面的师兄多学习，并给我更多精神鼓励。大约在国庆节前后，王老师告诉我：半导体光学放大器非常有用，但是国内还没有人研制，法国阿尔卡特研制的半导体光学放大器最好，我们需要有自主

张瑞英：中国科学院苏州纳米技术与纳米仿生研究所研究员。2002 年在中国科学院半导体研究所获微电子学与固体电子学博士，导师为王圩院士。2002-2004 年在北京交通大学和中国科学院半导体研究所做博士后，导师为简水生院士和王圩院士。2005-2008 年在英国布里斯托大学任助理研究员。2008 年以“苏州市高层次紧缺人才”加入中国科学院苏州纳米技术与纳米仿生研究所，一直从事Ⅲ-Ⅴ半导体光电子器件与材料研究。主持国家预研、国家自然科学基金、教育部留学回国基金、江苏省重点研发计划、江苏省工业支撑、苏州市应用研究等多项项目。授权发明专利 12 项，申请发明专利 10 项，PCT 专利 2 项，发表学术论文多篇。2016 年荣获苏州市“最美基层巾帼之星”提名奖。

知识产权的半导体光学放大器，由你来做这个课题。自此，我的博士课题确定为“半导体光学放大器”。并由此第一次感觉自己所做课题与应用需求挂钩，且所做课题要对国内国际形势有所把握，特别是对自有知识产权器件的渴望为我日后发展深深地打上了烙印。

2 不看背景看方案，鼓励创新、包容个性

在20世纪90年代末21世纪初，在半导体领域，半导体多量子阱激光器的研制风起云涌，材料生长的进步使得多量子阱成为半导体激光器的不二选择，纯粹的体材料半导体似乎被丢入半导体科学家的垃圾桶。无疑，多量子阱也成为与半导体激光器非常相似的半导体光学放大器的普适选择，且考虑到其需要实现偏振不灵敏，采用应变补偿量子阱成为众多科研工作者的共识。由于我对这段科研发展史缺乏认知，我在王老师确定了“半导体光学放大器”为我的科研课题后，就一头扎入SOA的调研。在调研中发现，尽管有许多采用应变补偿量子阱实现半导体光学放大器的报道，但是，由于体材料可以提供相同的TE模和TM模材料增益，而新型的窄条宽选择生长技术又能实现几乎类似的光学限制因子，由此，使得采用窄条宽选择生长实现体材料有源区宽带偏振不灵敏SOA似乎更有优势，于是我在调研报告中主张采用体材料来制作SOA的方案。在此过程中，王老师并没有因为我受教育的背景弱、对所在专业的了解不足而直接打上否定的记号，而是耐心引导我指出该种方案的优势和缺点，并与我进行了深入的沟通和交流。在我的一再坚持下，王老师还是尊重我的方案，同意我采用体材料制备SOA，重点是采用窄条宽选区生长技术，获得偏振不灵敏光波导。2000年夏天，董杰老师回国，王老师让我跟董老师学习材料生长，为了获得偏振不灵敏光波导，在董杰老师的指导下，正式开启了窄条宽选择生长技术研究。自此，采用体材料实现偏振不灵敏半导体光学放大器的方案得到了真正实施。基于这一指导思想和实现宽带偏振不灵敏半导体光学放大器的目标，我们又进一步提出了渐变应变体材料半导体光学放大器结构，由于该类有源区为非常规所为，我们从材料结构、能带关系等多个方面对该结构实现宽带偏振不灵敏进行了可行性研究，并申请了发明专利保护，王老师给该类型结构起名为渐变应变赝体结构SOA，之后，组里的王书荣师弟将其进一步发扬光大，使得该类结构成为同行中半导体光学放大器有特色的工作，独树一帜。

正是王老师当年的包容和不看背景看方案的科学态度造就研究组和我个人在半导体光学放大器方面的创新性研究。

3 心系芯产业，常念国需求

在刚到半导体所的日子里，告诉别人我是DFB组成员，虽然骄傲，但并不知道

DFB 意味着什么。之后，才逐渐了解到，是王老师和组里的老师一道首先在国内研制成功 DFB 激光器，并专注于光通信光源研制，由此打破国际市场对中国光纤通信光源的禁运。据我所知，DFB 组成为当时半导体所唯一一个以一种器件命名的课题组，作为 DFB 组成长的一名学生，我感到非常骄傲和自豪。

在 DFB 组学习的日子里，我虽然是一名博士生，王老师一直没有将文章作为考核依据。相反，王老师时刻挂念着国家的需求，作为光电子器件科学家，InP 基光电子器件在光通信方面的应用需求成为我们组里选题的方向，王老师时常教育我们所作所为要能打破国际社会对我国的封锁和禁运，要获得具有自主知识产权的器件。虽然我博士毕业已经 15 年，但是王老师这种需求牵引科研的理念一直指引着我在科研生涯中不断前进。

为了将多年研究成果产业化，希冀由此提高国产光电子产品在国际、国内光通信市场中的份额，促进民族光电子产业和民族通信产业的发展，1999 年，已到耳顺之年的王老师与北京大学光通信重点实验室一起联合创办了北京福创光电子股份有限公司。作为公司和组里的唯一的中国科学院院士，王老师经常亲力亲为，出现在材料生长 、器件制备、测量以及封装、老化等各个环节的现场，与员工一起分析问题、寻找解决问题方案。2002 年由于光纤通信受大环境所迫，北京福创光电子股份有限公司没有继续发展，但王老师的产业梦一直萦绕在心头。2010 年，第十一届全国 MOCVD 学术会议在苏州召开，王老师作为受邀专家参加了该次会议并作报告。会议期间，我作为他在此地的学生陪同王老师了解了当地的民情和民风，当我向王老师介绍苏州工业园区的产业环境以及苏州纳米所有许多老师自己创办公司并得到支持的话题时，王老师深有感触，感慨地说:“如果福创放在苏州、放在当下该多好!”那时，我深刻领会到“多年科研，没有实现产业化”一直是老师心头的痛。好在近年来，DFB 组与河南仕佳合作，正在将 DFB 组多年的科研积累实现产业化，希望此次合作可以实现老师多年的夙愿，提高国有光电子产品在国际、国内光通信市场的份额，促进民族光电子产业发展，现在，正当时!

学术导师，为人楷模

侯廉平

今年是我的恩师，中国科学院半导体研究所研究员、博士生导师、我国著名光电子学专家王圩院士80寿辰。王老师可以说是我研究生涯中的第一位正式的导师。我攻读博士期间，王老师作为学术导师，为人楷模的形象深深地印在我的脑海里，他的言传身教让我受益终生。

2003年9月，我有幸成为王老师的博士研究生。博士期间可以说是我有生以来过得最为充实和最有意义的时期。王老师作为学术导师为我的选题、研究内容和毕业答辩倾注了大量的心血。我的课题是“电吸收调制半导体光放大器（DFB激光器）和模斑转化器的单片集成”，这也是国家自然科学基金重大研究计划“光网络用光放大器、电吸收调制器和模斑转换器串接集成材料与器件的研究”的一部分。说实在的，刚开始的时候我有点畏难情绪，因为我的确没有把握完成这一课题，主要原因是我在半导体方面的基础非常薄弱。我本科是学机械工程的，大学毕业后在一家大型钢铁企业工作了8年，主要负责公司的设备抢修。后来硕士学的是气体和固体激光器，和半导体激光器也没有多大关系，自己也从来没有见到过半导体激光器，最初我甚至都不知道怎么清洗半导体晶片。“我们有团队支持你，相信你也有能力完成这个任务”，在王老师的循循引导和鼓励下，我得以弥补以前在半导体方面的知识的不足，很快走上了研究之路。研究中，王老师总览全局，指明方向，从不划条条框框，给予我们充分的驰骋空间。正是在这种宽松的研究氛围中，我学到了很多知识，从器件设计、模拟仿真、MOCVD材料生长，到器件制作、测试和表征等。通过王老师的精心指导以及同组老师、师傅和同学们的热情帮助，我按时完成了研究课题，提前博士毕业。博士期间我拓展了研究领域，为在国外的工作积累了宝贵经验。

王老师学识渊博，具有强烈的适应时代、勇于创新的开拓意识。正因如此，他的

侯廉平：英国格拉斯哥大学工程学院讲师。1992年7月本科毕业于中南大学机械工程专业。1992–2000年在广东省韶关钢铁有限公司工作。2000–2003年硕士毕业于华中科技大学激光研究院。2003–2005年10月博士毕业于中国科学院半导体研究所物理电子学专业，导师为王圩院士。2005年获得宝钢奖学金。2006年7月作为博士后助理研究员进入英国布里斯托大学电气与电子工程学院，成功研制出基于半导体光放大器和马赫–曾德尔干涉仪技术的4×4无阻塞全光开关。2007年作为博士后副研究员加入了英国格拉斯哥大学电子与纳米工程学院光电子研究团队，从事高功率和高频率半导体锁模激光器的研究。2012提升为研究员，2016年成为英国格拉斯哥大学工程学院讲师。2017年获得科学与工程学院1万英镑的科学创新奖励。主要研究领域是半导体集成光学、半导体激光器、太赫兹技术、纳米技术和光子学。发表论文100多篇。

研究硕果累累，获奖无数。在他科研的各个时期都对我国的光电子事业做出了重大贡献。在王老师的带领下，DFB 课题组已经建立了相当完善的半导体光子集成器件研究平台：有源和无源器件设计软件、量子阱模拟和优化、MOCVD 外延生长、功能集成材料技术如对接生长（Butt-joint）、选择区域外延（SAG）、非对称双波导（ATG）、量子阱混杂（QWI）等，以及材料器件的测试和表征、器件封装技术等软硬件设施。这些即使放在西方世界，也是一流的。由此吸引了国内外不少企业、研究所和学校，纷纷要求开展合作科研，联合开发光通信用的光子集成芯片；同时也吸引了国内外不少博士研究生和博士后纷纷加入王老师带领的研发团队。目前课题组规模越来越大，研究课题也更加多样化。

王老师理论功底扎实，治学严谨，不仅有很强的学术研究能力，而且有敏锐的洞察力。记得我把第一篇英文论文放在王老师案头时，王老师第一眼就指出了我论文图表中的错误。原来我的测试图中从 FP 激光器和模斑转换器两个方向输出的阈值电流不一样。王老师指出，这违反了半导体激光器理论。我返回来仔细审查了测试数据，发现确实是自己处理数据有误。这让我由衷地佩服王老师扎实的理论功底和解决科研问题的能力。

王老师总是走在科研第一线，把握最新科研脉搏。他给我印象最深的一次是在我们进行电吸收调制 DFB 激光器与光纤耦合封装时，遇到了与 SMA 接头对准和焊接的难题，正是在王老师的亲临指导下，问题才得以解决。

王老师不仅在学术上对学生言传身教，生活上也给予我们无微不至的关怀。2004 年年底，当他得知我 80 岁高龄的母亲由于不慎摔了一跤，导致股骨颈骨折时，他特意把我叫到他的办公室，耐心地询问我母亲的病情，感同身受地跟我谈到他母亲也是因为摔跤而导致股骨断裂，不得不以轮椅代步的情况，并从自己不多的工资中拿出 300 元钱，嘱咐我买个轮椅回家。当我把轮椅带到我母亲面前时，她老人家感动地连声说：“代我谢谢他，代我谢谢他！”

每次回国到所里看望王老师的时候，他总是对我嘘寒问暖，嘱咐我在国外工作要劳逸结合，不要太透支自己的身体。他说自己就是因为不注意才给老年生活留下了隐患。我知道自从毕业后，王老师身体一直不太好，还动了几次手术。可是我每次回国，他都亲自过问我的行程。特别是 2016 年夏天，我们在半导体所召开中英光子集成器件专题研讨会，他对会议的组织和安排提出了宝贵的意见，带病亲临现场，发表了热情洋溢的讲话，同时希望我做好中英合作交流的桥梁。会后，英方代表对 DFB 课题组的研究工作和会议组织工作给予了高度评价和由衷赞叹。每每想到王老师默默为我所做的一切，我都忍不住热泪盈眶。

王老师为人低调，从不张扬，淡泊名利，实事求是，刚正不阿。虽然我现在也成了国外大学的一名老师，但在我的心中，王老师过去是我的导师，今天是我的导师，明天仍然还是我的导师。祝导师健康长寿！

学术论文集

内光栅反馈型动态单频 DFB/DBR 激光器

王 圩

（中国科学院半导体研究所，北京，100083）

1 前言

光纤通信是20世纪70年代发展起来的新技术。在短短的20年中，光纤通信技术已从实验室发展到了市话通信网、地区干线通信网、越洋通信等大规模应用阶段。这主要归功于光导纤维质量的日益提高和实用化半导体激光光源的日臻完善。近10年来，石英玻璃光纤在1.5μm波段的传输损耗已降到0.2dB/km[1]，这意味着百公里无中继的传输已成为现实。80年代初，室温下工作的内含布拉格衍射光栅的1.5μm动态单频（DSM）激光器的问世[2]，又使千兆比特率的信息传递成为可能。

随着光纤通信技术日益向大容量、长距离的发展，人们对于高速大容量通信用光源的需求和兴趣也不断增加。本文将对其中最有前途的大容量通信用光源——内光栅反馈型分布布拉格反射（DBR）激光器和分布反馈（DFB）激光器的特点、工作原理，以及研究现状进行较全面深入的介绍。

本文第2节将通过讨论普通的法布里-珀罗（F-P）腔激光器在高频调制时所受到的限制来引出研制动态单频激光器的实用意义。第3节将介绍实现动态单频激射的几种有代表性的结构，给出它们的工作原理和比较它们的优点，指明内光栅反馈型DFB/DBR激光器是最有发展前途的结构。DFB/DBR激光器的选模特性将在第4节中用Kogelnik的耦合波理论[13]进行分析推导。第5节主要讨论DFB/DBR激光器的谐振特性和阈值条件。为了加深理解，将和法布里-珀罗腔激光器的情况进行类比。第6节将介绍DFB/DBR激光器的工作特性，其中包括温度特性和高频工作特性。以及高频工作时的啁啾（Chirp）效应。第7节将涉及内光栅反馈型激光器的设计和制备，其中侧重介绍光栅的设计和制备。第8节将对目前动态单频激光器在降低阈值，提高光功率，压窄线宽，增大主边模强度比，以及在提高单频输出成品率方面的进展作一综合评述。文章的末尾是对全文的简要小结，并对DFB/DBR激光器的发展前景作些预测。

2 发展动态单频激光器的实用意义

目前已实用化的光纤通信系统是强度调制和直接检测（IM/DD）系统。其通信方

原载于：半导体器件研究与进展（三），科学出版社，1995，175-231.

式就是在作为光纤通信光源的半导体激光器上加上和偏置电源 I_b 相重叠的信号电流 I_p (如图 2. 1 所示)，从而得到相应的调制光信号，然后通过光导纤维把这种载有调制信号的光波输送到备有光电检波元件的接收端，利用光电转换系统把所接收的调制光波信号复原成电信号，最后经过解调而达到信息图像传输的目的。IM/DD 光纤通信系统和一般外差式无线电通信系统相比虽然是相当原始的通信方式，但由于其结构简单，现实可行，而且光波是微米级电磁波，其相应的频率要比常用的微波无线电频率高 10^5 倍，这意味着用 IM/DD 系统在单根光纤上传送上万路电话和几十个频道的电视节目是不成问题的。所以，在 20 世纪末和 21 世纪初仍然应大力发展 IM/DD 光纤通信系统，特别在掺铒光纤放大器问世和密集频分复用出台之后，为 IM/DD 通信方式又增添了新的生命力。

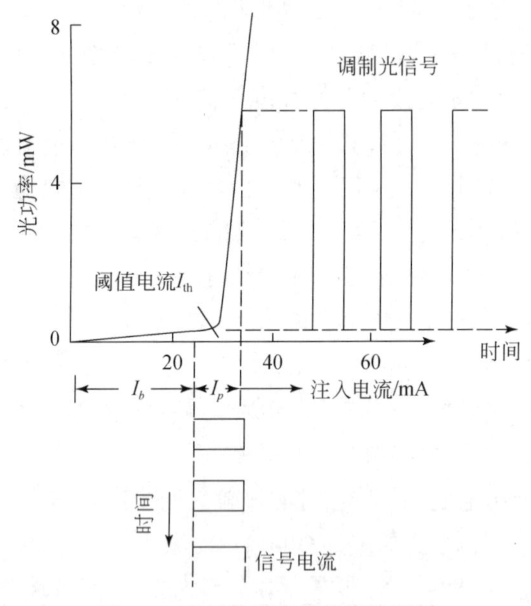

图 2. 1　半导体激光器的直接调制

为了提高光纤通信的容量，研究和解决半导体激光器在直接调制时可能产生的问题是非常必要的。例如，当脉冲信号电流被注入激光器内，由于电光弛豫会引起相应的光脉冲前沿和尾部产生如图 2. 2 所示的阻尼振荡，这种瞬态过程称为激光器的张弛振荡。通常，张弛振荡的频率为数千兆赫。当激光器的受调频率和它的张弛频率相近时将出现类共振现象，这将限制该激光器的调制带宽。再比如对有些激光器，其脉冲工作时的光输出呈现如图 2. 3 所示的持续脉动现象，脉动频率在几百兆赫到几千兆赫范围，这种称为自脉动的现象会构成一种高频干扰源而影响激光器的高频特性。此外，激光器的条形结构和管壳封装等所形成的寄生阻抗也会限制激光器的调制频率，图 2. 4 画出了激光器在小信号下的等效电路。其中 L 代表压焊金丝引线的电感，C_c 代表绝缘层的电容；R_c 代表接触电阻；R_{s1} 是条型有源区的有效串联电阻；R_{s2} 是埋区的有效串联电阻；C_b 是埋区的电容；C_j 是器件的扩散电容。通常，如果不进行专门的器件结构设计，高频信号的绝大部分分量就不能叠加在激光器上，而会经电容分流到地。此外，还会因管芯的无屏蔽引线在高频调制下所具有的天线作用，使有效的微波能量被辐射而极少或者没有微波能量输送到管芯上，因而也就达不到信号调制的目的。

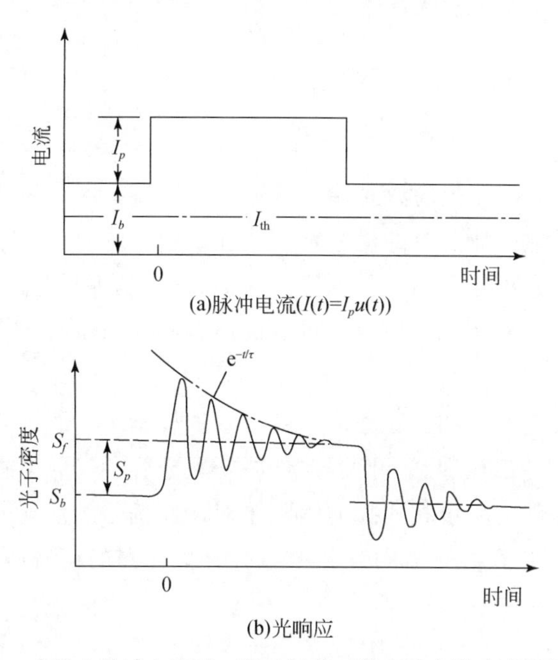

图 2. 2 在注入脉冲电流时，张弛振荡对激光器光脉冲波形的影响

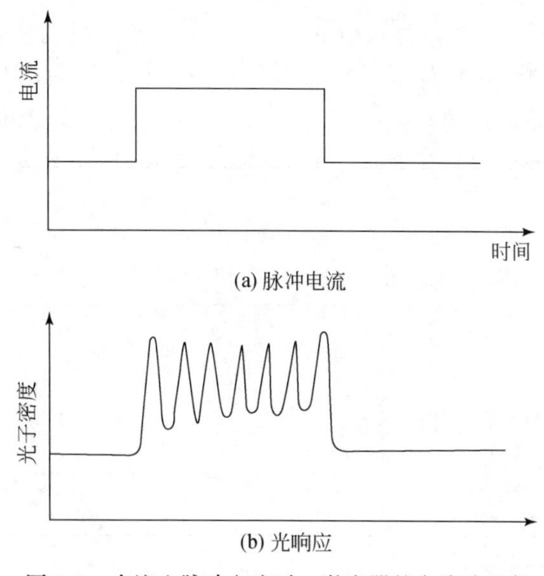

图 2. 3 在注入脉冲电流时，激光器的自脉动现象

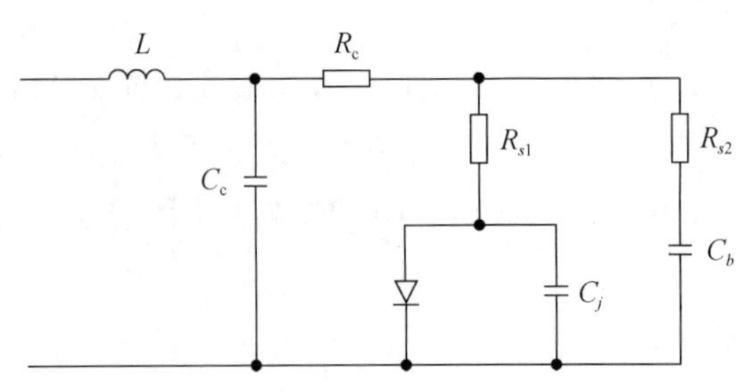

图 2.4　小信号下的半导体激光器等效电路

对于张弛振荡，可以用提高激光器的偏置和压缩有源区的条宽的方法来减少激光器的电光延迟和消除高频调制时的横向空间烧孔现象，从而有效地抑制张弛振荡的发生。至于自脉动现象，虽然可以有种种原因来形成这类腔内增益开关的重复动作，但总是和腔内非线性增益有关的。所以，只要保证有源区内没有非线性增益发生，就能抑制自脉动。

假定激光器的张弛振荡和自脉动都已被有效地抑制了，而且激光器的管芯结构和管壳封装的设计和制造都很理想，使得器件的并联电容和串联电感减到最小，并使得器件的净阻抗和传输线的阻抗相匹配而消除了对调制信号的反射。也就是说，调制的信号可以有效地被耦合到激光器的管芯上。这时激光器的调制频率上限 f_r 可由下式决定[3]：

$$f_r = \frac{1}{2\pi\sqrt{\tau_s \tau_p}} \cdot \sqrt{\frac{I_b}{I_{th}} - 1} \tag{2.1}$$

以 1.5μm GaInAsP/InP 激光器为例，载流子的自发发射寿命 τ_s 和光子寿命 τ_p 分别是 3ns 和 1ps，按式（2.1）可估计出 1.5μm 长波长激光器的直接调制频率可达数千兆赫。

为了提高光纤通信的信息传递容量，一方面要研究信号光源的调制特性，另一方面必须了解传输光信号的光纤特性。表 2.1 给出了石英玻璃光纤在 3 个常用的低损耗窗口的损耗和色散值。

表 2.1　光纤在低损耗窗口的传输损耗和时延色散

光纤特性参数 \ 窗口	Ⅰ	Ⅱ	Ⅲ
传输波长 λ/nm	850	1300	1550
传输损耗 α_F/(dB/km)	2.0	0.4	0.2
时延色散 σ/(ps/km/nm)	90	<4	17

由表 2.1 可知，光纤在 1.55μm 波段的传输损耗最低，是长距离通信的最佳窗口。但在此波段的光纤时延色散（主要是光纤材料的折射率随光频的变化而引起的色散）会造成光纤传输的光信号的各频率成分的传输速度不同。所以，当光信号在光纤中传输一定距离后，同一信号的不同频率成分将分散开而使信号展宽，甚至会造成前后脉冲信

号的重叠，造成传递信号的失真。为了保证信号的传递质量，或者是加大信号之间的间隔以降低在光纤中的传输容量，或者是缩短通信的距离。图 2.5 给出了不同光谱半宽下，1.55μm 峰值波长光信号的传输距离和传输容量的对应关系。由图 2.5 可知，只有减小光谱半宽才能提高光纤通信的容量和距离。所以，对于一定的传输距离，光纤传输的最大码率不仅和激光器本身可达到的调制频率有关，而且和激光器在直接调制下的光谱纯度有关。

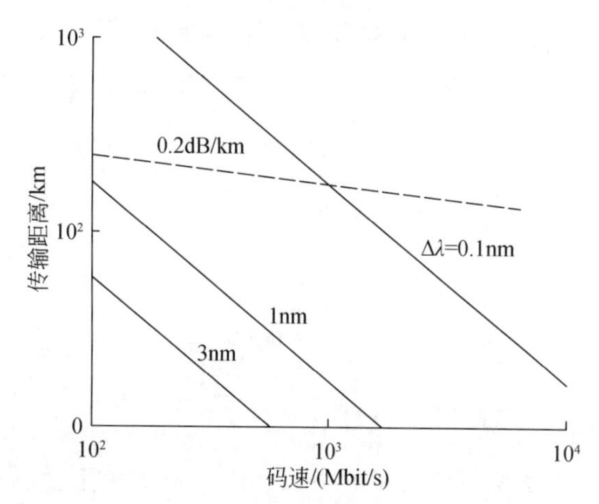

图 2.5　1.55μm 波段激光器的光谱纯度和在单模光纤中的传输距离以及传输容量的关系[66]

对于半导体发光材料，它的发光机制是能带间电子-空穴对间的辐射复合发光。处于导带底附近的 E_n 能级电子和价带顶附近的 E_m 能级空穴之间产生辐射复合时，将发射一个能量为 $\hbar\omega_{nm}$ 的光子（$\hbar\omega_{nm}=E_n-E_m$）。对应的能级 n 和 m 不同时，所辐射的光子的角频率 ω_{nm} 就不一样。所以，半导体发光材料的自发发射光谱很宽，例如 1.55μm GaInAsP 材料的自发发射光谱约为 1200Å。对于用半导体发光材料作为有源区的 F-P 腔激光器，凡是符合驻波条件 $\omega_m=m\cdot\dfrac{\pi C}{n_e L}$（$m=1,2,\cdots$）的光波都可能在腔长为 L、有效折射率为 n_e 的 F-P 腔内谐振。但在这些可能谐振的频率中，只有那些在 F-P 腔内往返一次所得到的增益大于（至少等于）损耗的光波才能形成激光。实验证明[4]，增益介质的增益在峰值附近可以用波长的平方来近似[5]：

$$g(N,\lambda)=h(N)\cdot\{1-[4(\lambda-\lambda_p)/\Delta\Lambda]^2\} \tag{2.2}$$

其中，λ_p 是增益峰值波长；$\Delta\Lambda$ 是增益谱宽；$h(N)$ 是和注入载流子浓度有关的函数。由于 F-P 腔激光器各模式的损耗是相同的，我们可以用图 2.6 来直观地描述 F-P 腔激光器的动态光谱展宽。对于通常的 F-P 腔激光器，在适当的直流工作条件下，有可能只使增益极大值（抛物线增益分布的顶点）和 F-P 腔的损耗相抵，得到单纵模激射，也就是说，在靠近带隙能量的众多光子中，只有增益极大的光子达到了激射条件（见图 2.6 左图的单纵模光谱）。但在高频调制时，由于平均注入载流子浓度随调制频率的提高而升高，因而使各类光子的增益都相对增加。同时，由于腔内有源区增益随调制信号而变化，在各模间的损耗差别不大时，这将使许多模式的光子有可能满足激射条件而成为多纵模激射（见图 2.6 右图）。图 2.7 所示为一普通 F-P 腔激光器在调制频率由直流增加到 1GHz 以上时，发射光谱的实测记录。由图 2.7 可知，当调制频率增加时，光谱的包络线半宽明显增加。在大于 1GHz 的调制频率下，1.5μm F-P 腔激光器的光谱包络线半宽在 100Å 以上[6]。按照图 2.8 所示，光谱半宽为 100Å 的 1.55μm 激光光源在 100km 的单模光纤上的传输带宽低于 50Mb/s。所以，为了提高长距离单模光纤的传输容量，就有必要发展在高速直接调制下仍然单纵模工作的激光光源——动态单频光源。

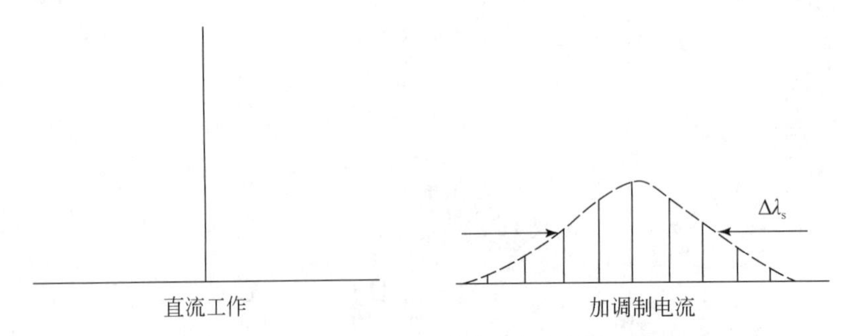

图 2.6 常规 F-P 腔激光器的动态光谱展宽图解

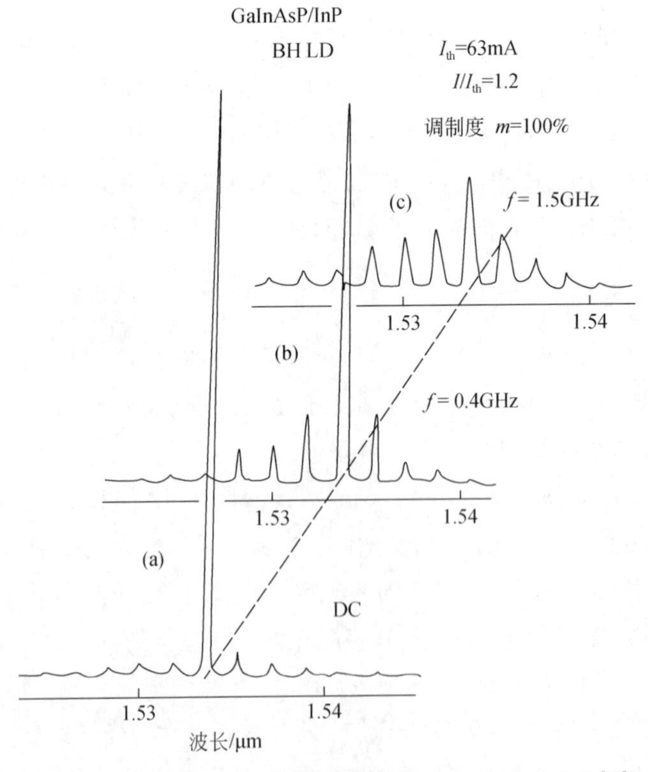

图 2.7 常规 F-P 腔激光器的激射光谱随调制频率的变化[18]

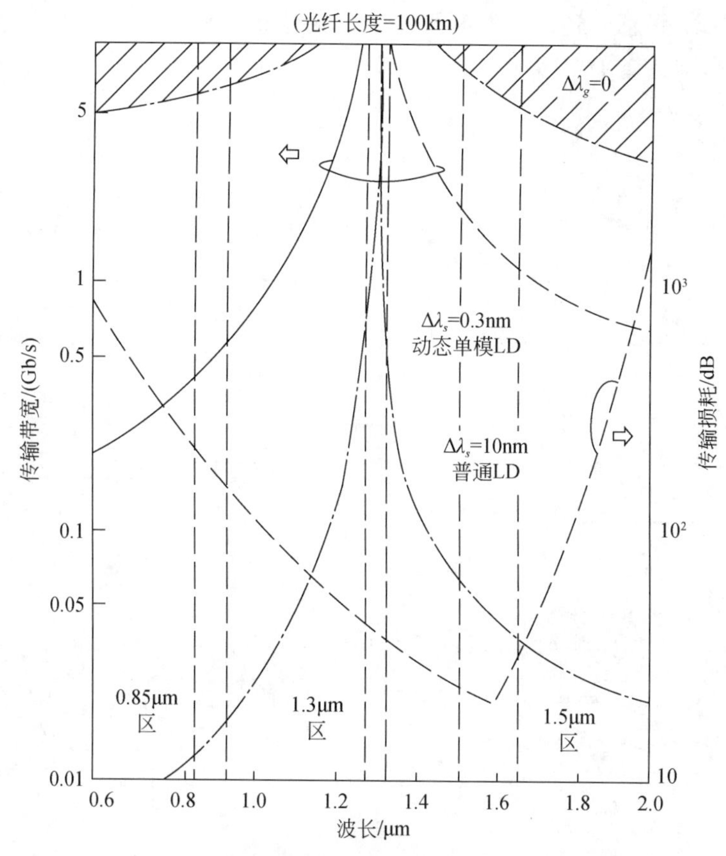

图 2.8　单模光纤的传输带宽和色散的关系

3　实现动态单模工作的途径

正如本文第 2 节所指出的，在高频调制时，由于平均注入载流子浓度随调制频率的提高，使各类光子的增益都相对增加，同时由于腔内有源区增益随调制信号而变化，就会使某些原来的增益未能抵消损耗的纵模达到了阈值增益的水平，从而增加了纵模的数量。显然，为了保持激光器在高速直接调制下仍然单纵模工作，就必须提高纵模间的增益差或者加大纵模间的损耗差。图 3.1 给出了几种典型的实现动态单模结构的示意图。其中的面发射[7]、短腔[8]和解理耦合腔（C^3）激光器[9]属于提高增益差的结构，而 DFB[10]/DBR[11]和外腔激光器[12]属于增加纵模间损耗差的结构。

图 3.2 是纵模增益差和腔长的关系示意图。已知 F–P 腔激光器的纵模间距为

$$\Delta\lambda = \frac{\lambda^2}{2n_e L} \tag{3.1}$$

其中，λ 为发射波长；n_e 为腔内有源波导区的有效折射率；L 为激光器的腔长。

由式（3.1）可知，当腔长缩短到原腔长的 1/m 时，纵模间隔将增大到原来的 m 倍，因而加大了相邻纵模间的增益差。

对于解理耦合腔激光器，其劈裂开的两个激光器具有同样的有源区组分，这两个激光器的 F-P 腔模式间距可分别表示为

$$\Delta\lambda_1 = \frac{\lambda_0^2}{2n_{\mathrm{eff1}}L_1} \tag{3.2}$$

$$\Delta\lambda_2 = \frac{\lambda_0^2}{2n_{\mathrm{eff2}}L_2}$$

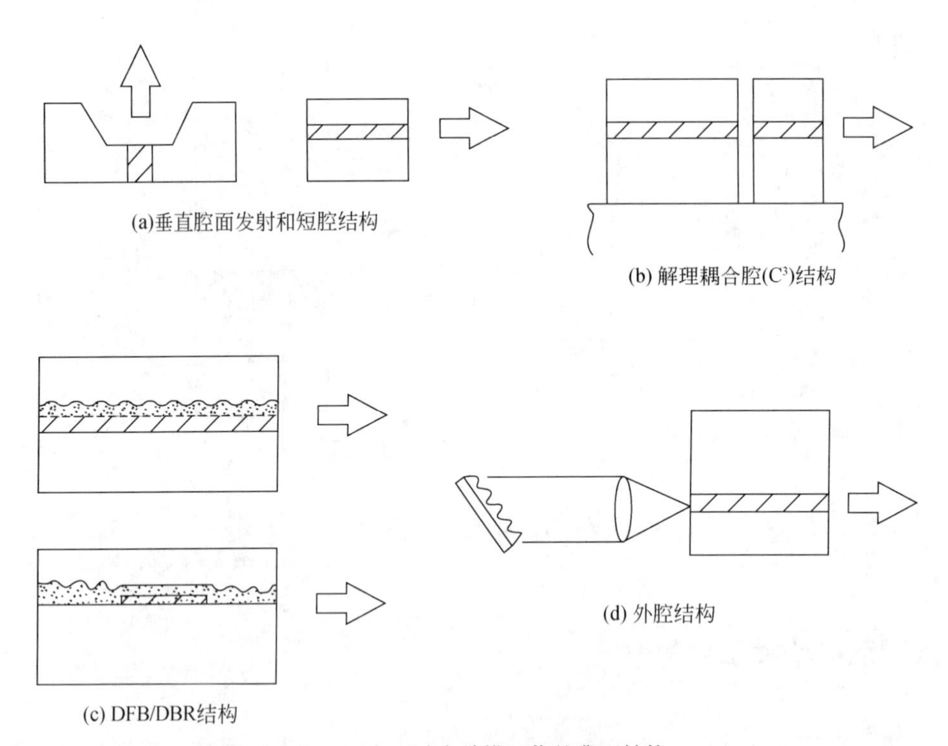

图 3. 1　实现动态单模工作的典型结构

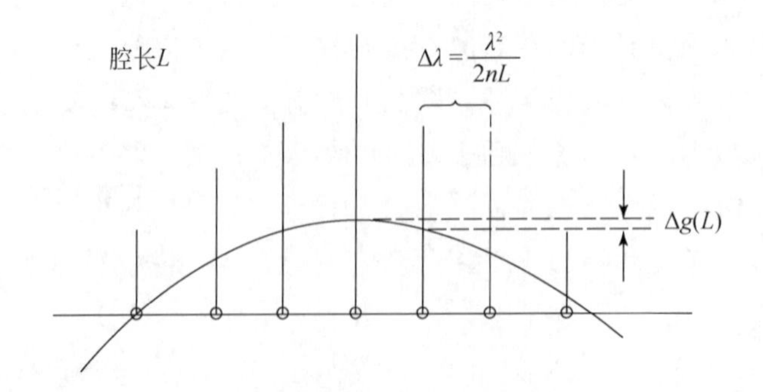

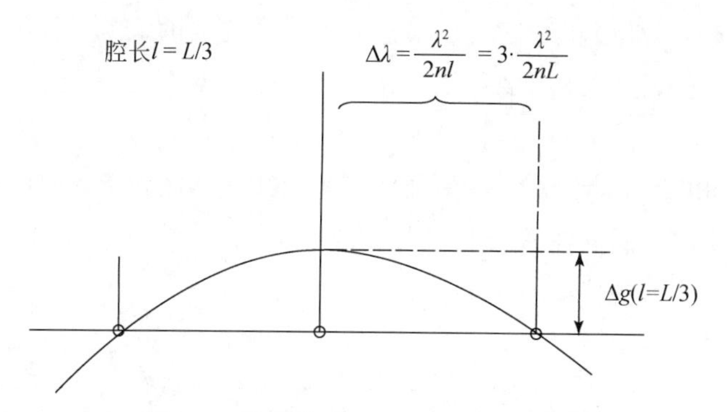

图 3.2 纵模增益差和腔长的依赖关系

图 3.3 给出了解理耦合腔（C[3]）激光器的选模解析示意图。由于 C[3] 激光器的两个腔体是相互耦合的，则彼此对应的纵模将相干加强，而彼此非对应的纵模将相消减弱，那种相干加强的纵模模间距可以用下式来表征：

$$\Lambda=\frac{\lambda_0^2}{2\left|n_{\mathrm{eff1}}L_1-n_{\mathrm{eff2}}L_2\right|} \tag{3.3}$$

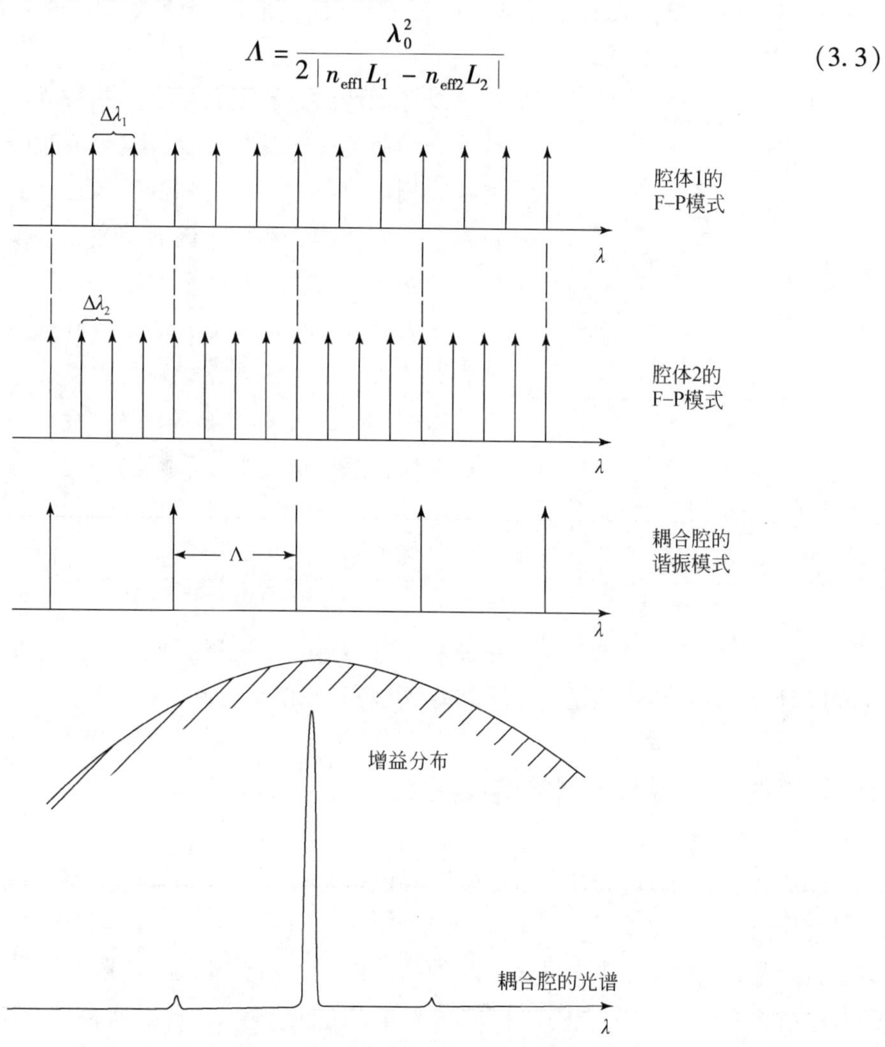

图 3.3 解理耦合腔激光器的模式选择解析图

如果适当选择 L_1 和 L_2 的长度，以及注入两个激光器的电流，使得两部分的有效折射率和腔长的乘积相近，则相干纵模之间的模间距可以很大，因而模间的增益差也会相应变大。

对于 DFB/DBR 激光器，其特点是利用有源区或波导区内折射率周期变化的光栅来反馈光，而不再像普通的 F-P 激光器那样依靠腔面来反馈光。DFB/DBR 激光器的光栅反馈加强的条件遵守布拉格反射定律：

$$2\Lambda = m \cdot \frac{\lambda_0}{n_e} \tag{3.4}$$

其中，Λ 代表光栅的周期；λ_0 是真空波长；n_e 代表有源波导区的有效折射率；m 代表正整数。

由式（3.4）可知，当周期 Λ 和有效折射率 n_e 确定后，波长值就被式（3.4）所限定。这意味着光栅的周期限定了在 DFB/DBR 激光器内行进的光只能取得窄的增益谱，一旦偏离这个范围，其损耗将急剧增加而不能满足激射条件。图 3.4 形象地描述了 DFB/DBR 激光器波长的选择性。

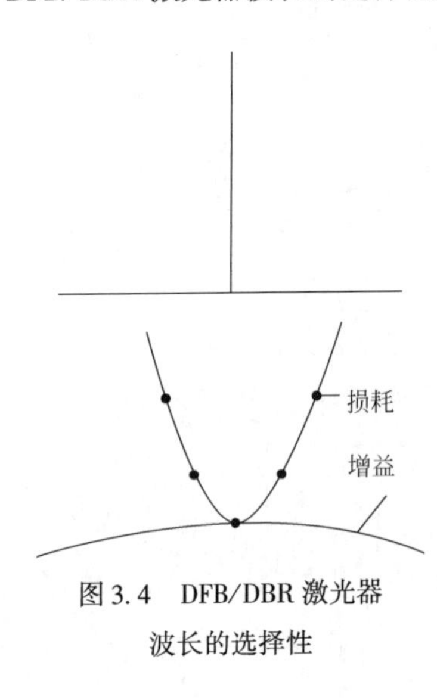

图 3.4　DFB/DBR 激光器波长的选择性

外色散腔激光器是利用配置在激光器轴向的光栅作为光学腔的一个选模腔面，它只使很窄波长范围的光经光栅衍射后返回激光器的有源区，其他波长的光都被散射而偏离有源区，因而使主、边模的损耗差加大，达到了选出主模的目的。

作为动态单模激光器，图 3.1 所给出的几种激光器在原理上都是可行的，特别是面发射垂直腔面激光器可以用 MOCVD 或 MBE 等超薄层生长技术制作布拉格反射面，进一步提高了选模的功能。另外，面发射器件还便于二维集成。但和 DFB/DBR 激光器相比，面发射激光器的工艺技术更加复杂，而 C^3 激光器和外腔激光器等在单纵模可控性以及温度的稳定范围等仍不能和 DFB/DBR 激光器相比，目前研究得最深入、在光纤通信中应用最广的是内光栅反馈型 DFB/DBR 动态单模激光器。

4　内光栅反馈型激光器的选模特性

前文已经提到，内光栅反馈型激光器包括分布反馈（DFB）激光器和分布布拉格反射（DBR）激光器两种，其基本结构如图 3.1（c）所示。前者的光栅和有源区对应，而后者的光栅在无源波导区。两种结构的光栅功能都是造成激光器谐振波长之间的悬殊损耗差，来达到选模的目的。为了加深理解，下面用耦合波理论的分析结果[13,14]对光栅的选模特性作进一步阐述。

4.1 耦合系数 κ

在一块介质的表面做成如图 4.1 所示的周期性波纹，波纹处的折射率周期地变化，可以用 $n(z)=n+\Delta n\cos(2\pi\cdot\frac{z}{\Lambda})$ 来描述。如果是块增益介质，其增益系数也将按照 $g(z)=g+\Delta g\cos(2\pi\cdot\frac{z}{\Lambda})$ 周期地改变。Δn 和 Δg 表征空间调制的幅度，通常 $\Delta n\ll n$，$\Delta g\ll g$。当光波在其间传播时，其电场强度也会因 Δn 和 Δg 的扰动而受到微扰。

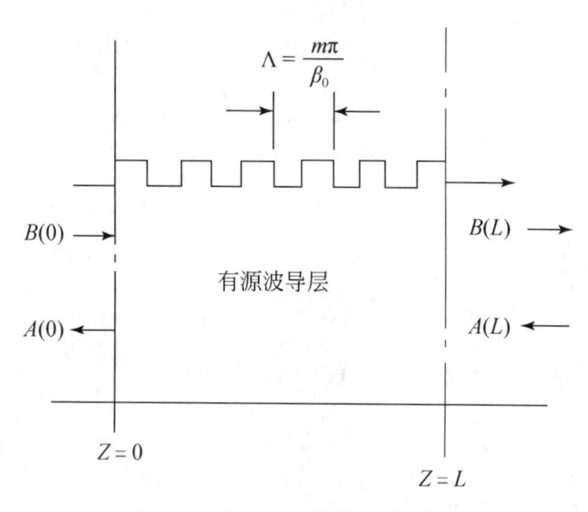

图 4.1 分布反射器的周期构造

如果这块带有光栅的薄层增益介质被夹在较其折射率低的材料之间，而且折射率之差足以使光波被限制在这一薄层内，那么在此层内传播的光波电场可以用下面的标量波动方程来描述：

$$\frac{\partial^2 E(Z)}{\partial Z^2}+\tilde{\beta}^2 E(Z)=0 \tag{4.1}$$

其中，$\tilde{\beta}$ 代表光在有损耗介质中的相传播系数，它和介质中没有损耗时的相传播系数 β 的关系为

$$\tilde{\beta}=\beta+\mathrm{i}g=\beta-\mathrm{i}\alpha \tag{4.2}$$

其中，α 是介质的平均损耗系数。考虑到相传播系数和折射率之间有关系式：

$$\beta(z)=\frac{\omega}{C}\cdot n(z)=\frac{\omega}{C}[n+\Delta n\cos(2\pi\cdot\frac{z}{\Lambda})] \tag{4.3}$$

把式（4.3）和 $\alpha(z)=\alpha+\Delta\alpha\cos(2\pi\cdot\frac{z}{\Lambda})$ 代入式（4.2）中，并忽略 Δn 和 $\Delta\alpha$ 的二次项，我们可以求出 $\tilde{\beta}^2$ 的表达式：

$$\tilde{\beta}^2=\beta^2-2\mathrm{i}\alpha\beta+4\kappa\beta\cos 2\beta_0 z \tag{4.4}$$

其中，β_0 是由光栅周期 Λ 所决定的相传播系数：

$$\beta_0 = 2\frac{\pi}{\lambda_0} = m\frac{\pi}{\Lambda} \quad (m = 1,\ 2,\ 3,\ \cdots) \tag{4.5}$$

κ 被称为耦合系数，它用下面的式子表达：

$$\kappa = \frac{1}{2}\left(\frac{2\pi}{\lambda_0}\Delta n - \mathrm{i}\Delta\alpha\right) \tag{4.6}$$

或者

$$\kappa = \frac{1}{2}\left(\frac{2\pi}{\lambda_0}\Delta n + \mathrm{i}\Delta g\right) \tag{4.7}$$

如果我们用 n_1 代表 Δn，用 g_1 代表 Δg，则式（4.7）就可改写为

$$\kappa = \frac{1}{2}\left(\frac{2\pi}{\lambda_0}n_1 + \mathrm{i}g_1\right) \equiv \frac{1}{2}(\beta_1 + \mathrm{i}g_1) \tag{4.8}$$

将式（4.8）和（4.2）类比，不难得出耦合系数 κ 的物理意义。κ 代表了光波在由光栅造成的微扰场中传播时，因微扰场的作用所造成的单位长度相位的变化。在第 7 节中将更具体地给出 κ 的数学表达式。

4.2　光栅反馈型激光器的基本反射特性

在图 4.1 所示的周期结构中，沿 z 方向和 $-z$ 方向传播的两列波，由于光栅的微扰而相互耦合，其合成波的电场可写成：

$$E(z) = A(z)\mathrm{e}^{\mathrm{i}\beta_0 z} + B(z)\mathrm{e}^{-\mathrm{i}\beta_0 z} \tag{4.9}$$

把式（4.9）和（4.4）代入式（4.1）中，经整理就可得到前进波和回返波的振幅 $A(z)$和$B(z)$的耦合波方程组：

$$\begin{cases} -A' - (\alpha + \mathrm{i}\delta) = \mathrm{i}\kappa B \\ B' - (\alpha + \mathrm{i}\delta) = \mathrm{i}\kappa A \end{cases} \tag{4.10}$$

其中，A'和 B'分别代表前进波振幅 $A(z)$ 和回返波振幅 $B(z)$ 的一阶微商；δ 代表光波在介质中的相传播系数 β 和光栅决定的布拉格波长的相传播系数 β_0 之差：

$$\delta \equiv \frac{(\beta^2 - \beta_0^2)}{2\beta} \approx \beta - \beta_0 \tag{4.11}$$

由方程组（4.2）我们可以求出耦合波振幅的通解：

$$\begin{aligned} A(z) &= a_1\mathrm{e}^{rz} + a_2\mathrm{e}^{-rz} \\ B(z) &= b_1\mathrm{e}^{rz} + b_2\mathrm{e}^{-rz} \end{aligned} \tag{4.12}$$

式中，a_1 和 a_2，b_1 和 b_2 都是可以用边界条件定出的常数，而 γ 是耦合波的复数相传播系数，它可以用色散关系来表示：

$$\gamma^2 = \kappa^2 + (\alpha + \mathrm{i}\delta)^2 \tag{4.13}$$

当光栅反射器没有终端反射面时，我们可以导出图 4.1 所示的光栅分布反射器的前进波和回返波所组成的耦合波的振幅分别为

$$E_l(z)=A(0)\frac{\gamma\cosh\gamma(z-L)-(\alpha+\mathrm{i}\delta)\sinh\gamma(Z-L)}{\gamma\cosh\gamma L+(\alpha+\mathrm{i}\delta)\sinh\gamma L}$$
$$E_r(z)=A(0)\frac{\mathrm{i}\kappa\cdot\sinh\gamma(Z-L)}{\gamma\cosh\gamma L+(\alpha+\mathrm{i}\delta)\cdot\sinh\gamma L} \tag{4.14}$$

显然，在光栅腔内 z 方向任一点的反射系数 $r(z)$ 和功率反射率 $R(z)$ 可用下式分别表达：

$$r(z)\equiv\frac{E_r(z)}{E_l(z)} \tag{4.15}$$

$$R(z)\equiv\frac{|E_r(z)|^2}{|E_l(z)|^2} \tag{4.16}$$

为简便起见，可以根据式（4.14）和（4.16）求出 $z=0$ 处的功率反射率，为

$$R(0)=\frac{\kappa^2\tanh^2\gamma L}{(\gamma+\alpha\tanh\gamma L)^2+\delta^2\tanh^2\gamma L} \tag{4.17}$$

我们把 κ 和 α 作为参量，把 δ 作为变量，就可以得到光栅的功率反射系数 R 相对于相传播系数偏差 δ 的关系曲线。从图 4.2 可以看出，只有在布拉格波长附近，光功率反射率才有极大值，稍偏离布拉格波长反射率就骤然下降[14]。这表明，只有和光栅所决定的布拉格波长相近的光波被光栅反射的几率才会大。

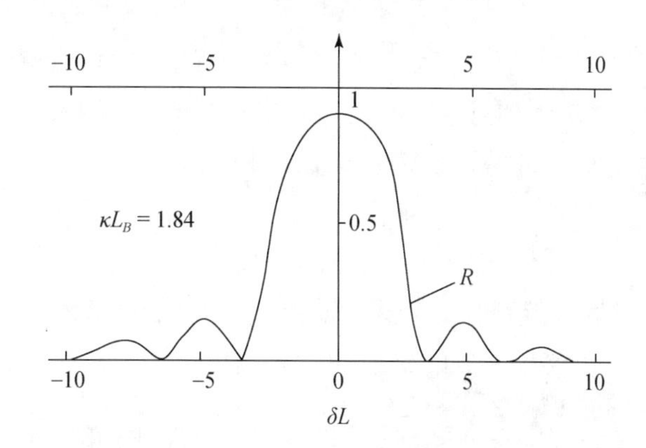

图 4.2 光栅功率反射率和传播系数偏差之间的关系[14]

如果介质损耗 $\alpha=0$，且 $\lambda=\lambda_B$（即 $\delta=0$），则式（4.17）可简化为

$$R=\frac{e^{\kappa L}-e^{-\kappa L}}{e^{\kappa L}+e^{-\kappa L}} \tag{4.18}$$

由上式，我们可得出结论：耦合系数 κ 越大，反射器的长度 L 越长，反射率 R 就越近于1。我们把耦合系数 κ 和光栅的长度 L 的乘积 κL 称作光栅的耦合强度。从式（4.18）可知，耦合强度越大，光栅反馈作用愈强。但在实用中，κL 并不可随意加大。因为当 κL 足够大时，会由于反馈量过高而造成沿激光器腔长方向的不均匀光功率分布，而使激光器的外微分量子效率降低[15]，并且影响了单纵模输出的稳定性[16]。通常，对于腔长为 300μm 的 DFB 激光器，耦合强度 κL 选取 2 较为合适[15]。

5　DFB/DBR 激光器的谐振特性

本节要讨论的内容包括：由 DBR/DFB 激光器功率条件决定的激射阈值和电相位条件决定的激射模式。

5.1　分布反射（DBR）激光器

为了和 F-P 腔面激光器的特性类比，先从分析 DBR 激光器的谐振特性入手。如图 3.1(c) 所示，DBR 激光器的有源区两端不再是 F-P 反射腔面，而是和折射率周期变化的光栅结构相连。显然，DBR 激光器谐振的阈值条件也应该遵守增益和损耗相抵的要求，即

$$C_{out}^2 \cdot |r_1| \cdot |r_2| \cdot e^{(\Gamma g_{th}-\alpha)\cdot 2L} = 1 \tag{5.1}$$

其中，C_{out}是有源区和光栅反馈区的耦合效率；r_1 和 r_2 分别是有源区两端的光栅反射区的反射系数；Γ 是有源区的光限制因子；g_{th}是阈值增益；α 是有源区的损耗系数；L 是有源区的长度。式（5.1）可改写为

$$\Gamma g_{th} = \alpha + \frac{1}{2L}\ln\left(\frac{1}{|r_1|\cdot|r_2|\cdot C_{out}^2}\right) \tag{5.2}$$

如果 $C_{out}=100\%$，则式（5.2）在形式上和普通 F-P 腔激光器激射阈值的表达式相一致了。应当注意的是 r_1 和 r_2 的值对不同波长是有较大差别的，只有当光波的波长和光栅对应的布拉格波长相近时，才能被有效地反射。所以，式（5.2）中等号右边的第二项是代表了光栅反射区的损耗，而第一项代表了有源区的损耗，它由两部分组成：

$$\alpha = \Gamma\alpha_{ac} + (1-\Gamma)\cdot\alpha_{ex} \tag{5.3}$$

其中，α_{ac}是有源区内的损耗系数；α_{ex}是逸出有源区的光的损耗系数。

已知在阈值条件下的线性峰值增益 g_{th}可表示为[17]

$$g_{th} = A_0(N_{th} - N_G) \tag{5.4}$$

其中，A_0 代表微分增益 $\Delta g/\Delta N$；N_{th}是阈值时的注入载流子密度；N_G 是透明载流子密度即峰值增益为零时的注入载流子密度。

由式（5.2），(5.3)和(5.4)我们可以导出 DBR 激光器的阈值电流 I_{th}的表达式：

$$\begin{aligned} I_{th} &\equiv \frac{eV_a}{\tau_s}\cdot N_{th} \\ &= \frac{eV_a}{\Gamma\tau_s}\left\{\Gamma A_0 N_G + \Gamma\alpha_{ac} + (1-\Gamma)\alpha_{ex} + \frac{1}{2L}\ln\left(\frac{1}{|r_1|\cdot|r_2|C_{out}^2}\right)\right\} \end{aligned} \tag{5.5}$$

其中，e 是电子电荷；V_a 是有源区的体积；τ_s 是载流子寿命。

当 $C_{out}=100\%$时，式（5.5）和 F-P 腔激光器的阈值电流表达式相同。但仍应注意的是，r_1 和 r_2 是光栅的反射率，只有光波的波长和光栅对应的布拉格波长相近时，r_1 和 r_2 才有接近于 1 的值。否则，反射损耗将很大，以致阈值电流将相应变大。

按照光波在谐振腔内谐振的驻波条件，光在 DBR 激光器内往返一周的相位关系应该是

$$2\beta L + \phi_1 + \phi_2 = 2q\pi \qquad (q = 1, 2, \cdots) \tag{5.6}$$

其中，β 是 DBR 激光器激射光波在腔内的相传播系数；L 代表有源区的长度；ϕ_1 和 ϕ_2 分别代表光波在两个 DBR 光栅反射区往返行进一次所造成的相位变化。

如果激射光波和光栅对应的布拉格波长相近，我们可以把光波在光栅区的传播相位表示为

$$\phi_i = \frac{\pi}{2} + \frac{\partial \phi_i}{\partial \delta} \cdot \delta \qquad (i = 1, 2) \tag{5.7}$$

其中，δ 代表激光光波和布拉格波长的相传播系数之差。

为了和 F–P 腔激光器相类比，我们引入布拉格反射区的有效长度 L_{effi} 的概念，它的定义是

$$L_{\text{effi}} \equiv \frac{1}{2}\frac{\partial \phi_i}{\partial \delta}\bigg|_{\Delta\delta \to 0} \tag{5.8}$$

图 5.1 给出了 DBR 激光器在不同的光栅耦合强度 κL 下，DBR 激光器光栅反射区的有效长度和光栅实际长度的关系[18]。由图 5.1 可知，随着光栅耦合系数的增强，DBR 激光器光栅反射区的有效长度并不随光栅的实际长度线性增加，而是呈现饱和趋势。这意味着，当光栅的耦合系数足够大时，企图用增加 DBR 光栅反射区的长度来提高 DBR 光栅反射区的有效长度是没有意义的。

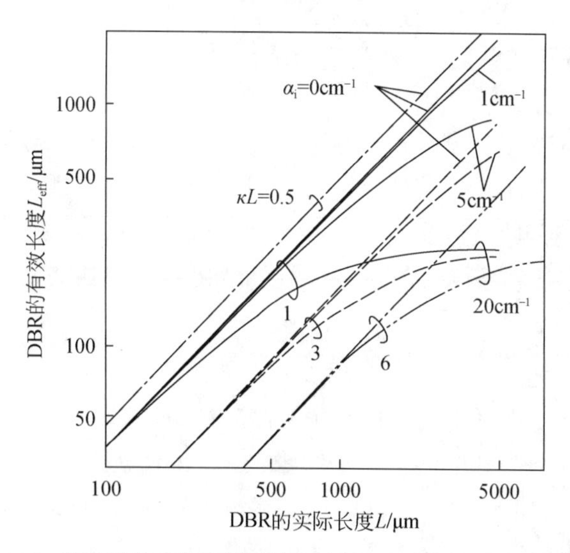

图 5.1 DBR 激光器的光栅反射区的有效长度和实际长度的对应关系[18]

利用式（5.8）可把式（5.7）改写成

$$\phi_i = \frac{\pi}{2} + 2L_{\text{effi}} \cdot \delta \qquad (i = 1, 2) \tag{5.9}$$

由式（5.9）就可以把式（5.6）改写成

$$2[\beta L+\delta(L_{\text{eff1}}+L_{\text{eff2}})]=2(q-1)\pi \tag{5.10}$$

而由式（5.10）就可以导出 DBR 激光器纵模的模间距 $\Delta\lambda$ 为

$$\Delta\lambda=\frac{\lambda^2}{2n_{\text{eff}}(L+L_{\text{eff1}}+L_{\text{eff2}})} \tag{5.11}$$

其中，n_{eff}是 DBR 激光器的有效折射率。它的表达式为

$$n_{\text{eff}}\equiv n_{\text{eq}}\left[1-\left(\frac{\lambda}{n}\right)\left(\frac{\partial n}{\partial\lambda}\right)\right] \tag{5.12}$$

如果式（5.11）中的 $L_{\text{eff1}}=L_{\text{eff2}}=0$，它就还原成了描述 F-P 腔激光器的模式间隔表达式。对于 F-P 腔激光器，腔长 L 越短，纵模间隔就越宽，就越容易得到单纵模。对于 DBR 激光器，这个结论也是成立的，而且我们还可以根据不同有源区长度的 DBR 激光器的模间损耗差的大小来解释。因为 DBR 激光器的反射损耗为

$$\alpha_m=\frac{1}{L+L_{\text{eff1}}+L_{\text{eff2}}}\cdot\ln\left(\frac{1}{|r_1|\cdot|r_2|C_{\text{out}}^2}\right) \tag{5.13}$$

则 DBR 激光器的主模（$m=0$）和相邻边模（$m=1$）的反射损耗差为

$$\begin{aligned}\Delta\alpha&=\frac{1}{L+L_{\text{eff1}}+L_{\text{eff2}}}\left[\ln\left(\frac{1}{|r_{10}|\cdot|r_{20}|C_{\text{out}}^2}\right)\right.\\&\qquad\left.-\ln\left(\frac{1}{|r_{11}|\cdot|r_{21}|C_{\text{out}}^2}\right)\right]\\&\equiv\frac{1}{L+L_{\text{eff1}}+L_{\text{eff2}}}\left[\ln\frac{\frac{1}{R_0}}{\frac{1}{R_1}}\right]\end{aligned} \tag{5.14}$$

由式（5.14）可知，当主、边模的反射率 R_0 和 R_1 固定，有源区的长度 L 越短，则模间的损耗差就越大。图 5.2 是按式（5.14）计算出的不同有源区长度的模间损耗差 $\Delta\alpha_m$ 和耦合系数 κ 之间的关系曲线[19]。由图 5.2 可知，有源区短的 DBR 激光器的主、边模间损耗差大，因而容易得到高主、边模强度比的稳定单纵模。

5.2　分布反馈（DFB）激光器

对于 DFB 激光器，光栅和有源区对应配置，在 DFB 激光器的有源波导区内，既有光栅对光的反馈又可产生光的增益。图 5.3 给出了 DFB 激光器在有增益的光波导中前进波和反射波的场分布示意图。我们假定 DFB 激光器的两端都已蒸镀上了消反膜，因而变成了无终端反射面的 DFB 激光器。如果我们把式（4.13）色散关系中的损耗用增益取代即 $\alpha=-g$，则（4.14）式所描述的前进波和反射耦合波的振幅分别转换成为

$$E_l(z)=A(0)\cdot\frac{(g-\mathrm{i}\delta)\sinh\gamma(z-L)+\gamma\cosh\gamma(z-L)}{\gamma\cosh\gamma L-(g-\mathrm{i}\delta)\sinh\gamma L} \tag{5.15}$$

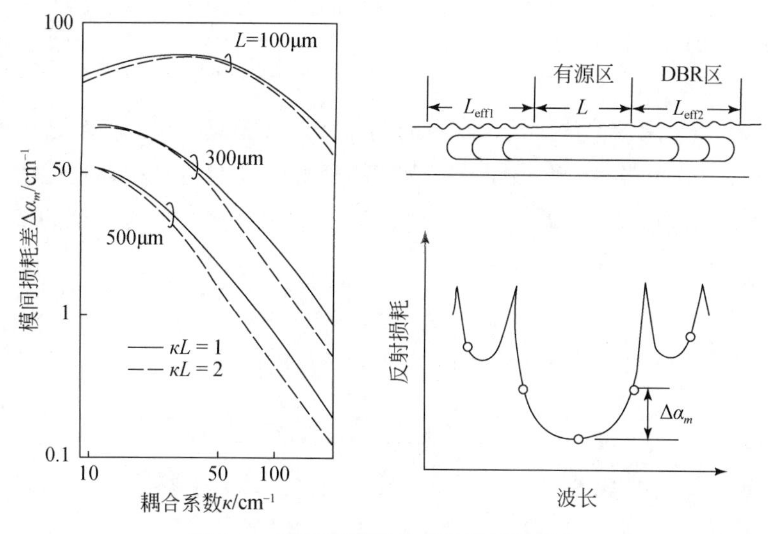

图 5.2 不同有源区长度的模间损耗差

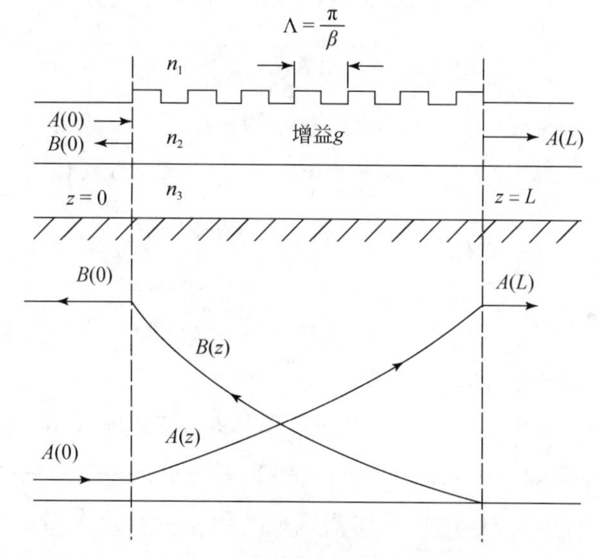

图 5.3 当布拉格条件 $\beta=\pi/\Lambda$ 成立时，有增益的周期波导介质中，入射波和反射波的场分布

和

$$E_r(z) = A(0) \cdot \frac{\mathrm{i}\kappa\sinh\gamma(z - L)}{\gamma\cosh\gamma L - (g - \mathrm{i}\delta)\sinh\gamma L} \tag{5.16}$$

如果式（5.15）和（5.16）的分母满足

$$\gamma\cosh\gamma L = (g - \mathrm{i}\delta)\sinh\gamma L \tag{5.17}$$

则在 $z=L$ 处前进耦合波的振幅 $E_l(L)$ 和 $z=0$ 处入射波的振幅 $A(0)$ 之比 $E_l(L)/A(0)$，以及在 $z=0$ 处反射耦合波的振幅 $E_r(0)$ 和入射波的振幅 $A(0)$ 之比 $E_r(0)/A(0)$ 都趋于无限大。这意味着即使不再有外界入射的光（即 $A(0)=0$），也存在着有限的光场 $E_l(L)$ 和 $E_r(0)$。产生这种振荡器的条件就可以作为 DFB 激光器的谐振条件。式(5.17)还可以

改写成

$$\frac{\gamma - (g - \mathrm{i}\delta)}{\gamma + (g + \mathrm{i}\delta)} \cdot \mathrm{e}^{2rL} = -1 \tag{5.18}$$

根据式（5.18），可用数值法确定出谐振时与相偏差 δ 相应的阈值增益 g_{th}。

为了对 DFB 激光器的谐振特性有概念性的理解，我们引出在高阈值增益极限的近似解。所谓高阈值增益就是假定 $g \gg \alpha$，这也是普通 DFB 激光器常遇到的情况。此时式（4.13）可简化成

$$\gamma \approx g - \mathrm{i}\delta \tag{5.19}$$

再从式（4.12）可导出相传播系数 γ 的超越函数方程[13]：

$$\kappa = \pm \frac{\mathrm{i}\gamma}{\sinh \gamma L} \tag{5.20}$$

这样一来，我们可以把 DFB 激光器的阈值条件式（5.17）变换成

$$2(g - \mathrm{i}\delta) \approx \pm \mathrm{i}\kappa \mathrm{e}^{(g-\mathrm{i}\delta)L} \tag{5.21}$$

比较式（5.21）等号两边的位相，可以给出在布拉格波长附近（$\delta \to 0$）的谐振条件为

$$\delta \cdot L = \left(q + \frac{1}{2}\right)\pi + \mathrm{phase}(\kappa) \tag{5.22}$$

其中，q 是正整数；$\mathrm{phase}(\kappa)$ 代表耦合系数 κ 的相位。

式（5.22）也可用频率 ν 和角频率 ω 的关系 $\nu = \omega/2\pi$ 改写成

$$\frac{\nu - \nu_0}{\dfrac{C}{2nL}} = \left(q + \frac{1}{2}\right) + \frac{\mathrm{phase}(\kappa)}{\pi} \tag{5.23}$$

由式（5.23）可知，谐振频率可用 $C/2nL$ 来分割，这和腔长为 L 的 F–P 腔激光器的谐振频率间隔表达式也是一致的。

正如式（4.8）已指明的，对于一个同时具有折射率微扰和增益微扰作用的光栅结构，其耦合系数是个复数，它是由折射率微扰的实数部分和增益微扰的虚数部分组成的。对于纯折射率微扰的光栅，其耦合系数 κ 的相位是 π 的整数倍，因此式（5.22）就变成

$$\delta \cdot L = \left(q + \frac{1}{2}\right)\pi \qquad q = \pm 1, \pm 2, \cdots \tag{5.24}$$

这意味着以折射率微扰占主导的 DFB 激光器的激射波长和布拉格波长不会重合，只能选择相距布拉格波长有半个纵模频率间隔奇数倍的位置。因此，对于折射率耦合占主导的均匀光栅 DFB 激光器常常有两个和布拉格波长相近的纵模同时存在，这就影响了 DFB 激光器的单纵模成品率，为此提出了相移光栅结构。有关相移光栅结构的内容将在第八节中讨论。

对于纯增益微扰的光栅结构，其耦合系数 κ 是虚数，因而它的相位是 $\pi/2$ 的奇数倍，则式（5.22）又可改写为

$$\delta \cdot L = q\pi \qquad q = \pm 1, \pm 2, \cdots \tag{5.25}$$

这意味着增益微扰占主导的 DFB 激光器的激射波长和布拉格波长可以重合，从而提高了 DFB 激光器的单纵模成品率。最近几年内，这种增益耦合型 DFB 激光器结构已在日本、德国和美国等实验室中采用[46,47,70]。

6 DFB/DBR 激光器工作特性

6.1 波长温度系数

对于内光栅反馈型激光器，其布拉格波长 λ_B 随温度的变化可以由布拉格反射条件式（3.4）导出：

$$\frac{\mathrm{d}\lambda_B}{\mathrm{d}T}=\frac{2\Lambda}{m}\cdot\frac{\partial n_e}{\partial T}+\frac{2\Lambda}{m}\cdot\frac{\partial n_e}{\partial\lambda_B}\cdot\frac{\mathrm{d}\lambda_B}{\mathrm{d}T}+\frac{2n_e}{m}\cdot\frac{\mathrm{d}\Lambda}{\mathrm{d}T} \tag{6.1}$$

式中等号右边的第三项是由材料的热膨胀系数决定的，它要比前两项的变化小，相对可以被忽略，因而式（6.1）整理后可得到

$$\frac{\mathrm{d}\lambda_B}{\mathrm{d}T}=(\lambda_B/n_{\mathrm{eff}})\frac{\partial n_{\mathrm{eq}}}{\partial T} \tag{6.2}$$

其中

$$n_{\mathrm{eff}}\equiv n_{\mathrm{eq}}\left(1-\frac{\lambda_B}{n_{\mathrm{eq}}}\right)\cdot\frac{2n_{\mathrm{eq}}}{2\lambda_B}$$

称为有效折射率，而 n_{eq}称作等价折射率。由式（6.2）可知，布拉格波长的温度系数决定于等价折射率随温度的变化。

我们同样可以通过驻波条件导出 F-P 腔激光器的发射光谱中任意一个纵模的温度系数为

$$\frac{\mathrm{d}\lambda_i}{\mathrm{d}T}=\frac{\lambda_i}{n_{\mathrm{eff}}}\cdot\left(\frac{\partial n_{\mathrm{eq}}}{\partial T}\right) \tag{6.3}$$

由此看来，对于 F-P 腔的任何一个特定的纵模，其波长温度系数和布拉格波长的温度系数都是由等价折射率随温度的变化所决定的。但是对于 F-P 腔激光的诸多纵模中哪一个或哪几个纵模可以激射，这还要取决于它们相对于该有源区材料的增益峰值位置。而增益峰值波长随温度的变化为

$$\frac{\mathrm{d}\lambda_g}{\mathrm{d}T}=-\frac{hc}{E_g^2}\cdot\left(\frac{\mathrm{d}E_g}{\mathrm{d}T}\right) \tag{6.4}$$

其中，h 是普朗克常量；c 是真空中的光速。如果 E_g 和 λ_g 分别选用电子伏特和微米做单位，式（6.4）可写成

$$\frac{\mathrm{d}\lambda_g}{\mathrm{d}T}=-\frac{1.24}{E_g^2}\cdot\left(\frac{\mathrm{d}E_g}{\mathrm{d}T}\right) \tag{6.5}$$

对普通 F-P 腔激光器，其波长温度系数值将由式（6.3）和式（6.5）中随温度变

化快的部分决定。由式（6.3）可计算出，因等价折射率随温度变化而引起的 1.55μm GaInAsP/InP 半导体激光器的波长温度系数为 1Å/deg，而因增益峰值随温度变化所造成的波长温度系数可按式（6.5）计算，得出为 5-6Å/deg。所以，普通 F-P 腔半导体激光器的激射波长温度系数是由增益峰值波长随温度的变化来决定的。图 6.1 是实验测定的一组 1.5μm F-P 腔激光器和 DFB 激光器激射波长随温度的变化规律。由图 6.1 可看出，F-P 腔激光器的波长温度系数只在很窄的温度范围内，由特定模式的等价折射率随温度的变化来决定。但由于增益谱随温度的变化，使得 F-P 腔激光器的纵模发生跳变。所以在大的温度范围，F-P 腔激光器的波长温度系数只能是各跳变纵模变化的综合统计值，在图 6.1 中用虚线的斜率来表征，其值约为 5Å/deg，而对于 1.5μm DFB 激光器，在大温度范围的稳定单纵模特性决定了其激射波长的温度系数约为 1Å/deg（见图 6.1 中上方的直线，它在大于 80℃的温度范围都没有发生模式的跳变）。

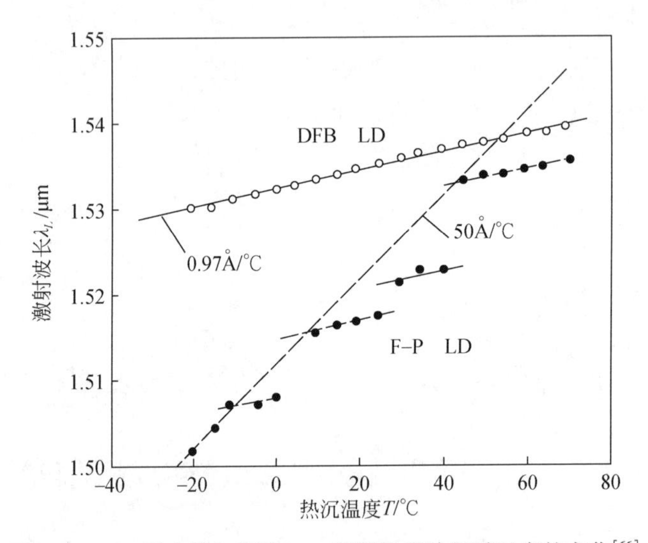

图 6.1 DFB 激光器和普通 F-P 腔激光器波长随温度的变化[66]

对于用光栅来反馈光能的 DFB/DBR 激光器的波长温度系数，除了要考虑等价折射率随温度的变化外，还要考虑因温度变化所引起的等离子振荡对等价折射率的影响：

$$\Delta n = \frac{-e^2 \cdot \Delta N n}{2m_e \omega^2 \varepsilon} \tag{6.6}$$

其中，e、ΔN、n、m_e、ω 和 ε 分别是电子电荷、载流子密度的增量、折射系数、电子有效质量、光波角频率和介电常数。

通常，当温度升高时，激光器的阈值电流将增加，因而注入的载流子密度增量为正，根据式（6.6）可知温升引起的折射率的变化为负。这和温升直接对折射率的影响正相反。所以，考虑了等离子振荡影响后的波长温度系数将低于只涉及温度对折射率影响的波长温度系数。鉴于此，光栅和有源区在同一部位的 DFB 激光器应同时考虑这两个因素。因而 DFB 激光器的波长温度系数要比光栅和有源区分开的 DBR 激光器的小。正由于DBR激光器的注入电流只通过有源区而不通过光栅所在的无源波导区，则光栅所决定的布拉格波长随温度的变化要比有源区激射模式随温度的变化快，当这种变化的差值大于DBR激光器的激射模式半间距时，就会有模式的跳变发生。DBR激光器的稳定单纵模工作温度范围可表示如下[20]：

$$T_s = \frac{\lambda_B}{2L\Gamma\left(-\frac{\partial \bar{n}}{\partial N}\right)\left\{\frac{N_{\text{th0}}}{2T_0}e^{\frac{T}{2T_0}} - \frac{2C'}{a}(\lambda_B - \lambda_g)\frac{\mathrm{d}\lambda_g}{\mathrm{d}T}\right\}} \tag{6.7}$$

其中，λ_g 代表增益峰值波长；N_{th0}是当激射波长 λ、布拉格波长 λ_B 和 λ_g 重合时的阈值载流子浓度；T_0 为阈值特征温度；$\bar{n}$ 为有源区的折射率；a 为增益参量；C'是自发发射因子。

图6.2给出了在 $T=60$℃，$\lambda=\lambda_B=\lambda_g=1.58\mu\text{m}$ 条件下，并取 $T_0=60\text{K}$，$N_{\text{th0}}=2\times10^{18}\text{cm}^{-3}$，$a=1.8\times10^{-16}\text{cm}^3/\text{s}$ 和 $C'=3.52\times10^4\text{cm}^{-1}\mu\text{m}^{-2}$时，由式（6.7）计算出来的稳定单纵模工作温度范围和有源区长度的关系[26]。由图6.2可看出，随着光限制因子 Γ 和有源区长度 L 的减小，以及耦合强度 κL 的增强，DBR激光器的单纵模温度范围将增加。

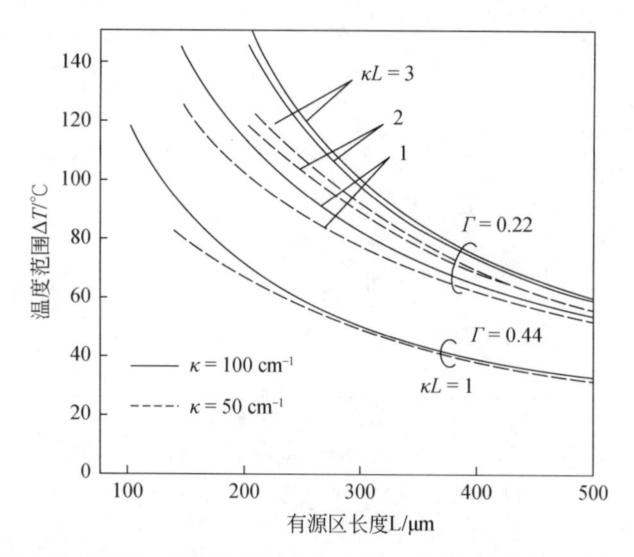

图6.2　稳定单纵模的工作温度范围和DBR激光器有源区的长度之间的关系[20]

6.2　动态特性

动态特性是指注入电流的信号成分不断交变时的激光器的特性。为了分析激光器的动态特性，通常是从解注入载流子密度和相应的光子密度随时间的变化率的速率方程着手。下面将用多模速率方程[18]所导出的结果来分析内光栅反馈型DFB/DBR激光器的动态特性。

1）边模抑制比和动态单模条件

通常用主模的光强和相对最强的边模光强之比值来表示光栅反馈式激光器的单纵模质量，一般称为边模抑制比 SMSR。在稳态条件下，由这两个纵模所组成的多模速率方程可以求出主模和边模的强度比[21]为

$$\frac{P_0}{P_1}=\frac{\eta_{d0}}{\Gamma_{C'}}\cdot\frac{\Delta\alpha_m}{\alpha_1}\left(\frac{I}{I_{\text{th}}}-1\right) \tag{6.8}$$

其中，α_1 是边模的损耗；$\Delta\alpha_m$ 是主模和边模的损耗差。

由式（6.8）可知，当主模的微分量子效率 η_{d0} 一定时，边模抑制比 SMSR 和模间损耗差 $\Delta\alpha_m$ 成正比，和自发发射因子 C' 成反比。一般规定，当 $P_0=100P_1$，即边模抑制比 SMSR 在 20dB 以上时，就算是单纵模工作状态了。

在动态情况下，叠加的调制信号使注入的载流子密度随调制信号而变化，这将使原来没有激射的某个光子密度较大的模式会因增益提高到阈值以上而激射。如图 6.3 所示，在直流工作时，S_1 模的光子密度在阈值电流以上时没有明显变化。而在有电流调制时，S_1 模的光子密度在阈值以上有可能突然增加而激射。显然，在有电流调制下，S_1 模继续保持非激射状态或者激射强度很弱的条件应该是：S_1 模在调制时的增益增量 Δg_1 要小于 S_1 模和主模 S_0 间的模间损耗差 $\Delta\alpha_m$，即

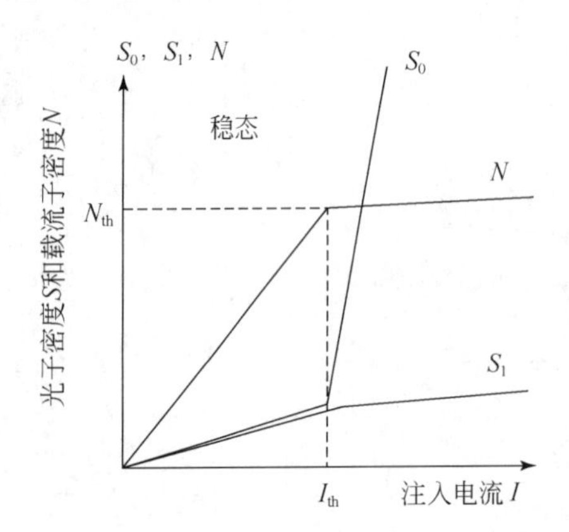

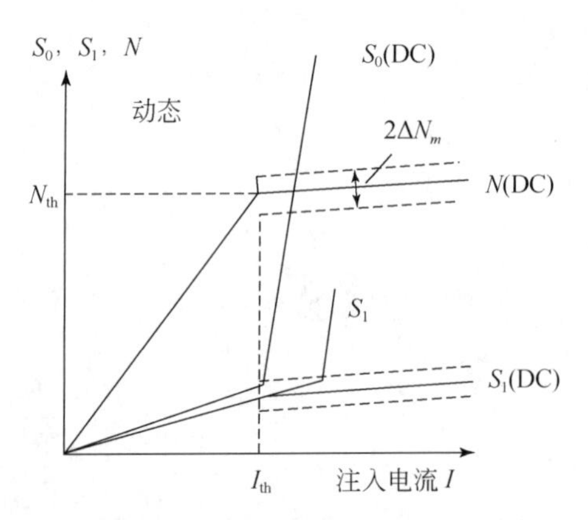

图 6.3 在稳态和动态条件下，光子密度随注入电流的变化

$$\Delta g_1<\Delta\alpha_m \tag{6.9}$$

根据这一条件，我们可以用小信号情况下的速率方程推导出在小信号调制时动态单模的调制速率上限，为

$$f_{\text{DSM}}=\frac{\Gamma\cdot C}{2\pi n_{\text{e}}}\cdot\frac{\Delta\alpha_m}{M} \tag{6.10}$$

其中，M 代表调制电流的调制度。它是衡量调制电流大小的量，在小信号下，$M\ll1$，其数学表达式为

$$M = \frac{I - I_b}{I_b - I_{th}} \tag{6.11}$$

其中，I_b 代表直流偏置电流；I 代表偏置电流和信号电流 $\Delta I e^{iwt}$ 的峰值之和，即

$$I = I_b + |\Delta I e^{iwt}|$$

或者

$$I = I_b + |M(I_b - I_{th}) e^{iwt}|$$

由式（6.10）可知，调制度增加，动态单纵模的调制频率将降低。而要想提高动态单纵模的调制速率就必须提高模间的损耗差 $\Delta\alpha_m$。

目前在强度调制的光纤通信中，调制度都选择得相当大。所以，小信号条件下的式（6.10）有助于我们了解动态条件的基本特性，但不能实际用于对大信号动态单模频率的估算。

在大信号调制下，动态的边模抑制比要用大信号的速率方程求出主、边模（S_0，S_1）时间平均光子密度的积分值之比。图 6.4 给出了在调制度 $M=100\%$ 时，边模抑制比和模间损耗差之间关系的计算曲线[22]。由图 6.4 可知，为了达到动态单模工作，即 SMSR≥20dB，模间的损耗差至少应在 5cm^{-1} 以上。

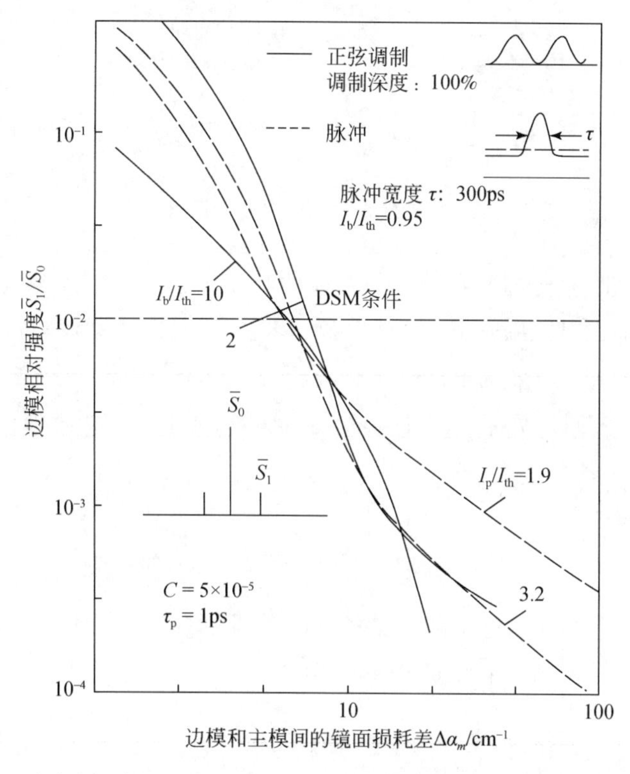

图 6.4 在高频调制下，激光器的归一化边模强度和模间损耗差的关系[18]

2）动态波长漂移

在高频直接强度调制下，由于增益谱急剧变动所形成的跳模或多纵模输出会使激射光谱展宽。这种动态光谱展宽的现象已在第 2 节中讨论过了。而随着高频信号电流的变化，激光器有源区内载流子等离子体振荡的变化以及带间吸收的弥散，会使有源区的折射率同步地发生周期变化，从而造成了激射波长的周期摆动，这种现象称为动态波长的漂移。图 6.5 形象地描绘了 F-P 腔激光器的这两种动态特性。

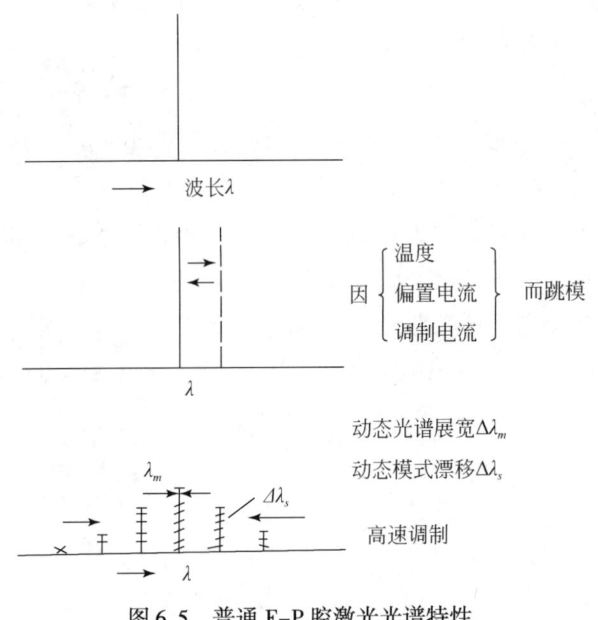

图 6.5　普通 F-P 腔激光光谱特性

对于光栅反馈型激光器，在动态单纵模的状态下，只存在动态波长漂移现象。而动态波长漂移的范围可以用速率方程的解析解求出。以图 6.6 所示的 DBR 激光器为例。其有源区的宽度为 w，厚度为 d，长为 l。假定注入的载流子完全被限制在有源区内，而且只在横向（x 方向）分布不均匀，取 x 方向分布函数的一级近似，即

$$-\frac{w}{2} \leqslant x \leqslant \frac{w}{2}: N(x,t) = N_0(t) - N_1(t)\cos\left(\frac{2\pi}{w}x\right)$$

$$|x| \geqslant \frac{w}{2}: N(x,t) = 0 \tag{6.12}$$

这时我们可以用小信号解析法，通过解简化成线性的速率方程组，最终得到有源区内因载流子的变化而引起的折射率变化[3]：

$$\Delta n(x,t) = \frac{\partial \bar{n}}{\partial N} \cdot \left\{N_{0m} - N_{1m}\cos\left(\frac{2\pi}{w}x\right)\right\} \cdot \sin(\omega t) \tag{6.13}$$

其中，$\bar{n}$ 代表有源区的折射率；ω 代表调制信号的角频率；而 N_{0m} 和 N_{1m} 分别是载流子密度的零级和一级近似中的小信号峰值：

$$N_0 = N_{0b} + N_{0m} \cdot e^{i\omega t}$$

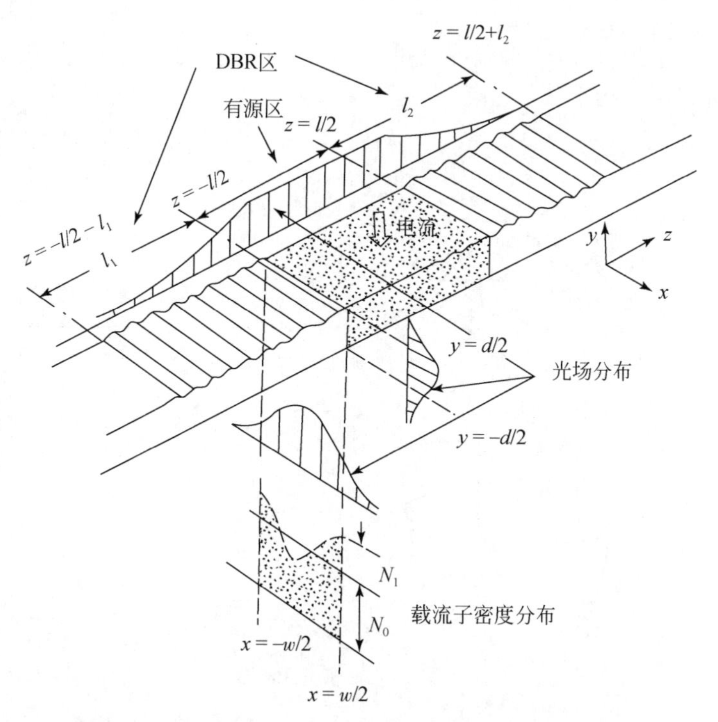

图 6.6　两端带有分布反射器的长方形有源区激光器的载流子和光场的分布

$$N_1 = N_{1b} + N_{1m} \cdot e^{i\omega t} \tag{6.14}$$

从式（6.13）可以求出波长的时间平均漂移值为

$$\Delta\lambda(t) = \Gamma_z \cdot \Gamma_x \cdot \frac{\lambda}{n_e} \cdot \frac{\partial \bar{n}}{\partial N} \cdot \Delta N \tag{6.15}$$

其中，Γ_z 代表沿 DBR 激光器光轴方向的光限制因子 $\Gamma_z = \frac{1}{l + L_{\mathrm{eff1}} + L_{\mathrm{eff2}}}$，而 $\Gamma_x = l + \frac{1}{\beta_x w}\sin(\beta_x w)$ 是沿有源区水平方向的光限制因子；n_e 是 DBR 激光器的等效折射率 $n_e = \Gamma_x \cdot \bar{n}_{\mathrm{eff}} + (1-\Gamma_x)\ n_{\mathrm{eff}}$，其中 $\bar{n}_{\mathrm{eff}}$ 和 n_{eff} 分别代表有源区和 DBR 区的有效折射率；ΔN 是有源区内平均载流子的变化量。

当调制频率接近器件的共振频率时，式（6.15）中 ΔN 变化最大，它可以用小信号的速率方程求出，而后代入式（6.15），得到最大的波长漂移范围是

$$\Delta\lambda = \frac{\lambda \cdot B}{n_e\sqrt{ge\nu_a}}\left(\frac{\partial \bar{n}}{\partial N} M \sqrt{\Gamma_x \cdot \Gamma_z\ (I_b - I_{\mathrm{th}})}\right) \tag{6.16}$$

其中，B 是和有源区条宽有关的常数。当条宽和载流子的扩散长度相比拟时，$B=8$。

图 6.7 给出了 DBR 激光器在不同调制频率下的时间平均光谱[23]，在 1.8GHz 类共振频率下的动态波长漂移为 3.4Å。

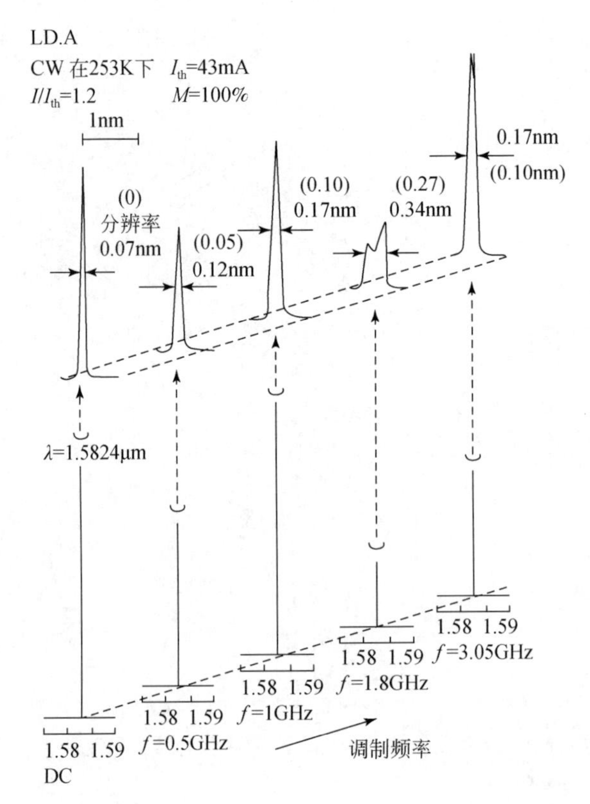

图 6.7　DBR 激光器在不同调制频率下的时间平均光谱[67]

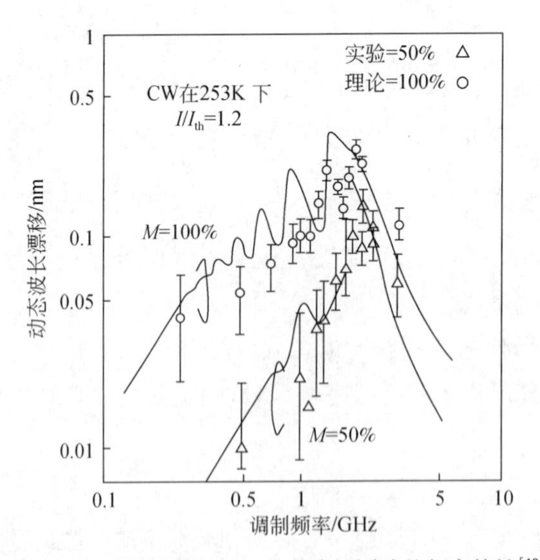

图 6.8　在不同调制度下，动态波长漂移的频率特性[18]

应当指出的是，虽然式（6.16）所给出的小信号情况的解析解不能像大信号情况的数值解那么严密，但已能充分论述了动态波长漂移的基本特性。事实上，当调制度

$M \leqslant 30\%$ 时的小信号计算值已和实际情况相当接近了[24]。

图6.8给出了用大信号速率方程数值计算得到的1.6μm DBR激光器的动态波长漂移和调制频率的关系[18]。图中也给出了实验的测量数据点。由图6.8可知，理论计算和实验结果符合得很好，当调制度增大时，动态波长漂移明显加宽。

这种动态波长漂移现象在实用中会使光波的频率有一个周期的摆动，即通常所说的啁啾效应。在直接强度调制中将会因啁啾效应而影响了光纤的传输带宽。因此，在设计和制作DFB/DBR激光器中，以及对DFB/DBR激光器进行调制时，如何削弱啁啾效应是重要的研究课题。

7 内光栅反馈型激光器的制作

内光栅反馈型激光器和普通的F-P型激光器的最大差别就是前者在有源区或无源波导区引入了周期变化的光栅。因此，本节中只涉及与光栅有关的设计和制作问题。

7.1 光栅的形成

如第三节中所指出的，DFB/DBR激光器是利用周期光栅来实现光的反馈和选模功能的。图7.1画出了DFB激光器光栅剖面的示意图。仿照用X射线照射到晶格原子平面上所产生的布拉格衍射现象，把光栅类比于晶体的晶族面，入射光以 $\theta_B = 90°$ 入射到光栅上，则相干加强的布拉格条件为

$$2\Lambda = m \cdot \frac{\lambda}{n_e} \qquad (m=1, 2, 3, \cdots) \tag{7.1}$$

其中，Λ 是光栅的周期；λ 是真空中光波波长；n_e 是介质的有效折射率。

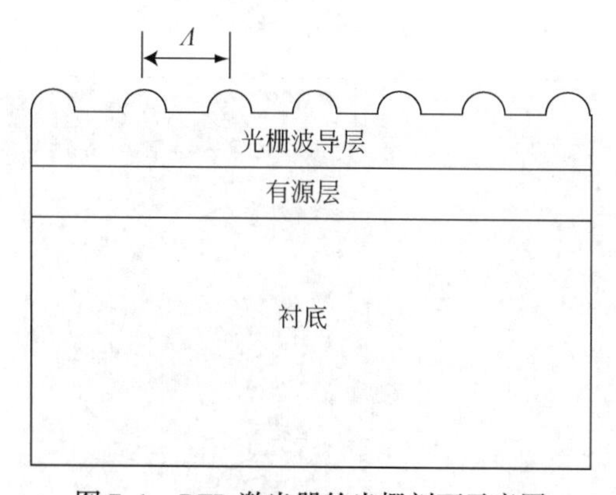

图7.1 DFB激光器的光栅剖面示意图

如果波长为1.55μm，波导的有效折射率为3.2，则由式（7.1）可求出一级（$m=1$）光栅的周期为2340Å，这种亚微米的光栅线条不能再用普通光刻掩膜版来刻制，只能采用全息干涉曝光光刻、电子束曝光光刻，以及离子束刻蚀技术来完成。

1）用干涉曝光光刻技术制备光栅

干涉曝光光路如图 7.2 所示。首先用高速甩胶机在样品表面上均匀涂敷一层厚约 2000Å 的正型感光胶（例如 AZ1400），然后通过半反半透分束器把 He-Cd 激光器发出的激光（$\lambda=3250$Å）分成两束，并和样品法线成 α 角投射到样品的感光胶膜上。这两束光在感光胶膜上将形成周期为 $\Lambda=3250/2\sin\alpha$ 的明暗交替的干涉条纹图形。条纹中的亮线使胶膜感光，经显影除去亮线处的胶膜后用化学刻蚀或反应离子刻蚀技术，使样品表面上形成了相应的凹凸周期变化的光栅。图 7.3 是在 InGaAsP 光波导面上制作的周期为 2400Å 的一级光栅扫描电镜照片[69]。

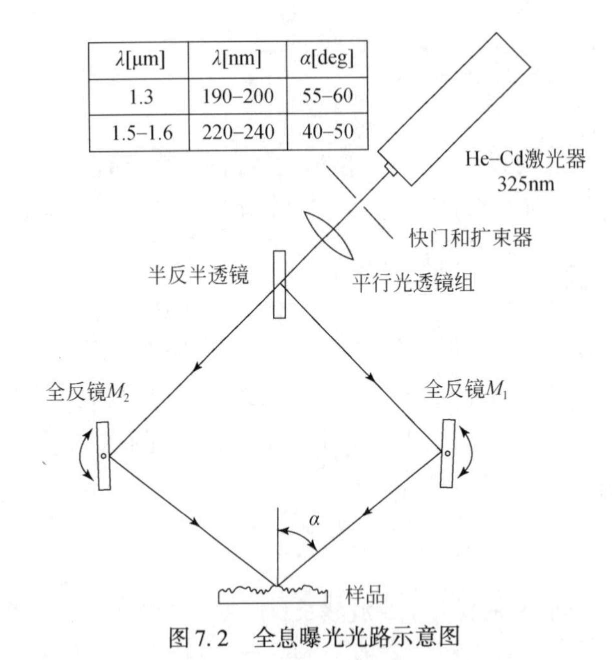

λ[μm]	λ[nm]	α[deg]
1.3	190–200	55–60
1.5–1.6	220–240	40–50

图 7.2　全息曝光光路示意图

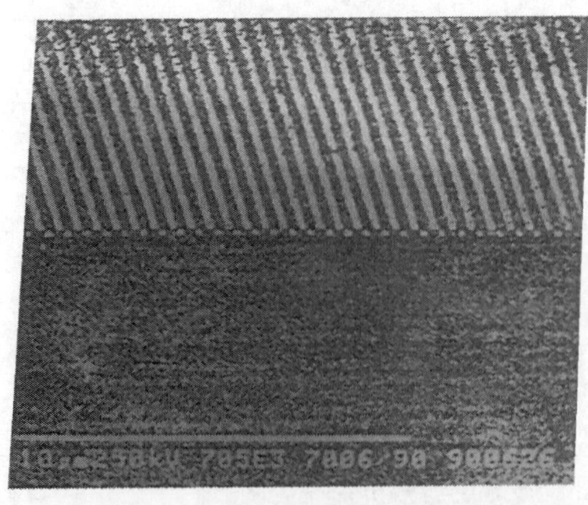

图 7.3　用全息曝光和 RIE 技术在四元层上刻制的一级光栅剖面[59]

2）电子束曝光光刻技术

电子束曝光的优点是可以根据需要在电子束扫描曝光过程中改变光栅的周期，有利于相移光栅的制作。所用的感光胶是聚甲基丙烯酸甲酯[25]（PMMA），或者是有机硅正型胶 PBTMSS[26]，膜厚在400–500Å。图7.4是 $\lambda/4$ 相移二级光栅扫描电镜照片。它是采用电子束曝光技术在 PMMA 膜形成 $\lambda/4$ 相移光栅图形后，再利用化学刻蚀剂 $HBr:HNO_3:H_2O=1:1:10$ 把图形转移到 InP 表面上得到的。

图7.4　用电子束曝光制备的 $\lambda/4$ 相移光栅 SEM 照片[25]

7.2　光栅周期的设计

为了使布拉格波长和激光器有源区的增益峰值波长匹配，就必须事先掌握 DFB 激光器有源波导区的有效折射率或者 DBR 激光器无源波导区的有效折射率，以及有源区的增益峰值波长，以便根据

$$\Lambda=\frac{m\lambda_B}{2n_e} \tag{7.2}$$

定出要选用的光栅周期值。下面分别介绍布拉格波长的选择以及有效折射率的测定和计算。

1）布拉格波长 λ_B 的选择

通常 DFB 激光器的制作程序有两种：

（1）在 InP 衬底上制作光栅，然后在 InP 光栅上依次生长四元 GaInAsP 波导层和有源层，以及 InP 限制层。

（2）在 InP 衬底上生长 InP 过渡层、四元 GaInAsP 有源层和波导层，然后在波导层上制备光栅，随后再在光栅上生长 InP 限制层。

虽然第二种制作程序稍嫌复杂，但是对选择布拉格波长有利，因为我们可以在制备光栅前，先用光荧光测量预先定出有源区的增益峰值位置。分析表明，为了提高器件的单纵模成品率、压窄光谱线宽和提高调制频率的上限，通常要设计成使布拉格波长比增益峰值波长短 200Å 左右[27,28]。

2）有效折射率的计算

以通常的 DFB 激光器为例，其结构和折射率分布如图 7.5 所示。带有光栅的波导层可分成不含光栅的纯波导层，以及由四元材料和 InP 材料交替组成的纯光栅层。假定四元 $In_{1-x}Ga_xAs_yP_{1-y}$ 有源层和波导层是和 InP 晶格匹配的，则四元材料中 Ga 原子组分 x 值和 As 原子组分 y 值之间有关系式[29]：

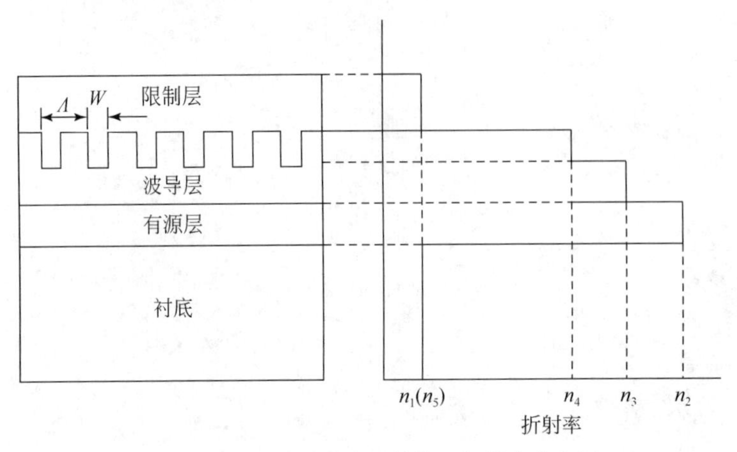

图 7.5 五层 DFB 激光器结构和折射率分布图

$$y=2.197x \tag{7.3}$$

显然，我们可以把 InP 视为 $x=y=0$ 的 $In_{1-x}Ga_xAs_yP_{1-y}$ 材料。这样，DFB 激光器的五层结构中每层材料相对于激射波长的折射率可以用 MSEO 法[30]表示：

$$n^2=1+\frac{E_d}{E_0}+\frac{E_d}{E_0^3}\cdot E^2+\frac{\eta}{\pi}E^4\cdot\ln\left(\frac{2E_0^2-E_g^2-E^2}{E_g^2-E^2}\right) \tag{7.4}$$

其中

$$\eta=\frac{\pi E_d}{2E_0^3\ (E_0^2-E_g^2)}$$

而特征参数 E_d 和 E_0 分别为

$$E_0=3.391-1.652y+0.863y^2-0.123y^3 \tag{7.5}$$

$$E_d=28.91-9.278y+5.626y^2 \tag{7.6}$$

此外，E_g 代表 $In_{1-x}Ga_xAs_yP_{1-y}$ 四元材料的禁带宽度，它可用经验公式表示为[31]

$$E_g=1.35-0.72y+0.12y^2 \tag{7.7}$$

根据式（7.4），我们可以计算出在不同 y 值（即不同四元组分）材料中所对应的各种光波波长的折射率。式（7.4）中 E 值是根据光波波长值按 $E=1.24/\lambda$ 求出的。图 7.6 给出了按式（7.4）计算出的不同四元组分所对应的各种光波波长的折射率关系曲线[34]。

由于纯光栅层是由四元材料和 InP 材料混合而成的，它的平均折射率可由下式给出[32]：

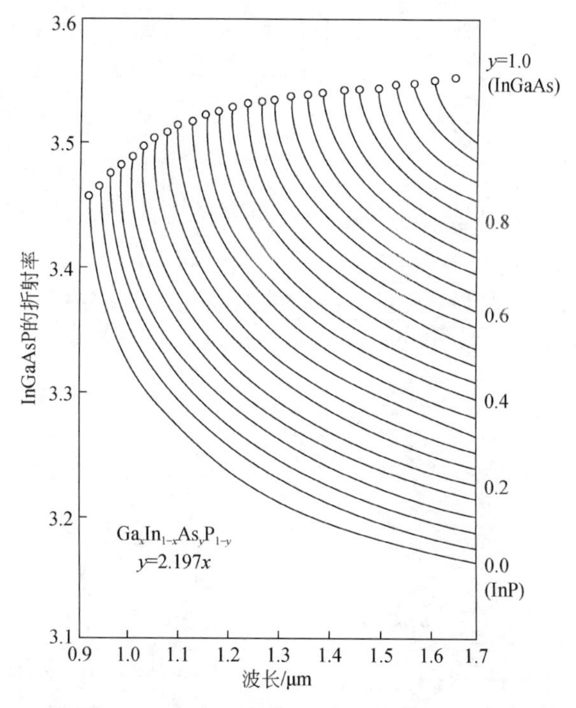

图 7.6 不同四元组分材料的折射率和光波波长的对应关系[34]

$$n_4=\sqrt{n_5^2+\frac{W}{\Lambda}(n_3^2-n_5^2)} \tag{7.8}$$

其中，Λ 代表光栅的周期；W 代表方波型光栅中 InP 部分的线度（见图 7.5）。

在掌握了各层材料相对于激射光波的折射率以及各层的厚度之后，可以根据方程[33]

$$\left(\frac{s}{r}+\frac{t}{s}\cdot\tan\beta\right)\cdot\sinh(sa)-\left(\frac{t}{r}-\tan\beta\right)\cdot\cosh(sa)=0 \tag{7.9}$$

利用数值法求出有源波导区的等效折射率 n_e，因为式（7.9）中的诸参数都和等效折射率 n_e 有关：

$$\left.\begin{aligned}
\beta&=\tan^{-1}\left[\frac{q}{r}\tan\left\{qb-\tan^{-1}\left(\frac{p}{q}\right)\right\}\right]\\
p&=\frac{2\pi}{\lambda_0}\sqrt{n_e^2-n_1^2}\\
q&=\frac{2\pi}{\lambda_0}\sqrt{n_2^2-n_e^2}\\
r&=\frac{2\pi}{\lambda_0}\sqrt{n_3^2-n_e^2}\\
s&=\frac{2\pi}{\lambda_0}\sqrt{n_4^2-n_e^2}\\
t&=\frac{2\pi}{\lambda_0}\sqrt{n_e^2-n_5^2}
\end{aligned}\right\} \tag{7.10}$$

综合第 1 节和第 2 节内容，在掌握了 DFB 激光器有源区的光荧光峰值波长和计算出有源波导区的等效折射率之后，光栅的周期就可按式（7.2）求出。

7.3　光栅的耦合系数 κ

正如在第 4 节已经提到的，光栅的耦合系数是表征光栅反馈光能量大小的参数。本节以三层平板波导为基础，给出了耦合系数 κ 的数学表达式。

图 7.7 给出了没有光栅和有光栅存在时的三层平板波导结构示意图。

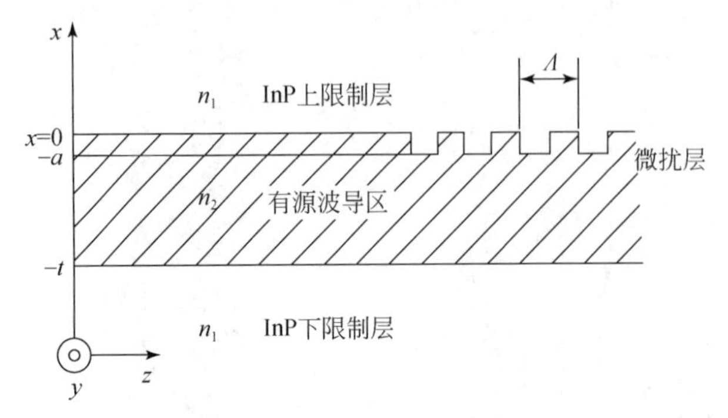

图 7.7　没有光栅和有光栅存在时的三层平板波导结构示意图

在没有光栅时，在波导层中沿 Z 方向和相反方向传播的光波可分别表示为

$$E_y^{(+)}(x,z,t)=\frac{1}{2}\sum_z A_z^{(+)}(z)\epsilon_y^{(s)}(x)\mathrm{e}^{i(\omega t-\beta_z z)}+C\cdot C$$
$$E_y^{(-)}(x,z,t)=\frac{1}{2}\sum_z A_z^{(-)}(z)\epsilon_y^{(s)}(x)\mathrm{e}^{i(\omega t+\beta_z z)}+C\cdot C \tag{7.11}$$

在有光栅存在时，由于光栅处折射率周期的变化形成了一个微扰源，其偶极矩 ΔP 在正反向传播的光场中可分别表示为

$$\Delta P(x,z,t)=\epsilon_0\Delta n^2(x,z)\cdot E_y^{(+)}(x,z,t)\quad z>0$$
$$\Delta P(x,z,t)=\epsilon_0\Delta n^2(x,z)\cdot E_y^{(-)}(x,z,t)\quad z<0 \tag{7.12}$$

分析表明[14]，只有当光栅的周期 Λ 和传导波的相传播系数 β_z，有 $\Lambda=l\cdot\dfrac{\pi}{\beta_z}$关系时，正、反向传导的光波才可以通过光栅的微扰相互交换能量、相互耦合。耦合系数 κ 可表示为

$$\kappa=\frac{i\omega\varepsilon_0}{4}\int_{-\infty}^{+\infty}a_1(x)\left[\varepsilon_y^{(s)}(x)\right]^2\mathrm{d}x \tag{7.13}$$

其中，ω 是光波的角频率；ε_0 是导波介质的真空电容率；$a_1(x)$ 是光栅对应的 Δn^2（x，z）的傅里叶展开式 $\Delta n^2(x,z)=\sum\limits_{l=-\infty}^{+\infty}a_l(x)\mathrm{e}^{il\cdot\frac{2\pi}{\Lambda}\cdot z}\mathrm{d}z$ 中的谐函数，它可以用在一个周期内的平均值来表示：

$$a_l(x)=\frac{l}{\Lambda}\int_{-\frac{\Lambda}{2}}^{\frac{\Lambda}{2}}\Delta n^2(x,\ z)\cdot \mathrm{e}^{-il\cdot\frac{2\pi}{\Lambda}\cdot z}\mathrm{d}z \tag{7.14}$$

当掌握了光场在垂直于平板波导方向的分布 $\varepsilon_y(x)$，并对不同光栅的形状和尺寸按式（7.14）求出 $a_l(x)$ 之后，就可以用式（7.13）得到耦合系数 κ 的值。以图 7.7 给出的方波形光栅为例。我们可以得到耦合系数 κ 的表达式为

$$\kappa\approx\frac{2\pi^2 s^2}{3l\lambda}\cdot\frac{(n_2^2-n_1^2)}{n_2}\cdot\left(\frac{a}{t}\right)^3\left[1+\frac{3}{2\pi}\cdot\frac{\lambda/a}{(n_2^2-n_1^2)^{\frac{1}{2}}}+\frac{3}{4\pi^2}\cdot\frac{(\lambda/a)^2}{(n_2^2-n_1^2)}\right] \tag{7.15}$$

其中，s 代表横模模数；l 是正整数；a 为光栅的深度；t 为波导层的厚度。

从式（7.15）可知 $\kappa\propto(a/t)^3$，这就意味着光栅的深度占波导层的厚度比例越大其耦合系数就愈大。

8 内光栅反馈型激光器的新进展

8.1 提高稳定动态单纵模工作的成品率

正如第 5 节中已经指出的，折射率微扰占主导的 DFB 激光器的激射波长和布拉格波长不能重合，只能选择相距布拉格波长半个纵模频率间隔的奇数倍位置。因而常常会在布拉格波长的两边出现双模激射。为了得到稳定单一的布拉格模式激射，就必须在结构上使得激射光波在 DFB 激光器的腔内往返一个循环时，和布拉格波长的相位差保持 2π 的整数倍。为此，已经采用了电子束曝光（EBL）技术[35]和正负胶同期曝光技术[36]，使得在 DFB 腔的中心处光栅周期有 $\pi/2$ 的变化，即所谓 1/4 波长相移来获得单一模式。另外，也可以不改变光栅周期而改变 DFB 腔中心部分波导层的厚度[37]或条宽[38]的办法来改变相传播系数 β，使得它和布拉格波长的相位差满足 2π 的整数倍的单模条件。由于采取了相移补偿结构，使得光栅反馈型激光器的动态单纵模成品率达到了 95% 以上[39]。但这必须限制在适当的输出功率以下。否则，实验和理论分析上都已证明[40]，对于这种单一的 $\lambda/4$ 相移变化的结构，在大功率输出（$P>10$mW）时，由于注入载流子密度沿腔长方向的不均匀分布（即空间烧孔现象）造成了有效折射率的不均匀变化，从而影响了稳定单纵模的成品率。为此，除了采用多相移光栅结构[41]外，还采用了幅度调制光栅[42]和弯曲波导啁啾光栅（Chirped grating）结构[43]。利用长腔（$L=1200\mu$m）的幅度调制光栅结构，在输出功率高达 78mW（400mA 直流驱动电流下）时仍然保持单纵模（SMSR>35dB）[44]。

为了避开制备 $\lambda/4$ 相移光栅的繁杂工艺，日本东京大学的罗毅研制成功一种增益耦合 DFB 激光器[45]。其特点是把周期变化的结构直接做在有源区上，使得增益微扰占主导，因而耦合系数 κ 在复数空间的虚数轴上，使得增益耦合 DFB 激光器（GC-DFB）的激射波长和布拉格波长重合。对于短波长 GaAs/GaAlAs GC-DFB 激光器，其单模成品率已接近 100%[46]。目前，美国 AT&T 已成功地应用 CBE 技术制备了吸收型的量子

阱光栅 1.5μm GC-DFB 激光器[47]。由于吸收型的 GC-DFB 激光器不是把有源区做成周期变化的区域，而是利用有源区以外的区域形成周期的吸收区以构成增益的微扰，这就大大改善了器件的稳定性，因而是提高 DFB 激光器单模成品率的方向。

8.2 压窄谱线宽度

在调幅的长距离光纤通信中，调制带宽主要受激光光源线宽的限制。在调频的相干光通信中，为了对光信号进行高灵敏的外差检测，也需要窄线宽的单模光源。在光频分复用扩容光纤通信技术中，光源的线宽更是决定各信道频率间隔的关键。因此，压窄谱线宽度是提高通信容量的重要途径。

已知半导体激光器的发射线宽主要决定于半导体自发发射的不连续性。这种不连续性使得激射光的强度和相位起伏变化[48]。由此引出了半导体激光器线宽 $\Delta\nu$ 的表达式[49]：

$$\Delta\nu = c \cdot (1+\alpha^2) \cdot \eta r g / P \tag{8.1}$$

其中，c 是一个因材料而异的常数；α 是线宽增宽因子；η 是自发发射率；r 和 g 分别代表镜面损耗和阈值增益；P 是光功率。到目前为止，已做了很多工作去控制式（8.1）中各个因素，来压窄 DFB/DBR 激光器的线宽。例如采取使布拉格波长短于有源区的增益峰值波长的所谓负偏调来降低线宽增宽因子 α，实验已证明用这种办法可以使 $\Delta\nu$ 减小 2-4 倍[50,51]。如果用量子阱结构，则 $\alpha \equiv (\mathrm{d}n/\mathrm{d}N)/(\mathrm{d}G/\mathrm{d}N)$ 中微分增益 $\mathrm{d}G/\mathrm{d}N$ 将提高，而使 $\Delta\nu$ 降低。实验上已做出了腔长为 300μm 的负偏调 1.5μm 多量子阱 DFB 激光器，其线宽已降到了 1.1MHz[52]。另外，通过增加腔长从而提高光功率来压窄线宽，目前已报道用 1.5mm 的长腔 1.5μm 量子阱 DFB 激光器，使 $\Delta\nu$ 降到了 250kHz[53]。当然，单靠增加腔长（功率）来压窄线宽也是有限度的。实验证明，当腔长增大到一定值时，$\Delta\nu$ 会出现饱和或者再加宽现象[54]，这归结于空间烧孔（SHB）[55]等的影响。为此，采用多个相移区的办法来缓解空间烧孔的影响[56]，当光功率为 25mW 时，$\Delta\nu$ 也只有 1.5MHz[57]。这再次表明了改进光栅制备技术的重要性。

8.3 提高 DFB/DBR 激光器的光功率和效率

对于 1.55μm DFB/DBR 激光器来说，高输出功率和高转换效率是长距离和大容量光纤通信所要求的。很明显，高输出功率可加长信号的无中继传输距离，而高的效率既可以使驱动电路的调制电流幅度减小，又有利于器件的高功率输出和高温工作。

通常是用出光面蒸镀（溅射）透射膜（AR），背面蒸镀（溅射）高反射膜（HR）以形成不对称的光输出来提高输出光功率，用此法可使光功率高达 100mW[58]。但这种结构难于准确控制高反射膜的相位，因而影响了单纵模的成品率。而且 AR-HR 技术只能用于单个分离的器件上。相比之下，DBR 激光器可以选用轴向不对称的 DBR 结构。既可以起到 AR-HR 的功能，又可以通过调整 DBR 的相位来提高单纵模的成品率[6,59,60]。但是在工艺上如何使 DBR 激光器的有源区和 DBR 无源区交界处有良好的光耦合是一个难题[6]。到目前为止，1.5μm DBR 激光器在阈值、光功率特性方面还不如 1.5μm DFB 激光器好。但人们并没有放弃这种结构，而是取其易于单片集成和容易得到单纵模的优点，做成有源区和无源区都带有分布反射光栅的所谓分布反射（DR）激光器[61]，并对这种结构进行了理论分析[62]。在实验上，应用非对称的分布反射器，可以使 DR 激光器的正面出光率占总出光功率的 98% 以上[63]，单面量子效率可提高到 20%，在不到 2 倍阈值电流下的主、边模比大于 39dB，而且静态线宽和出光功率的乘积小于 6.5MHzmW，单面最大功率输出可达 30mW 以上[64]。这表明 DR 激光器兼顾了 DFB 和 DBR 激光器的优点，是一种有前途的大功率，窄线宽，高主、边模比的光栅反馈型激光器结构。

目前，一个新的方向是用应变层超晶格有源区组成的 1.5μm 量子阱分布反馈激光区来降低阈值，提高输出功率和效率。其基本原理是利用 InGaAs 做阱的有源层的晶格常数和 InGaAsP 势垒层晶格常数的差别所造成的应力来改变 InGaAs 阱层的价带轻、重空穴带的相对位置，使得在低注入电流密度下就可得到有效的粒子数反转，同时排除了价带间的吸收和减小了 Auger 复合。因而可以降低激光器的阈值和提高器件的微分量子效率。最近，美国 AT&T 贝尔实验室用 1.5μm InGaAs/InGaAsP 应变量子阱 DFB 激光器在镀了消反–高反（AR–HR）膜后，得到了 100mW 的直流输出功率，量子效率达到 30%，主、边模比高达 45dB[65]。看来，这是今后一个重要的器件发展方向。

9 结束语

本文从耦合波理论出发，以概念理解为主、数学推导为辅，较系统地分析了内光栅反馈型激光器的选模特性，由于光栅对主、边模的悬殊损耗差，很容易归纳出此类器件的特点：

（1）在高频调制下，边模增益的提高仍不足以抵消光栅的散射损耗，所以在动态条件下，内光栅反馈型激光器仍然可以保持单纵模工作。

（2）内光栅反馈型激光器的激射模式随温度的变化，只和激光器有源波导区的等效折射率随温度的变化有关。因而大大地提高了此类器件的温度稳定性。

（3）由于内光栅反馈型激光器是通过光栅反馈能量，而不再像法布里–珀罗腔激光器那样，要借助于解理腔面来反馈光能量。这就为激光器和其他光学元件的单片集成提供了可能。

本文在描述内光栅反馈型激光器的谐振特性时，尽可能使之和法布里–珀罗腔激光器进行了类比，以求引导读者既了解了光栅反馈的特点，又把握了它和普通激光器的共性。同时还指出了在高频调制时，因注入载流子的变化而引起的有效折射率的变化所造成的动态波长的漂移。通过对动态波长漂移的小信号分析，使我们在设计、制备和使用光栅反馈型激光器时，有了削弱此现象的途径。

另外，本文还就制备内光栅反馈型激光器的关键——光栅的设计和制备作了比较详细的介绍。冀以此提供有兴趣研究光栅的同志参考。

在本文的最后，着重介绍了近十年来内光栅反馈型激光器的发展和最新的成就。总的说来，这类器件的发展是和分子束外延（MBE）技术、金属有机化学淀积（MOCVD）技术，以及化学分子束外延（CBE）技术的发展、超薄层量子阱材料的研制成功以及亚微米微细加工技术的进展分不开的。在我国，自“七五”以来已用液相外延技术研制出了1.5μm DFB激光器。器件特性已接近了国际上90年代初的商品水平(寿命除外)。今后，应该尽快用MOCVD或CBE技术逐步取代LPE方法来生长无热损伤缺陷，组分均匀，光栅深度可控、外延层厚度和掺杂可控的DFB/DBR激光器用外延片，以提高器件的单模成品率和器件的稳定性，并为进一步研制应变层有源区量子阱DFB/DBR激光器创造条件，使我国的单频激光器研究与开发能在不远的将来进入世界先进水平的行列。

参考文献

[1] T. Miya, et al., Electron. Lett., Vol. 1, 4, p. 106, 1979.

[2] K. Utaka, et al., IEEE J. Quantum Electron., Vol. 17, 5, p. 651, 1981.

[3] 末松安晴“半導体レーザと光集積回路”，オーム社，1984.

[4] K. Stubkjaer, et al., Jpn J. A. P., Vol. 20, 8, p. 1499, 1981.

[5] K. Petermann, et al., Opt. and Quantum Electron. Vol. 10, 3, p. 233, 1978.

[6] Y. Suematsu, et al., IEEE J. Light Wave Technol., LT-1, 1, p. 161, 1983.

[7] H. Soda, et al., Jpn J. A. P., Vol. 18, 12, p. 2329, 1979.

[8] C. A. Burrus, et al., Electron. Lett., Vol. 17, 25, p. 954, 1981.

[9] W. T. Tsang, et al., A. P. L., Vol. 42, 8, p. 650, 1983.

[10] M. Nakamura, et al., IEEE J. Quantum Electron., Vol. 11, 7, p. 436, 1975.

[11] F. K. Reinhart, et al., A. P. L., Vol. 27, 1, p. 45, 1975.

[12] M. W. Fleming, et al., IEEE J. Quantum Electron., Vol. 17, 1, p. 44, 1981.

[13] H. Kogelnik, et al., J. Appl. Phys., Vol. 43, 5, p. 2327, 1972.

[14] A. Yariv, et al., IEEE J. Quantum Electaon., Vol. 13, 4, p. 233, 1977.

[15] S. Akiba, et al., The Trans. of the IECE of Japan, E69, 4, 385, 1986.

[16] S. Akiba, et al., IEEE J. Lightwave Technol., LT-5, 11, 1564, 1987.

[17] M. Asada, et al., IEEE J. Quantum Electron., Vol. 17, 5, p. 611, 1981.

[18] F. Koyama, et al., IEEE J. Quantum Electron., Vol. 19, 6, p. 1042, 1983.

[19] Y. Suematsu, et al., Optical Devices & Fibers Vol. 11, p. 11, 1984.

[20] S. Arai, Doctor Thesis Paper, p. 55, Tokyo Institute of Technology, 1981.

[21] L. S. Posadas, et al., IEEE J. Quantum Electron., Vol. 23, 6, p. 796, 1987.

[22] Y. Suematsu, et al., Optica Acta, Vol. 32, 9, p. 1157, 1985.

[23] F. Koyama, et al., Electron. Lett., Vol. 17, 25, p. 938, 1981.
[24] K. Kishino, et al., IEEE J. Quantum Electron., Vol. 18, 3, p. 343, 1982.
[25] K. Sekartedjo, et al., Extended Abstracts of 17th Conference on Solid State Devices & Materials, Tokyo, p. 75, 1985.
[26] C. E. Zah, et al., Electron. Lett., Vol. 24, 2, p. 94, 1988.
[27] S. Ogita, et al., Electron. Lett., Vol. 24, 10, p. 613, 1988.
[28] K. Kamite, et al., Electron. Lett., Vol. 24, 15, p. 933, 1988.
[29] G. A. Antypas, et al., J. Crystal Growth, 34, 1, 132, 1976.
[30] K. Utaka, et al., Jpn. A. P. L., Vol. 19, 2, p. 1137, 1980.
[31] R. E. Nahory, et al., A. P. L., Vol. 33, 7, p. 659, 1978.
[32] W. Streifer, et al., IEEE J. Quantum Electron., Vol. 12, 7, p. 922, 1976.
[33] H. Burkhard, et al., IEEE Proc. J. Optoelectronics, 134, 1, 7, 1987.
[34] K. Utaka, Doctor Thesis Paper, Tokyo Institute of Technology, 1981.
[35] K. Sekartedjo, et al., Electron. Lett., Vol. 21, 12, p. 525, 1985.
[36] K. Utaka, et al., Electron. Lett. Vol. 20, 24, p. 1008, 1984.
[37] B. Broberg, et al., A. P. L., Vol. 47, 1, p. 4, 1985.
[38] H. Soda, et al., Electron, Lett., Vol. 20, 24, p. 1016, 1984.
[39] K. Utaka, et al., IEEE J. Quantum Electron., Vol. 22, 7, p. 1042, 1986.
[40] H. Soda, et al., IEEE J. Quantum Electron., Vol. 23, 6, p. 804, 1987.
[41] G. Agrawal, et al., IEEE J. Quantum Electron. Vol. 24, 12, p. 2407, 1988.
[42] G. Morthier, et al., IEEE Photonics Technology Letters, Vol. 2. 6, p. 388, 1990.
[43] H. Hillmer, et al., IEEE Photonics Technology Letters, Vol. 5, 1, p. 10, 1993.
[44] A. Talneau, et al., Digest on 13th IEEE International Semiconductor Laser Conference, L-5, 218, September, 1992, Takamatsu, Japan.
[45] Y. Luo, et al., A. P. L., Vol. 56, 17, p. 1620, 1990.
[46] Y. Luo., et al., IEEE Transactions Technology Letters, Vol. 3, 12, p. 1052, 1991.
[47] W. T. Tsang, et al., Digest on 13th IEEE Internat. Semiconductor Laser Conf., B-1, p. 12, Takamatsu, Japan, Sept, 1992.
[48] M. Lax, et al., Phys. Rev., Vol. 160, 2, p. 290, 1967.
[49] C. H. Henry, et al., IEEE J. Quantum Electron., Vol. 18, 2, p. 259, 1982.
[50] S. Ogita, et al., Electron. Lett., Vol. 24, 10, p. 613, 1988.
[51] K. Kikuchi, et al., Electron. Lett., Vol. 24, 2, p. 80, 1988.
[52] Y. Sakakibara, et al., Electron. Vol. 25, 15, p. 989, 1989.
[53] H. Yamazaki, et al., OFC′ 90 San Francisco Post-deadline Paper PD. 33-1.
[54] K. Kobayashi, et al., J. Lightwave Tech., Vol. 6, 11, p. 1623, 1988.
[55] M. C. Wu, et al., A. P. L., Vol. 52, 14, p. 1119, 1988.
[56] S. Ogita, et al., Electron. Lett., Vol. 25, 10, 629, 1989.
[57] M. Okai, et al., OFC′ 90 San Francinco, THE 1.
[58] M. Kitamura, et al., IOOC′ 85 & ECOC′ 85, Venice, Italy, 1985.

[59] I. H. Choi, et al. , Jpn. J. A. P. , Vol. 26, 10, L1593, 1987.
[60] S. Tohmori, et al. , ibid, Vol. 27, 4, L693, 1988.
[61] S. Pellegrino, et al. , Electron. Lett. , Vol. 24, 7, p. 435, 1988.
[62] K. Komori, et al. , IEEE J. Quantum Electron. , Vol. 25, 6, p. 1235, 1989.
[63] M. Aoki, et al. , Electron. Lett. , Vol. 24, 25, p. 1650, 1989.
[64] J. I. Shim, et al. , 12th IEEE Internat. Semiconductor Laser Conference, Davon, Switzerland, E-2, p. 62, 1990.
[65] T. Tanbun-Ek, et al. , 12th IEEE Internat, Semiconductor Laser Conference, Davon, Switzerland, D-3, p. 46, 1990.
[66] S. Akiba, et al. , Electronics Lett. , Vol. 18, 2, p. 77, 1982.
[67] F. Koyama, et al. , Electronsic Lett. , 17, 25, 938, 1981.
[68] M. J. Adams, et al. , Semiconductor Lasers for Long-wavelength Optical-Fiber Communications Systems, Peter Peregrinus Ltd. 1987.
[69] 王圩等, 半导体学报, Vol. 13, 5, p. 279, 1992.
[70] B. Borchert et al. , IEEE Photon. Technol. Lett. , Vol. 3, 11, p. 955, 1991.

1.55μm InGaAs/InP 单模激光器的研究和发展

王 圩

（中国科学院半导体研究所，北京，100083）

摘要 本文评述了近两年来有关1.55μm单模激光器研究的报道。通过介绍一些有代表性、有特色的1.55μm条形InGaAsP/InP双异质结激光器，归纳出几种控制侧向模式的类型，并对它们做了比较。

1 研究1.55μm单模激光器的意义

众所周知，单模石英光纤在1.55μm波长的传输损耗已低到0.2dB/km[1]，多模梯度光纤在1.55μm处的传输损耗也低到0.29dB/km[2]，这已接近理论值。

石英光纤在1.55μm波段的色散也比较低，是15ps/nmkm。另外，通过控制单模光纤的波导色散也可以使单模光纤对1.55μm波长的总色散为零[3]。

所以，1.55μm波段是石英光纤的超低损耗、低色散的光通信窗口。因而1.55μm单模激光器是实现大容量(100Mbit/Sec)、长距离(100km)光通信最有前途的光源之一。

作为光通信的信号源，激光器的光谱特性是很重要的。因为通过光纤的高速率脉冲信号的展宽是和纵模包络宽度成正比的，而光纤的耦合率以及信号的线性度又和横模的配置有关。

所以，研制1.55μm激光器，控制它的稳定单模输出有很大的实用价值。

2 液相外延生长1.55μm InGaAsP/InP双异质结构中的回溶问题

2.1 回溶的起因

回溶是指在液相外延过程中，已生长出来的1.55μm InGaAsP四元层又被随后生长InP的母液溶解去一部分或全部的现象。

当InGaAsP四元层表面和InP母液接触时，整个体系不是一个热力学的稳定态。它有调到自身平衡的趋势，这就要求在固-液交界面附近的固、液组分要互相向对方靠拢。为此，先要将四元层的表面溶解一部分，以便为In-P溶液提供它所欠缺的Ga和

原载于：半导体杂志，1983，8（2）：14-22.

As 原子。这种溶解过程一直要延续到溶液中的组分达到新的平衡为止。随着波长向长波方向移动，也就是随着四元材料中 As 组分的加大，这个新溶液就愈难达到饱和态。已知 InGaAsP 的液相生长是受 P 的扩散限制的，InGaAs 的液相生长是受溶体中 Ga 的扩散限制的。因而可以推断：以 In 为溶剂，Ga、As、P 为溶质的溶液中，As 的扩散速率最快。一旦 As 被溶解到溶液中它将迅速向远离交界面的地方扩散开去。所以，波长愈长（四元材料中 As 组分愈高），在固–液交界处的溶液就愈不易生成 As 的饱和溶液，因而回溶现象也就愈严重。

2.2 解决办法

原则上就是设法以尽量少的四元材料溶解来尽快达到新的固–液平衡态。

为此，1979 年日本的武藏野通信研究所用低温（592℃）生长法[4]，美国麻省理工学院的谢肇金先生采用大过冷度法[5]，日本东京工业大学和日本国际电报电话公司采用抗回溶层结构[6]，相继得到了 1.5μm 室温连续相干的长波长激光器。

自 1979 年解决了液相外延中 1.55μm 有源区的回溶问题以后，各种以降低阈电流和实现稳定单模输出为目标的 1.55μm 条形激光器相继有了报道。从波导类型看，它们分属于增益波导和折射率波导两大类。下面分别就这两大类中有代表性、有特色的结构简要做介绍。

3 1.55μm 单模激光器的研究现状

3.1 增益波导结构

这类结构属于非自建波导结构，即在外延过程中没有在 pn 结平面处引入任何光学或电学的差异。当有电流注入时，才在注入电流所限定的条形区内外引入折射率分布和光学增益分布的差别。当有电流注入时，电流所限定的条形区内外的折射率呈反波导配置。条形区的侧向模式（为了和垂直于 pn 结的横模相区别，把平行于 pn 结的横模称为侧向模式）由注入电流所引起的光学增益来限制，所以称作增益波导结构。质子轰击条形、扩散条形、氧化物条形以及各种电极条形都属于这一类结构。

在这一类中，最近的报道有日本武藏野通讯研究所在 1981 年制备的深扩锌窄平面条形[7]，其结构如图 1 所示，是在 602℃低温下生长的。它是用深扩锌和 InP 上限制层的反向 pn 结隔离来限制载流子的扩展，用窄平面扩锌来缩小有源区的条宽。当条宽是 6μm 时，在 1.2 倍阈值下得到了基横模输出。当电流再增大时，转为多模。这表明增益分布随注入电流在改变，所以模式不稳定。

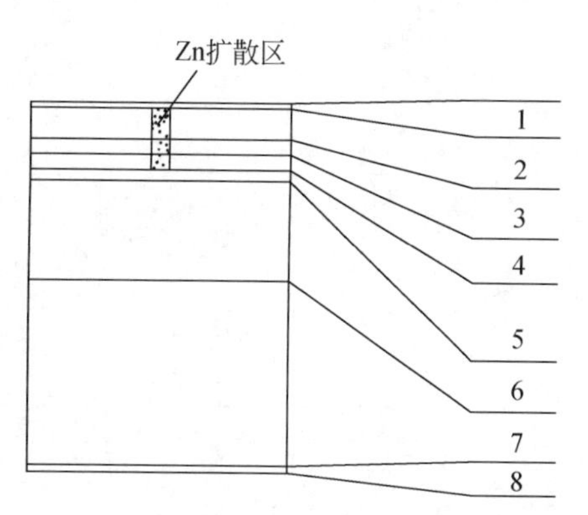

图1　深扩锌平面条形 InP/InGaAsP/InP 激光器的结构。图中数字所指区域分别表示：1. Au、Zn；2. n-InGaAsP（Sn），~1μm；3. p-InP（Zn），~0.5μm；4. n-InP（Sn），~0.5μm；5. 非掺杂 InGaAsP 有源层，~0.2μm；6. n-InP（Sn），~4.5μm；7. n-InP，衬底；8. Au-Ge-Ni。

虽然增益波导结构的模式输出特性不大稳定，但制备工艺简单，在1.55μm 激光器的初期研制阶段多采用这类结构。迄今为止，所见到的室温连续工作时间最长的1.55μm 激光器还是增益波导结构，这就是日本国际电报电话公司在1981 年制备的万小时寿命的氧化物条形结构[8]。

3.2　自建折射率波导结构

这类结构是利用在外延中就形成的条形波导区内外材料的差别、有源层厚度的差别、波导层厚度的差别以及条形波导区内外损耗的差别等所引入的条形区内外有效折射率差来限制侧向模式。下面举两个有特色的实例：

1）*抗回溶层——平凸波导层条形结构*（BL-PCW）

日本 KDD 研究和发展实验室的 Sakai 在 1981 年报道了一种在沟道衬底上用两相法生长的带抗回溶层和四元波导层的所谓 BL-PCW 条形结构[9]。图 2 绘出了它的结构示意图和各层的折射率分布示意图。

这种结构就是通过在条形区内外波导层厚度的不同而建立起来的有效折射率差来限定侧向模式的。

对于图 2 所示的五层结构，可以逐层写出 TE 模的解，再利用条形区内外波导层厚度的差别和其他共同的边界条件，得到条形区和侧向模式限制区的特征方程。用数值法分别定出两个区的传播常数 β，从而求得两个区的有效折射率 $n_e=\frac{\beta}{k}$。Sakai 用数值法定出当有源层和抗回溶层的厚度在 0.1–0.3μm 范围内，波导层的厚度在 0.1–0.5μm 范围内变化时，条形区内外的有效折射率差 $n_{1e}-n_{2e}$是 1×10^{-2}量级。对于这样大的折射率差值，在一定的注入电流密度下是可以得到稳定的侧向模式的。计算表明，当抗回溶层适当加厚时，波导层的单模沟道宽度可以相应加宽。图 3 给出了当有源区厚度和沟道深度都固定为 0.2μm 时单模沟道宽度随抗回溶层厚度增厚而加宽的计算曲线。当抗回

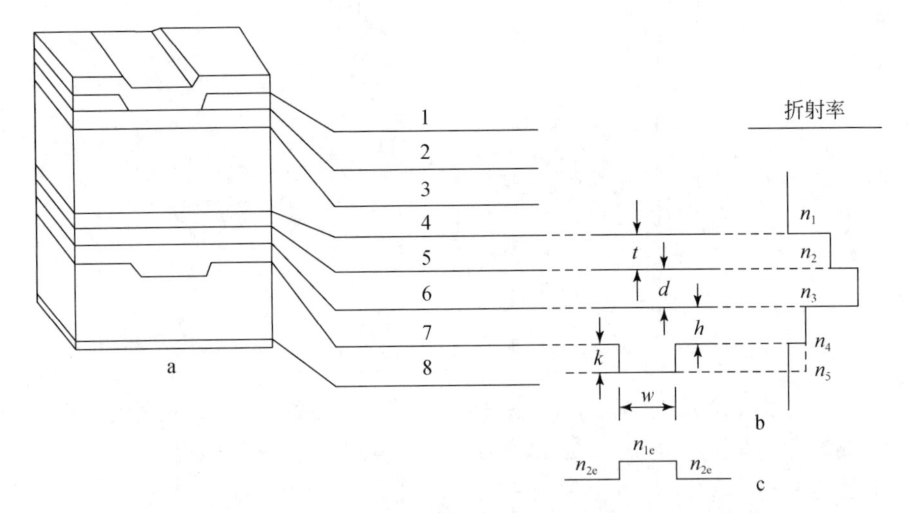

图 2　BC-PCW 条形结构示意图。图中数字所指区域分别是：1. 接触层；2. SiO_2；3. p-InGaP 层；4. p-InP 上覆盖层；5. p-$In_{1-x}Ga_xAs_yP_{1-y}$缓冲层；6. $In_{1-x}Ga_xAs_yP_{1-y}$有源层；7. n-$In_{1-x}Ga_xAs_yP_{1-y}$波导；8. n-InP 衬底。

溶层加厚时，阈值电流将有所提高。为了估计抗回溶层加厚对阈值电流的影响，有人曾估算了在 $t=0$，0.1，0.2，0.3μm 时的光学限制因子[10]，图 4 给出了以 t 为参变量的限制因子随有源层厚度而变化的曲线。由图 4 可知，在一定的厚度范围内（0.1–0.3μm），抗回溶层厚度的变化对限制因子影响不大，因而可以用适当加厚抗回溶层来加宽单模的沟道条宽。这就为器件的制备工艺带来了方便。

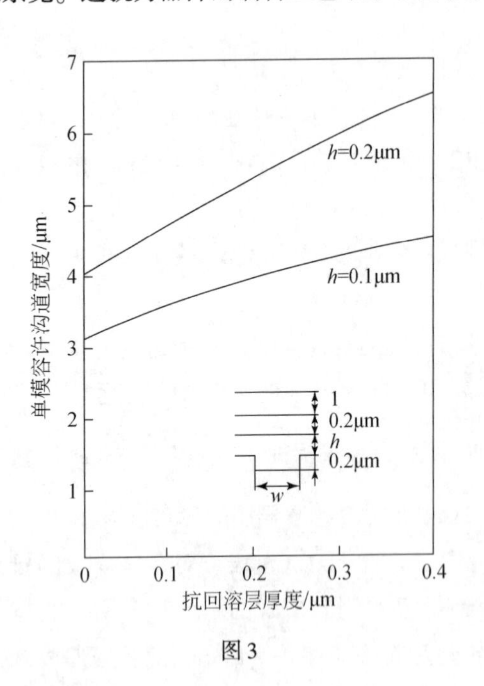

图 3

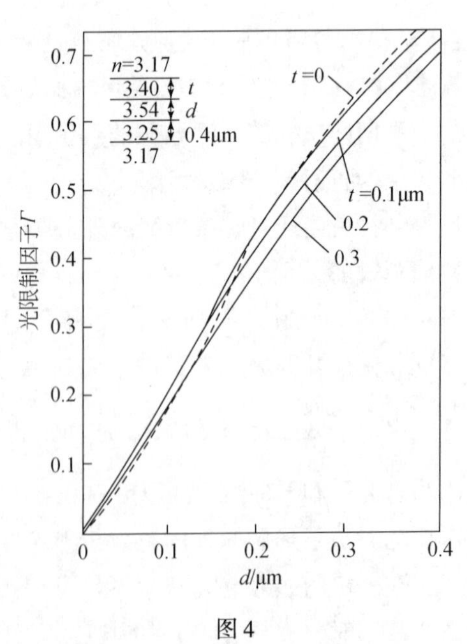

图 4

Sakai 等制备了衬底沟道条宽 $W=4\mu m$ 的 1.55μm BL-PCW 型激光器。在 25℃连续工作寿命已超过 2000 小时。该器件阈值电流是 95mA，在 1.2 倍阈值下是单纵模输出，在 2 倍阈值下仍然是基横模，电流再高就转为多模。

2）脊形波导结构

这是贝尔实验室的 Kaminow 和 Nahory 等在 1979 年报道的一种 1.55μm 自建波导结构[11]，图 5 给出了它的结构示意图。它是先外延生长出五层结构，然后用离子铣和 InP 的选择性腐蚀液一直刻蚀到抗回溶层的边界而形成图 5 所示的脊形结构。实验证明，如果“脊”的宽度 W 足够窄（如 10μm 以下），在一定的注入电流密度下，“脊”和两侧的“谷”所引入的正折射系数差 Δn_i 可以控制侧向模式。但是当注入的电流密度不断增大时，由载流子密度增加所引起的负折射系数差 Δn_e 可以和 Δn_i 相抵时，脊形结构的折射率波导作用也就不存在了，这就又构成了电极条形情况。因而随着注入电流密度的增大，模式变得又不稳定了。这说明单纯用改变波导层的厚度或改变条形波导区的形状而建立起来的有效折射系数差，仍要受到注入电流的限制。为了消除这种限制又发展了掩埋条形结构。使条形有源区不仅在垂直于结平面方向，而且在平行于结平面的方向也被折射率低的介质所包围。这种结构实际上也是自建折射率波导结构，但由于它的重要性，我们把它单独列出来加以研究。

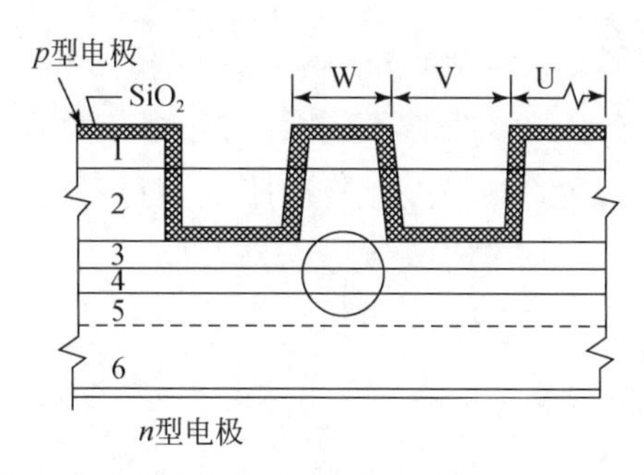

图 5　1. p-InGaAsP　2. p-InP　3. p-InGaAsP　4. InGaAsP　5. n-InP　6. n-InP 衬底

3.3　掩埋条形结构

图 6 给出了在垂直于光的传输方向所截取的掩埋条形结构截面示意图。

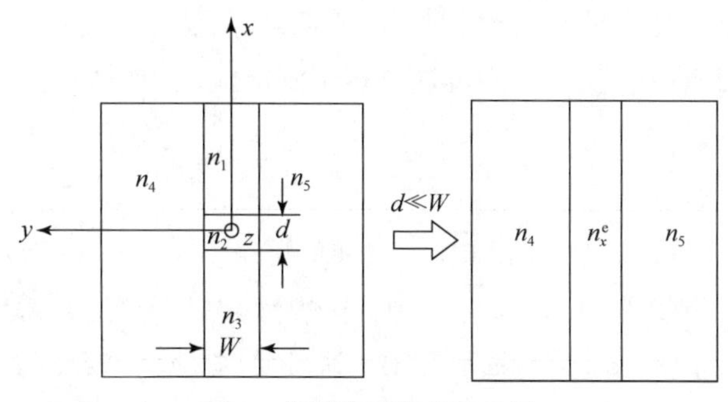

图 6　掩埋条形结构示意图

当条形区的宽度比有源区的厚度大很多时，即当 $d \ll W$ 时，可把条形区（沿 x 方向）当作一个没有侧向限制的平行于 pn 结平面的三层平板波导来处理。那么这个条形区的有效折射率 n_x^e 是

$$n_x^e = \bar{\beta}_x / k_o$$

其中 $\bar{\beta}_x$ 是当只有 $n_1 - n_2 - n_3$ 三层介质存在时光的传播常数，而 k_o 是有源层带隙波长的光在真空中的波数。在已知条形区的有效折射率 n_x^e 以后，我们可把 $n_4 - n_x^e - n_5$ 当作是一个垂直于结平面的三层平板波导来处理。如条形区两侧都是 InP，即 $n_4 = n_5 = n_{InP}$，则按照三层对称平板波导的基模条件，其最大容许条宽是

$$W = \frac{\lambda_0}{2\sqrt{n_x^e} \cdot \sqrt{\Delta n}} \tag{1}$$

对于 1.55μm 波长的光，InP 的折射率是 $n_{InP}(1.55) = 3.16$。而对于有源层厚度 $d = 0.2\mu m$ 的条形区，可计算出它对 1.55μm 波长的有效折射率 n_x^e（1.55）= 3.27，则条形区内外的折射率差 $\Delta n = n_x^e - n_{InP} = 0.11$。把 n_x^e 和 Δn 值代入（1）式，求出当有源层厚 0.2μm 时单模的最大容许条宽是 0.9μm。这表明如果用 InP 作为侧向模式的限制区，则 1.55μm 掩埋激光器的条宽要小于 1μm 才能得到基横模。这样窄的尺寸在工艺上是一个难题。

另外，在生长掩埋条形时，常常要外延两次，这又会给工艺带来一定困难。

目前，有关 1.55μm 掩埋条形激光器的报道已很多，大体上可归纳为台面掩埋条形和沟道掩埋条形两类。它们在不同程度上克服了上面提到的困难。下面分别介绍几个有代表性的结构：

1）倒梯形台面掩埋条形

这种结构要用两次外延完成。以东京工业大学 1980 年报道的 1.6μm 倒梯形台面掩埋条形[12]为例，其结构如图 7 所示。首先照通常的外延生长出一个五层结构外延片。然后在外延面<011>方向光刻化学腐蚀出条宽 5-8μm 的倒梯形台面，随后再进行二次外延而成掩埋条形。这种倒梯形可以得到 2μm 窄条底边。由图 7 可知，InP 不仅是侧向模式的限制区，而且对注入电流起着反向 pn 结隔离的作用。由于条宽很窄和良好的电流限制，使室温连续相干的阈电流低到了 25mA。在三倍阈值下仍然是单横模输出。日本的 NTT 武藏野通研几乎在同时用低温（602℃）法生长了不带抗回溶层结构的 1.55μm 倒梯形台面掩埋条形[20]。室温连续相干阈电流是 25mA。在几倍阈值下也仍然是单横模输出。

2）平台面掩埋条形

日本电气最近研制了一种所谓 PBH 平台面掩埋条形结构[13]。图 8 给出了这种结构的示意图。它也要由两次外延来完成。先用溴-甲醇在第一次生长的外延片上沿<011>方向腐蚀出宽 2-3μm 高 2μm 的台面。在第二次外延时，根据溶质耗尽技术，当台面宽度<5μm 时，由于台面两侧 InP 的快速生长，消耗了过量的磷，使台面上方 In 溶液里

的磷被“耗尽”而不能有 InP 的外延生长。这样，在二次外延的起始阶段只有 p-InP 和 n-InP 在台面侧向的生长。由图 8 可知，这种结构有两个反向 pn 结隔离，所以电流限制好，室温连续相干阈电流可低到 13mA。这是迄今为止 1.55μm 条形激光器所能达到的最低阈值。在几倍阈值下仍然是单横模输出。

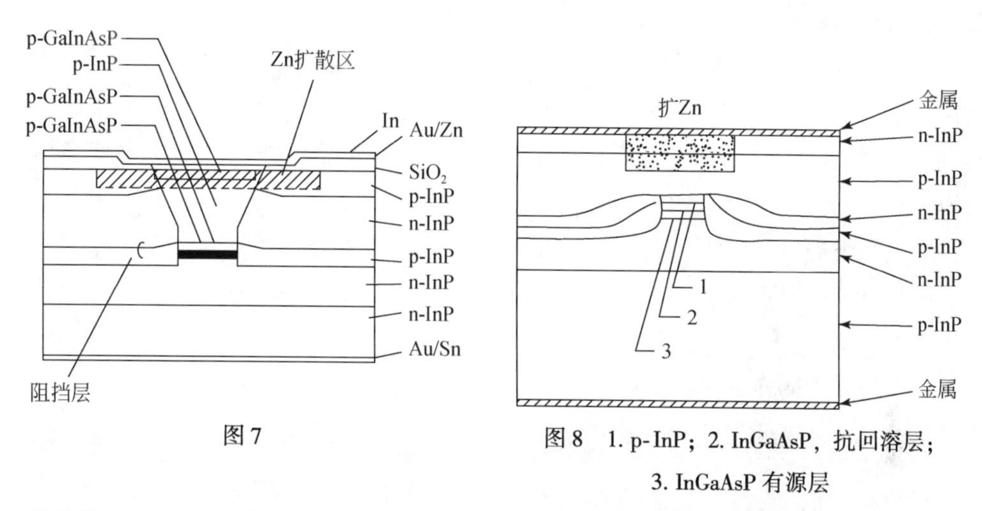

图 7

图 8　1. p-InP；2. InGaAsP，抗回溶层；3. InGaAsP 有源层

从性能上看，台面掩埋条形是不错的，但条形区要窄而且必须进行两次外延，工艺比较复杂，因而重复性差。

为了使掩埋条形用一次外延完成，人们又进行了衬底沟道掩埋条形的尝试。即先对衬底进行腐蚀加工，然后再外延，使条形有源区被镶嵌在 InP 之中。下面给出两个沟道衬底掩埋条形的例子。

3）沟道衬底掩埋条形

英国的 British Telecom Research Lab. 在 1981 年报道了一种 1.54μm 的沟道衬底弯月掩埋条形[14]，它的结构如图 9 所示。

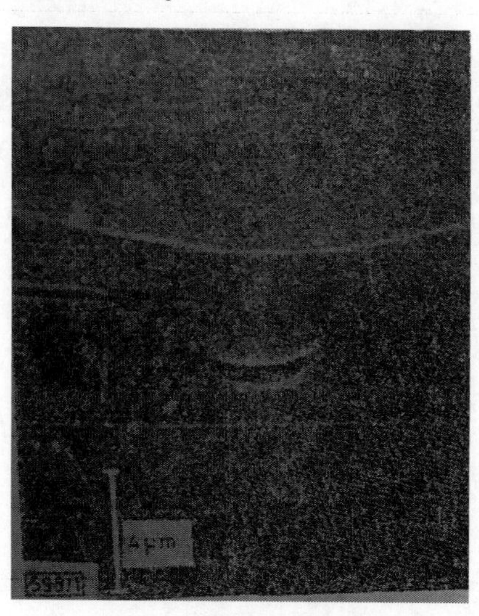

图 9

在 InP 衬底上沿<011>方向先腐蚀出宽 4–5μm，深 3μm 的平底 V 型槽，然后外延。使有源区呈弯月形被隔离生长在衬底的沟槽内。注入电流被沟槽两边的大带隙 InP 限制在沟槽里。这种结构的室温阈电流比较低，是 45mA。虽然弯月形有源区自身厚度的差别可以引入一个正的有效折射率差，从而使有效条宽变窄，但在 4–5μm 的衬底沟道宽度下，仍然不是单模输出。

另外，日本武藏野电通讯研究所用大过冷度法，制备了不带抗回溶层的 1. 55μm 沟道衬底掩埋条形[15]，其结构如图 10 所示。由于衬底槽的深度浅，只有 1–2μm。弯月形有源区没能嵌在衬底槽内，所以电流限制不好，阈电流是 85mA。从近场图看，不是单模。

以上两个沟道衬底掩埋条形的结果并不理想。虽然避免了两次外延，但却得不到低阈值和单模输出。看来，只在衬底上变花样，单纯追求一次外延的程序反而束缚了手脚。

日本的富士通在 1981 年报道了一种两次外延的 1. 3μm V 型槽掩埋条形[17]。由于它不再受一次外延的限制而得到了比较好的结果。图 11 给出了这种结构示意图。

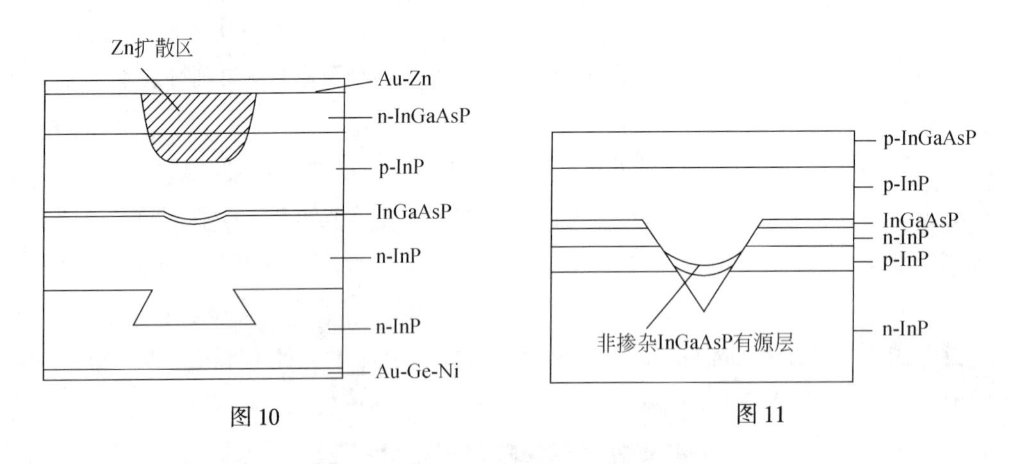

图 10　　　　图 11

这种结构是先在（100）InP 衬底上外延生长一层厚 1μm 的 p-InP，然后沿<011>方向光刻腐蚀出侧面为｛111｝B 面的 V 型槽，然后进行二次外延而成。由图 11 可知，在弯月形有源区的两侧正好是一个反向的 pn 结，形成了对注入电流的有效限制。室温连续激射的阈电流低到了 9mA。在 3 倍阈值下仍为单横模输出。但在稍高于阈值电流时就呈现多纵模模式，这种情况几乎是弯月形有源区共同存在的问题，其原因有待进一步研究。

4 改进 1. 55μm 单模激光器的途径

目前，虽然用台面掩埋条形或者沟道掩埋条形都可以得到低阈值、单横模的 1. 55μm 激光器。但侧向模式限制区都是用的 InP，由于 InP 和有源区的折射率差大，使得有源区的单模容许条宽很窄，大约 1μm。这给外延工艺增加了困难，重复性必然大大降低。为了解决这个问题，日本东京工业大学的伊贺提出了一种用四元材料（折射率介于 InP 和有源区有效折射率之间）取代 InP 作为限定侧向模式材料的所谓 3-D 模型[16]。

4.1 3-D 型掩埋波导结构

伊贺以三层平板波导的有效折射率法为基础，对 3-D 型结构做了分析计算。如果侧向模式区（见图 6）选用 $In_{1-x}Ga_xAs_yP_{1-y}$，则侧向单模的容许条宽可用下式表示：

$$W_s=\lambda_g/2 \cdot \{2n^e(y,\lambda_g)[b-y'/y]\Delta n(\lambda_g)\}^{-1/2} \tag{2}$$

其中，λ_g 是有源区的带隙波长；$n^e(y,\lambda_g)$是条形区(见图 6)对波长 λ_g 的有效折射率；y 和 y'分别是 $In_{1-x}Ga_xAs_yP_{1-y}$ 有源层和 $In_{1-x}Ga_xAs_{y'}P_{1-y'}$ 侧向模式限制区材料的 As 原子分数；另外，b 和 Δn 表示为

$$b\equiv\frac{n^e(y,\lambda_g)-n_{InP}(\lambda_g)}{n_2(y,\lambda_g)-n_{InP}(\lambda_g)} \tag{3}$$

$$\Delta n=n^e(y,\lambda_g)-n_4(y',\lambda_g) \tag{4}$$

$$n_4=n_5=n_{InP}(\lambda_g)+[n_2(y,\lambda_g)-n_{InP}(\lambda_g)]y'/y \tag{5}$$

式（2）中的 y'只对应于那些折射率不大于条形区有效折射率的四元组分。否则就会出现逆波导 y'的最大容许值由 $y'_{max}=by$ 决定。

对于有源层厚度 $d=0.2\mu m$ 的 1.55μm 条形波导区，伊贺算出 $y'_{max}=0.18$ 时相应的单模最大容许条宽是 3μm。这比原来用 InP 作为侧向模式限制区的宽度大两倍以上，达到了工艺允许制备的宽度。当然，上面提到的条宽是从波导分析计算出的宽度。而对于激光器来说，还要看增益系数。如果高阶模的增益很小，则单模的容许条宽将比计算值稍宽。但无论如何，计算值是不受注入电流影响的稳定单模条宽。

3-D 模型使得在平行于 pn 结平面的波导增加了一个自由度，这大大有助于掩埋条形激光器的发展。但是，要使 3-D 模型实际可用，还需做一定的改进。这是因为在实际外延中我们很难严格控制有源层的厚度。比如外延层厚度有±0.05μm 的变化是很平常的，但这种有源层厚度的波动将会使条形区的有效折射率产生 0.02 的变化，而这种有效折射系数的变化将影响侧向模式限制区组分的选择，而且这种选择的范围随着条宽的增宽而变小$\left(\text{由式(2)和式(3)可知 } \Delta y'/y\propto\frac{1}{W_s}\right)$。所以，尽管我们可以按 3-D 模型设定条宽 W_s 和限制区组分 y'等，但实际上往往由于有源层厚度的变化而得不到预期的和重复的结果。解决的办法是设法放宽对侧向模式限制区组分 y'的选择范围。为此，中国科学院半导体研究所的彭怀德同志分析了日立公司的 K. Saito 在 AlGaAs 埋层器件中提到的所谓 BOG 四层结构[18]，把它推广到 InGaAsP/InP 长波长激光器中，在做了仔细的计算之后，提出了一种 3-D 的改进型——埋层光波导结构。

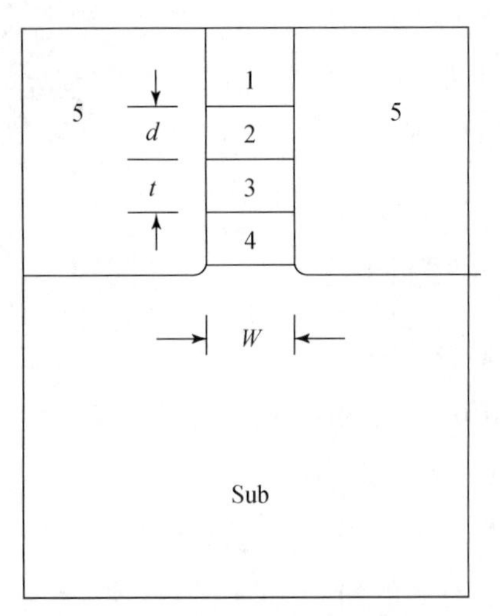

1. InP，上覆盖层，用 n_{InP} 表示；2. $In_{1-x}Ga_xAs_yP_{1-y}$ 有源层，用 n_a 示；3. $In_{1-x}Ga_xAs_zP_{1-z}$，波导层，用 n_w 示；4. InP 缓冲层，用 n_{InP} 示；5. $In_{1-x}Ga_xAs_{y'}P_{1-y'}$ 阻挡区，用 $n_{Ⅱ}$ 表示，$n_a>n_w>n_{Ⅱ}>n_{InP}$

图 12　埋层光波导结构示意图

4.2　埋层光波导激光器

有关“埋层光波导激光器”的详细内容，请参见彭怀德同志文章[19]，这种结构的示意图如图 12 所示，它和 3-D 型的差别是在条形区内的有源层和 InP 缓冲层之间增加了一个四元 $In_{1-x}Ga_xAs_zP_{1-z}$ 波导层。调整这个波导层的厚度 t 和组分 z，可增大条形区的有效折射率 n^e，从而扩大了侧向四元限制区组分 y' 的选择范围。这样，即使有源层厚度有点波动（±0.1μm），也不会影响结果的重复性。计算表明，当有源层厚度选用 0.3μm，波导层选用 $\lambda_g=1.34\mu m$ 的四元材料，则单模的容许条宽可增加到 3.5μm，这相当于用 InP 做侧向限制区时条宽的 4 倍。

由此可知，采用这种埋层光波导结构，无须精确选择侧向限制区的组分就可使单模容许条宽有较大的增宽，因而是一种工艺上切实可行的结构。

目前，关于 1.55μm 单纵模激光器的报道还较少，问题也较复杂。限于篇幅，本文除顺便提到的一些单纵模的实验结果之外，主要侧重介绍了控制稳定单横模的问题。总之，在 1.55μm 波段的 InGaAsP/InP 双异质结激光器中，掩埋条形是控制稳定单横模输出的最有前途的结构，而其中的埋层光波导结构是在目前工艺条件下最切实可行的模式。

在本文编写过程中，曾得到彭怀德同志的热心帮助，这里顺致谢意。

参 考 文 献

[1] T. Miya et al., Electron. Lett., 15, 106-108(1979).

[2] Opt. Commun. Conf., Post Deadline Paper 19. Amsterdam, Sept., 17-19, 1979.

[3] L. G. Cohem et al. ,Electron. Lett. ,15,334(1979).
[4] H. Kawaguchi et al. ,Electron. Lett. ,15,21,669(1979).
[5] J. J. Hsich,Appl. Phys. Lett. ,37,1,(1980).
[6] Y. Suematsu,Opt. Commun. Conf. ,16. 3 Amsterdam (1979).
[7] H. Kawaguchi et al. ,Appl. Phys. Lett. ,38,12,957 (1981).
[8] Y. Noda et al. ,Jpn. J. Appl. Phys. ,20,5,977(1981).
[9] K. Sakai et al. ,IEEE. J. Q. E. ,QE-17,7,1245(1981).
[10] IECE Japan Sept,1980 paper,394.
[11] I. P. Kaminow et al. ,Electron. Lett. ,15,23,763(1979).
[12] Y. Suematsu et al. ,Electron. Lett. ,16,10,349(1980).
[13] I. Mito et al. ,Electron Lett. ,18,1,2,(1982).
[14] W. J. Devlin et al. ,Electron Lett. ,17,18,653(1981).
[15] S. Takahashi et al. ,Electron. Lett. ,16,24,922(1980).
[16] K. Iga,Applied Optics,19,17,2940(1980).
[17] H. Ishikawa et al. ,Electron. Lett. ,17,13,465(1981).
[18] K. Saito et al. ,IEEE. J. Q. E. ,QE-16,2,205(1980).
[19] 彭怀德,埋层光波导条形激光器的模式分析,半导体学报.
[20] H. Nagai et al. ,Jpn. J. Appl. Phys. 19,4,L218(1980).

室温连续激射的 1.55μm 质子轰击条形 InGaAsP/InP 激光器

王　圩，张静媛，田慧良，孙富荣

（中国科学院半导体研究所，北京，100083）

摘要　制备了室温连续工作的 1.55μm 质子轰击条形 InGaAsP/InP 双异质结激光器。室温下的最低阈电流密度是 2000A/cm^2。平均归一化阈电流密度是 5000A/(cm^2 · μm)。室温附近的阈值特征温度是 48K。在 1.3 倍直流阈值下呈单纵模工作。

众所周知，对于以石英为基质的光导纤维，在 1.0-1.7μm 波长范围内传输损耗低。在这一波长范围内最有前途的光源是发射波长为 1.55μm 的 InGaAsP/InP DH 激光器，因为对于单模光纤在 1.55μm 波长的传输耗损耗已低到 0.2dB/km，对多模光纤也低到了 0.29dB/km。实验证明，在适当缩小光纤的芯径、增大芯径和包层之间的折射率差之后，也可使石英光纤在 1.5-1.6μm 的最低损耗波长范围内，色散也为零。这对发展长距离、大容量的光纤通信是极为有用的。因此，尽管在用液相外延方法制备 1.55μm InGaAsP/InP 双异质结激光器时，存在着 1.55μm InGaAsP/InP 四元有源层被随后生长的 InP 限制层母液溶掉的困难，但人们对这一波长器件的兴趣仍有增无减，特别是在液相外延中采用了低温生长技术、大过冷度技术以及生长抗回溶层结构之后。近几年来为了降低阈电流和达到室温下稳定的单横、纵模工作，已经进行了多种结构的 1.5-1.6μm 条形 InGaAsP/InP DH 激光器的研制[1,2]。

本文介绍我们在 1.55μm InGaAsP/InP 质子轰击条形激光器研制中的一些实验结果：有源层的液相组分、外延层晶格匹配度的调整、掺杂的控制以及质子轰击条形激光器的制作和激射特性等。

1　实验

我们采用两相溶液技术，在通常的滑动石墨舟内生长了带抗回溶层的五层结构外延片。其结构示意图和逐层参数如图 1 所示。其典型液相生长温度程序如图 2 所示。

原载于：应用激光，1983，3（6）：38-42.

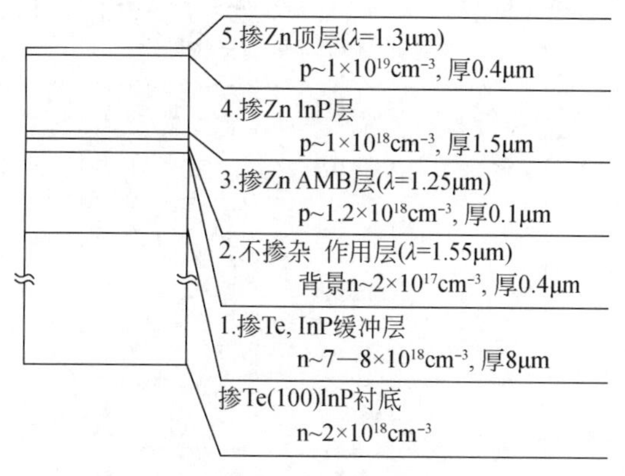

图 1 InGaAsP/InP 五层结构示意图

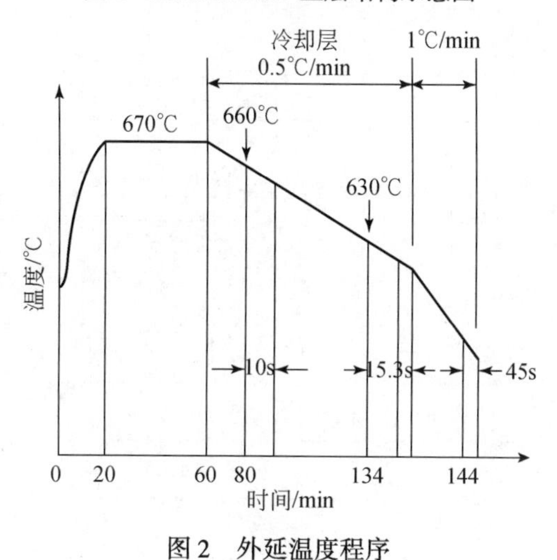

图 2 外延温度程序

2 InGaAsP/InP 双异质结液相外延中的几个问题

1）有源层液相组分的选择

考虑到在制备 InGaAsP/InP DH 外延片的过程中，p 型掺 Zn InP 限制层中的 Zn 的扩散，使得激光器的发射波长实际上和有源区四元材料的导带和受主能级之间的跃迁辐射相对应，同时参考了文献［3］的数据，从而实验定出在 631℃下生长的 1.55μm 有源区的液相组分是：$X_{p}^{1}=0.0069$，$X_{As}^{1}=0.0550$，$X_{Ga}^{1}=0.0174$。表 1 列出了按这一液相组分生长的一组掺 Zn 和另外一组不掺 Zn 的四元材料的光荧光数据。由此估计出在 1.55μm 有源层中 Zn 的受主能级位置大约是距价带顶 16MeV 处，这个值和文献［4］基本相符。表 2 列出了上述有源区液相组分制备的激光器的电荧光峰值波长和激射波长的典型数据。由表 2 可知，我们选用的有源区液相组分是合适的。

表1　相同的液相组分（$X_p^1=0.0069$，$X'_{As}=0.0550$，$X_{Ga}^1=0.0174$）不掺 Zn 和掺 Zn 的四元材料的光荧光峰值

	样品编号	光荧光峰值波长/μm	平均值/μm
不掺 Zn（本底电子浓度～2×10^{17}/c. c）	UDS-07	1.51	1.51
	LMS-01	1.50	
	LMS-02	1.51	
	LMS-09	1.51	
	LMS-10	1.50	
掺 Zn（p～5×10^{17}/c. c）	LQ-27	1.54	1.54
	LQ-28	1.54	
	DS-14	1.53	

表2　典型 1.55μm 激光器的室温电荧光和激射波长一览表

编号	电荧光峰值波长/μm	激射波长/μm	备注
LQ-030	1.54	1.56	脉冲激射
LQ-035	1.54	1.56	脉冲激射
LQ-047	1.56	1.56	脉冲激射
LQ-048	1.55	1.55	室温连续激射

2）InGaAsP/InP 异质结构晶格匹配度的调整

在实验中用固定液相溶液中 Ga 原子分数而增减溶液中 As 的原子分数来得到“零失配”四元层的液相组分。实验用 CuKα_1 的 X 射线在外延层的（400）晶面上衍射而同时测得四元层和 InP 层的双晶衍射迴摆曲线，由它们的峰值衍射角差定出四元层对 InP 层的晶格失配度。图 3 和图 4 分别画出了有源层和抗回溶层的晶格失配度随 As 原子分数的变化曲线。由这些曲线实验定出了“零失配”的有源层组分是 $X_{Ga}^1=0.0174$，$X_{As}^1=0.0550$、抗回溶层的液相组分是 $X_{Ga}^1=0.0072$，$X_{As}^1=0.0406$。表 3 列出了晶格失配度随 As 原子分数变化的实验点数据。由表可知，当选取“零失配”组分时，晶格失配度的绝对值都在 0.03% 范围以内。表中也列出了 InGaAsP 顶层的晶格失配度数据，考虑到当液相组分不变而生长温度降低后晶格常数要增大的趋势，以抗回溶层组分做基础，用内插法实验确定顶层“零失配”的组分是 $X_{Ga}^1=0.0072$，$X_{As}^1=0.0398$。图 5 给出了当三个四元层都采用“零失配”组分时生长的正式五层结构双晶衍射迴摆曲线，其总的晶格失配度绝对值小于 0.04%。

表 3　晶格匹配度实验数据

层别	样品编号	液相组分/%		晶格失配度 $\Delta a_1/a_1$
		X_{Ga}^{l}	X_{As}^{l}	
有源层	LMS-09	1.74	5.45	-5.5×10^{-4}
	LMS-12	1.74	5.50	$+2.7\times10^{-4}$
	LMS-02	1.74	5.55	$+9.2\times10^{-4}$
	LMS-10	1.74	5.65	$+2.0\times10^{-3}$
AMB 层	LMS-07	0.72	3.91	$-3.2+10^{-3}$
	LMS-03	0.72	3.99	-1.6×10^{-3}
	LMS-04	0.72	4.01	-1.6×10^{-3}
	LMS-11	0.72	4.06	$\pm2\times10^{-4}$
	LMS-06	0.72	4.11	$+9\times10^{-4}$
顶层	LMS-13	0.72	3.95	-8×10^{-4}
	LMS-11	0.72	3.98	$+3.3\times10^{-4}$
	LMS-16	0.72	4.01	$+8.8\times10^{-4}$

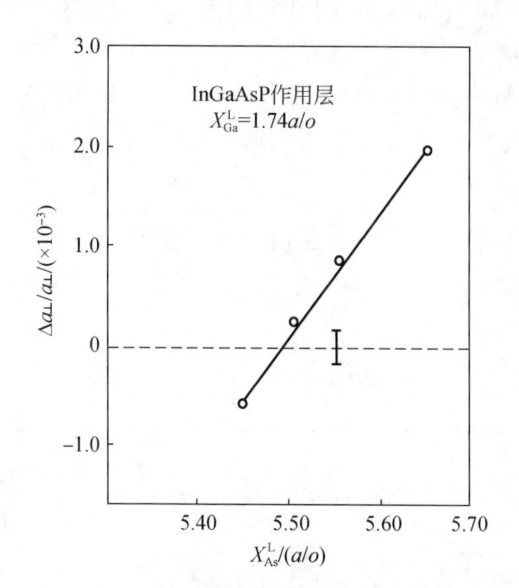

图 3　有源层晶格失配度随 As 原子分数的变化

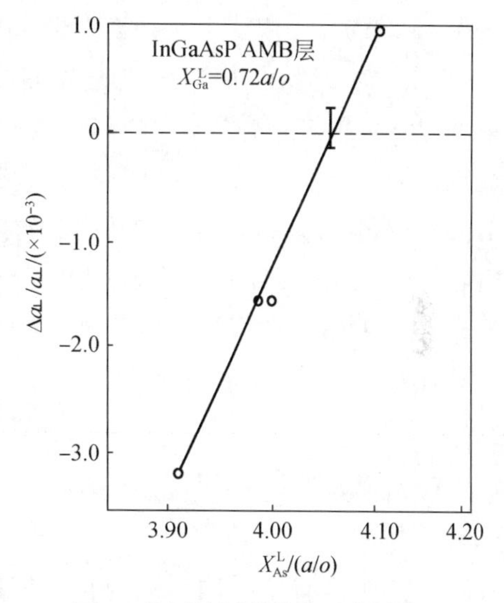

图 4　抗回溶层晶格失配度随 As 原子分数的变化

3）外延层的掺杂

我们选 Te 作为 InP 缓冲层的施主杂质，选 Zn 作为抗回溶层、上限制层和四元顶层的受主杂质。如前所述，虽然有源层并不有意掺杂，但在液相外延过程中快扩散杂质 Zn 将从抗回溶层扩散入有源层内，甚至扩散到 InP 缓冲层内，所以控制 Zn 的掺杂是很重要的。对于抗回溶层中的掺 Zn 量选择有以下考虑：

（1）通常，由于 Si 的沾污，不有意掺杂的四元层是 n 型。

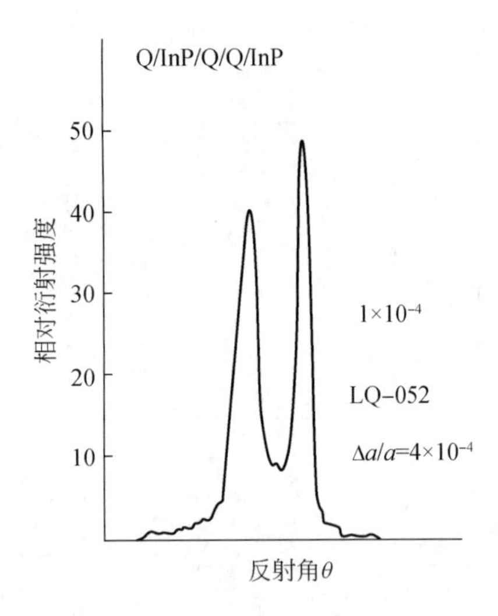

图5　五层结构外延片X射线衍射迴摆曲线

(2) 为了避免出现远结，InP缓冲层的掺Te量应足够高（我们选用n ~ 7×10^{18}/c. c）以确保pn结的位置被截止在有源层和InP缓冲层的异质结界面处。

(3) 既然n型InP缓冲层的掺Te量足够高，该层已呈简并态。如果p型有源层掺杂量也高至简并态，就会出现隧道效应，这对辐射复合是不利的，所以有源层的掺杂要适当。

(4) 假定Zn从抗回溶层向有源层的扩散符合来自半无穷介质的扩散模型，因而在抗回溶层和有源层交界面处的Zn浓度总保持在抗回溶层中Zn浓度的1/2。扩散时间越长，有源区中Zn的浓度就愈趋近于交界面处Zn的浓度。

据上所述，并假定掺入的Zn全部是电活性的，则有源区中的净剩空穴浓度N_a为

$$N_a = N_A/2 - N_d \tag{1}$$

其中，N_A代表抗回溶层中的掺Zn量；N_d代表有源层的本底电子浓度。我们实验中测得1.55μm有源区的N_d是$2\times10^{17}\text{cm}^{-3}$。选用$N_A=1.2\times10^{18}\text{cm}^{-3}$，则按（1）式预计$N_a$是$4\times10^{17}\text{cm}^{-3}$。为了验证，我们对1.55μm质子轰击条形激光器进行了$C-V$测量（图6）。图中$1/C^2$-V的严格线性关系表明器件的pn结是突变结。在偏压轴上的截距V_D = 0.79V，这和1.55μm四元材料的带隙宽度相对应，它表明实验数据是可信的。按照突变异质结的结电容和低浓度一侧载流子浓度N_a的关系式：

$$N_a = \frac{2\ (V_D - V_b)}{e\varepsilon_a}\left(\frac{C_i}{A}\right)^2 \tag{2}$$

其中，V_b是所加的偏压；ε_a是有源区的介电常数；A是pn结面积。由图6的料率按（2）式算得$N_a=5\times10^{17}\text{cm}^{-3}$和（1）式预计值基本相符。

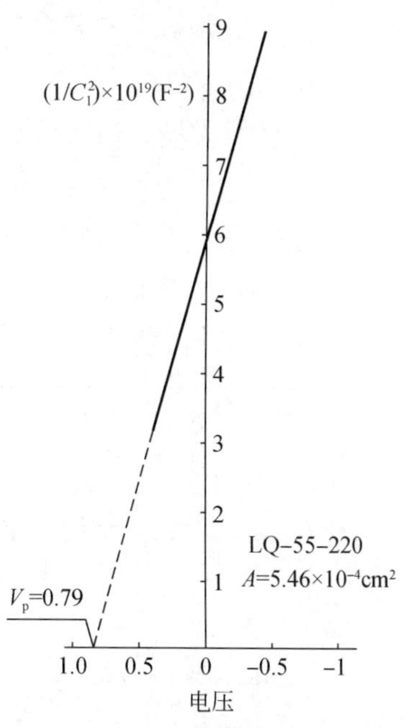

图6　典型质子轰击条形激光器容压特性曲线

3　1.55μm 质子轰击条形激光器的制作和特性

按上述考虑所生长的五层结构外延片被减薄到100μm厚，P 面和 N 面分别蒸Au/Zn/Au和Au-Ge-Ni做电极。用直径15μm的钨丝做掩蔽进行质子轰击而成质子轰击条形。轰击能量200 keV，剂量 $3\times10^{15}/\mathrm{cm}^{-2}$，轰击后把片子解理成腔长250μm，宽300μm的芯片。P 面朝下压触在镀In的铜热沉上。这种器件的电光特性如下：

（1）在脉冲条件下（脉宽1μs，重复频率10 KHz)，通常的器件室温阈电流密度是3–4 kA/cm^2，最低可达2000 A/cm^2，其相应的归一化阈电流密度是5–6kA/(cm^2 · μm)。

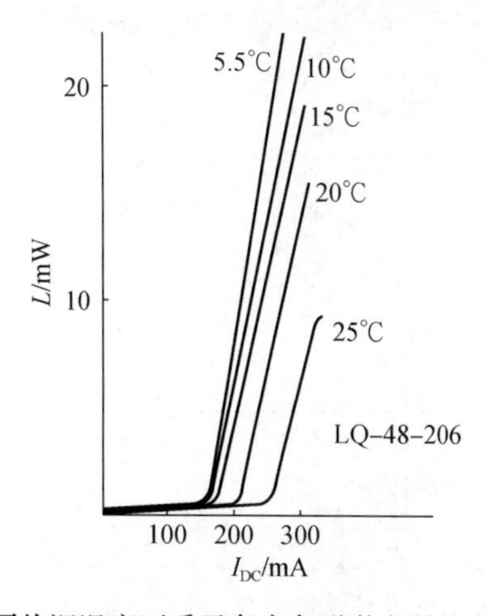

图7　在不同热沉温度下质子轰击条形激光器的光强电流关系

（2）图 7 给出了在不同的热沉温度下典型质子轰击条形器件的单面输出功率和直流注入电流的关系。在 20℃下的阈电流是 200mA。

（3）图 8 给出了室温连续工作的激射光谱。当电流加到 1.3 倍阈值时，光谱为单纵模。激射波长为 1.539μm。

（4）在窄脉冲低重复频率的脉冲条件下测量了典型器件的阈电流温度关系。由图 9 可知，此关系服从 $I_{th}(T) \propto \exp(T/T_0)$ 规律。实验定出转折温度 $T_B = 279K$。低于 T_B 的阈电流特征温度 T_0 是 70K，在室温附近的 T_0 是 48K。

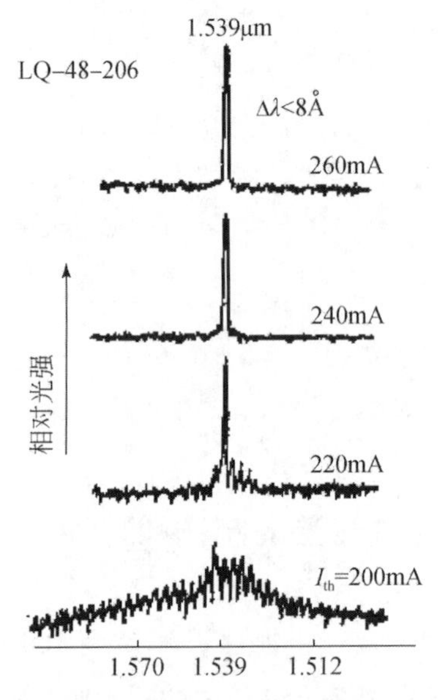

图 8　典型质子轰击条形激光器的室温激射光谱

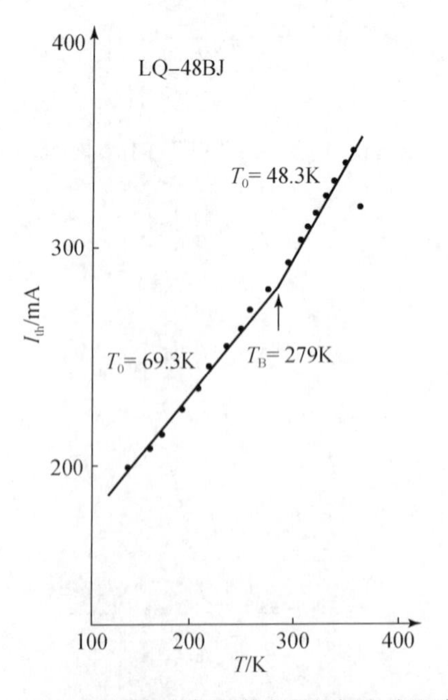

图 9　1.55μm 质子轰击条形激光器的阈电流温度关系

段树坤同志参加本文初期工作。对高季林、汪孝杰、徐俊英、许继宗、弓继书、蒋四南、王万年、何广平、徐学敏、葛玉茹、王维明等同志的协助表示感谢。

参 考 文 献

[1] I. Mito:Electron lett. ,18. № 1,2(1982).

[2] H. Imai:Fujitsu Sci. Tech. J,18,4(1982).

[3] S. Arai:IEEE J. Q. E. ,QE-16,197(1980).

[4] Y. Yamazoe:Japan J. A. P. ,19,Sapplememt 19-2,207(1980).

1.55μm 掩埋条形 InGaAsP/InP 激光器

王 圩，张静媛，田慧良，及器件工艺组

（中国科学院半导体研究所，北京，100083）

用两次液相外延的方法制备了 1.55μm 掩埋条形 InGaAsP/InP 双异质结激光器。室温下的阈电流低达 55mA，在接近 3 倍阈值时，器件的光强-电流特性仍保持良好的线性度，直到 1.6 倍阈值时仍可进行稳定的单纵模、基横模工作。

1 引言

由于对输出模式和注入电流的有效控制，掩埋条形激光器它成为实现低阈值、高效率、单模输出的最有前途的结构。InGaAsP/InP 长波长激光器已成功地采用了这种结构[1-3]。目前，人们正致力于解决这种结构在高电压、大电流工作时存在的漏电现象[1,4]以及成品率提高问题。为此，就要设计出结构配置合理，在工艺上又切实可行的结构。本文将介绍一种用低温过冷法生长埋区的台面条形和氧化物电极条形相结合的掩埋条形（BH）激光器，并对它的结构、制备条件和激射特性等做简要报道。

2 BH 激光器的结构和制备

BH 激光器的结构如图 1(6) 所示，有源区被掩埋在较 InGaAsP 四元材料折射率低的 InP 中，以控制横向模式。为使注入的电流被有效地限制在窄的有源区内，采用了如下结构：①在埋区生长一个反向的 InP pn 结，并使高阻抗的 p 型层和有源区相连接，以减小泄漏电流。②用 SiO_2 隔离，作条形电极。以构成对注入电流的双重限制。

BH 激光器的制作过程如图 1 所示，主要有四个步骤：外延生长带抗回溶层的五层结构[5]（称一次外延）；台面腐蚀形成窄条形有源区；生长埋区（称二次外延）；制作条形电极。

一次外延后，用 CVD 法在外延表面生长 SiO_2 薄膜，利用光刻技术在样品表面沿〈011〉晶向形成 SiO_2 掩膜条，用 HBr 系腐蚀液在样片表面刻蚀出深 3μm、宽 4μm 的台面。

原载于：Chinese Journal of Semiconductors，1984，5（6）：679-682.

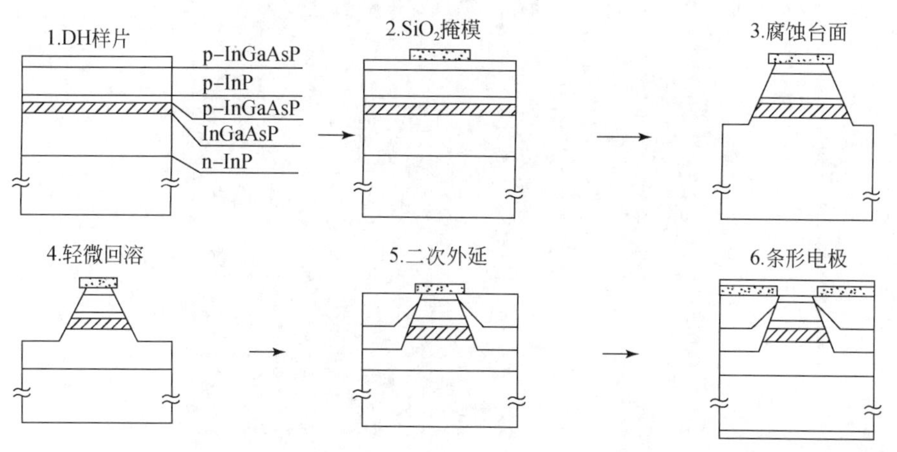

图 1　制作 1.55μm BH 激光器工艺流程

形成台面的样片，经严格的清洁处理后再作为衬底送入反应管内。用起始生长温度为600℃的低温过冷法依次生长 p-InP（掺 Zn，p ~ 5×10^{17} cm^{-3}）和 n-InP 层（掺 Te，n ~ 5×10^{17} cm^{-3}），以构成埋区。图 2 为二次外延后的样片剖面图。

图 2　BH 样片的剖面

在二次外延后的样品表面再次淀积 SiO_2，用套刻技术在样品的台面上刻出条形窗口，以形成欧姆接触电极区。用常规工艺制作出 p 面朝下烧结在 Cu 热沉上的 BH 激光器。

3　器件特性

3.1　伏-安特性

图 3 为 BH 激光器的伏-安特性，和通常的宽接触器件的伏-安特性相比，BH 激光器有明显的漏电存在，我们认为最可能的漏电通道来自一次外延片的台面和二次外延的埋区结合处。这有待于通过进一步改进台面腐蚀表面的完整性以及二次外延前的回溶来解决，以提高器件的特性。

3.2　阈电流和光强-电流特性

用一次外延片所做宽接触器件的阈电流密度一般为 3kA/cm^2，最低达到 1.8kA/cm^2。图 4 是 BH 激光器的连续工作光强-电流特性，其室温阈电流为 55mA，在接近 3 倍阈值时的光强-电流特性仍保持良好的线性度，没有扭折。图 5 给出了一组同一器件

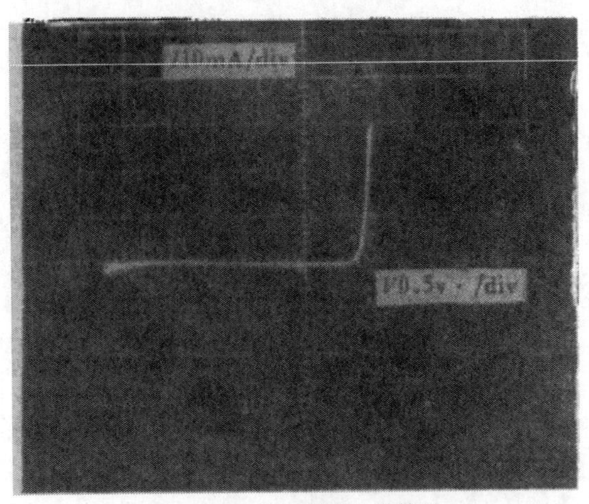

图 3　BH 激光器伏-安特性

在不同环境温度下的光强-电流特性曲线。由图可知，当环境温度从 16℃增加到 30℃时，阈值变化很少。这种阈电流对温度不敏感的现象也表明器件可能存在着较大的漏电，以致掩盖了阈值随温度的变化。

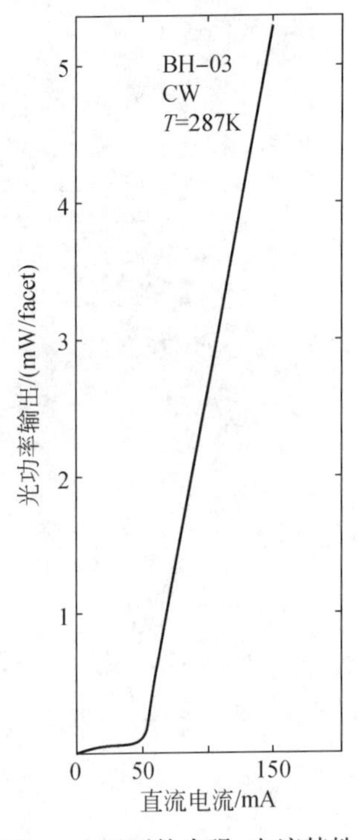

图 4　室温下的光强-电流特性

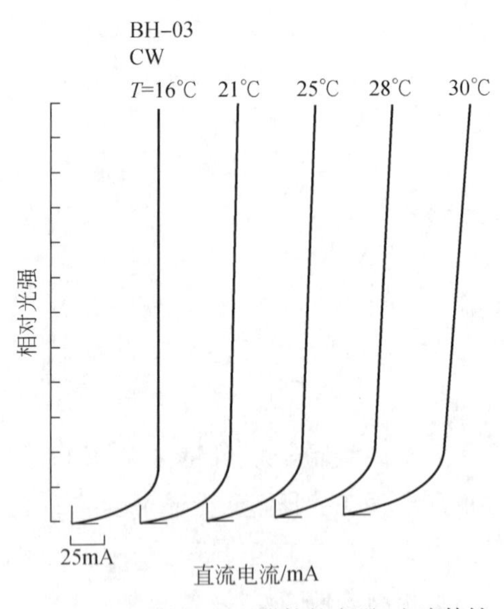

图 5　不同环境温度下器件的光强-电流特性

3.3　光谱特性

BH 激光器在不同工作电流下的激射光谱如图 6 所示。由图可知，器件在 1.6 倍阈值处仍保持单纵模激射，半宽<3Å，激射波长为 1.54μm。

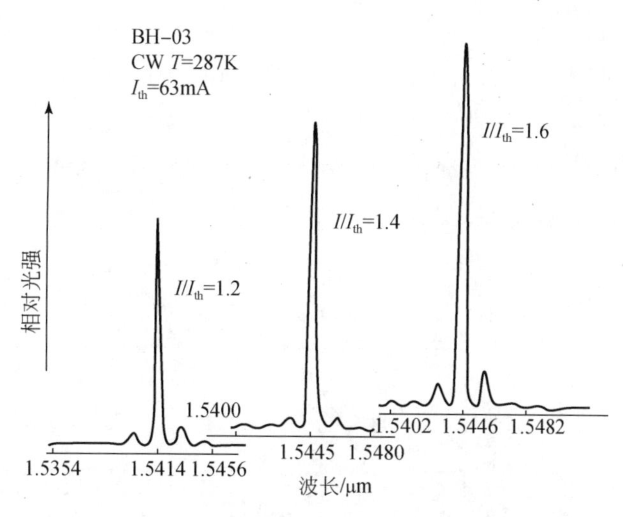

图6　BH激光器在不同电流下的激射光谱

3.4　近场分布

图7为BH激光器的近场分布图。从1.2倍阈值到1.6倍阈值时的近场都近似为高斯分布。结合图6的光谱特性，可以认为我们的BH激光器在一定的工作电流下已达到了稳定的单纵模、基横模激射。

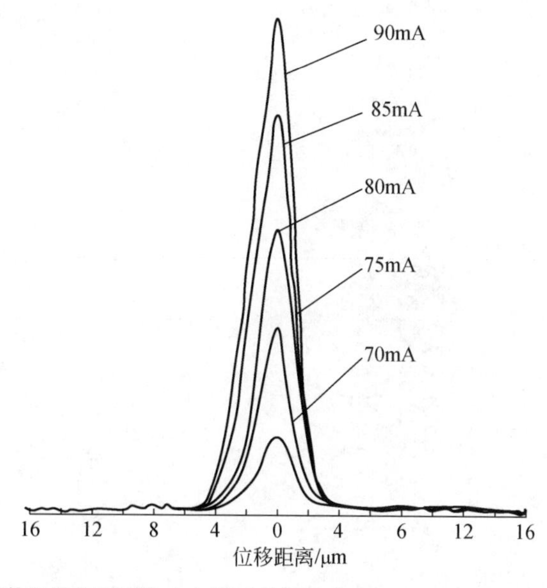

图7　BH激光器在不同注入电流下的近场分布 BH-03，$T=291K$/facet CW

4　结束语

和一般的质子轰击条形（PBS）激光器相比，BH激光器能得到低阈值、高功率输出和横向模式的控制，而 PBS 激光器则比较困难。目前，我们用二次液相外延的方法已制备了 1. 55μm 掩埋条形 InGaAsP/InP 激光器。室温下的阈电流为 5. 5mA，在接近 3 倍阈值时器件的光强-电流特性仍保持良好的线性度，直到 1. 6 倍阈值仍可得到稳定的单纵模、基横模激射。目前，我们的 BH 激光器还存在着漏电的问题。预计，在改进器件的埋区结构从而降低漏电流之后，进一步减小阈值、提高微分量子效率是完全有可能的。

在工作中，得到了高季林、许继宗、汪孝杰、么淑琴等同志的协助，在此表示感谢。

参考文献

[1] K. Kobayashi and S. Matsushita, 4th International Conference on integrated optics and optical fiber communication, Technical Digest, 27 B 2-1(1983).

[2] H. Nagai, Y. Noguchi, Y. Toyoshima and G. Iwane, Jpn. J. Appl. Phys., 19, L218(1980).

[3] Y. Itaya, Y. Suematsu, Jpn. J. Appl. Phys., 19, L141(1980).

[4] K. Takahei, Y. Nakana and Y. Noguchi, The European Confereuce on Optical Communication, 11, 1-1, Sept., 1981.

[5] 王圩,张静媛,田慧良,孙富荣,应用激光,3 No,6,38(1983).

1.3μm 低阈值大功率基横模 BH InGaAsP/InP 激光器

王　圩，张静媛，田慧良，汪孝杰，及器件工艺组

（中国科学院半导体研究所，北京，100083）

我们采用二次液相外延技术，成功地研制出 1.3μm 低阈值、大功率、基横模 BH InGaAsP/InP 激光器，其室温连续工作阈电流低至 10mA，单面微分量子效率达到 31%，最大线性光功率输出为 20mW/facet 以上，在 2.5 倍阈值的工作电流下仍可进行稳定的基横模工作。

1　器件结构

BH 激光器的结构如图 1 所示，有源区被掩埋在较 InGaAsP 四元材料折射率低的 InP 中，以控制横向模式[1]，在埋区生长一个反向的 InP pn 结，并使高阻抗的 p 型层和有源区相连接，以达到良好的电流限制。二次外延后的剖面显微镜照片如图 2 所示，激光器有源区厚 0.3μm、宽 2μm、腔长为 200-250μm。埋区的制备参考文献［2］。

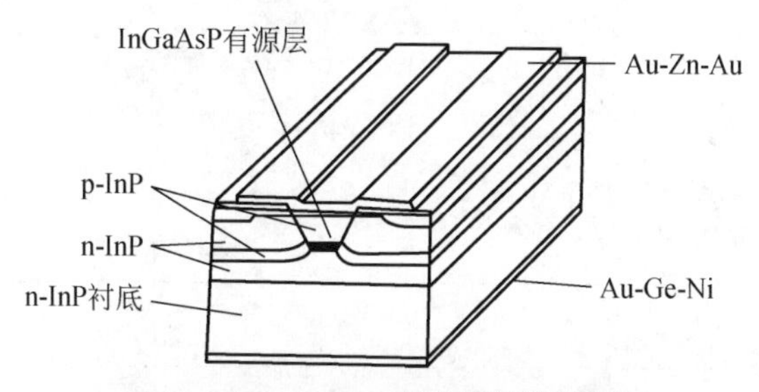

图 1　InGaAsP/InP 激光器结构示意图

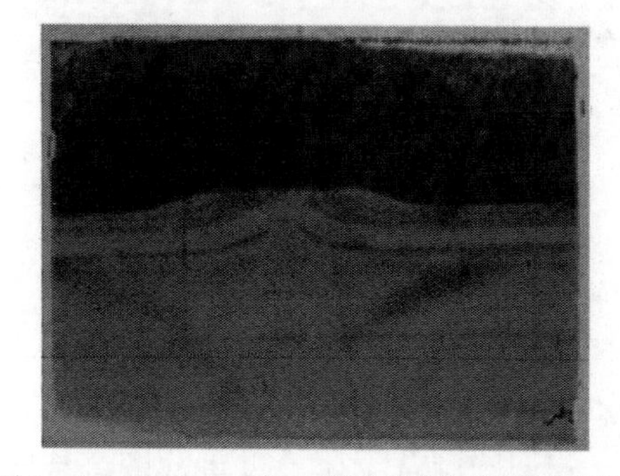

图 2　BH InGaAsP/InP 激光器剖面显微镜照片

原载于：Chinese Journal of Semiconductors，1986，7（3）：337-340.

2　器件特性

目前研制的 1.3μm BH InGaAsP/InP 激光器，室温下连续工作阈电流最低值达 15mA，一般为 20–30mA，最大线性光功率输出为 20mW/facet 以上，单面微分量子效率最大值 31%，一般为 20%，激射波长 1.29–1.31μm。器件在不同的环境温度下典型的光强–电流特性如图 3 所示。由图可知，在 100℃下仍有近 3mW 的连续光功率输出。图 4 给出了器件在不同工作电流下的近场分布，表明器件在 2.5 倍阈值的工作电流下仍可以进行稳定的基横模工作。

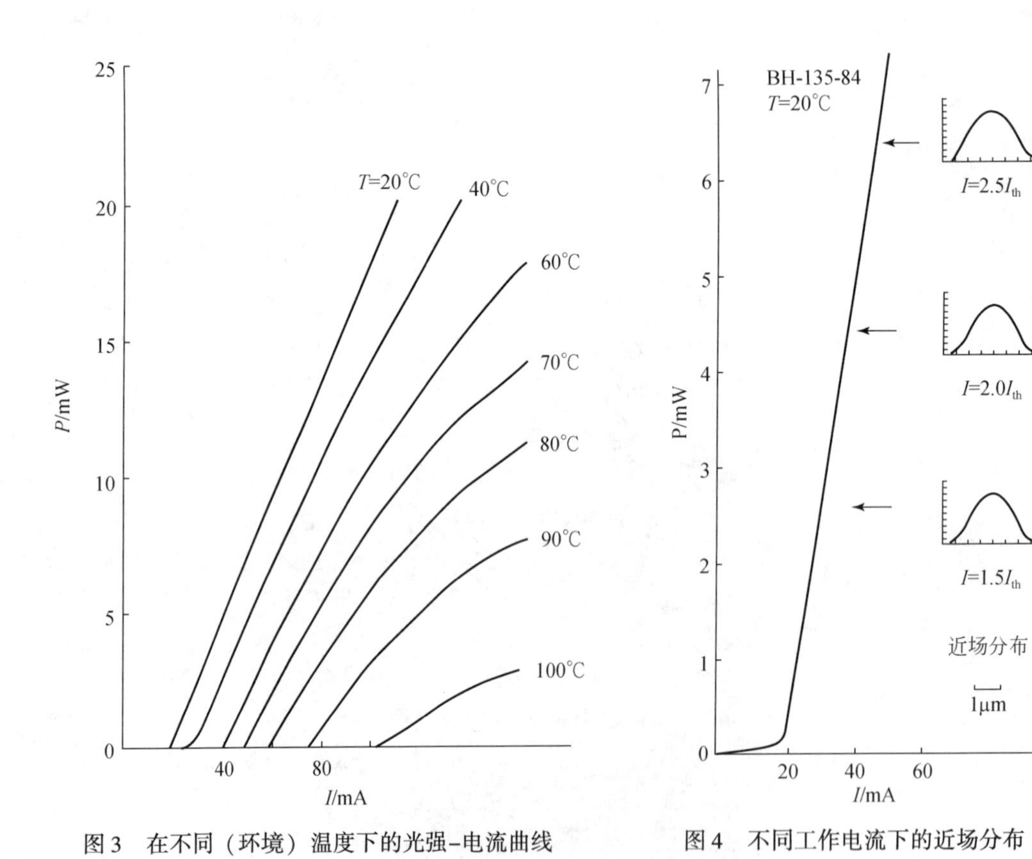

图 3　在不同（环境）温度下的光强–电流曲线　　图 4　不同工作电流下的近场分布

3　结束语

最近的实验结果表明，我们的制备工艺是可重复的，其中低阈值器件的成品率是高的，图 5 给出了一个二次外延片（BH-135）被全部解理成管芯（共 466 支）后所做成的器件（共 256 支，占总数的 55%）在 20℃下连续工作的阈电流统计分布。我们的器件在50℃恒功率下进行了加速老化试验，有的管子已通过了700小时以上的考验，推算室温寿命已达10^4小时以上[3,4]。

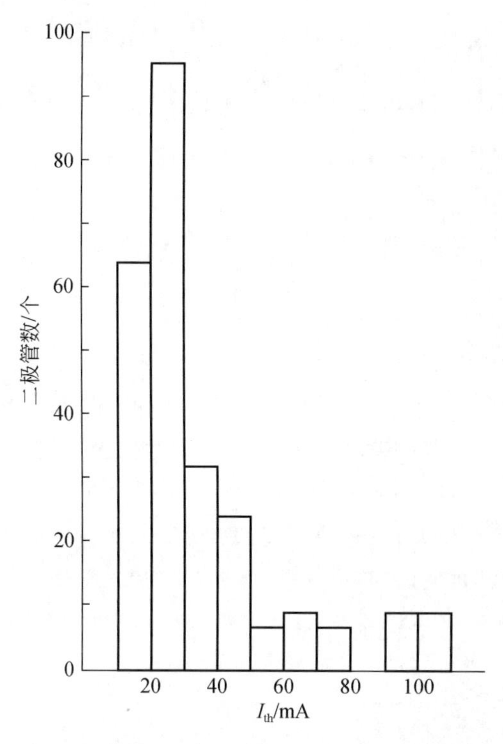

图5 BH-135外延片在20℃连续工作下器件阈值统计分布

参考文献

[1] H. Kressel, J. K. Rutler, Semiconductor Lasers and Heterojunction LEDs, Academic Press, 5, 4, (1977).

[2] 王圩，张静媛，田慧良及器件工艺组，半导体学报，5, 679(1984).

[3] B. W. Hakki, P. E. Fraley, and T. F. EItringham, AT&T Technical Journal, 64, 771(1985).

[4] 末松安晴，半导体しーぜと光集积回路，第10章，p. 301，オーム社，(1984).

A Modified 1.5μm GaInAsP/InP Bundle-Integrated-Guide Distributed-Bragg-Reflector (BIG-DBR) Laser with an Inner Island Substrate

W. Wang, M. T. Pang, K. Komori, K. S. Lee, S. Arai and Y. Suematsu

(Department of Physical Electronics, Tokyo Institute of Technology, 2-12-1, O-okayama. Meguro-ku, Tokyo 152)

Abstract A modified GaInAsP/InP BIG-DBR laser for restricting leakage current via the passive DBR region is proposed and realized by using an inner-island substrate with a quaternary blocking layer as well as employing an island-type active mesa process.

As a result, superior lasing properties were attained such as a low CW threshold current of 22 mA, a high side-mode suppression ratio of 38 dB, and a narrow spectral linewidth of 4.7 MHz. A wide temperature range of 87 degrees for a fixed single-mode operation was obtained.

1 Introduction

Among various types of dynamic-single-mode (DSM) lasers, [1] the bundle-integrated-guide distributed-Bragg-reflector (BIG-DBR) laser[2-4] has become one of the most promising DSM lasers because of its superior spectral property[5] and its applicability for advanced integrated lasers such as a wavelength tunable laser. [6,7] In view of future optoelectronic integrated devices consisting of active components connected by passive optical waveguides, high optical coupling between these components as well as better electrical isolation is required. The bundle-integrated-guide (BIG) structure is one of the most attractive candidates for such applications because the fabrication tolerance to attain high optical coupling efficiency is very large[4].

Many improvements in the lasing properties of the BIG-DBR laser were theoretically pointed out and demonstrated experimentally by shortening the active region length, [8] such as a low threshold current, a high side-mode suppression ratio (SMSR), and a wide temperature range for a fixed single-mode operation. However, the leakage current via the passive DBR region would be more severe as the active region length became shorter; a

原载于: Japanese Journal of applied Physics, 1988, 27: 1313–1316.

certain current confining structure was required to achieve higher performances.

In this letter, we would like to propose a modified BIG-DBR laser with an inner-island substrate(I^2S) structure to suppress the leakage current through the passive DBR region, and report the fabrication process and fundamental lasing properties of this laser. The current blocking structure was formed on an island-type mesa-shaped substrate using a selective growth property of GaInAsP quaternary alloy crystal in liquid-phase epitaxy(LPE). Improved lasing properties such as a low threshold current (22 mA for the active region length of 100μm), a high side-mode suppression ratio, a narrow spectral linewidth, and wide single-mode operation temperature range were obtained.

2 Structure and Fabrication

The schematic structure of the Inner-Island-Substrate (I^2S)-BH-BIG-DBR laser is shown in Fig. 1 and its fabrication process is illustrated in Fig. 2. As can be seen in Fig. 1, the passive DBR region was just formed over the inner-island blocking region. This laser was fabricated by three-step LPE growth and the fabrication process is very similar to that of recently developed BIG-DBR laser[9] except for the first growth.

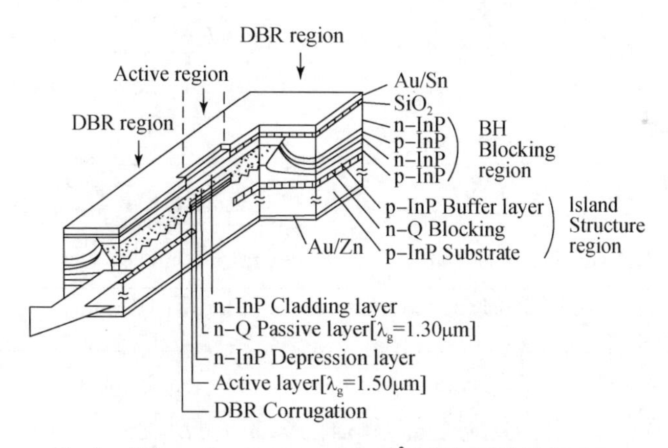

Fig. 1 Schematic structure of the I^2S-BH-BIG-DBR laser

At the first growth process, the island-type mesa on the p^+-InP substrate was formed by Br(0.2%)-CH_3OH etchant at 20℃ along ⟨011⟩ direction, so as to make 6μm(W)×100μm(L)×2.5–3μm(H) reverse-mesa pattern. Then the substrate underwent the first LPE growth of n-GaInAsP blocking layer(λ_g=1.25μm, Te-doped, (8–9)×10^{17} cm^{-3}, 1μm thick), p-InP(Zn-doped, (7–8)×10^{17} cm^{-3}, 1μm thick), p^+-InP(Zn-doped, (1–2)×10^{18} cm^{-3}, 2μm thick), undoped GaInAsP active layer(λ_g=1.51μm, 0.15μm thick), undoped anti-meltback layer(λ_g=1.30μm, 0.05μm thick), n-type InP depression layer(Te-doped,

$2-3 \times 10^{18} cm^{-3}$, 0. 1μm thick) and n-GaInAsP cap layer($\lambda_g = 1.5\mu m$, Te-doped, $(1-2) \times 10^{18} cm^{-3}$), successively. Prior to this growth, the island-mesa-etched substrate was slightly melted back by a slightly undersaturated indium and InP solution to remove thermal damaged and contaminated surface, and then the substrate was rapidly passed under the washing melt, to avoid the melt carry-over. [10] After this process the shoulder of reverse mesa top was removed and the mesa-top width was decreased to 3–4μm, which enabled easier control of selective growth of the GaInAsP blocking layer as used for the fabrication of the mesa substrate-buried heterostructure(MSB) laser. [11]

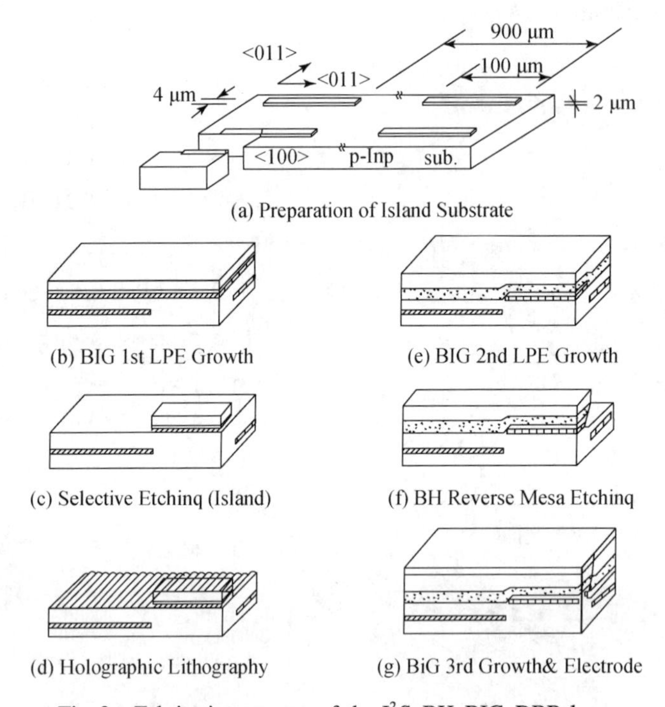

(a) Preparation of Island Substrate

(b) BIG 1st LPE Growth

(e) BIG 2nd LPE Growth

(c) Selective Etchinq (Island)

(f) BH Reverse Mesa Etchinq

(d) Holographic Lithography

(g) BiG 3rd Growth& Electrode

Fig. 2　Fabrication process of the I^2S-BH-BIG-DBR laser

After the first LPE run, the island-like mesa was formed again from the cap layer down to the active layer using selective etching so as to adjust the location of the mesa to that of inner island pattern. Then, a conventional dual-beam holographic exposure and wet chemical etching were carried out to form a first-order grating pattern on the surface of p^+-InP buffer layer. In the second LPE run, n-GaInAsP passive waveguide layer($\lambda_g = 1.30\mu m$, Te-doped, $(1-2) \times 10^{18} cm^{-3}$, 0. 35–0. 4μm thick) and n-InP cladding layer(Te-doped, $(2-3) \times 10^{18} cm^{-3}$, 2μm thick) were successively grown on the entire surface. Then the buried heterostructure(BH) was formed by the conventional technique. [9]

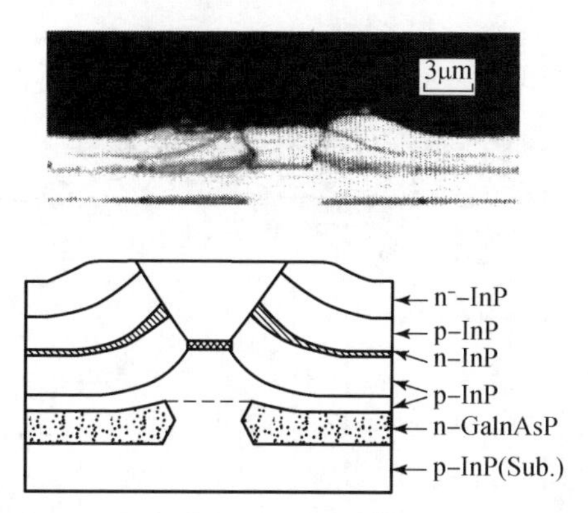

Fig. 3 Cross-sectional view of the I^2S-BH-BIG-DBR laser

Finally, the SiO_2 film was deposited on the surface of BH wafer and 3μm × 100μm windows were opened at the identical places localized by inner island. The Au/Zn and Au/Sn electrodes were evaporated on p- and n-type sides, respectively. Fig. 3 shows the photograph of cross-sectional view at the active region. The GaInAsP inner blocking layer was grown only on the bottom surface of the substrate and the width of the island-type mesa was 3.5 μm, which was a little larger than the active layer width of 3μm.

3 Results and Discussion

The effect of the blocking region was demonstrated by measuring the *V-I* characteristics. Fig. 4 shows a typical *V-I* characteristic of the current-blocking region (sample size was 200μm× 300μm) where the thickness of the n-GaInAsP blocking layer was 1 μm. The forward and reverse breakdown voltages where the current exceeded 0.5 mA were typically 15 volts. This data indicated that the leakage current passing through the blocking region was quite low.

We measured lasing properties of I^2S-BIG-DBR lasers with the active region length of 100μm and the stripe width of 3μm. Fig. 5 shows the *I-L* characteristic and lasing spectra at various current levels. For this sample, the DC threshold current of 22 mA at room temperature was obtained and it was 30%–40% lower than that of the same-sized BIG-DBR lasers without current-blocking structure.[4] The threshold current could be much reduced by adopting a narrow stripe width (around 1μm) of BH structure.[12] The differential quantum efficiency of 6% per facet corresponds to the effective reflectivity of 70% for one-sided DBR region. The side-mode suppression ratio was almost 38 dB at the bias current of 1.5 times the threshold and it increased at higher bias levels.

The temperature dependences of the threshold current and lasing wavelength for another laser are shown in Fig. 6. The threshold current was also 22mA at 20℃. The characteristic

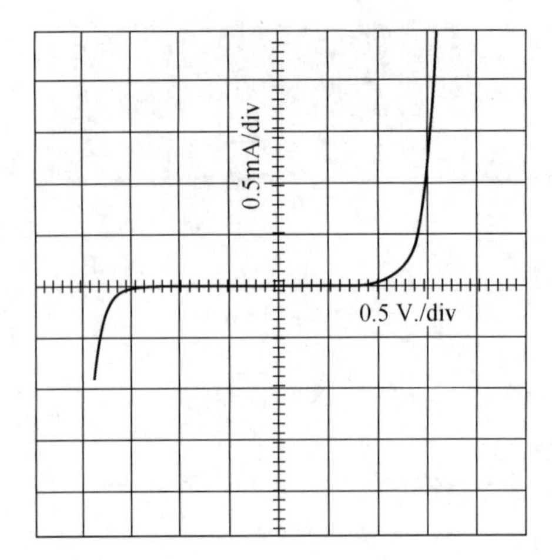

Fig. 4　*V-I* characteristic of current-blocking region

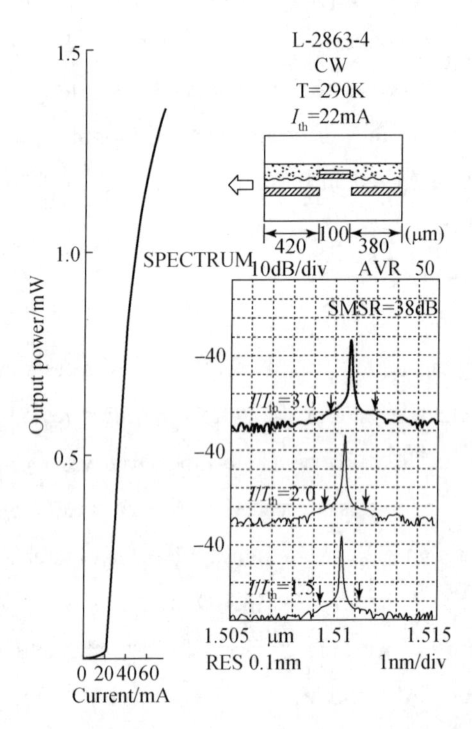

Fig. 5　*I-L* characteristic and lasing spectra of I^2S-BH-BIG-DBR laser with the active region length of 100μm

temperature T_0 of the threshold was 81K below 260K and it increased rapidly around room temperature. The threshold current at 260K was 10mA and it became 6mA at 220K; this tendency indicates that the current confinement into only the active region is very effective. The incremental temperature coefficient of the lasing wavelength was 0. 11nm degree within most of the temperature range investigated. It is believed that the high-temperature property will be improved along with the reform of the electrode structure. Even though there was mode hopping at the low temperature (226K), a fixed longitudinal-mode operation was maintained up to 313K (maximum temperature of CW operation). The temperature range of a fixed single-mode operation was 87 degrees in this sample, while that for conventional BIG-DBR laser was 70 degrees.[4] A much wider temperature range can be obtained by shortening the active region length.[1,4]

The spectral linewidth of a typical sample was measured by delayed self-homodyne method using a spectral linewidth analyzer (SANTEC: SLA-3000). Fig. 7 shows the linewidth $\Delta\nu$ as a function of the reciprocal of normalized bias level $(I/I_{th}-1)^{-1}$, which is, in principle, inversely proportional to light output power. The linewidth took the minimum value of 4.7 MHz at the bias current of 2.2 I_{th}, and the slope value $\Delta\nu(I/I_{th}-1)$ was 4.1 MHz, which were 25%-30% smaller than those obtained by conventional BIG-DBR laser with the active region length of 100μm.[13]

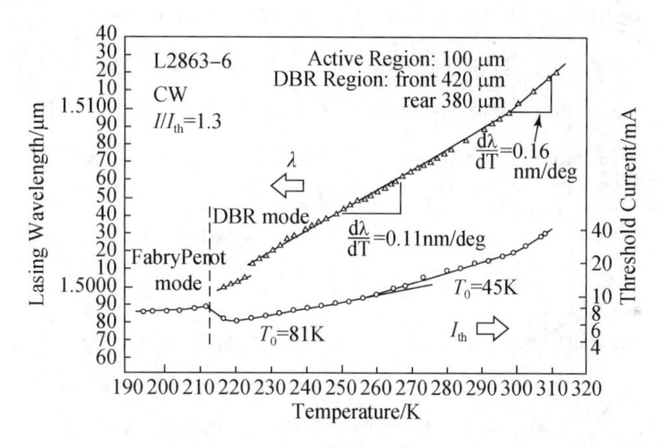

Fig. 6 Temperature dependences of the threshold current and the lasing wavelength of I²S-BH-BIG-DBR laser with the active region length of 100μm

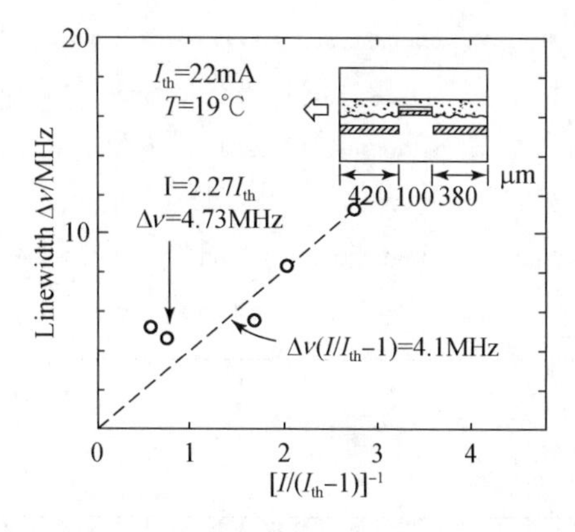

Fig. 7 Spectral linewidth as a function of reciprocal of normalized bias current above the threshold

4 Conclusion

A modified 1.5μm GaInAsP/InP BIG-DBR laser with an inner-island substrate (I^2S) was proposed and fabricated in order to prevent leakage current through the passive waveguide in DBR region. Improved lasing properties, such as a low threshold current of 22 mA (CW), a high side-mode suppression ratio (SMSR) of 38 dB, a wide temperature range for a fixed single-mode operation of 87 degree, and a narrow spectral linewidth of 4.7 MHz, were obtained by adopting this structure. We believe that the I^2S structure and its fabrication process can be employed in various isolating function parts for any optoelectronic devices.

Acknowledgments

The authors would like to thank Prof. K. Iga and Associate Prof. K. Furuya for fruitful discussions. They also acknowledge Messrs. M. Aoki and S. Pellegrino for their help in experiments. This work was supported by Scientific Research Grant-In-Aid #60850060 and also by a special budget for Research Center for Ultra-High-Speed Electronics" both from the Ministry of Education, Science, and Culture, Japan.

References

[1] Y. Suematsu, S. Arai and K. Kishino: IEEE J. Lightwave Technol. LT-I(1983)161.
[2] Y. Tohmori, X. Jiang, S. Arai, F. Koyama and Y. Suematsu: Jpn. J. Appl. Phys. 24(1985)L399.
[3] Y. Tohmori, K. Komori, S. Arai and Y. Suematsu: Electron. lett. 21(1985)743.
[4] Y. Tohmori, K. Komori, S. Arai and Y. Suematsu: Trans. IEICE of Japan E70(1987)494.
[5] L. Posadas, K. Komori, Y. Tohmori, S. Arai and Y. Suematsu: IEEE. J. Quantum Electron. QE-23 (1987)796.
[6] Y. Tohmori, K. Komori, S. Arai, Y. Suematsu and H. Oohashi: Trans. IECE of Japan E68(1985)788.
[7] Y. Tohmori. H. Oohashi, T. Kato. S. Arai, K. Komori and Y. Suematsu: Electron. Lett. 22(1986)138.
[8] K. Komori, Y. Tohmori, S. Arai and Y. Suematsu: Trans. IECE of Japan E68(1985)742.
[9] L. H. Choi, K. Komori, S. Arai, Y. Suematsu, K. S. Lee and M. T. Pang: Jpn. J. Appl. Phys. 26(1987)L1593.
[10] M. A. Digiuseppe, A. K. Chin, J. A. Lourenco and I. Camlibel: J. Crystal Growth 67(1984)I.
[11] K. Kishino, Y. Suematsu, Y. Takahashi. T. Tanbun-ek and Y. Itaya: IEEE J. Quantum Electron. QE-16 (1980)160.
[12] Sekartedjo K., K. G. Ravikumar, K. Shimomura, K. Komori, S. Arai and Y. Suematsu: Trans. IECE of Japan E69(1996)920.
[13] H. Tsubokawa, S. Arai and Y. Suematsu: Nat. Conv. Rec. of IEICE of Japan, (Autumn 1987) No. 267.

用于 1.55μm InGaAsP/InP DFB 激光器的 λ/4 相移衍射光栅

缪育博，张静媛，王 圩

（中国科学院半导体研究所，北京，100083）

摘要 采用全息二次曝光的方法，研制出用于 1.55μm InGaAsP/InP DFB 激光器的，具有 λ/4 相移的二级光栅，并通过扫描电镜（SEM）证明了相移的存在．本文分析了制备该种光栅的工艺原理，并提出了改善此种光栅质量的新方法．

1 引言

DFB 激光器是长距离、大容量光纤通信最理想的光源[1,2]。但在具有均匀光栅的普通 DFB 激光器中，理论上，存在两个等距离地分布于 Bragg 波长两边的纵模，具有相同的激射几率[3]。这种模式的简并，使得激射波长和所设计的 Bragg 波长有偏差，并且还会由于温度和注入电流的变化而发生跳模。为了获得单模输出，已有人采用单窗、双窗等方法[4]，但工艺复杂。而具有 λ/4 相移光栅的 DFB 激光器[5]，由于耦合系数 κ 分布的不均匀性，上述模式简并得到解除，并实现了 Bragg 波长处的共振[6,7]，产生稳定的单模输出，大大提高了单模成品率。

制备 λ/4 相移光栅的方法很多，本文所报道的是用简单的全息二次曝光技术制备 λ/4 相移光栅的工艺原理和实验结果[8]，并提出了一种改进该种光栅质量的新方法．

2 工艺原理

λ/4 相移光栅是一种不均匀的光栅，这种不均匀性有两种具体形式，即周期突变型和周期渐变型。制备 λ/4 相移光栅的方法有很多，诸如电子束曝光法、SOR X 射线法、全息二次曝光法等。前两种方法易控制，可以制备任意类型的光栅且质量好，但我们不具备此类工艺手段。因而，我们采用了最简单的全息二次曝光法，制备了一种周期渐变的相移光栅。

原载于：Chinese Journal of Semiconductors，1991，12（5）：309-312.

相干光全息曝光法，干涉条纹实际是光强呈周期性分布的结果，可以用 $I=I_0\sin\phi$ 表示。用光刻胶记录这种光强的周期性分布，通过一般的光刻手段，即可在衬底上得到周期性条形结构的光栅。全息二次曝光法，即用同一光刻胶膜记录两种不同周期的干涉条纹，光刻胶所记录的总曝光强度为二次曝光强度的叠加：$I=I_0(\sin\phi_1+\sin\phi_2)$，如图 1 所示。

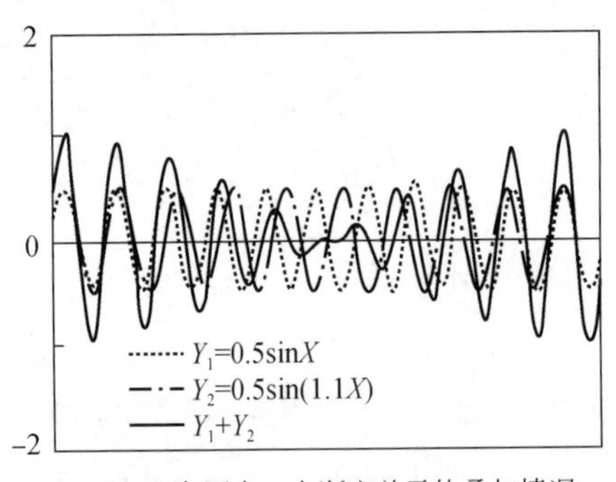

(a) I分布图中一个渐变单元的叠加情况

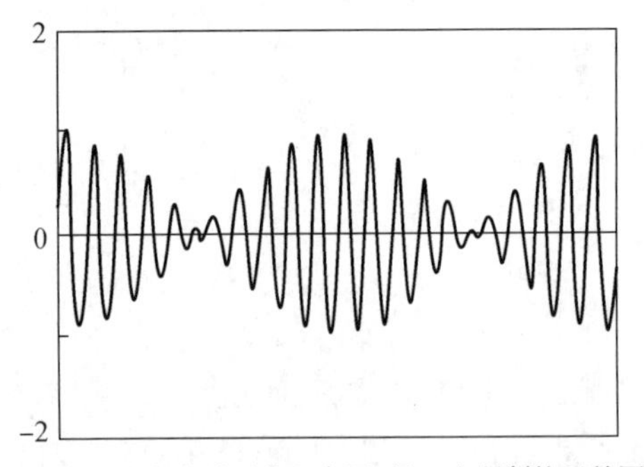

(b) 含两个渐变单元的分布图，是一个调制的函数图形

图1　I 分布图

（1）这种方法得到的光栅的周期是渐变的，而这种渐变又具有周期重复性，一个完整的渐变单元完成 2π 相位移动，因而，在每一个渐变单元中央发生 π 位相移动，实现了λ/4相移。该相移出现周期与二次曝光之间的周期差异相关。设置一个光栅相位参量 K，使得 $\phi=Kx$，二次曝光之间的周期差异由 ΔK 表示：$K_1=K+\Delta K$，$K_2=K-\Delta K$，则 $I\propto I_0\cos(\Delta Kx)\sin(Kx)$，调制周期$\dfrac{2\pi}{\Delta K}$，即为相移出现周期。

（2）每个渐变单元中央区和边缘区的曝光量差异很大，条纹宽度也不同。假设显影后可得到如图 2 所示象征性掩膜情况（因为曝光量不同，显影速度有异，实际胶膜情况有异）。上述差异将造成两种结果：①π 相移区附近的光栅深度与较远区不同。②由于 π 相移区附近曝光量严重不足，该区光栅断条严重，我们称这个不均匀区为过渡区。实验结果将在第三部分中讨论。

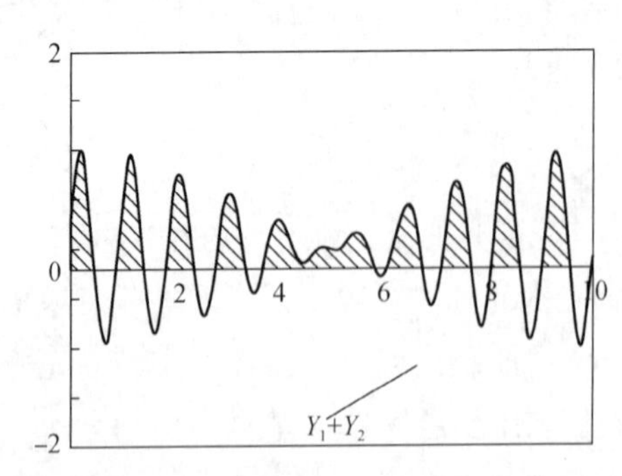

图 2　阴影部分代表显影后胶的掩膜，可见波节区即过渡区内将分不出条形

我们还对这种方法进行了补充。当采用的曝光强度在二次曝光中也有差异时，设

$I=I_1\sin\phi_1+I_2\sin\phi_2$，分布如图3所示，可以发现，过渡区的条宽增加了，曝光量也增加了。因而，选择合适的曝光强度差，可以减少或消除过渡区断条，改善光栅质量。

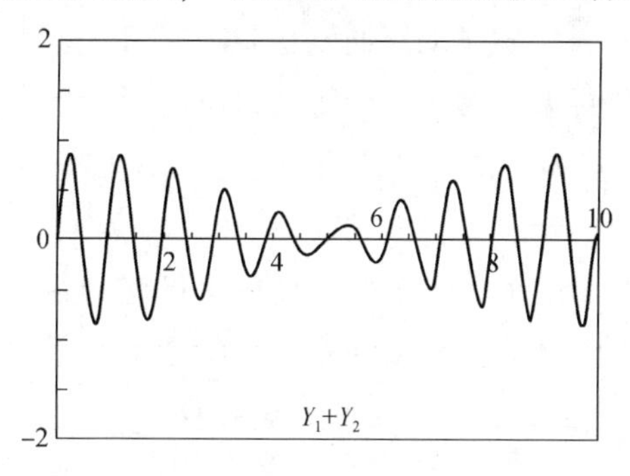

图3　二次曝光量不同的光强叠加分布图，与图2（a）比较，二者在波节区有差别

3　实验及结果

图4为本实验所采用的全息光路图。曝光光源为输出波长3250Å的He-Cd激光器，样品架可旋转以改变曝光角。由相干条件有：$2n\Lambda\sin\theta=\lambda$，$\Lambda$ 可用光栅参量 K 表示 $\Lambda=\dfrac{2\pi}{K}$，则 $K=\dfrac{4\pi}{\lambda}\sin\theta$，$\lambda$ 为曝光波长，θ 为曝光角，Λ 即光栅周期。两次曝光间曝光角改变 $\Delta\theta$，产生的不均匀光栅调制周期 $\dfrac{2\pi}{\Delta K}=\dfrac{\lambda}{\sin\theta-\sin(\theta+\Delta\theta)}$，如果管芯长200μm，那么 $\lambda/4$ 相移出现周期应略大于200μm。对1.55μm InGaAsP/InP DFB激光器，二级光栅周期 $\Lambda\approx4600$Å，因而 $\theta\approx20.7°$，由此得到 $\Delta\theta\approx0.1°$。本实验采用AZ 1350光刻胶掩膜，用反应离子刻蚀（RIE）的方法将图形转移到InP或InGaAsP衬底上。

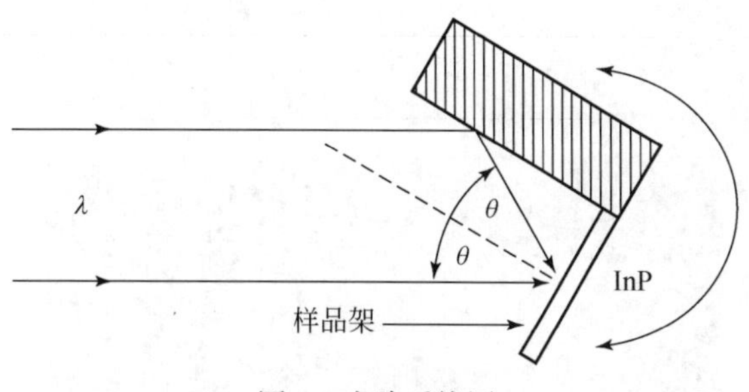

图4　光路系统图

实验结果如图5、图6、图7所示。图5、图6为 $\lambda/4$ 相移光栅过渡区附近的SEM图。中间一条光栅是取自同一样片不同部位的光栅，将其作为标准，可以显示出相移的发生。所不同的是：图5光栅在制备过程中，二次曝光之间的曝光量是不同的，并对其比例进行了优化。可以看出第二部分定性分析的结果：此种方法存在一个严重断条的过渡区光栅；通过二次曝光量不同的曝光，可以改善和消除过渡区光栅断条。图7

为该种具有 λ/4 相移光栅的低倍 SEM 图，这些宽条并非光栅，照片上的暗线对应的即为过渡区。正是由于过渡区光栅与其他区光栅深度的差异所产生的反衬度，在低倍 SEM 下，才显示出这种宽条。宽条的周期就是调制周期，也就是 λ/4 相移出现的周期。

采用二次不同曝光量的曝光方法，尽管可以改善过渡区光栅断条情况，却不能消除过渡区光栅与其他区光栅深度的差别，因而由这两种方法得到的光栅在低倍 SEM 下均有图 7 所示的宽条存在。

如第二部分分析的那样，每一个渐变单元中央区和边缘区的曝光量差别很大，实验中对显影的要求很高，实际上显影条件是相当邻界的，因而这种方法制备光栅不易控制。目前有电子束曝光、SOR X 射线等方法能够很方便地制备高质量的相移光栅(只要有工艺条件)。

我们没有具有此种光栅器件的测试结果，但可以预见到：由于该光栅周期及深度都是不均匀的、渐变的，是一种调制光栅，必然增加光的杂散射，使器件阈值增加。

感谢陈纪英、任悦英对本工作给予的帮助。

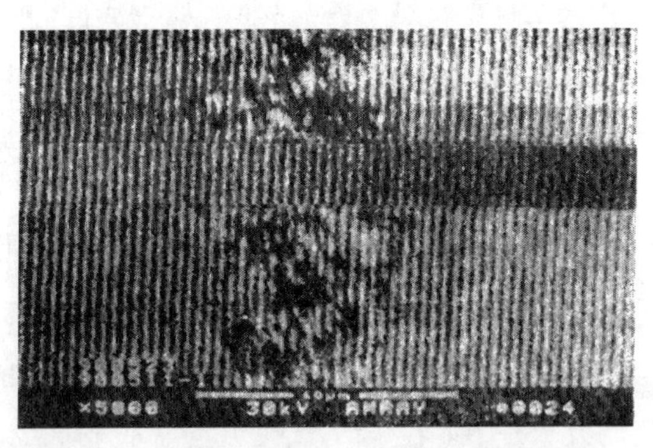

图 5　λ/4 光栅的过渡区，二次曝光量相同，过渡区光栅严重断条，过渡区宽约 9μm

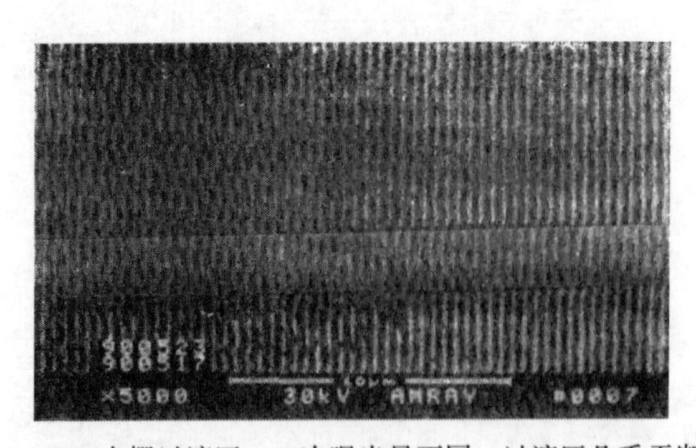

图 6　λ/4 光栅过渡区，二次曝光量不同，过渡区几乎无断条

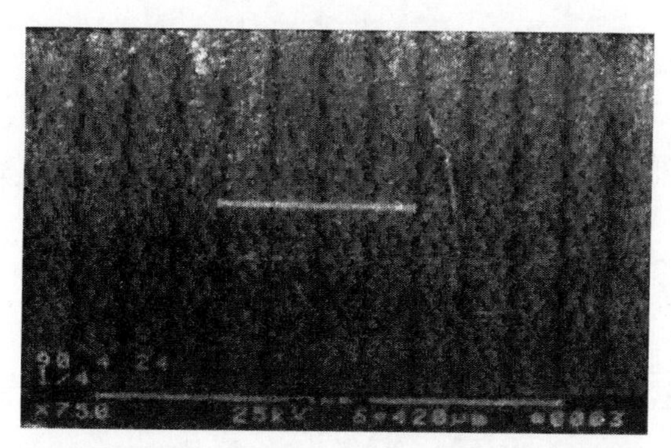

图7　暗条即为过渡区，周期约105μm，也就是λ/4相移出现周期

参 考 文 献

[1] Y. Itaya, IEEE J. of Quant. Electron, 20. 230(1984).
[2] Y. Suematso, IEEE J. of Light-Wave Technol, CT-1, 161(1983).
[3] H. Kogelnik, C. V. Shank, J. Appl. Phys, 43. 2327(1972).
[4] K. Utaka, IEEE J. of Quant, Electron 19, 1052(1983).
[5] K. Sekartedjo, Electron. Lett., 20. 80(1984).
[6] K. Tada, Monthly Meeting of Microwave Group, IECE, MW77, 1977(Japan).
[7] K. Utaka, Electron. Lett, 20(8), 320(1984).
[8] G. Heise. SPIE, Integrated Optical Circuit Engineering, 651, 87(1986).

1.55μm InGaAsP/InP RW-DFB laser

Wang Wei, Zhang Jingyuan, Tian Huiliang, Miao Yubo, Wang Xiaojie, Ma Zhaohua, Wang Liming, Lu Hui, Gao Junhua, and Gao Honghai

(Institute of Semiconductors, Academia Sinica, 100083, Beijing, China)

Abstract A ridge-waveguide (RW) distributed feedback (DFB) laser emitting at $\lambda_g = 1.52\mu m$ by two-step liquid phase epitaxy (LPE) has been demonstrated. Output power exceeding 6 mW without kink was obtained in c. w. operation at room temperature. The c. w. threshold current of 34 mA and differential quantum efficiency of 33% per facet were achieved at room temperature. The temperature range of stable single longitudinal mode operation was 43° from 2 to 45℃. The static spectral linewidth was 60 MHz at 1.6 mW output power. The modulation characteristic was measured up to 1 GHz with modulation depth of 50%.

1 Introduction

For high bit-rate and long distance fibre communications in the lowest loss wavelength region of 1.55μm, the effect of chromatic dispersion caused by the dynamic spectral broadening of F-P type lasers severely limits the transmission bandwidth[1]. To overcome this disadvantage, scientists developed 1.5μm InGaAsP/InP DFB and distributed Bragg reflector (DBR) lasers by means of coupled wave theory[2], in which the optical feedback was provided by the periodic gratings instead of the conventional cavity mirrors and, therefore, the strong selectivity of the lasing mode would be dependent on the pitch of the gratings. As a result the DFB/DBR lasers could be operated[3,4] in single longitudinal mode even under high speed modulation. They are then known as dynamic single mode (DSM) lasers.

Recent study of DSM lasers can be divided into two areas. One is engaged in researching the superior DSM characteristics, such as the DR laser[5] proposed and fabricated by Y. Suematsu not only for superior mode suppression ratio and high power operation, but also for monolithic integration. Another area is the improvement of the structure and technology for mass-production of DSM lasers. For instance, the recently developed BRW-DFB[6] and MS-DFB lasers[7,8] made in France and West Germany respectively, possess better DSM

原载于: International Journal of Optoelectronics, 1992, 7(1): 63-69.

characteristics and simpler fabrication processes.

In this paper, we fabricated a 1.5μm InGaAsP/InP RW-DFB laser by two-step LPE. It was an attempt to simplify the technology for mass production.

2 Structure and fabrication

The schematic structure of a RW-DFB laser is shown in fig. 1. In the first step, the n-InP substrate underwent the conventional 1.5μm InGaAsP/InP LPE technology[9] of an n-InP buffer layer(Te-doped, $(5-7)\times10^{18}$ cm^{-3}, 6-8μm thick), undoped InGaAsP active layer($\lambda_g = 1.5$μm, 0.15μm thick), and p-InGaAsP waveguide layer($\lambda_g = 1.3$μm, Zn-doped, $(2-3)\times10^{17}$ cm^{-3}, 0.2μm thick). Then, a holographic exposure by He-Cd laser (3250 Å) and wet chemical etching were carried out to form a second order gratings pattern on the surface of p-InGaAsP waveguide layer[10]. The corrugation pitch was determined from the lasing wavelength gain peak of the wafer and the equivalent refractive index of the waveguide layer which was calculated by the five layers slab waveguide mode[11]. The typical period of the second-order corrugation is 4670 Å for 1.52μm wavelength RW-DFB lasers. In the second step, the wafer with gratings underwent a low temperature(590℃) LPE again to form p-InP cladding layer(Zn-doped, 5×10^{17} cm^{-3}, 1.5μm thick) and p-InGaAsP cap layer (Zn-doped, $\sim10^{19}$ cm^{-3}, 0.3μm thick). The RW-structure along⟨011⟩direction was formed by conventional lithography and reaction ion etching(RIE) for the InGaAsP cap layer as well as by HCl : H_2O = 4 : 1 selective etching for the p-InP cladding layer. Fig. 2 shows an overview photograph of the ‘ridge bottom’, in which the second-order gratings on the surface of the InGaAsP waveguide layer reappeared by selective etching after the second LPE. It was demonstrated that there was really a sinusoidal wave-like interface between the InP cladding layer and InGaAsP waveguide layer in the second-step growth wafer. Finally, the wafer was masked with AlN by radio frequency (RF) sputtering technology and 2μm

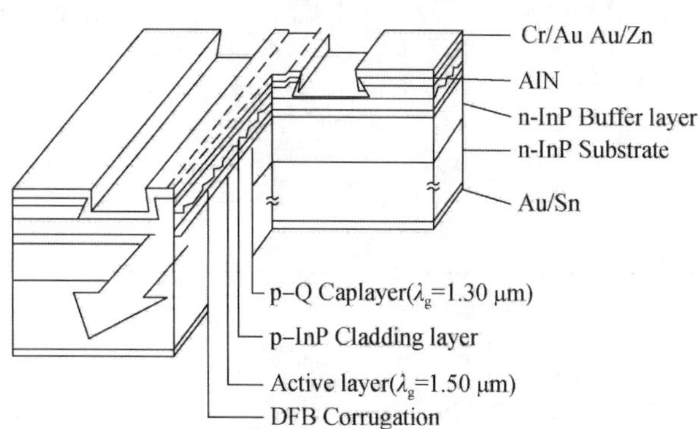

Fig. 1 The schematic structure of RW-DFB lasers

width windows were opened on the ridge mesa. The Au/Zn plus Cr/Au and Au/Sn electrodes were evaporated on the p-type and n-type sides respectively. The typical as cleaved cavity length was about 200μm.

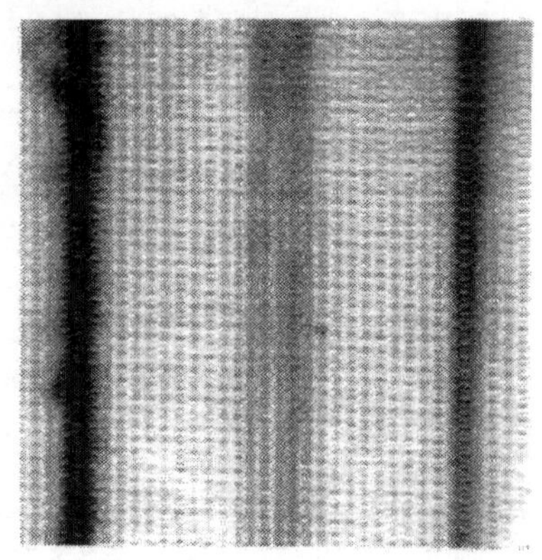

Fig. 2 The overview of a "ridge bottom"

3 Results and discussion

Fig. 3 shows the $I-L$ characteristic and lasing spectra at various current levels. The threshold current at 15℃ was 34 mA, the differential quantum efficiency was more than 33% per facet. The side-mode suppression ratio was more than 24 dB at 1.4 times threshold and it will be increased at higher bias levels. The temperature dependences of lasing spectra for another laser with 1mW constant output power is shown in Fig. 4. The temperature range of a fixed longitudinal mode operation was more than 43°. The incremental temperature coefficient of the lasing wavelength was 0.10 nm deg^{-1}, within this temperature range. Fig. 5 shows the

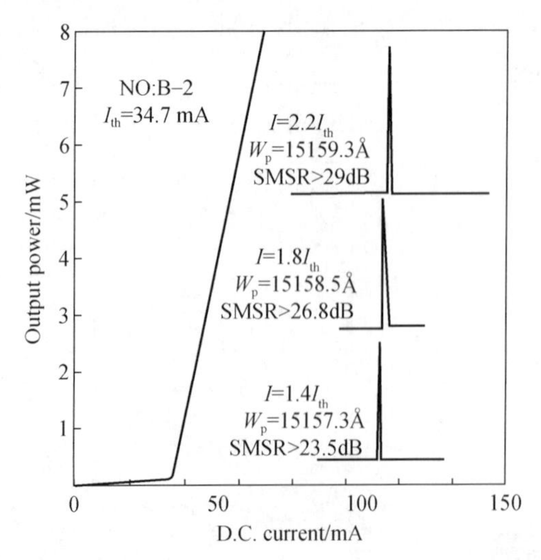

Fig. 3 The L-I characteristic and lasing spectra at various current levels for an RW-DFB Laser

maximum lasing temperature was up to 60℃ and it was found that the mode hopping would be followed by the appearance of a kink in $L-I$ characteristics. Generally speaking, the typical kink-free output power was more than 6mW at 20℃.

We have measured the static spectrum linewidth using an optical fibre ring-cavity resonator[12]. Fig. 6 shows a spectrum linewidth of an RW-DFB laser at 1.6mW output power by a ring-cavity resonator with the length of 0.6m and the free spectrum region of 340MHz. It could be deduced from the spectrum that the linewidth of the laser at 1.6mW output power was less than 60MHz.

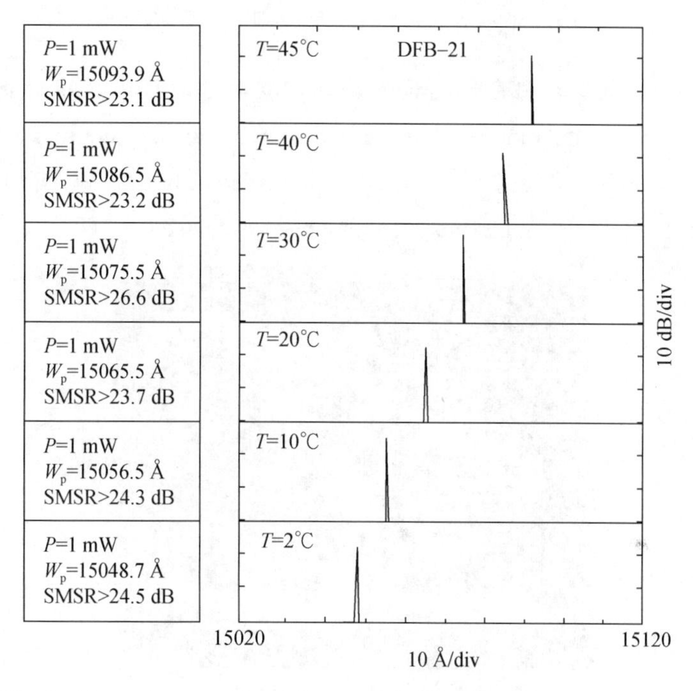

Fig. 4 The temperature dependences of lasing spectra for RW-DFB laser

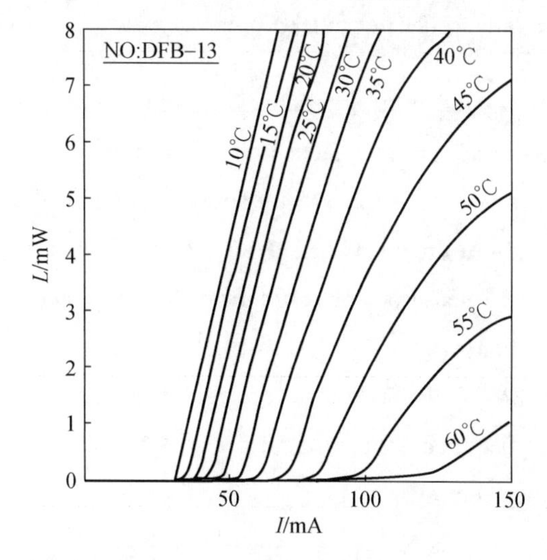

Fig. 5 The L-I characteristics of an RW-DFR laser at various temperatures

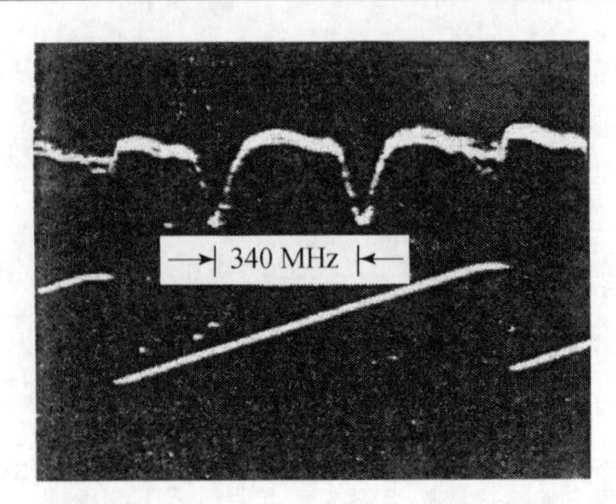

Fig. 6　The spectrum linewidth of an RW-DFB laser at 1.6mW output power measured by an optical fiber ring-cavity resonator. Lower trace: sawtooth voltage applied to PZT

We have already measured a dynamic spectrum of an RW-DFB laser at 1GHz sinusoidal modulation with 50% modulation depth using an infrared scanning interferometer with a free-spectrum region of 30GHz. Fig. 7 shows a dynamic spectrum of an RW-DFB laser. It can be seen that the stable dynamic-single-mode operation was achieved at 1GHz direct modulation.

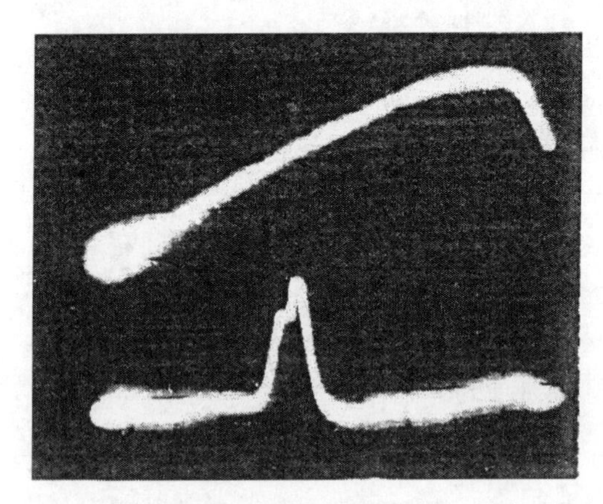

Fig. 7　The dynamic spectrum of an RW-DFB laser at 1 GHz sinusoidal modulation with 50% modulation depth by an infrared scanning interferometer. Upper trace: sawtooth voltage applied to PZT

With the aim of testing the optical feedback of the gratings in RW-DFB lasers, we applied coating to the emerging and rear facet of an RW-DFB laser with ZrO and ZrO plus Au respectively and determined its *I–L* characteristics before and after coating. In contrast to the RW-DFB laser, we have already checked a 1.5μm F-P type BH laser in the same condition. By comparing the measurement result from Fig. 8(a) and (b), we conclude that the Fabry-Perot laser was converted to a LED laser after coating, because a cavity mirror of the laser failed. For a RW-DFB laser. the optical feedback is provided by a periodic perturbation of gratings rather than by a reflecting cavity mirror, as a result, the RW-DFB laser is still stimulated after coating.

4 Conclusions

The 1.5μm RW-DFB lasers were fabricated by two-step LPE. The simple fabrication process and quite good characteristics such as a low threshold current of 34mA, a high differential quantum efficiency of 33% per facet, a high sidemode suppression ratio of 30dB, a narrow linewidth of 60MHz(at 1.6 mW output power), and stable dynamic single-mode operation at 1GHz direct modulation etc. have demonstrated that the RW-DFB laser can be employed for mass-production during which the width of the ridge will be decreased to about 2μm and the ridge bottom will be filled and levelled up with Fe-doped semi-insulated InP grown by MOCVD.

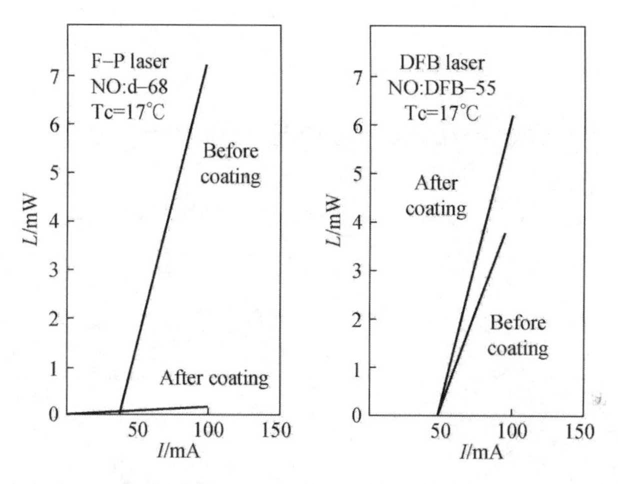

Fig. 8 The L-I characteristics before and after coating for F-P type and RW-DFB laser

Acknowledgements

The authors would like to thank Professor Y. Z. Wu. Associate Professor H Y. Zhang and Associate Professor G. S. Pang for their help with measurement and for fruitful discussions. They also acknowledge Messrs. J. Y. Bian, H. Q. Zhang, L. P. Luo, and J. Bian for their help in the experiments.

References

[1] Gambling, W. A., Matsumura. H., and Ragdale, C. M. 1979, Electron. Lett., 15, 474.

[2] Kogelnik H, and Shank, C. V. 1972, J. Appl. Phys, 43, 2327.

[3] Utaka K, Akiba S, Sakai K, and Matsushima Y. 1981. Electron. Lett., 17, 961.

[4] Utakk, Kobayashi K, and Suematsu Y. 1981. J. quan Electron. QE-17, 651

[5] Pellegrino S, Komori K, Suzuki H. Lee K S. Arai S. Suematsu Y and Aoki H. 1988. Electron, Lett, 24, 435.

[6] Talneau A, Rondi D, Krakowski M and Blondeau R. 1988. Electron. Lett. 24. 609.

[7] Tsang, W. T. , Olsson, N. A. , Logan, R. A. , Henry, C. H. , Johnson L F, Bowers J E and Long J. 1985. J. quan Electron, 21, 519.

[8] Burkhasd H, Kuphal E and Dinges H W. 1986. Electron, Lett. 22. 802

[9] Wang W, Zhang J Y, Tian H L and Sun F R. 1983, Appl. Lasers, 3, 38.

[10] Zheng Y H, Miao Y B. Tian H L, Si Y C and Zhang J Y. 1988. Chinese Journal of Semi- conductors. 9, 305.

[11] Burkhard H. 1987. Iee Proc. J. Optoelectronics, 134, 7.

[12] Yue C Y, Peng J D, Liao Y B, Zhou B K. 1988. Electron. Lett, 24, 622

1.5μm 光栅反馈型动态单模激光器

王 圩

（中国科学院半导体研究所，北京，100083）

摘要 扼要地介绍了光栅反馈型动态激光器的基本特性，并对这种器件的近期发展情况作了评述。

1 引言

在光纤传输损耗最小的1.55μm波长范围内，由于普通F-P腔激光器光源的动态光谱展宽，极大地限制了长距离单模光纤的通信容量。为了解决这个问题，就必须研制一种在高频调制下仍能单纵模输出的激光器光源。日本的东京工业大学末松研究室于1981年用分布布拉格反射结构做出了这种激光器[1]，并把这类激光器称为动态单模激光器。所谓动态单模是指在大于1 GHz的调制频率下，激光器发射光谱的主模强度和最大边模强度的比要在20dB以上。

本文将扼要介绍这种光栅反馈型动态单模激光器的基本特性，并对这种器件的最新进展作了综合述评。

2 光栅反馈型激光器的基本特性

2.1 选模特性

光栅反馈型激光器是利用在结平面上的周期光栅来反射光。而不像F-P腔激光器那样，用解理腔面来反馈光。光栅对在有源和波导区内垂直于栅条行进的光的反射是遵守布拉格反射条件的，即$2\Lambda = m\lambda/n_e$，其中Λ、λ和n_e分别是光栅周期、光波的真空波长和有源波导区的有效折射率，m为正整数。因此，只有符合布拉格条件的那些特定波长的光才会受到相干加强。所以，光栅不仅能反馈光，而且能选模。

光栅反馈型激光器包括分布反馈（DFB）激光器和分布布拉格反射（DBR）激光器两种。前者的光栅和有源区对应，而后者的光栅是在无源波导区。两种结构的光栅功能都造成激光器谐振波长之间的悬殊损耗差，以达到选模的目的。为了加深理解，

原载于：电信科学，1992，8（3）：26-31.

下面用耦合波理论的分析结果对光栅的选模特性作些解释：

在一块介质的表面上做成周期性波纹，波纹处材料的折射率相应按 $n(Z)=n+\Delta n\cos\left(2\pi\cdot\frac{Z}{\Lambda}\right)$ 周期地变化，如果是增益介质，其增益系数也将按 $g(Z)=g+\Delta g\cos\left(2\pi\cdot\frac{Z}{\Lambda}\right)$ 变化。Δn 和 Δg 是空间调制的幅度。通常，$\Delta n\ll n$，$\Delta g\ll g$。当光波在其间传播时，其中电场强度也会因 Δn 和 Δg 的扰动而受到微扰。

假定两列相向行进波的振幅是 $A(Z)$ 和 $B(Z)$，则两列波的合成波电场可写成

$$E(Z)=A(Z)\mathrm{e}^{-j\beta z}+B(Z)\mathrm{e}^{j\beta z}$$

其中，β 是由光栅周期 Λ 决定的相传播系数。$\beta=\frac{m\pi}{\Lambda}$，把这个合成波电场代入波动方程，通过一系列的数学变换，我们可以导出描写入射波和反射波振幅的耦合波方程通解：

$$\begin{cases}A(Z)=a_1\mathrm{e}^{vZ}+a_2\mathrm{e}^{-vZ} & \text{（入射波振幅）}\\ B(Z)=b_1\mathrm{e}^{vZ}+b_2\mathrm{e}^{-vZ} & \text{（反射波振幅）}\end{cases}$$

其中，γ 可由 $\gamma^2=(-g/2+\mathrm{i}\delta)^2+K^2$ 来表征，$\delta=\beta-\beta_B$，耦合系数 $K=\frac{1}{2}\left(\frac{2\pi}{\lambda}\cdot\Delta n+\mathrm{i}\Delta g\right)$。$a_1$，$a_2$，$b_1$，$b_2$ 都是由边界条件决定的常数。这样一来。我们就可以写出光栅对入射光的功率反射率 R：

$$R=\frac{B^2(Z)}{A^2(Z)}=\frac{K^2\tanh^2\gamma L_\mathrm{B}}{(1-g/2\cdot\tanh\gamma L_\mathrm{B})^2+\delta^2\tanh^2\gamma L_\mathrm{B}}\qquad(Z=0)$$

如果我们把 K 和 g 作为参量，δ 作为变量，就可以画出光栅的功率反射率 R 相对于相系数偏差 δ 的关系曲线。只有在布拉格波长附近，光功率反射率才有极大值；稍稍远离布拉格波长，反射率骤然下降。它表明，只有和光栅对应的光波才会有大的几率被光栅反射，这也就是光栅具有选模功能的道理，使得主、次模的损耗至少有 5–10cm^{-1}。因此，主模的光功率强度比次模的光功率强度至少大 100 倍（20dB）或 1000 倍（30dB）以上。图 1 给出了我们国内研制的 1.5μm DFB 激光器在 20℃环境温度下的光谱[2]。由图可知，从 1.2 倍阈值电流到 3 倍阈值电流范围，器件光谱的主边模比都超过了 25dB。

2.2　温度特性

在大的环境温度范围（–40℃–+60℃）内。分布反馈激光器的激射光谱[2]在 1.5 倍阈值电流范围驱动。该器件在 100℃温度范围内没有跳模。主模和次模的强度比都保持在 25dB 以上，随着环境温度的提高，器件的激射波长从–40℃的 1522.2nm 以每度 0.093nm 线性地向长波移动到+60℃的 1531.5nm。为了对比，我们在图 2 内同时给出了普通时F-P腔激光器和 DFB 激光器的激射波长和温度的依赖关系。由图 2 可知，在

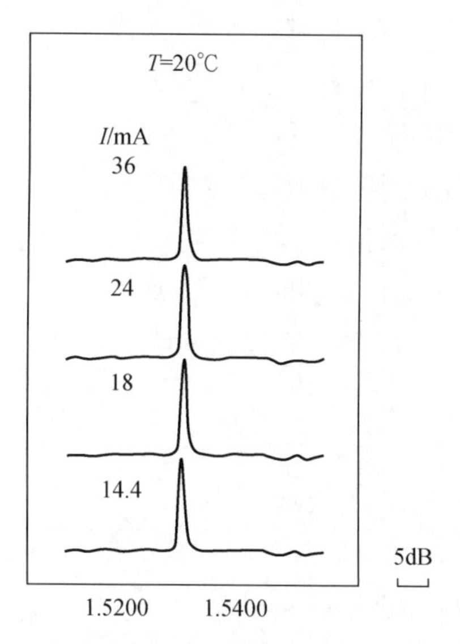

图 1　1. 5μm PBR-DFR 激光器在 20℃环境温度下，1. $2I_{th}$-$3I_{th}$驱动电流下的光谱

小温度范围（$\Delta T<30$℃），如果不发生跳模，F-P 腔激光器的波长温度系数也可以和 DFB 激光器一样，每度移动大约 0. 1nm。这主要是由折射率随温度的变化所决定。而在更大的温度范围，由于 F-P 腔激光器的模式间的增益差小，只要光子能量满足 F-P 腔的谐振就能获得净增益，当温度或驱动电流变化时，因模式竞争就会发生模的跳变。因此，在大的温度范围，F-P 腔的波长随温度的变化应由图 2 中的虚线描述，即变化增大到每度 0. 5nm 的变化。

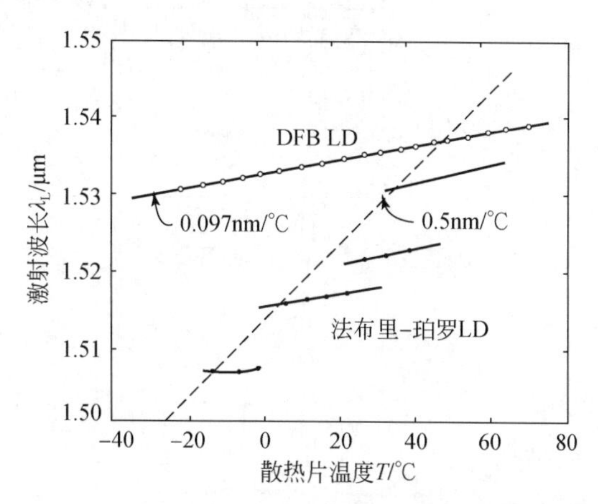

图 2　1. 5μm DFB 激光器和 F-P 腔激光器的波长随温度的变化

2. 3　高频调制特性

在选模特性分析中已知，光栅型激光器的主边模损耗差别很大，即使在高频调制下，高次模被提高的增益也不足以克服损耗而达到激射。因此，在高频调制下，光栅反馈型激光器仍然保持单纵模输出。普通 F-P 腔激光器在直流工作条件下可以是单模，

即在接近带隙能量的众多光子中，只有一个光子的增益达到了激射条件。但在高频调制时，各光子的增益都有提高，有多个光子的增益已满足激射条件而成为多纵模激射。这样，在光纤中传输就会引起模式分配噪声而限制了光纤的传输带宽。对于光栅反馈型激光器来说，虽然在高频调制下可保持单纵模工作，但在高频调制时注入载流子密度的周期变化，也会引起波导区折射率的变化而造成发射波长的周期移动。通常，在 1. 55μm 波长范围，普通 F-P 腔激光器的动态谱展宽（或更准确地说，多纵模包络）大约是 10nm，而光栅反馈型激光器的动态谱宽只有 0. 3nm 左右。

2. 4　动态单模激光器的判据

综上所述，动态单模激光器的特点是：

（1）直流工作时，在大范围内改变驱动电流（如 1. 2–3 倍阈值电流）时仍保持单纵模输出。主边模比至少大于 20dB。

（2）稳定单纵模的工作温度范围大（如大于 40℃），波长温度系数 $\Delta\lambda/\Delta T$–0. 1nm/℃。

（3）在高频（$f\geqslant$1GHz）调制下仍然保持单纵模输出，动态光谱宽度<0. 3nm。

以上三点中任何一点都可以作为动态单模激光器的判据。

我们在对自然解理的光栅反馈型激光器的光谱特性测量中发现，凡是在阈值以下（如 0. 97I_{th}）的直流荧光光谱中已存在明显尖锐峰值的器件（图 3），一般能符合上述的动态单模特性[2]。因此，我们可以把这种简便的直流荧光光谱有无明显峰值作为动态单模激光器的初选判据。

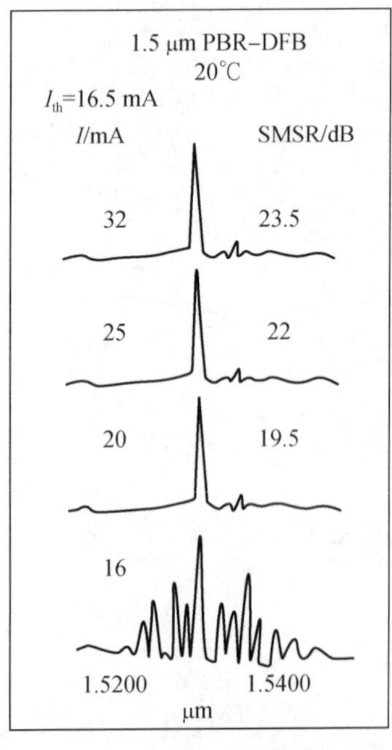

图 3　1. 5μm PBR–DFR 激光器在阈值上下的发射光谱

3 光栅反馈型激光器的新进展

3.1 提高稳定动态单纵模工作的成品率

在耦合波理论中已描述了光栅对增益介质中传播的光波的微扰，对于半导体DFB / DBR激光器来说，光学增益 G 大于因光栅微扰所造成的布拉格散射强度（用耦合系数$K\equiv\frac{1}{2}\left(\frac{2\pi}{\lambda}\cdot\Delta n+\mathrm{i}\Delta g\right)$来表征）。所以 DFB / DBR 激光器的激射波长 λ_r 和由光栅决定的布拉格波长 λ_B 之间的相位差可表示为

$$(\beta_r-\beta_B)\cdot L=\left(q+\frac{1}{2}\right)\pi+相位(K)$$

其中，L 代表激光器的长度；q 是整数；相位(K)代表耦合系数 K 的相位。对于普通的DFB 激光器和 DBR 激光器，主要是折射率微扰在起作用，则耦合系数表达式中的虚数增益微扰项可以忽略，也就是说 K 在复数空间的实数轴上，即相位（K)＝0 或 π。因此从理论上讲，结构上不做特别处理的 DFB 激光器的激射波长 λ_r，应和布拉格波长 λ_B 差 π/2 相位，即$(\beta_r-\beta_B)\cdot L=\left(q+\frac{1}{2}\right)\pi$，换句话说，DFB 激光器的激射波长和布拉格波长的差 $\lambda_r-\lambda_B=\pm\left(q+\frac{1}{2}\right)\cdot\Delta\lambda_{m\cdot2}$，其中的 $\Delta\lambda_{m\cdot2}$代表DFB 激光器的激射模式的间隔。考虑到光栅对模式的选择反馈作用和模式间的损耗差，q 值取 0 或 1 已足够，这意味着DFB 激光器的谐振波长不在布拉格波长位置，而是在布拉格波长等距离的左、右两边，由于它们的阈值增益相同，所以常出现双模激射或者跳模。

为了得到稳定单一的布拉格模式激射，就必须在结构上使得 DFB/DBR 激光器的激射波长的相位和布拉格波长的相位差是 π 的整数倍，这意味着光在腔内往返一个循环时和布拉格波长的相位差保持 2π 的整数倍。为此，已经采用了电子束曝光（EBX）技术和正负胶同期曝光技术使得在 DFB 腔的中心处光栅周期有 π/2 的变化（即所谓 λ/4 相移）来获得单一模式。另外，也可以不改变光栅周期而改变 DFB 腔中心部分波导层的厚度或条宽的办法来改变相传播系数β，使得它和布拉格波长的相位差满足 π 的整数倍的单纵模条件。对于 DBR 结构，光栅做在无源波导区，因而比较容易使有源区和由光栅周期所决定的 DBR 区的相传播系数差满足单纵模条件。通常，DBR 激光器的稳定单纵模温度范围比较大，一般在室温附近有 80K 左右。由于采取了相移补偿结构，光栅反馈型激光器的动态单纵模成品率达到了 95% 以上[3]。

为了绕开制备 λ/4 相移光栅的繁杂工艺，日本东京大学又研制成功一种所谓增益耦合 DFB 激光器[4]。其特点是把周期变化的结构直接做在有源区上，使得增益微扰项占主导，因而耦合系数 K 在复数空间的虚数轴上，则相位(K)＝π/2。这样一来，增益耦合 DFB 激光器的激射波长和布拉格波长重合，从道理上讲，这种结构的优点是不用

相移光栅就可得到单纵模工作的器件。但是它要求把亚微米光栅做在薄有源区上，从工艺角度看也不是轻而易举的。而且目前只用在 GaAs/GaAlAs DFB 激光器上，对于长波长 GaInAsP/InP 增益耦合 DFB 激光器还有待开发。

3.2　压窄谱线宽度

在调幅的光纤通信中，传输速率主要受激光光源线宽的限制。在相干光通信中，为了对光信号进行高灵敏的外差检测，也需要窄线宽的光源。

半导体激光器的发射线宽主要决定于半导体自发发射的不连续性。这种不连续性使得激射光的强度和相位起伏变化。由此引出了半导体激光器线宽 $\Delta\nu$ 的表达式：

$$\Delta\nu = C \cdot (1 + \alpha^2) \cdot \eta\gamma g/p$$

其中，C 是一个因材料而异的常系数；α 是线宽增长因子；η 是自发发射率；γ 和 g 分别代表镜面损耗和阈值增益；p 是光功率。到目前为止，已付出了很大努力去控制表达式中各个因素，以求压窄 DFB/DBR 激光器的线宽。例如，采取有源区的增益峰值长于布拉格波长的解调手段来降低线宽增长因子 α，实验证明用这种办法可以使 $\Delta\nu$ 减小到原来的 1/2–1/4。如果用量子阱结构，则线宽增益因子 $\alpha \equiv (\mathrm{d}n/\mathrm{d}N)/(\mathrm{d}G/\mathrm{d}N)$ 中的微分增益 $\mathrm{d}G/\mathrm{d}N$ 将提高，则 $\Delta\nu$ 将会进一步降低。实验上已做出了腔长为 300μm 的解调型 1.5μm 多量子阱 DFB 激光器，其线宽已降到了 1.1MHz。另外，也可以通过增加腔长来降低线宽。目前已报道用 1.5mm 的长腔 1.5μm 量子阱 DFB 激光器，使 $\Delta\nu$ 降低到 250KHz。当然，单靠增加腔长来压窄线宽也是有限度的。实验表明，当腔长增大到一定值时，$\Delta\nu$ 会出现饱和或者再加宽现象。这归结于空间烧孔（SHB）等的影响。为此，人们用改善光栅结构的办法，例如采用多个相移区的办法来缓解空间烧孔的影响，当光功率为 25mW 时，$\Delta\nu$ 也只有 1.5 MHz。这再次表明了改进光栅制备技术的重要性。

3.3　提高 DFB/DBR 激光器的光功率和效率

对于 1.55μm DFB/DBR 激光器来说，高输出功率和高转换效率是长距离和大容量光纤通信所要求的，很明显，高输出功率可加长信号的无中继传输距离，而高的效率既可以使驱动电路的调制电流幅度减小，又有利于器件的高功率输出和高温工作。

通常是用出光面蒸镀（溅射）透射膜（AR）。背面蒸镀（溅射）高反射膜（HR）以形成不对称的光输出来提高输出光功率，用此法可使光功率高达 100mW，但这种结构难于准确控制高反射膜的相位，因而影响了单纵模的成品率。而且 AR–HR 技术只能用于单个分离的器件上。相比之下，DBR 激光器可以选用轴向不对称的 DBR 结构，既可以起 AR–HR 的功能，又可以通过调整 DBR 的相位来提高单纵模的成品率。但是在工艺上如何使 DBR 激光器的有源区和 DBR 无源区交界处有良好的光耦合是一个难题。到目前为止，1.5μm DBR 激光器的阈值、光功率特性方面都不如 1.5μm DFB 激光器好。但人们并没有放弃这种结构，而是取其易于单片集成和容易得到单纵模的优点做成有源区和无源区都带有分布反射光栅的所谓分布反射（DR）激光器[5]，并对这种结构进行了理论分析。在实验上，应用非对称的分布反射器，可以使DR激光器的正面出光率占总出光功率98%以上，单面量子效率可提高到20%，在不到2倍阈值电流下的主、边模比大于39dB，而且静态线宽和出光功率的乘积可小于6.5MHz·mW，单面最大功率输出可达30mW以上。这表明DR激光器兼顾了DFB和DBR的优点，是一种有前途的大功率、窄线宽、高主边模抑制比的光栅反馈型激光器结构。

目前，一个新动向是用应变层超晶格有源区组成的1.5μm量子阱分布反馈激光器来降低阈值、提高输出功率和效率。其基本原理是利用InGaAs超晶格有源层的晶格常数和InP势垒层晶格常数的差别所造成的应力来改变InGaAs超晶格有源层价带中轻、重空穴带的相对位置，使得在低注入电流密度下就可得到有效的粒子数反转，同时排除了价带间的吸收和减小了Auger复合，因而可以降低器件的阈值和提高器件的微分量子效率。最近，美国AT&T贝尔实验室已用1.5μm InGaAs/InP应变层量子阱DFB激光器在镀了AR-HR膜后，得到了100mW的直流输出功率，量子效率达到30%，主、边模比高达45dB[6]。看来，这是今后重要的器件发展方向。

4 国内单频激光器发展现状和未来

国内于“七五”期间开始从事1.5μm DFB激光器的研究，经过近3年的努力，已有一些单位研制出了1.5μm DFB激光器，在室温阈值电流（I_{th}<20mA）、线性功率输出（P≥10mW）、静态线宽（$\Delta\nu$≤20MHz）、主边模强度比（SMSR≥30dB）、稳定单纵模工作温度范围（ΔT≥100K）和动态（f≥1GHz）单模特性等方面已达到了国际20世纪80年代末期的同类产品水平。这为“八五”达到器件实用化的目标和开展可调谐单频激光器的研究奠定了基础。今后应该用MOCVD技术逐步取代LPE来生长无热损伤缺陷、组分均匀、光栅深度可控、逐层厚度和掺杂可控的DFB激光器用外延片，以提高器件的单模成品率和器件的稳定性，并为进一步研制应变层有源区量子阱DFB激光器创造条件，使我国的单频和可调谐激光器的工作能在不久的将来进入世界先进水平的行列。

参考文献

[1] Utaka, K. et al. , IEEE. J. Q. E. , QE17, 1981, 651.

[2] 中国科学院半导体研究所. 1.5μm GaInAsP/InP DFB激光器·鉴定会测试小组报告, 1990, 11.

[3] Utaka, K, et al. IEEE. J. Q. E, QE-22, 1986, 1042.

[4] Luo, Y, et al, 12 IEEE International Semiconductor Laser Conference, Davos. Switzerland。1990, E-6, 70.

[5] Pellegrino, S et al. , Electron. Lett. , 24, 1968. 435.

[6] Tanbun-Ek, T. , et al. , 12th IEEE International Semiconductor Laser Conference. Davos, Switzerland, 1990. D-3. 46.

低阈值1.5μm平面掩埋脊型(PBR)分布反馈激光器

王　圩，张静媛，汪孝杰，田慧良，缪育博，张济志，王宝军

（中国科学院半导体研究所集成光电子学国家重点联合实验室，北京，100083）

摘要　采用质子轰击的PBR结构，研制了室温阈电流小于15mA，高稳定单纵模输出的1.5μm DFB激光器。为今后研制长寿命无致冷1.5μm DFB激光器组合件奠定了基础，在大温度范围（-40-+60℃）和大工作电流范围（1.2-3I_{th}）内可稳定单纵模工作，边模抑制比（SMSR）可达30dB以上。静态线宽一般为30-40MHz，最窄可低于20MHz。器件经50℃恒功率加速老化实验，外推20℃连续工作时间已超过3000小时无显著退化迹象。本器件已首次在国内作为信号源成功地用在140Mb/s相干光通信系统上。

1　引言

作为高速大容量长距离光纤通信的信号源，1.5μm光栅反馈型DFB/DBR激光器的发展极为迅速。为了提高器件的单纵模成品率，采用了各种相移补偿结构[1,3]，单纵模的成品率已达到95%以上[4]。这为DFB/DBR激光器的商品化创造了条件。作为高速调制的信号源，法国汤姆逊-CSF中心研究实验室提出了一种质子轰击的平面掩埋脊型DFB激光器结构[5]，利用质子轰击的办法使条形两侧的埋区形成半绝缘的高阻以减小器件的分布电容，从而提高DFB激光器的调制速率。为了适应实用化的要求，作者曾研制了工艺简单的脊型波导（RW）结构DFB激光器[6]，虽然这种结构器件能在较宽的温度范围(2-45℃)和大的工作电流范围(1.2-2.2I_{th})下保持高的边模抑制比（最高SMSR>30dB)，但因工艺限制了有源区的宽度不能窄于4μm，所以一般室温阈值都在40mA左右。由于工作电流过高会导致器件特性的不稳定，也会造成实用化通信系统的诸多不便。

本文介绍了一种低阈值的1.5μm质子轰击平面掩埋脊型DFB激光器，其典型的室温阈值都在12mA左右。这就使得在制备组合件中可省去致冷器，从而为器件的实用化以及长距离无中继通信系统的简易化创造了条件。

原载于：Chinese Journal of Semiconductors，1992，13（5）：279-286.

2 DFB 激光器参数的设计和关键工艺

2.1 光栅的位置和光栅周期的确定

对于 DFB 激光器来说，光栅的位置可以刻制在 InP 衬底上，随后在光栅上生长 GaInAsP 四元有源层和波导层；另外也可以先生长四元有源层和波导层，然后再在波导层上刻制光栅。我们选择了后者，其优点是：①可以在 InP 衬底上先生长一层 InP 过渡层，然后再生长四元有源层，这样可避免第一种结构直接在非平面的光栅上生长四元波导层和有源层而引入的结构缺陷。②可以对先外延生长的四元有源层和波导层的厚度以及有源区的增益峰值进行测量，这有利于光栅周期的设计。

对于我们选用的在波导层上做光栅的 DFB 结构，可以看成一个五层阶梯状折射率分布的平面波导结构，如图 1 所示。其中 n_1 和 n_5 分别代表 n^+ 和 p^+-InP 层的折射率，n_2 和 n_3 分别代表有源层和波导层的折射率，n_4 代表光栅层（即四元材料和 InP 材料周期交替变化层）的平均折射率。而有源层、波导层和光栅层的厚度分别用 a、w 和 g 代表。根据计算，可以得到有效折射系数 n_e 的解析表达式[7]：

$$(s/r+t/s\cdot\tan\beta)\cdot\sinh(s\cdot g)-(t/r-\tan\beta)\cdot\cosh(s\cdot g)=0$$

其中，s、r、t 和 β 是逐层的折射系数、厚度以及有效折射系数 n_e 的函数，我们用数值法代入所选用的 n_1，n_2，n_3，n_4 和 n_5，以及有源层、波导层和光栅层的厚度 a、w 和 g，就可以定出有源波导层的有效折射率系数 n_e。例如，选 $n_1=n_5=3.162$，$n_2=3.534$，$n_3=3.407$，$n_4=3.246$，$a=0.12\mu m$，$w=0.13\mu m$，$g=0.06\mu m$，则可计算出 $n_e=3.271$。根据 n_e 的计算值，可以由布拉格衍射定律 $\Lambda=m\cdot\dfrac{\lambda_B}{2n_e}$定出 1.540μm 布拉格波长所对应的二级光栅（$m=2$）的周期 Λ：$\Lambda=15400/3.271=4720$Å。

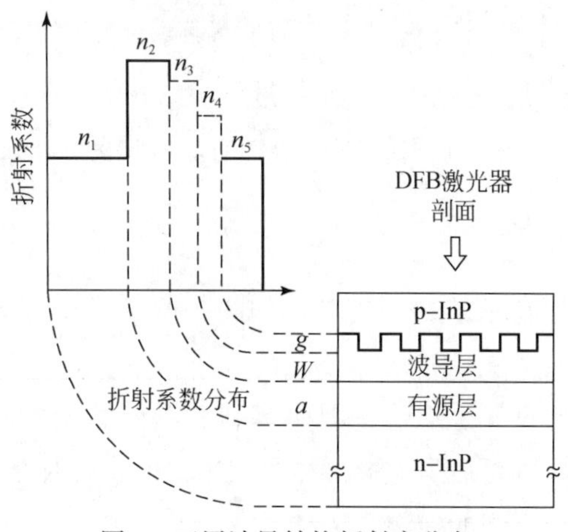

图 1　五层波导结构折射率分布

2.2 光栅制备中的等离子去胶和反应离子刻蚀

光栅工艺中最难解决的是大面积均匀光栅的重复获得。我们利用等离子去胶技术对全息曝光和显影后得到的胶膜图形进行处理，然后再用反应离子刻蚀方法对四元波导层进行刻蚀。图 2 是经离子刻蚀后的光栅剖面照片，光栅深度超过 1000Å。

图 2 光栅剖面 SEM 照片

2.3 二次外延生长溶液饱和度的选取

通常，GaInAsP 波导层上的光栅深度只有 0.08μm 左右。在液相外延中，如果不仔细地控制 InP 限制层生长溶液的过饱和度，就会在形成 GaInAsP-InP 交界面过渡层时，使 GaInAsP 光栅被 InP 生长溶液回溶掉。克服这一问题的关键是用较大的过冷度生长溶液来迅速生成（GaInAsP)^3-(In+Inp)^1 固-液平衡的交界面，从而终止 GaInAsP 光栅的继续被回溶。与此同时，生长溶液的过冷度也在交界面处提供了成核的驱动力，使得 InP 限制层开始生长。根据 Hsieh J. J. 发表的富 In 溶液中各种温度下饱和磷原子分数的经验表达式[8]：

$$X_p^l = 1.76\times10^3\exp(-11411/T)$$

可以计算出在任意生长温度下每克 In 溶剂中 InP 的饱和量 w_{InP}：

$$w_{\mathrm{InP}} = X_p^l \cdot M_{\mathrm{InP}}/(1-2X_p^l)\cdot A_{\mathrm{In}}$$

其中，M_{InP}是 InP 的分子量；A_{In}是 In 的原子量。根据我们的实验结果，在 595℃的外延生长溶液的过饱和度是 15℃，即每克 In 中 InP 的加入量为 5.1mg。

2.4 条形结构和三次外延

我们选用了平面掩埋脊型结构（PBR）如图 3 所示。在制备台面条形时利用选择腐蚀液刻蚀到四元波导层为止。其优点是在生长埋区前，使条形有源区的侧面不暴露在外，避免了外延前的污染和热损伤，因而有利于器件的长寿命工作。另外，择优腐蚀也把台面两侧经历二次外延后的光栅再显露出来，使我们对在光栅上生长 InP 限制层的二次外延质量有了一个直观的检测方法。

在三次外延（生长埋区）前，用合适的欠饱和 InP 溶液对条形台面和条形台面两

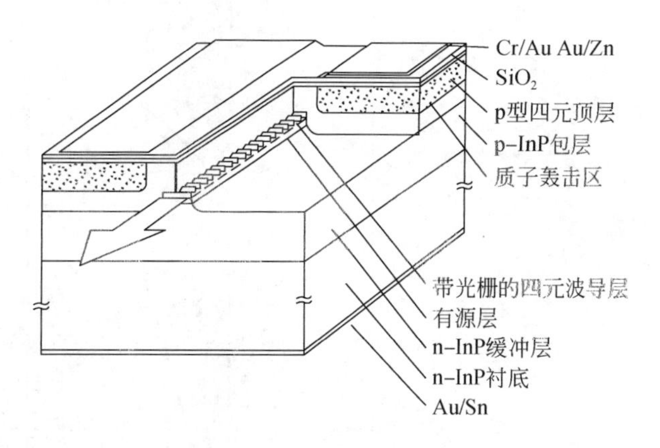

图3 PBR-DFB 激光器结构图

侧的光栅进行适当的回溶。为了减小器件的分布电容和防止在大驱动电流下因埋区的同质 pn 结导通而引起的漏电，我们用质子轰击技术在埋区形成半绝缘的高阻区。实验表明质子轰击的深度和轰击能量成正比，在轰击剂量为 $5\times10^{13}cm^{-3}$时，深度/能量比是 0.8μm/10keV。

3 DFB 激光器特性与分析

3.1 室温阈值电流和线性输出功率

由于平面掩埋脊型结构的阻塞区是由 InP 正向结组成的，当器件驱动电流增加时，器件压降升高，阻塞区的漏电流也随之增加。图 4(a)是通常 PBR 结构 DFB 激光器的光强–电流和伏–安特性曲线，当电压超过一定值时，*V–I* 曲线发生扭折，微分串联电阻变小，电流随电压迅速增大，这表明阻塞区的正向 InP 结已导通。相应的光强–电流曲线也发生扭折，发光效率下降。为了克服 PBR 结构的电流阻塞区漏电，采用 H^+质子轰击技术使阻塞区形成高阻区。图 4(b)是经过质子轰击的 PBR-DFB 激光器的 *L-I* 和 *V–I* 特性曲线，都没有扭折发生，而且 *L-I* 曲线的线性度有明显的改善。最大线性光功率输出为 10mW，单面外微分量子效率为 22%。典型器件的最高激射温度已超过 85℃。

3.2 静态光谱特性

光谱测量中用 PbS 作探测器，放大器为美国 EG 公司的 5208 锁相放大器，使用其对数坐标档。光栅单色仪是北京光学仪器厂出的 WDG30。激光器可用恒流源或高频信号源（*f*：0.1－2.1GHz，幅度到 16dBm）驱动。系统备有变温装置（美 FTS SYSTEMS，INC.），变温范围–70–150℃，可进行不同电流、不同温度下的光谱测量。

图 5 是典型器件在 20℃下，从 1.2 到 3 倍阈值电流的光谱，主边模强度比高达 33dB。

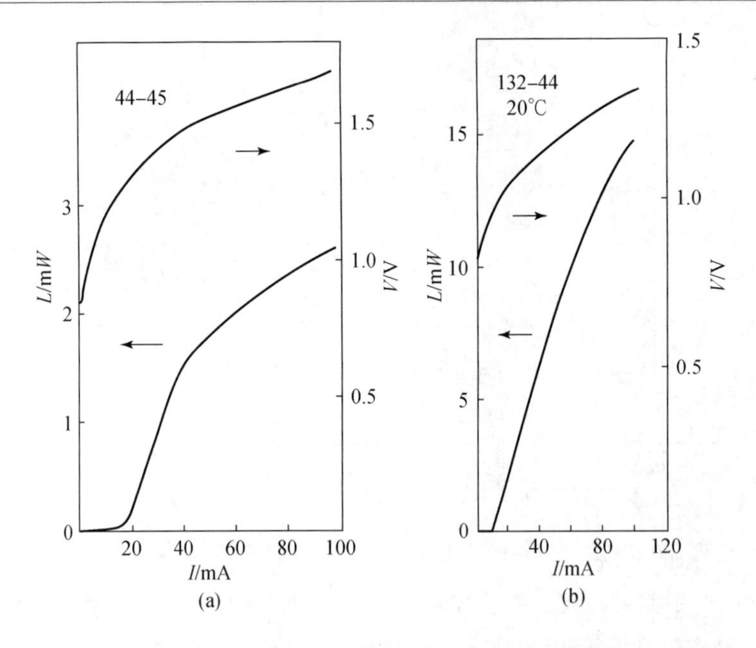

图 4　（a）阻塞区漏电的 PBR-DFB 激光器光强–电流特性和伏–安特性；（b）经过 H^+轰击后的 PBR-DFB 激光器的光强–电流特性和伏–安特性

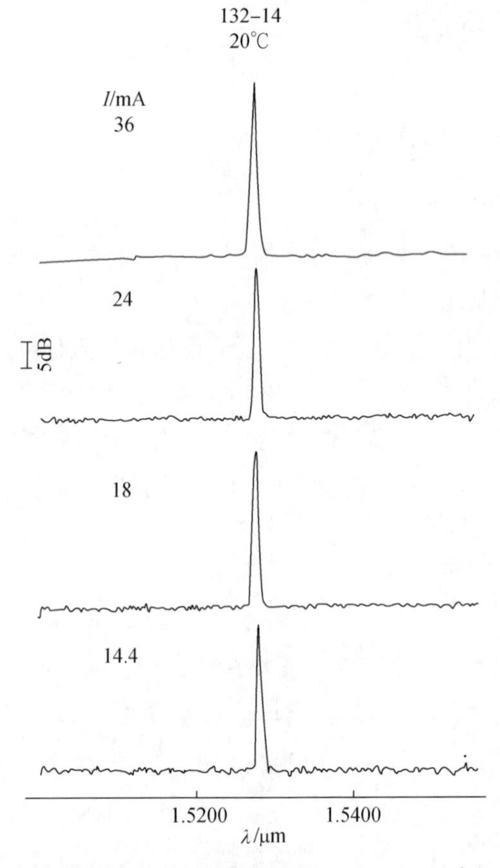

图 5　PBR-DFB 激光器在 20℃环境温度下，1. 2–3I_{th}驱动电流下的光谱

我们还在不同温度下测量了1.5倍阈值时的光谱。在我们测量的100℃温度范围内，都是稳定单纵模，主边模比在30dB以上。根据所测得的不同温度下相应的单纵模波长数据，我们画出了波长和温度的正比关系直线，其斜率即波长温度系数为0.93Å/℃（图6）。

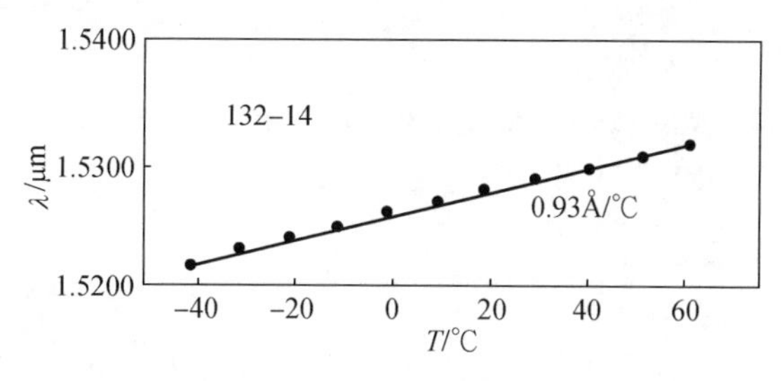

图6　典型PBR-DFB激光器波长-温度关系

我们已知，在大的温度范围（-40-60℃）和大的电流变化范围（$1.2I_{th}$-$3I_{th}$）里都能稳定的单纵模工作是DFB单模激光器和普通的F-P腔面激光器的重要区别。在实验中，我们发现在阈值附近两者的自发发射光谱上也有很大差别。图7是DFB激光器在不同电流下的发射光谱，其中最下面的是驱动电流为$0.9I_{th}$时的自发发射光谱，已存在一个突出的模式，这说明该模式有较大的净增益，即该器件有很强的模式选择性，电流超过阈值后（见上面的三套光谱），此模式即被选出。所以，这样的自发发射光谱可作为单纵模激光器初步筛选的判据。

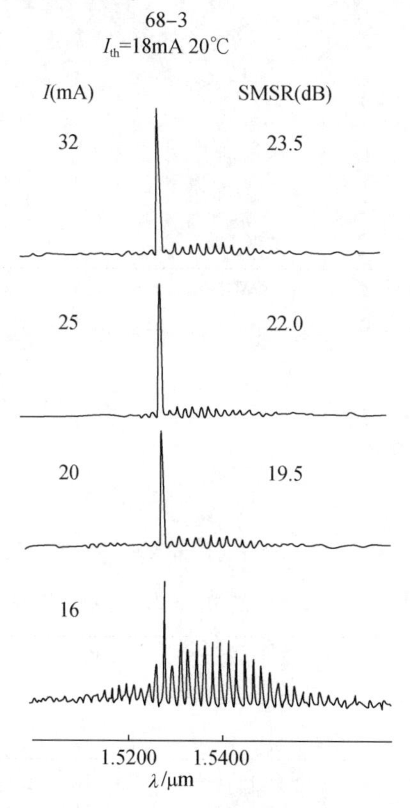

图7　单纵模PBR-DFB激光器在不同电流下的发射光谱

3.3　静态线宽

我们用清华大学电子工程系延迟零差拍法测量了典型器件的静态线宽，将测量结果列于表 1。

表 1　典型 1.5μm PBR-DFB 激光器静态线宽

管号	测试温度/℃	阈值 I_{th}/mA	工作电流/mA	静态线宽/MHz
56	16.5	10	20	60
			30	24
105	16.5	10	20	40
			30	28
			40	20

由表 1 数据可知，随输出功率（工作电流）的增加，线宽变窄。图 8 给出了典型器件的拍频谱照片，在 30mA 工作电流下的线宽为 24MHz.

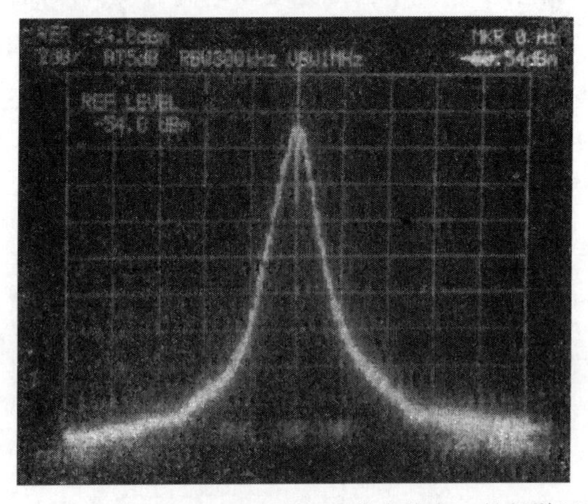

图 8　典型 1.5μm PBR-DFB 激光器静态线宽（拍频谱照片）

3.4　动态特性

在 1GHz 正弦波调制下（偏流 $I_b=2I_{th}$），测量了器件的动态光谱。图 9 给出了典型 PBR-DFB 激光器在 1GHz 下不同调制度 m 时的动态光谱。随着调制度的增加，谱线变宽。这意味着：虽然在高频调制下 DFB 激光器因光栅所决定的主边模的损耗差悬殊而仍可单纵模（SMSR>25dB）工作，但在高频调制下随着调制度的加大，其注入载流子密度周期变化幅度也将增加，这会扩大有源波导区有效折射系数的变化幅度，从而加大了相应发射波长的周期移动的范围。由图可知，在调制度为 100% 时，动态谱宽 ~3Å，SMSR~25dB。本器件已作为信号源成功地用在 140Mb/s 相干光通信系统中。

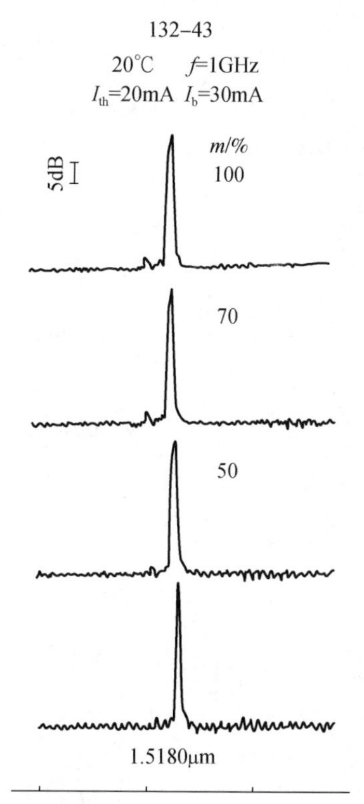

图9 典型 PBR-DFB 激光器在 1GHz 下，不同调制度 m 时的动态光谱

3.5 室温连续工作寿命

在鉴定期间曾做了 5 个没经预筛选的器件的高温恒功加速老化试验（50℃恒功 1mW），连续工作 250 小时后测量 20℃下的阈值，均无明显变化。假定慢退化的活化能为 0.7eV，则外推室温连续工作时间 $\tau(20)=13.14\times\tau(50)=13.14\times250=3285\text{h}$。

4 结束语

采用质子轰击平面掩埋脊型结构，降低了 1.5μm DFB 激光器的阈值，抑制了通过埋区的漏电流，改善了光输出的线性度。室温阈电流一般为 12mA，最低为 9mA，这为研制无制冷 1.5μm DFB 激光器组合件奠定了基础。线性功率输出一般为 10mW，单面外微分量子效率为 22%。最高激射温度为 85℃，在 1.2-3 倍阈值范围的主边模强度比最高可达 33dB。静态线宽一般为 40-50MHz，最窄为 20MHz。稳定单纵模的工作范围超过了 100℃。

对所研制的器件进行了初步老化寿命考验，外推室温连续工作时间超过了 3000 小时。从实用化（至少大于万小时）角度看，仍然需努力才能满足实际光通信系统的要求。目前正致力于消除因光栅而引入的应力和界面缺陷，并设法改进电极、烧结、压焊等工艺技术，以求得到长寿命器件。

为了提高 DFB 激光器的单纵模成品率，除了在光栅制备上或在条形结构上采用相移补偿措施或开展 AR-HR 膜的研究外，实验结果还表明外延组分的均匀性也很重要。我们有必要应用 MOCVD 超薄层生长技术来代替 LPE 方法以获得均匀厚薄和均匀组分的外延片。

致谢

作者对马朝华、王丽明、吕卉、张洪琴、关纬等同志在器件后工艺制作，陈纪英同志在 RIE 工艺，张汉一、谢世钟、孙波、杨培生等同志在器件特性测试方面给予的协助和建设性的意见表示衷心的感谢。

参考文献

[1] Sekartedjo,K. et al. ,Electron. Lett. ,21,525(1985).
[2] Utaka,K. ,et al. ,ibid. 20. 1008(1984).
[3] Brobcrg,B. ,et al. ,Appl. Phys. Lett. ,47,4(1985).
[4] Utaka. K. ,et al. ,IEEE,J. Quantum Electron,QE 22,1042(1986).
[5] Talneau,A. ,et al. ,Electron. Lett. ,24,10(1988).
[6] 王圩等,半导体学报,10(10),794(1989).
[7] Burkhard,H. ,et al. ,IEE Proc. J. Optoelectronics,134(1),7(1987).
[8] Hsieh. J. J. ,IEEE J. Quantum Electron,QE-17(2). 119(1981).
[9] Kamite,K. ,et al. ,Electron. Lett. ,24(15),933(1988).

InGaAsP/InP 掩埋条形激光器的漏电流分析

何振华，王　圩

（中国科学院半导体研究所集成光电子学国家联合实验室，北京，100083）

摘要　本文针对 p-n-p-n 埋区结构中的漏电流，用广义 p-n-p-n 三端器件的理论模型，细致地分析和模拟计算了 p-n-p-n 掩埋型 BH 激光器的漏电流特性，并据此给出了优化设计器件的数据曲线，通过具体的激光器工艺，我们做出的 FBH 激光器的漏电流大大减小，激光器的线性输出光功率可高达 20mW，室温寿命超过 10 万小时。

1　引言

迄今为止，已有较多文章分析过 BH 结构中的漏电流特性，主要分等效电路模型和二维电流分布模型两种方法。等效电路方法直观，物理概念强，但对 p-n-p-n 结构中各 pn 结特性和漏电流的关系分析得不够充分[1-3]；而二维电流分布模型计算复杂，也不适宜于分析 p-n-p-n 结构可能形成的晶闸管特性[4]。笔者为了更细致地分析器件中影响输出特性的各种参数，采用了晶闸管理论中的 Moll 模型[5-7]，建立了描述器件电学特性的电路方程组，通过编程计算，分析了器件中各种参数的变化对漏电流大小的影响；着重分析了 p-n-p-n 埋区结构可能形成的晶闸管开通特性，并与普通晶闸管特性的区别之处做了比较。根据晶闸管的形成条件，我们找到了抑制 p-n-p-n 埋区晶闸管开通效应的有效办法；并且通过在 p-n-p-n 埋区结构中增加 InGaAsP 四元层，利用异质结势垒和界面的非辐射复合特性，大大抑制了 p-n-p-n 埋区中的漏电流，从而改进了 BH 激光器的线性功率输出，而且器件的室温寿命提高到 10 万小时以上。

2　p-n-p-n 掩埋 BH 激光器的电学特性分析模型及相应电路方程组的求解

BH 激光器实质上是一个 InGaAsP/InP 双异质 pn 结和 InP 同质 p-n-p-n 结构的并联体，根据二者的相对位置，可分为 p-p 连接型（p-InP 限制层和埋区 p-InP 阻挡层连接）和 n-n 连接型（n-InP 限制层和埋区 n-InP 阻挡层连接），由于 n-InP 的电子迁移率高，n-n 连接型漏电流大，在设计时已先排除，所以我们只分析 p-p 连接型，从图 1 器件剖面上电流分布，可知通过器件的电流主要有三部分，流入条形有源区的为主要电流，

原载于：Chinese Journal of Semiconductors，1994，15（9）：623-630.

流入埋区的电流有两部分。一部分经 p-p 连接处进入埋区，另一部分流经 p-n-p-n 阻挡层。后两部分电流就是我们要分析的漏电流。

我们从物理功能上把激光器各部位等效为电阻、二极管和三极管等电路元件，这样就可以得到图 2 所示的直流等效电路。根据 InP 同质结和 InGaAsP/InP 双异质结的特性，可以用激光器各部位的几何尺寸、各层掺杂浓度、载流子迁移率和复合寿命等求解等效电路中各元件的参数。

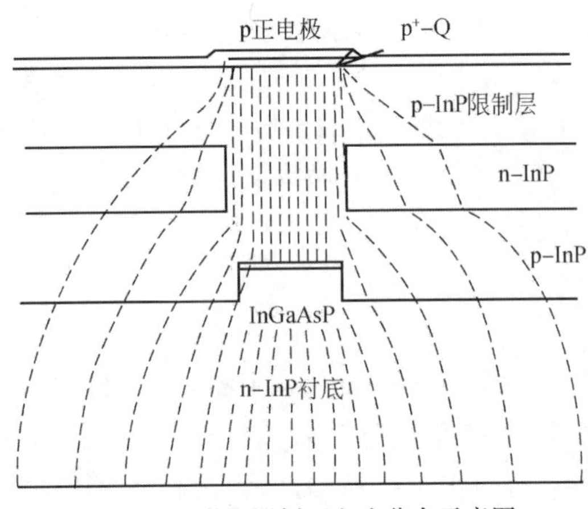

图 1　BH 激光器剖面电流分布示意图

2.1　有源区

可以等效为一个双异质结激光二极管（图 2 中的 DA），在没有激射前，其电压电流关系为[3]

$$I_a = I_{as} e^{\frac{qV_a}{2kT}} \tag{1}$$

反向饱和电流 $I_{as}=7.6\times10^{-6}W_aL$（$W_a$ 为有源区宽度，L 为激光器腔长）。

激射后，结电压被钳位，其值为 V_{th}。电流 I_a 由外电流决定，由（1）式可求出 V_{th} 和有源区的阈值电流的关系：

$$V_{th} = \frac{2kT}{q}\ln\left(\frac{I_{ath}}{I_{as}}\right) \tag{2}$$

2.2　埋区 p-n-p-n 阻挡层

p-n-p-n 结构可等效为两个晶体管的组合体，见图 2。对组合体的分析，我们采用图 3 所示的广义 p-n-p-n 结构的模型来模拟，根据广义 p-n-p-n 结构中电压电流关系的叠加方程[6]，我们可知，图 1 的 p-n-p-n 是广义 p-n-p-n 四端器件的一个特例[7,8]，在 BH 激光器中 n_2 基区相当于一个浮置的电学区，即所谓的“浮区”。

这样，我们就可以得到埋区中三个 pn 结电压电流的关系为

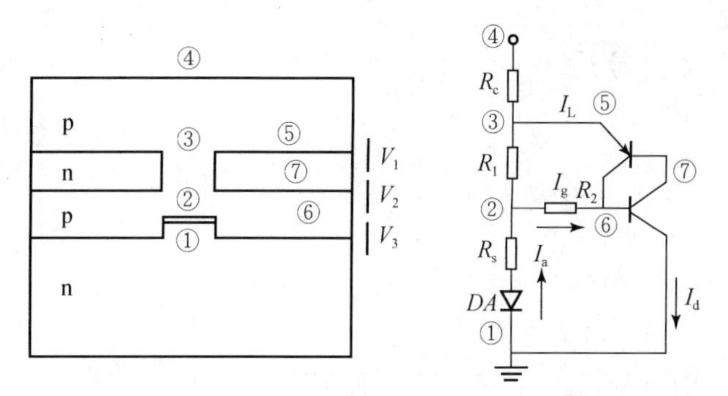

图 2　BH 激光器直流等效电路节点示意图

$$I_{S1}(e^{\frac{V_1}{V_T}}-1)=\frac{(1-\alpha_2\alpha_{22}-\alpha_{11}+\alpha_{11}\alpha_2)I_L+\alpha_2\alpha_{11}I_g}{A_0} \tag{3}$$

$$I_{S2}(e^{-\frac{V_2}{V_T}}-1)=\frac{(\alpha_1+\alpha_2-1)I_L+\alpha_2 I_g}{A_0} \tag{4}$$

$$I_{S3}(e^{\frac{V_3}{V_T}}-1)=\frac{(1+\alpha_1\alpha_{22}-\alpha_1-\alpha_1\alpha_{11})I_L+(1-\alpha_1\alpha_{11})I_g}{A_0} \tag{5}$$

$$A_0=1-\alpha_1\alpha_{11}-\alpha_2\alpha_{22},\ V_T=\frac{nkT}{q}\quad \text{（热电势）}$$

其中，$\alpha_1=\alpha_{1n}$是 pnp 晶体管的正向电流增益系数，$\alpha_2=\alpha_{2n}$是 npn 晶体管的正向电流增益系数；$\alpha_{11}=\alpha_{1I}$是 pnp 晶体管反向运行时（即 J_2 作为发射极、J_1 作为集电极）的电流增益系数，$\alpha_{22}=\alpha_{2I}$是 npn 晶体管反向运行时（J_2 作为发射极，J_3 作为集电极）对应的电流增益系数。

I_{S1}，I_{S2}和 I_{S3}分别是 J_1，J_2 和 J_3 的反向饱和电流。

我们利用方程（1)-(6)，通过编程计算，模拟了 BH 激光器的漏电流特性及输出特性。

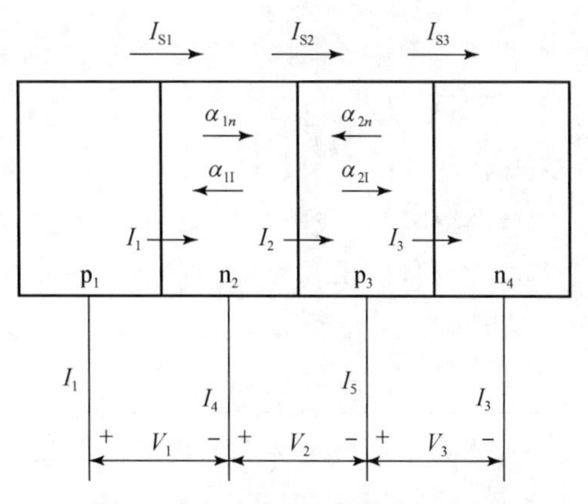

图 3　广义 p-n-p-n 结构的示意图

3　模拟计算结果及分析

3.1　BH 激光器的漏电流特性

在激光器正常运转情况下，要求埋区漏电流尽可能地小；从图 1 直观地看，p-p 连接处的宽度越大，则漏电流 I_g 就越大，而 I_g 作为晶体管（npn）的基极电流，经放大后，会造成很大的漏电流 I_L，由方程（4）可得 I_L 和 I_g 的关系为

$$I_L=\frac{-A_0I_{s2}\left(e^{-V_2/V_T}-1\right)+\alpha_2I_g}{1-\left(\alpha_1+\alpha_2\right)}\approx\frac{\alpha_2I_g}{1-\left(\alpha_1+\alpha_2\right)} \tag{6}$$

由上式可得，当（$\alpha_1+\alpha_2$）接近于 1 时，I_g 的微小增加，会导致 I_L 的急剧增加。下面我们将找出漏电流的大小和器件各层结构参数的关系。

1）条形区 p-InP 掺杂的影响

当 p-InP 掺杂浓度比较低时（电阻率较大），则连接长度的影响就比较大，当图 2 中的电阻 R_g 增加时，会导致 $V_{(2)}=V_{th}+I_gR_g$ 的增加，这必然导致栅流 I_g 的增加。

2）埋区掺杂浓度的影响

如（6）式所示，漏电流 I_L 的大小还取决于等效电流增益 α_1 和 α_2。为了减小漏电流，应该尽可能地减小电流增益，而电流增益的大小主要取决于阻挡层结构参数。因为 α_1 和 α_2 和结构参数的关系可表示为

$$\alpha_1=\frac{1}{\cosh\left(\frac{t_n}{L_{p2}}\right)\left[1+\frac{D_{n1}L_{p2}N_2}{D_{p2}L_{n1}N_1}\coth\left(\frac{t_{p1}}{L_{n1}}\right)\tanh\left(\frac{t_n}{L_{p2}}\right)\right]} \tag{7}$$

$$\alpha_2=\frac{1}{\cosh\left(\frac{t_p}{L_{n3}}\right)\left[1+\frac{D_{p4}L_{n3}N_3}{D_{n3}L_{p4}N_4}\tanh\left(\frac{t_p}{L_{n3}}\right)\right]} \tag{8}$$

可见 α_1 的大小主要取决于 n-InP 阻挡层的掺杂浓度 N_2 及厚度 t_n，而 α_2 的大小则主要取决于 p-InP 阻挡层的掺杂浓度 N_3（亦可写作 p_3）和厚度 t_p，根据实际制作的 BH 激光器的典型结构，我们模拟了几种结构参数的 BH 激光器中漏电流随器件总电流的变化曲线。我们研究了 $t_n=t_p=1.5\mu m$，衬底浓度和最上层 p-InP 浓度为（N_4，N_1）=（2，0.5）$\times10^{18}cm^{-3}$的情况下，三种不同连接长度和两种不同 n_2-InP 和 p_3-InP 阻挡层掺杂浓度下（即不同的电流放大系数）漏电流的变化情况（见图 4）。

图 4 是两种不同电流放大系数情况下漏电流计算曲线。实线族 a，b，c 对应的电流增益为 $\alpha_1=0.03$ 和 $\alpha_2=0.77$，阻挡层掺杂浓度（N_2，N_3）=（2，4）$\times10^{18}cm^{-3}$，由曲线 c 可知，尽管电流增益比较小，但是当连接长度比较大时（>1.0μm），漏电流仍然

很大。

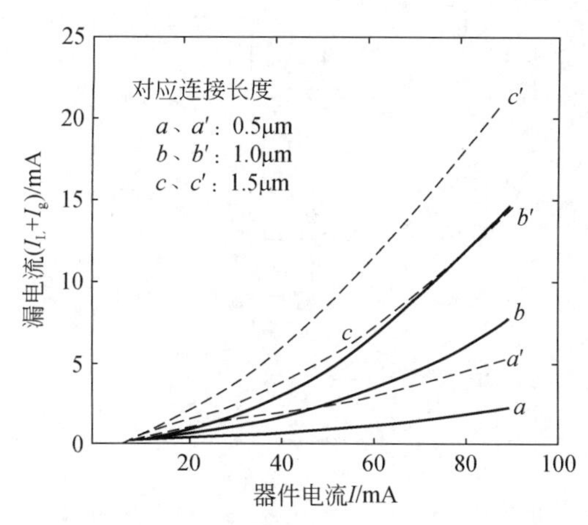

图4 不同连接长度情况下，漏电流计算曲线

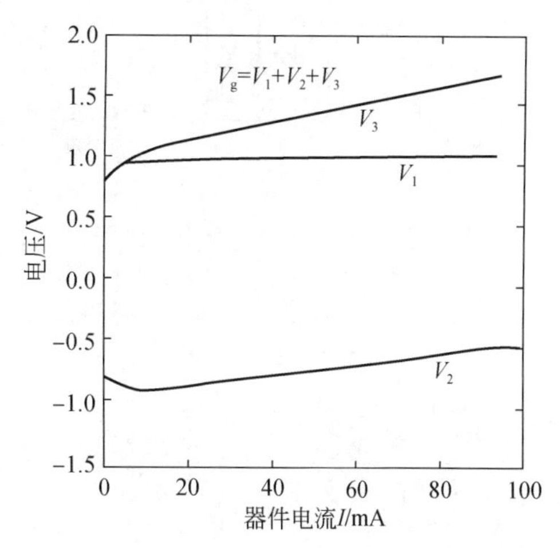

图5 BH 激光器埋区中 pn 结结电压计算曲线

图4 虚线族 a'，b'，c'对应电流增益为 $\alpha_1=0.07$ 和 $\alpha_2=0.926$，（$\alpha_1+\alpha_2$）接近于1，此时可见，即使小的连接长度下，漏电流（I_g+I_L）也仍然比较大。

所以在制作 BH 激光器时，我们应该减小连接长度（<1μm），而阻挡层的掺杂浓度应该在 $2\times10^{18}cm^{-3}$范围。

作为电学特性的分析，我们很关心埋区三个 pn 结上电压的分布（参见图2）。图5就是我们根据方程（3）、（4）及（5）计算出的器件埋区三个 pn 结上的电压特性曲线，V_1 是上边 pn 结的结电压，约为1.0V，V_3 是底边 pn 结的结电压，约为1.0V，比 V_1 略大一些。其中最令人感兴趣的是中心结 J_2 上的电压 V_2，从图5中可知，$V_2<0$，随着电流的增加，绝对值逐渐减小。由此我们可知，中心结 J_2 是正偏的，且正偏量为0.5–0.8V，由总电压的大小及串联电阻决定。

我们可以用“浮区限制”[5]的分析来说明中心结 J_2 为正偏。

由于 n-InP 阻挡层不直接和电极相连，而成为电学浮移区，即电位随相邻区的关系而定，由于 p-InP 阻挡层和条形区 p-InP 限制层相连，激光器中的 p-n-p-n 结构不同于普通的晶闸管，因此中心结的电压偏置不同于一般的晶闸管。下面我们用能带图来对其进行分析。

图6右边的能带图说明，由于中间 p-InP 限制层和埋区 p-InP 限制层相连，其准费米能级 $\phi_p^B=\phi_p^C$，造成了不同一般晶闸管中的能带分布，从图6中可知，BH 激光器埋区 p-n-p-n 结构中三个 pn 结处，均为电子准费米能级高于空穴准费米能级 $\phi_n>\phi_p$，因此三个 pn 结均为正偏。

由于中心结 J_2 正偏，则我们在设计器件时可以不必顾虑中心结 J_2 击穿的可能性。一般而言，当提高阻挡层 p-InP 及 n-InP 两层浓度，以减小电流增益时，有可能降低中心结 J_2 的反向击穿电压，不利于漏电流限制。实际上中心结的正偏使我们不需要过多

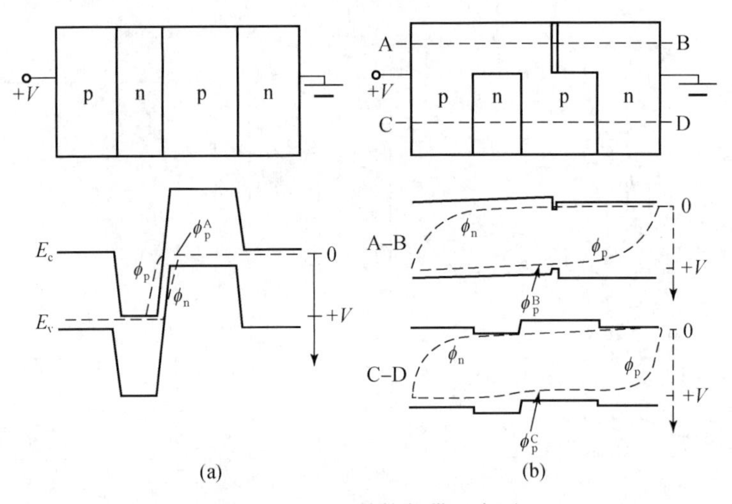

图 6　p-n-p-n 结构能带示意图

考虑反向击穿。当然反向击穿电压的大小还是表明中心结质量好坏的一个条件，为此我们可通过其他手段来提高反向击穿电压，而不是降低浓度。

3.2　p-n-p-n 埋区的晶闸管开通的可能性及过程分析

根据晶闸管理论，p-n-p-n 结构在满足下面条件时，就会形成一个具有开关特性的器件：其电流增益系数，随各个 pn 结上的电流变化而变化，小电流时 $\alpha_1+\alpha_2<1$，大电流时 $\alpha_1+\alpha_2>1$。这样就可由方程（6）求得

$$\frac{dI_L}{dI_g}=\frac{\tilde{\alpha}_2}{1-(\tilde{\alpha}_1+\tilde{\alpha}_2)} \tag{9}$$

其中

$$\tilde{\alpha}_2=\alpha_2+(I_g+I_L)\frac{\partial\alpha_2}{\partial(I_g+I_L)}$$

$$\tilde{\alpha}_1=\alpha_1+I_L\frac{\partial\alpha_1}{\partial I_L}$$

分别是 npn 和 pnp 晶体管的小信号电流增益。随着器件总电流的增加，I_g 和 I_L 也在增加，当 $\tilde{\alpha}_1+\tilde{\alpha}_2=1$ 时，$\frac{dI_L}{dI_g}\to\infty$，即微小的 I_g 增加将导致 I_L 的无穷增加，此时 p-n-p-n 结构就出现导通状态。

在实际激光器中，由公式（7）和（8）计算出的电流增益值，只是理想 pn 结的计算值，当我们考虑到 p-n-p-n 结构中各 pn 结上的势垒区产生复合电流时，可得等效晶体管的发射极注入比为[7,10]

$$\gamma=\frac{I_S e^{\frac{qV}{nkT}}}{I_S e^{\frac{qV}{nkT}}+I_r e^{\frac{qV}{mkT}}} \tag{10}$$

其中，$I_S e^{\frac{qV}{nkT}}$是发射结的扩散电流成分，n 为发射系数，I_S 为反向饱和电流；$I_r e^{\frac{qV}{mkT}}$为势垒区的产生的复合电流，I_r 为其反向饱和电流，m 为相应发射系数。

考虑电流增益随电流变化的情况，我们用前面的电路方程组和相应的计算程序，模拟计算了连接长度为 1.2μm，增益系数 $\alpha_1=0.34$，$\alpha_2=0.95$ 情况下，BH 器件中漏电流的变化曲线，以及电流增益的变化曲线等。图 7（a）是晶体管电流增益的变化曲线，其中$\tilde{\alpha}_{2\text{eff}}=\frac{dI_L}{dI}\alpha_2$，可见当曲线（$1-\tilde{\alpha}_1$）$-I$，曲线 $\tilde{\alpha}_2-I$ 和曲线 $\tilde{\alpha}_{2\text{eff}}-I$ 相交于同一点时，晶闸管的开通条件满足。所有的曲线开始转折，此后（I_L+I_g）迅速上升，有源区电流和发射功率反而减小，这是晶闸管的负阻区域，当器件电流继续增加时，整个器件逐步进入一个新的稳定状态，图 7（b）是器件中有源区电流、漏电流及光功率的变化情况。

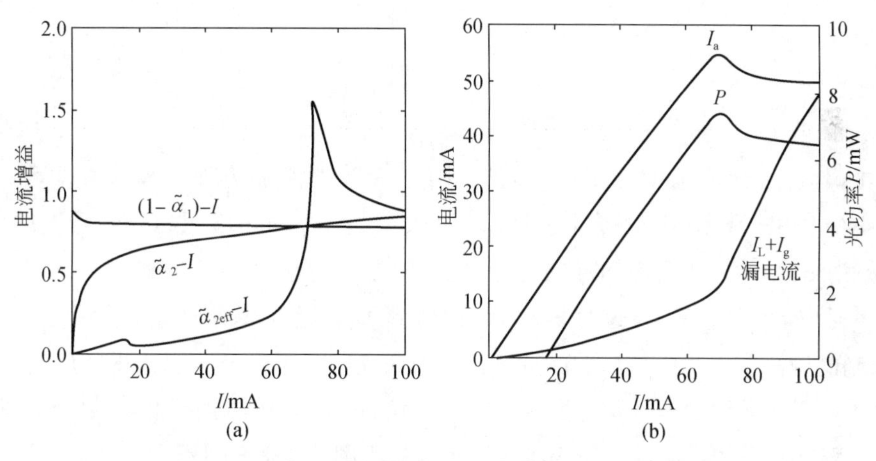

图 7　BH 激光器中晶闸管开通过程的模拟计算曲线

我们最初研制 BH 激光器时，采用的埋区阻挡层 n_2-InP 掺杂浓度较低，其等效晶体管直流信号增益 $\alpha_1>0.3$，$\alpha_2>0.9$，已经符合晶闸管开通的一个必要条件，所以很多器件的输出特性曲线（*P-I* 和 *V-I* 曲线）出现了很强的扭折，见图 8，这是器件中埋区晶闸管开通造成的，由于埋区晶闸管开通后，成为低阻区，这样就抽走了有源区的部分电流，且由于晶闸管开通状态时电压很低，所以器件的总电压也减小了。为了证实这一分析，我们用 Si 光电池探测了器件中存在的与 InP 对应的 0.92μm 的光致发光强度，结果发现，在激光 *P-I* 曲线的扭折处，0.92μm 的光致发光突然增强，即埋区漏电流突然增加了（晶闸管开通）。

对比图 7 和图 8，可知模拟计算曲线和实验结果是一致的。实验曲线的转折更陡峭的原因是实际 BH 激光器的埋区结构是一个不均匀结构，往往是局部先开通的，所以其特性曲线转折处很陡峭。

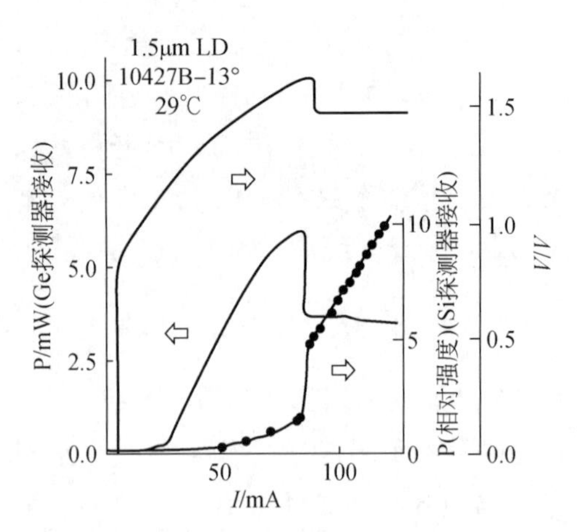

图 8　有晶闸管开通现象的 BH 激光器的光功率–电流伏安特性及荧光（0. 92μm）强度的测试曲线

4　结论

我们用晶闸管理论中的 Moll 模型，结合等效电路的方法，模拟计算和分析了 InGaAsP/InP BH 激光器中的漏电流特性，主要分析了 p-n-p-n 埋区结构参数的变化对漏电流大小的影响，从而得知器件设计时，应使连接长度小于 1μm，埋区阻挡层掺杂浓度应大于 $2\times10^{18}cm^{-3}$；通过对 p-n-p-n 中各 pn 结上电位的计算，证实了埋区中“浮区”限制的说法，说明阻挡层的高掺杂虽然有可能降低 p-n-p-n 结构中的反向 pn 结的击穿电压，但不会影响埋区漏电流限制能力。我们还分析了阻挡层低掺杂的 BH 激光器中埋区晶闸管开通的可能性以及相应的过程，从而解释了我们在研制 BH 激光器的初期器件输出特性曲线出现的扭折现象。

这样我们就可以根据晶闸管理论的分析，通过提高埋区中阻挡层的掺杂浓度以及厚度，以减小等效晶体管的电流增益，使（$\alpha_1+\alpha_2$）<1，从而抑制 BH 激光器中埋区晶闸管的开通效应。

根据上述分析，我们在实际工艺中采用了各种降低埋区等效晶体管电流增益的措施。除了上述措施外，我们还在埋区中增加了四元 InGaAsP 层，利用异质结势垒以及界面的复合作用（消耗扩散电流）来减小电流增益（参见文献［11］），从而使得我们研制的 FBH-DFB 激光器在热稳定性及寿命方面得到大大改善，激光器的线性光功率可高达 20mW，室温工作寿命提高到 10 万小时以上。

参 考 文 献

[1] P. P. Wright et al. ,J. Appl. Phys. ,1982,53:3,1364.

[2] Niloy K. Dutta,J. Lightwave. Tech. ,1984,LT-2(3):201.

[3] H. Namizagi et al. ,Electron. Lett. ,1982,18(16):705.

[4] Martinus, P. J. G. et al., IEEE J. Quantum. Electron., 1987, QE-23:925.

[5] Tsuquru Ohtoshi et al., IEEE J. Quantum. Electron., 1989, QE-25:1369.

[6] W. 格尔拉赫,卞抗译《晶闸管》,机械工业出版社,1984. 第一版. 第二章,第三章.

[7] 史西蒙,《半导体器件物理》,电子工业出版社,1987. 12,第四章.

[8] D. R. Muss et al., IEEE Trans. Electron. Dev., 1963. 10:113-120.

[9] I. M. Mackintosh, Proc. IRE. 1958, 46:1229-1235.

[10] Micheal Shur. Physics of Semiconductor Devices, Englewood Cliffs, New Jersey Prentice Hall, 1990.

[11] 何振华,1.5μm 掩埋异质结 DFB 激光器的研制,第四章,硕士论文,1992,10.

InGaAsP/InP PFBH 激光器

张静媛，王　圩，汪孝杰，田慧良

（中国科学院半导体研究所国家光电子工艺中心，北京，100083）

摘要　采用 n-InP 衬底研制 InGaAsP/InP 激光器和 DFB 激光器在国内已报道过多次，本文介绍用 p-InP 衬底研制 InGaAsP/InP 平面埋层异质结构（PFBH）激光器和 DFB-PFBH 激光器，同时利用晶体生长和晶向的依赖关系，改进埋区的结构，使器件最高激射温度大于 100℃。

1　引言

InGaAsP/InP(λ_g=1.3μm，1.55μm）激光器和 DFB 激光器是光纤通信和 CATV 系统中理想的光源，为了改进激光器的特性，降低阈电流，提高输出功率和工作温度以及实现长寿命等，研制了各种条形结构的激光器。本文介绍采用 p 型 InP 衬底，以 p-n-p-n作埋区，实现横向电流限制的激光器的研制和特性。因为它的埋区反向结为 n-InP上生长 p-InP，其电流限制特性较 p-InP 上生长 n-InP 的结好[1]，从而使这种结构能获得较好的电流–光强特性。

2　InGaAsP/InP DFB-PFBH 激光器的研制和特性

首先在(100) p-InP(掺杂浓度(2–3)$\times10^{18}$cm^{-3})衬底上。用 LPE 方法分别生长 p-InP 缓冲层掺 Zn 浓度(6–8)$\times10^{17}$cm^{-3}，4μm 厚），InGaAsP 有源层（λ_g=1.55μm 或 1.3μm，未掺杂，0.15μm 厚），InGaAsP 波导层（λ_g=1.3μm 或 1.14μm，未掺杂，0.1μm 厚)，然后采用全息光刻和干法刻蚀的方法在波导层上沿［110］方向刻制周期为 240nm（对 λ=1.55μm)或 400nm（λ=1.3μm，二级光栅）的光栅，光栅深度约 80nm。样品经过严格的清洁处理后，再进行二次 LPE 生长 n-InP 包层掺 Sn，浓度 2×10^{16}cm^{-3}，熔源温度 610℃，开始生长温度 595℃，采用过冷法生长，过冷度为 10℃，这样形成 InGaAsP/InP DFB 二极管结构。测量其宽接触的阈值电流密度为 2kA/cm^2。

将二次外延后的样品沿［110］方向刻台面，并使台面二侧偏离(111)A 面，有源区宽度小于 2μm，再进行埋区 p-n-p-n InP 的生长，开始生长温度 595℃，然后在 p 面和 n 面分别用 Zn/Au 和 Au/Ge/Ni 做欧姆接触，最后解理管芯，装架在热沉上。

原载于：High Technology Letters，1996，6（12）：10–12.

图 1 为激射波长为 1.54μm InGaAsP/InP DFB-PFBH 激光器的光谱特性，边模抑制比大于 30dB。

3 BH 结构的改进

根据文献［2］对 InGaAsP/InP BH 激光器漏电流的分析，对 p 型衬底，激光二极管的 n-InP 包层容易和埋区的 n 型阻挡层相连接，即 n-n 接触，由于 n-InP 材料电阻率小，器件横向电流限制性能变差。为了避免 n-n 接触，我们利用晶体生长的方向性，在台两侧面先生长一薄层重掺杂 p-InP 层。从而使二极管和 p-n-p-n 埋区之间夹一层 p 型 InP（图 2），使器件的 *I-L* 特性得到了改进。图 3 为 1.3μm PFBH 激光器的 *I–L* 特性，最高激射温度大于 100℃。

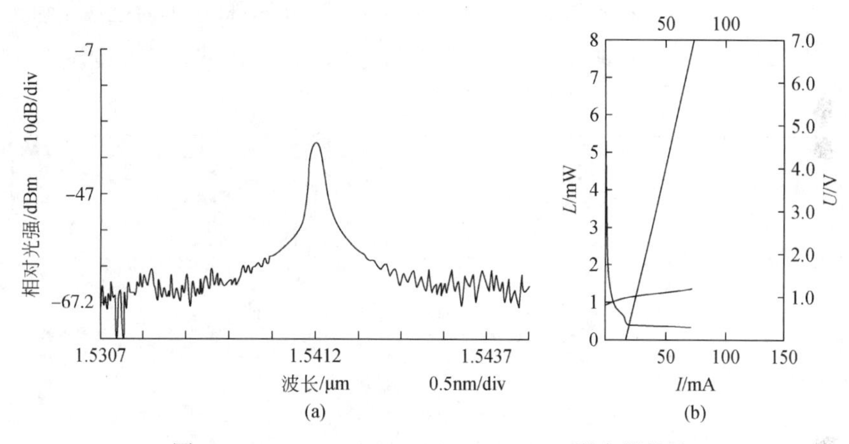

图 1 1.54μm InGaAsP/InP DFB-PFBH 激光器特性

（a）发射光谱；（b）电流–光强特性

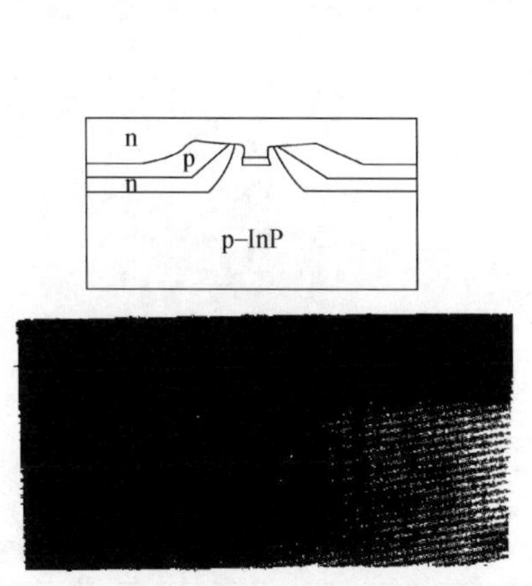

图 2 InGaAsP/InP PFBH 激光器的结构剖面图和照片

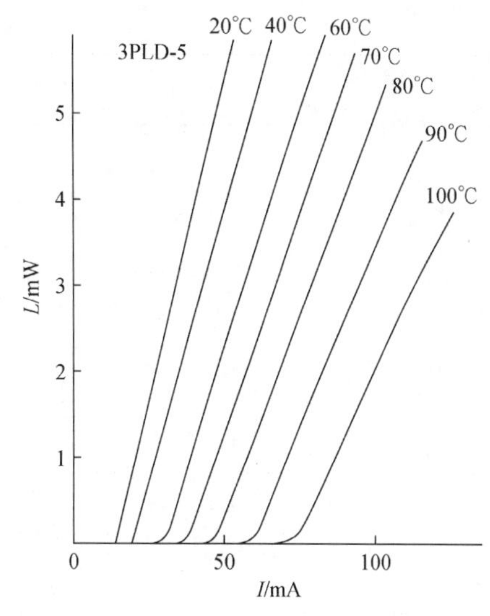

图 3 1.3μm InGaAsP/InP PFBH 激光器在 CW 下 20–100℃的 *I-L* 特性

4　结论

从以上结果可以看出，采用 p-InP 衬底，p-InP 的高掺杂隔离区和埋区的反向结为 n-p-InP 结后，器件的 *I-L* 特性及温度特性得到改善，有希望用于大功率器件的研制。

致谢

感谢缪育博、王宝军和工艺组的同志在制管方面所做的工作。

参考文献

[1] Takahei K. Nakano Y. Noguchi Y. 7th European Conference on Opitical Communication,1981. 11:1.
[2] Ohtoshl Tsukvtv,Yamguchi Ken,Chinone Naoki. IEEE J. Qumtum Electon. ,1989,QE-25. 1369.

A 1.31μm novel complex-coupled MQW-DFB laser by modulated distribution of injection current

Zhang Jizhi, Wang Wei, Zhang Jingyuan, Wang Xiaojie, Li Li, Zhu Hongliang, Wang Zhijie, Zhou Fan, and Ma Chaohua

(National Research Center for Optoelectronic Technology Institute of Semiconductors, Chinese Academy of Sciences, Beijing, 100083, China)

Abstract A 1.31μm novel complex-coupled MQW-DFB laser was fabricated for the first time by means of modulated distribution of injection current and its peculiar characteristics was described.

1 Introduction

There are two popular ways so far for making gain-coupled DFB reflectors: preparing periodic loss media[1] which bring the additional threshold current enhancement from the loss of grating and multi-mode emission because of transparency of absorptive grating while under high photon density in cavity[2]; forming corrugation on active region directly[3], which may cause nonradiation recombination on grating interface. We have been working on a novel complex-coupled grating structure utilizing modulated distribution of injection current (MDIC grating in short) along the light propagating direction in laser cavity. C. Kazmierski et al. realized the gratings based on bulk active layer ahead of us[4]. The MDIC gratings don't have the former gratings' shortcomings in principal.

Here we firstly report a 1.31μm MDIC DFB laser with multi-quantum-wells active layer. Coupling coefficient of MDIC gratings is strongly affected by carriers transverse diffusion and is sensitive to the distance between active layer and grating layer. Constructing MDIC gratings on quantum wells layer may result weak coupling coefficient from adding an upper wave guide layer while it may be canceled in bulk active layer case. Nevertheless, it can be mediated by smaller carrier mobility brought from ambipolar effect in quantum well[5].

原载于：IEEE International Semiconductor Laser Conference, 1996; 65-66.

2 Device design and fabrication

The MDIC complex-coupled DFB laser structure was sketched out in Fig. 1. The periodic n-doped InP "islands" surrounded by p-doped InP were set above the active region as restrictors, blocking the injection current periodically. Actually, taking Fe-doped InP as these "islands" should be more effective for MDIC structure. The doping level and thickness of n-InP, named as "blocking layer", and p-InP, named as "separate layer", should be adjusted not to meet small thyristors breakthrough leading to modulated distribution of injection current along light propagating direction in active layer. The function of complex-coupled gratings is realized by the carriers inducing plasma effect for the real part of the coupling coefficient κ and by modulated gain distribution for imaginary part of κ. The grating is anti-phase, benefiting linewidth of mode[6]. There is certain critical thickness for blocking layer and separate layer respectively relating with their doping levels[7].

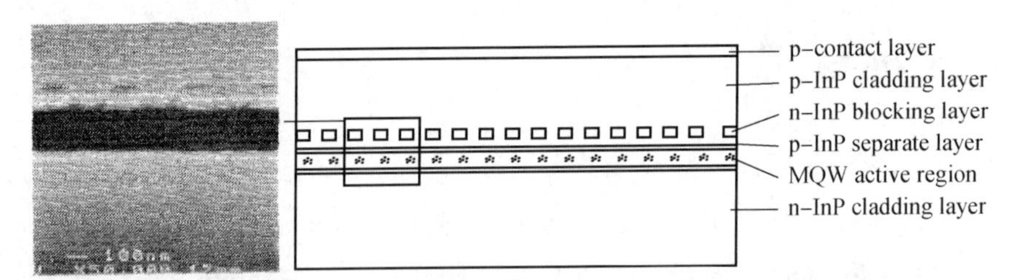

Fig. 1 Schematic drawing of MDIC complex-coupled DFB lasers and a SEM photograph

Five quantum wells (barriers and wells are InGaAsP lattice matched to InP) laser structure, separate layer and blocking layer were grown by MOCVD. The parameters of the structure are: 400Å, $9\times17\mathrm{cm}^{-3}$, p-doped separate layer and 500Å, $1.4\times18\mathrm{cm}^{-3}$, n-doped blocking layer. The thickness of upper wave guide layer was selected as 500Å to ensure enough gain disturbance in multi-quantum-wells active layer. RIE and chemical etching were employed to form 2nd order gratings. Then, overgrowth was realized by MOCVD. The stripe structure was prepared by LPE finally[8]. The chips with 300μm cavity length were as-cleaved.

3 Characteristics and discussion

A SEM photograph of MDIC structure is shown in Fig. 1. The more than one-thirds duty of grating is available. The single longitudinal mode yield is near 100% (SMSR>20dB). Fig. 2 shows *P/I/V* curves under CW at RT. A little bit high threshold current can be further decreased by narrowing the active layer width. The nonlinearity of $V-I$ curve above turn-on voltage is peculiar to MDIC DFB lasers and can be interpreted by the carriers transverse diffusion near blocking layer. Although there are periodic current restrictors in the blocking layer, the average series resistance of lasers was measured about 4Ω still comparable to normal one. An obvious DFB mode occurs without appearance of stop band is demonstrated in the spectrum (Fig. 3) below threshold current. The strong gain spectrum indicates relative weak coupling of MDIC grating near threshold current. Fig. 4 is a typical spectrum of a MDIC laser near $2I_{th}$. The center wavelength is just at 1.3151μm, locating in the zero dispersion window of optical fiber. The SMSR is more than 33dB. The small satellite peaks are found and can be understood as the F-P modes caused by as-cleaved cavity mirrors.

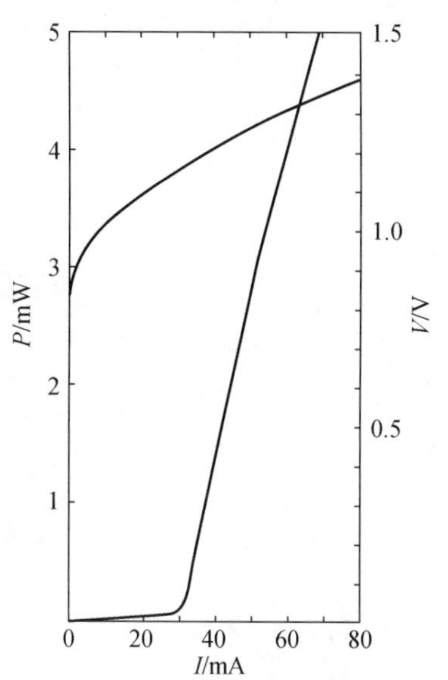

Fig. 2 $P/I/V$ curves of MDIC MQW-DFB laser

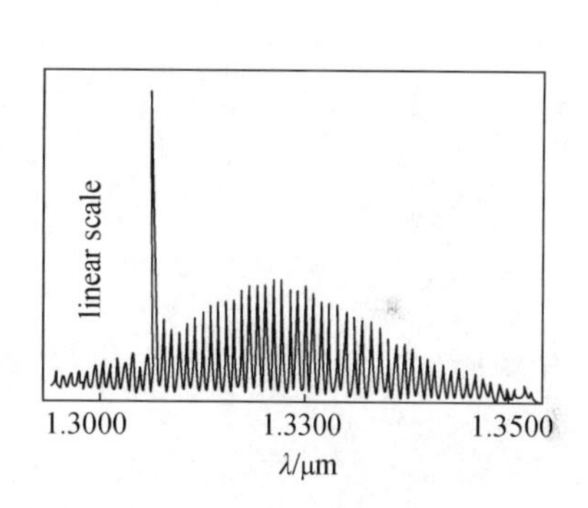

Fig. 3 The quasi-threshold spectrum of MDIC-DFB lasers

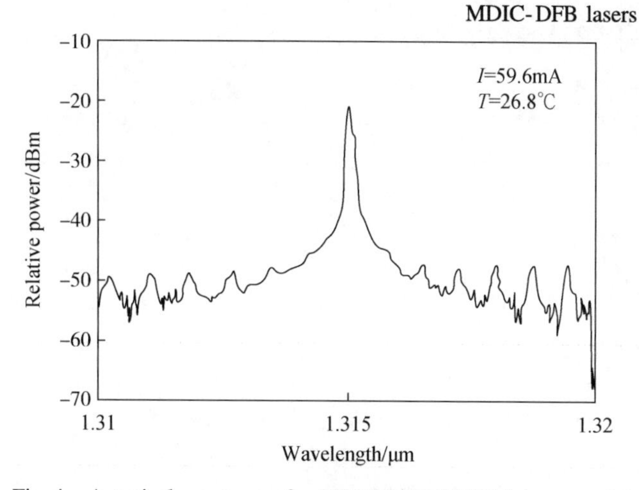

Fig. 4 A typical spectrum of a MDIC MQW-DFB laser near I_{th}

Reference

[1] Y. Luo, H. L. Cao, et al. , Vol. 4, No. 7, 692–695, July 1992.

[2] B. Borchert, et al. , 14th IEEE Internation. Semi. Laser Conf. , 47, 1994.

[3] G. P. Li, et al. , IEEE J. Q. E. Vol. 29, No. 6, 212–215, march 1992.

[4] C. Kazmierski, et al. , IEEE J. Selected Topics in Q. E. Vol. 1, No. 2, 371 June 1992.

[5] H. Hillmer, et al. , J. Phys. Condens. Matter. , Vol. 5, 5563, 1993.

[6] K. Kudo, IEEE Photon. Tech. Lett. , Vol. 4, No. 6, 531–534, June 1992.

[7] Zhang Jizhi, et al. , to be published.

[8] W. Wang, et al. , First Chinese (Beijing- Hong Kong- Taipei) Optoelectronic Workshop, Hong Kong, 1994, 79–82.

1.27μm 吸收型部分增益耦合 MQW-DFB 激光器

张济志，王　圩，张静媛，汪孝杰，李　力，朱洪亮，王志杰，
周　帆，马朝华

（中国科学院半导体研究所国家光电子工艺中心，中国科学院半导体研究所集成光电子学国家重点联合实验室，北京，100083）

摘要　采用 LP-MOCVD 和 LPE 相结合，成功地研制出了吸收型部分增益耦合 MQW-DFB 激光器。扫描显微镜照片显示了清晰的被掩埋的吸收型增益耦合光栅，表明光栅掩埋生长前升温过程磷烷的保护是成功的。宽接触（broad area）脉冲电流大范围单纵模工作，条形器件室温连续直流工作阈电流为 22–35mA，单模成品率高，边模抑制比（SMSR）超过 37dB，没有观察到饱和吸收现象。

1　引言

分布反馈（DFB）激光器因为有良好的动态单纵模特性被广泛应用于相干光通信、波分复用、孤子通信和 CATV 系统中。传统的折射率耦合 DFB 激光器的准阈值电流光谱存在着 STOP BAND[1]，其两旁两个纵模激射的几率是均等的，单模成品率依赖于管芯腔面的光栅的位相状况[2]，因而很低。尽管有 $\lambda/4$ 相移等手段能消除这种模式简并[3-5]，但因工艺上重复性较难，总是不尽人意。增益耦合 DFB 激光器则不存在这种 STOP BAND，损耗最小的模式的频率正好是 BRAGG 中心频率[1]，理论上单模成品率可达百分之百。研究表明，增益耦合激光器还具有抗外部反馈强的特点[6]，反相增益耦合光栅 DFB 的有效线宽增长因子较小[7]. 近几年增益耦合 DFB 激发器的研究受到了广泛的重视，进展也很快[8,9]。我们在研究出非均匀注入又称注入电流调制分布（modulated distribution of injection current，MDIC）增益耦合 DFB 激光器后[10]，又成功地研制出了低阈值、高 SMSR 的吸收型增益耦合 DFB 激光器。这是国内该种器件在长波长领域室温连续工作的首次报道。

2　器件结构和制作

我们的增益耦合激光器的结构如图 1 所示。有源区采用分别限制的三量子阱激光

原载于：Chinese Journal of Semiconductors，1996，17（3）：231–235.

器结构。周期性分布的 n 型 InGaAsP 四元材料因其光致荧光波长比有源区波长长，而形成吸收型增益光栅。当光沿腔长方向传播时，该光栅起到了分布式的反馈作用。光栅反馈的强弱由耦合系数 κ 表征。它是复数，表示为 $\kappa=\kappa_r+\kappa_i$，其中 κ_r 是实部，κ_i 是虚部。虚部为零的 DFB 激光器就是传统的折射率耦合型。虚部和实部都不为零，则为部分增益耦合型或称复增益耦合型。实部和虚部的符号相反的光栅称为反相（anti-phase）光栅。由图 1 知，周期性吸收材料一方面由于其折射率比 InP 大，由折射率差形成 κ_r，另一方面因能隙比有源区本征跃迁能隙小，吸收导模导致 κ_i。而且折射率大的吸收材料区域模式增益小。由文献［1］知，κ_r 与 κ_i 反相。所以这是反相部分增益耦合型光栅。隔离层的浓度和厚度的设计采用了文献［8］的思想，以便使得 p-InP 限制层、n 型吸收层、p-InP 隔离层构成的晶体管基区拉通，把吸收区因吸收而被激发的非平衡电子和空穴尽快扫走，避免出现饱和吸收现象。

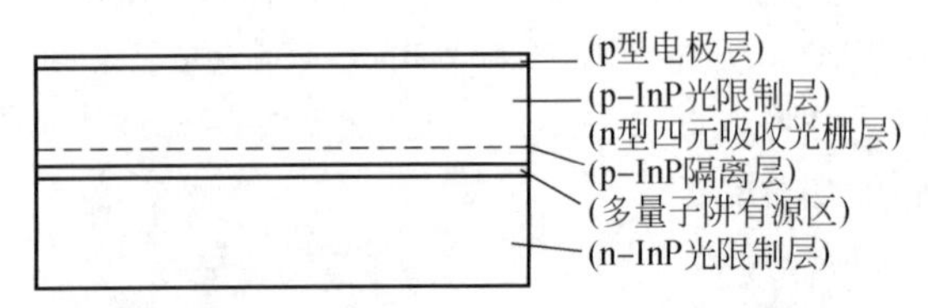

图 1 吸收型部分增益耦合 DFB 激光器结构图

材料生长采用低压 MOCVD 与 LPE 相结合。气相淀积温度是 655℃，压力为 20mbar，生长时衬底是旋转的，以便获得优质均匀的材料，三量子阱结构、p-InP 隔离层（100nm、6×10^{16}）、n 型四元吸收层（50nm）一次性外延完成，然后经全息曝光形成二级光栅掩膜，用反应离子刻蚀到隔离层，再用腐蚀液轻轻去掉 20nm 左右，以便获得几乎无损伤的光栅表面，清洁处理后，MOCVD 二次生长 p-InP 限制层和 p^+-InGaAs 电极接触层。这时外延片被解理出一部分，用来观察宽接触的光谱特性，同时凭借扫描电镜监察光栅结构，以便于质量控制。大部分片子由 LPE 做成 FBH（flat buried heterojunction）条形结构[11]。

3 实验结果与分析讨论

图 2 是 MOCVD 二次外延后光栅结构的扫描电镜（SEM）照片，清晰的层次和轮廓说明二次外延前在磷烷保护下的大约 5min 的升温过程中，材料的热离解很少。

宽接触的典型光谱由图 3 给出，强度是在线性坐标下画出的。300μm×300μm 面积，脉冲阈值电流是 1.1A。曲线长波侧显得比短波侧高，这是由于 X-Y 记录仪画笔松，没有归到零点的缘故，该样品至少在 2 倍阈值范围内保持单纵模而且不跳变。生产时可以凭此明显特征筛选外延片以降低器件成本。

做成 FBH 结构后，片子被解理成腔长为 300μm 的芯片，腔面保持自然解理状态，管芯室温连续工作的阈电流为 22-35mA。从现在已解理出的管芯看，即使腔面保持自

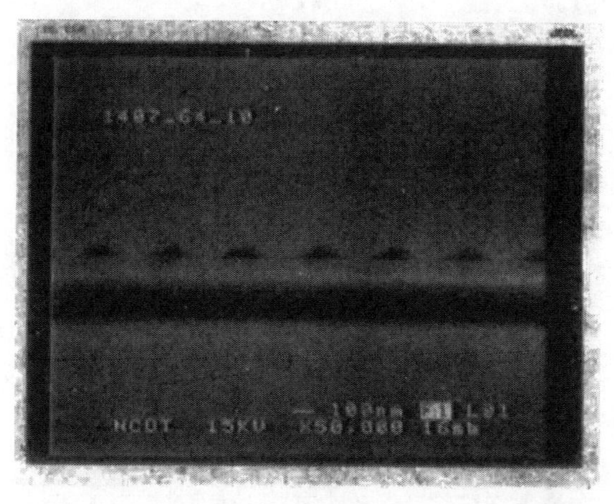

图2　MOCVD二次外延后光栅结构的SEM照片

然解理状态，单纵模成品率仍然是百分之百，从1.2倍阈值开始器件的边模抑制比都超过30dB。单纵模工作可达4倍阈值以上。图4给出了典型器件室温工作的光强电流特性曲线，阈电流为29mA，没有观察到饱和吸收现象。图5是该典型器件0.9I_{th}下的光谱，强度坐标是线性的，在主模两侧没有STOP BAND。图6是同一器件2倍阈值电流附近工作电流为60mA的室温连续工作的光谱曲线，SMSR超过37dB，波长为1.2745μm，−20dB线宽为0.32nm。我们还未测该器件的−3dB线宽。

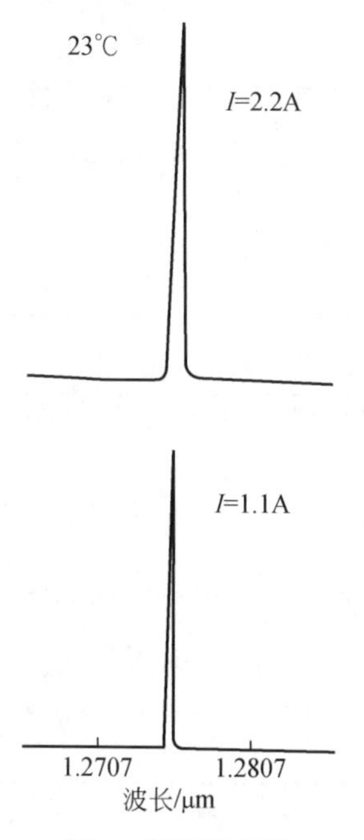

图3　宽接触光谱

阈值电流为1.1A，强度坐标是线性的

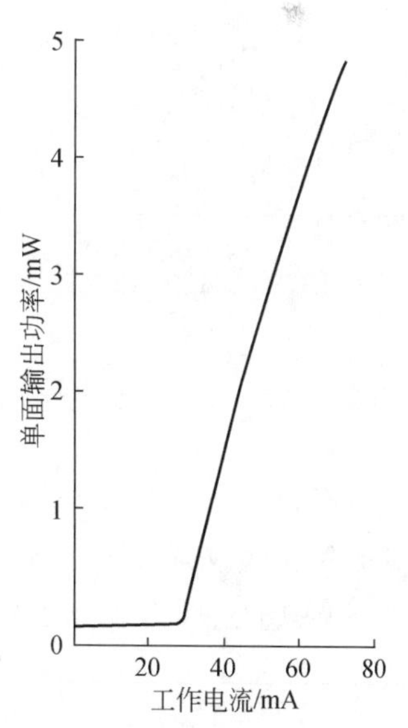

图4　典型器件室温连续工作的光强电流特性曲线

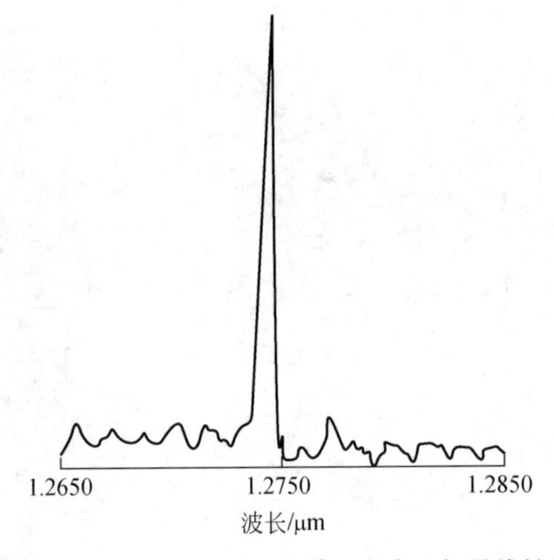

图 5　典型器件 $0.9I_{th}$ 下的光谱（强度坐标是线性的）

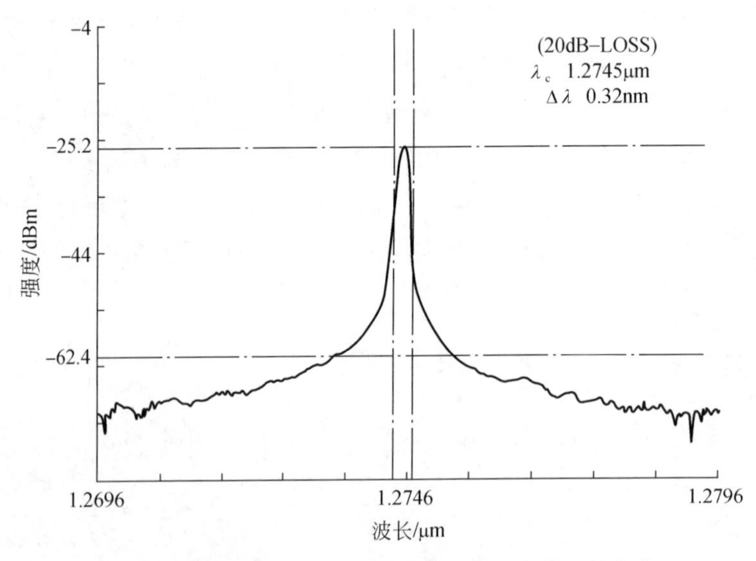

图 6　典型器件室温连续工作 2 倍阈值电流附近的光谱

4　结论

我们成功地研制出了 1.3μm 波段室温连续低阈值工作的吸收型部分增益耦合 DFB 激光器。无论是宽接触或条形掩埋结构，其光谱均呈良好的单纵模特性。高单纵模成品率（腔面自然解理状态）所暗示的较强的抗反馈能力将可能给 DFB 激光器组件以深远的影响。

致谢

对罗毅教授的启发深表谢意，并对田慧良、陈博、王之禹、赵长威、祝亚琴、潘昆、边静、白云霞、吕卉给予的帮助表示衷心的感谢。

参考文献

[1] H. Kogelnik and C. V. Shank, J. Appl. Phys. ,1972,43(5):2327.
[2] W. Streifer et al. ,IEEE J. Quantum Electron. ,1975,QE-11(4):154.
[3] K. Sekartedjo et al. ,Electron. Lett. ,1985,21:525.
[4] K. Utaka et al. ,Electron. Lett. ,1984,20:1008.
[5] B. Brobery et al. ,Appl. Phys. Lett. ,1985,4(6):531.
[6] Y. Nakano et al. ,IEEE J. Quantum Electron. ,1991,27(6):1732.
[7] K. Kudo et al. ,IEEE Photon. Tech. Lett. ,1992,4(6);531.
[8] Y,Luo et al. ,IEEE Photon. Tech. Lett. ,1992,4(7):692.
[9] W. T. Tsang,IEEE Photon. Tech. Lett. ,1992,4(3): 212.
[10] Zhang Jizhi et al. ,to be published.
[11] W. Wang et al. ,First Chinese(Beijing-Hong Kong-Taipei) Optoelectronics Workshop,Hong Kong, 1994:79.

LP-MOVPE 生长的 1.3μm InGaAsP/InP 张压应变交替 MQW 特性

王志杰，陈 博，王 圩，张济志，朱洪亮，周 帆，金才政，
马朝华，王启明

（中国科学院半导体研究所国家光电子工艺中心，中国科学院半导体研究所
集成光电子学国家重点联合实验室，北京，100083）

摘要 本文在国内首次报道了 LP-MOVPE 法生长高质量的压、张应变交替 InGaAsP 多量子阱结构的研制过程及其材料的高精度 X 射线双晶摇摆衍射曲线和光致发光谱特性表征。在此材料基础之上制作的平面掩埋条形结构激光器经过双腔面镀增透射膜后，其 TE 模与 TM 模自发发射谱光强差为 3dBm，呈现偏振补偿特性。

1 引言

替代光-电-光中继，实现全光中继的光通信一直是倍受人们重视的热点。半导体行波光放大器是作为全光中继器的重要元件。然而通常的体材料和压应变量子阱半导体行波光放大器（SLA），只具有很强的 TE 偏振模式放大作用，然而光在光纤传输中具有偏振的不确定性，这对于作为光中继器的 SLA 无疑是个很大的妨碍。而 1.5μm 工作的掺铒光纤放大器（EDFA）却具有偏振无关的放大特性和低插入损耗，致使半导体光放大器相对逊色。然而 1.3μm 波段的光纤放大器的特性至今还不够理想，因此研制 1.3μm 偏振不灵敏光发大器是目前国际上的一大研究方向[1]。

为了实现偏振补偿，可以考虑从调整 TE 和 TM 的光限制因子和改变 TE 和 TM 光增益及降低端面镀膜反射率等方面来实现。国外从 20 世纪 90 年代初已开始了这方面的研究，国内还未见报道，文献报道有以下几种方法：

（1）用亚微米阱宽的有源区，改变波导结构，即增厚有源区厚度或减窄波导区宽度来实现近乎方形的波导，以实现 TE 和 TM 相当的限制因子，达到偏振补偿作用[2]，但存在注入阈值较高和不利于与其他光子器件集成的问题。

（2）在量子阱阱区（或垒区）引入（-0.1%－-0.25%的）张应变[3,4]，在张应变作用下，轻重空穴带分离，轻空穴子带移动到重空穴子带之上，提高了 TM 模增益。而器件优化自由度较少。

原载于：Chinese Journal of Semiconductors，1997，18（3）：232-236.

（3）使用压、张应变交替的多量子阱有源区[1,5]，这种方法的量子阱有源区的能带示意图如图1所示，压应变阱提供大部分的TE模增益，张应变阱提供全部的TM模增益和另一小部分的TE模增益，这种方法可以通过两类阱的应变量、阱宽和阱数控制发射波长和TE、TM模的增益，灵活方便。

本文国内首次报道了LP-MOVPE法生长高质量的压、张应变交替InGaAsP多量子阱结构的研制过程及其材料特性。在此材料基础之上制作的平面掩埋条形结构激光器经过双腔面镀增透射膜后，其TE模与TM模自发发射谱光强差为3dBm，呈现偏振补偿特性。

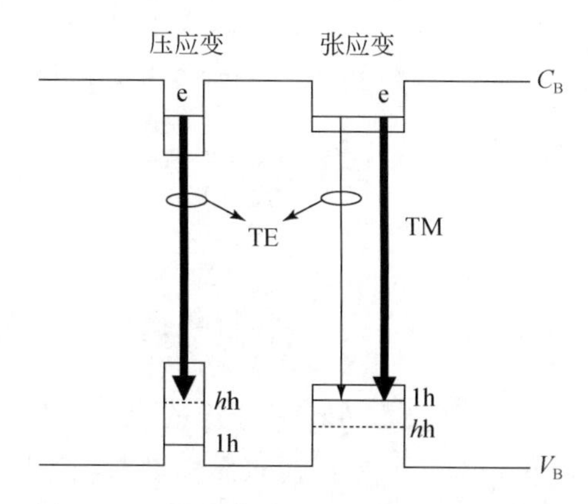

图1　压、张交替MQW的偏振特性示意图

2　结构生长

样品是由水平生长室的德国AIXTRON 200型MOVPE设备上生长的。衬底座和2英寸衬底由气体从石墨舟主体托起旋转，以便获得大面积均匀生长。有机源为三甲基铟（TMIn）和三甲基镓（TMGa），V族源为100%磷烷（PH_3）和砷烷（AsH_3），p型和n型掺杂剂分别为二乙基锌（DEZn）和2%的硅烷（SiH_4）载气为经过钯管纯化过的氢气，总氢气流量为6.75L/min。生长室温度为655℃、压力为20mbar。

由于Ⅲ族源和Ⅴ族源都具备两套入室口，大大简化了生长控制。控制好张、压量子阱的组分的生长参数，采用2s的Ⅲ族源生长中断、Ⅴ族源保护的界面控制技术，生长了分别限制异质结多量子两阱（SCH-MQW）结构，如图2所示，在2英寸掺S的（100）晶向n-InP衬底上依次生长n-InP缓冲层（Si掺杂，$2\times10^{18}cm^{-3}$），不掺杂的下波导层，不掺杂的压、张应变交替的多量子阱InGaAsP/InGaAsP有源区，不掺杂的上波导层，p-InP盖层（Zn掺杂，$5\times10^{17}cm^{-3}$），p^+-InGaAs欧姆接触层（Zn掺杂，$6.5\times10^{18}cm^{-3}$）。上、下波导层和垒区均为与InP匹配的四元$In_{0.86}Ga_{0.14}As_{0.28}P_{0.72}$层（$\lambda_{PL}$ = 1.1μm），多量子阱有源区为张应变量子阱和压应变量子阱交替组成，张应变量子阱材料为$In_{0.58}Ga_{0.42}As_{0.63}P_{0.37}$，压应变量子阱材料为$In_{0.78}Ga_{0.22}As_{0.69}P_{0.31}$。

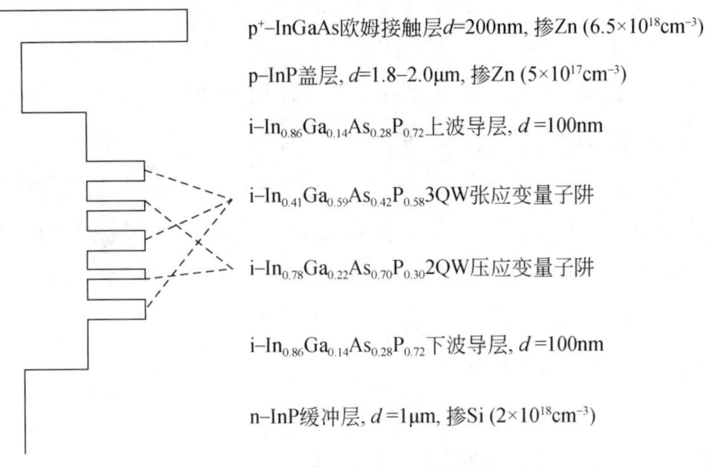

图 2　压、张应变交替量子阱结构示意图

3　材料特性测试

图 3、图 4 分别为压、张应变交替 MQW 结构的 PL 谱和 X 射线衍射双晶摇摆曲线，由 PL 谱可知 $\lambda_{PL} = 1.282\mu m$，从 X 射线双晶摇摆曲线可以看到 5 级以上卫星峰，说明此结构具有陡峭的界面，而每层有非常好的晶格完整性和均匀性，衬底峰（最高峰）右侧的张应变卫星峰要强于左侧的压应变卫星峰，说明这个结构的张应变成分要强于压应变成分，由图中数据计算可知平均应变量–0.22% 为张应变。

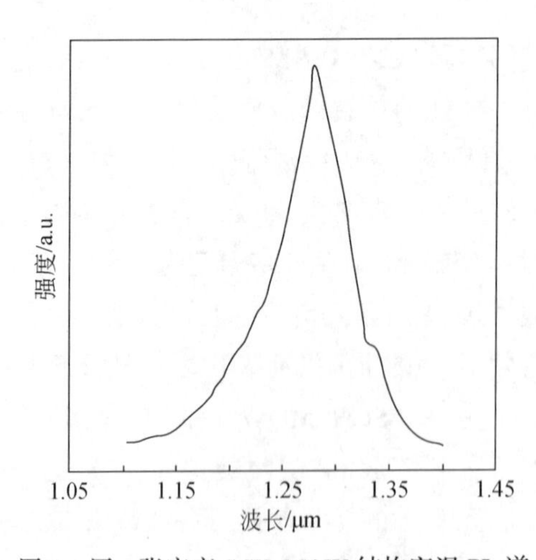

图 3　压、张应变 SCH-MQW 结构室温 PL 谱

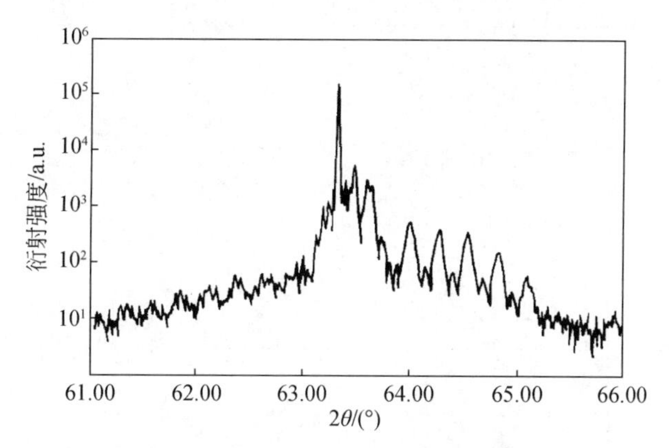

图 4 压、张应变 SCH-MQW 结构 X 射线双晶衍射摇摆曲线

4 器件特性测试

把此结构片用 MOCVD 技术二次外延（overgrowth）制成 PBH 条形结构激光器，用图 5 所示方法测量激光器阈值之下的 TE、TM 模（荧光）自发发射谱，由自发发射谱来评价其 TM 和 TE 模的增益特性。

由激光器发射的光经物镜 1 扩束成平行光束，由 Glan- Tylor 棱镜选出偏振态后经物镜 2 聚焦到自聚焦透镜，耦合进光纤，由光纤耦合进光谱仪测试其各偏振态下的光谱。由于光路中各物镜、棱镜、光纤耦合和空气损耗，进入光谱仪中的信号较弱，一般为几百个 pW(−70dBm)。

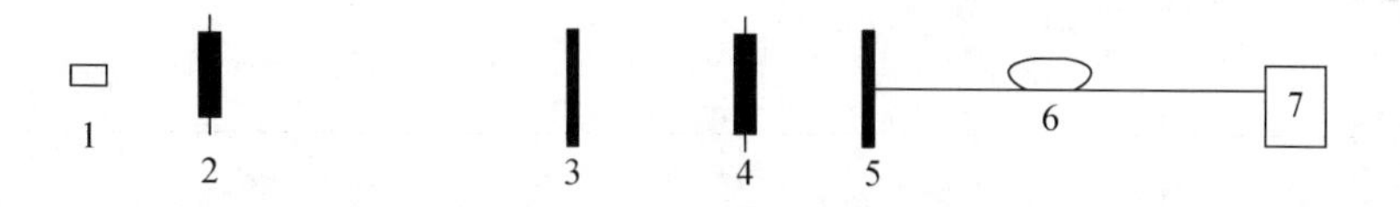

图 5 偏振态测量光路示意图

1. 激光器；2. 物镜 1；3. Glan-tylor 棱镜；4. 物镜 2；5. 自聚焦透镜；6. 光纤；7. 光谱仪（MS9001B1 型）

图 6 给出了不同腔长下，自然解理面激光器的 TE、TM 模偏振态自发发射谱峰值光功率的差。由图 6 可以看出，在不同腔长时，随着腔长的增长，P_{TE}与 P_{TM}差距减少，但腔长大于 600μm 后变化平缓，且 TE 模增益大于 TM 模增益。为了降低端面反射率 $R_{TE}>R_{TM}$的影响，取 500μm 腔长，两面镀增透膜（AR）后发现 TE 模光功率小于 TM 模光功率，我们测得的结果是 TE/TM 光功率峰值只相差 3dBm，其 TE/TM 模的自发发射谱如图 7 所示。此结果可与 K. Mageri[4] 报道的 TE/TM 峰值光功率差 2dBm 相比拟。

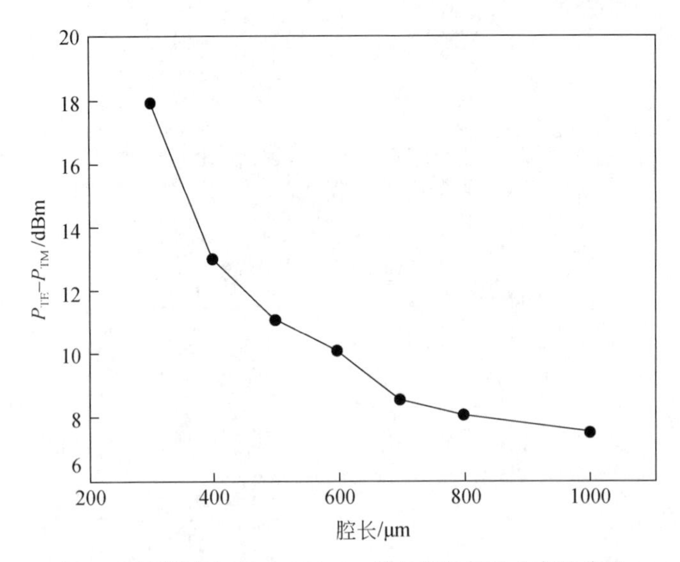

图 6　不同腔长下的 TE 与 TM 模自发发射光功率差曲线

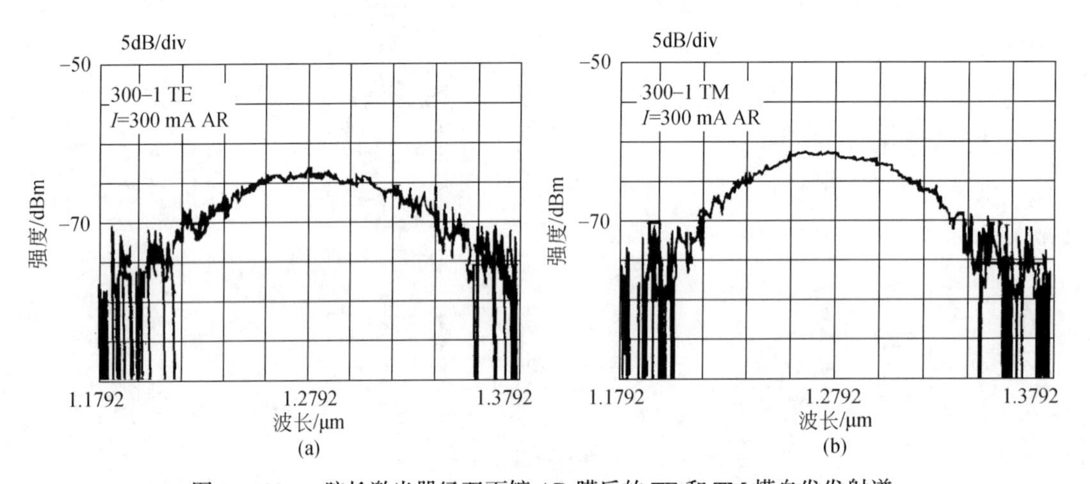

图 7　500μm 腔长激光器经双面镀 AR 膜后的 TE 和 TM 模自发发射谱

5　结论

我们报道了 LP-MOVPE 法生长高质量的压、张应变交替 InGaAsP 多量子阱结构的研制过程及其材料特性，在此材料基础之上制作的平面掩埋条形结构激光器经过双腔面镀增透射膜后，其 TE 模与 TM 模自发发射谱光强差为 3dBm，呈现偏振补偿特性。可用之作为研制偏振补偿放大器、调制器及偏振开关激光器等光通信元件的理想偏振补偿有源介质。

致谢

作者感谢国家光电子工艺中心毕可奎、汪孝杰、王玉田、庄岩、边静、白云霞、丛立方等同志在端面镀膜、激光器测试、X 光测试、烧结、解理等工艺及测试方面的大力支持。

参考文献

[1] L. F. Tiemeijier, P. J. A. Thijs et al. , Appl. Phys. Lett. ,1993,62(8):826.
[2] T. Saitoh, T. Mukai et al. , Optical and Quantum Electron. ,1989,21:347-358.
[3] M. Okamoto et al. , IEEE J. Quantum Electron. ,1991,27(6):1463.
[4] K. Magari et al. , IEEE Photonics Technol Lett. ,1991,3(11):998.
[5] A. Mathur and P. Daniel Dapkus, Appl. Phys. Lett. ,1992,61(24):2845.
[6] A. Ougazzden, D. Sigogene et al. , Eectron. Lett. ,1995,31(15):1242-1243.

1.3μm InGaAsP/InP 应变多量子阱部分增益耦合 DFB 激光器

陈　博，王　圩，张静媛，汪孝杰，周　帆，朱洪亮，边　静，马朝华

（中国科学院半导体研究所国家光电子工艺中心，北京，100083）

摘要　本文在国内首次报道了采用直接刻蚀有源区技术在应变多量子阱有源区结构基础上制作了 1.3μm InGaAsP/InP 部分增益耦合 DFB 激光器，器件采用全 MOVPE 生长，阈值电流 10mA，边模抑制比（SMSR）大于 35dB，在端面未镀膜情况下器件单纵模成品率较高。

1　引言

随着光纤通信技术发展和需求，由于增益耦合 DFB 激光器具有高的单纵模成品率、抗端面反射的影响、高速调制下具有小的啁啾等优点[1]及应变多量子阱激光器在高微分增益、高线性度和高温特性等方面具有优越性[2-4]，因而 1.3μm 部分增益耦合 DFB 激光器成为 CATV 系统和宽带综合业务信息网光纤通信中的理想光源。

在 DFB 激光器中引入增益耦合机制主要有增益光栅和吸收光栅两种方式，其中采用增益光栅的器件在原理上可能有更好的动态特性，因而极具研究价值[5]。然而，由于技术等方面的原因，增益光栅的制作及光栅表面的再生长是其制作的难点，若处理不当，容易在有源区中引入大量的非辐射复合缺陷，影响到激光器的激射特性，这方面内容在文献中亦未见报道。

在本文中，我们采用直接刻蚀有源区的方法，优化了光栅的刻蚀条件和改善了光栅表面的再生长技术，利用 MOVPE 生长方法成功地制作了 1.3μm 应变多量子阱部分增益耦合 DFB 激光器。

2　器件结构及制作

整个器件结构如图 1 所示，我们采用三次 LP-MOVPE 外延生长，制作了平面掩埋异质结（PBH）横向电流限制条形结构激光器。

2.1　结构材料生长

首先我们采用 LP-MOVPE 生长技术，在 AIXTRON/200 型 MOCVD 设备上进行结

原载于：Chinese Journal of Semiconductors，1998，19（10）：793-797.

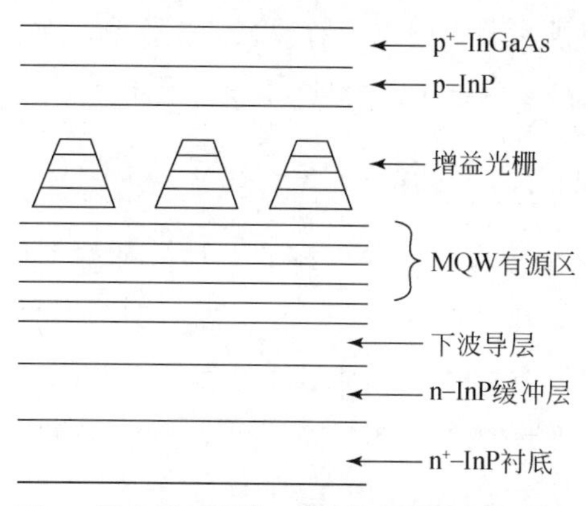

图1　部分增益耦合 DFB 激光器结构示意图

构片生长Ⅲ族元素有机源为三甲基铟（TM In）和三甲基镓（TM Ga），V 族元素源为100%磷烷（PH_3）和砷烷（AsH_3），p 型和 n 型掺杂剂分别为二乙基锌（DEZn）和2%的硅烷（SiH_4），载气为经过钯管纯化过的氢气，生长温度为655℃。在 2 英寸掺 S 的（100）晶向 n-InP 衬底上依次生长 n-InP 缓冲层（Si 掺杂，$5\times10^{18}cm^{-3}$），不掺杂的 InGaAsP 下波导层（$\lambda=1.1\mu m$），不掺杂的 10 量子阱有源区，不掺杂的 InGaAsP 上波导层（$\lambda=1.1\mu m$，厚度 30nm）。其中阱层为 1%的压应变 InGaAsP（阱宽 8nm），垒层为-0.5%的张应变InGaAsP（垒宽 11nm、$\lambda=1.1\mu m$）。图 2 为生长的结构片测试的室温 PL 谱和 X-ray 双晶衍射摇摆（DCD）曲线，PL 谱的峰值波长为 1.294μm，FWHM 为26meV。从 X-ray DCD 中可以看到±5 级的卫星峰和卫星峰间的 Pendello sung 条纹，这说明结构片生长质量良好，各层组分均匀、界面陡峭。

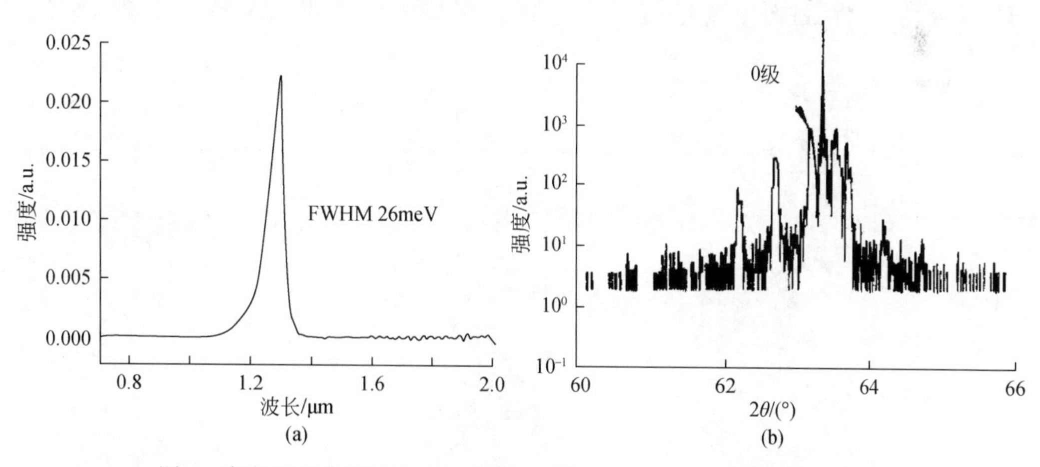

图2　应变量子阱有源区（a）室温 PL 谱（b）X-ray 双晶衍射摇摆曲线

2.2　光栅制作

对 1st-MOCVD 外延生长的结构片采用全息曝光技术、反应离子刻蚀（RIE）和湿法化学腐蚀技术沿（110）晶向制作出周期 200nm，深度 100nm 的一级光栅，适当控制湿法腐蚀时间可以去除 RIE 刻蚀光栅表面引入有源区的损伤和缺陷，减少非辐射复合中心对器件特性的影响。光栅层刻蚀穿过 3-4 个量子阱区，这样形成了部分增益耦合光栅。

2.3　光栅表面处理和器件的制作

在光栅表面的外延再生长实际上是一种非平面的外延生长，生长前应进行仔细的清洁处理，并在 MOVPE 再生长前在 H_2 和 PH_3 气氛保护下对光栅进行烘烤，以减少因在有源区上制作光栅而引入的缺陷、杂质等非辐射复合中心，易于激光器的 CW 激射。

接着按常规的 PBH 条形掩埋工艺，采用三次全 MOVPE 技术生长出有源区宽为 1.5μm 的 PBH 条形结构。片子减薄至 100μm 左右，p 面蒸 Au/Zn/Au、n 面蒸 Au/Ge/Ni、合金、解理成腔长为 300μm 的芯片。

3　器件测试

图 3 为端面未镀膜的部分增益耦合 DFB 激光器典型光输出功率-电流曲线，器件的开启电压为 0.8V，反向压降-3V，室温阈值电流 10mA，线性输出功率可达 25mW 左右。器件的单模成品率在 70% 以上，非单模器件主要是多模激射，少部分是 Stop Band 两侧的双模激射，主要与光栅制备不均匀及器件端面相位有关。图 4 为器件在不同温度下的光-电流曲线，温度从 20℃至 100℃每 10℃测试一条曲线，由阈值电流 I_{th} 与温度 T 的关系 $I_{th}=I_{th_1}\exp((T-T_1)/T_0)$，可得特征温度参数 T_0，在 20-70℃时 $T_0\sim$ 53K；70-100℃时，$T_0\sim$45K。图 5 为 DFB 激光器在室温时不同电流的光谱特性。由图可知器件在 1.311μm 处单纵模激射，$I<I_{th}$ 时光谱显示出明显的 Stop Band 及激射波长在

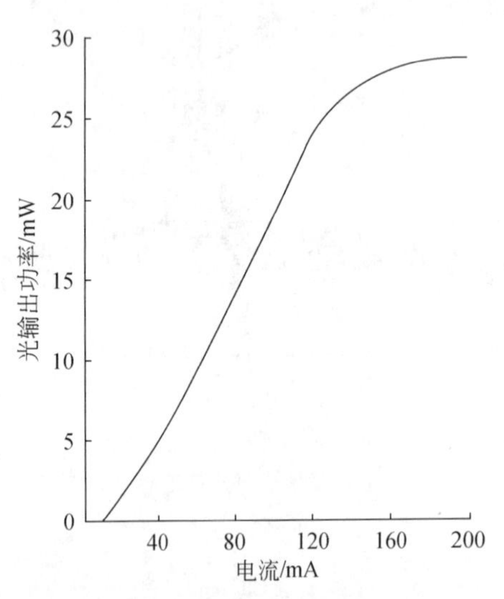

图 3　端面未镀膜器件的典型 CW 工作光输出功率-电流特性曲线

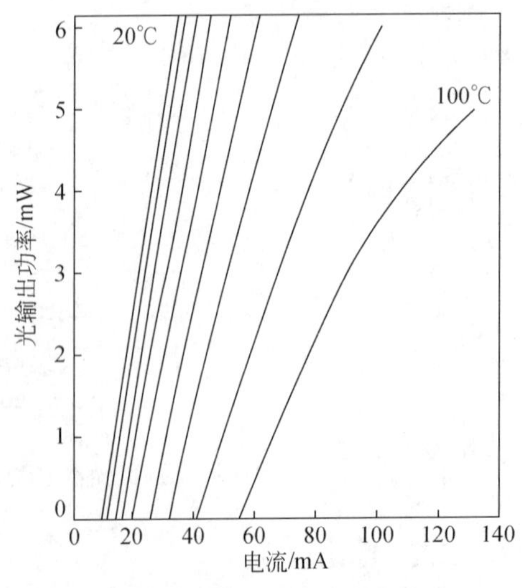

图 4　不同温度下的光-电流曲线从 20℃至 100℃每 10℃一条曲线

长波长侧，由 Stop Band 宽度可计算出耦合系数为 4.7，$I=18\text{mA}(P=2\text{mW})$ 时 SMSR = 38.4dB；$I=53\text{mA}(P=7\text{mW})$ 时 SMSR = 36.4dB。

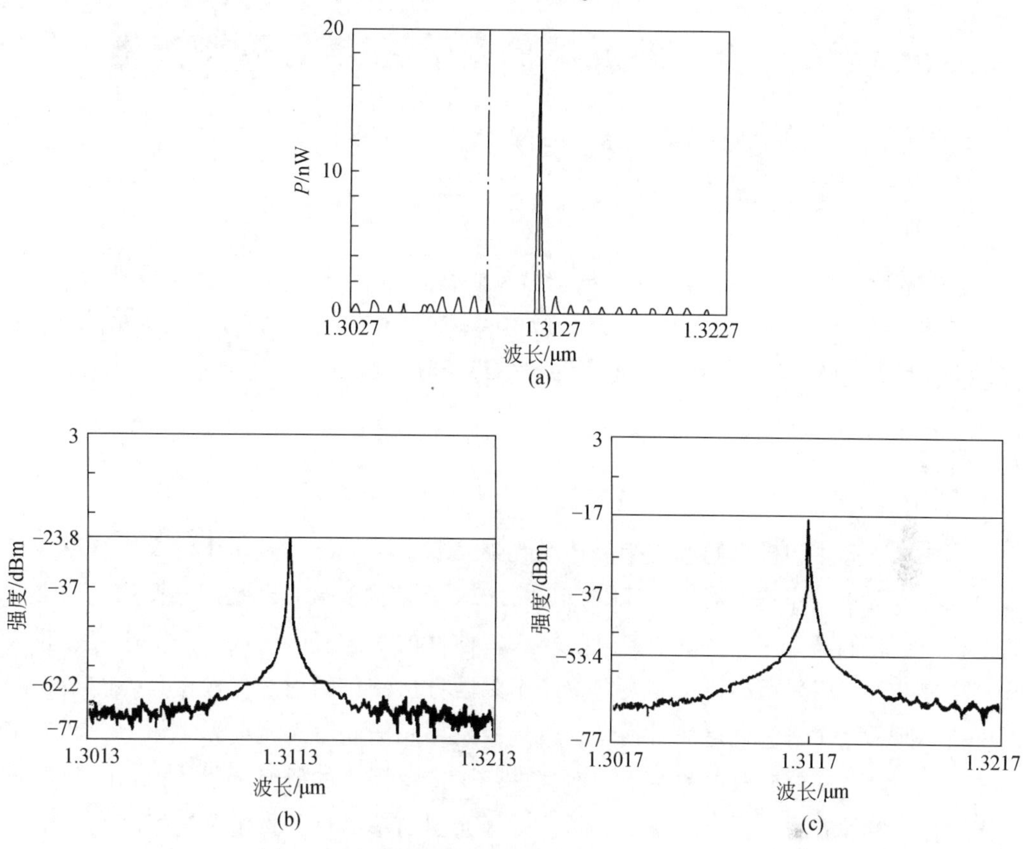

图 5　DFB 激光器在室温下不同注入电流的激射谱

(a) $I<I_{th}$，(b) $I=18\text{mA}$，(c) $I=53\text{mA}$

4　结论

在国内首次采用全 MOVPE 技术研制成功 1.3μm 应变多量子阱部分增益耦合 DFB 激光器。其中增益耦合光栅采用直接刻蚀有源区技术，从光栅的制作到光栅表面的再生长都与常规的折射率耦合 DFB 光栅工艺兼容，工艺简单可行，器件实现了阈值电流 10mA，SMSR 大于 35dB，线性功率达 25mW 的 CW 单纵模激射。

参考文献

[1] Y. Lou, R. Takahashi, Y. Nakano et al., Appl Phys Lett, 1991, 59(1): 37-39.

[2] P. J. A. Thijs, T. van Dongen, L. F. Tiemeijer et al., J. Lightwave Technol, 1994, 12(1): 28-36.

[3] H. Watanabe, T. Aoyagi, A. Takemoto et al., IEEE J. Quantum Electron., 1996, 32(6): 1015-1023.

[4] H. Lu, C. Blaauw, T. Makino, J. Lightwave technol, 1996, 14(5): 851-858.

[5] Y. Luo, H. L. Cao, M. Dobashi et al., IEEE Photonics Technol Lett, 1992, 4(7): 692-695.

光纤光栅作为外反馈的混合腔半导体激光器

周凯明，葛　璜，安贵仁，汪孝杰，王　圩

（中国科学院半导体所国家光电子工艺中心，北京，100083）

摘要　利用一个一端镀有增透膜的 F–P 腔半导体激光器芯片和一段反射率为 50% 的光纤光栅组合成一混合腔激光器，腔长约为 2cm。在 50mA 的偏置电流下，主边模抑制比为 37. 6dB，出纤功率为 1mW。并对这种结构的激光器进行了初步的理论分析。

1　引言

窄线宽、高主边模抑制比的半导体激光器是长距离光通信技术中的重要器件。现在有几种方法来制作这种器件。其中 DFB、DBR 等结构的激光器是用光栅的反馈来进行选模的，它们已应用到系统中。但制作这些器件的工艺复杂、成本高。还有外腔激光器也是一种可以采用的技术。人们曾经用刻蚀方法制作的光纤光栅作为外腔激光器的反馈，但是制作工艺也是非常烦琐。最近，紫外光侧面写入光纤光栅作为一种新兴的技术，人们对其形成原理和应用方面都进行了广泛深入的研究。紫外光侧面写入光纤光栅有很多种方法，其中用掩膜版制作光纤光栅简单易行，光栅质量好而且布拉格波长稳定。用光纤光栅作为反馈来形成混合腔或外腔激光器[1-5]，可以利用已经成熟的封装技术制备出在某些特性上可超过 DFB 激光器的半导体激光器，其制作工艺简单，波长可以精确控制，在光通信的某些领域很有可能成为 DFB 结构激光器的替代品。

2　器件结构和工作原理

混合腔激光器由一个端面镀增透膜的 F–P 腔半导体激光器芯片和一段光纤光栅构成，如图 1 所示。激光器的谐振腔可分为三部分：①半导体芯片部分；②光纤和芯片之间的空气间隙；③光纤部分。其中光纤部分又分有光纤光栅和其前端光纤部分。我们称这种结构为混合腔（hybrid cavity）而非外腔（external cavity）是由于在半导体端面和光纤端面镀了增透膜，这是为了抑制 F–P 腔模式，可以认为光场只被光纤光栅和芯片的外端面反馈，腔中的其他端面没有起反射作用。

这种结构其实是一种 DBR 激光器，可以用 DBR 工作原理来分析它的模式[6]。激

原载于：中国激光，1998，25（1）：970–972.

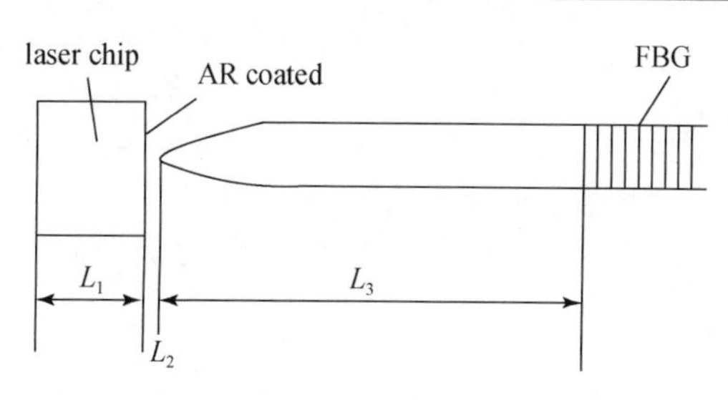

图 1　混合腔半导体激光器的结构示意图

光器外端面的反射系数为 r_m，它是一个不随波长改变的量。光纤光栅的反射系统 r_g 可以通过耦合模理论计算得到

$$r_g = |r_g| \exp(\mathrm{i}\phi) = \frac{\mathrm{i}\kappa \sin(q\bar{L})}{q\cos(q\bar{L}) - \mathrm{i}\Delta\beta \sin(q\bar{L})} \tag{1}$$

其中，κ 为耦合因子；$\Delta\beta$ 为偏离布拉格条件时传播常数的微调量；$q=[(\Delta\beta)^2-\kappa^2]^{1/2}$；$\bar{L}$ 为光纤光栅的长度；r_g 为一个复数。为了产生激射，光场在谐振腔内往返一周后必须满足其强度和相位保持不变。在我们的这种结构中，这个条件可以表示为

$$r_1 r_g C_a^2 \exp(2\mathrm{i}\beta_1 L_1)\exp(2\mathrm{i}\beta_2 L_2)\exp(2\mathrm{i}\beta_3 L_3) = 1 \tag{2}$$

其中，C_a 为光纤和芯片间的耦合效率；β_i 和 L_i（$i=1$，2，3）分别为上面提到的三部分腔的传播常数和长度。假设增益、损耗只存在于芯片中，有 $\beta_1=\mu_1 k_0-\mathrm{i}\alpha/2$，其中 α 为吸收系数，μ_1 为有源区的折射率，k_0 为光在真空中的波数。对于空气间隙和光纤中的传播常数，用 $\mu_i k_0$（i=2，3）来近似。这样由（2）式可以得到阈值条件和相位条件：

$$r_m |r_g| C_a^2 \exp(\alpha L_1) = 1 \tag{3a}$$

$$\phi + 2\mu_1 k_0 L_1 + 2\mu_2 k_0 L_2 + 2\mu_3 k_0 L_3 = 2m\pi \tag{3b}$$

从相位条件（3b）得到可以振荡的各种可能模式，又从阈值条件（3a）可以找到其损耗最低的模式。由于腔长主要决定于光纤光栅前端长度，为了增大模式间隔，从而增大相邻模式之间的吸收系数，这一部分长度应该取得小。图 2 显示了各个可能的纵模

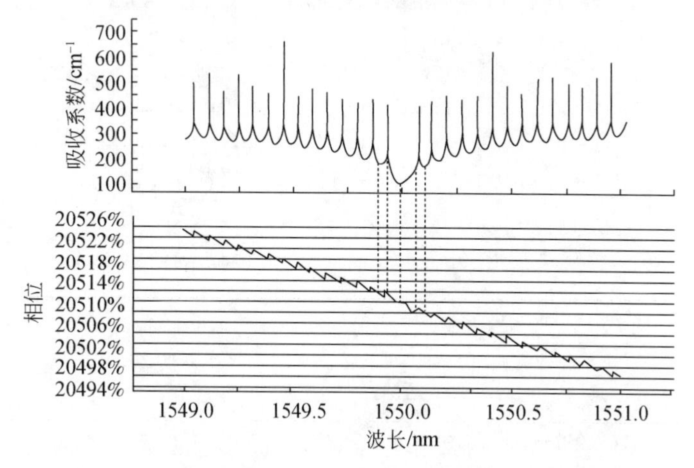

图 2　DBR 结构激光器的纵模模式选择和相应的吸收系数

模式和其相应的吸收系数，吸收最小的模式将最先处于激射状态，这个吸收系数就是阈值增益。选取的计算参数分别为 $\overline{L}=1.2\text{cm}$，$k\overline{L}=1$，$L_1=200\mu\text{m}$，$L_2=20\mu\text{m}$，$L_3=0.5\text{cm}$，$n_1=3.2$，$n_2=1$，$n_3=1.46$，$C_a^2=0.3$，$r_m^2=0.3$。

3 器件的光谱特性

F-P 腔激光器的端面镀了增透膜后不再激射，而是一个宽带光谱。芯片镀膜后光谱范围为 1.45-1.61μm，但是 F-P 腔模式仍然存在，它们的强度由增透的效果决定，理想状况下，这些模式应该全部被消除。我们采用文献［7］中的方法制作光纤光栅，图 3 是其透射谱，布拉格波长为 1.531μm，处于芯片的增益范围中，光栅的峰值反射为 50%。按照已有的封装耦合技术把芯片和光纤光栅组装成器件后，测量得到此混合腔结构的一些特性。其阈值电流为 19mA，偏置电流为 50mA 时出纤功率达到 1mW，图 4 为此时的发光光谱，可以看到边模抑制比达到 37.6dB，可以和 DFB 激光器相比拟。通过降低光纤光栅的反射率来提高出光功率，但阈值将会有所升高。

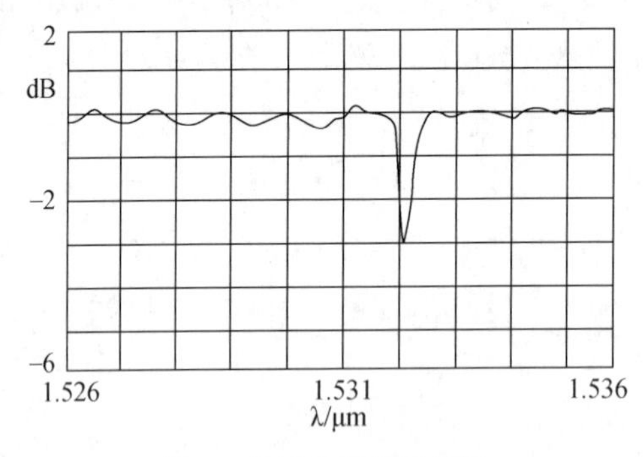

图 3　光纤光栅的透射谱

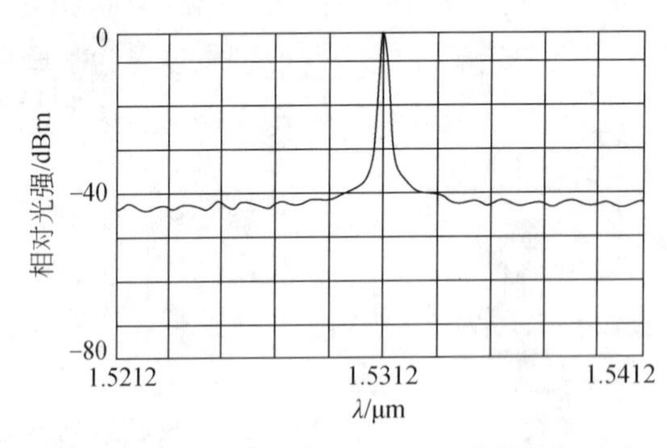

图 4　偏置电流为 50mA 时，混合腔半导体激光器的发光光谱

致谢

感谢袁海庆、周伯俊同志在芯片和光纤耦合方面给予的帮助。

参考文献

[1] D. M. Bird, J. R. Armitage, R. M. A. Kashyap et al. , Narrow line semiconductor laser using fiber grating. Electron. Lett. ,1991,27(13):1115-1116.

[2] P. A. Morton, V. Mizrahi, T. Tanbun-Ek et al. . Stable single mode hybrid laser with high power and narrow linewidth. Appl. Phys. Lett. ,1994,64(20):2634-2636.

[3] P. A. Morton, V. Mizrahi, S. G. Kosinski et al. . Hybrid soliton pulse source with fiber external cavity and Bragg reflector. Electron. Lett. ,1992,28(6):561-562.

[4] R. J. Campbell, J. R. Armitage, G. Sherlock et al. . Wavelength stable uncooled fibre grating semiconductor laser for use in and all optical WDM access network. Electron. Lett. ,1996,32(2):119-120.

[5] B. F. Ventrudo, G. A. Rogers, G. S. Lick et al. . Wavelength and intensity stabilization of 980nm diode lasers coupled to fiber Bragg gratings. Electron. Lett. ,1994,30(25):2147-2149.

[6] Govind P. Agraw al, Niloy K. Dutta. Semiconductor Lasers. New York: VAN NSTRAND REINHOLD, 1993, Chapter 7.

[7] N. H. Rizvi, M. C. Gower, F. C. Goodall et al. , Excimer laser writing of submicrometre period fibre Bragg gratings using phase-shifting mask projection. Electron. Lett. ,1995,31(11):901-902.

浅离子注入 InGaAs/InGaAsP SL-MQW 激光器的混合蓝移效应

朱洪亮，韩德俊[1]，胡雄伟，汪孝杰，王 圩

（中国科学院半导体研究所，北京，100083；1 北京师范大学低能核物理所，北京，100875）

摘要 利用300 keV 的P^+离子对InGaAs/InGaAsP应变层多量子阱（MQW）激光器外延结构实施浅注入，经H_2/N_2混合气氛下的快速退火，结构的光致发光（PL）峰值波长蓝移了76nm，所作宽接触激光器的激射波长蓝移了77.9nm。发现具有应变结构的InGaAs/InGaAsP MQW，在较低的诱导因素作用下即可产生较大的量子阱混合（intermixing）效应。

1 前言

近年来，利用量子阱混合技术实现器件波长蓝移（blue shift）[1-3]并用于制作光有源、无源器件和光集成器件[4,5]，已引起人们越来越多的关注。在无杂质空位扩散（IFVD）[1,2]技术中，量子阱（QW）材料被硅-氧化物或氮氧化物覆盖，退火后实现的波长蓝移现象被认为是Ⅲ/Ⅴ族元素空位扩散的结果，它起到了增强QW阱、垒之间组分混合的作用。但时至今日这种方法的重复性还有待进一步确认；光吸收诱导（PAI）[3]技术采用钕钇铝石榴石（Nd：YAG）固体激光器照射样品，材料吸收光能产生热能促使QW混合，实现波长蓝移。其主要缺点是激光束斑的不均匀会导致QW混合特性的不均匀；高能离子注入退火[4,6,7]技术利用兆电子伏（MeV）量级的离子注入样品内部，退火过程中空位缺陷的扩散起增强QW混合的作用。由于高能离子产生的缺陷既深又广，对QW有源区会形成一定程度的损伤；低能离子注入[8,9]技术是在QW有源区附近实施离子注入，靠注入离子在QW区内的物理碰撞过程来实现QW混合作用。显然，注入离子对QW有源区的损伤不能低估，而且，注入之后至少还要进行一次覆盖层外延生长才能形成完整的器件结构，成本也相对较高。

本工作利用300keV的磷（P^+）离子对InGaAs/InGaAsP应变MQW激光器外延结构实施浅注入，在小于450nm的顶层区域内产生Frenkel缺陷，经快速退火可使体内应变MQW实现混合，达到与MeV量级的高能深注入退火同样甚至更好的带隙蓝移效果，应变MQW混合激光器获得了77.9nm的带隙波长蓝移。与在QW有源区附近实施低能离子注入后还要进行二次限制层和顶接触层外延[9]的情况不同，与采用MeV量级

原载于：半导体学报，1999，20：501-504.

的高能离子注入[4,6,7]的情况也不同，实验是在激光器整个外延生长工艺全部完成后才进行300keV离子注入的。据作者了解，对这样的整体MQW激光器件结构，仅利用300keV的离子能量注入就实现如此大的波长蓝移尚属首次报道。该技术在制作不同波长的激光器集成，激光器与调制器、探测器及光波导的集成方面，与其他方法相比，工艺更为简单，成本更为低廉。

2 实验条件

图1为试验所用的SL-MQW激光器层结构。它是利用AIXTRON-200MOCVD水平石英反应系统在掺S($2\times10^{18}cm^{-3}$)的InP（100）衬底上外延生长而成。依生长次序各层情况分别为：1μm厚的掺Si($1\times10^{18}cm^{-3}$)InP缓冲层，不掺杂的70nm厚的InGaAsP下波导层，8QW应变有源区层，120nm厚的InGaAsP上波导层，1.54μm厚的掺Zn($5\times10^{17}cm^{-3}$)p-InP盖层和250nm厚的掺Zn($1\times10^{19}cm^{-3}$)p-InGaAs顶层。量子阱为3.5nm厚的压应变(0.8%)InGaAs材料，垒厚15nm，垒和上、下波导层均为无应力的InGaAsP材料，其带隙波长是1.24μm。

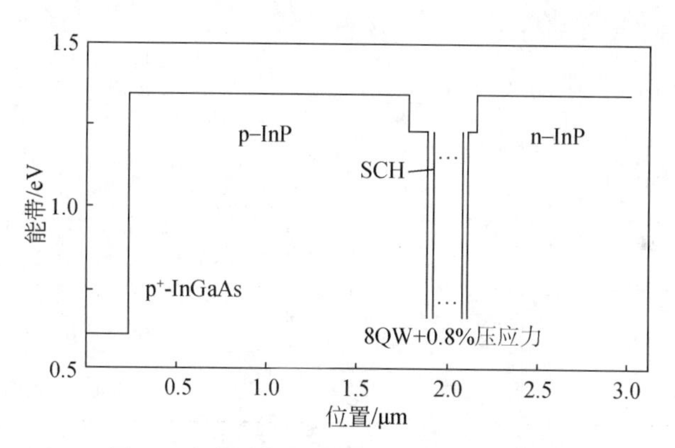

图1 试验用应变多量子阱激光器层结构

将样片的一部分直接作离子注入，注入方向偏离样片表面法线7°，选择能量为300keV，剂量为$2\times10^{13}cm^{-2}$的p^+注入（除注入能量的差别外，其他条件均与文献报道的情况[4,6,10,11]相同)，离子射程$R_p\cong0.35\mu m$，标准偏差$\Delta R_p\leqslant0.1\mu m$。与其他作者的工作[4,6,10,11]相比，本试验的离子注入区较浅，且远离QW有源区（大于1.45μm）。

将注入样片与未作注入的样片同时用碘钨灯作快速退火（RTA)。退火是在H_2/N_2比为1∶1的气氛下进行的，样片夹于Si单晶片和InP片之间，退火温度为700℃，退火时间只40s。退火时间比文献［4，6，10–12］中所采用的时间短。退火过程中完全没有SiO_2覆盖层对MQW蓝移的影响。

在注入退火样片、纯退火样片以及原始样片的正面蒸镀AuZnAu电极层，背面减薄到100μm后蒸镀AuGeNi电极层，然后解理做成$300\times300\mu m^2$的宽接触激光器。

对上述样片分别测量其 PL 谱特性和激光器的激射波长分布。

3　测量结果

图 2 为实验样片的 PL 谱。A 为外延原始样片，其峰值波长位于 1538nm 处；B 为未作注入但与注入片在相同条件下作快速退火的样片，其峰值波长相对 A 蓝移了 7nm，在 1531nm 处；C 为作了注入但未作退火处理的样品，由于注入表面缺陷的强吸收作用，其 PL 谱强度变得十分微弱；D 为作注入和快速退火后的样片，峰值波长蓝移十分显著，移到了 1462nm 处，它相对外延原始样片蓝移量达 76nm，相对纯退火样片蓝移量达 69nm。

由上述三样片制作的宽接触激光器，其阈值电流在 850mA 附近，激射波长分布见图 3。图中 A、B、D 三样片对应的激射波长分别是 1565.6nm、1560.4nm 和 1487.7nm。注入退火激光器 D 的波长相对外延原始片 A 的波长蓝移达 77.9nm，与纯退火器件 B 之间的波长蓝移亦达 72.7nm，均高于文献［4，6，10–12］报道的 65nm；纯退火样片器件与原始样片器件之间的波长差只有 5.2nm，说明所作 QW 器件的热稳定性很好（一般报道均为 20nm 以上）。

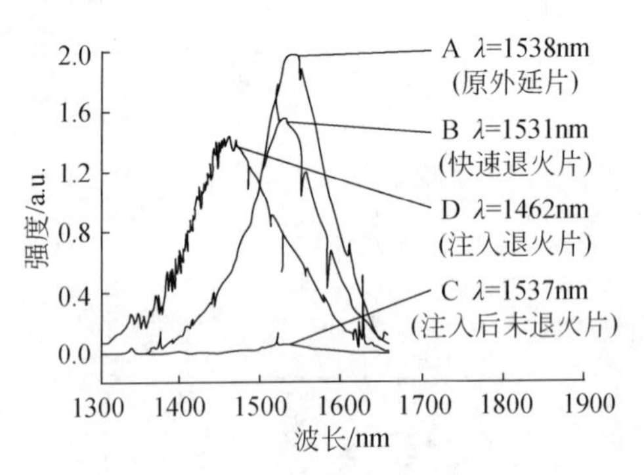

图 2　试验样品的 PL 谱

A：外延原始样片；B：仅作快速退火的样片；C：注入后未退火的样片；D：注入后作快速退火的样片

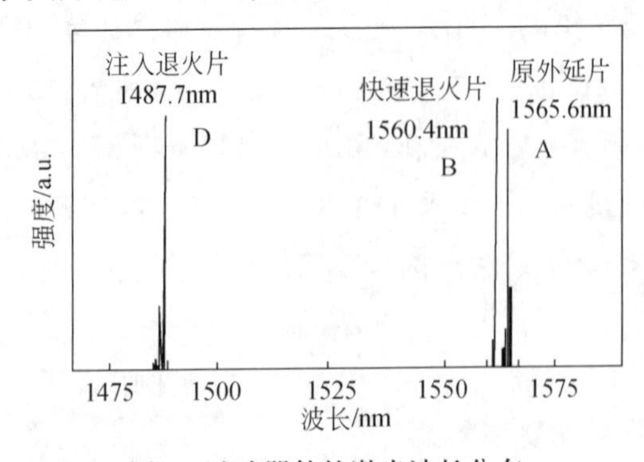

图 3　试验器件的激光波长分布

A：外延原始样片；B：仅作快速退火的样片；D：注入后作快速退火的样片

4 分析和讨论

上述试验条件和结果与文献［4，6，8-10］利用高能离子注入退火增强互扩散达到QW混合蓝移的情况有显著的差别。本试验中，离子注入的能量较低，注入的深度较浅，离子注入区远离MQW有源区，退火温度相近但退火的时间更短，然而所获QW混合蓝移量却更高。

按常规分析，离子在样片注入层内会产生大量的空位和填隙原子对，即Frenkel缺陷，它们在退火过程中向有源区的扩散是增强QW结构阱、垒层组分混合的因素或促使QW实现混合的诱导因素。在浅离子注入情况下，缺陷扩散增强QW混合机理是类似的：入射离子进入晶体与晶格原子碰撞产生的缺陷，会在退火过程中由注入区向样片表面和体内扩散。本试验由于离子注入浅，退火时大部分缺陷向表面扩散的过程较快，因而注入损伤层内的晶格缺陷可以在较低的退火温度和较短的退火时间内得到恢复。PL谱峰强度经短时退火得以迅速恢复就可说明这一点（对比图2曲线C和D）。而向体内扩散的缺陷可起到增强QW混合[4,9,12,13]的作用。

分析认为，上述试验中向体内扩散的缺陷密度显然比高能（MeV）离子注入条件下的缺陷密度要少得多（因其他注入条件基本相同），也就是说，增强QW混合或者说促使QW混合的诱导因素要远比高能离子注入情况来得低。试验结果表明，QW混合的效果非但没有减少，反而还有一定的提高。这说明，本试验样片的应变层MQW结构相比其他作者采用的无应变MQW结构而言，较低的诱导量就可以实现同样或更大的QW混合蓝移。

作者认为，这一现象与构成MQW层材料的应变量极为相关，因为应变MQW层是处于一种亚稳状态，缺陷在退火过程中的扩散诱导作用可能会造成应变QW区内混合效应的连锁反应，导致较充分的混合作用。图2中注入退火样片的PL谱相对原始片和纯退火片有较大的展宽，亦从一个侧面反映出MQW阱、垒之间的组分互混得到了增强，因而使实现较大的带隙波长蓝移成为可能。可以预期，应变层的应力越大，达到一定蓝移量所需的QW混合诱导量将越小，即所需注入能量、剂量越低越少，或所需退火温度可以更低，退火时间可以更短。退火条件可以降低这一点对整片光器件集成来说尤显重要，因为在光器件集成中，QW混合是有选择地在某些区域实施，而在另一些区域则不希望出现QW混合现象，这些区域在退火后能带结构的变化应非常小。试验中采用40s的快速退火，注入区产生达76nm以上波长蓝移量，未注入区的波长蓝移量还不足其1/10，充分显示出该技术方法的优越性。

5 总结

本文采用浅离子注入退火InGaAs/InGaAsP应变MQW激光器外延结构，实现了大的 QW 混合效应以及大的带隙波长蓝移。作者认为，在浅离子注入退火条件下促成应变 MQW 混合的因素可能包括以下两点：①样片顶表面层内的 Frenkel 缺陷是退火过程中促成 MQW 实现混合的诱导因素；②QW 层中的材料应力是促进 QW 混合连锁反应的催化剂，它使退火过程中缺陷的扩散诱导作用得以充分发挥，从而可实现较大的带隙波长蓝移。因此，QW 区内较大的材料应力使应变 MQW 比无应变 MQW 结构只需较低的诱导量就可实现较大的 QW 混合蓝移。利用这一特点，作者采用浅注入退火使 QW 混合区内的激光器结构波长蓝移近 80nm，而未注入区的激光器波长蓝移不足其 1/10。

致谢

作者感谢张春辉同志所做的 PL 测量和图谱整理工作。

参 考 文 献

[1] J. H. Lee, S. K. Si et al., Electron. Lett., 1997, 33: 1179-1181.
[2] B. S. Ooi, S. G. Ayling et al., IEEE Photonics Technol. Lett., 1995, 7: 944-946.
[3] A. Mckee, C. J. McLean et al., Appl. Phys. Lett., 1994, 65: 2263-2265.
[4] P. J. Poole, S. Charbonneau et al., IEEE Photonics Technol. Lett., 1996, 8: 16-18.
[5] A. Ramdane, P. Krauz et al., IEEE Photonics Technol. Lett., 1995, 7: 1016-1018.
[6] Han Dejun, Zhuang Wanru et al., Nucl. Instrum. Methods, 1997, B132: 599-606.
[7] 张燕文,姬成周,等,半导体学报,1995,16(1):36.
[8] 江炳尧,沈鸿烈,等,半导体学报,1993,14(4):217.
[9] T. Hirata, M. Maeda et al., Jpn. J. Appl. Phys., 1990, 29(6): L961-L963.
[10] S. Charboneau, P. J. Poole et al., Appl. Phys. Lett., 1995, 67: 2954-2956.
[11] J. -P. Noel, D. Melville et al., Appl. Phys. Lett., 1996, 69: 3516-3518.
[12] J. J. He, S. Charbonneau et al., Appl. Phys. Lett., 1996, 69: 562-564.
[13] O. P. Kowaski, C. J. Hamilton et al., Appl. Phys. Lett., 1998, 72: 581-583.

生长温度对长波长 InP/AlGaInAs/InP 材料 LP-MOCVD 生长的影响

陈 博，王 圩

（中国科学院半导体研究所国家光电子工艺中心，北京，100083）

摘要 研究不同生长温度下的 InP/AlGaInAs/InP 材料 LP-MOCVD 生长，用光致发光和 X 射线双晶衍射等测试手段分析了其材料特性，得到了室温脉冲激射 1.3μm AlGaInAs 有源区 SCH-MQW 结构材料，为器件制作研究打下了基础。

1 引言

长波长（1.3/1.55μm）半导体激光器在光纤通信技术中有着重要作用，然而普通的 InGaAsP/InP 激光器由于导带偏调量（$\Delta E_c = 0.4\Delta E_g$）小，高温特性较差（其高温特性参数 T_0 只有 60K 左右），因而在其组合件中需要复杂、昂贵的制冷器、监控器、外周控制电路等设备。高性能、无制冷、价格低廉的 1.3μm 和 1.55μm 的半导体激光器是近年来人们研究开发的热点。

AlGaInAs 是近年来发展较快的一种替代材料[1-4]，$Al_xGa_yIn_{(1-x-y)}As$ 与 $In_xGa_{(1-x)}As_yP_{(1-y)}$ 有着相似的折射率、带隙和载流子的有效质量[5]，然而 AlGaInAs/InP 的导带偏调量（$\Delta E_c = 0.72\Delta E_g$）大，在高温下阻止电子溢出量子阱的限制能力强，AlGaInAs/InP MQW 激光器高温特性大大优于 InGaAsP/InP MQW 激光器，目前文献报道的 AlGaInAs/InP MQW 激光器的最高 CW 激射温度为 185℃[3]，特征温度 T_0 达 120K[4]。

本文从材料生长的角度出发，用 PL、X 射线双晶衍射（DCD）等常用材料测试手段分析了不同生长温度下用 LP-MOCVD 方法生长的 InP/AlGaInAs/InP 的材料特性，为器件级材料的生长打下了基础。

2 实验

我们采用 LP-MOCVD 生长技术，在 AIXTRON/200 型水平式 MOCVD 设备上进行材料生长，Ⅲ族元素有机源为三甲基铟（TMIn）、三甲基镓（TMGa）和三甲基铝（TMAl），它们的纯度达到 99.999%，Ⅴ族元素源为磷烷（PH_3）和砷烷（AsH_3），露

原载于：Chinese Journal of Semiconductors，1999，20（12）：1054-1058.

点低于-70℃，载气为经过钯管纯化的氢气，露点可达-110℃. 我们在（100）晶向的国产 n-InP 衬底片上进行外延生长，衬底在外延生长前，分别用无水乙醇、丙酮、三氯乙烯水浴清洗，用去离子水冲洗干净后，再用 H_2SO_4 : H_2O_2 : H_2O（3 : 1 : 1）溶液在50℃下腐蚀 1-2min，用大量去离子水冲洗，甩干。经过上述清洗的 InP 衬底片装炉后，通氮气抽真空 20mbar 15min 以上，再通入高纯氢气，然后加热至外延生长温度开始外延生长。

众所周知，In(GaAs)P 容易在较低的生长温度下得到高质量的材料，而 AlGaAs 的高质量材料则容易在相对高的温度下得到[6]。因此四元 AlGaInAs 材料的生长就变得尤其困难，同时生长气氛中的水蒸气和氧气含量对 AlGaInAs 的生长影响较大[7]。在我们的实验中，样品在低温区（200℃附近）烘烤 20min，保持整个 MOCVD 系统的密闭性，这样可以大大降低生长气氛中的水蒸气和氧气含量，为了考察温度对 AlGaInAs 外延材料生长的影响，我们生长了如图 1 所示的 InP/AlGaInAs/InP 三明治(sandwich) 结构的样品，在 InP 衬底片上依次生长 7min InP 缓冲层，10min AlGaInAs 四元层，3min InP 盖层，在界面处 TMIn 的流量保持不变. 外延生长温度分别是 655℃(样品 A)、730℃（样品 B)、750℃(样品 C)、770℃（样品 D)。所有样品中，$Al_xGa_yIn_{(1-x-y)}As$ 的组分基本一样，即 $x=0.28$，$y=0.2$. 在此结构中，InP 盖层之下的 AlGaInAs/InP 界面距表面最近，其界面特性较易反映在材料测试中，我们通过它了解 AlGaInAs/InP 界面的中断情况。

InP盖层
AlGaInAs四元层
InP缓冲层
n-InP衬底

图 1　InP/AlGaInAs/InP 三明治结构

3　实验结果分析

图 2 为所有样品的室温 PL 谱，光探测器采用液氮冷却的 Ge 探测器。InP 采用富 P 生长，V/Ⅲ为 300，AlGaInAs 采用富 As 生长，V/Ⅲ为 132。从 PL 谱中可以看到，四个样品中随着生长温度的升高，AlGaInAs PL 峰的强度先增高再降低，样品 C(750℃)的 AlGaInAs PL 峰最高，样品 D(770℃）的 AlGaInAs PL 峰又下降，其强度甚至要低于样品 B(730℃）的，说明生长温度再高已不利于提高 AlGaInAs 的生长质量。AlGaInAs 短波长侧的 InP 峰强度逐渐降低，说明较高温度下(>700℃）已不利于 InP 材料生长，InP 峰半宽随温度升高不断增大，样品 A 的 InP 峰半宽最窄且是一个光滑的单峰，样品 C、D 的 InP 峰显现出明显的“边峰肩”，我们认为这是高温下 As、Al 混入 AlGaInAs/InP 界面引起的，引起界面混元，这在下面的 X 射线 DCD 曲线中也得到了证实。

为了了解三明治结构中的材料界面情况，对所有样品测试了 X 射线 DCD 曲线，如图3 所示。样品在日本理学（Rigaku）SLX-1A 型 X 射线双晶衍射仪上测试，采用非对称衍射（掠入射）的Ge(004)单色器，$\theta/2\theta$ 联动方式，X射线波长0.154nm。由图3曲线可以看出，随着生长温度的升高，X射线DCD曲线中外延峰半宽变宽，且外延峰和周围的Pendellösung衍射条纹逐渐变得模糊、平缓，说明AlGaInAs/InP界面随着生长温度升高变得越来越模糊，界面处混元越来越明显。这是由于在较高温度(>700℃)下，外延层中In往表面析出的分凝现象更加明显，同时富As生长的AlGaInAs在界面处As、Al的混元也影响了AlGaInAs/InP界面的均匀性和平整度。

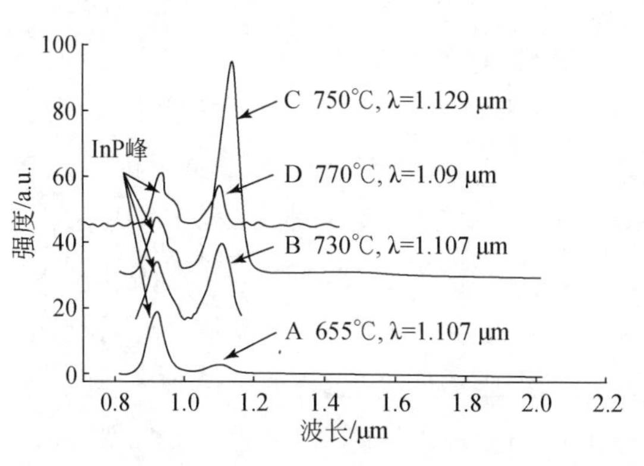

图2 不同生长温度下的PL谱

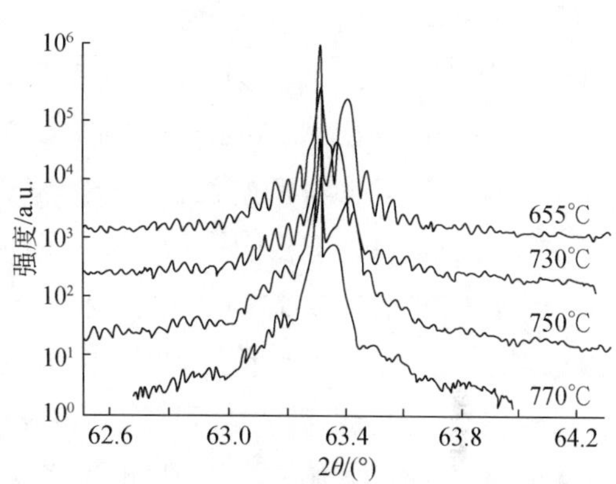

图3 不同生长温度下的X射线DCD曲线

表1是四个样品由PL谱和X射线DCD曲线所得AlGaInAs四元层的波长、PL峰半高宽（HMFW）、厚度、生长速率和失配度等。四个样品AlGaInAs的Ⅴ/Ⅲ比和生长时间都相同，分别为132min、10min。样品B的生长速率稍大一些，失配度都在0.1%附近。总之，温度对生长速率和失配度的影响较小。

表1 AlGaInAs四元层PL、X射线DCD测试数据

样品	A	B	C	D
Ⅴ/Ⅲ比	132	132	132	132
生长温度/℃	655	730	750	770
PL波长/μm	1.107	1.107	1.129	1.09
PL峰HMFW/meV	52	48	40	46
厚度/nm	259	261.7	250	248.5
生长速率/$(nm\cdot s^{-1})$	0.4317	0.4362	0.4167	0.4142
失配度/$(\times10^{-4})$	−13.6	−8.77	−14.7	−8.77
X射线外延峰FWHM/(″)	70	76	82	103

4 应用

从材料生长质量与生长温度的关系来看，含Al材料易于在较高温度（800℃）下成核生长，而含In材料易于在较低温度（650℃）下成核生长，因而AlGaInAs需要采用一个折中的合适温度生长。样品 C（生长温度 750℃）的 AlGaInAs PL 峰最强，X 射线 DCD 曲线虽不是太规则，但还可以清晰地看到外延峰和 Pendellösung 条纹。综合考虑，在现有设备上，选取在 750℃ 下进行 AlGaInAs 材料生长。我们生长了下述 1.3μm SCH-MQW 结构，如图 4 所示。在掺 S（100）晶向的 n-InP 衬底上，用 LP-MOCVD 方法依次生长了 n-InP 缓冲层（1.5μm，$3\times10^{18}\,cm^{-3}$），n-$Al_{0.48}In_{0.52}As$ 下限制层（50nm，$1\times10^{18}cm^{-3}$），非掺杂的 $Al_{0.316}Ga_{0.164}In_{0.52}As$ 下波导层（100nm），非掺杂的 6QW，阱区为 0.8% 压应变 $Al_{0.14}Ga_{0.264}In_{0.596}As$(5nm)，垒区为匹配的 $Al_{0.316}Ga_{0.164}In_{0.52}As$（10nm），再接着对称的 $Al_{0.316}Ga_{0.164}In_{0.52}As$ 上波导层（100nm），p-InP 上限制层（50nm，$1\times10^{18}\,cm^{-3}$），p-InP 盖层（1.5μm，$2\times10^{18}cm^{-3}$）和 p^+-InGaAs($1\times10^{19}cm^{-3}$）欧姆接触层。其中 InP 与 Al(Ga)InAs 的生长温度分别为 655℃ 和 750℃。上述结构蒸镀金属电极后，解理成 300μm 腔长的宽接触管芯，管芯的激射率在 75% 以上。图 5 是其 *L/I/V* 特性曲线，阈值电流密度为 1.5kA/cm^2，室温脉冲功率可达 200mW 以上，单面斜率效率 0.18mW/mA。实际上我们曾经生长过和图 4 相同的结构，不过 InP 与 Al（Ga）InAs 的生长温度都是 655℃，蒸镀电极、解理成 300μm 腔长的宽接触管芯，激射率低于 20%，室温脉冲功率在 30mW 就饱和了，阈值电流密度 2.8kA/cm^2，单面斜率效率低于 0.9mW/mA。可见改变 AlGaInAs 层生长温度后，对器件的性能改善非常明显。

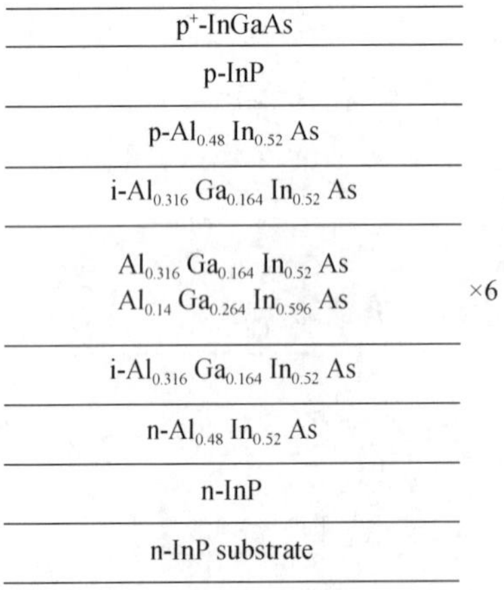

层	
p^+-InGaAs	
p-InP	
p-$Al_{0.48}In_{0.52}As$	
i-$Al_{0.316}Ga_{0.164}In_{0.52}As$	
$Al_{0.316}Ga_{0.164}In_{0.52}As$ $Al_{0.14}Ga_{0.264}In_{0.596}As$	×6
i-$Al_{0.316}Ga_{0.164}In_{0.52}As$	
n-$Al_{0.48}In_{0.52}As$	
n-InP	
n-InP substrate	

图 4 AlGaInAs SCH-MQW 结构示意图

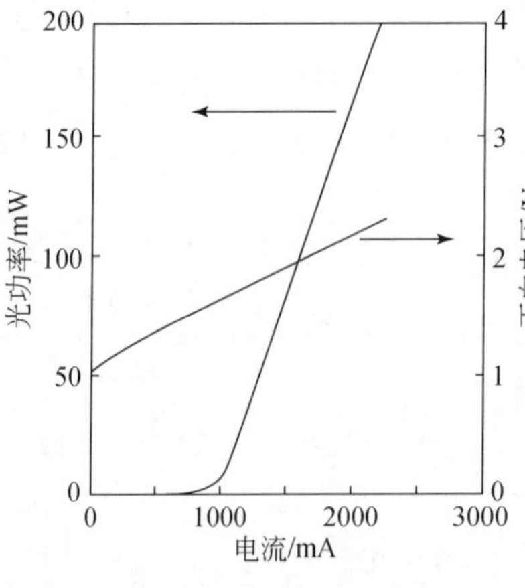

光功率/mW
正向电压/V
电流/mA

图 5 AlGaInAs MQW 宽接触激光器 *L/I/V* 特性曲线

5 结论

我们通过改变 AlGaInAs 的生长温度，用 PL 和 X 射线 DCD 手段对材料的生长特性进行了详细的分析、比较，选取了在 750℃ 的生长温度下生长了 1.3μm SCH-MQW AlGaInAs 有源区结构材料。器件室温脉冲激射，这为器件的研究和性能提高奠定了基础。

致谢

感谢王玉田教授在X射线双晶衍射测试上给予的大力帮助和郑联喜工程师的富有建设和启发性的有益讨论.

参考文献

[1] C. E. Zah, R. B. Bhat, B. Pathak et al., IEEE J. Quantum Electron., 1994, 30(2): 511-523.
[2] M. C. Wang, W. Lin, T. T. Shi and Y. K. Tu, Electron. Lett., 1995, 31(18): 1584-1585.
[3] C. E. Zah, R. B. Bhat and T. P. L ee, "High temperature operation of AlGaInAs/InP lasers" in 7th Int. Conf. Indium Phosphide and Related Materials, Sapporo, Japan, pp. 14-17, paper WA 1.1, 1995.
[4] T. R. Chen, P. C. Chen, J. Ungar et al., IEEE Photon. Technol. Lett., 1997, 9(1): 17-18.
[5] M. P. C. M. Krijn, Semicond. Sci. Technol., 1991, 6: 27-31.
[6] H. Matsueda, K. Hara, Appl. Phys. Lett., 1989, 55(4): 362.
[7] R. B. Bhat, C. E. Zah, M. A. Koza et al., J. Cryst. Grow th, 1994, 145: 858-865.

半绝缘 InP 的优化生长条件以及掩埋的 1.55μm 激光器

许国阳，颜学进，朱洪亮，段俐宏，周 帆，田慧良，白云霞，王 圩

（中国科学院半导体研究所国家光电子工艺研究中心，北京，100083）

摘要 研究了低压 MOCVD 下生长压力和 Fe 源/In 源摩尔流量比对半绝缘 InP 电阻率的影响。得到了用 LP-MOCVD 生长掺 Fe 半绝缘 InP 的优化生长条件。在优化生长条件下得到的 Fe-InP 的电阻率为 $2.0\times10^{8}\Omega\cdot cm$，击穿电场 $4\times10^{4}V/cm$。用半绝缘 Fe-InP 掩埋 1.55μm 多量子阱激光器，激光器的高频调制特性明显优于反向 pn 结掩埋的激光器，3dB 调制带宽达 4.8GHz。

1 引言

用 Fe 掺杂半绝缘 InP 代替反向 p-n 结作为条形激光器的电流阻塞区的优点是激光器的电容比反向 p-n 结掩埋的至少要小一个数量级，这意味着用半绝缘 InP 掩埋的器件可以获得更高的调制带宽。另外，半绝缘 InP 可以实现单片集成中不同器件之间的电学隔离，消除不同器件之间的电学干扰，而不影响光波导的完整性。所以，半绝缘 InP 在光电集成器件中具有广泛的应用[1]。由于这些特点，对 Fe 掺杂半绝缘 InP 的研究受到广泛重视[2,3]。

本文报道了不同生长压力和不同 Fe 源/In 源摩尔流量比等条件下 Fe-InP 的电阻率，给出了 LP-MOCVD 生长高质量半绝缘 InP 的优化生长条件，此外还给出了用半绝缘 InP 掩埋的 1.55μm InGaAsP 激光器的高频调制特性。

2 实验

生长采用 AIXTRON-200 低压 MOCVD 外延系统。In 源和 P 源分别是 TMIn，和 PH_3，Fe 源采用 Fe（C_5H_5）$_2$，p 型和 n 型杂质源分别为 DEZn，SiH_4，掺 Fe 半绝缘 InP 的生长温度是 620℃，反应室压力为 20 和 80mbar，Fe 源/In 源摩尔流量比从 4×10^{-6}变化到 1.3×10^{-3}，V/Ⅲ比从 40 到 180。

激光器采用 InGaAsP 应变补偿多量子阱结构，阱宽 6nm，垒宽 13nm，在外延 1.55μm MQW 结构后，用 PE-CVD 法淀积一层厚约 200nm 的 SiO_2，沿倒台方向光刻出

原载于：半导体学报，2000，20（2）：188-191.

$2\mu m$ 条形，用 $HBr:Br_2:H_2O$ 腐蚀液腐蚀成 1.5～1.8μm 台面，清洗后，用 SiO_2 作掩膜，选择生长 Fe 掺杂半绝缘 InP 和 n-InP，掩埋时外延温度为 620℃，生长速率为 2μm/h。反应室压力 80mbar。去 SiO_2 后再生长 p-InP 和 p^+-InGaAs。最后是减薄，蒸金，解理测试。高频调制带宽测试采用 hp 网络分析仪。

3 实验结果

3.1 生长条件与 Fe-InP 电阻率的关系

图 1 是电阻率与 Fe 源/In 源摩尔流量比的关系，生长压力分别为 20mbar 和 80mbar，生长温度是 620℃。可以看到，随着 Fe 源流量的增加，电阻率迅速增加，但是，Fe 在 InP 中有一个饱和溶解度，它只与温度有关，在 620℃，饱和溶解度约为 $5\times10^{16}/cm^3$，超过饱和溶解度的部分 Fe 以 Fe_3P，Fe_2P，FeP 等形式存在，它们对俘获电子的深能级没有贡献，反而会使材料质量变差[4]，所以，Fe 源/In 源摩尔流量比大于一定值后，电阻率将趋于饱和。实验发现，增加反应室压力有助于提高 Fe-InP 的电阻率，反应室压力从 20mbar 增加到 80mbar，当 Fe 源/In 源摩尔流量比为 1.3×10^{-3}时，电阻率提高近一个量级，如图 1 所示。从上面的实验中，我们得到低压 MOCVD 生长掺 Fe 半绝缘 InP 的优化生长条件：生长温度 620℃，Fe 源/In 源摩尔流量比为 1.3×10^{-3}，反应室压力是 80mbar，V/Ⅲ≈100。该生长条件得到的 Fe-InP 的电阻率为 $2.0\times10^8\Omega\cdot cm$，相应的击穿电场为 $4\times10^4V/cm$[5]。

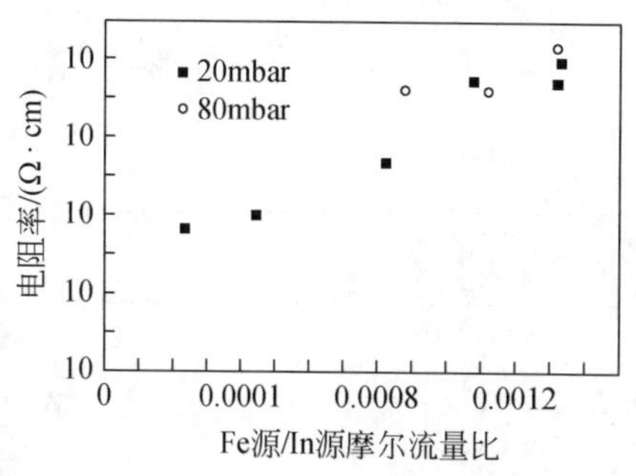

图 1 电阻率与 Fe 源/In 源摩尔流量比的关系

3.2 半绝缘 InP 掩埋条形激光器

我们用掺 Fe 的半绝缘 InP 掩埋 1.55μm 多量子阱激光器条形。生长条件为上述优化条件。图 2 是激光器管芯横截面 SEM 照片。从不同的辉度可以区分 Fe-InP，p-InP 和 n-InP。我们可以发现，Fe-InP 经历一次外延后，对 p 型掺 Zn 较高的区域（$p=1\times10^{18}/cm^3$），在 Zn-InP 和 Fe-InP 的交界面上，Zn 和 Fe 发生明显的互扩散。而对 p 型掺 Zn 较低的区域（$p=5\times10^{17}/cm^3$），Zn 和 Fe 没有明显的互扩散。这说明，Zn 和 Fe 之间发生互扩散与 Zn 掺杂浓度有很大关系，在低的 Zn 掺杂浓度下，Zn 和 Fe 没有明显的互扩散，在较高的 Zn 掺杂浓度下，Zn 和 Fe 之间的互扩散才变得明显。另外在埋区，Fe-InP 和 p-InP 之间有一层 n-InP，该区域未发生 Zn 和 Fe 互扩散，这说明 n-InP 能阻挡 Zn 和 Fe 的互扩散。由于 Fe 深能级只俘获电子。当 Zn 扩散进入 Fe-InP 后，该区域变成了 p 型，从而破坏了 Fe-InP 的半绝缘性质。这是我们不希望看到的。为了消除 Zn 和 Fe 的互扩散，一方面可以降低 p 型掺杂的浓度，另一方面可以在 Fe-InP 和 p-InP 之间长一层 n-InP，消除 Fe-InP 和 p-InP 的直接接触。

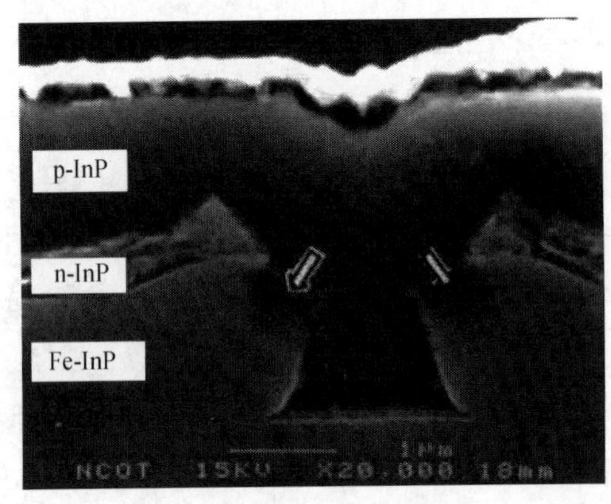

图 2 激光器断面 SEM 照片箭头所指为 Zn-Fe 互扩散区

图 3 是用半绝缘 InP 掩埋的激光器的高频调制特性。激光器阈值电流为 13mA，测量调制带宽时激光器的偏置电流为 20mA。激光器是大面积电极，在这种情况下，激光器的 3dB 带宽达 4. 8GHz。说明该条件下生长的半绝缘 InP 的质量是比较好的。

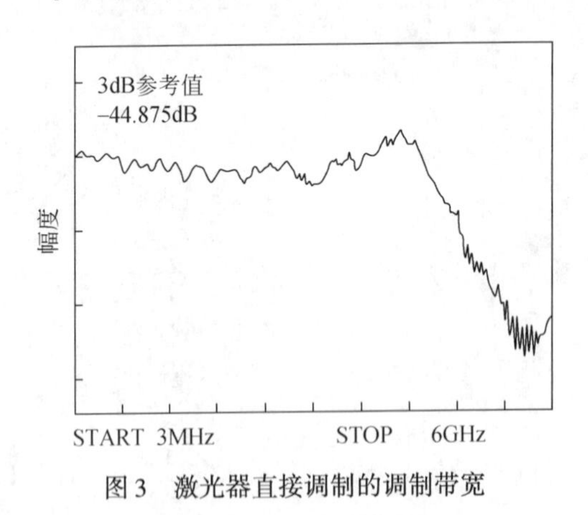

图 3 激光器直接调制的调制带宽

4 结论

本文报道了 LP-MOCVD 系统生长的掺 Fe 半绝缘 InP 的电阻率与生长压力和 Fe 源/In

源摩尔流量比之间的关系。得到了生长 Fe-InP 的优化生长条件。另外还报道了用半绝缘 InP 掩埋的 1.55μm InGaAsP 激光器的高频调制特性，大面积电极下，激光器直接调制的 3dB 调制带宽达 4.8GHz。

致谢

作者感谢马朝华、舒惠云在电极制作方面的帮助，感谢张佰君在高频测试方面的帮助。

参考文献

[1] H. Takeuehi et al. ,IEEE J. Selected Topics Quantum Electron. ,1997,3:336.
[2] E. W. A. Young et al. ,J. Appl. Phys. ,1991. 70(7):3593.
[3] C. Blaauw et al. ,J. Electron. Mater. ,1992,21(2):173.
[4] V. Montgomery et al. ,J. Cryst. Crowth,1989,94:721.
[5] X. Yan et al. ,Growth Factor of Fe-doped Semi-insulating InP by LP-MOCVD,Proc. SPIE vol. 3551, Beijing,1998,80-83.

A Novel Non-uniform Two-section DFB Semiconductor Laser for Wavelength Tuning

Zhao Yanrui, Wang Wei, Zhuang Wanru*, Zhang Jingyuan, Zhu Hongliang, Wang Xiaojie, Zhou Fan, Ma Chaohua

(National Research Center for Optoelectronic Technology, Institute of Semiconductors, Chinese Academy of Sciences, Beijing, 100083, China;
* State Key Laboratory of Integrated Optoelectronics, Institute of Semiconductors, Chinese Academy of Sciences, Beijing, 100083, China)

Abstract A novel wavelength tunable DFB laser with two non-uniform sections is reported. A 4nm continuous wavelength tuning range and an 11.1nm discrete wavelength tuning range were achieved using only one control-current, with SMSR over 30dB.

1 Introduction

Wavelength tunable laser diodes are promising light sources for future re-configurable wavelength-division-multiplexing (WDM) networks, coherent communications and optical measurement application. Multi-section Wavelength tunable DFB lasers show relatively small tuning ranges, but reveal essential advantages such as less complicated technological processing, lower cost, narrower linewidth and higher output power. Therefore, it is highly desirable to enlarge the tuning range or DFB lasers. At the same time, multi-section DFB or DBR lasers generally require two or three control currents, in order to cover a continuous wavelength tuning range[1]. The multi-electrode control needs many current sources in system application and it takes a lot of time to test the devices. The reduction of the control current is important for practical application[2].

In this paper a novel non-uniform two-section DFB lasers is proposed and fabricated. Only one control-current was used to have the wavelength tuned. The two non-uniform sections were designed to support a gain lever effect. According to the theory of K. Y. Lau[3], when two-section DFB laser operate in inverted gain lever mode, high FM (Frequency Modulate) response and low IM (Intensity Modulate) response will be achieved.

原载于：Communications, 1999, 2: 1438-1441.

In this device, the inverted gain lever effect was used to enlarge the wavelength tuning range without large output power change.

2 Design and Principle

The basic structure of the single-cavity non-uniform two-section DFB LD is shown in Fig. 1 The front section is 2μm wide, 200μm long, without grating in it, and the light output from its AR coating facet, while the back section is 3μm wide, 300μm long, with grating in it. The active layer in both sections is uniform.

The key point of the idea for the structure is as follows: The non-uniformity of the two sections may support an enlarged gain-lever effect, which will reveal a large wavelength tuning range.

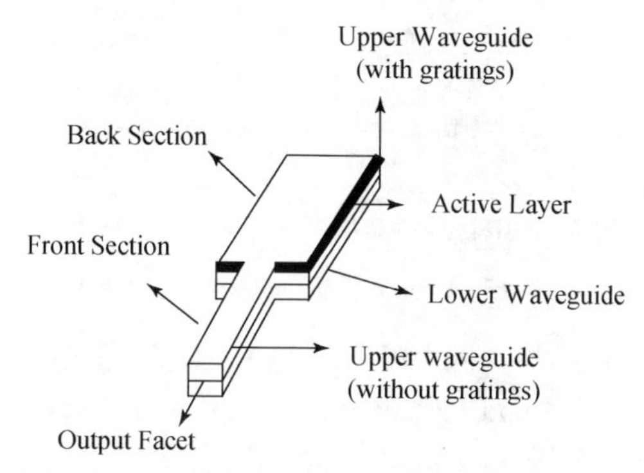

Fig. 1 Schematic diagram of designed active layer and waveguide

3 Device structure and realization

The structure of the non-uniform two-section single-cavity DFB laser is shown Fig. 2. The structure was grown by three-step MOCVD epitaxy and subsequently processed into PBH-LD device[4].

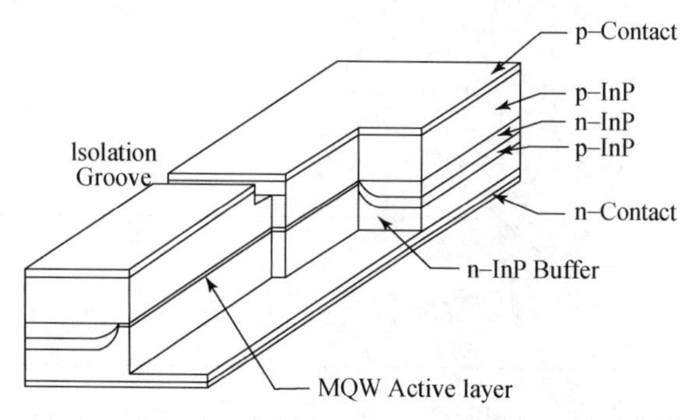

Fig. 2 Schematic diagram of non-uniform two-section single-cavity DFB laser

The active layer consists of six undoped 8nm wide InGaAsP quantum wells (λ_g ~1.54μm, 0.8% compressive strain) and 12.5nm wide InGaAsP barriers (λ_g ~1.2μm, −0.35% tensile strain), sandwiched by two-step lattice-matched InGaAsP waveguide. The upper waveguide consists of two lattice-matched InGaAsP layers (λ_g ~1.2μm, 1.1μm), with a total thickness of 145nm The lower waveguide consists of two lattice-matched InGaAsP layers (λ_g ~1.2μm, 1.1μm), with a total thickness of 145nm.

In this structure, the grating is fabricated in the upper waveguide of the Back Section only, using two exposures. The p-side electrode is divided into two sections, with the front section 200μm long and the back section 300μm long, by an isolation groove, which is 50μm wide and about 0.4μm deep. The isolation resistance between the two electrodes is about 300 ~400Ω. The output facet is anti-reflection (AR) coated and the other facet is high reflection (HR) coated.

4 Characteristics

The typical I_b versus light output P curves at different I_f parameters (20mA, 40mA, 60mA and 80mA) are shown in Fig. 3. The typical I_f versus light output P curves at different I_b parameters (0mA, 10mA, 50mA, 80mA and 100mA) are shown in Fig. 4. The current applied to the front section is called I_f; and the current applied to the back section is called I_b.

As can be seen from Fig. 3 and Fig. 4, the two characteristics differ greatly from each other. When I_f was kept constant, the output power changed greatly with I_b. When I_f was kept constant at 80mA, and I_b was changed to 200mA, the output light power as high as 29mW was achieved. However, when I_b was kept constant; the output power changed little with I_f.

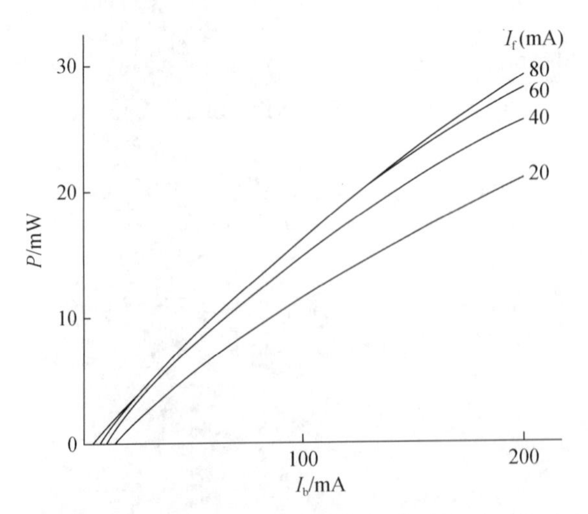

Fig. 3　I_b versus light output P curves at different I_f parameters (20mA, 40mA, 60mA and 80mA)

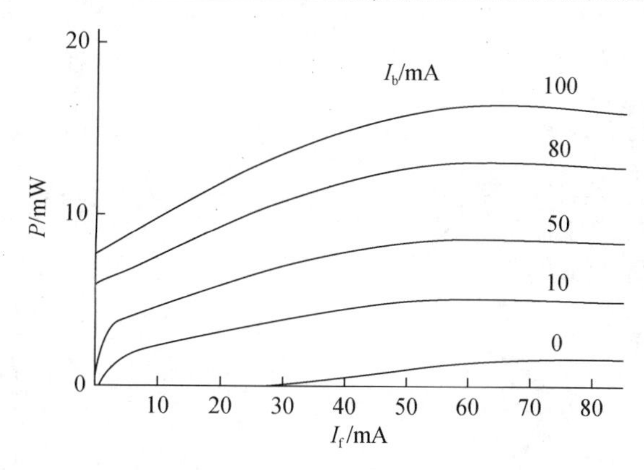

Fig. 4 I_f versus light output P curves at different I_b parameters (0mA, 10mA, 50mA, 80mA and 100mA)

When the two sections were connected together, the threshold current of the single-cavity devices with different active region width generally separated from 10mA to 14mA. An output power as high as 39mW was achieved in one device when the two currents were changed simultaneously to 200mA.

A 4nm continuous wavelength tuning range and a 5nm quasi-continuous wavelength tuning range were achieved without mode-hopping when I_f was kept constant and I_b changed. The current I_b versus wavelength curves when I_f was biased at a certain current (80mA, 50mA or 10mA) are shown in Fig. 5.

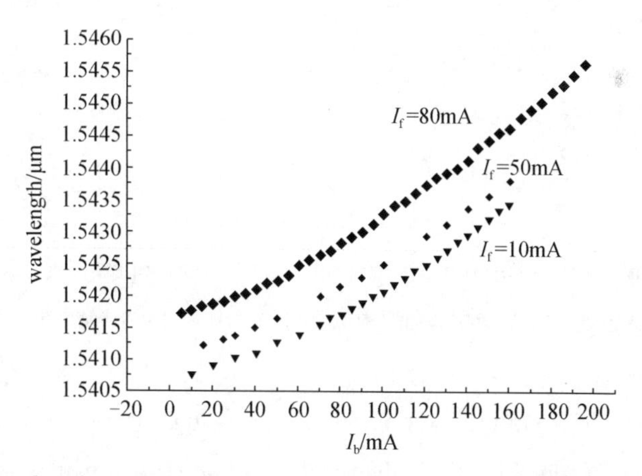

Fig. 5 I_b versus wavelength curves, when I_f was biased at a certain current (10mA, 50 mA or 80mA)

High SMSR (over 32dB) was achieved for the whole wavelength tuning range without modehopping. The lasing wavelength shifted almost linearly with the change of I_b.

A discrete wavelength tuning range of 11.1nm was achieved in another device when I_b, was kept constant and I_f changed. The current I_f versus wavelength curve when I_b was biased at a certain current of 80mA is shown in Fig. 6. All the modes that appeared in the curve had SMSR over 30dB.

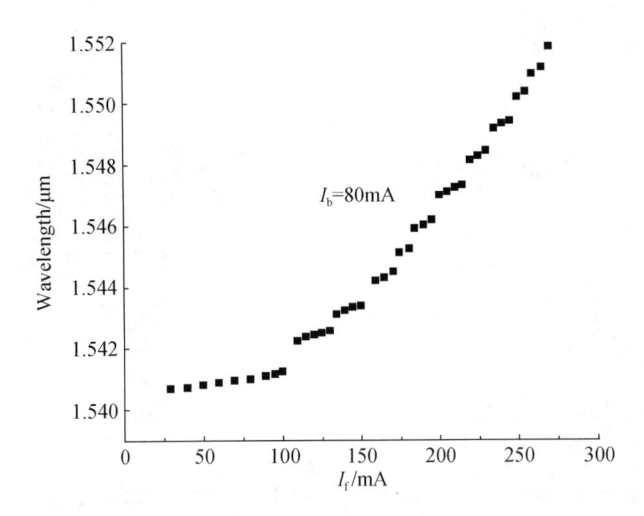

Fig. 6 I_f versus wavelength curve, when I_b was biased at a certain current of 80mA

To estimate thermal effect on the wavelength tuning we measured the lasing wavelength when the currents of both the front section and the back section were changed simultaneously to 200mA in both pulse operation and CW operation. For the laser with 11. 1nm discrete wavelength tuning range, the thermal effect on the wavelength tuning was negligible, since the wavelength difference was only 0. 66nm between the pulse operation and the CW operation.

5 Discussion

According to Fig. 3, 4, 5 and 6, the *P-I* characteristics and the current versus wavelength characteristics were quite different in the two operation methods. In the first method, I_b was changed and I_f was kept constant; in the second method, I_f was changed and I_b was kept constant.

In the first operation method, light output power as high as 29mW was obtained with the output power changing quickly with the change of I_b. Meanwhile, a 4nm continuous wavelength tuning range and a 5nm quasi-continuous wavelength tuning range were obtained with high SMSR. However, in the second operation method, light output power didn't change greatly with the change of I_f. Meanwhile, a discrete wavelength tuning range of 11. 1nm was obtained with high SMSR. In the second operation method, the output power didn't change greatly when the wavelength was tuning, which is very important for the practical use of wavelength tunable lasers. Actually, the output power change was less than 1dB in 5nm wavelength tuning range and the total output power change was 4. 4dB in the

11.1nm wavelength tuning range.

The second operation method can be identified as "inverted" gain lever, as described by K. Y. Lau[3]. In the "inverted" gain lever, one section is changed while the other is biased at quite high gain. In this situation, a high FM (Frequency Modulation)/IM (Intensity Modulation) ratio is obtained with a low IM efficiency and a high FM efficiency. The large FM response as well as the large wavelength tuning range results from the ability of the gain-levered laser to vary the carrier density in the back section over a large range, a phenomenon prohibited in a conventional laser due to gain clamping.

6 Summary

We have introduced a novel non-uniform two-section single-cavity wavelength tunable DFB laser. The device was easy to be fabricated because of its structure simplicity. An output power as high as 39mW was achieved. The devices were tuned in two operation methods. In one method, a 4nm continuous wavelength tuning range and a 5nm quasi-continuous wavelength tuning range were achieved. In the other method, an 11.1nm discrete wavelength tuning range was achieved without large output power change, which is very important for practical use. The wavelength tuning was simple since both the two methods had only one control-current changed. High SMSR over 30dB was obtained in the wavelength tuning range.

Acknowledgement

The authors would like to thank Wang Lufeng, Bi Kekui, Shu Huiyun, Bian Jing, Bai Yunxia, Yan Xuejin, Xu Guoyang, Chen Bo; Liu Guoli and Zhou Kaiming for their contribution to this work and give us help.

References

[1] Koluoli Kobayashi and Ikuo Mito, IEEE J. Lightwave Technol., Vol. 6, pp. 1623-1633, 1988.

[2] Hiroyuli Ishii, Yasuhiro Kondo, Fumiyoshi Kano, and Yuzo Yoshikuni, IEEE Photon. Technol. Lett., Vol. 10, pp. 30-32, 1998.

[3] K. Y. Lau, Appl. Phys. Lett. Vol. 58, pp1715-1717, 1991.

[4] B. Chen, W. Wang, J. Zhang et al., Chinese Journal of Semiconductors, Vol. 19, pp218-220, 1998.

Bragg 光栅在光子集成器件中的应用及研制

张静媛，王　圩，朱洪亮，汪孝杰，刘国利

（中国科学院半导体研究所光电子国家工艺中心，北京，100083）

摘要　介绍了 Bragg 光栅在光子集成器件中的应用、对光栅占空比的控制及光栅对器件的影响。研制出了 1.5μm 和 1.3μm MQW-DFB 激光器，其边模抑制比>35dB，$\kappa L>3$，单模成品率>90%。

0　引言

现代社会的发展需要对日益增加的各种信息进行及时的传输和处理。20 世纪 80 年代后，光电子技术开始得到广泛的应用，光纤通信逐渐成为通信传输的主要手段。而高速、大容量及长距离的传输，对光电子器件提出越来越高的要求，同时也不断有新的光子集成器件被开发出来。Bragg 光栅具有选频、衍射和反射等作用，因此通过在半导体介质中形成光栅，可实现选频、反馈、耦合和反射等功能，制成相应的光子集成器件对新功能器件的开发起着重要作用。

在光子集成器件中引入 Bragg 光栅，由于光栅对光的反馈和反射作用，能使器件在单纵模下工作，发射波长为

$$\lambda_B = 2n_g \Lambda / m \tag{1}$$

其中，Λ 为光栅周期；m 为正整数；n_g 为波导有效折射率。因此，将它应用于激光器中取代端面的镜面反射而形成谐振腔，即 DFB 和 DBR 激光器[1,2]，使器件在 Bragg 波长工作，边模抑制比>30dB，实现动态单模。又由于 DFB 和 DBR 激光器的谐振腔为 Bragg 反射器，所以便于光子集成。它们普遍应用于可调谐激光器、可调谐波长开关、双稳态激光器、可调谐波长变换器[3]以及 DFB 激光器与 EA 调制器的集成[4]等多功能的光子集成器件，而这些器件在光通信、光交换和光学信息处理中应用广泛。显然，将 Bragg 光栅引入光子器件是一项极其重要的研究工作。

1　Bragg 光栅参数对器件耦合系数的影响

文献［1］报道了折射率耦合光栅的形状、深度以及 $m=1，2，3，\cdots$不同级 Bragg

原载于：High Technology Letters，2000，10（7）：51–53.

光栅与 DFB 激光器耦合系数 κ 的关系，其中 κ 与 m 和 W/Λ 的关系如下式：

$$\kappa \sim \frac{\sin(m\pi W/\Lambda)}{m} \tag{2}$$

其中，W/Λ 为光栅的占空比。若 $W/\Lambda=0.5$，则 $m=2$，4，…时，$\kappa=0$；而 $m=1$ 时 κ 最大。为了改进激光器的动态单模特性，又发展了增益耦合光栅和复合耦合光栅，其激光器的阈值增益和 W/Λ 的关系如图 1 所示[5]。为达到最小阈值电流，光栅的占空比控制在 1/3–1/4，因此控制光栅的周期、深度、形状和占空比对激光器的特性起着极其重要的作用。

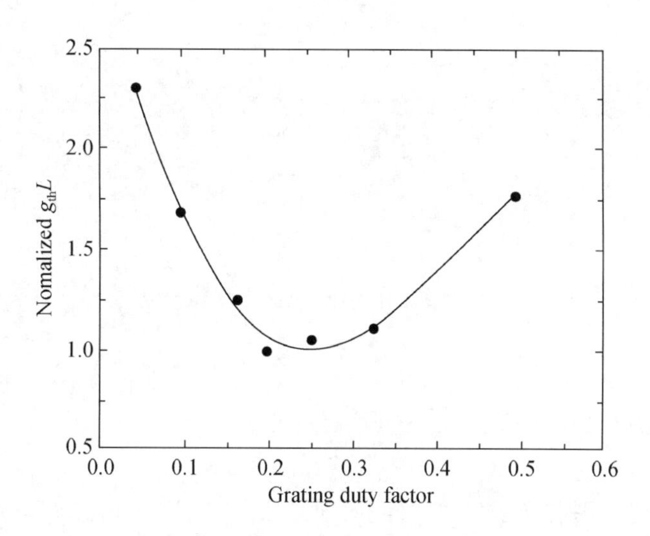

图 1　复合耦合光栅 DFB-LD 的阈值增益和 W/Λ 的关系

2　Bragg 光栅的研制和占空比的控制

在光子器件中应用的 Bragg 光栅周期为亚微米量级的，一般采用电子束曝光或全息曝光技术[6]来实现，本文采用全息曝光、RIE 干法刻蚀和湿法刻蚀相结合的方法在 InGaAsP 或 InP 介质上刻制光栅。光源是 Ne-Cd 激光器，波长 325nm，光刻胶是 AZ1370，甩胶速率 8kr · min^{-1}，胶膜厚度 ~50nm，RIE 刻蚀采用 CH_4/H_2 加 Ar 气。这样形成的光栅近似于矩形，光栅的深度也易于控制，如图 2 所示，可以得到高重复性的均匀光栅周期为 240nm。另外，为消除因 RIE 刻蚀造成的表面损伤，在干法刻蚀后再加上轻微的湿法腐蚀，从而研制出长寿命的 DFB 激光器。

为了获得占空比不同的 Bragg 光栅，在固定胶膜厚度、光源能量、显影时间以及刻蚀等条件下，采用改变曝光时间的方法来获得所需要的光栅，实验结果如图 2 所示，可以看出通过曝光时间的改变，能够使光栅的占空比控制到 1/2 和 1/3–1/4。

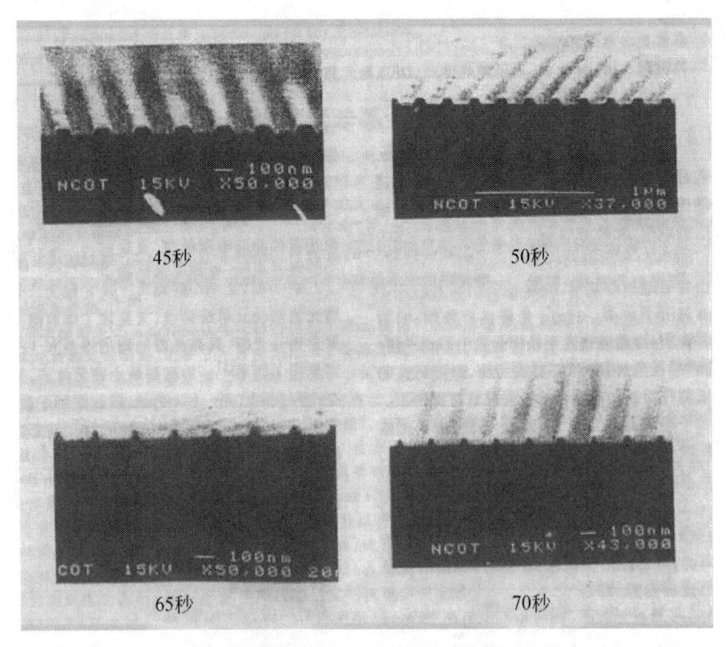

图 2　光栅的占空比与曝光时间的关系

3　Bragg 光栅在 DFB 激光器中的应用

将 Bragg 光栅应用在光子集成器件上，研制出了 1. 3μm 和 1. 5μm MQW-DFB 激光器以及 DFB 激光器与 EA 调制器集成的器件，光栅的占空比 1/2，深度>60nm，DFB 激光器的阈值电流<10mA，边模抑制比>35dB，如图 3 和图 4 所示；线宽 1MHz，如图 5 所示；κL>3，并使 DFB 激光器的单模成品率最佳值达 90%，从而研制出 4 个列阵的 1. 5μm DFB 激光器，其性能如图 6 所示。这为进一步研制波分复用的 DFB 激光器列阵创造了条件。

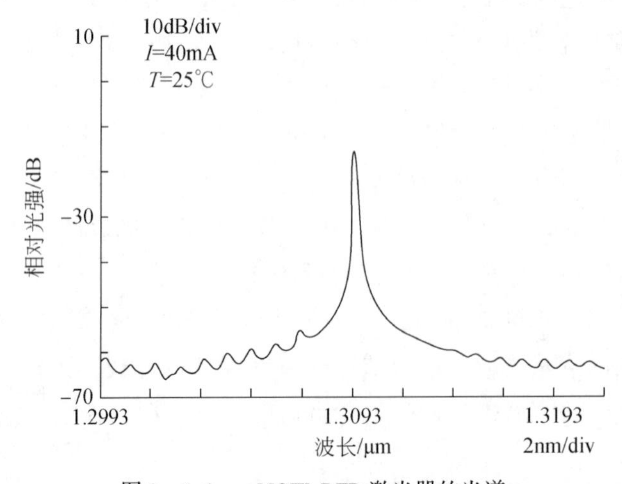

图 3　1. 3μm MQW-DFB 激光器的光谱

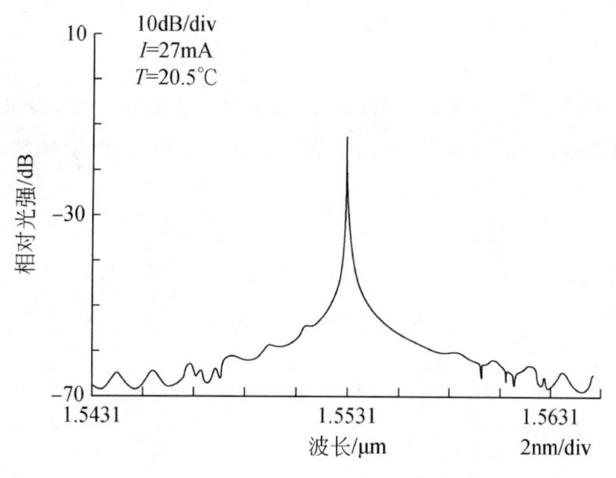

图4 1.5μm MQW-DFB 激光器的光谱

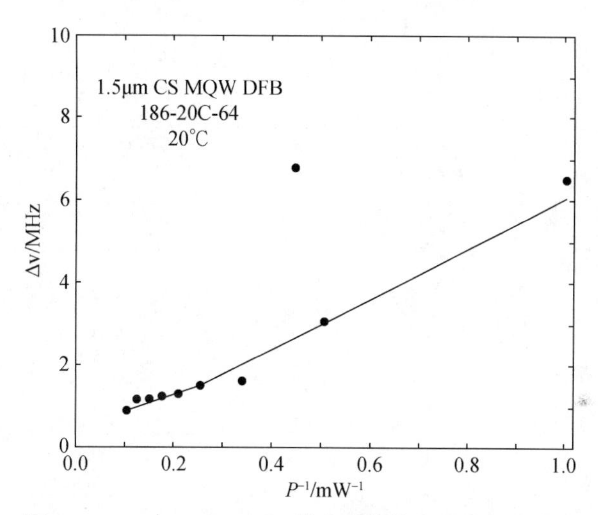

图5 1.5μm CSMQW-DFB 激光器的线宽和功率的关系

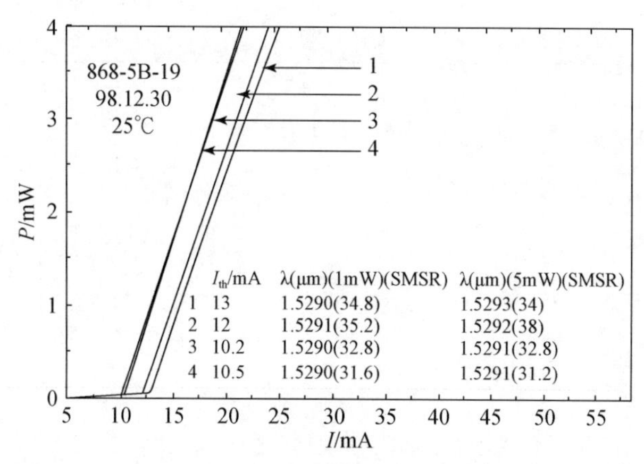

图6 4个集成的1.5μm MQW-DFB 激光器的光强—电流特性曲线，阈值以及输出功率分别为1mW 和5mW 下器件的发射波长和边模抑制比

参考文献

[1] Streifer W, Scifres D R, Burnham R D,. IEEE J. Quantum Electron. , 1975, QE-11: 867.

[2] Komori K, Arai S, Aoki M, et al. IEEE J. Quantum Electron. , 1989, QE-25(6): 1235.

[3] Kawaguchi H, IEE Proceeding S-J, 1993, 140(1): 3.

[4] Ojala P, Peltersson C, et al. Electronics Letters, 1993, 29(10): 859.

[5] Wang C, Chung Z, et al. IEEE Photonics Technology Letters, 1996, 8(3): 331.

[6] Zheng Y, Miao Y, Zhang J, et al. Chinese Journal of Semiconductors, 1988, 9(2): 189.

用光纤光栅作外反馈的可调谐外腔半导体激光器

周凯明，葛　璜，安贵仁，汪孝杰，王　圩

（中国科学院半导体研究所，北京，100083）

提要　制作了一种以光纤光栅作为外反馈的半导体激光器。光纤光栅用紫外曝光法制作，反射率为50%。器件在50mA注入电流时，出纤功率高于1mW，主边模抑制比为42dB。使用对光纤光栅施加应变和改变光栅温度的办法实现了输出激光波长的调谐，利用施加应变方法得到了2nm范围的输出波长变化。

1　引言

窄线宽、高边模抑制比的半导体激光器是高速、长距离光通信和相干光通信技术中的重要器件。DFB等结构的激光器用光栅的反馈来进行选模，可以实现单模激射，线宽也可以降低到MHz数量级。这些器件已应用到系统中。但是最近发展起来的波分复用、密集波分复用技术要求光源的波长可以精确控制。而制作特定波长的DFB激光器很困难，只能从成批的器件中挑选波长合适的激光器。随着紫外光写入光纤光栅技术的成熟，最近发展起来一种用光纤光栅作为反馈来形成混合腔的外腔激光器[1-4]。这种器件利用已经成熟的封装技术，将含有光纤光栅的光纤和端面镀有增透膜的F-P腔半导体激光器耦合形成，制作工艺简单，性能上却可以和DFB激光器相比拟。激光器激射波长由光纤光栅的布拉格波长决定，因此可以精确控制，并且温度稳定性要高于单半导体器件。基于以上的优点，这种激光器在光通信的某些领域很有可能成为DFB结构激光器的替代品。另外，在很多应用中都希望激光器的输出波长在一定范围内可以进行连续调节，DFB激光器可以利用其温度进行输出波长的调谐。本文中，我们用对光纤光栅施加应变的方法和改变光纤光栅温度的方法，改变其布拉格波长，制作出用光纤光栅作外反馈的可调谐外腔激光器，它有可能在光纤传感、光纤通信中得到应用。

2　原理

用光纤光栅作外反馈的外腔半导体激光器由一个半导体激光器管芯和含光纤光栅

原载于：中国激光，2001，28（2）：113-115.

的光纤耦合而成，如图 1 所示。LD 的内端面镀有增透膜，以减小其 F–P 模式。整个外腔激光器的光学谐振腔在光栅和 LD 外端面之间，主要由三部分组成：LD 芯片、空气间隙和光栅前端的光纤部分。光纤光栅用来选模，由于它极窄的滤波特性，激光器工作波长将控制在光栅的布拉格发射峰带宽内。因此通过调谐光纤光栅的布拉格波长就可以得到波长可以控制的激光输出。

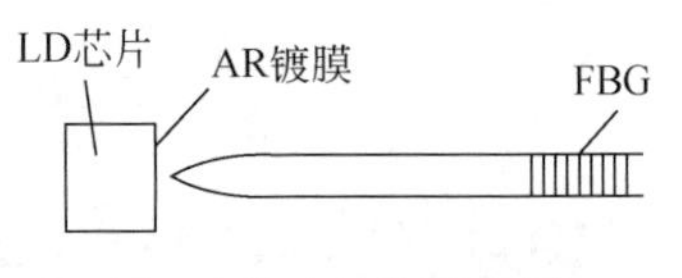

图 1　外腔结构示意图

当光纤光栅被施加应变时或其环境温度发生变化时，光纤光栅的布拉格波长也随着发生漂移。光纤光栅在应变或应力的作用下，其布拉格波长有所移动。这是由于在应力的作用下，光栅的周期会有所改变，同时由于弹光效应光纤的折射率也会发生变化。光纤光栅的布拉格波长随应变的关系基本是线性关系，可由下式给出[5]：

$$\frac{\Delta\lambda_{\mathrm{Bragg}}}{\lambda_{\mathrm{Bragg}}}=\varepsilon_1-(n^2/2)\cdot[p_{11}\varepsilon_t+p_{12}(\varepsilon_1+\varepsilon_t)] \tag{1}$$

式中，ε_1，ε_t 为沿光纤轴方向和光纤截面的应变；p_{11} 和 p_{12} 为 Pockel 系数。如果应变是均匀而且各向同性的，那么式（1）可以简化为如下形式：

$$\frac{\Delta\lambda_{\mathrm{Bragg}}}{\lambda_{\mathrm{Bragg}}}=(1-p_{\mathrm{e}})\cdot\varepsilon_1\simeq 0.78\cdot\varepsilon_1 \tag{2}$$

式中，$p_{\mathrm{e}}=(n^2/2)\cdot[p_{12}-\mu(p_{11}+p_{12})]$；$\mu$ 为泊松比。当布拉格波长 $\lambda_{\mathrm{Bragg}}=1550\mathrm{nm}$ 时，由（2）式可得布拉格波长漂移为

$$\Delta\lambda_{\mathrm{Bragg}}=1209\mathrm{nm}\cdot\varepsilon_1 \tag{3}$$

光纤光栅的布拉格波长随温度的变化主要是由热光效应引起的。在 85℃以下，它们之间有如下关系[5]：

$$\frac{\Delta\lambda_{\mathrm{Bragg}}}{\lambda_{\mathrm{Bragg}}}=\alpha+\frac{1}{n}\frac{\mathrm{d}n}{\mathrm{d}T}\simeq 6.7\times10^{-6}℃^{-1} \tag{4}$$

在 1550nm 波长处，每摄氏度引起的布拉格波长移动是 0.01nm。由于温度引起的布拉格波长移动比较小，100℃的温度变化只能引起 1nm 的布拉格波长漂移。

3　实验及结果

器件为双列直插式封装，光纤光栅置于封装外，以便于拉伸。LD 外端面到光栅末端长约 10cm。光纤光栅长 1.5cm，反射率约为 50%。器件阈值为 11.8mA，图 2 为注入电流为 40mA 时器件的出纤光谱，可见为单模输出，主边模抑制比为 42dB，全高半宽为 0.1nm。

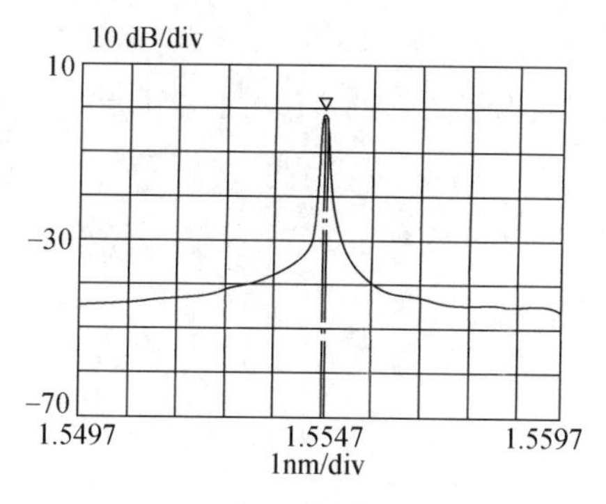

图2 输出光谱图

中心波长为1.55478μm。40mA注入电流时，峰值出纤功率为-0.29dBm，全高半宽为0.1nm

3.1 用施加应变方法调谐

通过拉伸光纤的方法给光纤光栅施加应变。将含有光纤光栅的光纤固定在微调架上，两端距离为 L，通过拉伸光纤来实现输出波长的调谐。如果光纤的拉伸长度为 ΔL，则光栅上的轴向应变为 $\varepsilon_1=\Delta L/L$。图3为用光谱仪观察出纤光谱峰值处波长随施加应变之间的变化关系，可以看出激射波长与施加的应变之间呈线性关系，单位应变引起的激射波长移动为1409nm，这和（3）式吻合得较好。对光纤光栅施加应变使激光器的输出波长移动了2nm，当光栅应变消失后，激光器输出波长恢复到原来值。试验表明，光栅的布拉格波长漂移最大可达5nm，如果继续拉伸，会导致光栅断裂。因此，用这种拉伸方法可以得到最大达5nm的输出波长调节范围。

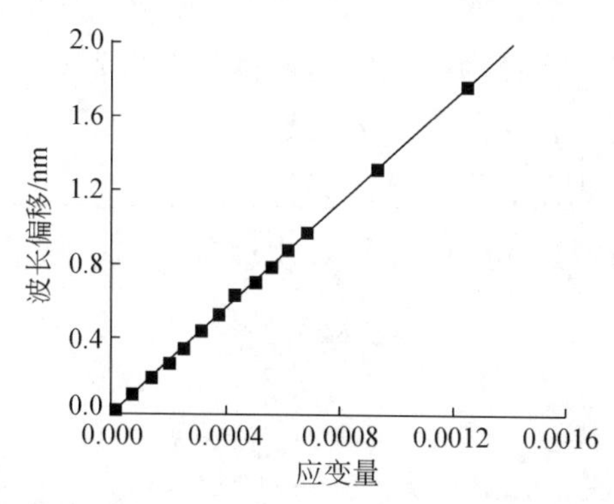

图3 激射波长与光纤光栅被施加应变之间的关系（点是测量结果，直线是线性拟合结果）

3.2 用改变温度方法调谐

将整个器件置于烘箱内，调节烘箱的温度，用光谱仪观测输出波长的变化。由于烘箱在温度上升的过程中很不均匀，因此先将烘箱温度升高到60℃，然后让其自然冷却。冷却过程比较慢，因而可以认为烘箱内各处温度比较一致。温度是用插在烘箱中的温度计来测量的。对激射波长随温度的下降进行记录，图4为激射波长与温度的关系，在这种情况下，激射波长随温度的升高基本呈线性增大，比例系数为0.014nm/℃。在测量过程中还发现激光器峰值功率随温度的升高而降低，这可能是由于半导体管芯受温度影响所致。

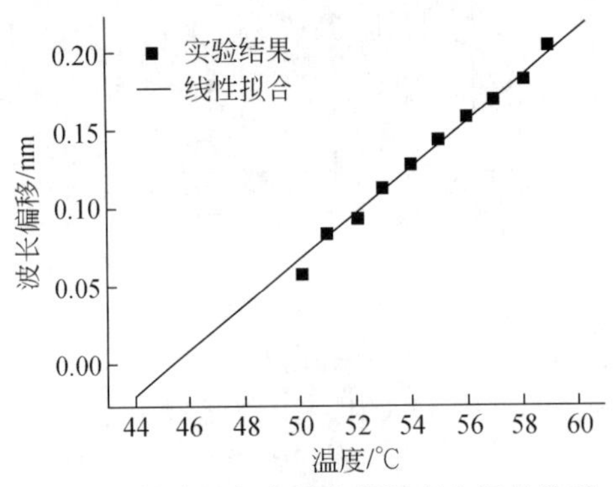

图4　激射波长与光纤光栅温度之间的关系

3.3　两种调谐方法的对比

利用两种调谐方法都可以得到激光器输出波长的变化，利用拉伸来施加应变只能使输出波长变大，而使用温度调谐则可以通过给光栅加温或冷却进行双方向的调谐。对比两种调谐方法可知，对光纤光栅施加应变可以得到较大的布拉格波长漂移，并且更容易达到实用目的。

4　结论

本文描述了一种以光纤光栅为反馈的半导体外腔激光器，通过对光纤光栅施加应变和改变光纤光栅的温度来得到外腔激光器输出波长的调谐。利用施加应变方法，在2nm的范围内得到随应变线性变化的输出波长。这种可调谐光纤光栅外腔半导体激光器可能在WDM光通信技术或光纤传感中得到应用。

参 考 文 献

[1] E. Brinkmeyer, W. Brennecke, M. Zurn et al.. Fiber Bragg reflector for mode selection and line-narrowing of injection lasers. Electron. Lett. ,1986,22:134–135.

[2] C. A. Park,C. J. Rowe,J. Buus et al. Single-mode behavior of a multimode 1.55 μm laser with a fiber grating external cavity. Electron. Lett. ,1986,22(21):1132–1134.

[3] P. A. Morton, V. Mizrahi, T. Tanbun-Ek et al.. Stable single mode hybrid laser with high power and narrow linewidth. Appl. Phys. Lett. ,1994,64(20):2634–2636.

[4] R. Kashyap,R. A. Payne,T. J. Whitley et al.. Wavelength uncommitted lasers. Electron. Lett. ,1994,30(13):1065–1067.

[5] K. O. Hill,G. Meltz. Fiber Bragg grating technology fundamentals and overview. J. Lightwave Technol. , 1997,15(8):1263–1276.

选区外延制作单片集成单脊条形电吸收调制DFB激光器

刘国利，王　圩，许国阳，陈娓兮，张佰君，周　帆，张静媛，汪孝杰，朱洪亮

（中国科学院半导体研究所国家光电子工艺中心，北京，100083）

提要　报道了采用选区外延生长技术制作的可实用的单脊条形电吸收调制DFB激光器。激光器的阈值为26mA，最大光功率可达9mW，消光比可达16dB。减小端面的光反馈后，从自发发射谱上观察不到波长随调制电压的变化，调制器部分的电容为1.5pF，初步筛选结果显示阈值、隔离电阻、消光比基本没有变化，可应用在2.5Gb/s的长途干线光纤传输系统上。

1　引言

电吸收调制DFB激光器（electroabsorption-modulated DFB laser，EML）是利用量子限制Stark（QCSE）效应把静态连续工作的分布反馈激光器（DFB-LD）与动态工作的电吸收调制器（EA-MD）集成在一块芯片上，由于它体积小，结构紧凑，DFB-LD与EA-MD之间的耦合效率高，尤其是低的波长啁啾，使其作为高速、远距离、波分复用（WDM）光通信系统的光源而在发达国家得到广泛的研究和开发[1-4]。

制作EML主要有两种不同的技术，即激光器与调制器的有源区分别生长的Butt-joint技术[4,6]，和选区外延（selective-area-growth，SAG）技术[1-3,5]。Butt-joint技术允许分别优化生长激光器和调制器的结构，但是激光器与调制器的对接部位的晶体质量往往欠佳，造成激光器与调制器之间的耦合效率低，也影响了激光器的可靠性，而且反复的光刻和外延工艺增加了生产成本。而SAG技术则可在氧化物图形衬底上一次外延就能同时生长出具有能带差异的激光器与调制器两个区域。因此，SAG技术可大大提高EML激光器与调制器之间的耦合效率和可靠性；当然在SAG技术中激光器与调制器结构同时优化有一定的困难。本文正是由于解决了这一难题而得到了较满意的结果。

我们通过优化材料的SAG生长条件和激光器的整体结构，制作了低阈值、高消光比、低波长漂移、小电容、可靠性高的可应用于2.5Gb/s的单脊条形结构的InGaAsP电吸收调制DFB激光器。

原载于：中国激光，2001，28（4）：321-324.

2 器件结构及制作

以前我们曾报道过采用 SAG 制作的 BH 结构的 EML[5]，但器件的整体性能不能达到实用要求，阈值较高、消光比低、出光效率低、隔离电阻低、制作工艺复杂，因此我们从材料的生长和结构上对 EML 进行优化。结构上采用单脊条形制作 EML，不同于半绝缘 InP 掩埋异质结构（BH）[1,2]，p 型 InP-BH 结构[3] 和 p-InP/n-InP-BH 结构[4-6]，这种结构具有制作工艺相对简单、易操作、成本低和可靠性、重复性高的特点。器件的整体结构和多量子阱（MQW）能带结构如图 1 所示，我们采用三次 LP-MOCVD 外延生长，制作了单脊条形波导结构 EML。

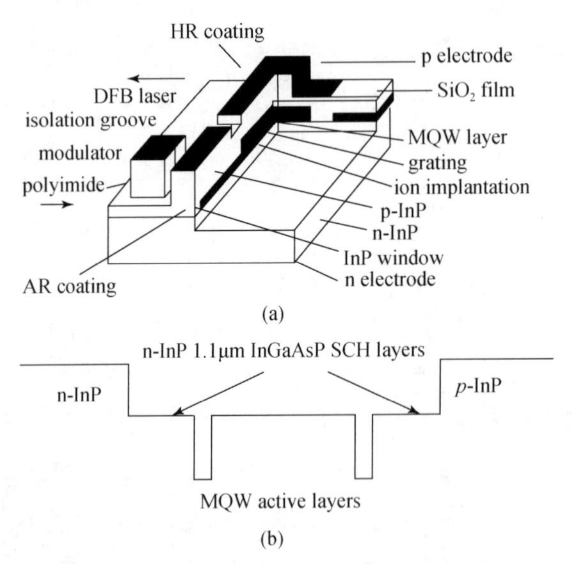

图 1 电吸收调制 DFB 激光器器件结构示意图（a）和 EA-MD 有源区能带结构示意图（b）

2.1 MQW 的选择区域生长

为制作 EML 的有源区，首先在掺 S 的（100）晶向 n-InP 衬底上用 AIXTRON-200 型 LP-MOVPE 生长 n-InP 缓冲层，在其上用 PECVD 淀积一层 SiO_2，沿［110］方向刻出如图 2 所示的 SiO_2 掩膜图形；其中的 $W_m=8\mu m$ 为 SiO_2 掩蔽区，$W_g=8\mu m$ 为 SAG 生长区；SAG 生长区域是 LD 区域，长为 600μm；非选择生长区域为 MD 区域，长为 600μm。随后采用 LP-MOVPE 生长如图 1（b）所示的 MQW 结构；依次为非掺杂 InGaAsP 下波导层($\lambda=1.1\mu m$，厚为 150nm)，非掺杂 6 周期量子阱层，非掺杂 InGaAsP 上波导层（$\lambda=1.1\mu m$，厚为 150nm)。其中，量子阱层的垒为−0.3% 的张应变 InGaAsP（厚为 7nm，$\lambda=1.1\mu m$)，阱为匹配的 InGaAsP 层（厚为 9nm，$\lambda=1.6\mu m$)。

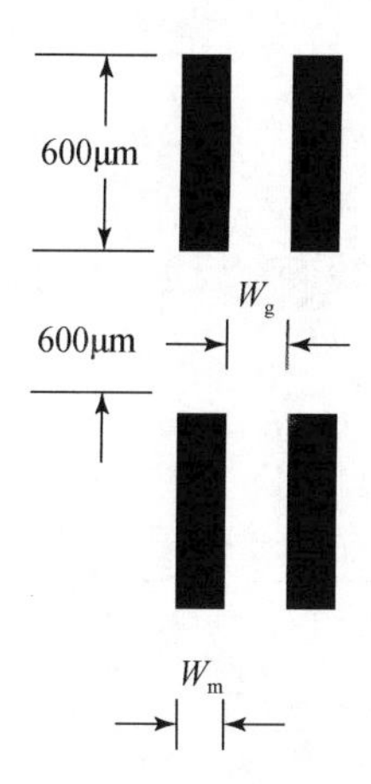

图 2　SAG 生长所用的 SiO_2 图形

W_m 代表 SiO_2 宽度，W_g 代表生长区域宽度

图 3 是上述结构的室温 PL 谱；实线代表 MD 区域，即非选择生长区，波长为 1.496μm，峰值半高宽（FWHM）小于 37.2meV；虚线代表 LD 区域，即选择生长区，波长为 1.547μm，FWHM 为 28.7meV；荧光峰在 LD 区域的位置比在 MD 区域的向长波方向移动了近 50nm，实现了 MD 和 LD 之间带隙偏调 27meV，从而可使 EML 在低驱动电压下达到高消光比，又可降低 EA 的插入损耗。

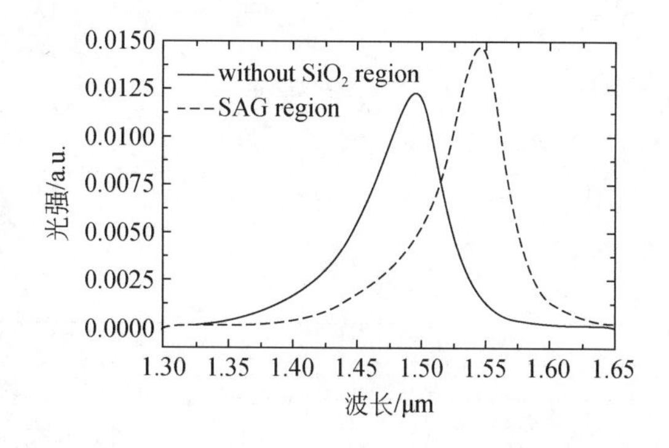

图 3　选区外延结构的 LD 与 MD 区域的室温 PL 谱

2.2　EML 的制作

首先采用全息曝光技术在 LD 区域制作周期为 240nm 的一级 Bragg 光栅，使激光器的激射峰与材料的增益谱的峰位吻合，以使激光器的增益达到最大，降低阈值。

采用 LP-MOVPE 在光栅上生长 p-InP 覆盖层和 p^+-InGaAs 接触层，确保调制器有较高的反向击穿电压，激光器有低的串联电阻。随后采用常规工艺制作宽度为 2μm 的单脊条形波导及电极，在 MD 区域制作高频电极图形并在电极下填充 polyimide 以减少 MD 的寄生电容，提高调制速率。在 LD 与 MD 之间宽度为 50μm 的区域，采用化学腐蚀方法和选择离子注入相结合，形成电学隔离沟，以减小激光器与调制器之间的电学窜扰。

为减小调制器端的光反馈，在 MD 的出光端面采用图 1（a）所示的 InP 掩埋窗口结构，并镀增透膜（AR），在 LD 端镀高反射膜（HR），最后把 EML 解理成 LD 腔长为 300μm，MD 腔长为 200μm 的管芯。

3　器件结果测试及讨论

MD 的反向击穿电压大于 12V，激光器的串联电阻 ~5Ω，激光器与调制器之间的电隔离电阻在采用离子注入后大于 100kΩ，可以满足降低激光器与调制器之间的电学串扰要求[4]。

EML 的调制速率是由 MD 部分的电容所决定的，我们采用 HP4284A 电容仪在 1MHz 的频率测试 EML 的电容。图 4 是 EML 的 MD 部分的 *C-V* 曲线。在 0V 时，电容为 2. 2pF，−5V 时电容等于 1. 49pF，因此可以满足 2. 5Gb/s 传输系统的要求。

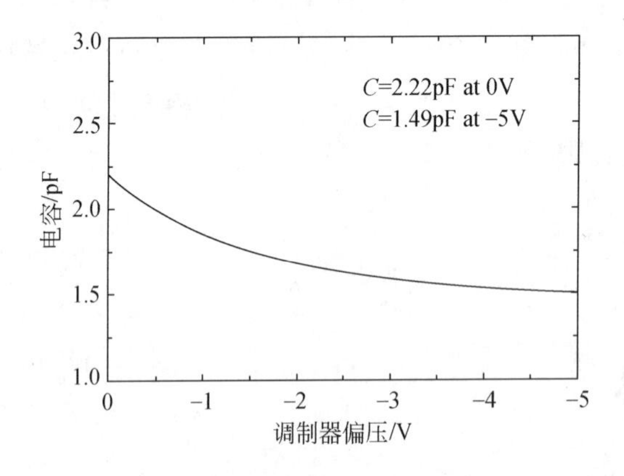

图 4　EML 的电容-电压曲线

EML 的激射波长在 1mW 的输出时为 1. 55264μm，此时激光器的边模抑制比（SMSR）大于 32dB。采用大面积 Ge 探测器测量 EML 的调制器端的输出光功率。图 5 是EML 的输出在不同 MD 反向偏压下的光强-电流曲线（a）及消光比曲线（b）。图 5（a）中，EML 的阈值为 26mA，0V 时最大光功率为 9mW，斜率效率为 0. 082mW/mA；图 5（b）中，偏压在 0--3V 时，消光比大于 12dB（I_{LD} = 150mA），当 MD 的反向偏压为 0--4V 时，消光比大于 16dB（I_{LD} = 150mA）。

光反馈是影响 EML 动态波长啁啾的主要因素之一，因此成为 EML 的一个重要参数。随 MD 偏压的改变，反馈光的大小不仅影响 DFB 激光器的激射阈值条件，而且改变了光子密度在 DFB 激光器谐振腔内的分布，在光子与电子的相互作用下，DFB 激光器的纵向折射率随之改变，激射波长将随 MD 偏压的改变而发生漂移；静态下，如果光反馈较大，则通过自发发射谱（ASE）可以观察到波长随 MD 偏压的漂移。我们用

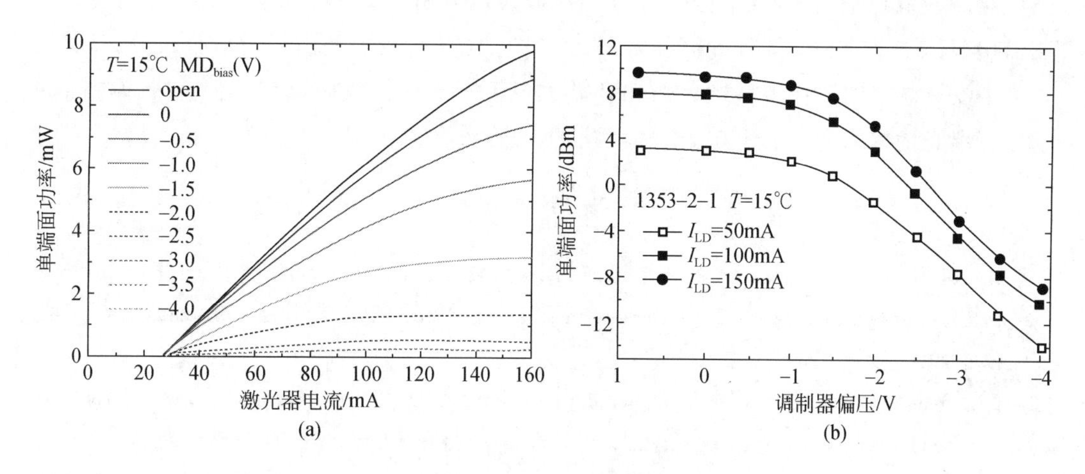

图5 EML的光强-电流曲线（a）和消光比曲线（b）

Anritsu MS9001B1 型光谱仪在静态下测量 EML 在不同 MD 偏压下的自发发射谱（ASE），在采用 InP 窗口前，即使采用 1% AR 镀膜，波长的漂移也大于 0.1nm；而采用 InP 窗口加 AR 镀膜后，波长漂移大大减小，图6是采用窗口加 AR 镀膜后，EML 的波长与 MD 偏压的曲线。在 0--3V，观察不到波长漂移，在 MD 开路到-3V，波长移动仅为 0.02nm。表明采用 InP 窗口，已经解决了 MD 出光端面的反馈问题，能够得到低啁啾的 EML。

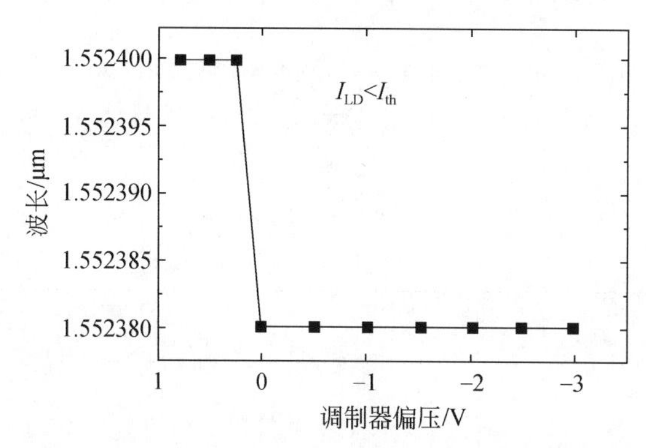

图6 在 ASE 谱中波长随调制器偏压变化的漂移曲线

对 EML 进行了初步高温热应力筛选，条件为 100℃、100mA、144h、EML 的阈值与隔离电阻及光谱没有变化，出光功率及消光比仅有不到 0.2mW 和 0.1dB 的变化。

从测试结果可看到，采用选择区域生长技术，制作出结构简单、性能可靠的可用于 2.5Gb/s 传输系统的电吸收调制 DFB 激光器。

4 结论

用 SAG 技术可制作用于 2.5Gb/s 传输系统的单脊条形波导电吸收调制 DFB 激光

器，阈值为26mA；消光比达16dB；0偏压时，最大输出9mW；LD与MD的隔离电阻达100kΩ；激光器MD部分的电容为1.5pF；减小MD出光端面的光反馈后，从自发发射谱中没有观察到波长漂移现象。在高温大电流筛选中没有观察到阈值、隔离电阻的变化，出光功率的变化小于0.2mW，消光比变化小于0.1dB。

参考文献

[1] M. Aoki, M. suzuki, H. Sano et al.. InGaAs/InGaAsP MQW electroabsorption modulator integrated with a DFB laser fabricated by band-gap energy control selective area MOCVD. IEEE J. Quantum Electron., 1993, 29(6): 2088–2096.

[2] T. Tanbun-Ek, Y. K. Chen, J. A. Grenko et al. Integrated DFB-DDBR laser modulator grown by selective area metalorganic vapor phase epitaxy growth technique. J. Cryst. Growth, 1994, 145: 902–906.

[3] H. Yamazaki, Y. Samata, K. Yamaguchi et al. Low drive voltage (1.5 Vp. p.) and high power DFB-LD/modulator integrated light sources using bandgap energy controlled selective MOVPE. Electron. Lett., 1996, 32(2): 109–111.

[4] M. Suzuki, Y. Noda, H. Tanaka et al. Monolithic integration of InGaAsP/InP distributed feedback laser and electroabsorption modulator by vapor phase epitaxy. J. Lightwave Technol., 1987, LT-5(9): 1277–1285.

[5] Xu Guoyang, Wang Wei, Yan Yuejin et al. Monolithnic integration of DFB laser and electroabsorption modulator by selective area growth technology. Chinese J. Semiconductors(半导体学报), 1999, 20(8): 706–709.

[6] Yan Xuejin, Xu Guoyang, Zhu Hongliang et al. Monolithnic integration of MQW DFB laser and EA modulator in 1.55μm wavelength. Chinese J. Semiconductors(半导体学报) 1999, 20(5): 412–415.

低波长漂移的电吸收调制 DFB 激光器

刘国利，王　圩，汪孝杰，张佰君，陈娓兮，张静媛，朱洪亮

（中国科学院半导体研究所国家光电子工艺中心，北京，100083）

摘要　采用端面有效反射率法，从理论上计算了单片集成电吸收调制 DFB 激光器（Electroabsorption Modulated DFB Laser EML）的腔面反射率、耦合强度（κL）对其波长漂移的影响。同时在实验中通过改变腔面的反射率来验证计算结果。理论与实验的结果表明：为提高 EML 的模式稳定性，必须减小调制器一端的反射率，同时增加 DFB 激光器的 κL。最终我们采用选择区域生长（selective area growth，SAG）的方法，制作了低光反馈出光面的单脊条形 EML，在 2.5Gb/s 的非归零（NRZ）码调制下，经过 280km 的标准光纤传输后，没有发现色散代价。

1　引言

随着 Internet、有线电视、数据服务等的快速发展，要求光纤能够提供更高的传输速率和更大的传输容量，而采用传统的对激光器直接调制方式会引起很大的波长啁啾，从而限制了传输速率和传输容量的提高。对单片集成 DFB 激光器（LD）与电吸收调制器（EML）而言，由于外调制不仅可以避免在高速调制时电子与光子的相互作用，而且可以避免直接调制引起的较大的啁啾，因此成为高速、大容量光纤传输系统的主要光源[1,2]。

然而，EML 也存在一定大小的啁啾，主要来自于 EML 的电吸收调制器（EA-MD）的折射率随吸收系数的改变而改变[3]。此外，激光器与调制器之间的热、电串扰和光反馈均会使 EML 的啁啾增加。尤其是光反馈，不仅受激光器与调制器之间的对接部位的晶体质量的影响，而且与调制器出光端面的反射率有很大的关系。静态下，如果 MD 的出光端面存在较大的光反馈，则 EML 的激射波长将随吸收系数的改变而发生漂移[4,5]。尽管大多数文章都报道采用适当的设计来减小 MD 端面的反射率[6,7]，但 MD 反馈光的变化量、相位的变化、DFB 激光器的光栅耦合强度 κL 对波长漂移量的影响却少有报道[6-10]。

本文报道了采用端面有效反射率法，从理论上计算了 EML 在静态下的波长漂移与端面光反馈量的关系，并同时计算了折射率耦合（index-coupled，IC）和复耦合

原载于：半导体学报，2001，22（5）：636-640.

(complex-coupled，CC) 两种耦合机制下 κL 对波长漂移的影响。利用计算结果，我们制作了具有低端面光反馈、大 κL 的 IC-EML，从静态自发发射谱（ASE）的测试显示我们制作的 EML 具有低的波长漂移；2.5Gb/s 的非归零（NRZ）码调制下的光信号，经过 280km 的标准光纤和 3 个掺铒光纤放大器（EDFA）后，在 1×10^{-12} 的误码率下没有观察到色散代价。

2　EML 波长漂移的理论计算

Streifer 曾经报道过外反馈对 DFB 激光器的纵模模式的影响[11]，下列公式是 Streifer 建立的 DFB 激光器的纵模本征值方程：

$$(\gamma L)^2 D+(\kappa L)^2\sinh^2(1-\rho_1^2)(1-\rho_r^2)+2\mathrm{i}\kappa L\times(\rho_1+\rho_r)(1-\rho)^2\gamma L\sinh(\gamma L)\cosh(\gamma L)=0 \tag{1}$$

$$\gamma^2=(\alpha-\mathrm{i}\delta)^2+\kappa^2 \tag{2}$$

$$\rho_{l,r}=\rho_{l,r}\mathrm{e}^{-\mathrm{i}\beta_o L}\mathrm{e}^{\mathrm{i}\Omega} \tag{3}$$

$$\rho^2=\rho_l\rho_r=\hat{\rho}_l\hat{\rho}_r\mathrm{e}^{-2\beta_o L} \tag{4}$$

$$D=(1+\rho^2)^2-4\rho^2\cosh^2(\gamma L) \tag{5}$$

对于一级光栅，其 Bragg 波长相应的传播常数 β_0 为

$$\beta_0=\pi/\Lambda \tag{6}$$

而 DFB 激光器的单纵模所对应的传播常数 β 为

$$\beta=n\omega/c \tag{7}$$

两者之差 δ 为

$$\delta\equiv\beta-\beta_0 \tag{8}$$

在 $\beta\gg\kappa$ 时，耦合系数

$$\kappa=\frac{\beta}{2}\times\frac{\Delta n}{n}+\mathrm{i}\frac{\Delta\alpha}{2} \tag{9}$$

上面公式中，所有参数都是针对光波的电场分量而建立的。其中 L 是激光器的腔长；αL 是 DFB 激光器在阈值时的归一化纵模模式增益；δL 是纵模与光栅周期所决定的 Bragg 波长的归一化频率偏移；κ 是光栅的耦合系数，其实部表征折射率耦合，虚部表征增益耦合；n 是光栅波导层的折射率；Δn 是光栅的折射率变化；$\Delta\alpha$ 是光栅的增益或损耗的变化；Λ 是 Bragg 光栅的周期，可设定为 240nm；$\rho_{1,r}$是 DFB 激光器的腔面反射率；Ω 是因光栅在端面处的不完整而引入的等效相位。根据上述公式，可以计算出 DFB 激光器在不同的腔面反射率时的纵模模式分布及其增益大小。

对于 EML，随 MD 偏压的变化，由于 MD 吸收系数的变化，从 MD 一端反馈到 LD 中的光也随之变化，相当于 DFB 激光器的腔面反射率改变，使得 DFB 激光器的激射条件改变，从而引起波长漂移。EML 的结构及光在内部的反馈如图 1 所示。图中

DFB 激光器与 MD 之间有一段电学隔离区，以防止 MD 一端的电信号耦合到 LD 一端引起额外的波长啁啾；在我们制作的 EML 中，MD 与 LD 之间的隔离电阻大于 100kΩ，可以避免 MD 与 LD 之间的电串扰[2]。I_{DFB} 是 DFB 激光器的注入电流，$-V_{mod}$ 是 MD 的偏置电压。在 DFB 激光器一端镀高反射膜，在 MD 一端镀抗反射膜。β 是光在 DFB 中的复传播常数，r 是光在各段之间的反馈，L 是各段的长度，$r_{f,l,r}$ 是左、右端面反射系数。对于采用选择区域（selective-area-growth，SAG）方法制作的 EML，由于 LD 与 MD 之间不存在 Butt-Joint 结构的波导突变，因此 r_1，r_2 可以忽略；而且 LD 与 MD 之间的渐变波导使光耦合效率大于 95%[12]，因此波导的耦合损耗（由波导间传播常数的不同而引入的损耗）也可以忽略。在计算 EML 的波长漂移时，我们把 MD 的出光端面等效为 DFB 激光器的出光腔面，只是该腔面反射率的大小及反射光的相位随外加偏压的变化而变化。

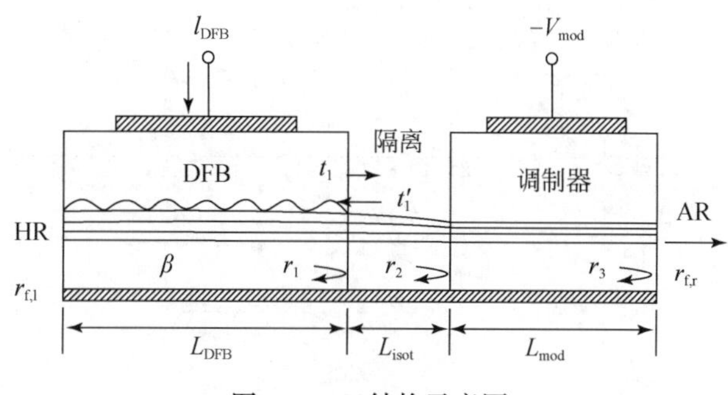

图 1　EML 结构示意图

DFB 激光器在隔离区一端的出射光为 t_1，只需知道最终的反馈光 t_1' 就可得到激光器等效出光端面的等效反射率。隔离区及 MD 的插入损耗（由 MD 的本征吸收而引入的损耗）为 m，而 MD 的吸收系数的变化可用消光比（ER）来表征，则在 MD 端面出射光 t_1 的反馈为

$$r_3 = m\mathrm{ER}r_{f,r}t_1 \tag{10}$$

而 r_3 经过同样的吸收和插入损耗后，衰减为 t_1^r，

$$t_1^r = m^2\mathrm{ER}^2 r_{f,r}t_1 \tag{11}$$

由于 MD 的吸收系数的改变，根据 Kramers-Krong 关系可知：MD 区域的折射率发生变化，导致 t_1' 与 t_1 之间存在位相差 $\alpha(V)$，因此 DFB 激光器的端面等效反射率为

$$\rho = m^2\mathrm{ER}^2 r_{f,r}\mathrm{e}^{\mathrm{i}x(V)} \tag{12}$$

则(3)式中 MD 一端的反射率变为

$$\begin{aligned}\rho_r &= m^2\mathrm{ER}^2 r_{f,r}\mathrm{e}^{\mathrm{i}\beta_0 L}\mathrm{e}^{-\mathrm{i}\Omega}\mathrm{e}^{\mathrm{i}d(V)}\\ &= m^2\mathrm{ER}^2\,|\,r_{f,r}\,|\,\mathrm{e}^{-r\Phi_t}\end{aligned} \tag{13}$$

式中，$\Phi_r=\beta_0 L+\Omega-\alpha(V)-\mathrm{Arg}(r_{f,r})$。在实际计算中，对于端面的反射率 $r_{f,r}$ 和 $r_{f,l}$，只要 Φ_r、Φ_l 的取值从 0 到 2π，就足以估算出模式本征值因相位变化而引入的偏差。

根据上述的理论，对 DFB 激光器长度为 300μm 的 EML，我们分以下几种情况讨论在 EML 中影响其波长漂移的因素。

2.1　不同 κL 的纯折射率耦合 EML 的波长漂移

计算结果如图 2 所示，计算的数据列于图中。在 EML 的两端为自然解理面时，随耦合强度的增加，波长的漂移量减小，如对 $\kappa L=1$，ER 为 16dB 时，波长漂移量为 0.25nm，对相同的 ER，当 $\kappa L=3.2$ 时，波长的漂移量为 0.065nm，这表明随耦合强度的增加，模式受外界光反馈的影响减小。虽然更大的 κL 有助于进一步减小波长的漂移，然而光更加集中于激光器的腔内，出现空间烧孔现象，加剧波长的漂移；同时使输出功率减小。由图中我们可以看出：对于 $\kappa L>1$ 的情况，当消光比大于 6–8dB 后，波长的漂移趋于饱和，这表明当光反馈量减弱后，波长的漂移量也减小。

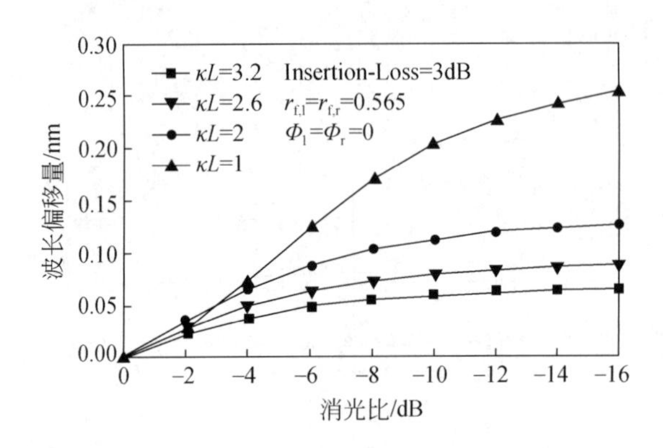

图 2　不同耦合强度的纯折射率耦合 EML 的波长漂移

2.2　不同 κL 的复耦合（complex-coupled，CC）EML 的波长漂移

EML 的腔面条件同 2.1 节，κL 中的 index 部分固定为 3.2，gain 部分从 0.1 增加到 1.0，计算结果如图 3 所示。可知随 gain 部分的增加，波长的漂移量减少，但下降的幅度不大。例如，对 $\kappa_{gain}L=0$ 和 1.0，波长的漂移量分别为 0.07nm 和 0.06nm。这表明在 CC 耦合方式下，随消光比的增加，复耦合 EML 的波长漂移对外反馈依然很敏感。

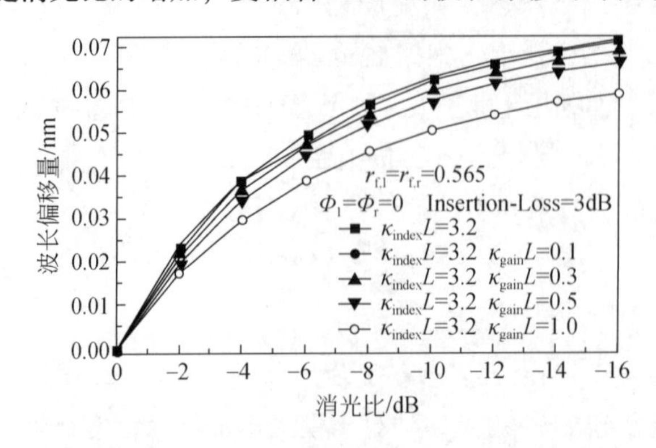

图 3　不同耦合强度的复耦合 EML 的波长漂移

2.3　端面镀膜对波长漂移的影响

对纯折射率耦合 EML($\kappa_{index}L=3.2$)，当端面镀不同反射率的介质膜时，波长的漂移如图 4 所示，介质膜的反射率及其他的参数列在图中。可以看出：在 MD 一端的反射率越低，波长的漂移就越小；而在另一端面，反射率越高，漂移也越小。当端面采用合适的介质膜时，EML 的波长漂移可由自然解理面的 0.07nm 减小到 0.001nm. 因此，减小端面的反射率对 EML 而言关系重大。

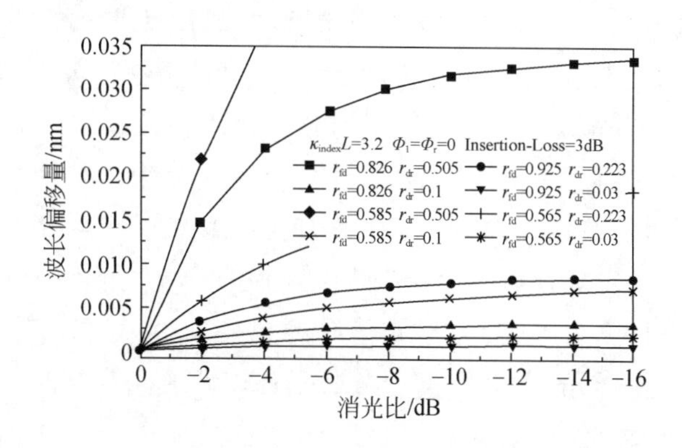

图 4　腔面的反射率对 EML 的波长漂移的影响

2.4　相位对 EML 波长漂移的影响

在上述前三节的计算中，我们都是在固定的 Φ 和 Ω 下进行的，忽略了相位随 MD 偏压的变化，这样的做法只是为了减少计算量。在这里我们针对某一耦合系数（$\kappa_{index}L=3.2$）的 IC-EML，在相同的消光比时（0−16dB），对端面具有相同反射系数（$r_{f,1}=0.925$，$r_{f,r}=0.223$）、不同相位（$\Phi_r=\Phi_1=0-2\pi$）的介质膜，计算了在 stop-band 一侧的波长漂移，结果如图 5 所示。可见即使端面的反射率相同，而随相位的变化，波长有较大的漂移范围，可从 0.044nm 一直到−0.044nm。因此端面相位的变化是引起波长漂移的又一个重要的参量。而当采用反射率更小（例如反射系数为 0.03）的介质膜时，可以计算得到即使反馈光的相位变化很大，由于反馈光的绝对变化量很小，对模式本征值方程的影响很小，因此波长漂移的范围大大减小。

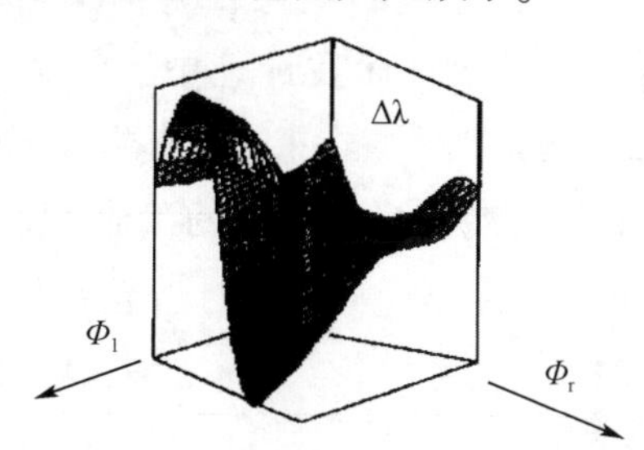

图 5　EML 在相同的端面反射率、不同的相位时的波长漂移

从上述 2. 1–2. 4 的计算可以看出：为减小 EML 的波长漂移，主要是降低 MD 端面的反射率，不仅可以减小反馈光的变化量，而且当反馈光的变化量小到一定时，相位的变化对模式本征值方程的影响也可以忽略；另外采用较大 κL 的 DFB 激光器，可以提高对反馈光的不敏感。

3　EML 波长漂移的测试及传输实验

我们采用 SAG 方法制作了折射率耦合 EML，耦合强度 ~ 3. 1，详细的制作过程及结构见文献［8］，［13］；耦合强度的大小与光栅的形状、光栅层的光限制因子有关；采用光谱仪测量 EML 中 DFB 激光器特有的 stop-band 可以得到耦合强度。在 EML 的 MD 一端，我们采用具有不同反射率的端面结构，一种是镀功率反射率为 5% 的光学膜，一种是 1%，另外一种是 1% 加窗口结构，以希望尽量降低 MD 的光反馈。我们采用 Anritsu MS9001B1 型光谱仪（波长读数分辨率（wavelength reading resolu-tion）为 2pm）测量 EML 在近阈值时的自发发射谱（ASE），观察三种 EML 的波长漂移。图 6 是我们的实验曲线。当端面有较大的光反馈时（5%），波长漂移为 0. 35nm；当降低端面的反射率后（1%），波长的漂移降至 0. 04nm；采用 1% 镀膜加窗口结构，从 ASE 谱中没有观察到波长的漂移。

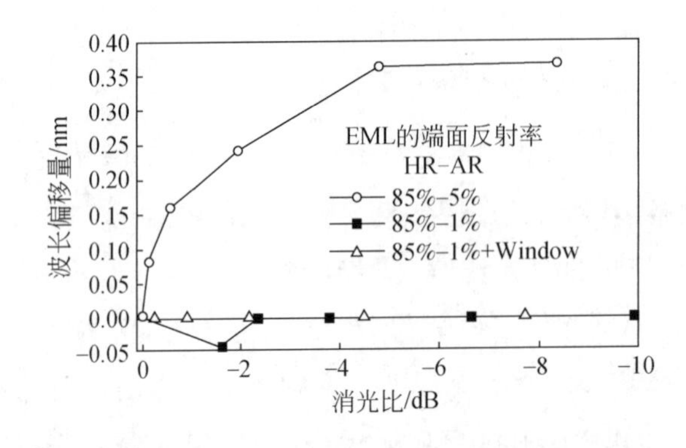

图 6　具有不同端面反射率的 EML 的波长漂移实验曲线

与第二节中的理论计算相比，实际所测的波长漂移(5%)比理论的计算要大，主要是当 MD 一端的反射率较大时，相位的变化较大，而反射光的变化量也较大，因此会使模式的本征值方程有较大变化，而在计算中，忽略了相位的变化；另外光场在腔内的重新分布也可引起波长漂移，但在上述理论计算中没有考虑在内[6,7]，尤其是在靠近 HR 一侧，当光场有较大变化时，该处的载流子会产生不均匀注入，引起折射率在腔内纵向的变化，波长随之漂移。从实际的测试结果可以看出：波长漂移在 ER 达到 6dB 时，漂移基本趋于饱和；而且波长漂移主要集中在反馈光的变化量较大区域，这些结论与理论的计算结果一致。

采用1%外加窗口结构的EML，我们进行了初步的传输实验。在2.5Gb/s的调制速率下，采用长度为$2^{23}-1$的NRZ伪随机码（PRBS），在1×10^{-12}的误码率下，经过0km和279.4km的标准单模光纤（光纤间隔为119.6km，70.9km，88.9km，色散为18ps/(nm·km)），光纤的标称损耗为66.8dB及三个EDFA后，接收机接受的平均光功率分别为-23.6dBm和-23.7dBm，即光信号在传输280km后，没有观察到功率代价(power penalty)。这表明采用低光反馈的端面设计后，我们制作的EML在动态调制下啁啾很小，可以满足高速长途干线光通信的要求。

4 结论

我们采用端面有效反射率法从理论上计算了EML的波长漂移与耦合强度（κL）、耦合机制、腔面镀膜及端面相位的关系。计算的结果表明：与折射率耦合EML相比，复耦合EML在减小波长漂移方面没有多大的改进；波长漂移量的大小与反馈光的变化量及反馈光相位的变化量相关，当端面的反射率小于1%后，相位的变化对波长漂移的影响可以忽略；只有尽量降低出光端面的反射率，同时采用较大的κL，才能减小波长的漂移。采用理论计算结果，我们用选择区域方法制作了具有低端面反馈的EML，从ASE谱中观察到：随端面反射率的下降，波长漂移量明显减少。经过初步的传输实验，证明我们已获得可应用于2.5Gb/s干线传输用的低啁啾的EML。

致谢

感谢北京大学光通信国家重点实验室王子宇教授、北京邮电大学通信工程学院伍剑博士后在传输实验上的大力帮助。

参考文献

[1] H. Takeuchi, K. Sasaki, K. Sato et al., IEEE J. Selected Topics Quantum Electron., 1997, 3(2)336-343.
[2] Y. K. Park, T. V. Nguyen, P. A. Morton et al., IEEE Photon. Technol. Lett., 1996, 8(9): 1255-1957.
[3] F. Koyama and K. lga J. Lightwave Techno1., 1988, 6(1)87-93.
[4] W. Fang, S. L. Chuang, T. Tanbum-EK et al., SPIE. 1997, 3006: 207-215.
[5] J Hong, W. P. Huang and T. Makino, IEE Proc. Optoelectron., 1995, 142(1): 44-50.
[6] M. Yamaguchi, T. Kato, T. Sasaki et al., J. Lightwave Technol., 1995, 13(10)1948-1954.
[7] D. A. Ackeman, L. M. Zhang, L. J-P. Ketelsen et al., IEEE J Quantum Electron., 1998, 34(7). 1224-1230.
[8] XU Guoyang, WANG Wei, YAN Xuejin et al. Chinese Journal of Semiconductors, 1999, 20(8): 706-709
[9] Yan Xuejin, Xu Guoyang, Zhu Hongliang et al., Chinese Journal of Semiconductors, 1999, 20(5): 412-415.
[10] LUO Yi, SUN Chengzheng. WEN Guopeng et al., Chinese Journal of semiconductors, 1999, 20(15): 416-420(in Chinese)[罗毅，孙长征，文国鹏，等，半导体学报，1999，20(5)；416-420].

[11] W. Stceifer, R. D. Burnhurn and D. R. Scifers, IEEE J. Quantum Electron, 1975, 11(4) 154-161.

[12] T. Tanbun-ek, S. Suzuki, W. S. Min et al. , IEEE J. Quantum Electron. , 1984, QE-20:131-140.

[13] LIU Guoli, WANG Wei, XU Guoyang et al, Chinese Jounal of Lasers, to be published[刘国利,王圩.许国阳,等,中国激光,待发表].

High Extinction Ration Polarization Independent EA Modulator

Sun Yang, Wang Wei, Chen Weixi, Liu Guoli,
Zhou Fan and Zhu Hong-liang

(Institute of Semiconductors, Chinese Academy of Sciences, Beijing, 100083, China)

Abstract An electro-absorption modulator is fabricated for optical network system. The strained InGaAs/InAlAs MQW shows improved modulation properties, including polarization independent, high extinction ratio(>40dB) and low capacitance(<0.5pF), with which, an ultra-high frequency (>10GHz) can be obtained.

1 Introduction

Substantially increased transmission capacity is required by the long-haul trunk transmission systems. Much effort has been made to overcome the repeater's spacing limit during the development of a practical large capacity system[1]. Because of the limit of chirp and chromatic dispersion when the laser emits an optical pulse with large signal amplitude, external modulator becomes essential in optical fiber communication systems.

Among the external modulators, electroabsorption modulators offer higher bandwidths with lower driving voltages[2]. The highest figure of merit reported, to our knowledge, is 26GHz/V. Only the quantum confined stark effect in multiple quantum wells can provide simultaneously polarization independence and high modulation efficiency. The ultra-high speed is achieved up to 42GHz and the high extinction ratio up to 40dB[3]. Because of their high speed, low driving voltage, and integratibility with lasers, electroabsorption modulators become essential in optical fiber communication systems, especially in the signal generating system and optical switching systems, such as $n \times n$ optical switch matrix, Optical Add/Drop Multiplexer(OADM) switching system, and Optical Time Division Multiplexer(OTDM)[1].

Today in China. not much progress has been made with the single chip Electro-Absorption(EA) modulator. The integration of EA modulator and DFB laser[4, 5] is the focus of attention. However, sometimes the modulation properties of the integrated devices cannot

原载于:Chinese Journal of Semiconductor, 2001, 22(11):1374-1376.

be optimized, and cannot meet our requirements in the extinction ratio, polarization dependence insertion loss. and the modulation frequency, etc.

In this paper, we describe a high performance 1.55μm InGaAs-InAlAs MQW EA modulator grown with MOCVD, which can be used in high speed OTDM network as a signal generator and demultiplexer, and is supposed to apply to the ultra-fast switching systems, too.

2 Design and Fabrication

A deep ridge waveguide EA modulator buried with polyimide is designed for the purpose of obtaining a very low capacitance.

Fig. 1 shows the schematic structure of the proposed strained InGaAs-InAlAs MQW EA modulator. An n-InAlAs buffer layer, an undoped strained MQW absorption layer, a 1.5μm thick p-InP cladding layer, and a p^+-InGaAs contact layer are successively grown on an n-InP substrate by Metal Organic Chemical Vapor Deposit (MOCVD). The strained MQW absorption layer consistes of twelve 9nm InGaAs wells (0.38% tensile strained) and 5nm InAlAs barriers (0.5% compressively strained). In addition to compensating for the well strain, the compressively strained barriers can reduce the band discontinuities, thereby increasing the optical saturation power[5] The width and length of the modulation region are 1.7μm and 200μm, respectively. We etch two different structures of a deep ridge (about 3μm) using Br_2 and bury the deep ridge with polyimide. Fig. 2 shows the SEM facet view of a cleaved device with the width of 1.7μm as well as the buried deep ridge.

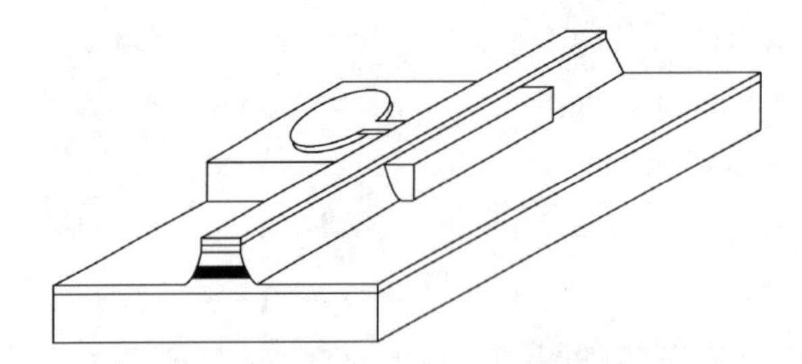

Fig. 1　Schematic Structure of InGaAs/InAlAs Strained MQW Electro-Absorption Modulator

These two different deep ridge waveguide structures are fabricated to avoid the rupture when the ridge is too deep. The one showed in Fig. 2 can also prevent the InAlAs barrier and SCH layer from being oxidized. The thickness of polyimide is about 1.7μm, the device contact resistor was 6.3Ω, and the capacitance was 0.5pF.

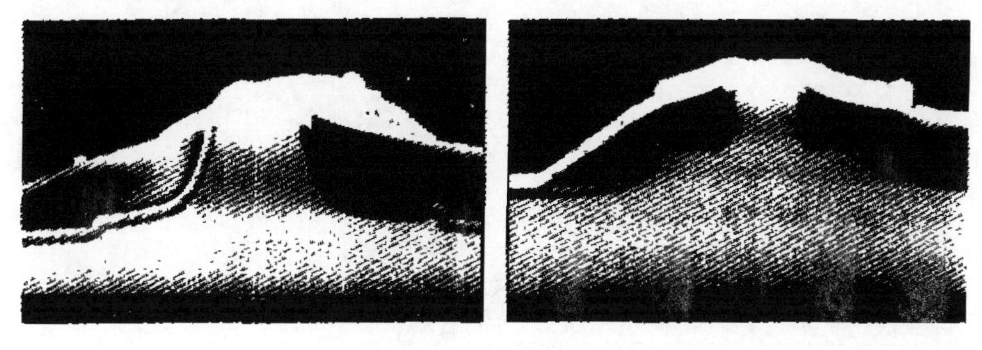

Fig. 2 SEM Facet View of a Structure

3 Characteristics

TE-or TM-polarized light from a tunable laser diode has been carried in and out of the EA facets through tapered-lens fibers, with the modulation characteristics been measured. A polarization controller is used to control the incident polarization. Fig. 3 shows the normalized extinction ratio at the wavelength of 1540nm.

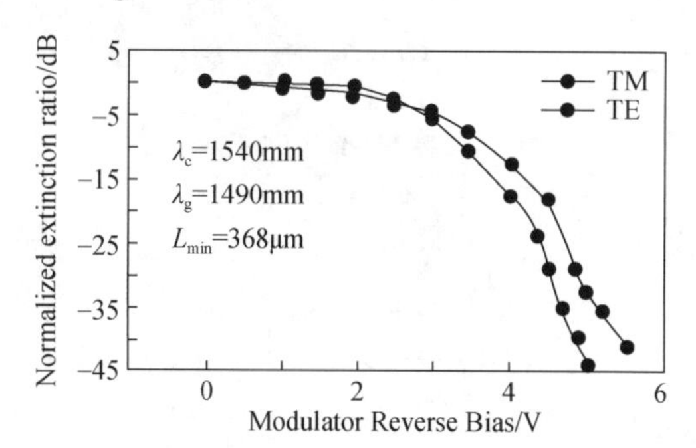

Fig. 3 Normalized Extinction Ratio at 1540nm Square and circle lines denote TE-and TM-polarized light, respectively

In order to compare the extinction ratios at different wavelength, we change the source light's wavelength from 1. 50μm to 1. 58μm while keeping the input power at 0dBm. The device shows a wavelength-dependence. The photoluminance peak of MQWs is at 1. 49μm. As the reverse bias in creasing from 0 to 4V, the absorption peak of an exciton changes to 1. 54μm. Measuring the modulation current at the same time. we find it increases following the increase of the reverse bias[1].

The static capacitance of the device is measured at 1MHz by using an HP4284A, and found being reduced with the reverse bias increasing. Fig. 4 shows the static capacitance at different reverse bias.

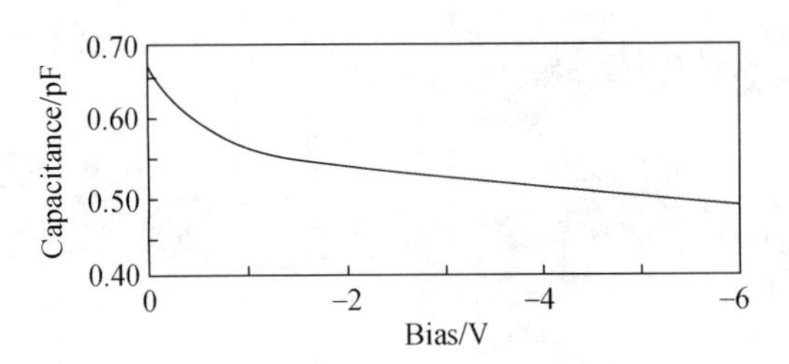

Fig. 4　Static Capacitance of EA Modulator

4　Conclusion

For the first time, an EA modulator over 10GHz is reported in China. The MQW EA modu-lator proposed is used as a signal generator and demultiplexer in OTDM systems. We have fabricated a MQW-EA modulator with high extinction ratio(>40dB), low polarization-dependent loss and low capacitance(0.5pF). It demonstrates that tensile strained MQW EA modulator is one of the most promising optical switches for OTDM switching system.

References

[1] Kazuhiko Shimomura and Shigehisa Arai, Semiconductor Waveguide Optical Switches and Modulators, Fiber Integr. Opt., 1994. 13:65–100.

[2] K. Wakita and I. Kotaks, Multiple-Quantum-Well Optical Modulators and Theit Monolithic Integration with DFB Lasers for Opt, ical Fiber Communications, Microw. Opt. Technol Lett., 1994, 7:120–128.

[3] F. Devaux, S. Chelles, A. Ougazzaden et al., Electro-aborption Modulators for High-Bit-Rate Optical Communicatons: A Comparison of Strained InGaAs/InAlAs and In-GaAsP/InGaAsP MQW, Semicond. Sci. Technol., 1995, 10:887–901.

[4] Xu Guoyang, Wang Wei, Yan Xuejin et al., Monolithit Integration of DFB Laser Diode and Electroabsorption Modulator by Selective Area Growth Technology. Chinese Journal of Semiconductors, 1999, 20:706(in English).

[5] Luo Yi, Wen Guopeng, Sun Changzheng et al., 1.55μm InGaAsP/InP Partially Gain-Coupled DFB Laser/Electroabsorption Modulator Integrated Device, Chinese Journal of Semjconductors, 1998, 19:557 [罗毅,文国鹏,孙长征,等,1.55μm InGaAsP/InP 部分增益耦合分布反馈式激光器/电吸收调制器集成器件,半导体学报. 1998. 19:557].

[6] Yunchi Matsushima, Masatoshi Susukt. Hideaki Tanaka et al., A High-Speed Electro-Absorplion Semi-conductor Light Modulator for Sobton Pulse Generatrors. Optoelectron. Devices Technol., 1995. 10(1): 75–88.

窄条宽 MOCVD 选区生长 InP 系材料的速率增强因子

张瑞英，董 杰，周 帆，冯志伟，边 静，王 圩

（中国科学院半导体研究所国家光电子工艺中心，北京，100083）

摘要 报道了窄条宽选区生长有机金属化学气相沉积（NSAG-MOCVD）成功生长的 InP 系材料，并提出在 NSAG-MOCVD 生长研究中，引入填充因子的必要性，给出速率增强因子随填充因子变化的经验公式，计算得出速率增强因子随填充因子的变化关系。与实验结果作了比较，发现 InP 的速度增强因子主要取决于掩膜宽度，InGaAsP 的速率增强因子不仅与掩膜宽度有关，同时也依赖于生长厚度，且这种依赖性随掩膜宽度的增加而增加。

1 引言

窄条宽选区生长有机金属化学气相沉积技术（NSAC-MOCVD）是在平面 MOCVD 和宽条宽选区生长 MOCVD 技术基础上发展起来的一项新型生长技术，采用该项技术，可使 BH 结构的台面条形依晶向自动形成，有利于改善 BH 有源器件性能；同时可以实现对材料生长速率和波长的直接调制，在一次外延中实现不同光电子器件的集成，减少外延步骤和不同器件间对接的困难。因此，该项技术具有巨大的开发潜力和应用前景。国际上，已有采用该项技术生长的激光器、偏振不灵敏半导体光学放大器（SOA）与模斑转换器集成以及微列阵 DFB 激光器、SOA 和电吸收调制器集成器件的报道[1-3]。

精确控制材料生长速率是成功制备各类光电子器件的关键，采用 NSAC-MOCVD 技术，在不同生长条件下速率增强因子随掩膜宽度的变化关系得到了较充分的研究[4,5]，对于我们采用此种办法生长材料有一定的指导意义，但是，在 NSAG-MOCVD 生长中，可生长区域的宽度与源分子的表面迁移长度、生长区域的侧面长度在同一数量级。因此，生长过程中生长区域本身的变化对生长过程的影响不能忽略，生长速率随掩膜宽度的变化已经不能客观准确地描述掩膜衬底对生长过程的影响。本文在国内首次报道了利用该项技术成功生长的 InP 系材料情况，并引进填充因子概念，首次给出窄条宽选区生长速率增强因子随填充因子的变化关系，并与实验结果作了比较。得知，InP 的速率增强因子仅与掩膜宽度有关，可以用掩膜宽度直接准确地描述 InP 的生长情况。InGaAsP 的速率增强因子不仅与掩膜宽度有关，同时也依赖于生长厚度，且这种依

原载于：中国激光，2002，29（9）：832-836.

赖性随掩膜宽度的增加而增加，只有用填充因子才能准确描述其生长情况。

2 实验过程

首先，在（100）取向的 n 型 InP 衬底上，用热氧化 CVD 淀积厚度为 100nm 的 SiO_2，然后采用传统的光刻腐蚀技术在衬底面内沿［110］方向刻出如图 1 所示图形，生长区域保证 2μm 条宽窗口，SiO_2 掩膜区域宽度依次为 5，10，…，40μm，生长周期为 300μm。之后，采用水平反应管 MOCVD 设备，选择 TMIn、TMGa 作为Ⅲ族源。AsH_3、PH_3 作为Ⅴ族源，生长室压力固定在 1.3×10^4Pa，生长温度控制在 610℃，Ⅴ/Ⅲ比为 200–500。整个生长过程中氢气载气控制在 3000sccm。总流速控制在 50–100cm/s。其外延生长形貌与生长界面通过 AM-RAY1910 场发射扫描电镜进行观察研究。各个生长区域参数通过 SEM 照片来测量。

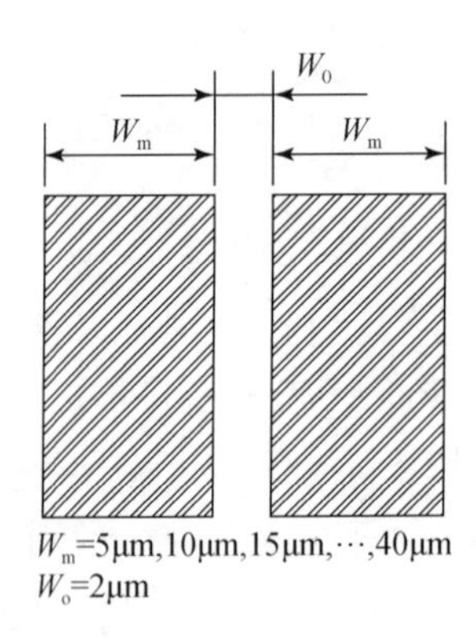

图 1　窄条宽选区生长 MOVPE 的 SiO_2 掩膜图形

3 结果和讨论

3.1 台面自动形成的 InP 系半导体材料

图 2 给出 NSAC-MOCVD 生长的平整的 InP/InGaAsP/InP 材料，从图中可以看出，材料表面、界面都平整，侧面光滑，SiO_2 表面无晶核出现，台面自然形成。在选区生长中，介质膜掩膜宽度直接决定了生长过程中的侧向浓度梯度，由此造成不同掩膜宽度下选区生长材料的生长速率不同。实验表明，在 NSAC-MOCVD 生长中，在特定的掩膜条宽范围内（5–40μm），均可得到表面、界面平整的材料。因此，我们可以通过设计掩膜条宽来一次性获得不同厚度的材料而不必担心生长台面表面、界面平整性，这是我们利用 NSAC-MOCVD 实现器件集成的基础，同样也可得出，在 NSAG-

MOCVD 生长中，侧向扩散作用对台面形貌不起作用，台面形貌主要由表面迁移决定，就表面迁移而言。Ⅲ族源在 SiO_2 表面上是各向同性扩散，其扩散系数只决定于Ⅲ族物质与 SiO_2 表面的相互作用；Ⅲ族原子在生长区域是各向异性扩散的，其扩散系数大小与各个晶面上的悬挂键密度相关。Sugiura[6] 指出在Ⅴ族原子饱和的各个晶面可提供的悬挂键密度分别为：（111）A 面，1.73；（100）面，1；（111）B 面，0.58。可以肯定，Ⅲ族原子必然从悬挂键密度低的晶面向悬挂键密度高的晶面迁移，导致各向异性生长，从而使台面自动形成。同时，由于Ⅲ族原子在（111）B 的表面迁移长度几乎与生长区域（100）面的宽度相当，因此，可以生长出平整的台面。

图 2　NSAG-MOCVD 生长的平整的 InP/InGaAsP/InP 材料

3.2　NSAG-MOCVD 中的速率增强因子

在 NSAG-MOCVD 生长中，Ⅲ族原子的表面迁移长度和生长区域各晶面的宽度在同一数量级；而且 InP 系材料是各向异性生长，因此材料生长过程中各晶面的变化对材料生长速率的影响不能忽略。为此，我们引入填充因子 F 来描述生长过程中未生长区域和生长区域的关系。对于平整的 InP 系材料，有

$$F(z)=\frac{w(z)+2\alpha f(z)}{w(z)+2f(z)+M}$$

公式中各参量所指如图 3 所示，α 表示（111)B 面生长层厚与（100）面生长层厚的比值。对于 InGaAsP，$\alpha=0$，而对于 InP，$\alpha=0.3$[7]，由图可见，$F(z)$的值越大，表明参与生长的区域越小。在 NSAG-MOCVD 中，当掩膜宽度小于阈值掩膜宽度时，在气相黏滞层中不存在 SiO_2 表面与半导体表面的有机源浓度差，即不存在侧向气相扩散作用，速率增强因子仅由半导体（111）B 晶面和（100）晶面的不同注入效率决定，则速率增强因子表示为[4]

$$R=1+DL_{\mathrm{m}}\left[1-\exp\left(\frac{-W_{\mathrm{m}}}{2L_{\mathrm{m}}}\right)\right]$$

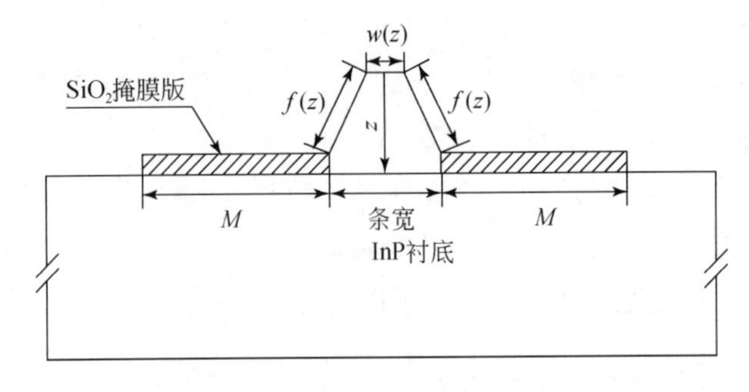

图 3　计算填充因子参数示意图

其中，D 是与黏滞系数有关的参量；W_{m} 为阈值掩膜宽度；L_{m} 是Ⅲ族源在介质膜表面的迁移长度。当掩膜宽度大于阈值掩膜宽度时，侧向气相扩散和表面迁移都对速率增强因子起作用。对于侧向气相扩散作用，速率增强因子与Ⅲ族源气相扩散常数 D 和Ⅲ族原子在半导体表面的吸附系数 k 的比值相关。Ⅲ族源的质量输运是生长速率的决定因素。对于表面迁移作用，速率增强因子由Ⅲ族原子在（111）B 面与（100）面不同的反应速率决定，反应动力学是速率决定步骤，根据以上分析，对于 NSAC-MOCVD，综合侧向气相扩散作用和表面迁移作用，其速率增强因子应表示为

$$R=1+0.05\times\frac{w(z)+2\alpha f(z)}{f(z)}$$

其中各参数所指与前面公式相同。图 4 分别给出 InGaAsP 计算和实验所得的速率增强因子随填充因子的变化关系。其中，R_{22} 和 R_3 是计算所得速率增强因子，R_{InGaAsP} 是测试所得结果。图 4 表明，计算结果与实验结果吻合得很好，表明我们给出公式的有效性。当然我们需注意到，根据 F 因子得到的速率增强因子是生长厚度 z 或生长时间 t 的函数，是一瞬时值，而测量所得是生长厚度内的平均值，因而可能有一些差别。

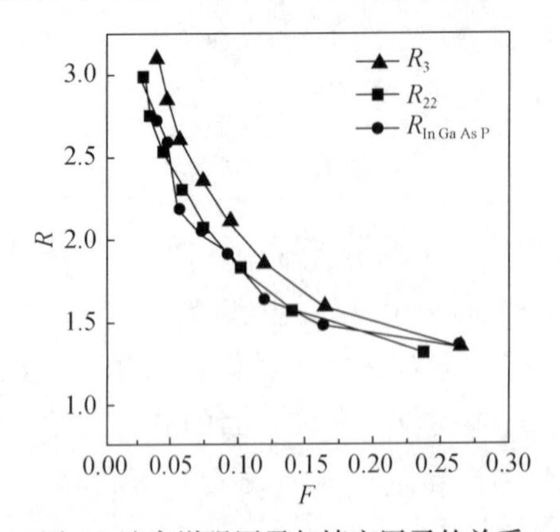

图 4　速率增强因子与填充因子的关系

3.3 InP 系材料的速率增强因子

图5给出利用以上公式计算的InP和InGaAsP的速率增强因子随填充因子的变化关系。对于InP，R_1 是 $t=0$ 时的速率增强因子，R_{21}是 $t=15\text{min}$ 时的速率增强因子；对于InGaAsP，R_{22}是 $t=0$ 时的速率增强因子，R_3 是 $t=15\text{min}$ 时的速率增强因子。从图中可以看出，无论InP，还是InGaAsP，其速率增强因子均随填充因子的增加而减少，这与前人研究结果类似；而且，R_1 和 R_{21} 曲线几乎重叠，表明InP的速率增强因子与生长厚度（时间）关系不大，主要取决于填充因子，这时，采用掩膜宽度就可直接准确地描述它们之间的关系。在相同的掩膜宽度下，对于InGaAsP，生长15min后的填充因子大于未生长的填充因子。同时，R_3 也明显大于 R_{22}，并且随着掩膜宽度的增加（填充因子的减小），R_3-R_{22}也变大，表明InGaAsP的速率增强因子不仅与填充因子相关，而且与生长厚度（时间）密切相关，且填充因子越小，这种依赖性越强。这种差异是由于InP和InGaAsP不同的生长特性决定的，对于InP，不仅存在（100）面的生长，同时也存在（111）B面的生长，结果其有效生长区域并没有发生太大的变化，因而其速率增强因子对生长厚度（时间）的依赖性不强。对于InGaAsP，随着生长厚度（时间）的增加，（100）面的生长区域在不断变窄，（111）B面在不断加宽，可是（111）B面对于InGaAsP是非生长晶面，即相当于掩膜表面，因而其填充因子在不断减小。InGaAsP的速率增强因子在不断增加，导致速率增强因子对生长厚度（时间）依赖性加强；而且，掩膜宽度越宽，下面InP生长的越厚，（100）面越窄，（111）B面越宽，对InGaAsP速率增强因子影响越大。可见，对于InGaAsP，引进填充因子，才能准确客观地反映速率增强因子的情况。

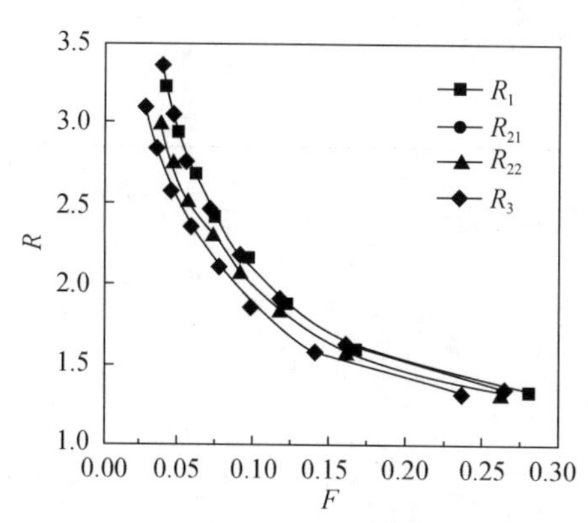

图5 InP、InGaAsP速率增强因子随填充因子的变化关系

4 结论

本文在国内首次报道了NSAG-MOCVD技术生长的InP系材料，并引进填充因子

的概念，给出速率增强因子的经验公式，得到与实验相吻合的结果，并利用该经验公式得出，InP 的速率增强因子对生长厚度的依赖关系较弱。可以用掩膜宽度描述速率增强因子的关系：InGaAsP 的速率增强因子对生长厚度的依赖关系较强，且掩膜条宽越宽，这种依赖关系越强，引进填充因子才能准确客观地描述速率增强因子的变化，并认为该种现象是由 InP 和 InGaAsP 在（111）B 面生长行为不同所致。

参考文献

[1] Sakata Yasutaka, Hosoda Tetsuya, Sasaki Yoshihiro, et al. IEEE Journal of Quantum Electronics, 1999, 35(3):368.
[2] Kitamura Shotaro, Hatakeyama Hiroshi, Hamamoto Kiichi, et al. IEEE Journal of Quantum Electronics, 1999, 35(7):1067.
[3] Kudo Kodi, Yashiki Kenichiro, Sasaki Tatsuys, et al. IEEE Photonics Technology Letters, 2000, 12(3):242.
[4] Sakata Yasutaka, Inomoto Yasumasa, Komatsu Keiro, J Cryst Growth, 2000, 208:130.
[5] Mori Kazuo, Hatakeyama Hiroshi, Hamamoto Kiichi, et al. J Cryst Growth, 1998, 195:466.
[6] Caenegem T V, Moerman I, Demeester P. Prog Crystal Growth and Charact, 1997, 35(2-4):263.
[7] Galeuchet Y D, Roentgen P, Graf V. J Appl Phys. 1990, 68(2):560.

渐变应变偏振不灵敏半导体光学放大器

张瑞英[1]，董　杰[1]，冯志伟[2]，周　帆[1]，王鲁峰[1]，王　圩[1]

（1 中国科学院半导体研究所国家光电子工艺中心，北京，100083；2 长春光机学院，长春，130022）

摘要　采用渐变应变有源区结构，制备出偏振不灵敏半导体光学放大器，工作电流在60–160mA 范围内，其3dB 带宽范围不小于35nm，偏振不灵敏度小于0. 35dB，自发发射出光功率为0. 18–3. 9mW。

1　引言

随着宽带传输和宽带接入以及全光网的组建和发展，大带宽偏振不灵敏半导体光学放大器（semiconductor optical amplifier，SOA）成为器件制备的热点，但对于边发射型放大器，由于材料增益和波导结构存在不一致的偏振性质，并且这种不一致随着工作波长和工作电流而发生变化，因此在大带宽大注入电流范围内制备偏振不灵敏半导体光学放大器一直是半导体光学放大器制备的难点。由于半导体光学放大器的特殊要求，体材料依然是制备放大器的上乘选择。目前，有三种利用体材料制备半导体光学放大器的方法：①大光腔结构，该结构可以在大的注入电流范围内和大的波长范围内实现偏振不灵敏，容易制备，但该结构体积大，需要的工作电流大，热耗散太大，工作可靠性差，寿命短[1]。②采用薄的张应变层作为有源区，利用张应变提供的TM 模大的材料增益来补偿扁形波导带来的TE 模大的光学限制因子，从而实现偏振不灵敏[2,3]。该方法工艺简单，但为了实现偏振不灵敏，引进的张应变层的厚度受到其临界厚度的制约，因而生长高质量的张应变层有源区很困难。③采用近四方的无应变有源区使材料的增益和波导的光学限制因子分别达到偏振不灵敏，可以说这是实现大带宽大工作电流范围内偏振不灵敏的最佳选择[4,5]。但是亚微米级窄条宽有源区无论采用光刻还是生长都很难实现。

本文采用渐变应变体材料有源区，同时引进张应变和无应变，调节材料增益和光学限制因子，既可以保证张应变材料生长质量，又可以不必采用窄条宽；同时从物理本质上讲，有相同主跃迁波长的渐变应变有源区拥有大的3dB 带宽。采用该种有源区结构，现制备出的光学放大器在工作电流为60–160mA 范围内，其3dB 带宽范围不小于35nm，偏振不灵敏度小于0. 35dB，自发发射出光功率为0. 18–3. 9mW。

原载于：半导体学报，2002，23（10）：1102–1105.

2　器件制作

2.1　渐变应变有源区结构

如图 1 所示，渐变应变有源区由应变量为 −0.5%，厚度为 15nm 和应变量为 −0.3%，厚度为 20nm 的应变层依次对称地分布在厚度为 100nm 的无应变层两侧构成，其中这些应变层的主跃迁波长均为 1.55μm，即所有这些材料的电子和轻空穴的复合波长为 1.55μm。上下波导层的波长为 1.18μm，厚度为 0.2μm。图 2 给出我们利用 Chang 和 Fonstad 的方法[6]对应变量为 −0.5%、−0.3% 和晶格匹配层的材料 TE 模增益的模拟曲线。由图可知，三者的增益谱强度基本一致，但其峰值波长随着应变量的增加而逐渐蓝移。我们知道，器件的模式增益是其有源区各层中材料增益的加权叠加，其权重因子即为该层的光学限制因子。因此，该种有源区结构可以获得宽的 TE 模增益谱；而对于 TM 模，由于 TM 模是偏振方向垂直于结平面的偏振模，根据激光相干原理和动量守恒原理，仅有平行于跃迁方向的轻空穴跃迁才对 TM 模有贡献，而在该方向上，轻空穴的有效质量小，态密度也小。因此，在大电流注入下，本身也可获得较多的跃迁能级，从而 TM 模可以获得大的带宽。所以，调节该种有源区结构的厚度和应变，可以得到合适的大带宽偏振不灵敏放大；同时，薄的张应变层分布在厚的无应变层两侧，可以明显地改善有源区晶体的质量，而且可以有效地获得较大的光学限制因子，保证器件实现偏振不灵敏放大，其具体的理论分析见文献［7］，［8］。

1.18Q OCL层	
d_5= 15nm	1.55Q − 0.5%
d_4= 20nm	1.55Q − 0.3%
d_3= 100nm	1.55Q unstrained
d_2= 20nm	1.55Q − 0.3%
d_1= 15nm	1.55Q − 0.5%
1.18Q OCL层	

图 1　渐变应变有源区结构

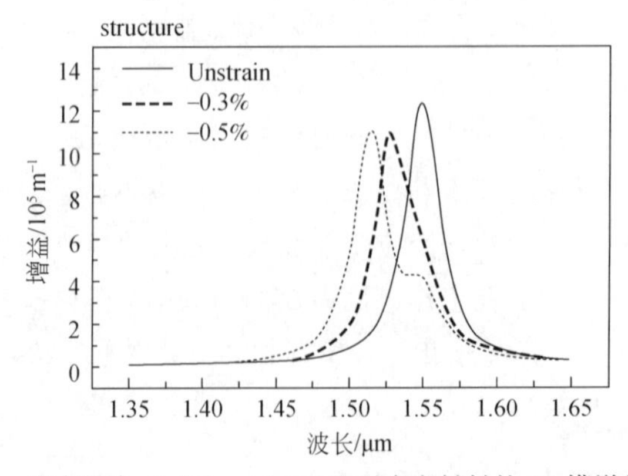

图 2　应变量为 −0.5%，−0.3% 和无应变材料的 TE 模增益谱

2.2 SOA的制作

我们采用四次低压金属有机化学气相外延法生长完成SOA器件制备。首先，一次外延n-InP缓冲层，如图1所示的不掺杂下波导层InGaAsP、应变渐变有源区、不掺杂的InGaAsP上波导层以及300nm的p-InP盖层；然后，利用热氧化CVD技术生长150nm的SiO_2，为了有效降低腔面反射率，我们将有源区条形偏离（110）方向7°，采用普通的光刻腐蚀技术刻蚀出BH结构的条形有源区，条宽约2μm；然后二次外延p-n-p电流阻挡层，去掉条形有源区上的SiO_2；三次外延p-InP盖层1.5μm和p^+-InGaAs接触层0.2μm；为了进一步降低器件的腔面反射率，我们又在SOA条形有源区两端光刻腐蚀出20μm的窗口区；然后四次外延InP窗口：之后，在样片正面蒸镀AuZnAu电极，在背面蒸镀AuGeNi电极，然后沿（110）方向解理成600μm的条，其中有源区部分为560μm，两个端面的窗口区分别为20μm，最后在放大器两个端面镀SiO_2/SiN抗反射膜，使得腔面反射率达0.04%以下。

3 器件性能测试和讨论

图3和图4分别给出我们所制备的SOA器件的P-I曲线和自发发射光谱。从图中可以看出，该管芯在操作电流$I=160$mA时，其3dB带宽为35nm，自发发射光功率为3.9mW，而且从光谱上可以看出，自发发射谱非常光滑，其ripple很小，这表明该器件的腔面发射率很低。尽管有源区的主跃迁波长是1.55μm，但图4表明其自发发射谱的范围却为1505–1539nm。这是由于我们在测试过程中将SOA器件置于恒温下，因此由结温升高而导致的能带紧缩效应可以忽略不计，但随着注入电流的增加，能带填充效应却非常明显，导致其发光光谱明显蓝移。图5给出该器件的偏振灵敏度随注入电流的变化关系。从图中可以看出，随着注入电流的增加，器件的偏振灵敏度也增加，其中

$$PI=10\lg\left(\frac{P_{TE}}{P_{TM}}\right)$$

式中，P_{TE}是TE模的自发发射功率：P_{TM}是TM模的自发发射功率。二者都是在相同的注入电流下测量得到的，因此此图表明，随着注入电流的增加，TE和TM模的自发发射功率是不同程度的变化，小电流注入时，TM模的自发发射功率大，大电流注入时，TE模的自发发射功率大，这与该种渐变应变有源区结构有关，也与载流子注入对器件有源区材料增益和折射率的影响有关。这种影响直接导致两种偏振模式随注入电流变化不同的竞争结果。然而，整体上我们可以看到，尽管器件的偏振不灵敏度随电流注入而增加，但在80–160mA范围内，器件的偏振不灵敏度保持在0.24–0.35dB，结合图4的自发发射光谱，我们可以得到，采用这种渐变应变结构可以很好地在大的电流范围内和宽的波长范围内实现偏振不灵敏放大，完全可以满足现行通信系统对光学放大器的要求。

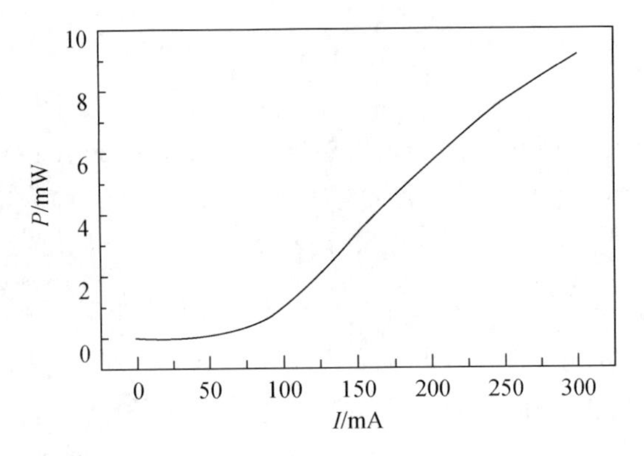

图3　SOA 中自发发射功率随注入电流的变化关系

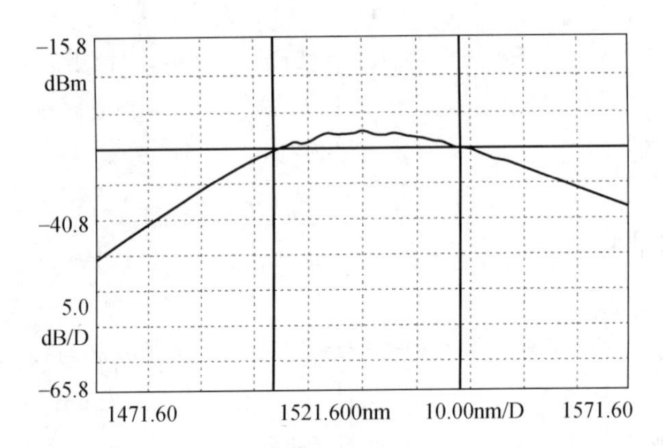

图4　半导体光学放大器自发发射光谱图

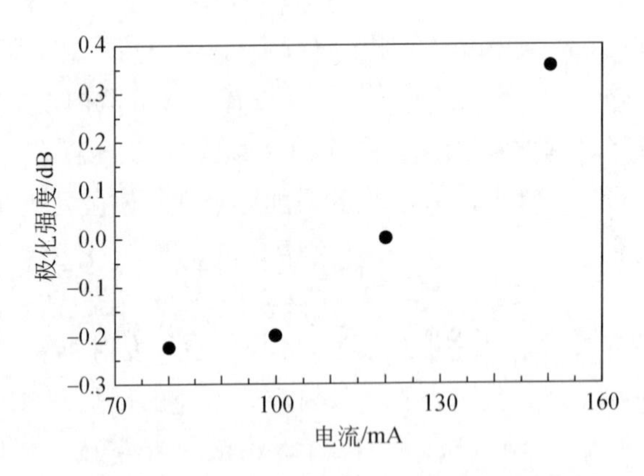

图5　SOA 中偏振灵敏度随注入电流的变化关系

4　结论

本文首次引进渐变应变有源区，采用斜角 BH 结构，制备了大 3dB 带宽的半导体光学放大器，该器件在注入电流为 160mA 时，3dB 带宽仍达 35nm，其偏振不灵敏度达

0. 35dB，出光功率达 3. 9mW。不同注入电流的自发发射光谱表明，当注入电流在 80-160mA 范围内时，其偏振灵敏性一直保持在-0. 24-0. 35dB，表明该器件可以实现在大的波长范围和大的工作电流范围内的偏振不灵敏，其无损操作情况以及该器件可以提供的增益还有待于进一步测量。

参考文献

[1] Tadashi S, Takaaki M. Structure design for polarization-insensitive traveling wave semiconductor optical laser amplifiers. Opt Quantum Electron, 1989, 21: S47.

[2] Doussiere P, Garabedian P, Graver C, et al. 1. 55μm polarization inde-pendent semiconductor optical amplifier with 25dB fiber to fiber gain. IEEE Photonics Technol Lett, 1994, 6: 170.

[3] Bachmann M, Doussiere P, Emery J E, et al. Polarization-insensitive clamped-gain SOA with integrated spot-size covertor and DBR gratings for WDM applications at 1. 55μm wavelength. Eletron Lett, 1996, 32: 2076.

[4] Kitamura S, Hatakeyama H, Hamamoto K, et al. Spot-size eonverter integrated semiconductor optical amplifiers for optical gate application. IEEE J Quantum Electron, 1999, 35: 1067.

[5] Kato K, Tohmori Y. PLC hybrid integration technology and its application to photonic components. IEEE J Select Topics Quantum Electron, 2000, 6: 4.

[6] Chang T C, Fonstad C G. Theoretical gain od strained-layer semicon duetor lasers in the large strain regime. IEEE J Quantum Electron, 1989, 25: 171.

[7] Zhang R Y, Dong J, Zhou F, et al. A novel polarization-insensitive semiconductor optical amplifier structure with large 3dB bandwidth. Proc SPIE, 2001, 4580: 116.

[8] Zhang Ruiying, Dong Jie, Zhang Jing, et al. The theory analysis for semiconductor optical amplifier with large 3dB bandwidth. Chinese Journal of Semiconductors, 2002, 23: 941.

Tunable Distributed Bragg Reflector Laser Fabricated by Bundle Integrated Guide

Lu Yu, Wang Wei, Zhu Hongliang, Zhou Fan, Wang Baojun, Zhang Jingyuan and Zhao Lingjuan

(Institute of Semiconductors, Chinese Academy of Sciences, Beijing 100083, China)

Abstract The tunable BIG-RW distributed Bragg reflector lasers with two different coupling coefficient gratings are proposed and fabricated. The threshold current of the laser is 38mA and the output power is more than 8mW. The tunable range of the laser is 3.2nm and the side mode suppression ratio is more than 30dB. The variation of the output power within the tunable wavelength range is less than 0.3dB.

1 Introduction

Wide tunable monolithic semiconductor laser is a key component for wavelength division multiplexed (WDM) networks and optical measurement systems. Due to the advantages inherent to the networks, a great number of different structures have been proposed in the literature during the last decade[1], such as the sampled grating (SG) structure[2, 3], super structure grating (SSG)[4] etc. These structures have wide tunable range, while the SG laser and SSG laser own lower power and higher threshold current than those of distributed bragg reflector (DBR) or distributed feed back (DFB) laser because of more interior loss. Some research groups reported their tunable lasers based on DBR, such as 17nm tuning range of France Telecom using three section DBR tunable laser[5], fabricated by the butt-jointed structure.

We proposed the tunable DBR lasers fabricated by bundle integrated guide (BIG), and by using the two different coupling coefficient (κ) DBR grating regions, and three steps of metal organic vapor phase epitaxy (MOVPE) growth. Tuning characteristic and the output power were measured with tuning Bragg grating current.

In this paper, we described the formation of the structure of BIG grown by three steps of MOVPE. The 3.2nm tunable range was at an output power of 6mW, and the output power

原载于：Chinese Journal of Semiconductors, 2003, 24(2): 113–117.

was independent on the current of DBR during the tuning range. High side mode suppression ratio(SMSR>30dB) was achieved. The super performance was obtained by an ideal coupling between the active region and the passive DBR region by using the BIG technique.

2 DBR laser fabrication

Fig. 1 shows the structure of a ridge waveguide DBR laser fabricated by using the BIG technique, which includes three parts: active region (L_a = 300μm), low κ region (L_{b1} = 120μm), and high κ region(L_{b2} = 180μm).

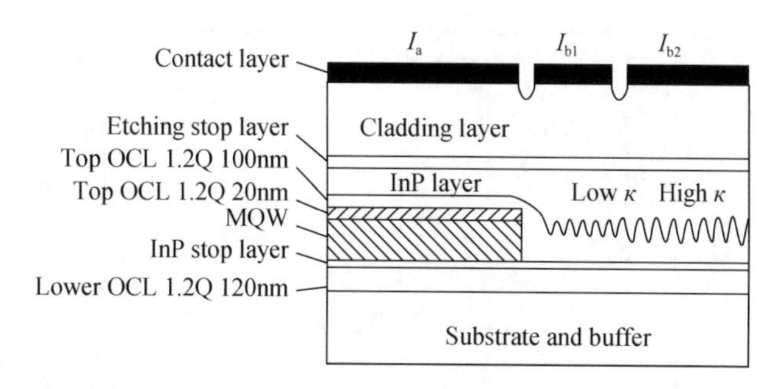

Fig. 1 Schematic diagram of DBR laser

The InGaAsP MQW structure contained six wells with 7nm thick and 1% compressive-strain InGaAsP(λ = 1. 6μm). The wells were separated by the barriers with 10nm thick, −0. 8% tensile. and strain InGaAsP(λ = 1. 15μm). The MQW structure was sandwiched with an undoped 100nm InGaAsP(λ = 1. 20μm) lower OCL as well as an InP stop layer and an undoped 20nm InGaAsP(λ = 1. 2μm) top OCL. The growth temperature was at 650℃ and the growth rate for InGaAsP was lower than 1. 0μm /h by using LP-MOVPE.

The whole wafer was patterned selectively, wet-etched to InP stop layer, and then the 100nm InGaAsP(λ = 1. 2μm) was grown onto the whole wafer, which was called BIG. The power coupling efficiency between the active and the passive guide region was around 95% , and the same material was used both waveguide and top OCL. While, butt-jointed DBR laser was using selective regrowth, and the material used as waveguide was not related to the top OCL. material. Fabrication sequence for BIG DBR laser was easier than that for butt-jointed DBR laser. Two sections of a first-order grating with a different depth and a same 244nm period were formed on part of the wafer, in which the active region was removed by the selective etching. At last, a etching stop layer, a p-InP($N_d = 2\times10^{18} cm^{-3}$) cladding layer and a p^+-InGaAs($N_d = 1\times10^{19} cm^{-3}$) contact laver were grown on the whole wafer. The ridge waveguide structure and the electrode process were performed by standard techniques.

3 Results and discussion

The optical spectrum and *P-I* curve of DBR laser are shown in Fig. 2. The threshold current(I_a) of the device was 38mA. The output power was more than 8mW at 100mA. The tuning range of DBR laser was 3.2nm, and SMSR was more than 30dB during the current of rear Bragg grating (I_{b2}) turning from 0 to 10mA in the case of the current of front Bragg grating(I_{b1}) locking at 0.5mA, and the variation of output power was less than 0.3dB with the entire tuning range.

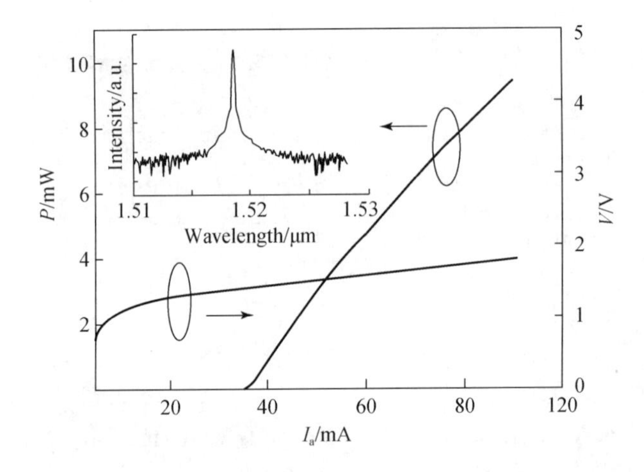

Fig. 2 *P-I* curve of tunable DBR LD

3.1 Tuning characteristics of DBR lasers

The tuning characteristics of this DBR laser were measured at different rear Bragg current(I_{b2}), while keeping a constant of the active driving current(I_a=70mA) and the front Bragg grating region operation current(I_{b1}=0.5mA). Fig. 3 shows the main tuning range is the blue shift with the increase of the rear Bragg region current at 20mA. In this case. the tuning range is about 3.2nm blue shift, which is caused by the injected electron-hole plasma effect. However. when the current of rear Bragg is more than 20mA. the further increases of the carrier density is very difficult because of Auger recombination. and the further decrease of the effective index with increased carrier density are usually overshadowed by increasing thermal index shift, which is of opposite sign. That is why the red wavelength shift appeared when the I_{b2} is more than 20mA. In addition, from Fig. 1, the Bragg grating coupling coefficient of front grating is lower than that of rear one, which is the result of shallow and deep grating, respectively. Even though both current of front and rear Bragg grating contribute to the shift of the wavelength, the variation of the Bragg wavelength of rear grating region is found to be more sensitive with the injected carrier density compared with that of front grating. So, by tuning the current of front grating region, the jump of DBR mode can be adjusted more easily.

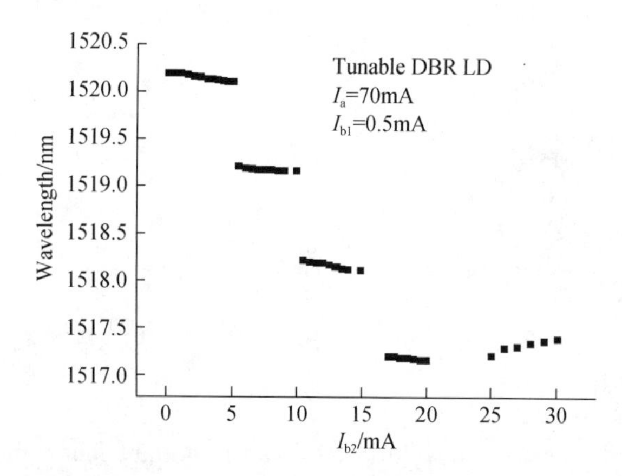

Fig. 3 Tuning characteristics of the tunable DBR laser with tuning current I_{b2}

3.2 Characteristics of SMSR

The SMSR is one of the most important characteristics of semiconductor laser which is dependent on the current of DBR. In Fig. 4 the SMSR is more than 30dB over the whole tuning range at the output power 6mW. while locking I_{b1} at 0. 5mA except for the mode jump regions. In Fig. 5. the SMSR is variable with I_{b1} when the currents of active region and I_{b2} are 70mA, 8mA separately. From Fig. 5, the maximum of SMSR is achieved by tuning the current of I_{b1}. The interval of mode jump is about 1. 07nm. which is bigger than 0. 8nm because of the smaller effective index grating.

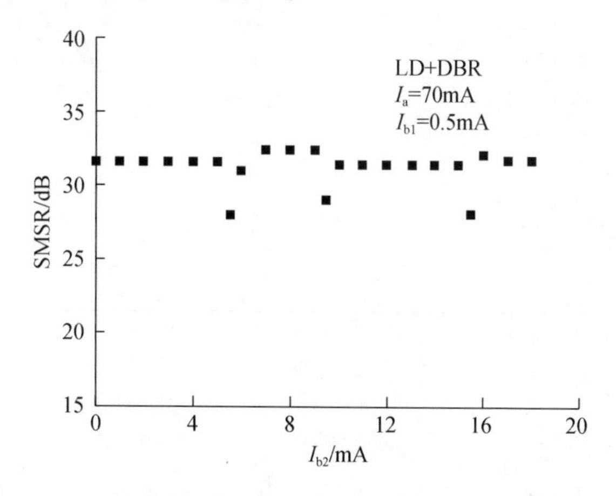

Fig. 4 SMSR curve of the DBR laser with Bragg grating current I_{b2}

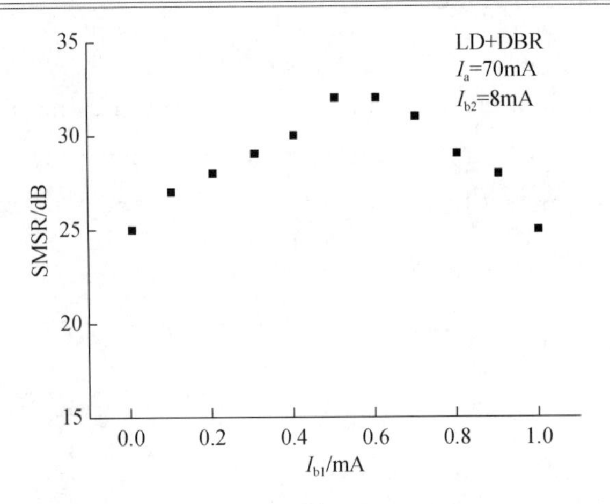

Fig. 5 SMSR curve of the DBR laser with Bragg grating current I_{b1}

3.3 Stable output power

The stable output power of tunable lasers is an important factor in DWDM systems. In order to avoid the electric interference between active region and two Bragg grating regions, two isolation grooves are formed among active region. The typical resistance is 5kΩ between them. The isolated resistance will be increased to 30kΩ after the p^+-InGaAs contact layer is partially removed and multi-energy proton is selectively implanted in this region, which is sufficient to avoid current interference.

From Fig. 6, the output power is measured at $I_a = 70$mA, while locking the current of front Bragg grating region at 0. 5mA and the current of rear grating region tuned from 0 to 16mA. The output power variation under this tuning range is about 0. 3dB, and the stable output power is achieved.

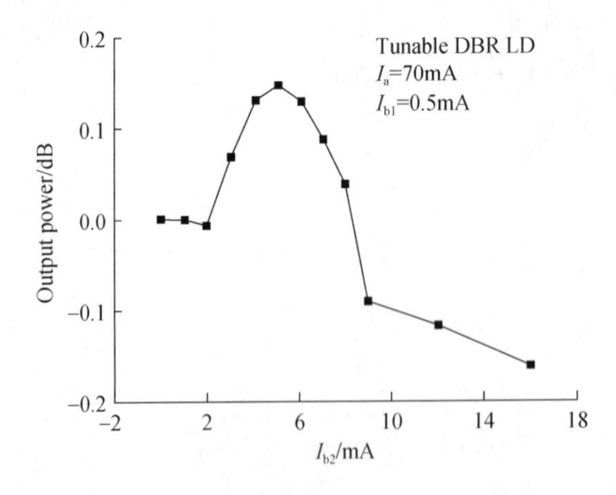

Fig. 6 Tunable DBR laser output power variation with Bragg current I_{b2}

4 Summary

A wavelength tunable laser with two different Bragg grating regions has been fabricated by the technique of BIG, which significantly improves the coupling efficiency between the active region and passive Bragg regions. It is verified that the wavelength tuning of the BIG-DBR laser can be achieved by controlling the Bragg regions current. The 3.2nm tunable wavelength range and four longitudinal modes with more than 30dB SMSR are realized. The variation of output power under the tuning range is about 0.3dB.

References

[1] Delorme F. Widely tunable 1.55μm lasers for wavelength-division-multiplexed optical fiber communications. IEEE J Quantum Electron, 1998, 34(9): 1706.

[2] Jayaraman V, Chuang Z M, et al. Theory, design, and perfor-mance of extended tunning range semiconductor lasers with sampled gratings. IEEE J Quantum Electron, 1993, 29(6) 1825.

[3] Lee S L, Tauber D A, et al. Dynamic responses of widely tunable sampled grating DBR lasers. IEEE Photonics Technol Lett, 1996, 8(12): 1597.

[4] Rigole P J, Nilsson S, et al. 114nm wavelength tuning range of a vertical grating assisted codirectional coupler laser with a super structure grating distributed bragg reflector. IEEE Photonics Technol Lett, 1995, 7(7): 697.

[5] Delorme F, Alibert G, et al. High reliability of high-power and widely tunable 1.55μm distributed Bragg reflector laser for WDM applications. IEEE J Sel Topics Quantum Electron, 1997, 3(2): 607.

Selective-area MOCVD growth for distributed feedback lasers integrated with vertically tapered self-aligned waveguide

Weibin Qiu, Wei Wang, Jie Dong, Fan Zhou, Jingyuan Zhang

(National Center of Optoelectronics Technology, Institute of Semiconductor, Chinese Academy of Science, Beijing 100083, China)

Abstract The growth pressure and mask width dependent thickness enhancement factors of selective-area MOCVD growth were investigated in this article. A high enhancement of 5.8 was obtained at 130mbar with the mask width of 70μm. Mismatched InGaAsP (−0.5%) at the maskless region which could ensure the material at butt-joint region to be matched to InP was successively grown by controlling the composition and mismatch modulation in the selective-area growth. The upper optical confinement layer and the butt-coupled tapered thickness waveguide were regrown simultaneously in separated confined heterostructure 1.55μm distributed feedback laser, which not only offered the separated optimization of the active region and the integrated spotsize converter, but also reduced the difficulty of the butt-joint selective regrowth. A narrow beam of 9° and 12° in the vertical and horizontal directions, a low threshold current of 6.5mA was fabricated by using this technique.

1 Introduction

A cost effective semiconductor laser, such as 1.55μm distributed feedback (DFB), is mandatory to fully realize the advantages of optical access network of fiber to the home (FTTH) and fiber to the curb (FTTC) in the future era. Unfortunately, the coupling efficiency of the conventional laser diodes to the single mode fiber (SMF) is very poor due to high mode mismatch. Tapered waveguide spot size converter was monolithically integrated to the laser diode (LD) in order to improve the far field pattern (FFP) of the device. Several types of tapered waveguide had been reported[1-3]. The butt-jointed tapered waveguide was considered to be the most promising one for the reason that it can ensure separate optimization of the materials of active layer and the waveguide. But the reproduciblity and controllability are

原载于：J. of Crystal Growth, 2003, 250(3-4): 583-587.

poor. The performance of the spot size converter butt-joint integrated DFB depends on the characteristics of the tapered waveguide, such as the mismatch in the butt-joint region, the thickness profile of the waveguide, and the tip of the spot size converter. So, it is important to design the mask shape for the selective-area growth, in order to control the thickness profile, the shape of the tip, the thickness enhancement of the waveguide, and the crystal quality at the butt-joint region.

In this article, a new type of selectively grown self-aligned vertically tapered waveguide was proposed. The upper optical confinement layer and the butt-coupled tapered thickness waveguide were regrown simultaneously in separated confined heterostructure(SCH)1.55μm DFB laser, which not only offered the separated optimization of the active region and the integrated spotsize converter, but also reduced the difficulty of the butt-joint selective regrowth. A high enhancement of 5.8 was obtained at 130mbar with the mask width of 70μm, 0.5% mismatched InGaAsP at the maskless region which could ensure the material at butt-joint region to be matched to InP was successively grown by controlling the composition and mismatch modulation in the selective-area growth.

2 Experimental procedure

Selective area growth was performed by low press MOVPE. The growth temperature was 650℃, the pressure was changed from 70 to 130mbar. A SiO_2 dielectric mask was deposited and patterned on the S-doped InP substrates. Trimethylindium (TMIn), triethylgarium (TEGa), phosphine(PH_3), and arsine(A_SH_3) were used as precursors.

The thickness profile of the selectively grown layer was measured by scanning electron microscope (SEM). The bandgap wavelength was determined by spatial resolved photoluminescence(μ-PL) with a 4μm diameter. The mismatch of the selectively grown layer was measured by X-ray diffraction spectra(XRD).

3 Results and discussion

3.1 Mask width and pressure dependence of the thickness enhancement factor

The mask width and pressure dependent thickness enhancement factor, which was defined as the ratio of thickness at the center of the mask opening to that in the maskless region, was investigated as a function of mask width and the growth pressure. Fig. 1 shows the thickness enhancement factor of selectively grown InGaAsP with mask width from 10 to

70μm at pressure from 90 to 130mbar.

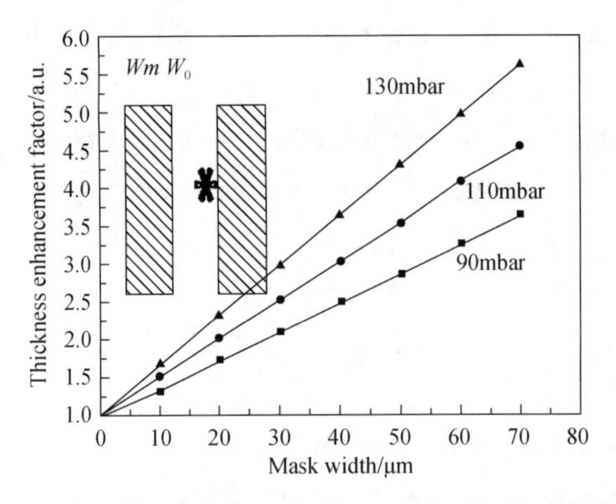

Fig. 1 Mask width dependence of the thickness enhancement factor(ratio of thickness at the center(*) to the mask opening to the thickness in the maskless region) at various growth pressure

The mask opening width is 15μm. As indicated in this figure, the thickness enhancement factor enhanced linearly with the increasing of the mask width, which agreed with the conclusion of Takiguchi[4]. The principle mechanism of selectively grown MOVPE lies in the lateral vapor phase diffusion group-Ⅲ precursors[5]. MOVPE can only occur on the surface of the semiconductor. The excess group-Ⅲ precursors above the dielectric masks diffuse to the surface of semiconductor and then the SAG takes place. So the growth ratio in the unmasked region depends largely upon the geometry of the mask.

Galerchet[6] proposed the concept of filling factors, which was defined as the percentage of the unmasked area with respect to the total area, and found that the growth ratio increased with increasing mask width. As a result, the thickness enhancement factor increased with increasing mask width. It was also shown in this figure that the thickness enhancement factor increased with the increase of growth pressure, which agreed to the conclusion of Fujii[7]. A high thickness enhancement factor of 5. 6 was got with the mask width of 70 μm at the pressure of 130mbar.

3.2 Modulation of the composition and mismatch of $In_{1-x}Ga_xAs_yP_{1-y}$ by the mask width

Fig. 2 showed the photoluminescence spectra of every mask opening region. The peaks of PL spectra increased with increasing in mask width, which was due to the composition modulation by the mask width on the whole wafer. Once the mismatch of $In_{1-x}Ga_xAs_yP_{1-y}$ material in the maskless region was measured, the value of(x, y) could be determined by the Vigard's law[8]

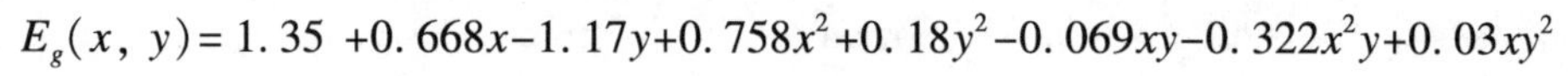

$$E_g(x, y) = 1.35 + 0.668x - 1.17y + 0.758x^2 + 0.18y^2 - 0.069xy - 0.322x^2y + 0.03xy^2$$

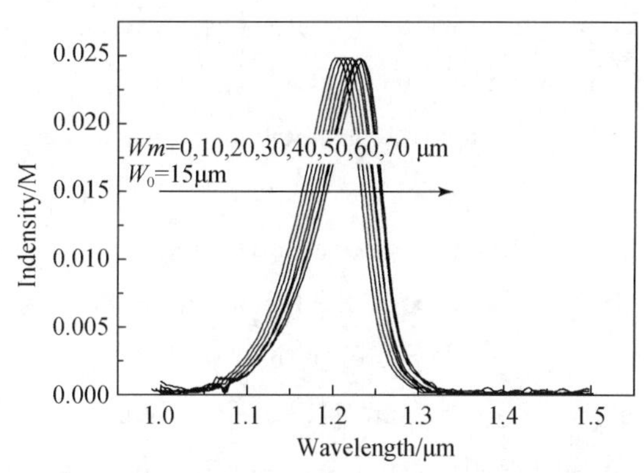

Fig. 2 The photoluminescence spectra of every mask opening region

Since there is no detectable change observed for Arsenic content y of selectively grown $In_{1-x}Ga_xAs_yP_{1-y}$ material[3, 9], it could be assumed that y remains constant. Then, keeping the y value unchanged, the contents of Ga and In species of every mask width could be calculated. Table 1 showed the calculation results of various mask widths. The data shows that the In content increased with increasing mask width. Once the growth conditions were conformed, the III group species contents, bandgap wavelength, and the mismatch were determined by the mask shape. If the mismatch and the bandgap wavelength of InGaAsP in the mask opening region were known, the mismatch of InGaAsP at maskless region could be determined by the technique we proposed.

Table 1 The parameters of various mask widths

Mask width/μm	Bandgap wavelength/μm	Strain	In composition	Ga composition
0	1.2148	-0.3	0.725	0.275
10	1.2181	-0.42	0.738	0.262
20	1.2251	-0.24	0.750	0.250
30	1.2241	-0.05	0.760	0.240
40	1.2289	0.02	0.771	0.229
50	1.2310	0.04	0.773	0.227
60	1.2331	0.05	0.776	0.224
70	1.235	0.07	0.778	0.222

4 Device application

We had fabricated self-aligned vertical tapered spot size converter monolithically integrated with 1.55μm DFB laser, where the upper optical confinement layer and spotsize converter were simultaneously selectively regrown. The advantages of the proposed structure were that not only the active region and the spotsize converter region could be optimized separately, but also the difficulty of butt-jointed regrowth could be reduced significantly. Fig. 3 showed the schematic structure of the device. The total length of the integrated device was 550μm, where the DFB region was 250μm, and the spotsize region was 300μm. The device was fabricated by four-steps MOCVD. The Si-doped InP buffer layer, 1.2Q InGaAsP lower optical confinement layer (OCL) and InGaAsP/InGaAsP MQW were grown on n-InP substrate at the first step epitaxy. The MQW active layer was etched down to the buffer layer in the SSC region. Then the masks shown in Fig. 4 were formed on the wafer. The masks were patterned to form the taper waveguide, the bulk waveguide and the upper optical confinement layer were selectively grown simultaneously. Grating was formed on the upper optical confinement layer, while the SSC region was covered by SiO_2. By conventional wet etching 1.5–1.7μm wide buried heterostructure stripe was obtained. PNPN current-blocking layer was grown in the third step MOVPE. 1.5μm p-InP cladding layer and 0.2μm p^+-InGaAs cap layer were grown after all the SiO_2 was removed.

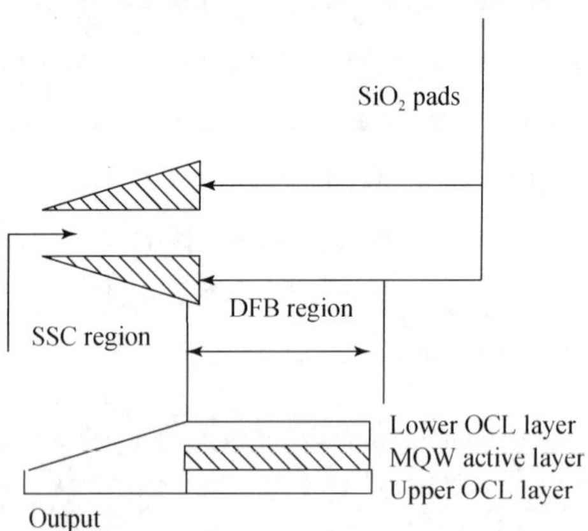

Fig. 3　The schematic structure of the device

In order to reduce the coupling loss between the DFB region and the spotsize region, mismatch of the spotsize region was set to zero, i. e. the crystal constant of InGaAsP at this region was the same as that of InP. Fig. 4 indicated the figures of the butt-jointed section between the active region and the self-aligned spotsize converter. The thickness profile, PL spectra peak profile, mismatch profile, and the full width half maximum (FWHM) profile of the PL spectra. The PL peak profile had the same trend as that the thickness profile, which agreed well with the experiment data provided above. The PL peak was 1.250μm at the butt-joint region, and 1.13μm at the maskless region. Once zero mismatch was conformed at butt-joint region, the mismatch at the maskless region was −1.0% with the calculation result, which agreed well to X-ray diffraction measurement. The FWHM of PL spectra peak and the intensity of the peak kept unchanged along the mask region, which indicated the selectively grown

InGaAsP in the mask opening region have high quality and homogeneity.

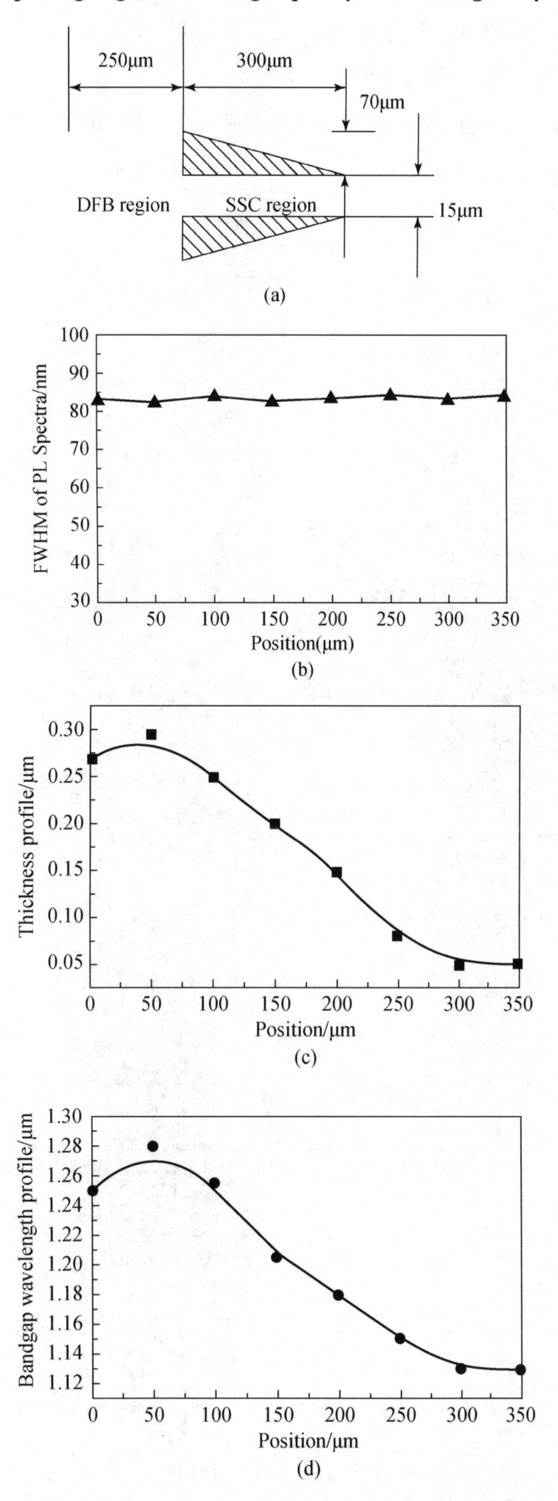

Fig. 4 (a) The mask shape of the self-aligned SSC region, (b) the FWHM profile of the selectively grown SSC material, (c) the thickness profile of the SSC and (d) the bandgap wavelength profile of the SSC region

Fig. 5 indicated the light power versus the current curves of the fabricated self-aligned spot-size converter integrated 1.55 mm DFB laser. The threshold current was as low as 6.5mA at 10℃, and 11.6mA at 80℃. The slop efficiency was 32.7% mW/mA and 26.44% mW/mA at 10℃ and 80℃ without HR coating at the rear facet, respectively. The far field divergence pattern from the front cleaved facet was shown in Fig. 6, where the far field angles were 9° and 15° at vertical and horizontal directions respectively. The 1-dB misalignment tolerance were both 4.5 μm.

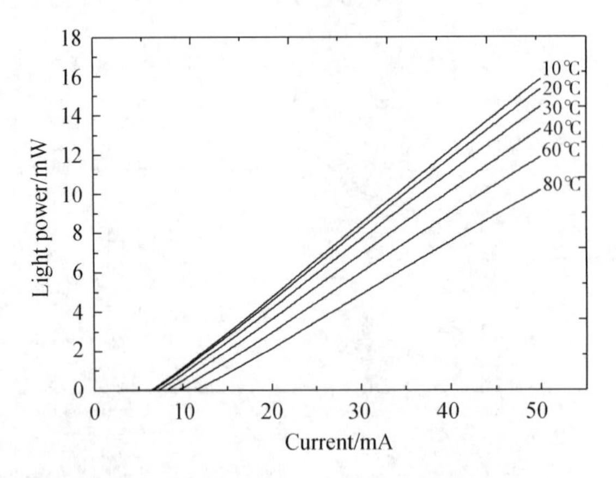

Fig. 5　P-I curves of the integrated device at different temperatures

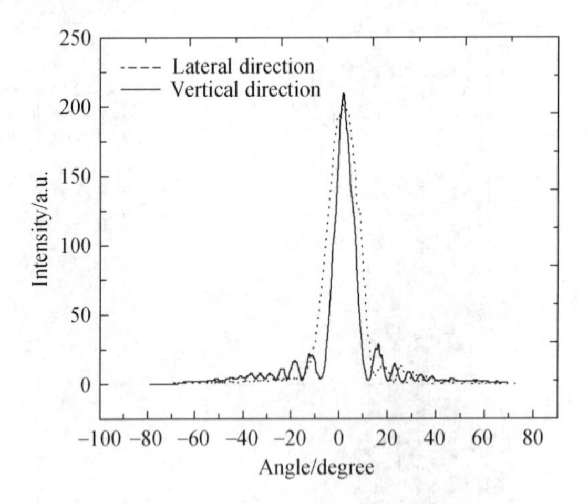

Fig. 6　The far field pattern of the integrated device

5　Conclusion

Conclusively, the growth pressure and mask width dependent thickness enhancement factors of selective-area MOCVD growth were investigated in this article. A high enhancement of 5.8 was obtained at 130 mbar with the mask width of 70 μm. −1.0% strained InGaAsP at the maskless region which could ensure the material at butt-joint region to be matched to InP was successively grown by controlling the composition and mismatch modulation in the selective-area growth. High performance of the self-aligned spotsize converter integrated 1. 55μm DFB laser fabricated by using this proposed technique had been achieved.

References

[1] T. Takiguchi, T. Itagaki, M. Takemi, A. Takemoto, Y. Miyazaki, K. Shibata, Y. Hisa, K. Goto, Y. Mihashi, S. Takamiya, M. Aiga, J. Crystal Growth 170(1997)705.

[2] T. Fujii, M. Ekawa, S. Yamazaki, J. Crystal Growth 156(1995)59.

[3] M. Kim, C. Caneau, E. Colas, R. Bhat, , J. Crystal Growth 123(1992)69.

[4] T. L. Koch, U. Koren, G. Eisenstein, M. G. Young, M. Oron, C. R. Giles, B. I. Mille, IEEE Photon. Technol. Lett. 2(2) (1990)88.

[5] M. Gibbon, J. P. Stagg, C. G. Cureton, E. J. Thrush, C. J. Jones, R. E. Mallard, R. E. Pritchard, N. Collis, A. Chew, Semicond. Sci. Technol. 8(1991)998.

[6] Y. D. Galeuchet, P. Roentgen, V. Graf, J. Appl. Phys. 68(2) (1994)27.

[7] T. Fujii, M. Ekawa, S. Yamazaki, J. Crystal Growth 156(1995)59.

[8] S. Adachi, J. Appl. Phys. 53(12) (1982)8775.

[9] T. V. Caengem, I. Moerman, P. Demeester, Prog. Cryst. Growth Charact. 35(2–4) (1997)263.

Measurement of 3dB Bandwidth of Laser Diode Chips

Xu Yao[1], Wang Wei[1] and Wang Ziyu[2]

(1 Institute of Semiconductors, Chinese Academy of Sciences, Beijing, 100083, China;

2 Department of Electronic Engineering. Peking University, Beijing, 100871, China)

Abstract An accurate technique for measuring the frequency response of semiconductor laser diode chips is proposed and experimentally demonstrated. The effects of test jig parasites can be completely removed in the measurement by a new calibration method. In theory, the measuring range of the measurement system is only determined by the measuring range of the instruments network analyzer and photo detector. Diodes' bandwidth of 7.5GHz and 10GHz is measured. The results reveal that the method is feasible and comparing with other method, it is more precise and easier to use.

1 Introduction

In the last decade, the semiconductor laser diodes were significantly developed and became the key components for the high speed optical communication system due to their excellent electrical and optical characteristics as the sophisticated high speed sources.

First of all, the bandwidth and other parameters of the laser diode should be known clearly so that the optimization of packaging and modeling can be made.

There are three methods to measure the bandwidth of laser diodes. It is simple to use lightwave signal analyzers for checking the bandwidth[1], but the result is scalar quantity and it is not precise and comprehensive to reflect the performance of the diodes. To overcome the disadvantages of it, the correction methods[2] must be used. The other more precise method is to use vector network analyzers with a probe imposing signal on the chip[3]. We developed the third method. Our way is to use vector network analyzers with a microstrip imposing signal. And we used a new calibration method to remove the effects of test fixture.

After the description of the first method we present the last method developed by us in details and compare the result with that from the Vector Network Analyzers with a probe.

原载于：Chinese Journal of Semiconductor, 2003, 24(8): 794-771.

2 Measurement with vector network analyzers

Fig. 1 shows the measuring setup we deployed. The cables have a corresponding calibration kit, and it can make the reference plane to locate at the end of the cable. But in order to get the chip's bandwidth, we must transfer the reference plane to the chip's weld pad. In order to do so we made a calibration kit(shown in Fig. 3) and calibrated the jig. The electrical and optical responses of the device under test are obtained by using an HP 8510C network analyzer with photo detector.

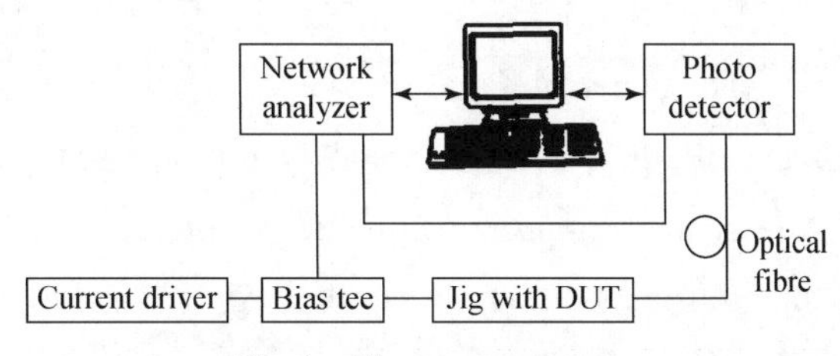

Fig. 1 Measurement setup

The jig, outlined in Fig. 2, consists of a small gold-plated copper case, a microwave SMA connector for routing the bias current and the modulating signal through a 50Ω microstrip(including an integrated 46Ω matching resistor) to the laser chip. The heat sink is melded on the case and as close as possible to the microstrip. The fiber with a coned lens is mounted on the positioning stage for collecting the laser radiation.

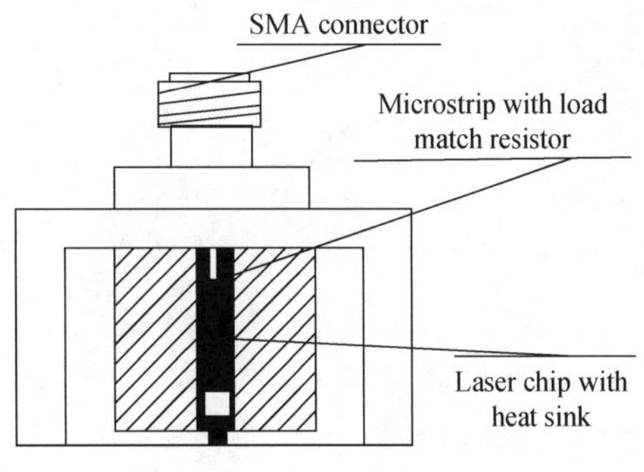

Fig. 2 Measurement jig

Fig. 3 is the scheme of the calibration kit we made. Figure 3(a) shows that two jigs are placed head to head. Two microstrips are the same as each other and as the one used in measurement of the chip melded on the gold-plated copper case. For connecting them, a gold line is melded on the ends of the two microstrips. Figure 3(b) shows that one jig with a gold line connecting the microstrip with the ground. To calibrate the jig, we regard it as a tow-port network.

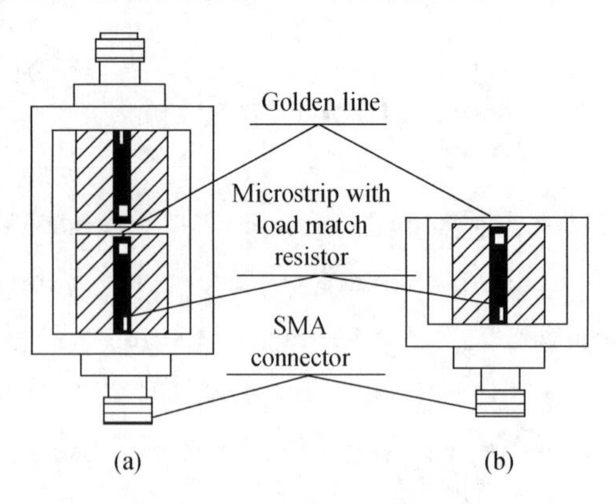

Fig. 3 Calibration kits

Fig. 4(a) and (b) are the model of Figs. 3(a) and (b), respectively. The S represents scattering parameters of the two-port net, but the S' represents scattering parameters of the reversed two-port net. We got the Scattering parameters of the combined two-port network S_m and s_{11} of the two-port net with network analyzer. Here S, S', and S_m are matrices. Then we calculated the scattering parameters S. Thus we avoided the tough work to calculate the impedances, capacitance, and inductance of the jig[4].

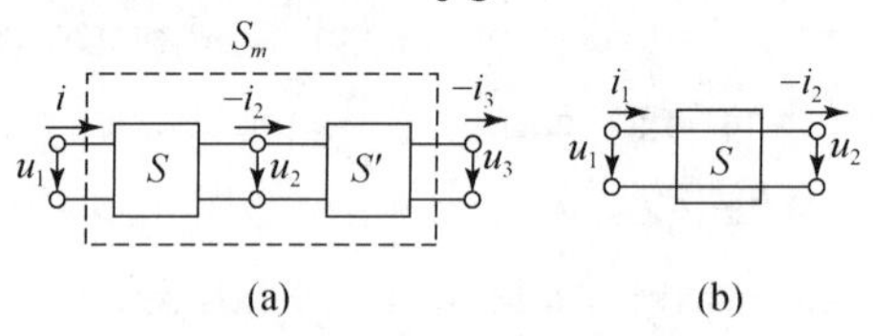

Fig. 4 Model of calibration kits

First, from the S_m we got the chain two-port parameters:

$$a_m = (1+s_{m_{11}} - s_{m_{22}} + |s_m|)/2s_{m_{21}}$$

$$b_m = (1+s_{m_{11}} + s_{m_{22}} + |s_m|)/2s_{m_{21}}$$

$$c_m = (1-s_{m_{11}} - s_{m_{22}} + |s_m|)/2s_{m_{21}}$$

$$d_m = (1-s_{m_{11}} + s_{m_{22}} - |s_m|)/2s_{m_{21}}$$

Also the input port of net S' is equivalent to the output port of net S and the output port of net S' is equivalent to the input port of net S. We supposed that the chain two-port parameters of S and S' are (A_1) and (A_2) respectively. From the definition of chain two-port parameters we got:

$$\begin{pmatrix} u_1 \\ i_1 \end{pmatrix} = \begin{pmatrix} a_1 & b_1 \\ c_1 & d_1 \end{pmatrix} \begin{pmatrix} u_2 \\ -i_2 \end{pmatrix} = (A_1) \begin{pmatrix} u_2 \\ -i_2 \end{pmatrix}$$

$$\begin{pmatrix} u_2 \\ i_2 \end{pmatrix} = \begin{pmatrix} a_2 & b_2 \\ c_2 & d_2 \end{pmatrix} \begin{pmatrix} u_1 \\ -i_1 \end{pmatrix} = (A_2) \begin{pmatrix} u_1 \\ -i_1 \end{pmatrix}$$

Here u_1 and $-i_1$ are equivalent to u_3 and $-i_3$ shown in Fig. 4(a). Then we got

$$\begin{pmatrix} a_1 & b_1 \\ c_1 & d_1 \end{pmatrix}\begin{pmatrix} a_2 & b_2 \\ c_2 & d_2 \end{pmatrix}=\begin{pmatrix} \dfrac{-a_1d_1-b_1c_1}{-a_1d_1+b_1c_1} & \dfrac{-2a_1b_1}{-a_1d_1+b_1c_1} \\ \dfrac{-2c_1d_1}{-a_1d_1+b_1c_1} & \dfrac{-a_1d_1-b_1c_1}{-a_1d_1+b_1c_1} \end{pmatrix}=\begin{pmatrix} a_m & b_m \\ c_m & d_m \end{pmatrix}$$

We used the calibration kit shown in Fig. 3(b) to get s_{11}. So we got the group of equations

$$\frac{a_1+b_1-c_1-d_1}{a_1+b_1+c_1+d_1}=s_{11}$$

$$a_1d_1+b_1c_1=a_m$$

$$2a_1b_1=b_m$$

$$2c_1d_1=c_m$$

From these equations we can get a_1, b_1, c_1, and d_1. Finally, we got s_{21} parameter and the results are shown in Fig. 6 and Fig. 7.

Fig. 5 and Fig. 6 show the results of measured response S_{21} of low-frequency (up to 7GHz) DFB-LD[6] chips, which were made from the same wafer (That means they have almost the same parameters). The results shown in Figs. 5 and 6 are got respectively by using vector network analyzers with a probe and vector network analyzers with a microstrip. The results are almost the same.

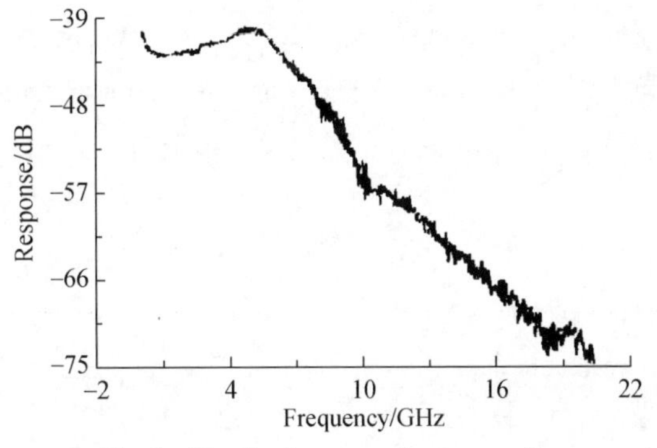

Fig. 5 Result of measured response S_{21}

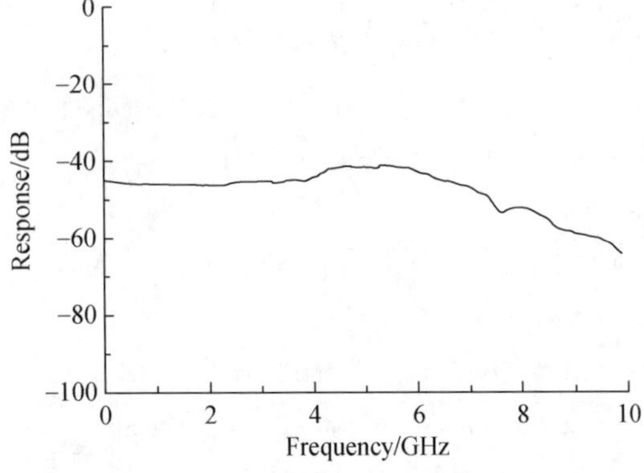

Fig. 6 Result of measured response S_{21}

Fig. 7 shows the results of measured response S_{21} of high-frequency (up to 10GHz) DFB-LD chips.

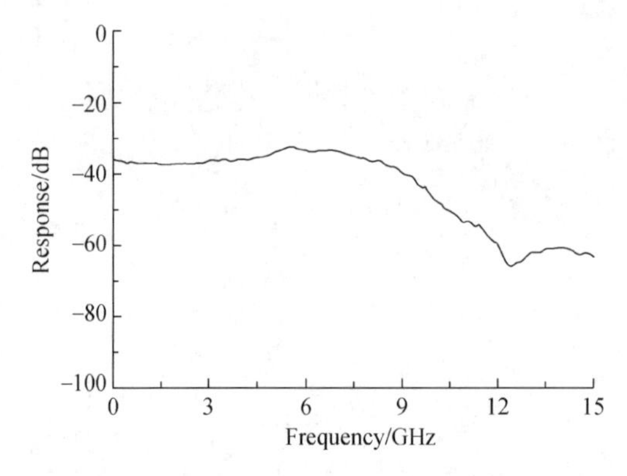

Fig. 7 Result of measured response S_{21}

3 Conclusion

Comparing to the results which are got by using the vector network analyzers with a probe, we found the results measured by vector network analyzers with a microstrip imposing signal are the same in precise. And the method we used is much cheaper and easier because it can avoid using the expensive and frangible probe. An accurate and easy technique has been developed for measuring the real performance of the semiconductor laser diode chips. Furthermore, the case and microstrip are easy to be developed for packaging[4, 5].

References

[1] Agilent Technologies. Analyzer 71400 Lightwave Signal Analyzer Application Note 371, 2001:35.

[2] Debie P, Martens L. Correction technique for on-chip modulation response measurements of optoelectronic devices. IEEE Trans Microw Theory Tech, 1995, 43(6):1264.

[3] Liu Yu, Zhu Ninghua, Pun E Y B, et al. Small-signal measurement of laser diode chips. Fifth Asia-Pacific Conference on Communications and Fourth Optoelectronics and Communications Conference, 1999, 2:1413.

[4] Delpiano F, Paoletti R, Audagnotto P, et al. High frequency modeling and characterization of high performance DFB laser modules. IEEE Transactions on Components hybrids and Manufacturing Technology. 1994, 17(3):412.

[5] Lawson P, Collins J V. A high speed laser package for optical communications. IEE Colloquium on Microwave Optoelectronics, 1990:7/1.

[6] Zhang Jingyuan, Liu Guoli, Zhu Hongliang, et al. Monolithic DFB laser array by angling the active stripe and using a thin-film heater. Chinese Journal of Semiconductors, 2000, 21(7):625.

多量子阱电吸收调制 DFB 激光器的一种新型 LP-MOCVD 对接生长方法

胡小华，王　圩，朱洪亮，王宝军，李宝霞，周　帆，
田惠良，舒惠云，边　静，王鲁峰

（国家光电子工艺中心中国科学院半导体研究所，北京，100083）

摘要　提出了一种提高多量子阱电吸收调制 DFB-LD 集成器件（EML）耦合效率的对接生长方法。采用 LP-MOCVD 外延方法，制作了对接方法不同的三种样片，通过扫描电镜研究它们的表面及对接界面形貌，发现新对接结构的样片具有更好的对接界面。制作出相应的三种 EML 管芯，从测量所得到的出光功率特性曲线，计算出不同对接方法下 EML 管芯的耦合效率和外量子效率。实验结果表明，这种对接生长方案，可以获得光滑的对接界面，显著提高了激光器和调制器之间的耦合效率（从常规的 17% 提高到 78%）及 EML 器件的外量子效率（从 0.03mW/mA 提高到 0.15mW/mA）。

1　引言

近年来，作为长距离光通信系统中的关键元件之一，电吸收调制分布反馈激光器（electroabsorption modulated distributed feedback laser，EML）成为研究的热点，这是由于该器件具有很多优点，如驱动电压低、尺寸小、易于集成，而且不需要考虑偏振的灵敏性等。至今，已经有多种的 EML，从采用的有源区可分为：选择区域生长方法（selective area growth，SAG）、对接耦合方法（butt-joint method）、同一有源区方法（identical active layer）、量子阱扩散方法（quantum well intradiffusion）等。迄今最好的 EML 器件是用 butt-joint 方法制作出来的，这是由于该方法具有可独立优化激光器和调制器的显著优点，因此成为国外许多研究机构和公司的研究热点[1-6]。Butt-joint 制作 EML 的关键和困难在于如何获得良好的激光器和调制器之间的对接界面，减少散射损耗，提高耦合效率。国外文献往往很少对具体的对接耦合实验过程和产生的问题进行了深入报道[7]，国内对此进行的研究和报道更是不多见[8]，这些文献中采用的 butt-joint，都是先干法刻蚀多量子阱层和溴系列腐蚀剂去损伤层，然后利用激光器条顶上的 SiO_2 掩膜，选择生长调制器结构。由于干法刻蚀和溴系列的非选择性腐蚀难于精确地控制刻蚀的深度，调制器和激光器的有源层不能很好地对准，而且多

原载于：半导体学报，2003，24（18）：841-845.

量子阱在对接界面处发生弯曲，导致很大的散射损耗，因此集成的 EML 器件出光功率较低，一般室温下工作电流为 100mA 时，小于 9mW。

本文提出了一种新型的对接方案，对于提高激光器和调制器之间的耦合效率具有显著的效果；对 butt-joint EML 的耦合生长进行了系统深入的研究，选用不同的对接方案和多种刻蚀技术，利用扫描电子显微镜直接观察对接界面形貌，通过对比，发现采用波导对接的方法可以获得光滑连续的耦合界面形貌；制作了完整的 EML 器件，并比较出了光特性，计算出不同对接方法的耦合效率分别为 17%、13% 和 78%。这些研究为制作出高性能的 EML 器件奠定了坚实的技术基础。

2　实验

我们共制作了三个样品（A、B 和 C），A 和 B 采用现在通用的直接对接方法，而 C 则采取我们最新提出的方案，即在激光器和调制器之间插入一段体材料波导的方法（具体见下面描述）。所有衬底都是用国产掺 S 的 n-InP，外延表面为（001）取向，采用 LP-MOCVD 外延技术，在德国生产的水平式 AIXTRON-200 型外延系统上进行生长。外延时的温度均为 655℃，反应室压力为 2.2×10^3Pa，Ⅲ族有机金属源为三甲基铟（TMIn）和三甲基镓（TMGa），Ⅴ族源为砷烷（AsH_3）和磷烷（PH_3），高纯 H_2 作载气，总的气体流速为 6.7L/s。为了清楚起见，我们将采用的激光器和调制器的结构参数列于表 1 中。

表 1　激光器和调制器的结构参数

结构		组分	厚度/nm	波长/μm
激光器 MQWs	阱	$In_{0.61}Ga_{0.39}As_{0.98}P_{0.02}$	6	1.7
	垒	$In_{0.74}Ga_{0.26}As_{0.49}P_{0.51}$	10	1.25
调制器 MQWs	阱	$In_{0.69}Ga_{0.31}As_{0.8}P_{0.2}$	10	1.58
	垒	$In_{0.70}Ga_{0.30}As_{0.57}P_{0.43}$	5	1.2
波导 WG	上	$In_{0.20}Ga_{0.80}As_{0.43}P_{0.57}$	120	1.2
	下	$In_{0.20}Ga_{0.80}As_{0.43}P_{0.57}$	100	1.2

样品 A 和 B 的制作过程如图 1 所示。①首先，在衬底 1 上用 LP-MOCVD 法外延生长激光器（LD）区的结构，依次为 1μm 的 InP 缓冲层 2、下波导层 3、多量子阱层 4、上波导层 5 和 150nm 的 InP 盖层 6；接着，热氧化法淀积生长 150nm 厚的二氧化硅层 7，形成如图 1（a）所示的结构。②掩膜光刻出沿［011］方向 300μm 长、40μm 宽的 LD 条形（如图 1（b）所示）。样品 A 采用选择化学溶液腐蚀 InP 材料和 InGaAsP 四元系材料，到缓冲 InP 层自动停止；样品 B 采用反应离子刻蚀（RIE）技术，先用 $H_2/CH_4/Ar_2$ 作为反应离子源刻蚀，至缓冲 InP 层附近停止，然后用溴系列腐蚀液漂去 RIE 造成的损伤层（约 80nm 深）。③清洗干净后，在 LD 条以外的区域选择外延生长 MD 结构，包括下波导层

8、多量子阱层9、120nm 的上波导层10和150nm 的InP顶层11，结果如图1（c）所示。

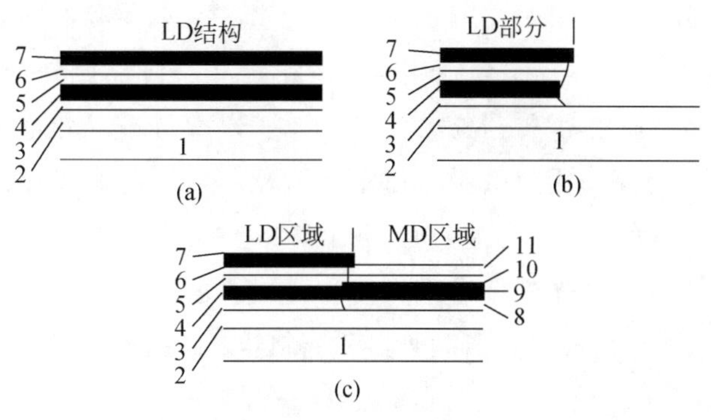

图1　样品A和B的生长过程示意图

样品C的制作过程如图2所示。①在清洗干净的n-InP衬底1上外延生长LD结构，按外延先后依次生长InP缓冲层2、下波导层3、20nm厚的InP层4、多量子阱5、20nm厚的上波导6、150nm厚的InP盖层7，其中4作为刻蚀阻止层，热氧化淀积生长150nm的二氧化硅8，结构如图2(a)所示。②化学腐蚀成沿［011］方向的LD条形，HF腐蚀去二氧化硅8，HCl系列腐蚀剂去InP盖层7和H_2SO_4：H_2O_2：H_2O腐蚀四元层（6和5）直至InP(4)停止，形成如图2(b)所示的结构。③然后，二次外延选择生长MD区结构，包括MD多量子阱9和150nm的InP盖层10，所得结果如图2(c)所示。④腐蚀掉LD条上的SiO_2，掩膜光刻腐蚀去掉对接界面两边宽度各为20μm区域内的多量子阱层，接着大面积去掉LD条和MD区的InP盖层7和10，结果如图2(d)。⑤最后全面积外延生长100nm的上波导层11和150nm的InP盖层12，结果如图2(e)所示。

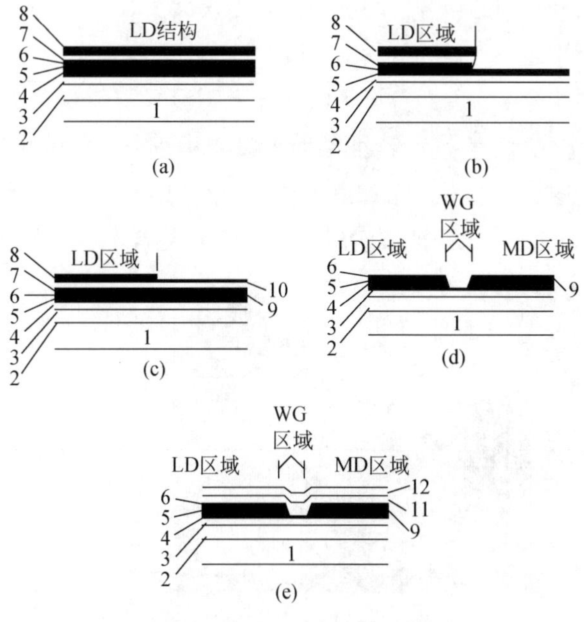

图2　样片C生长过程示意图

我们分别从样品 A、B 和 C 中解理一小部分，用扫描电子显微镜（SEM）观察剖面，对比观察这三种方案所得对接界面形貌。为了进一步考察不同对接技术对实际的 EML 器件耦合效率的影响，我们分别用 A、B 和 C 三个样品制作成完整的 EML 器件（分别表示为 EML-A，EML-B 和 EML-C），为了便于比较出光特性和耦合效率，后面的制作工艺完全相同。首先，用全息曝光技术在激光器区域制作光栅，然后，外延生长 150nm 的 p-InP、20nm 的 p-1，2Q 层、1.5μm 厚的 p-InP 和 0.3μm 的 p^+-InGaAs 电接触层；接着，光刻出脊波导，光刻去掉激光器和调制器之间宽 50μm 区域里的 InGaAs 顶层，并用 He 离子轰击该区域，形成激光器和调制器之间的电隔离区；热氧化淀积厚为 0.4μm 的 SiO_2 介质层，光刻电极窗口和采用带胶剥离技术形成 p 面 Ti/Pt/Au 电极图形，芯片背面减薄至 100μm 厚，背面蒸发 Au/Ge/Ni，合金，解理成长 500μm（激光器、调制器和隔离区分别长 250μm、200μm 和 50μm）、宽 250μm 的 EML 管芯，最后测试器件的出光特性。

3　结果和讨论

图 3 为样品 A 二次外延以后的 SEM 照片。右边为激光器有源结构，从下到上各层分别为：衬底 InP（sub InP）、下波导层（lower WG）、多量子阱（LD-MQW）、上波导层（upper WG）、InP 盖层（cap InP）和作选择外延掩膜的 SiO_2 介质，左边是选择外延后的调制器有源结构，组成结构同 LD 区域，各层的参数见表 1，而且顶层没有 SiO_2。从该照片可以清楚地看到，LD 侧多量子阱区存在约 0.4μm 深的侧向钻蚀洞。造成这种腐蚀形状的主要原因是 $H_2SO_4:H_2O_2:H_2O$ 腐蚀剂对 $In_{1-x}Ga_xAs_yP_{1-y}$ 四元化合物具有明显的侧向腐蚀作用，而且对应不同的组分，腐蚀速率相差很大，即 Ga 和 As（尤其是 As）含量越多，选择腐蚀的速率越快。显然，量子阱层材料比上下波导层所含 Ga 和 As 组分较多，其侧向腐蚀速度相应快得多。因此，量子阱区比上下波导层的侧向钻蚀严重，最终腐蚀端面出现锥形侧蚀坑洞。由于这种刻蚀端面上没有可供外延的光滑表面，再次外延生长调制器 MQW 结构时，很容易产生如图 3 所示的空洞，当激光器产生的光场向调制器端传输时，将有大量的光在此处被散射出去，从而大大降低两者之间的光强耦合效率。

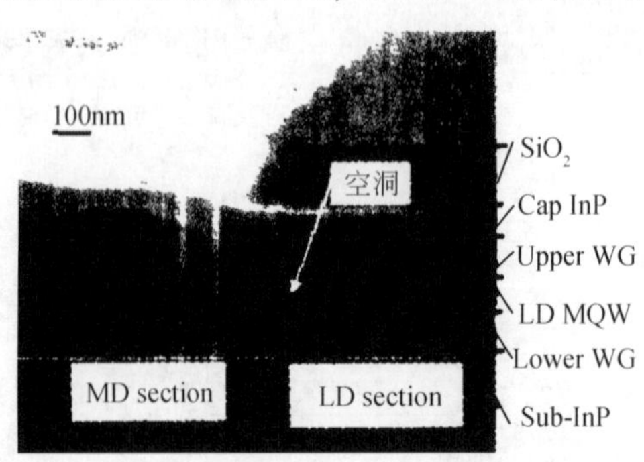

图 3　样品 A 的 SEM 照片

图4是样品B的对接SEM照片。由于采用了干法刻蚀，激光器条端面基本成垂直状，而没有样品A中所存在的侧向钻蚀现象，如图中所示。尽管远离掩膜条边缘的地方，二次外延层较为平整，但是靠近掩膜条边缘约0.5μm区域内，外延质量很差，出现许多多晶颗粒，而且再次外延层没有在台条的侧壁上生长，形成一条裂缝。产生这种情况的原因在于干法刻蚀后的侧面起伏不平，而且残留的聚合物难以完全去掉，这样的表面无法有效地吸附原子成为良好的生长面。这正是干法刻蚀在对接外延生长中的困难所在。

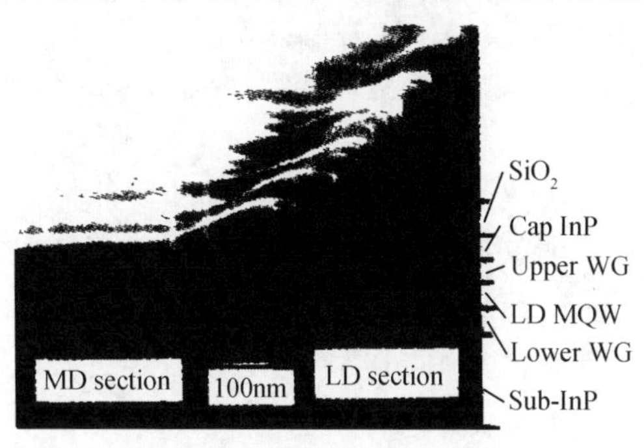

图4 样品B的SEM照片

样品C外延调制器多量子阱结构后的对接剖面SEM照片如图5所示。LD台条的刻蚀同样品A一样采用化学选择腐蚀，但是，由于只是腐蚀到多量子阱层，而不用腐蚀下波导层，腐蚀时间缩短了很多，侧向钻蚀不如样品A严重，因此再次外延的调制器结构明显好于样品A。外延上波导及对接波导后，对接处形貌得到很大的改善，如图6所示，LD-MQW的腐蚀界面成渐变的taper形状，在对接区上波导层连续光滑。这种taper波导结构，不仅消除了光散射损耗，同时可以起到光斑模式低损耗转换的作用[9]。

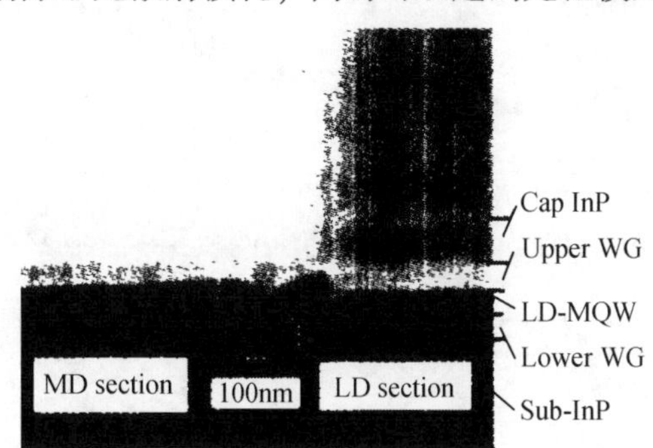

图5 样品C外延MD后的SEM照片

图7所示是EML-A、EML-B在室温下所测得的输出光特性曲线。其中，*a*为解理去掉调制器后单独的激光器（DFB-LD-A）功率曲线，*b*和*c*分别表示EML-A和EML-B管芯从调制器端的输出光功率曲线。样品A和B的DFB-LD具有完全相同的输出光特性，阈值电流为23mA，在75mA的工作电流下输出光10mW，外量子效率为0.20mW/mA。EML-A和EML-B的阈值电流相同，都是30mA；100mA工作电流下的输出光功率分别为2.5mW和2.0mW，相应的外量子效率为0.034mW/mA和0.027mW/mA. 图8是EML-C

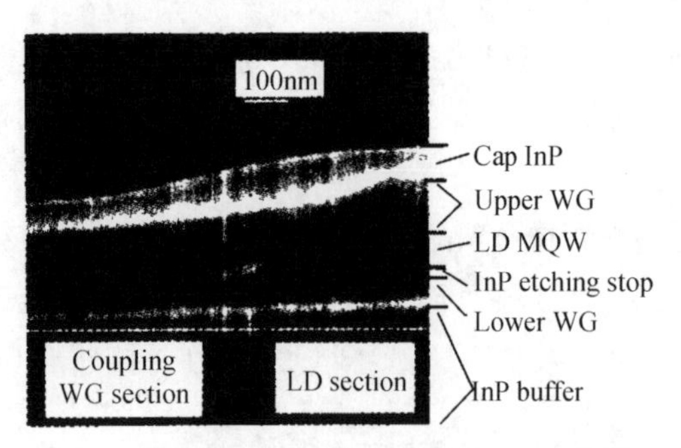

图 6　样品 C 外延对接波导后的 SEM 照片

管芯的输出光功率曲线，a 和 b 分别是单独激光器（DFB-LD-C）和 EML-C 的输出光功率特性。DFB-LD 的阈值电流是 27mA，10mW 输出光功率时驱动电流是 81mA，对应的外量子效率为 18.5mW/mA，EML-C 的阈值电流和量子效率分别是 38mA 和 0.15mW/mA. DFB-LD-C 具有比 DFB-LD-A 和 DFB-LD-B 更大的阈值电流，主要原因在于 DFB-LD-C 的上波导是在第三次外延时才生长上的，在中间的一些工艺过程中难免会在 LD 和上波导界面之间引入一些缺陷，从而增加一定的吸收损耗。

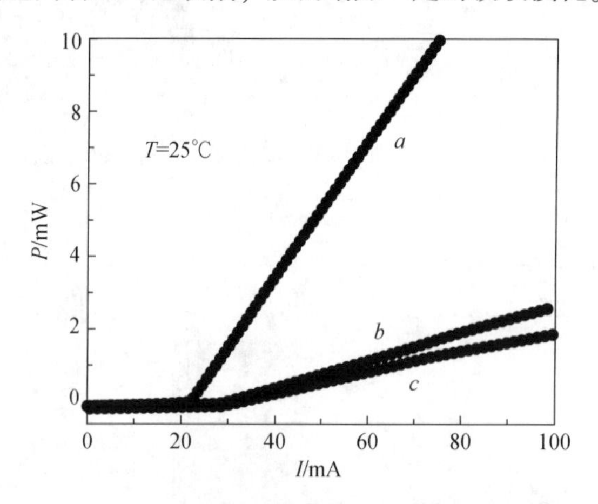

图 7　EML-A 和 EML-B 的输出光功率特性曲线

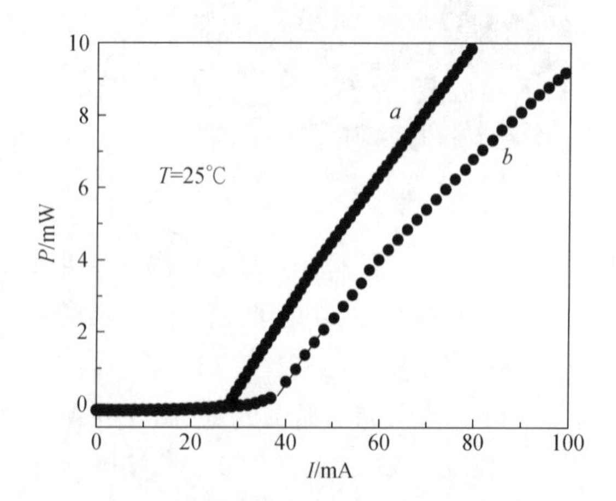

图 8　EML-C 的输出光功率特性曲线

如果不考虑调制器区材料的吸收损耗，可粗略计算出三种EML的耦合损耗分别为7.8dB、8.8dB和1.1dB，对应的耦合效率分别为17% 、13%和78%，很显然，样品C具有最高的光耦合效率。我们认为样品C具有很高的耦合效率，有以下三方面的原因：①激光器和调制器多量子阱夹在同一连续的上、下波导层中间，具有有源层自动对准的作用，分布在波导层中的光场可以无损地从激光器传输到调制器区域。②对接界面为缓变光滑的taper形状，消除了对接区域的散射损耗。③激光器和调制器之间50μm区域里插入的1.2Q层作为光波导，较之EML-A和EML-B的直接对接，其吸收带边离激光器发射的1.55μm的光波相距更远，相应地具有更小的吸收损耗。

EML-C管芯的外量子效率和耦合效率优于许多国外butt-joint EML结果[1,2,6]，而国内的最好结果是1999年中国科学院半导体研究所颜学进等获得的0.104mW/mA[10]；刘国利等采用选择外延方法制作的EML外量子效率只有0.1mW/mA[11]。因此，我们首次提出并采用的新型多量子阱对接方案对于降低EML的耦合损耗，提高输出光功率具有显著的效果。EML器件的其他特性，如调制器的消光比、线宽增强因子、DFB激光器的激射谱和SMSR等正在测试中，将另文报道。

4 结论

为了提高激光器和调制器之间的耦合效率，我们提出了一种新型的对接耦合方法，即将激光器和调制器的多量子阱层夹在同一连续的下波导和上波导之间，而且光刻去掉隔离沟区域里的多量子阱层，这样可以有效地消去由于多量子阱弯曲和空洞导致的光损耗，以及较少隔离沟区域的材料吸收损耗。共制作了三个样品，对比研究常规的直接Butt-joint方法和我们提出的新的Butt-joint方法对对接MOCVD外延形貌和EML器件耦合效率及外量子效率的影响。通过扫描电子显微镜观察发现，我们提出的对接方法可以获得更高质量的对接形貌，使激光器和调制器之间的耦合效率和EML器件的外量子效率得到很大提高，耦合效率从常规的17%提高到78%，EML器件的外量子效率从0.03mW/mA提高到0.15mW/mA。我们认为，这种新型的对接耦合方法可以应用到各种多量子阱光电子集成器件的制作中。

致谢

衷心感谢段丽宏女士在SEM测量方面给予的大力支持。

参考文献

[1] Takeuchi H. Very high-speed DFB-modulator integrated light source. OECC'97 Technique Digest, 1997:18.

[2] Takeuchi H, Tsuzuki K, Sato K, et al. Very high-speed light source module up to 40Gb/s containing an

MQW electroab-sorption modulator integrated with a DFB laser. IEEE J Sel Topics Quantum Electron, 1997,3(2):336.

[3] Soda H, Furutsu M, Sato K, et al. High-power and high-speed semi-insulating BH structure monolithic electroabsorption modulator/DFB laser light source. Electron Lett, 1990, 26(1):9.

[4] Morito K, et al. A high power modulator integrated DFB laser incorporating a strain-compensated MQW and graded SCH modulator for 10Gb/s transmission. IOOC'95, 1995:62.

[5] Suzuki M, Tanaka H, Taga H, et al. λ/4-shifted DFB laser and electroabsorption modulator integrated light source for multi-gigabit transmission. IEEE Trans Lightwave Technol, 1992, 10(1):90.

[6] Adams D M, Rolland C, Yu J, et al. Gain-coupled DFB integrated with a Mach-Zehnder modulator for 10 Gbit/s transmission at 1.55μm over NDSF. Proc SPIE, 1997, 3038:45.

[7] Strzoda R, Ebbinghaus G, Scherg T, et al. Studies on the butt-coupling of InGaAsP-waveguides realized with selective area metal organic vapor phase epitaxy. J Cryst Growth, 1995, 154(1):27.

[8] Yan Xuejin, Xu Guoyang, Zhu Hongliang, et al. Monolithic integration of a MQW DFB laser and EA modulator in the 1.55μm Wavelength. Chinese Journal of Semiconductors, 1999, 20(5):412.

[9] Kawano K, Kohtoku M, Okamoto H, et al. Coupling and conversion characteristics of spot-size-converter integrated laser diodes. IEEE J Sel Topics Quantum Electron, 1997, 3(6):1351.

[10] Liu Guoli, Chen Weixi, Wang Wei, et al. A novel structure of DFB laser/EA modulator fabricated by selective area growth. 5th OECC'2000, Japan, 2000:306.

Semiconductor optical amplifier optical gate with graded strained bulk-like active structure

Ruiying Zhang[1], Jie Dong[1], Zhiwei Feng[2], Fan Zhou[3], Huiliang Tian[3], Huiyun Shu[3], Lingjuan Zhao[3], Jing Bian[3], Wei Wang[3]

([1]National Research Center for Optoelectronic Technology Institute of Semiconductors, Chinese Academy of Sciences, Beijing, 100083, China;
[2]Changchun Institute of Optics and Fine Mechanics, Changchun, 130022, China;
[3]National Research Center for Optoelectronic Technology, Institute of Semiconductors, Chinese Academy of Sciences, Beijing, 100083, China)

Abstract A novel semiconductor optical amplifier (SOA) optical gate with a graded strained bulk-like active structure is proposed. A fiber-to- fiber gain of 10dB when the coupling loss reaches 7dB/facet and a polarization insensitivity of less than 0. 9dB for multiwavelength and different power input signals over the whole operation current are obtained. Moreover, for our SOA optical gate, a no-loss current of 50 to 70mA and an extinction ratio of more than 50dB are realized when the injection current is more than no-loss current, and the maximum extinction ratio reaches 71dB, which is critical for crosstalk suppression.

1 Introduction

In the near future, photonic wavelength-division multiplexing (WDM) systems will require a number of optical gate elements for both routing and buffering operations. [1] Compared with other components as optical gates, a semiconductor optical amplifier (SOA) is a promising candidate as an on and off gate array to fabricate switch matrices for optical path cross connection, add-drop multiplexes, and asynchronous transfer mode cell switching due to their capacity of providing no-loss operation, fiber-to-fiber gain, and a large optical extinction ratio over wide wavelength range. [2]

In developing SOA gates into functional and efficient optical components, one serious problem is the wide bandwidth polarization insensitivity over a large operation current. For the realization of such a characteristic, multiple-quantum-well (MQW) active structures are

原载于: Society of Photo-Optical Instrumontation Engineers, 2003, 42(3): 798-802.

given up because different gain variations for TE and TM modes can be induced when signal wavelength or injection current changes. [3] A quasi-square unstrained bulk active structure is an ideal selection for an SOA optical gate. However, narrow stripe width (< 0. 5μm) is difficult to fabricate by either growth technology or etching technology. [4,5] A single tensile bulk active structure overcomes the narrow stripe width limitation, and good polarization insensitivity has been obtained. In addition, it is possible to obtain high fiber-to-fiber gain by using the optimized whole device design. [6] However, it is difficult to obtain high crystal quality when the single tensile bulk active layer is more than 100 nm, because it is inevitable for such semicoherent growth to induce dislocation although there is no lattice relaxation evidence. Using a graded-strain bulk-like (GSBL) active structure to fabricate an SOA gate was recently proposed. [7] Such an active structure is an ideal selection because it can overcome both the narrow-stripe width limitation due to the tensile strain layer introduction and the dislocation appearance due to thinner tensile strain layer and distribution separately. In addition, compared with a single tensile bulk active region, a GSBL structure has a wider and flatter gain spectrum due to the multiple recombination wavelengths in this structure, which favors obtaining a wider polarization-insensitive gain bandwidth and multiwavelength signal amplification. The polarization insensitivity characteristics were analyzed from the point of theory. [7,8] In this paper, we present their characteristics as an optical gate, which shows that such an SOA is an efficient and functional device in this context.

2 Device Design and Fabrication

A GSBL active structure is based on the facts that the tensile strain can enhance the TM mode material gain and relax the limitation of narrow stripe width, that a thin strain layer distribution can enhance the active layer quality, and that the whole active region including the different materials can reduce multirecombination wavelengths and further expand the gain spectrum bandwidth. The active layer structure is schematically shown in Fig. 1 (a). The active layers are sandwiched between upper (150-nm-thick) and lower (150-nm-thick) InGaAsP optical confinement layers with a bandgap wavelength of 1. 18μm. The layers with different strains and different thicknesses are distributed, respectively, in terms of the whole structure polarization insensitivity and the flat gain spectrum bandwidth. Note that the different strains refers to both type and amount of the strain. An energy band diagram of this structure is shown in Fig. 1 (b). The center of this active structure is lattice-matched bulk layer, which has a degenerated valence band and provides the same TE and TM mode material gain. As the tensile stress increases, both the light-hole band edge and conduction band edge shape the same shallow trapezium, whereas the heavy-hole band edge forms a contrary trapezium. Such an energy band structure results in both the transition wavelength between electrons and light holes being unchanged, and that between electrons and heavy holes becoming shorter and shorter in the whole active structure. Device mode gain is the weighted sum of material gain in each layer, and the weighting factor is the corresponding optical confinement factor. As a result, the wide-bandwidth TE mode gain spectrum will be obtained due to multiwavelength recombination between electrons and heavy holes in tensile strain layers, however, the widebandwidth TM mode gain will be obtained because the smaller effective masses for electron and light holes lead to the band-filling effect significantly with the injection current. Meanwhile, it is possible to achieve a wide polarization-insensitive bandwidth due to the large optical confinement factor in unstrained material. Detailed theoretical analysis has been published in Ref. 8.

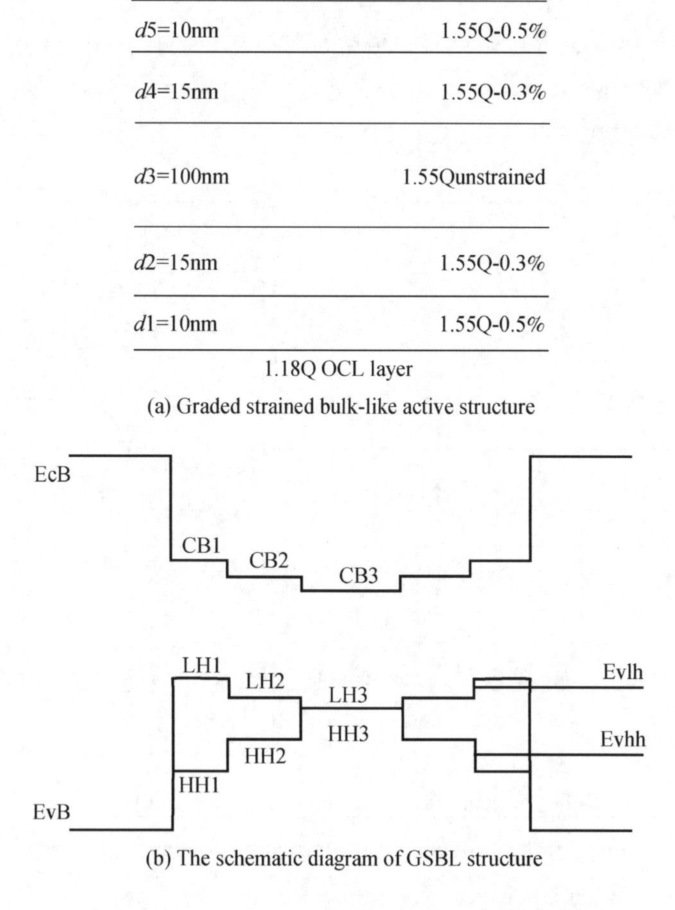

(a) Graded strained bulk-like active structure

(b) The schematic diagram of GSBL structure

Fig. 1 (a) GSBL active structure and (b) its schematic diagram

Such an SOA is fabricated using three-step metalorganic vapor phase epitaxy (MOVPE) process. For the first growth, the 0.5μm n-doped InP buffer layer, the 150nm thick 1.18μm bandgap InGaAsP quaternary lower optical confinement layer, the 150nm thick GSBL active structure just as shown in Fig. 1 (a), the 150nm thick 1.18μm bandgap InGaAsP quaternary upper optical confinement layer, and the 100nm thick p-doped InP cladding layer are grown by conventional MOVPE technology separately. Then, standard contact photolithography combined with chemical etching through the patterned photoresist is used for the 1.5μm wide active waveguide definition along the direction tilted 7 deg with respect to [1,1,0] crystalline direction. For the second growth, p-n-p current blocking layers are grown by low pressure MOVPE (LPMOVPE). The nearly 3μm thick p-InP layer and the 100-nm-thick p^+-InGaAs contact layer are grown in turn by the third LP-MOVPE technology. After the electrodes are finished, antireflection (AR) coating proceed with $SiO_x/SiON_x$ to further reduce facet reflectivity. Finally, 600-μm-long devices are cleaved along the [1, −1, 0] direction.

To verify the GSBL active structure crystal quality, X-ray simulation and measurement results are shown in Fig. 2 respectively. The similarity of both results and no relaxation evidence prove that such a GSBL structure has good crystal quality, which favors the SOA obtaining good characteristics.

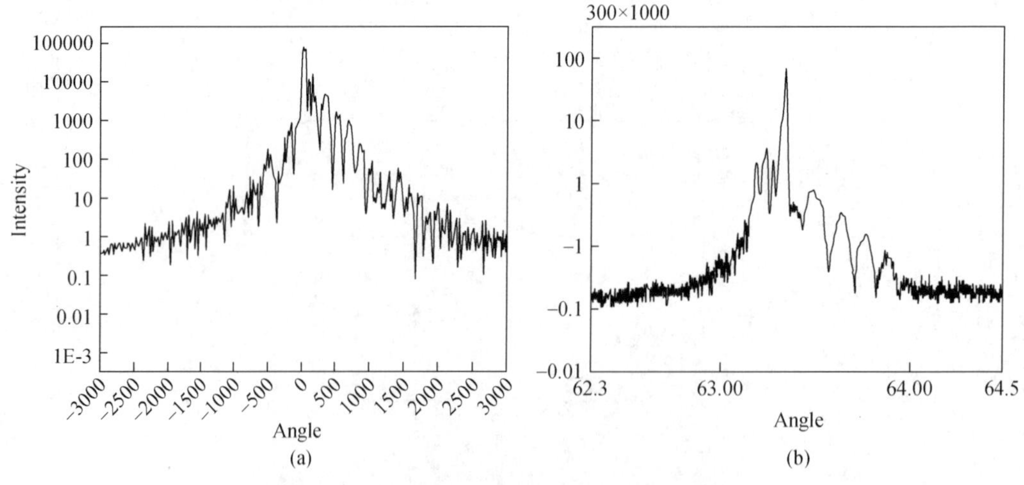

Fig. 2　X-ray simulation (left) and measurement (right) results for the GSBL structure

To measure such SOA optical gate characteristics, we adopt the measurement system shown in Fig. 3. Coupling loss between the device and AR-lens single-mode fiber reaches 7 dB/facet. The polarization controller may ensure that the exact polarization dependence loss has been measured. An optical spectrum analyzer was used to protect the signal characteristic measurements from ASE noise.

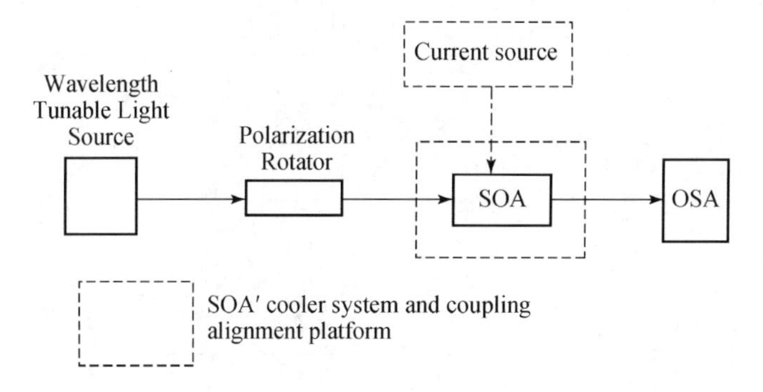

Fig. 3 SOA optical gate static measurement system

3 Device Characteristics

The amplified spontaneous emission (ASE) spectrum of such an SOA at an injection current of 120 mA is shown in Fig. 4. The 3-dB bandwidth of about 43 nm and a ripple of about 0. 5 dB were obtained at an injection current of 120 mA. Optimizing the AR coating design will expand the 3-dB bandwidth for such a device. The blue shift of the ASE spectrum results from the band-filling effect at a large current bias. Thus, it is indispensable for fabricating *C* band SOA to select longer wavelength InGaAsP material. Fig. 5 shows the fiber-to-fiber gain versus the driving current when the optical input signal power is 0, −3, −10 and − 13dBm with a wavelength of 1520nm. For all kinds of optical input signals, no-loss operation current is between 50 and 75mA, and the maximum fiber-to-fiber gain reaches 10-dB at driving current of nearly 150mA, which is high enough to act as an optical gate. Fig. 6 shows that the gain flatness is about 2dB for a signal wavelength of 1510 to 1530 nm at different operation currents. And about 10dB fiber-to-fiber gain at a driving current of 160mA was obtained for different wavelength input signals. The preceding results indicate that our SOA optical gate is suitable to operation for various wavelengths and various power input optical signal gatings. In addition, smaller gain for our device is related with larger coupling loss and higher power input signal.

Fig. 7 shows the polarization dependence loss (PDL) variation with the injection current for different input signal wavelengths at an input signal power of −13dBm. We can observe that for all kinds of optical input signals, the PDL always fluctuates between 0 and 0. 9dB with the operation current, which indicates that such SOA can realize nearly polarization-insensitive gating for a wide optical input signal wavelength range.

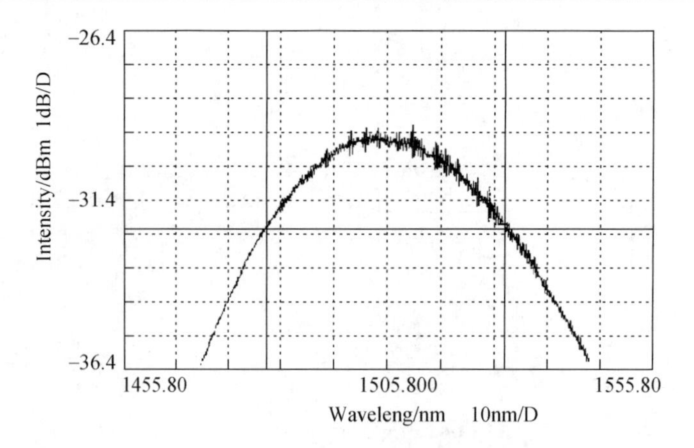

Fig. 4　ASE spectrum of the SOA at injection current of 120 mA

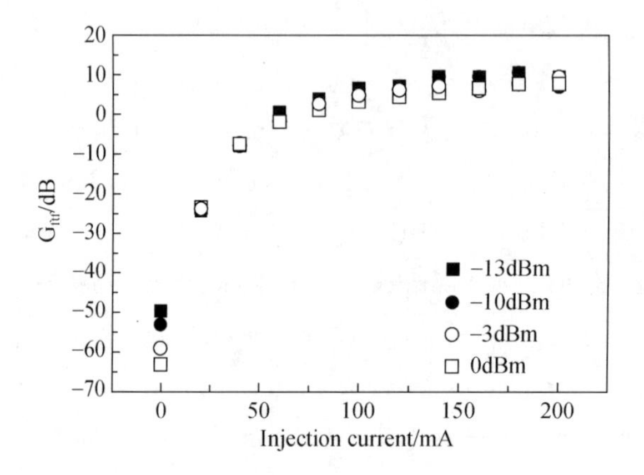

Fig. 5　Fiber-to-fiber gain dependence of operation current at different input signal light powers for the SOA gate

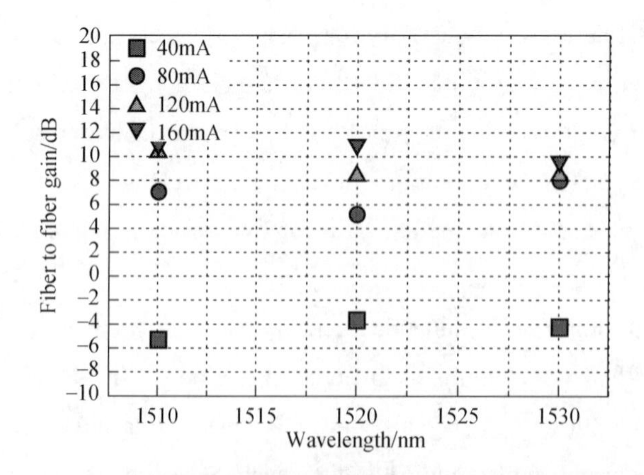

Fig. 6　Fiber-to-fiber gain versus signal light wavelength at different driving currents for the SOA gate

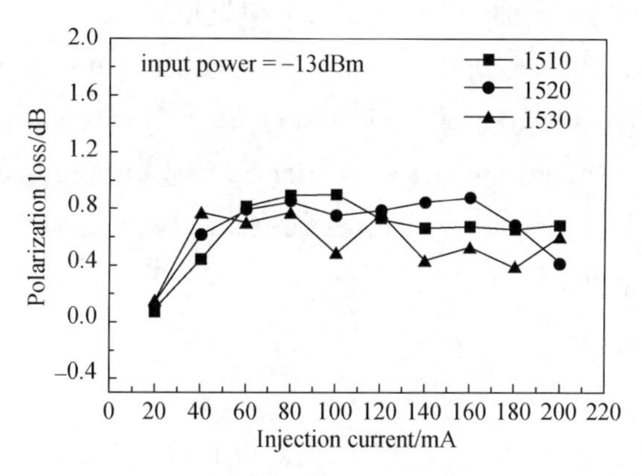

Fig. 7 Polarization characteristics versus driving current for the SOA gate

A large extinction ratio is another advantage of an SOA optical gate. Fig. 8 shows the extinction ratio versus driving current for different power input signals. And the input signal wavelength is 1520nm. Fig. 8 indicates that the higher the input signal power, the larger the extinction ratio. And the maximum extinction ratio of 71dB was achieved for an input signal power of 0dBm at injection current of 200mA. More than 50dB of extinction ratio was achieved when the injection current was more than 60mA for every input signal, which is compared with NEC's result. [9] And switching time will be measured in the near future.

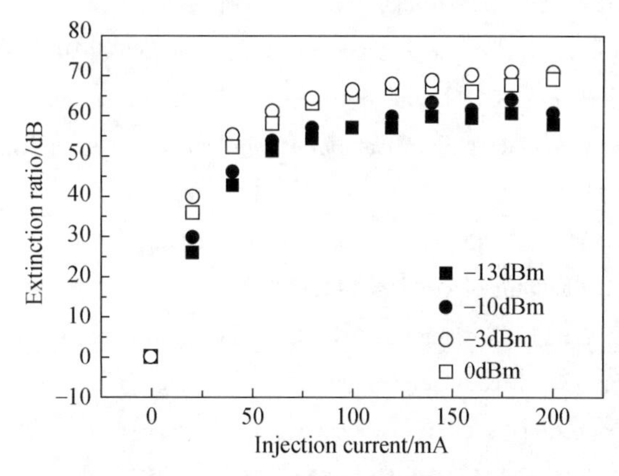

Fig. 8 Extinction ratio characteristics versus driving current at different input signal light powers for the SOA gate

4 Conclusions

A novel semiconductor optical amplifier gate with graded strained bulk-like active region has been designed and fabricated. The fabrication process is simple, compatible with a conventional buried heterostructure laser diode (BH LD) process. Measurements indicate that this device has very low polarization dependence(<0. 9dB) ,high extinction ratio(>50dB) ,a maximum fiber-to-fiber gain of 10dB, and lossless operation currents of 50 to 75mA for an input signal with different wavelength and power. Such results are enough to satisfy the optical gating demand. Further optimization of the active structure and enhancement of the coupling efficiency will be helpful for the device characteristics. The switching time will be measured in the near future.

Acknowledgments

This work is supported by National 973 project(Grant No. G20000683-1) and National Nature Science Foundation of China(Grant No. 90101023).

References

[1] K. Sasayama, K. Habara, Z. W. De, and K. Yukiatsu, "Photonic ATM switch using frequency-routing-type time division interconnection network," Electron. Lett. 29(20),1778–1780(1993).

[2] T. Ito, N. Yoshimoto, K. Magari, Kishi, and Y. Kondo, "Extremely low power consumption semiconductor optical amplifier gate for WDM applications" Electron. Lett. 33 (21), 1791 – 1792 (1997).

[3] S. Seki, T. Yamanaka, W. Lui, Y. Yoshikuni, and K. Yokoyama, "Theory analysis of pure effects of strain and quantum-well lasers," IEEE J. Quantum Electron. 30,500–510(1994).

[4] S. Kitamura, H. Hatakeyama, K. Hamamoto, T. Sasaki, K. Komatsu, and M. Yamaguchi, "Spot-size converter Integrated semiconductor optical amplifiers for optical gate application," IEEE J. Quantum Electron. 35,1067–1073(1999).

[5] K. Kato and Y. Tohmori, "PLC hybrid integration technology and its application to photonic components," IEEE J. Quantum Electron. 6,4–12(2000).

[6] M. Bachmann, P. Doussiere, J. Y. Emery, R. N. Go, F. Pommereau, L. Goldstein, G. Soulage, and A. Jourdan, "Polarization-insensitive clamped-gian SOA with integrated spot-size covertor and DBR gratings for WDM applications at 1.55um wavelength," Electron. Lett. 32,2076–2077(1996).

[7] R. Y. Zhang, J. Dong, F. Zhou, H. L. Zhu, H. Y. Shu, J. Bian, L. F. Wang, H. L. Tian, and W. Wang, "A novel polarization-insensitive semiconductor optical amplifier structure with large 3-dB bandwidth," in Optoelectronics, Materials, and Devices for Communications, T. P. Lee and Q. Wang, Eds., Proc. SPIE 4580,116–123(2001).

[8] R. Zhang, J. Dong, J. Zhang, Z. Feng, and W. Wang, "The theory analysis for semiconductor optical amplifier with large 3dB bandwidth," Chin. J. Semicond. 23(8), (2002).

[9] S. Kitamura, H. Hatakeyama, T. Tamanuki, T. S. K. Komatsu, and M. Yamaguchi, "Angled-facet S-bend semiconductor optical amplifiers for high-gain and large-extinction ratio," IEEE Photonics Technol. Lett. 11(7),788–790(1999).

第1讲　布拉格衍射效应在半导体光电子器件中的应用与发展

王　圩

（中国科学院半导体研究所，北京，100083）

摘要　文章对布拉格衍射效应在半导体光电子材料和光电子器件，特别是在光纤通信中的光电子器件的应用和发展进行了详细介绍。文中以布拉格光栅衍射效应的光反馈和选模功能为主线，逐一介绍了X射线双晶布拉格衍射技术在半导体材料、特别是在量子阱和应变量子阱超薄层晶体生长和质量控制方面的作用，介绍了内建布拉格光栅对光通信用光信号源的发展所起的重要作用，波导光栅在复用和解复用过程中的作用，以及光纤布拉格光栅在全光纤通信系统中的应用及发展等。

1　引言

1913年，英国物理学家W. H. 布拉格（William Henry Bragg）和他的儿子W. L. 布拉格（William Lawrence Bragg）发表了论文《X射线和晶体结构物理》[1]。在该文中，他们把晶体对X射线的散射现象用X射线受晶体中由点阵格点组成的一系列平行的晶面反射来解释：其入射的X射线的波长和晶面间距的比值可用一个简单公式中的入射角来算出。这就是著名的布拉格反射定律或称为布拉格散射（衍射）效应。由于布拉格反射定律如此简单，真实地描述了X射线在晶体中的衍射现象，使得布拉格反射定律在晶体物理研究领域中起着不可替代和无可估量的作用，布拉格父子亦因此于1915年荣获了诺贝尔物理学奖。在为布拉格父子颁奖庆典上，瑞典皇家科学院、诺贝尔物理学奖委员会主席G. Grangvist教授说：“感谢布拉格父子为研究晶体结构所发明的方法。它使我们步入了一个全新的世界，而且这个世界的一部分业已被精确地探测到了。这个方法以及用这个方法所得结果的重要意义还不在于其本身，而在于它的光辉未来。”

自布拉格衍射效应问世以来，近百年科学技术发展的纪录无时不在验证着当初Grangvist教授论断的正确性。本文将概括介绍近30年来在半导体光电子器件的发展中，布拉格衍射效应所起的重要作用；由此亦可佐证Grangvist教授对布拉格衍射效应“光辉未来”的评价的确是恰如其分的。

原载于：讲座，2004，33（8）：597-604.

2　布拉格衍射效应

布拉格父子把晶体对X射线的散射现象用X射线受晶体中由晶体格点所组成的一系列平行的晶面反射来解释：入射到晶面族上的平行单色光会受到晶面族的各层平行晶面反射（见图1），当该晶面族与入射光满足一定关系时，就会出现晶体对X射线的散射相干加强。以图1最上两层晶面为例，当被上下晶面所反射的光束的光程差等于入射光波长的整数倍时，此两束反射光束将会产生相干加强。设入射波长为λ，晶面间距为d，入射光与晶面的交角为θ，则可用简单的几何光学得到如下关系式：

$$2d\sin\theta = m\lambda \tag{1}$$

其中，m是正整数，它表征着衍射相干的级数。这个关系式充分地表达了晶体对X射线的散射（衍射）规律，是布拉格散射（衍射）效应的基本关系式，称为布拉格散射（衍射）方程。

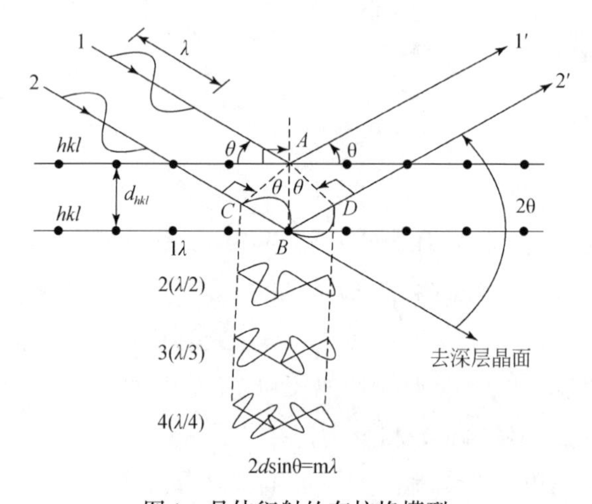

图1　晶体衍射的布拉格模型

布拉格方程是X射线晶体学的基本计算公式，也是在光电子器件研发领域中应用布拉格衍射效应的基本依据。

3　布拉格衍射效应在半导体材料制备中的应用

随着分子束外延（MBE）和金属有机化学气相沉积（MOCVD）超薄层生长技术的发展和完善，围绕着量子尺寸效应的半导体物理、材料和器件的研究得到了迅猛的发展。目前，利用量子阱、超晶格结构已开拓了划时代的半导体器件——量子效应器件。以量子效应为基础的半导体光电子器件的制备诸如：激光器和探测器用的多量子阱和应变量子阱结构、光开关和光放大器偏振不灵敏用的应变补偿量子阱结构以及低维量子线和量子点结构等，几乎全部是在材料制备中完成的；而基于布拉格衍射效应的 X 射线双晶衍射（XRD）技术是无损伤地研究晶体结构参数的最有效手段之一。因此，为了改善以量子效应为基础的半导体光电子器件的电学和光学特性，就必须利用 X 射线双晶衍射技术来检测器件的生长结构参数，以便予以控制和优化。

通过样品表面在布拉格角附近的摆动，就得到了 X 射线的衍射强度随样品摆动角度变化的 X 射线双晶衍射摇摆曲线（rocking curve）。分析所检测的摇摆曲线，我们可以获得样品结构的如下信息：

（1）从外延层和衬底的布拉格衍射峰的角距离（图 2），可以得到外延层的晶格失配应变 ε：

$$\varepsilon=\frac{a-a_0}{a_0}=\cot\theta_B\cdot\Delta\theta \tag{2}$$

其中，a 和 a_0 分别是外延层和衬底的晶格常数，θ_B 是衬底的布拉格衍射角，$\Delta\theta$ 是外延层和衬底的布拉格衍射峰的角距离（即两者布拉格衍射角之差）。

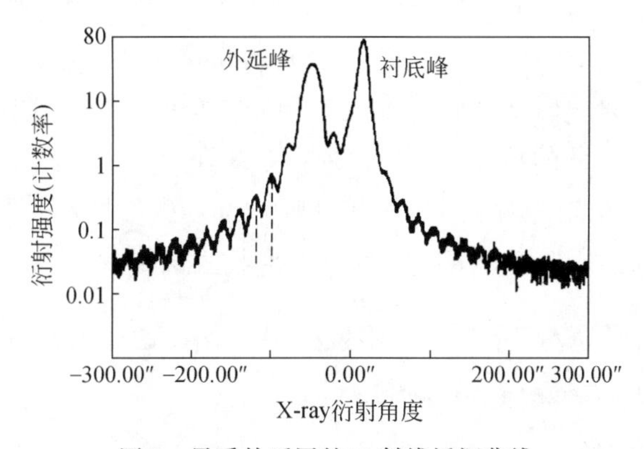

图 2　异质外延层的 X 射线摇摆曲线

从外延层相对于衬底的失配度也可用来判断外延层的应变属性（张或压应变）以及应变量的大小。

（2）从摇摆曲线的 Pendellösung 条纹周期（图 2）来判断外延层的质量和厚度。

X 射线会在异质外延材料之间的界面发生反射，如果外延层的结晶质量好、厚度均匀，则在外延层衍射峰的两侧会出现一系列周期性的条纹，这是 X 射线在异质界面产生的干涉条纹，通常把它称为 Pendellösung 峰条纹，也可称作厚度干涉条纹。该条纹越尖锐、越清楚，就表明该异质结的质量越好（界面平整、组分突变）。对于单层外延的厚度 t，可由该条纹间的夹角 $\Delta\theta_p$ 来算出：

$$t=\frac{\lambda}{2\cos\theta_B}\cdot\theta_p \tag{3}$$

式中，λ 为 X 射线波长；θ_B 为布拉格衍射角；$\Delta\theta_p$ 以弧度为单位。

（3）从多量子阱或超晶格结构的 X 射线双晶衍射谱的衍射卫星峰的级数来判断多量子阱（或超晶格）结构的质量，从卫星峰的角间隔 $\Delta\theta_s$（弧度）来判断多量子阱（超晶格）的周期 Λ：

$$\Lambda = \frac{\lambda}{2\cos\theta_B} \cdot \Delta\theta_s \tag{4}$$

卫星峰的半高宽β与多量子阱数成反比。理论上，各级卫星峰的β应该是相同的，但是当多量子阱的周期不均匀或界面粗糙时，卫星峰的β会随卫星级数的增加而加宽，抑或会使高级卫星峰消失。这可用来评估多量子阱（超晶格）的生长质量。

4　布拉格衍射效应在半导体光电子器件中的应用与发展

自1963年苏联的阿尔菲洛夫（Alfelov Z.）和美国的科洛埃默（Kroemer H.）提出采用异质结来限制半导体发光区的电子和光子泄漏的概念[2]（两人为此获2000年诺贝尔物理学奖）和1966年中国旅英学者高琨提出利用全反射的原理制备石英光纤作为导光介质[3]以后，人类开始步入了光纤通信时代。

在20世纪70年代末，光纤通信开始从0.8μm处的多模光纤传输演进为以InP基激光器为光信号源、以1.31μm零色散和1.55μm低损耗窗口的单模光纤为传输介质的实用化阶段。近十年来，由于吸收了现代半导体物理和半导体微细加工技术的成果，改善了半导体光电子器件的特性，使得光通信系统开始由第二代的光-电-光的传输模式向下一代（NGN）全光传输网过渡，其中所需的关键光电子部件多是以布拉格衍射效应为基础制作出来的。下面介绍最重要的几种典型器件。

4.1　分布反馈激光器/分布布拉格反射激光器（distributed feed back laser/distributed Bragg reflector laser）

在20世纪80年代初，用F-P腔InGaAsP/InP激光器作为光信号源时，光通信的带宽和通信的距离只能限制在几百兆赫和几十公里的范围之内，其原因是F-P腔面反射半导体激光器的激射模式为多纵模，通常其激射光谱的半宽多在50nm以上，单色性差。当使用这种多纵模激射的激光器作为荷载光信号的光源时，面对具有色散（在1550nm波段，群速度色散系数为17ps/nm/km）特性的普通光纤（G.652型），由于不同波长的光在其中传播速度不同，其所载荷的信号包络线就会在传播一定距离后发生严重畸变而失效，而且信号的调制速率越高，发生畸变就越早。

为了提高光通信的传输带宽和传输距离，就必须开发一种在高频调制下仍可单纵模工作的动态单模（DSM）激光器作为光信号源。对此，曾尝试了诸如超短腔[4]、解理耦合腔[5]等来提高纵模间的增益差，但均不理想。而理论与实践证明，在半导体激光器内部建立一个布拉格光栅结构，用光栅代替激光器的腔面来分布式地反馈光的激光器结构是一种理想的动态单模光源。

内建布拉格光栅的半导体激光器主要有两种：一种是布拉格光栅做在激光器的有源波导区内的分布反馈（DFB）激光器［图3（a）］；另一种是布拉格光栅作为反射器坐落在有源区两端的分布布拉格反射（DBR）激光器［图3（b）］。两种激光器的结构不同，但都是根据布拉格衍射效应和利用布拉格光栅来获得器件的动态单纵模工作特性。下面以 DFB 结构为例，概括阐述在半导体光电子器件研究领域，利用布拉格衍射效应进行选模和调相的基本工作原理。

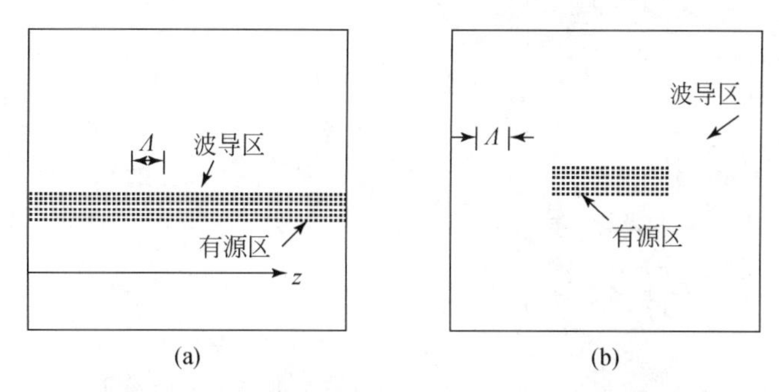

图 3 （a）分布反馈激光器；（b）分布布拉格反射激光器

图 3（a）中的周期性波纹代表着材料折射率在 z 方向的周期变化，如果这块带有光栅的薄层增益介质被夹在低折射率的材料之间，形成了一个平板波导区，则光的传播方向（沿 z 轴方向）与光栅垂直。布拉格方程（1）可改写为

$$\lambda=\frac{2n\Lambda}{m} \tag{5}$$

根据（5）式，只要确定了光栅的周期 Λ 和介质的有效折射率 n 之后，就可以定出 DFB/DBR 激光器的单纵模波长。

理论上可证明光栅的选模功能。图 3（a）中的介质材料组分沿 z 方向的周期变化所导致的折射率的变化可以用 $n(z)=n+\Delta n\cos(2\pi z/\lambda)$ 来描述；如果材料是增益介质，其增益系数也将按照 $g(z)=g+\Delta g\cos(2\pi z/\lambda)$ 周期地变化。当这一介质材料被夹在低折射率的材料之间而构成平板波导时，则对于被限制在波导层内的相向行进的两列光波的行为，可以利用耦合波方程来分析[6]，从光栅对器件有源波导区所构成的折射率和增益的微扰（Δn 和 Δg），解析出前进耦合波和回返耦合波的振幅，从而可以得到沿 z 方向上任一点的功率反射率（等于回返耦合波的振幅平方与前进耦合波的振幅平方之比）。以 $z=0$ 处的功率反射率为例[7]：

$$R(0)=\frac{\kappa^2\tanh^2(\gamma L)}{[\gamma+\alpha\tanh(\gamma L)]^2+\delta^2\tanh^2(\gamma L)} \tag{6}$$

其中，κ 是耦合系数；tanh 代表双曲正切函数；γ 是耦合波的复数相传播系数；L 是有源介质的腔长；α 是有源介质的平均损耗系数；δ 是相传播系数的偏差（$=2\pi/\lambda-2\pi/\lambda_b$）。图 4 是把 κ 和 α 作为参量，把 δ 作为变量画出的光栅的功率反射率与相传播系数偏差的关系曲线。从图中可以看出，只有在布拉格波长附近，光功率反射率才有极大值，如果在这种带有光栅的介质中传输的光波波长稍偏离布拉格波长，则反射率就会骤然下降（损耗骤然增大）。这显示了光栅的选模功能：只有和光栅所决定的布拉格波长相近的光才会被光栅反射加强。

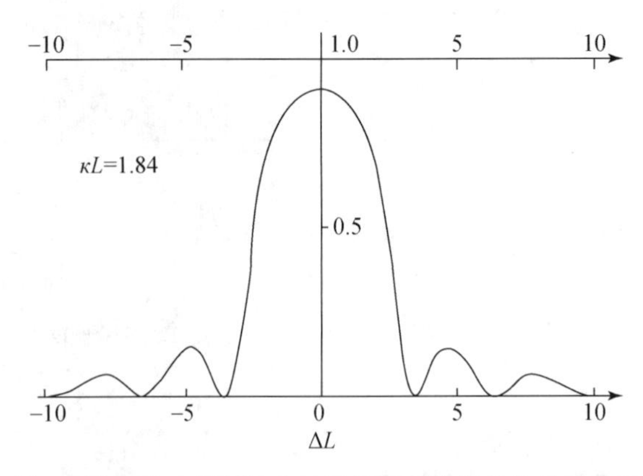

图 4　光栅的功率反射率与相传播系数偏差的关系曲线

自从 1981 年，以末松教授为首的东京工业大学研究小组研制成功第一只室温连续工作的 1.5μm InGaAsP/InP DFB 激光器[8]之后的 20 年中，陆续研制成功了增益耦合 DFB 激光器[9]、应变量子阱 DFB 激光器[10]、无制冷 DFB 激光器和抽运用大功率 DFB 激光器等。它们全部是以布拉格衍射效应为基础，针对器件的各种工作状态和不同的工作环境，采用各种结构满足和促进了实用的要求和发展。

4.2　波长可调 DFB/DBR 激光器

1987 年掺铒光纤放大器（EDFA）问世[11]，使得光通信业务上升了一个新的台阶。其重要意义不仅仅是用光-光取代了光-电-光中继再生，而且由于其增益谱的带宽几乎覆盖了光纤通信的整个 C 波段窗口（1530-1562nm），从而使早期人们设想的波分复用技术（WDM）变得现实可行了。近年来，随着光纤 Raman 放大器的开发[12]以及各种全波低损耗、低色散光纤的开拓成功[13]，使得 WDM 技术可以在 1270-1670nm 范围（S-C-L 波段）内应用。按照国际电联（ITU）所规定的密集波分复用的信道间隔是 100GHz（0.8nm）。也就是说，在一根光纤上可以有 500 个信道同时传送信号，目前已报道的最窄信道间隔是 25GHz（0.2nm），则信道数又可增为原来的 4 倍。如果采用离散的单一波长信号源，在 N 个信道的 WDM 系统的发送端至少需要有 N 个激光器。这样从系统的配置和成本上考虑都不经济，而且对每一个信道的激光器都要求严格地对准 ITU 限定的波长，且容差将随着信道间隔的变窄而更加苛刻，这在实用中是一个不易解决的难题。为此，早在 DFB/DBR 激光器问世不久，人们就开始研制波长可调的 DFB/DBR 激光器[14]。近十几年来，随着亚微米加工技术的进步，波长可调谐激光器得到了长足的发展。其中有代表性的包括：多段 DBR 结构激光器[15]、取样光栅（SG）结构激光器[16]、超结构光栅 DBR 结构（SSG-DBR）激光器[17]和 GCSR 结构（grating assisted codirectional coupler with rear sampled grating reflector）[18]激光器等。

可调波长激光器的基本工作原理也是以布拉格衍射效应为基础，通过改变注入布拉格光栅区的电流（根据等离子体效应）使光栅区的有效折射率发生改变，按（5）式，其布拉格波长也就会有相应的移动：

$$\frac{\Delta\lambda}{\lambda} \propto \frac{\Delta n}{n} \tag{7}$$

对于典型的三段（含增益区、调相区和 DBR 光栅区）电注入 DBR 可调波长激光器的波长可调范围在 17nm 左右[15]。它受到了该结构光栅调谐区的 $\Delta n/n$ 最大值的限制（在 1550nm 波段只有 1‰左右）。要进一步增大调谐范围，只能采用其他手段，例如采用空间滤波机制。取样光栅 SG-DBR 激光器、超结构光栅 SSG-DBR 激光器均属此类。

所谓取样光栅就是由一段均匀的布拉格光栅和一段平板波导所组成，而在有源区两端的 DBR 取样光栅的取样周期长度略有不同。则其反射谱是由两组周期稍有不同的梳状谱组成（图 5）。由于激光器前后两端的 SG 的取样周期不同，因而两组梳状光谱间隔也不相同。只有当两组中的某两个反射峰重合时，才能反射加强，则激光器会以此重合峰的波长激射，这种现象称为“游标对齐”（vernier）效应。当两个梳状反射谱在不同的注入电流下同时移动时，可以实现小范围内的连续调谐，并可以实现较宽范围的准连续调谐。通常其调谐波长范围可比电注入多段 DBR 激光器的大一个量级[16]。

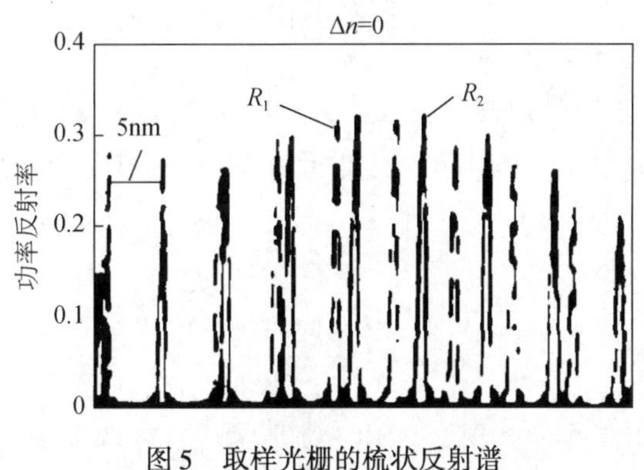

图 5 取样光栅的梳状反射谱

虽然波长可调激光器的产品化生产仍在开发之中，但它在新一代全光网中的应用已提到了日程上来。例如，用它作为全光网中的光滤波器、波长变换器、光学路由器等。

4.3 垂直腔面发射激光器（VCSEL）

日本东京工业大学的伊贺建一教授于 1977 年首次提出了面发射激光器（SEL）的设想。面发射激光器的出光方向垂直于有源区的界面，因而可以使用平面工艺做成二维的列阵器件，在高速大容量光纤通信、光的并行处理和光互连等方面有着不可估量的应用价值。

从 1979 年研制出第一只 77K 下脉冲激射的垂直腔面发射激光器（VCSEL）[19]的

10 年后才实现了 GaAlAs/GaAs VCSEL 的室温脉冲激射[20]。主要是面发射激光器的增益区很薄（亚微米量级），比起边发射激光器的有源谐振腔长至少要小两个量级。因此，要求 VCSEL 有源区的谐振腔面有高的光反射率才能实现受激放大作用。直到 1989 年，利用 MBE 超薄层生长技术，在面发射激光器有源区的上下界面处生长了布拉格光栅反馈区（图 6），才取得了 GaAlAs/GaAs VCSEL 可室温低阈值连续工作[21]的突破。

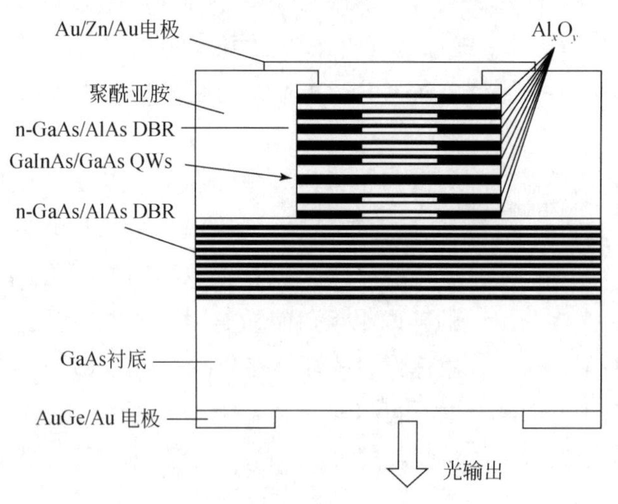

图 6　垂直腔面发射激光器示意图

通常，VCSEL 的布拉格光栅反馈区是由高折射率的材料（n_1）和低折射率的材料（n_2）交替重复地组成，每一个周期的高低折射率层的厚度要严格地设计为 $h_1=\lambda/4n_1$ 和 $h_2=\lambda/4n_2$。对于由（$2k+1$）层［即（$k+1$）/2 个周期］所组成的 DBR 反射区，其反射率可以表示为

$$R_{2k+1}=1-\frac{4n}{n_1^2}\cdot\left(\frac{n_2}{n_1}\right)^{2k} \tag{8}$$

其中，n 代表衬底的折射率；k 表示 DBR 的周期数。由（8）式可知，组成一个 DBR 周期的两种材料的折射率差越大，DBR 周期数越多，其反射区的反射率就越接近于 1。近几年正在研发一种和 GaAs 晶格近于匹配的 GaInNAs 材料作为有源区，它可以用折射率差大的 GaAs/AlAs 对作为 DBR 反射区，以便得到高 T_0 的 1310nm VCSEL 器件[22]。

4.4　增强型光电探测器（resonant cavity enhanced photodiode）

在高速光通信系统和测试系统中，通常需要高性能的光电探测器。传统光电探测器采用垂直照射进入的方式，设计时需要在量子效率 η 和响应带宽 B 之间进行权衡：量子效率 η 随吸收层厚度的增加而加大，但响应带宽 B 随吸收层厚度的增加而减小。有两种方法可以解决上述矛盾：①采用波导型光电探测器，光从侧面耦合入探测器，长的波导吸收区可以提高量子效率 η，采用行波电极以增加响应带宽 B。②采用谐振腔增强型光电探测器，光仍垂直照射，吸收层被包含在一个含有 DBR 反射器的谐振腔内，由于光在谐振腔内被往返反射吸收，在采用同样厚度的吸收层的情况下，相对于传统的光电探测器而言，RCE-PD 可以极大地提高量子效率 η。

图 7 是 InP 基长波长谐振腔增强型光电探测器的结构示意图。与垂直腔面发射激光器类似，RCE-PD 通常采用 1/4 波长厚度层的布拉格光栅作为底端反射镜，可提供 90% 左右的镜面反射率。对于 GaAs 基材料而言，该光栅通常采用 GaAs/AlAs 周期结构；对于 InP 基材料而言，该光栅通常采用 InAlAs/InGaAlAs 周期结构。与 VCSEL 类似，在 DBR 对应的谐振波长处，量子效率达到最大值[23]。RCE-PD 可以用来实现波长解复用功能。通过改变谐振腔厚度，使谐振波长发生变化，改变量子效率最大值对应的波长位置，实现波长解复用[24]。

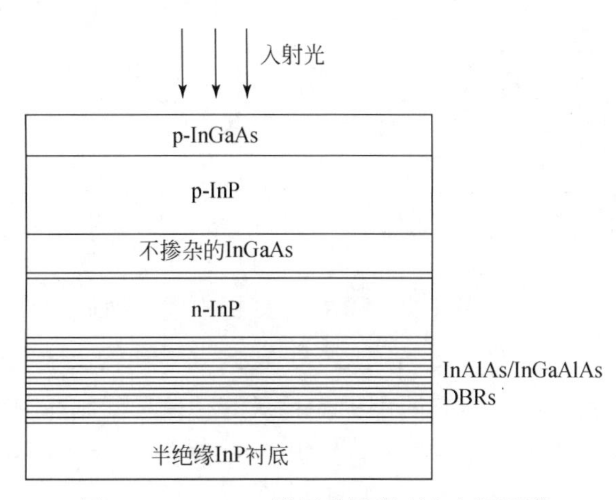

图 7 InP/InGaAs 谐振腔增强型光电探测器

4.5 阵列波导光栅（array waveguide grating）

复用器和解复用器是光通信中波分复用（WDM）技术的关键部件，能实现波分复用/解复用的器件包括棱镜、干涉性滤波片、全息光栅、光纤耦合器、光纤光栅、刻槽光栅、多模波导干涉器件、马赫-曾德干涉器件、声光可调滤波器、波导光栅等。其中衍射光栅型器件，如刻槽光栅和波导光栅，能同时处理多个波长，且易于将器件的通道数按比例扩大，在 WDM 技术应用中占有优势，特别是阵列波导光栅（AWG）型波分复用/解复用器，因其设计简单、制造成本低和性能优越而成为 DWDM 系统的首选技术。该器件集成度高，一块基片上可将几十甚至上百路光信号耦合或分离出来，具有良好的应用前景。

1882 年，罗兰（Rowland）提出凹面光栅的成像原理[25]，他引进的凹面光栅如图 8 所示，设 Q 是光栅面的中点，C 是它的曲率中心，并以 QC 的中点 O 为圆心，以 $r=OQ=OC$ 为半径作一个圆 K，称为罗兰圆，而把凹面光栅所在的圆称为光栅圆。凹面反射光栅的特点是具有光栅和凹面镜的双重性，既可提供衍射，又可聚焦成像，而且无彗像差（即光程差的三阶导数在某一个波段为零）。可以证明：从罗兰圆 K 上任一点 S 出射的光将被反射到圆上另一点 P，并同时被衍射到圆上另一些点 P'，P''，…，这些点分别是按顺序衍射光线的焦点。

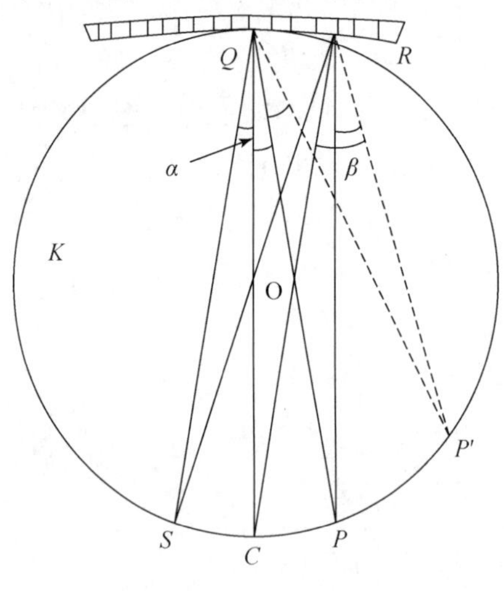

图 8　罗兰圆示意图

1988 年，施密特（Smit）基于凹面光栅原理提出了阵列波导光栅[26]。阵列波导光栅将凹面光栅的反射式结构拉成传输式结构，输入波导和输出波导分开，用波导对光进行限制和传导，取代光在自由空间中的传播。这种传输式结构可在光传播中引入一个较大的光程差，使光栅工作在高阶衍射，提高光栅的分辨率。图 9 给出了 AWG 波分复用/解复用的结构示意图。

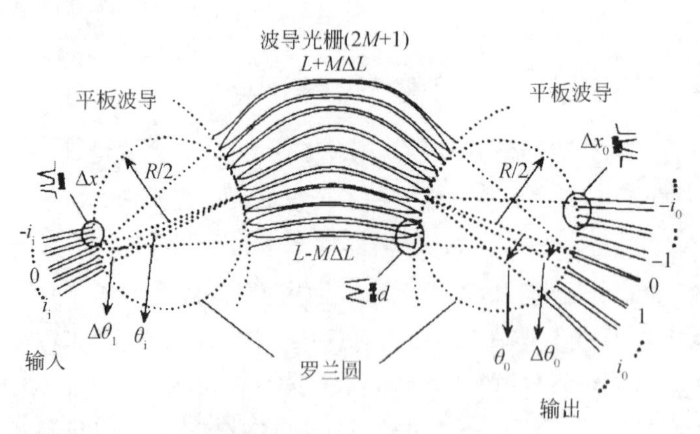

图 9　阵列波导光栅结构示意图

该器件用于解复用器时，复色光波（λ_1，λ_2，λ_3，…，λ_N）耦合进入某一输入波导，到达平板波导后因对不同波长的光的折射率不同而引起色散衍射，各波长沿各自的衍射角投射到阵列波导区的各输入端口。当衍射光通过以 ΔL 递增/递减的一组弯曲波导阵列并经平板波导到达输出端的端口后，会产生光程差：①对于波长为 λ_N 的光波，满足光栅方程（9）式的各级衍射光将相干加强地会聚在相应的输出波导端口：

$$n_{es}M_i d\sin(\theta_{Mi})_I + n_{ea}(M_i\Delta L + L) + n_{ea}M_i d\sin(\theta_{Mi})_O = m\lambda_N \quad (9)$$

其中，$M_i = 0$，±1，±2，±3，…，±M 是弯曲阵列波导的序号数；$N = 1$，2，3，…，N 是复色波的各波长的标号；$m = 1$，2，3，…是波长的整数倍；n_{es}，n_{ea} 分别是平板波导和阵列波导对波长 λ_N 的有效折射率；$(\theta_{M_i})_I$ 是输入波导的任一输入端口与中心端口到达阵列波导输入端的中心端口的夹角；$(\theta_{M_i})_O$ 是阵列波导输出端的中心端口到达输出波导的中心端口和任一输出端口的夹角。②对于不同的波长，由于有效折射率 n_{eN} 不同，则满足每个波长的各级衍射光的相干加强条件不同，于是不同波长的光波被聚焦到不同的输出波导端口，从而完成了解复用功能。由于 AWG 波分复用/解复用的结构是对称的，所以它的逆向就是复用器。

AWG 是构筑 WDM 子系统的主要模块，利用它可构筑上/下路器、波长互联开关、可调谐激光器列阵、可调谐探测器列阵等。

4.6　光纤布拉格光栅（FBG）

1978 年，西尔（Hill K. O.）等发现，当用紫外光照射重掺锗的光纤芯部时，其芯部的折射率会发生永久性改变[27]。后来，人们发现通过高压载氢处理过的普通光纤也具有这种光敏性质[28]，特别是在发明了掩膜版衍射写入光栅技术[29]后，使得采用全息曝光技术在光纤上制作各种波长的布拉格光栅成为可能。

（1）光纤的色散补偿和脉冲压缩。

目前，全世界已铺设的干线光纤多半为 G. 652 型，在其 1550nm 低损耗窗口的色散是 17ps/nm/km。这将限制着光纤的传输容量和传输距离。为了消除其影响，利用线性啁啾布拉格光纤光栅进行色散补偿是一种最有效的方法。光纤光栅色散补偿的原理如图 10 所示。啁啾光栅的周期是线性变化的，当脉冲光信号通过线性啁啾光纤光栅时，每一点都对应着一个特定的布拉格波长的光栅。光纤中传播的信号长波长分量在光栅的起始端被长周期的光栅反射，而传播的信号短波长分量将在光栅的远端（短周期光栅处）被反射，则短波长的信号分量将比长波长信号分量的时延长，从而实现了信号脉冲的压缩，对光纤固有的色散特性进行了均衡补偿。

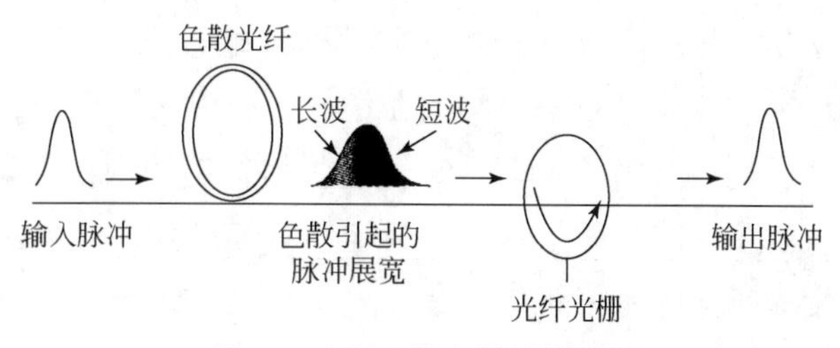

图 10　光纤光栅色散补偿原理

线性啁啾光栅还可以用来补偿因光纤的非线性自相位调制所引起的脉冲展宽。另外，为了避免掺铒光纤放大器（EDFA）的增益饱和，可以先在光的传输路径上倒向使用线性啁啾光纤光栅，使信号脉冲展宽，经 EDFA 放大后，再正向使用线性啁啾光纤光栅，使信号脉冲再压缩。

（2）由于光栅的选模特性，光纤光栅在波分复用系统中是一种优异的窄带、高反射率滤波器，并由此应用于多种功能部件中，例如用作波分复用器[30]、光分插（add/drop）复用器[31]。

（3）光纤光栅作为特定波长的反射器，例如：

（a）用光纤光栅作为反射器的外腔半导体激光器[32]。它除了具有外腔激光器的窄线宽特点外，还可在半导体超辐射管的增益谱范围内选用适当的光栅周期，精确地得到由国际电联（ITU）所规定的波分复用波长系列。

（b）用光纤光栅作为 F–P 腔的反射器，以构成光纤激光器。把掺铒或掺铱的光纤作为增益介质（后者的吸收截面大，光抽运效率高），在其两端熔接上光纤光栅，所形成的光纤激光器具有窄线宽、波长稳定的优点；而且，可通过机械应力改变光纤光栅的周期来调谐激光器的输出波长，其连续可调范围可达 40nm 以上[33]。

（c）用和垂直于光纤导光方向的光纤截面有小交角的光纤光栅，使得掺铒光纤放大器中的 1520nm 强增益峰有所衰减，以达到增益峰的平坦化；同时利用和抽运光相应的光纤光栅的反馈，以提高抽运效率。

（d）根据光纤的三阶非线性受激拉曼散射（即光波通过光纤时，被光纤中振动的原子所调制而产生前向和后向的频移波）的频移间隔较宽（几十个 THz），覆盖了光纤的低损耗传输窗口（S + C + L 波段），可利用和输入的抽运光相应的光纤光栅来提高抽运效率，用多对光纤光栅作为拉曼散射光的反射器和用与输出的被放大的光相应的光栅作为该波长的布拉格反射器[34]，由此可制备光纤通信全波段的光纤拉曼放大器。

另外，光纤光栅以波长的变化参量作为探测物体的应力、振动、压力和温度等的敏感元件，在军事和民用领域都有重要的实用价值，这里限于篇幅就不再展开介绍了。

5　结束语

本文仅对布拉格衍射效应在半导体光电子材料和光电子器件，特别是光纤通信中用的光电子器件的应用和发展进行了详细的介绍。文中以布拉格光栅衍射效应的光反馈和选模功能为主线，逐一介绍了 X 射线双晶布拉格衍射技术在半导体材料、特别是在量子阱和应变量子阱超薄层晶体生长和质量控制方面的作用；内建布拉格光栅对光通信用光信号源的发展所起的重要作用；波导光栅在 WDM 系统中复用解复用所起的重要作用；光纤布拉格光栅在全光纤通信系统中的应用及发展等。正如本文所述，布拉格衍射效应自 20 世纪初问世至今，始终是半导体材料、半导体光电子器件发展的重要物理基础。随着科学技术的进步，半导体光电子材料和半导体光电子器件正在向着功能集成化方向发展，相信布拉格衍射效应将为半导体光电子集成的研究与发展继续开拓出创新的成果。

致谢

本文的初稿曾和王玉田教授进行了深入的讨论，有些内容已参考他的意见作了修改；在初稿内容、插图的选取以及参考文献的整理和校对中，得到了张靖和张瑞英博士的帮助，谨此一并致谢。

参考文献

[1] Bragg W H. Proc. Roy. Soc. (A),1913,88 :428 ;Bragg W L. Proc. Camb. Soc. ,1913,17:43.

[2] Alferov Zh I,Kazarinov R F,Semiconductor Laser with Electrical Pumping,USSR Patent 8173;Kroemer H. Proc. IEEE,1963,51:1782.

[3] Kao K C,Hockham G A. Proc. IEEE,1966,133 :1151.

[4] Burrus C h et al. Electron. Lett. ,1981,17 :954.

[5] Tsang W T et al. IEEE J. Quantum Electron. ,1983,42:650.

[6] Yariv. IEEE J. Quantum Electron. ,1973,QE–9 :. 919 ;Wang S. IEEE J. Quantum Electron. ,1974, QE–10 :413 ;Strifer W et al. IEEE J. Quantum Electron. ,1977,QE–13 :134.

[7]王守武主编. 半导体器件研究与进展(三). 北京:科学出版社,1995. 174 [Wang S W ed. The Research and Progress on Semiconductor Devices. Beijing:Science Press,1995. 174(in Chinese)].

[8] Utaka K et al. IEEE J. Quantum Electron. ,1981,QE-17 :651.

[9] Nakano Y et al. Appl. Phys. Lett. ,1989,55:1606.

[10] Thijs J J A et al. J. lightwave Technology,1994,12 :28.

[11] Desurvire E et al. Opt. Lett. ,1987,23 :1026.

[12] White A E et al. Opt. Fiber Telecommunications,1997,Vol. IIIB:267.

[13] Alferness R et al. Bell Labs Technical J. ,1999(Jan. Mar.):188.

[14] Yamaguchi M et al. Electron. Lett. ,1985,21(2):63.

[15] Delorme F et al. IEEE J. Selected Topics in Quantum Electron. ,1997,3:607.

[16] Jayaraman V et al. IEEE J. Quantum Electron. ,1993,29:1824.

[17] Tomori Y et al. IEEE J. Quantum Electron. ,1993,29 :1817.

[18] Lavrova et al. J. Lightwave Technology,2000,18 :1492.

[19] Soda H,Iga K,Kitahara C et al. Jpn. J. Appl. ,1979,18:2329.

[20] Koyama F,Kinoshita S,Iga K. Appl. Phys. Lett. ,1989,55:221.

[21] Geels R,Coldren L A. 12th IEEE Int. Semiconductor Laser Conf. ,1990,Vol. B–1:16.

[22] Miyamoto T,Takeuchi K,Koyama F et al. IEEE Photon. Technol,Lett. ,1997,9:1448.

[23] Kimukin I et al. IEEE Photonic Technology Letters,2002,34:366.

[24] Unlu M,Strite S. Journal of Applied Physics,1995,78:607.

[25] Rowland H A. Phil. Mag. ,1982,13:467.

[26] Smit M K. Eletron. Lett. ,1988,24:385.

[27] Hill K O et al. Appl. Phys. Lett. ,1978,32:647.

[28] Lemaire P J et al. Electron. Lett. ,1993,29:1191.

[29] Hill K O et al. Appl. Phys,Lett. ,1993,62 :1035.

[30] Mirzrahi V et al. Electron. Lett, ,1994,30:780.

[31] F. Bilodeau et al. IEEE P. T. L. ,1995,7 :388.

[32] Kashyap R. Electro. Lett. ,1994,30:1065.

[33] Ball G A et al. Opt. Lett. ,1994,19:1979.

[34] Grubb S G et al. Proc. Optical Amplifier and Their Application. Davos,Switzerland,1995.

A 1.3μm Low-Threshold Edge-Emitting Laser with AlInAs-Oxide Confinement Layers

Liu Zhihong, Wang Wei, Wang Shurong, Zhao Lingjuan, Zhu Hongliang, Zhou Fan, Wang Lufeng and Ding Ying

(Optic-Electronic Research and Development Center, Institute of Semiconductors, The Chinese Academy of Sciences, Beijing, 100083, China)

Abstract A 1.3μm low-threshold edge-emitting AlGaInAs multiple-quantum-well (MQW) laser with AlInAs-oxide confinement layers is fabricated. The Al-contained waveguide layers upper and low the active layers are oxidized as current-confined layers using wet-oxidation technique. This structure provides excellent current and optical confinement, resulting in 12.9mA of a low continuous wave threshold current and 0.47W/A of a high slope efficiency of per facet at room temperature for a 5-μm-wide current aperture. Compared with the ridge waveguide laser with the same-width ridge, the threshold current of the AlInAs-oxide confinement laser has decreased by 31.7% and the slope efficiency has increased a little. Both low threshold and high slope efficiency indicate that lateral current confinement can be realized by oxidizing AlInAs waveguide layers. The full width of half maximum angles of the AlInAs-oxide confinement laser are 21.6° for the horizontal and 36.1° for the vertical, which demonstrate the ability of the AlInAs oxide in preventing the optical field from spreading laterally.

1 Introduction

The long-wavelength semiconductor lasers emitting at 1.3μm are very attractive for access networks and optical interconnects. They are required to meet several demands including superperformance, long-term reliability, low cost, and so on. Especially, the temperature characteristic of GaInAsP semiconductor lasers is poor due to the Auger recombination current and the thermal leakage current[1]. As for active layers, there are some materials investigated for an emission wavelength at 1.3μm, and some of them are reported on super performance[2-4]. As a promising one among them, AlGaInAs strained MQW lasers are developed. AlGaInAs MQW lasers have a large ΔE_c of conduction band offset, which can efficiently suppress the carriers' thermal leakage. So low threshold current, high efficiency,

原载于：Chinese J. Semiconductors, 2004, 25(6): 620-625.

and high characteristic temperature can be obtained.

On the other hand, conventionally there are mainly two types of structures used in edge-emitting lasers to prevent the lateral current from spreading, that is the ridge waveguide (RWG) structure and the buried heterostructure (BH). The RWG lasers' processes are simple but their threshold currents are high due to the poor lateral current confinement. The BH lasers are widely used as the long-wavelength optical sources to meet the requirement of stable transverse mode beam, low threshold current, and so on. However, the fabrication process of the BH lasers is very complicated because one or more regrowth steps and precise control of the active width as narrow as approximately 1.5μm are needed. Except for that, there is a serious oxidation problem for the Al-contained active layers when they were etched to be a reverse mesa before the buried process.

Recently, there has been great interest in applying a buried layer of native oxide to opto-electronic devices because of the native oxide's insulation and low refractive index. The native-oxide of Al-contained Ⅲ-Ⅴ alloys provides both electronic and optical confinement making it possible to fabricate low threshold, high efficiency lasers. In addition, it simplifies the process of the laser fabrication. For vertical-cavity surface-emitting lasers (VCSELs), the native-oxide of AlAs has been employed in DBR structures[5], or in current constriction[6-8]. For edge-emitting lasers, as for GaAs-based devices, the native-oxide of AlAs has been utilized to fabricate stripe-geometry lasers[9] and index-guided lasers[10]. With InP-based long-wavelength edge-emitting lasers, structures with an inner AlAs or AlInAs oxide layer as current confinement have been reported[11, 12]. In the edge-emitting lasers, the Al-contained layers are inserted into the upper cladding layer or the lower cladding layer or both, located away from the active layers for preventing the degradation of the active region.

In this paper, we report a 1.3μm low-threshold edge-emitting AlGaInAs MQW laser with AlInAs-oxide confinement layers. It is different from the structures reported before; we made the AlInAs waveguide layers oxidized for the current and optical confinement directly. This work is very challenging and seems to be very attractive because of its simpler structure. The AlInAs-oxide confinement laser had obtained 12.9mA of a low continuous wave (CW) threshold current, 0.47 W/A of a high slope efficiency per facet, 21.6° of a horizontal far-field FWHM angle, and 36.1° of a vertical farfield FWHM angle at room temperature for a 5μm-wide current aperture. Compared with the RWG laser, the AlInAs-oxide confinement laser had much lower threshold current, increased slope efficiency, and a relative large horizontal far-field FWHM angle. All these characteristics demonstrated that the AlInAs-oxide can provide excellent lateral current confinement and optical field confinement.

2 Device design and fabrication

Fig. 1 shows a schematic diagram of the AlInAs-oxide confinement laser. All the heterostructure layers were grown by low-pressure metalorganic vapor phase epitaxy on an InP substrate. The active region included six AlGaInAs quantumwell layers and was sandwiched by a pair of 100-nm-thick $In_{0.47}Al_{0.53}As$ waveguide layers. A pair of 1.5-μm-thick InP cladding layers was located on and below the active region. A 50-nm-thick $Ga_{0.1}In_{0.85}As_{0.05}P$ etch-stop layer was inserted in the p-InP cladding layer and 100nm away from the active region to facilitate the RWG structure fabrication. A 50-nm-thick p^+-$Ga_{0.18}In_{0.71}As_{0.11}P$ barrier reduction layer was grown at the top of the upper p-InP cladding layer followed by a 100nm $In_{0.53}Ga_{0.47}As$ cap layer.

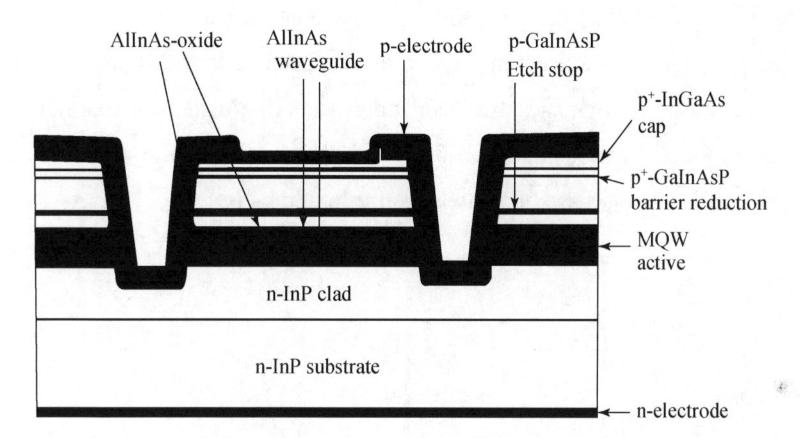

Fig. 1 Schematic diagram of the AlInAs-oxide confinement laser

After growth, a layer of 150nm SiO_2 was deposited on the crystal surface. The SiO_2 layer was then patterned into 20-μm-wide stripes using standard photolithographic techniques. These SiO_2 stripes served as etching mask for wet-chemical etching to define the mesa by etching away the InGaAs cap layer, the GaInAsP barrier reduction layer, the 1.5-μm-thick p-InP cladding layer, the GaInAsP etch-stop layer, the active region and part of the n-InP cladding layer. Then the edges of the upper and lower 100-nm-thick $Al_{0.53}In_{0.47}As$ waveguide layers were exposed. The wafer was then immediately placed in an oxidation furnace at 520℃ supplied with pure nitrogen flow bubbled through water at 90℃. The oxidation rate was around 0.06–0.09 μm/min. After about 90min, the nitrogen carrying saturated H_2O vapor was stopped, and the wafer was annealed in dry N_2 for about 30min. The oxidized wafers were covered with 350nm SiO_2 film, and the contact window was opened by CF_4 dry etching. The wafers were lapped and polished for about 100μm of thickness. The samples were then metallized with Ti/Pt/Au for p contact and Au/Ge/Ni for n contact and then alloyed. Finally, the lasers were cleaved, sawed, and mounted on the In-coated copper heat sinks(p side up)for device characterization.

For comparison, a RWG laser with the same wafer and same wide ridge as that of the AlInAs-oxide confinement laser's current aperture was fabricated. But there was a difference from the AlInAs-oxide confinement laser like that, the ridge mesa of RWG was etched down to GaInAsP etched stop layer only.

3 Results and discussion

Fig. 2 and Fig. 3 show separately the typical spectra of the AlInAs-oxide confinement laser and the RWG laser. It can be seen that no evidential shift of emission wavelength is introduced due to the oxidizing of the AlInAs waveguide layer. Both of two types of lasers obtained 1.3μm emission wavelength, and their emission intensities were of no evidential difference too. There is no evidence that can indicate any influence of oxidizing the AlInAs waveguide layers for the microstructure of the quantum wells in the active layers. But this issue needs to be further discussed by investigating other facts.

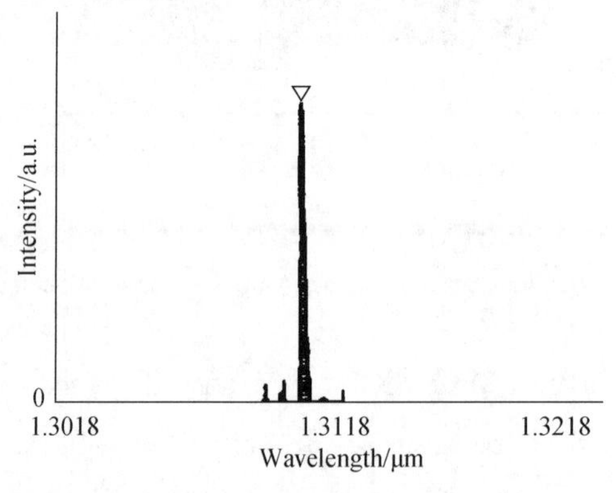

Fig. 2　Lasing optical spectrum from RWG laser at 38mA driving current

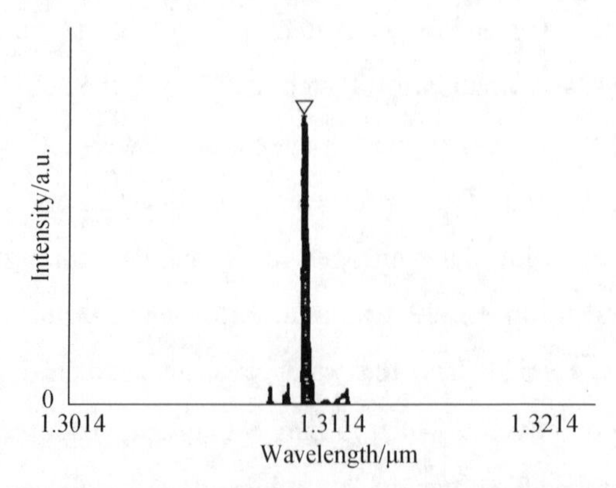

Fig. 3　Lasing optical spectrum from AlInAs-oxide confinement laser at 38mA driving current

The typical light output power versus current (*P-I*) characteristics of 300-μm-long AlInAs-oxide confinement lasers and 300-μm-long ridge waveguide lasers under CW operation are shown in Fig. 4. The AlInAs-oxide confinement laser diode has 12. 9mA of a threshold current and 0. 47W/A of a slope efficiency per facet, while the RWG laser diode has 18. 9mA of a threshold current and 0. 45W/A of a slope efficiency per facet. The threshold current of the AlInAs-oxide confinement laser diode is decreased by 31. 7% and the slope efficiency is increased a little compare with those of the RWG laser diode. These data show that the AlInAs-oxide in the AlInAs-oxide confinement laser had indeed provided a good confinement for the lateral current expanding in the active region. Lower threshold current and higher slope efficiency of the AlInAs-oxide confinement laser diode would be obtained if high-reflection(HR) facet coatings were used.

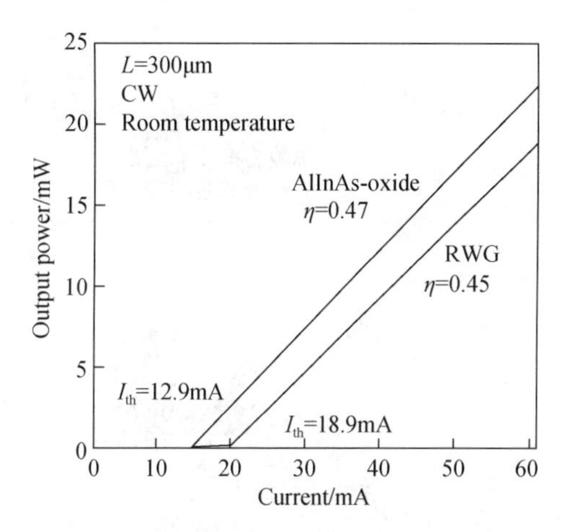

Fig. 4 Room temperature CW light output power versus injection current(*L-I*) characteristics of the AlInAs- oxide laser and the RWG laser

Fig. 5 and Fig. 6 show the far-field patterns of the RWG laser and the AlInAs-oxide confinement laser. All diodes were measured under 40mA direct current(DC) driving current at room temperature. The FWHM angles of the AlInAs-oxide confinement laser are 21. 6° for horizontal and 36. 1° for vertical. And the FWHM angles of the RWG laser are 13. 9° for horizontal and 32. 8° for vertical. The larger difference of the parallel far field to the junction plane of them demonstrates that there is a different lateral optical field confinement between the AlInAs-oxide structure and the RWG structure, The refractive index of AlInAs is about 3. 23, while the one of AlInAs-oxide is about 2. 51 for 1310nm light wave[13]. And the difference between the refractive index of the oxidized AlInAs waveguide and that of the un-oxidized AlInAs waveguide poses the different effective refractive index in the active region. So, a lateral effective index step is formed in the active region. Together with the large lateral index step in the waveguide, the AlInAs-oxide confinement structure provides a stronger confinement for the lateral optical field than the RWG structure. Therefore, the AlInAs-oxide confinement laser has a larger far-field FWHM angle in horizontal direction. On the other hand, there is no any change in the active layers and the waveguide layers vertical to the junction plane for both structure, so the vertical far-field FWHM angle of the AlInAs-oxide confinement laser is not evidently different from that of the RWG laser.

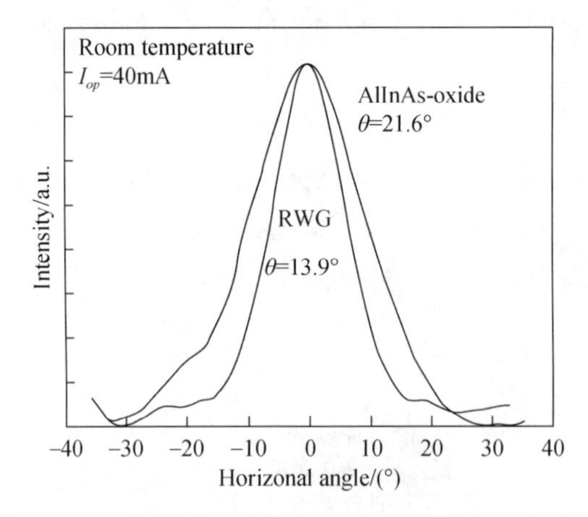

Fig. 5　Far field patterns of AlInAs-oxide laser and RWG laser in horizonal direction

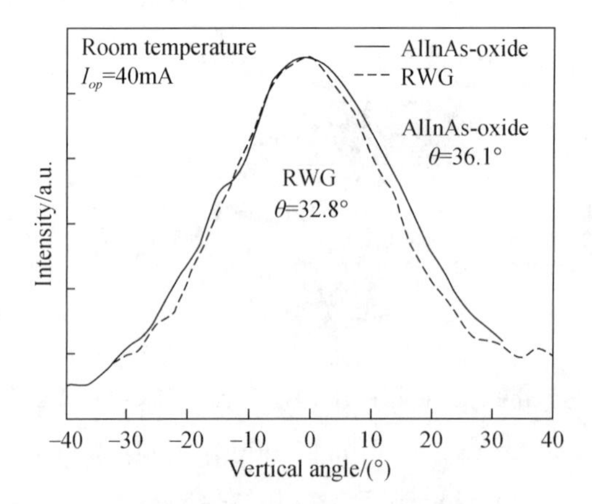

Fig . 6　Far field patterns of AlInAs-oxide laser and RWG laser in vertical direction

4　Conclusion

A 1.3μm low-threshold edge-emitting AlGaInAs MQW laser with AlInAs-oxide confinement layers has been fabricated. The Al-contained up and low waveguide layers have been oxidized as current-confined layers to confine the lateral current and the lateral optical field. The threshold current of the AlInAs-oxide confinement laser has been decreased by 31.7% compared with the RWG laser and the slope efficiency has been increased a little.

The FWHM angles of the AlInAs-oxide confinement laser are 21.6° for the horizontal and 36.1° for vertical. The low threshold current, high slope efficiency, and large horizontal far-field FWHM angle indicate that the lateral current and optical confinement could be realized by oxidizing AlInAs waveguide layers. Supper performance would be obtained with the structure and the fabrication processes would be optimized.

Acknowledgement

The authors would like to thank Qiu Weibin, Hu Xiaohua, Kan Qiang, Zhang Jing, Zhang Ruiying, Li Baoxia, Xu Yao etc. for their valuable discussions, Tian Huiliang, Shu Huiyun, Wang Baojun, Bian Jing, An Xin, Cai Shiwei etc. for their enthusiastic support.

References

[1] Braithwaite J, Silver M, Wilkinson V A, et al. Role of radiative and nonradiative processes on the temperature sensitivity of strained and unstrained 1.5-μm InGaAs(P) quantum well lasers. Appl Phys Lett, 1995, 67(24):3546.

[2] Zah C E, Bhat R, Pathak B N, et al. High-performance uncooled 1.3-μm $Al_xGa_yn_{1-x-y}$ As/InP strained-layef quantum-well lasers for subscriber loop applications. IEEE J Quantum Electron, 1994, 30:511.

[3] Shoji H, Nakata Y, Mukai K, et al. Lasing characteristics of self-formed quantum-dot lasers with multistacked dot layer. IEEE J Sel Topics Quantum Electron, 1997, 3:188.

[4] Kondow M, Uomi K, Niwa A, et al. GalnNAs: A novel material for long-wavelength-range laser diodes with excellent high-temperature performance. Jpn J Appl Phys, 1996, 35:1273.

[5] MacDougal M H, Dapkus P D, Pudikov V, et al. Ultralow threshold current vertical-cavity surface-emitting lasers with AlAs oxide-GaAs distributed Bragg reflectors. IEEE Photonics Technol Lett, 1995, 7:229.

[6] Huffaker D L, Deppe D G, Kumar K, Native-oxide defined ring contact for low threshold vertical-cavity lasers, Appl Phys Lett, 1994, 65:97.

[7] Yang G M, MacDougal M H, Dapkus P D. Ultralow threshold current vertical-cavity surface-emitting lasers obtained with selective oxidation. Electron Lett, 1995, 31(11), 886.

[8] Choquette K D, Geib K M, Ashby C I H, et al. Advances in selective wet oxidation of AlGaAs alloys. IEEE J Sel Topics Quantum Electron, 1997, 3(3):916.

[9] Maranowski S A, Sugg A R, Chen E I, et al. Native oxide top-and bottom-confined narrow stripe p-n Al_yGa_{1-y}AsGaAs-In_xGa_{1-x}As quantum well heterostructure laser. Appl Phys Lett, 1993, 63:1660.

[10] Cheng Y, Dapkus P D, MacDougal M H, et al. Lasing characteristics of high-performance narrow-stripe InGaAs-GaAs quantum-well lasers confined by AlAs native oxider. IEEE Photonics Technol Lett, 1996, 8:176.

[11] Ohnoki N, Mukaihara T. Hatori N, et al. Proposal and demonstration ol AlAs-oxide confinement structure lor InP-based long wavelength lasers. Jpn J Appl Phys, 1997, 36(1A):148.

[12] Iwai N, Mukaihara T, Yamanaka N, et al. High-performance 1.3-μm InAsP strained-layer quantum-well

ACIS(Al-oxide confined inner stripe) lasers, IEEE J Sel Topics Quantum Electron, 1999, 5(3): 694.
[13] Yokoi H, Mizumoto T, Sakurai K, et al. Optical isolator with AlInAs-oxide cladding layer employing nonreciprocal radiation mode conversion. In: Technical Digest, 8-th Microoptics Conference (MOC 2001), Oosaka, Japan, 2001, H11: 170.

MOVPE growth of grade-strained bulk InGaAs/InP for broad-band optoelectronic device applications

Shurong Wang[a, b], Wei Wang[a], Hongliang Zhu[a], Lingjuan Zhao[a], Ruiyin Zhang[a], Fan Zhou[a], Huiyin Shu[a], Lufeng Wang[a]

([a] National Research Center of Optoelectronic Technology, Institute of Semiconductors, The Chinese Academy of Science, Beijing 100083, China;

[b] Institute of Solar Energy, Yunnan Normal University, Kunming, 650092, China)

Abstract In this paper we present a novel growth of grade-strained bulk InGaAs/InP by linearly changing group-Ⅲ TMGa source flow during low-pressure metalorganic vapor-phase epitaxy (LP-MOVPE). The high-resolution X-ray diffraction (HRXRD) measurements showed that much different strain was simultaneously introduced into the fabricated bulk InGaAs/InP by utilizing this novel growth method. We experimentally demonstrated the utility and simplicity of the growth method by fabricating common laser diodes. As a first step, under the injection current of 100 mA, a more flat gain curve which has a spectral full-width at half-maximum (FWHM) of about 120 nm was achieved by using the presented growth technique. Our experimental results show that the simple and new growth method is very suitable for fabricating broad-band semiconductor optoelectronic devices.

1 Introduction

For many semiconductor optoelectronic devices such as tunable semiconductor laser, semiconductor optical amplifier and superluminescent diode, it is necessary to have a very flat and wide gain spectrum. Up to now, several methods are used to develop broadband semiconductor optoelectronic devices. One is to use a single quantum-well (SQW) or multiquantum-well (MQW) active layer[1-3]. In this structure, a wide spectrum is attained by using of the $n=1$ and 2 electron to hole transitions simultaneously. However, the structure requires an optimized device length and more injection current to obtain wide emission spectrum. Using a shadow masked growth technique to grow active layer[4] or using tandem active layers[5] is also another available way. But in the structures, the devices require making multisection electrodes. Moreover, a sophisticated epitaxy technique is also required.

原载于: J. Crystral Growth, 2004, 260: 464-468.

In addition, another useful approach is an asymmetric multiple quantum-well (AMQW) structure[6-10] which employs multiple quantum wells in a single active region, with each well designed to operate on a different transition energy. Since the individual wells will contribute to different sections of the gain curve, thereby giving a broad output spectrum.

In this paper we present a simple and novel growth of grade-strained bulk InGaAs for semiconductor optoelectronic devices with a flat and broad spectral bandwidth. We use a ternary system InGaAs for strained active layer, which makes it relatively easy to determine the content of the material for the epitaxial growth, because the ternary InGaAs has only one parameter, the In (or Ga) content to be determined. So, using a ternary system InGaAs makes it easy to introduce the strain effect. According to this, we have grown grade-strained bulk InGaAs by only changing the Ga source flow content during low-pressure metalorganic vapor-phase epitaxy (LP-MOVPE). Since different strains which correspond to different energy gap were introduced into the bulk InGaAs active layer and the individual strains will contribute to different sections of the gain curve, the grown grade-strained bulk InGaAs will give rise to a broad output spectrum. Our experimental results demonstrate that the growth of grade-strained bulk InGaAs is well suited for the design and fabrication of broad spectral output semiconductor optoelectronic devices.

2 Experimental procedure

In order to evaluate the utility of MOVPE growth of grade-strained bulk InGaAs for broad-band semiconductor optoelectronic devices, we fabricated a common structure laser by using the grade-strained bulk InGaAs as active layer. As a first step, we achieved a spectral FWHM of about 120 nm under the injection current of 100 mA. The epitaxial growth was carried out in a horizontal low-pressure (22 mbar) MOVPE reactor (AIXTRON-200) at temperature 650℃. Trimethylgallium (TMGa) and trimethylindium (TMIn) were employed as group-Ⅲ precursors, pure arsine and phosphine as group-Ⅴ precursors. For p-type doping, dimethyl zinc and for n-type doping, pure silicon alkyl were used. The employed InP substrate was Si-doped wafer nominally oriented in the [100] direction.

The grown structure consisted of an undoped graded tensile-strained bulk InGaAs active layer sandwiched between 100-nm-thick lattice matched InGaAsP ($\lambda_g = 1.2$ μm) material layers. In order to obtain grade-strained InGaAs layer, we kept the TMIn supply constant and only varied the TMGa supply during InGaAs active layer epitaxial growth. As variation of the TMGa supply resulted in different TMGa/(TMIn+TMGa) ratios in the gas phase, different Ga composition was introduced into InGaAs and gave rise to different strain. In our growth experiment, we linearly varied the TMGa source flow content from 10.8 which corresponds to about −0.5% tensile strain of the InGaAs layer to 8.6 corresponding to lattice match to InP substrate, then, let the TMGa flow changing from 8.6 to 10.8, while keeping the TMIn and the AsH_3 source flow constant. As a result, a symmetrical grade tensile-strained InGaAs bulk layer was fabricated. The In and Ga composition of the grade tensile-strained InGaAs bulk were determined from high-resolution X-ray diffraction (HRXRD) using a double-crystal diffractometer.

After growth, a common laser was fabricated with a conventional process based on direct-contact photolithography and wet etching. The laser length is 600 μm and active waveguide width is 1.7 μm. On both sides of the laser, a single layer SiO_2 antireflection (AR) coating was coated to reduce reflectivity.

3 Results and discussion

Before X-ray diffraction (XRD) measurements, we simulated (004) XRD rocking curve using commercially available software. Fig. 1 shows the simulated (004) XRD rocking curve. The source flow of the In and AsH_3 is constant and the Ga source flow is varied linearly from 10.8 to 8.6, then from 8.6 to 10.8. As can be seen in Fig. 1, there are many peak values on the right of the XRD rocking curve, which indicates many different tensile strain values were achieved.

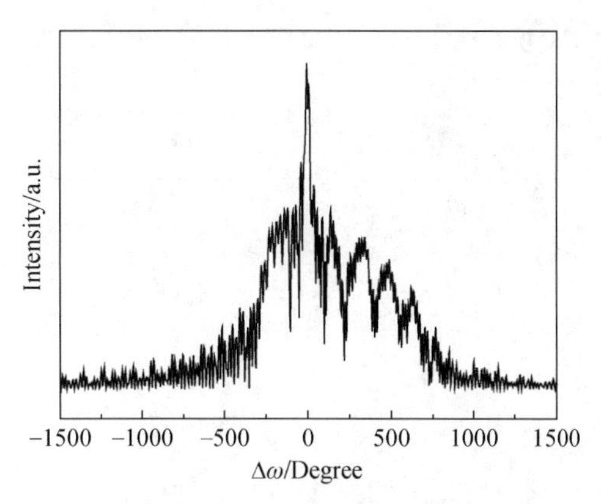

Fig. 1 Simulated (004) X-ray diffraction rocking curve of grade tensile-strained InGaAs structure

The experimental (004) XRD rocking curve was measured in Fig. 2. It is the same as Fig. 1 that there are also many peak values on the right of the (004) XRD rocking curve, which indicates many different tensile strain were introduced into the grown InGaAs bulk layer. Fig. 2 also shows that the different tensile values are 0.105% ($\Delta\omega = 346$), 0.255%

($\Delta\omega=506$), 0.371% ($\Delta\omega=665$), and 0.492% ($\Delta\omega=765$), respectively. By the way, there is only one peak value on the right of the (004) XRD rocking curve of the commonly grown bulk InGaAs, which indicates that one tensile strain value was achieved. From Figs. 2 and 1, we can see that the measured and simulated (004) XRD rocking curves agree well. According to these values, we can conclude that a kind of grade tensile-strained InGaAs bulk layer was fabricated.

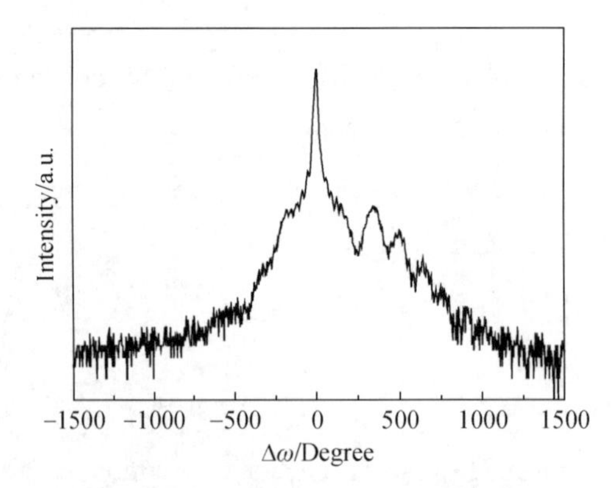

Fig. 2　Measured (004) X-ray diffraction rocking curve of grade tensile-strained InGaAs structure

Before applying AR coating, the light-current characteristic of laser with grade tensil-strained InGaAs bulk active region is shown in Fig. 3. The laser length is 400 μm.

Fig. 3 demonstrates that the lasing threshold current is 22 mA and the slope efficiency is 0.27 W/A. The low threshold and high slope efficiency demonstrate that the grown grade tensile-strained InGaAs bulk material can have good device quality.

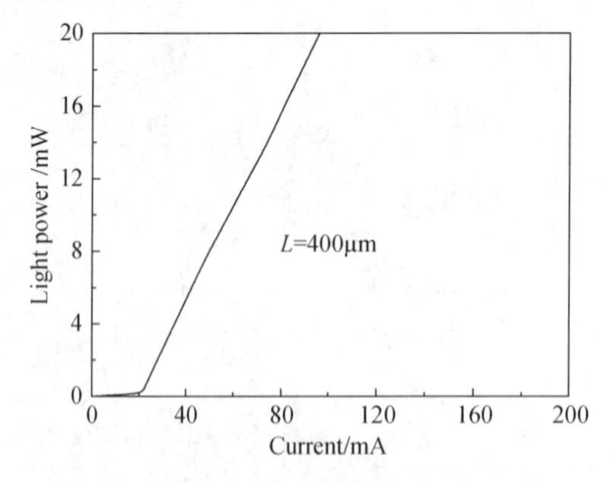

Fig. 3　Light-current characteristic of laser with grade tensile-strained InGaAs bulk active layer before AR-coating

Fig. 4 shows the lasing wavelength at threshold versus cavity length for laser with grade tensile-strained InGaAs bulk active region. It is similar to that of the asymmetric multiple quantum-well structure[11]. It can be seen from Fig. 4 that the laser with long cavity operates at long wavelength and the short cavity laser operates at short wavelength. The difference in operating wavelength is 70 nm for lengths from 200 to 1000 μm, which is about 2.5 times larger than the observed difference for a laser with commonly single tensile-strained InGaAs active region. From these facts it is clear that the grown grade tensile-strained InGaAs active structure had a more broad spectral bandwidth than conventional InGaAs bulk structure. So, the grown grade tensile-strained InGaAs active structure is suitable for broadly tunable laser.

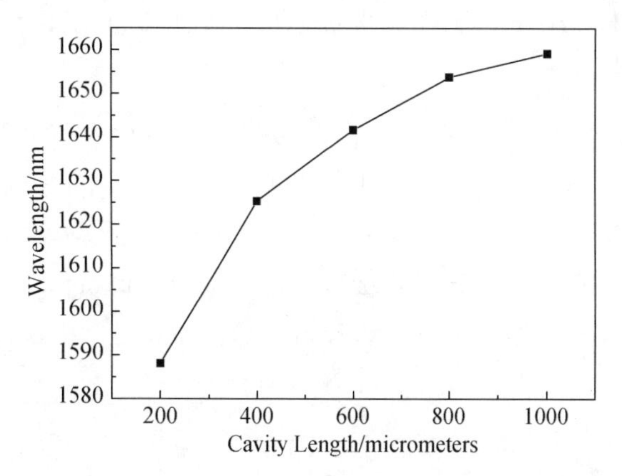

Fig. 4 The lasing wavelength at threshold as a function of cavity length for laser with grade tensile-strained InGaAs bulk active region

After applying a single layer of AR coating, the amplified spontaneous emission (ASE) spectra measured at 100, 130 and 160 mA are shown in Fig. 5. The device is 600 μm long. It is seen that a spectral FWHM of 120 nm was achieved at an injection current of 100 mA.

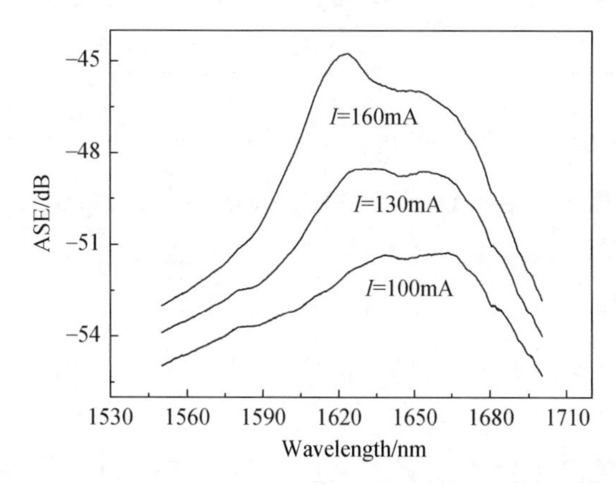

Fig. 5 Amplified spontaneous spectra of laser with grade tensile-strained InGaAs bulk active layer at 100, 130, and 160 mA after AR-coating

It is also seen from Fig. 5 that the emission spectrum demonstrates more peak wavelengths simultaneously and the predominant peak wavelength is blue shifted with increasing injection current. We think the reason for this is that different tensile strains which correspond to different transition energy were introduced into the bulk InGaAs active layer. Thus, at small injection current densities, longer wavelength emission is predominant due to a relatively larger gain for the smaller tensile strain region which corresponds to lower transition energy. As the injection current is increased, the increase in gain for emission from the larger tensile strain region which corresponds to higher transition energy is getting larger than gain increase for the smaller tensile strain region which corresponds to lower transition energy. As a result, the shorter wavelength emission is predominant at high injection current densities.

Fig. 5 also shows that the optical bandwidth is decreased with increasing injection current. As the injection current is increased from 100 to 130 mA, the optical bandwidth is decreased from 120 to 90 nm. This is not desired for practical broad device application. In order to attain a flat and more broad emission spectrum at higher injection current, the introduced tensile strain variation and growing time should be optimized. The work is currently going.

It should be noted that the presented growing technique is not only applied to InP substrates for growing grade tensile-strained InGaAs bulk layer, but also applied to GaAs substrates for growing grade compressively strained InGaAs. Moreover, for growing grade strained InGaAs layers on InP substrates, the strain variation range may be from compressive to tensile strain. Namely, both grade-compressive strain and grade-tensile strain can be introduced into InGaAs bulk layer simultaneously. It can give rise to a more broad emission spectrum. We think this would be a significant future task.

4 Conclusion

In this paper we showed a novel MOVPE growth of grade-strained bulk InGaAs/InP as active layer of broad-band optoelectronic device. The grade-strained InGaAs/InP bulk active layer was achieved only by linearly changing group-Ⅲ TMGa source flow during low-pressure metalorganic vapor-phase epitaxy. The high-resolution X-ray diffraction (HRXRD) measurements showed that many different tensile-strain values (0.105%, 0.255%, 0.371%, and 0.492%) were simultaneously introduced into the fabricated bulk InGaAs/InP. In a first step, we fabricated a commonly laser diode using the presented technique. The low lasing threshold and high slope efficiency were both attained before AR-coating, which demonstrates that the grown grade tensile-strained InGaAs bulk material can have good device quality. After AR-coating, the device attained a spectral full-width at half-maximum (FWHM) of 120nm at an injection current of 100 mA. The experimental results showed that the presented MOVPE growth of grade-strained bulk InGaAs is very suitable to broad-band optoelectronic device application, especially to semiconductor optical amplifier, semiconductor optical switch and superluminescent diode. Most important is that the method is simple and useful. We will continue to optimize the presented growing technique.

Acknowledgements

The authors would like to thank Prof. Yu-Tian Wang for X-ray diffraction(XRD) measurements and useful discussion. The work was financially supported by the National "973" Project under Grant No. 20000683-1 and the Natural Science Foundation of China (NSFC) under Grant No. 90101023 of PR China.

References

[1] T. R. Chen, L. Eng, Y. H. Zhuang, A. Yariv, N. S. Kwong, P C. Chen, Appl. Phys. Lett. 56(1990)1345.
[2] A. T. Semenov, V. R. Shidlovski, S. A. Safin, Electron. Lett. 29(1993)854.
[3] B. I. Miller, U. Koren, M. A. Newkirk, M. G. Young, R. M. Jopson, R. M. Derosier, M. D. Chien, IEEE Photon. Technol. Lett. 5(1993)520.
[4] G. Vermeire, L. Buydens, P. Van Daele, P. Demeester, Electron. Lett. 28(1992)903.
[5] Y. Noguchi, H. Yasaka, O. Mikami, Appl. Phys. Lett 58(1991)1976.
[6] H. Hager, C. S. Hong, J. Mantz, E. Chan, D. Booher, L. Figueroa, IEEE Photon. Technol. Lett. 3 (1990)436.
[7] I. J. Fritz, J. F. Klem, M. J. Hafich, A. J. Howard, H. P. Hjalmarson, IEEE Photon. Technol. Lett. 7 (1995)1270.
[8] T. F. Krauss, G. Hondromitros, B. Võgele, R. M. De La Rue, Electron. Lett. 33(1997)1142.
[9] H. S. Gingrich, D. R. Chumney, S. -Z. Sun, S. D. Hersee, L. F. Lester, S. R. J. Brueck, IEEE Photon. Technol. Lett. 9(1997)155.
[10] S. C. Woodworth, D. T. Cassidy, M. J. Hamp, IEEE J. Quantum Electron. 39(2003)426.
[11] M. J. Hamp, D. T. Cassidy, IEEE J. Quantum Electron. 37(2001)92.

A Novel Extremely Broadband Superluminescent Diode Based on Symmetric Graded Tensile-strained Bulk InGaAs①

Shu-Rong WANG[1,2], Wei WANG[1], Zhi-Hong LIU[1], Hong-Liang ZHU[1], Rui-Ying ZHANG[1], Ling-Juan ZHAO[1], Fan ZHOU[1], Ying DING[1] and Lu-Feng WANG[1]

([1] The Center of Optoelectronics Research & Development, Institute of Semiconductors, Chinese Academy of Sciences, Beijing 100083, People's Republic of China; [2] Institute of Solar Energy, Yunnan Normal University, Kunming 650092, People's Republic of China)

Abstract A novel broadband superluminescent diode (SLD), which has a symmetric graded tensile-strained bulk InGaAs active region, is developed. The symmetric-graded tensile-strained bulk InGaAs is achieved by changing the group Ⅲ TMGa source flow only during its growth process by low-pressure metalorganic vapor-phase epitaxy (LP-MOVPE), in which the much different tensile strain is introduced simultaneously. At 200 mA injection current, the full width at half maximum (FWHM) of the emission spectrum of the SLD can be up to 122 nm, covering the range of 1508–1630nm, and the output power is 11.5mW.

It is well known that superluminescent diodes (SLDs) are optimum light sources for many applications such as fiber optical gyroscopes and sensors, wavelength division multiplex passive optical networks (WDM-PON), multichannel optical amplifiers, mode-locking semiconductor lasers, and wide-range tunable external-cavity semiconductor lasers. Among these applications, it is very desirable for SLDs to have small emission spectral modulation and large spectral width. To date, several methods have been used to reduce spectral modulation, including antireflection-coating the facet[1] bending the mesa stripe[2] and tilting the stripe.[3] Meanwhile, there are also many efforts to increase spectral width. Some effective ways of which were used, such as a single quantum-well (SQW) or identical multiquantum-well (MQW) active layer with simultaneous transitions of $n = 1$ and $n = 2$ states[4–6] and by employing asymmetric multiple quantum-well (AMQW) structures with

① 原载于: Ipa J. Appl. Phys., 2004, 43(4A): 1330–1331.

different transition energies.[7-10] In addition, a InGaAs/GaAs quantum dot superluminescent diode was also reported.[11] All these structures have reached a wider emission spectrum, but at the expense of larger injection current and optimized designs.

In this letter, a novel broader-spectral-width SLD based on symmetric graded tensile-strained bulk InGaAs is demonstrated for the first time. The symmetric graded tensile-strained bulk InGaAs is realized by only varying the group Ⅲ trimethylgallium (TMGa) source flow during LP-MOVPE. The device with such graded tensile-strained structure still has a near bell-shaped broad emission spectrum. The full width at half maximum (FWHM) spectral width of 122 nm (covering the range of 1508–1630nm) is attained at the injection current of 200 mA, and the output power of 11.5 mW is also achieved.

The idea for broadening the spectrum of SLD is very simple. For a ternary system bulk InGaAs, when it was grown on InP, the different strain values can create the different compositions so as to have the different energy gaps. The individual strain contributes to different sections of the gain curve so that the gain spectrum of the SLD could be broadened.

The SLD structure reported here is realized by low-pressure MOVPE. The group Ⅲ precursors are the trimethyl sources of Ga and In. The group Ⅴ precursors are pure AsH_3 and PH_3. The n-and p-dopants are SiH_4 and diethylzinc, respectively. The employed InP substrate is Si-doped wafer nominally oriented in the [100] direction. The SLD structure consists of an undoped symmetric-graded tensile-strained bulk InGaAs active layer sandwiched between 120-nm-thick lattice-matched InGaAsP ($\lambda_g = 1.2\mu m$) material layers. In the growth experiment, the TMGa source flow content was varied quasi-linearly from 11.8 to 9.2, which corresponds to about −0.28% tensile strain of the InGaAs and lattice match to InP substrate, respectively. Then, the TMGa flow variation was returned from 9.2 to 11.8 again, while keeping the TMIn and the AsH_3 source flow constant. It is worth noting that the growth time is an important parameter to be controlled. The In and Ga composition of the grown bulk InGaAs are determined by high-resolution X-ray double-crystal diffraction (HRXRD). The measured and simulated (004) X-ray diffraction rocking curves of grown graded tensile-strained bulk InGaAs structure are compared in Fig. 1. The measured and simulated (004) rocking curves agree quite well. There are more peak values on the right of the rocking curve than those of conventional tensile-strained bulk InGaAs, which demonstrate that many different tensile-strain values are achieved. From this, it can be concluded that the graded tensile-strained bulk InGaAs structure was fabricated.

In order to eliminate the Fabry-Perot resonance and to reduce lateral current leakage, the tilted-stripe and buried SLDs with typical processing techniques were fabricated. The 2.5-μm-wide mesa stripes which are tilted at 7° from the normal to the cleaved facet were formed

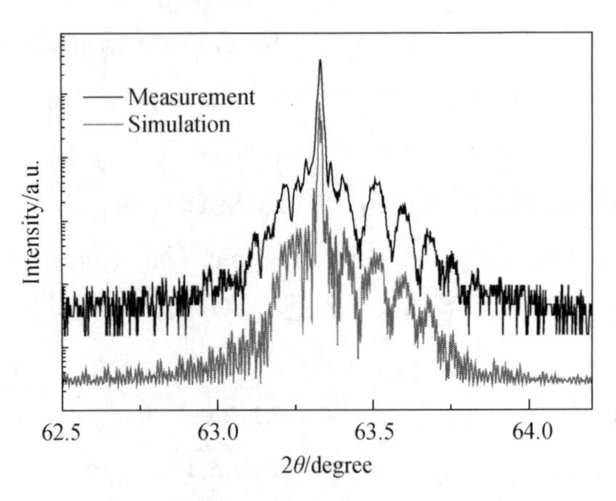

Fig. 1　Simulated and measured(004) rocking curves of symmetric graded tensile-strained InGaAs structure

by a combination of dry and wet chemical etching, and then buried by p-type and n-type InP layers. After the thinning and electrode process, the SLD wafer was cleaved apart into single devices. The cavity length of the SLD is approximately 750 μm and both facets were AR-coated.

The CW output power versus injection current characteristic of SLD is shown in Fig. 2. An output power of 11.5 mW is obtained at 200 mA injection current under CW operation at room temperature. The output power is slightly lower than that of high-power SLD_S.[12] This may be due to a narrower stripe and a high non-radiative Auger recombination coefficient of longer wavelength. Optimization of the p-electrode of SLDs is necessary to realize high power and broader spectrum width.

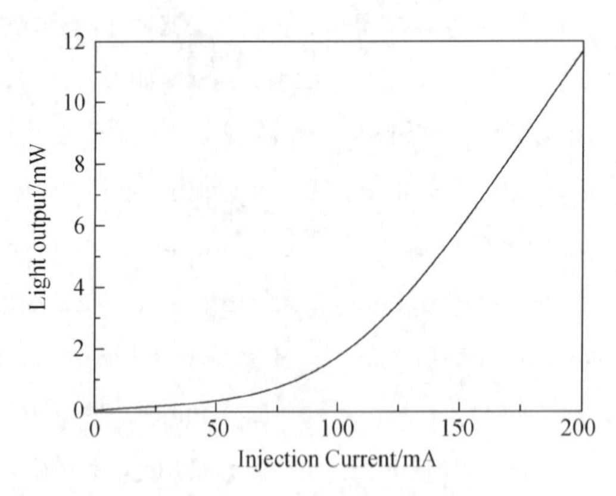

Fig. 2　Light output of SLD under CW operation

Fig. 3 shows the emission spectrum of the fabricated SLDs at an injection current of 200 mA under CW operation. Very minimal spectral ripple is observed due to the very small residual facet reflectivity, which also indicates that lasing is well suppressed by the combination of tilted stripe and single-layer ARC. The full width at half maximum (FWHM) of the spectrum is 122 nm at an injection current of 200 mA under CW operation. It is also seen from Fig. 3 that the spectrum has a small convex part which corresponds to the wavelength range from 1565 nm to 1603 nm. The emission of this part is always predominant at different operating currents. This is not desired for practical application. The reason for this is that the thickness of the smaller tensile strain region corresponding to longer wavelength emission is much thicker than that of the larger strain region corresponding to shorter wavelength emission, because the growth rate is higher when the strain is smaller. In order to achieve a flat and broader emission spectrum, the growth time and introduced tensile strain variation should be optimized.

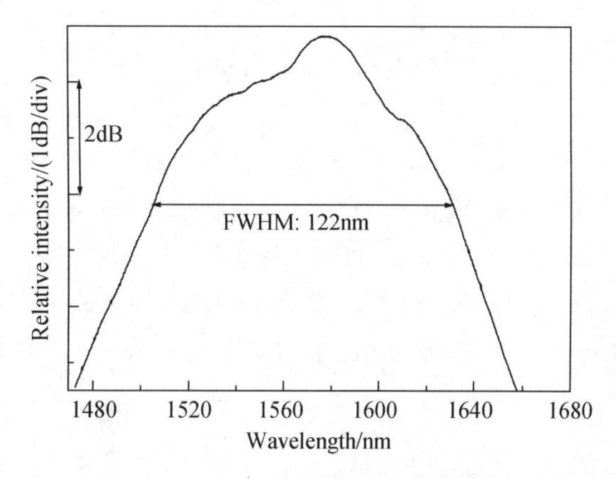

Fig. 3 Output spectrum of SLD under CW operation at 200 mA

In summary, a novel structure of broader-spectral-width, long-wavelength SLDs with symmetric graded tensile-strained bulk InGaAs is proposed. The graded tensile-strained bulk InGaAs is fabricated only by quasi-linear variation of group Ⅲ TMGa source flow during LPMOVPE. The spectrum of SLDs with such structure could be broadened to two times that of the common SLDs. More important, a very wide emission spectrum is achieved at a moderate operating current. The measured FWHM spectral width is 122nm (covering the range of 1508–1630nm) at an injection current of 200 mA and the output light power is 11.5 mW. This structure is quite effective for broadening the spectral width, although further study is required to realize high-power and more flat broadband SLDs. The wide spectral width, hence short coherence length, can improve the noise performance of the SLD component such as, in fiber gyroscopes.

The authors greatly appreciate Professor Yu-Tian Wang for X-ray diffraction measurements and Dr. Jing Zhang for useful discussion. The work is financially supported by the Natural Science Foundation of China (NSFC) under Grant No. 90101023 and the National "973" Project under Grant No. G20000683-1 of P. R. China.

References

[1] N. A. Olsson, M. G. Oberg, L. D. Tzeng and T. Cella: Electron. Lett. 24(1988)569.

[2] A. T. Semenov, V. R. Shidlovski and S. A. Safin: Electron. Lett. 29(1993)854.

[3] G. A. Alphonse, D. B. Gilbert, M. G. Harvey and M. Ettenberg: IEEE J. Quantum Electron. 24 (1988)2454.

[4] T. R. Chen, L. Eng, Y. H. Zhuang, A. Yariv, N. S. Kwong and P. C. Chen: Appl. Phys. Lett. 56 (1990)1345.

[5] A. T. Semenov, V. R. Shidlovski and S. A. Safin: Electron. Lett. 29(1993)854.

[6] B. I. Miller, U. Koren, M. A. Newkirk, M. G. Young, R. M. Jopson, R. M. Derosier and M. D. Chien: IEEE Photon. Technol. Lett. 5(1993)520.

[7] H. Hager, C. S. Hong, J. Mantz, E. Chan, D. Booher and L. Figueroa: IEEE Photon. Technol. Lett. 3 (1990)436.

[8] C. F. Lin, B. L. Lee and P. C. Lin: IEEE Photon. Technol. Lett. 8(1996)1270.

[9] T. F. Krauss, G. Hondromitros, B. Vŏgele and R. M. De La Rue: Electron. Lett. 33(1997)1142.

[10] C. F. Lin and B. L. Lee: Appl. Phys. Lett. 71(1997)1598.

[11] D. C. Heo, J. D. Song, W. J. Choi, J. I. Lee, J. C. Jung and I. K. Han: Electron. Lett. 39(2003)864.

[12] T. Yamatoya, S. Sekiguchi, F. Koyama and K. Iga: Jpn. J. Appl. Phys. 40(2001)L678.

用于光纤通信的1.55μm DFB激光器的可靠性分析

丁　颖，王鲁峰，赵玲娟，朱洪亮，王　圩

（中国科学院半导体研究所，北京，100083）

摘要　对用于光纤通信的InP基1.55μm DFB激光器的可靠性进行了研究。测试并分析了100℃时100mA和150mA两种电流应力条件，经过1700 h老化，测试分析了激光器特性随时间的变化情况，拟合出在100℃，150mA条件下的激光器寿命在1000 h左右。根据实验结果对比，提出了一种新的利用温度、电流两个加速度变量同时进行加速老化，快速估计激光器寿命并分析其可靠性的方法。对新的寿命估算方法进行了详细的讨论。

1　引言

InP基1.55μm分布反馈（DFB）激光器是光纤通信系统的关键部件，其可靠性直接影响整个系统的可靠性。因而，激光器在使用前需要进行可靠性的判定，预估其在实际使用中的寿命，以作为系统可靠性设计的参考依据。目前，预测半导体激光器寿命的常规方法是由各种温度应力下器件的中值寿命，根据阿伦尼乌斯方程外推出其正常工作温度下的中值寿命，同时获得激活能等各项可靠性参数[1]。由于长波长激光器的特征温度低，为使激光器激射，最高温度应力不能过高，这就限制了加速因子的大小。此外，由于InP基四元系激光器形成暗缺陷的速度缓慢且不易出现腔面退化，其平均失效时间可达10^6h数量级，因而利用常规方法分析器件可靠性所需时间很长[2-4]。

本文对InP基1.55μm DFB激光器的可靠性进行了初步研究。测试并分析了100℃时100mA和150mA两种不同电流应力下器件特性随时间退化的情况；在实验基础上，利用温度、电流两个加速变量同时进行加速老化，根据阿伦尼乌斯方程以及逆幂率关系快速估计激光器寿命并分析其可靠性对新的寿命估算方法作了讨论。

2　实验过程及寿命估计方法

2.1　可靠性实验与分析过程

制备的InP基1.55μm DFB激光器的*P-I*特性在不同温度下的测试结果如图1所

原载于：光电子·激光，2004，15（3）：393-396.

示。采用特征温度的概念在自然对数坐标系下对阈值电流和温度的变化关系分段线性近似：在 20–50℃，激光器特征温度约为 80K；在 50–80℃，激光器的特征温度约为 50K。在室温附近，激光器阈值电流对温度变化的敏感性较小，40℃下阈值电流为 15mA。工作电流为 40mA 时，输出光功率为 10mW。这使得其有可能用于无制冷的发射组件或模块中。

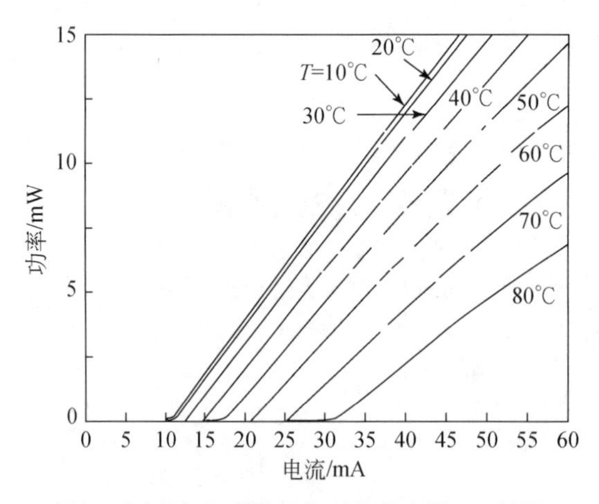

图 1 测试电流不同温度下的激光器 *P-I* 特性

在 100℃下，分别对 2 组各 4 只通过筛选（筛选条件：在 100℃热沉温度下，加 100mA 直流工作电流，经 72h 后的阈值变化不超过 5% 且斜率效率变化小于 10%）的激光器加 150mA 和 100mA 的电流应力。加 150mA 电流的第 1 组器件，经 1000h 老化，激光器的特性有了明显退化，*P-I* 特性、*V-I* 特性试验前后对比如图 2 所示。从图可以看出，激光器的阈值有较大增加，斜率效率明显减小；而变化最大的 1 只器件的 *P-I* 特性、*V-I* 特性试验前后对比如图 3 所示。从图可见，激光器的 *P-I* 特性退化较小，阈值电流略有增加，斜率效率几乎没有减小，*V-I* 特性没有变化。

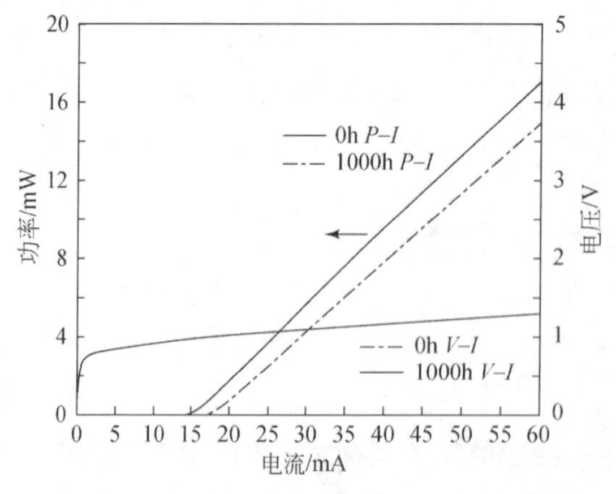

图 2 150mA 电流下，激光器的特性在 1000h 的加速老化前后的对比

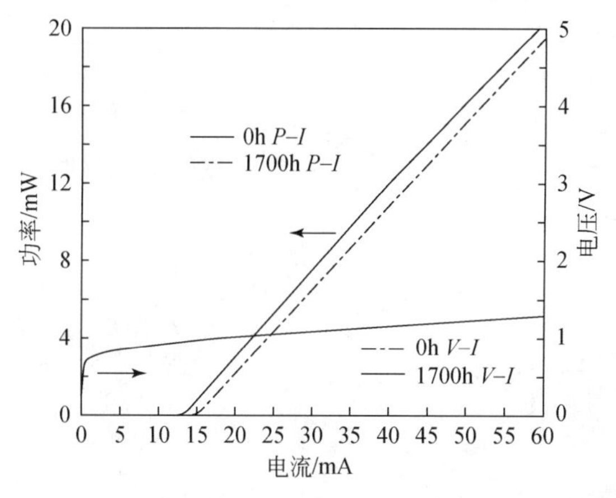

图3 100mA 电流下，激光器的特性在 1700h 的加速老化前后的对比

在长时间老化过程中，150mA 和 100mA 电流应力下激光器阈值电流的变化分别示于图 4、图 5，图中阈值电流是在室温下测得的。在经过 160h 后，2 组器件分别有 1 只因静电放电（ESD）而失效，通过显微镜观察，有结区损坏的痕迹。ESD 是激光器产品在安装和现场使用各个阶段上失效的重要原因，通过 ESD 防护可以有效地解决。加 150mA 电流的第 1 组激光器在 1400h 内相继突然失效。失效前，激光器阈值电流的增加在 15% 左右。突然失效后，激光器不再激射，但发射荧光，退化成为发光器件。一般认为，由于 InP 激光器对存在的缺陷不是非常敏感，突然失效的原因主要是键合和热沉部分的退化引起的，可能存在着综合的失效因素。图 2 中，*P-I* 特性曲线中激光器阈值电流增加及斜率效率的减小是由于内部损耗和阈值载流子密度增加，表明退化引起了吸收系数的增加，有源区内吸收损耗增加最终导致了器件快速退化的失效。而 100mA 电流下器件阈值电流的增加量较小，试验还在进行中。

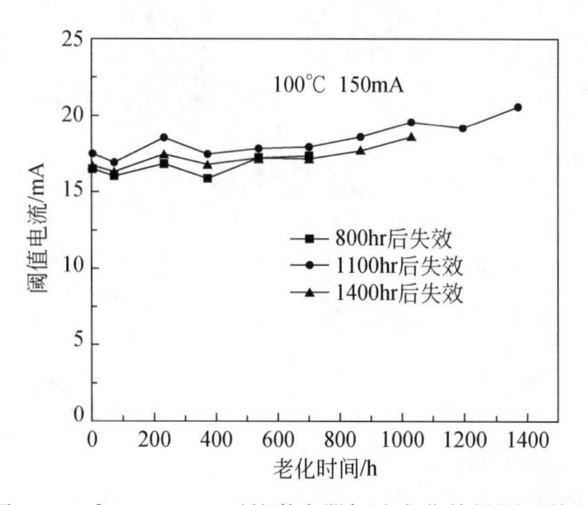

图4 100℃、150mA 下的激光器加速老化特性测试结果

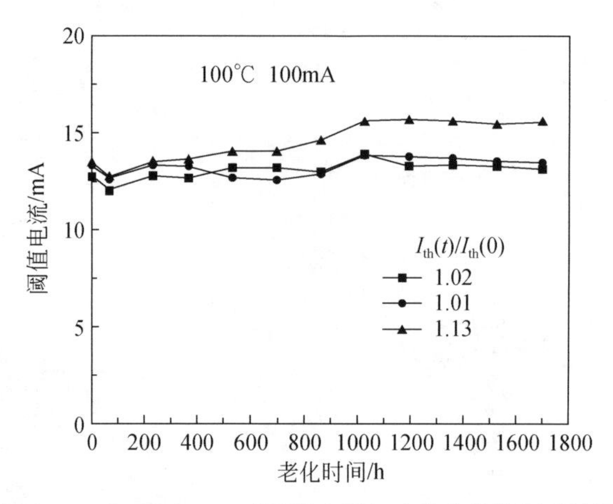

图 5　100℃、100mA 下的激光器加速老化特性测试结果

在更大电流应力下的退化实验中发现，激光器阈值随时间的增加有近似线性、近似指数等情况。另外，激光器在加速老化过程中在未达到失效判据中的阈值增加量（取阈值增加 50% 作为失效判据）而突然失效。因此，很难根据激光器阈值随时间增加趋势在未失效时外推得到实际失效时间。

通过指数关系可以大致拟合出 150mA 电流应力的指数分布系数 λ 在 0. 0019 左右。由于样品个数过少，因而只能得到中值寿命在 1000h 附近。这里需要指出，用指数模型对小功率激光器寿命的估计偏于保守，更多的器件将能获得准确的失效分布规律和参数。由于样品是在通过筛选的同一批激光器中随机地抽取的，因而可以认为其具有相近的特性。如果确定了该温度点 100mA 电流应力的中值寿命，就可以通过其加速退化规律得到一定的输出功率（如 3mW）对应的电流或其他任何电流下的中值寿命。假设器件的激活能已知，则可以根据阿伦尼乌斯方程推出器件在常温下的寿命。

2. 2　新的寿命估计方法

加速寿命试验的阿伦尼乌斯方程为

$$\frac{t_2}{t_1}=\exp\left[\frac{E_a}{K}\left(\frac{1}{T_2}-\frac{1}{T_1}\right)\right] \tag{1}$$

式中，E_a是激活能；K 是 Boltzmann 常数；T_1和 T_2是 K 氏测试温度；t_1、t_2分别是 T_1和 T_2温度下的器件寿命。逆幂率关系模型为

$$t=1/(B\cdot I^C) \tag{2}$$

式中，t 是激光器的寿命；I 是加在器件上的电流应 力；B、C 为常数。

（2）式等号两边取对数可得

$$\ln t=-\ln B-C\ln I \tag{3}$$

由（3）式可见，器件的寿命的对数与所加电流应力的对数有着线性关系，通过不同电流的试验很容易确定常数 B 和 C，进而可以计算得到任何电流下的器件的寿命。

对 150mA 电流应力试验，可以根据器件的失效时间用威布尔分布或指数分布拟合出器件的中值寿命。用同样步骤，可以计算得到 100mA 电流应力下器件的中值寿命。根据式（3）可以推出 100℃时一定的输出功率对应的电流下器件的中值寿命。如果已知器件的激活能，便可以根据阿伦尼乌斯方程推出器件在常温下的寿命。也可以通过一组不同温度应力的变电流试验推出每个温度应力下、输出确定功率时器件的中值寿命，这样就可以确定器件的激活能，并可以推出可靠性的各项参数。

在温度、电流同时进行加速老化估算激光器寿命的过程中，同时采用 2 个加速变量，电流应力加速退化中的加速因子可以较大，因而使得实验过程将比常规单一温度变量加速退化要快得多。

2.3 新的寿命估计方法的讨论

光纤通信所用的小功率（约为 10mW）激光器寿命可达 2.5×10^6h[6,7]，设激光器的激活能为 0.6eV，100℃下进行常规的加速寿命试验，对应正常温度的加速因子约为 90，需 10^4h 数量级的试验才可能推算出正常温度下激光器的寿命。可见，试验所耗费的时间过长[8]。由温度、电流两个加速变量同时进行速老化，器件在较大电流应力下在短的时间内就能加速退化直到失效，因而新的寿命估计方法将有可能在合理的模型下、在相对短的时间内获得激光器可靠性的信息。另外，这种方法可以对不同工艺条件制作的激光器进行可靠性对比，优化器件制作工艺[9-11]。

这里，首先假设了电应力对激光器的作用与对微电子器件有相似的失效机理，而光电子器件内存在着光与电的相互作用，因而必须充分考虑光的影响。对于半导体激光器，不同电流下的电光转换效率会相差很大，但是通过实验总可以找到类似于式（2）的经验公式来进行电流加速变量的外推。

在不同温度下，激光器的阈值电流和斜率效率是不同的。由图 1 可以看出，60℃和 80℃时，50mA 电流对应的输出光功率分别为 10mW 和 5mW。在不同温度应力下，应该计算出器件输出大致相同的光功率时所对应的中值寿命，然后根据阿伦尼乌斯方程推出器件在常温下、一定输出功率时的寿命。

长波长器件电流应力产生的结温不会升得太高，这样可以保证温度应力的有效。采用恒定电流作为试验条件，光功率会随着器件的退化而衰减，因此计算得到的寿命需要作修正才能对应到恒定功率的情况。由于采用两个加速变量，两种加速效果是否具有相互影响还需通过进一步的实验来确定。

综上所述，新的寿命估计方法可以在较短时间内大致估算出器件的寿命或平均失效时间，可以对不同的激光器进行可靠性的比较。

参 考 文 献

[1] Mitstuo Fukuda. Reliability and degradation of semiconductor lasers and LEDs[M]. Boston/London : Artech House. 1991.

[2] Mitstuo Fukuda. Aging characteristics of InGaAsP InP DFB lasers [J]. Optoeiectronics-Devices and Technolo-gies,1988,3(2):177-187.

[3] Mitstuo Fukuda,Fumiyoshi Kano,et al. Reliability and degradation behavior of highly coherent 1.55μm long-cavity multiple quantum well (MQW) DFB lasers [J]. J. Lightwave Tech., 1992, 10 (8): 1097-1104.

[4] Mitstuo Fukuda, Genzo Iwane. Correlation between degradation and device chaacteristic changes in InGaAsP'InP buried heterostructure lasers [J]. J. Appl. Phys., 1986,59(4):1031-1027.

[5] Mltstuo Fukuda,Genzo Iwane. Degradation of acitive region in InGaAsP/InP buried heterotructure lasers [J]. J. Appl. Phys., 1985,58(8):2932-2936.

[6] V Hornung,F Le Due,et al. Study on the reliability of an InP/InGaAsP integrated laser modulator [J]. Microelectron. Reliab., 1996,36(11/12):1919-1922.

[7] Hiroyasu Mawataru Mitsuo Fukuda,et al. Reliability and degradation behaviors of semi-insulating Fe-doped InP buried heterostructure lasers fabricated by MOVPE and dry etching technique [J]. Microelectron Reliab., 1996,36(11/12):1915-1918.

[8] Frank Delorme,Guilhem Alibert,et al. High reliability of high-power and widely tunable 1.55μm distributed Bragg reflector lasers for WDM applications[J]. IEEE J. of Selected Topics in Quan. Electron., 1997,3(2):607-614.

[9] Hiroshi Wada,Keizo Takemasa,et al. Effects of well number on temperature characteristics in 1.3μm AIGalnAs/InP quantum-well lasers[J]. IEEE J. of Selected Topics in Quan. Electron., 1999,5(3): 420-427.

[10] Keizo Takemasa,Munechika Kubota,et al. 1.3μm AIGalnAs buried-heterostructure lasers [J]. IEEE Photonics Technology Letters,1999,11(8):949-951.

[11] DING Ying,LI Jian-jun,et al. Design and computer aided analysis for double wavelength multiquantum well lasers [J]. Journal of Optoelectronics · Laser(光电子·激光),2002,13(5):456-459. (in Chinese)

10Gbit/s 高 T_0 无制冷分布反馈激光器

赵玲娟，朱洪亮，张静媛，周　帆，王宝军，边　静，王鲁峰，田慧良，王　圩

（中国科学院半导体研究所，北京，100083）

摘要　与折射率耦合分布的分布反馈（DFB）激光器相比，不管界面反射率是多少，增益耦合 DFB 激光器都能稳定地单纵模工作，而且具有高速、低啁啾的特性。本课题组用 AlGaInAs/InP 材料，采用增益耦合 DFB 结构，进行了单纵模激光器研发，并对器件特性进行了测试分析。

1　引言

分布反馈（distributed feedback）半导体激光器具有在高速调制下仍能保持单纵模工作的特性，成为长距离光纤通信的关键光源。DWDM 系统的出现对 DFB 激光器提出了更高的要求，因此高速率、低啁啾的 DFB 激光器的研究与生产越来越重要。通常我们所说的 DFB 激光器是把光栅刻在激光器有源区附近的波导层上，属折射率耦合结构。该结构由于模式简并问题，易出现双模。由于增益耦合 DFB- LD 的主模与最大边模的阈值增益差很大，它对于界面反射和进入腔的反射光造成的不稳定性具有很强的抵抗性[1]。与 InGaAsP/InP 材料体系相比，采用 AlGaInAs 多量子阱材料制作的半导体激光器可以无制冷工作[2,3]。AlGaInAs/InP 材料体系中，量子阱和垒的导带能级差大（$\Delta E_c = 0.72\Delta E_g$），而在 InGaAsP/InP 材料体系中 $\Delta E_c = 0.42\Delta E_g$，大的导带能级差，阻止了载流子中电子从量子阱向外的泄漏，提高了激光器的工作温度及其稳定性。

2　器件结构

图 1 为增益耦合 DFB 激光器的结构示意图。用 MOCVD 技术在 n-InP 衬底上分别生长 n-AlGaInAs 限制层；1.55μm 多量子阱有源区（6个阱）；p-AlGaInAs 限制层；p-InP，p-1.2Q-InGaAsP，n-InP；在 1.2Q-InGaAsP 和 n-InP 层用全息干涉曝光法制作光栅；再用 LP-MOCVD 二次外延生长 p-InP，1.2Q-InGaAsP 腐蚀阻挡层；p-InP 盖层和 p^+-InGaAs 接触层。我们把该器件制作成脊形波导结构；分别做好上下电极；解理成腔长为 250μm 激光器条；端面镀增透/高反光学膜；解理成管芯烧结在热沉上；测试其

原载于：半导体学报，2005，26（8）：1616-1618.

特性。

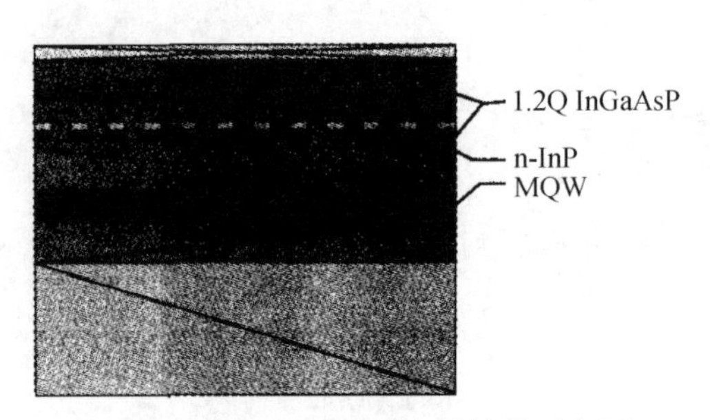

图 1　增益耦合 DFB 激光器结构示意图

3　器件特性

图 2 是不同温度下，管芯输出功率与驱动电流的关系曲线。激光器的阈值在 25℃时为 17.2mA，在 85℃时为 59.6mA，根据公式

$$I_{th}(T)=I_{th0}\exp(T/T_0)$$

计算出该温度区域内，特征温度为 71K。考虑到 1.55μm 激光器比 1.3μm 器件的俄歇复合更强的因素，该器件的特征温度与文献［2］报道的相当。激光器的斜率效率在 25℃时为 0.27mW/mA，在 85℃时为 0.15mW/mA，在温度为 25℃，驱动电流为 100mA 时，激光器的出光功率可达 20mW。

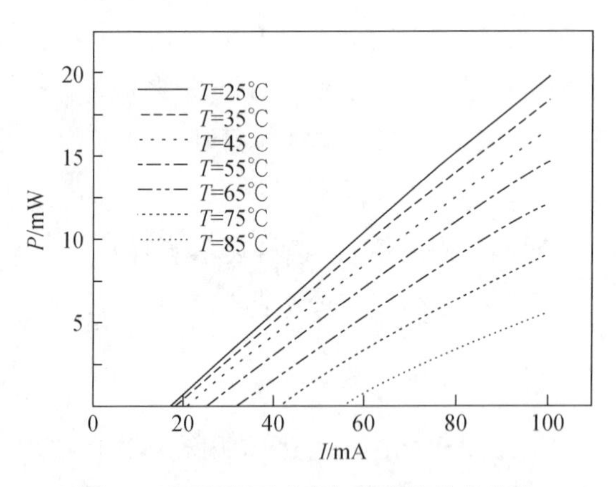

图 2　不同温度下功率与电流的关系曲线

图 3 是增益耦合 DFB 激光器的光谱，从谱线看，该增益波导 DFB 激光器具有非常好的边模抑制比（35－45dB），而且边模抑制比在阈值附近，可以看到陡峭上升（图 4），与折射率耦合相比，增益耦合增加了另一种边模抑制机制[4]，另外，增益光栅与模式场中主波的相互作用，导致激光器的自发辐射不会随阈值电流的下降而降低很多，增益耦合具有较高的边模衰减速率，从而也增加了边模抑制比[5]。

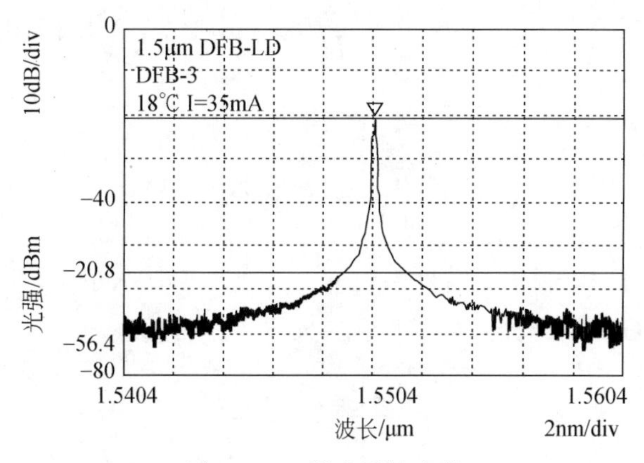

图 3　DFB 激光器的光谱

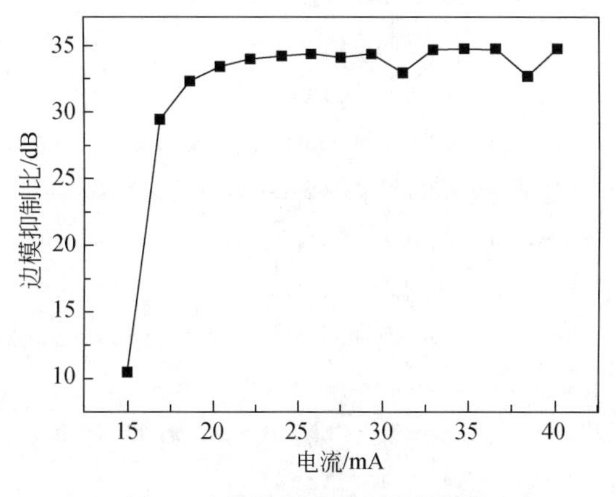

图 4　边模抑制比随电流的变化

影响激光器调制速率的因素，除了材料设计外，降低激光器的串联电阻，降低器件的电容是有效的方法。为此，我们制作的脊形波导条宽为 2μm，电极压焊点直径为 80μm，并且使压焊引线尽量短。把制作好的 DFB 管芯烧结在热沉上，再焊接到我们设计的测量夹具上，夹具上装有匹配电阻和微带线[6]。图 5 是用矢量网络分析仪测量 DFB

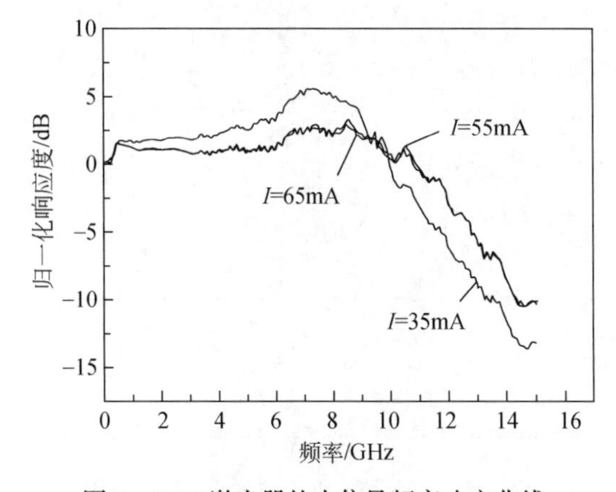

图 5　DFB 激光器的小信号频率响应曲线

管芯的小信号频率响应曲线，3dB 带宽可达 10GHz，足以用于 10Gbit/s 的光纤传输系统。

4 结论

采用增益耦合结构研制出了特征温度高、边模抑制比大的 DFB 激光器，该激光器可用于无制冷的 10Gbit/s 的光发射模块，并实现了小批量生产。

参考文献

[1] Kazmierski C, Robein D, Mathoorasing D, et al. 1. 5μm DFB lasers with new current-induced gain gratings. IEEE J Sel Topics Quantum Electron, 1995, 1(2):371.

[2] Selmic S R, Chou T M, Sih J P, et al. Design and characterization of 1. 3-μm AlGalnAs-InP multiple-quantum-well lasers. IEEE Sel Topics Quantum Electron, 2001, 7(2):340.

[3] Higashi T, Sweeney S J, Phillips A F, et al. Observation of reduced nonradiative current in 1. 3-μm AlGalnAs-InP strained MQW lasers. IEEE Photonics Technol Lett, 1999, 11 :409.

[4] Chen C, Champagne A, Maciejko R, et al. Improvement of single-mode gain margin in gain-coupled DFB lasers. IEEE J Quantum Electron, 1997, 33:33.

[5] Chen Jianyao, Maciejko Roman, Makino Toshihiko. Self-consistent analysis of side-mode suppression in gain-coupled DFB semiconductor lasers. IEEE J Quantum Electron, 1998, 34(1):101.

[6] Xu Yao, Wang Wei, Wang Ziyu. Measurement of 3dB band- witdth of laser diode chips. Chinese Journal of Semiconductors, 2003, 24(8):794.

A Wavelength Tunable DBR Laser Integrated with an Electro-Absorption Modulator by a Combined Method of SAG and QWI

Zhang Jing, Li Baoxia, Zhao Lingjuan, Wang Baojun, Zhou Fan, Zhu Hongliang, Bian Jing, and Wang Wei

(National Research Center for Optoelectronics Technology, Institute of Semiconductors, Chinese Academy of Sciences, Beijing, 100083, China)

Abstract We report a wavelength tunable electro-absorption modulated DBR laser based on a combined method of SAG and QWI. The threshold current is 37mA and the output power at 100mA gain current is 3.5mW. When coupled to a single-mode fiber with a coupling efficiency of 15%, more than a 20dB extinction ratio is observed over the change of EAM bias from 0 to -2V. The 4.4nm continuous wavelength tuning range covers 6 channels on a 100GHz grid for WDM telecommunications.

1 Introduction

Wavelength tunable electro-absorption modulated DBR lasers (TEML) are very attractive components. They can be used as highly reliable, compact, and low cost wavelength tunable sources in long haul WDM fiber optic communication systems. The key issue for the fabrication of monolithic photonic integrated circuits is the combination of different functional sections (active or passive) on a single epitaxial wafer, which requires the definition of sections with different bandgap wavelengths. In the case of TEML, three different bandgap wavelengths are needed: one for the gain section, one for the modulator section, and one for the grating and phase section, with a relation of $\lambda_{gain} > \lambda_{modulator} > \lambda_{grating}$. To integrate different materials on the same wafer, the most popular methods are selective area growth (SAG)[1], butt-joint[2], single-mode vertical integration (SMVI)[3], and quantum-well intermixing (QWI)[4]. Among them, butt-joint coupling needs overcritical etching and regrowth steps, while SMVI needs special waveguide design, longer chip size, and a rigorous etching process. Both of them require complex fabrication techniques and efficient optical

原载于：半导体学报，2005，26(11)：2053–2057.

coupling between different sections is hard to realize.

SAG allows simultaneous epitaxy on a patterned substrate with different growth rates and results in the growth of quantum wells with different thicknesses, therefore defines of sections with different bandgap wavelengths. By locally introducing a different SiO_2 pattern, more than three bandgap wavelengths can be realized in the same SAG growth, which is sufficient for the fabrication of TEML. The main drawback of SAG is that there exists a transition area between different sections with a typical length of several tens of micrometres. The transition area has gradually changed bandgap wavelengths, thus the optical absorption loss in the transition area may be high.

QWI relies on selective partial material interdiffusion between the well and barrier induced by impurities or vacancies during a post-growth anneal process, which results in a change of QW shape and transition energies. QWI has high space resolution[5] (several micrometres) and an abrupt bandgap wavelength change between different sections. A schematic view of SAG and QWI process is shown in Fig. 1.

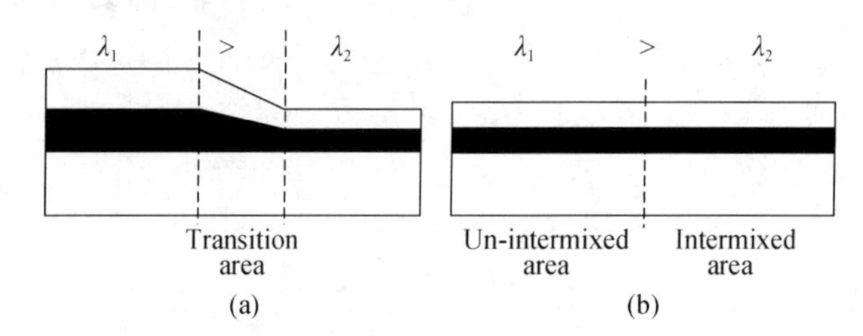

Fig. 1　Schematic view of SAG(a) and QWI(b)

Although a SAG method can be used to fabricate TEML, we adopt a combined process of SAG and QWI in this paper. There are two benefits of the method compared with the former one: ①We can adopt the same quantum-well structure and growth condition which we used to fabricate the integrated DFB laser and EA modulator before[6], thus make the fabrication process easier; ②The QWI process results in an abrupt bandgap wavelength change between different sections, thus reducing absorption loss in the transition area. The QWI process has been well established in our group[7].

2　Device fabrication

A schematic illustration of the tunable EA-DBR chip is shown in Fig. 2. The device consists of five separate sections; a 250μm rear grating; a 300μm gain section; a 100μm phase section; a 50μm front grating; and a 150μm EA modulator. Trenched isolation regions separating each of the sections are all 50μm long.

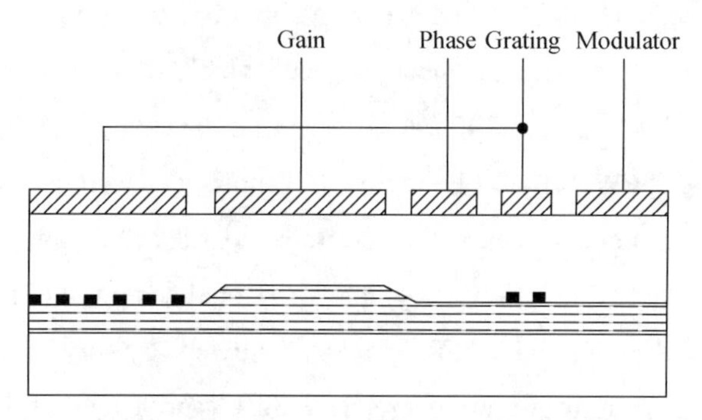

Fig. 2 Schematic cross section of the EA-modulated tunable DBR laser

First, we deposited a SiO_2 dielectric film with typical thickness of 150nm by PECVD on a(100)-oriented n-InP substrate. Then, stripe patterns were defined in the SiO_2 mask by conventional photolithography and chemical etching at gain sections. The strips were formed along the [110] direction. Both the mask strip width and the open stripe width are 15μm. A n-InP buffer layer, MQW active waveguide layers, and an i-InP implant buffer layer were then grown in turn by low pressure MOCVD on this patterned substrate. The InGaAsP MQWs consisted of 7 periods 6nm compressively strained(0.4%) wells, separated by 9nm tensile-strained(−0.2%) barriers, which was sandwiched between 100nm lower and upper cladding layers. The as-grown MQWs had a PL peak wavelength of 1.560μm at gain section and that of 1.502μm at other sections. Then P^+ ions were implanted into the surface of the whole wafer except gain and modulator sections with an ion energy of 50keV and dose of 5×10^{13} cm^{-3}. After redepositing a fresh SiO_2 layer on the whole wafer, a thermal anneal of 2min at 700℃ was performed to induce the QWI process. As a result of QWI, a near 100nm wavelength blue-shift occurred at P^+ ions implanted sections. Detailed wavelength change of different sections after the whole process is shown in Fig. 3.

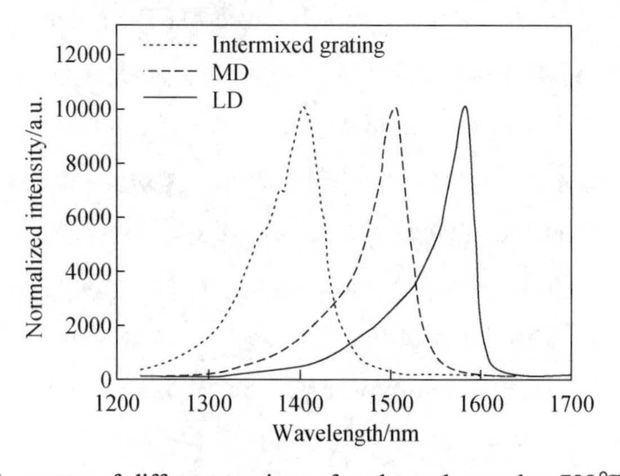

Fig. 3 PL spectra of different sections after thermal anneal at 700℃ for 2min

By a combined method of SAG and QWI, we had integrated three materials of different wavelengths in the same epi-wafer to meet the need of TEML (1560nm for gain section of LD, 1502nm for modulator, and 1406nm for grating/phase), and there was no distinct change of intensity and FWHM of PL at non P^+ implanted sections after thermal anneal, which means that QWI process does not deteriorate the MQW quality of the regions which are not to be intermixed. The grating, which was localized at the mirror sections, was realized by convenient holographic lithography followed by dry and wet etching. The reflectivity of the rear- and front-grating are over 80% and 10% respectively. The grating coupling coefficient k is about $70cm^{-1}$. Finally, a p-InP layer and a p^+-InGaAs contact layer were grown over the whole wafer.

A standard 2μm-wide single-mode ridge waveguide was etched to 100nm above the waveguide core. Electrical isolation between the different sections was accomplished by a selective wet etching off the InGaAs contact layer and performing a deep He^+ implant. To reduce the junction capacitance of the modulator, a 8μm deep-ridge was etched down over MQW active layers. Passivation of ridge sidewall was accomplished through a 400nm-thick SiO_2 layer. A standard Ti-Pt-Au metal was sputtered and a p-electrode pattern was formed by using a lift-off approach. For further decreasing parasitic capacitance of the modulator, a 3μm-thick polyimide layer was performed under the modulator bonding pad to serve as a low-k dielectric. Then, the wafer was made thin and Au-Ge-Ni contact was performed on the n-side. Finally, after being cleaved to bars, AR coating was formed on the modulator output facet.

3 Device performances

The light output power versus gain section current (P-I) performance at various bias voltages of the modulator is shown in Fig. 4, which is tested at room temperature using an integral sphere. The TEML has a threshold current I_{th} of 37mA. The 50μm-long isolation trench between different laser sections should be further shortened to reduce internal optical loss in the laser cavity, and thus reduce I_{th}. There was no observable change in I_{th} nor in the wavelength of the output light over the entire range of the modulator bias voltage, which indicates sufficient electrical isolation of the laser and modulator sections. With the modulator in an open circuit state, the CW output power is 3.5mW at I_{gain} = 100mA, $I_{grating}$ = 0mA, and I_{phase} = 0mA.

The output power is coupled into a singlemode fiber with a coupling efficiency of 15%, and the DC extinction characteristic is presented in Fig. 5 under the conditions of I_{gain} =

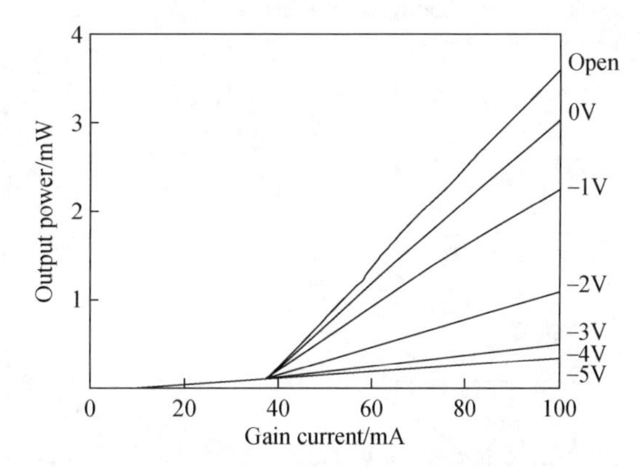

Fig. 4 *P-I* characteristics of the TEML at different modulator bias voltages

100mA, $I_{grating}$ = 0mA, and I_{phase} = 0mA. More than 20dB extinction ratio was demonstrated with modulator reverse bias increasing from 0 to 2V. We find a great increase in the extinction ratio compared with the measured results by the integral sphere, which is due to the fact that some un-modulated scattering light is collected by the integral sphere and deteriorates the measured extinction ratio.

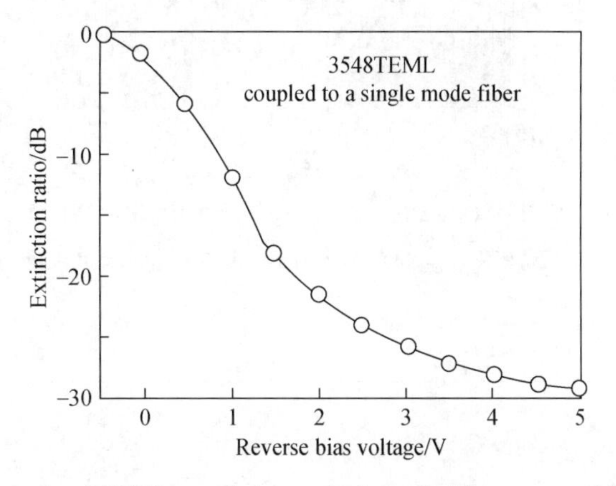

Fig. 5 Extinction ratio of TEML coupled to a single mode fiber measured by integral sphere

By changing the injection current in the grating and phase section, we measure the tuning characteristics of the TEML. The optical spectrum has a 4.4nm tuning range, which covers 6 channels on the 100GHz WDM grid: the channel wavelengths are 1554.94, 1554.13, 1553.33, 1552.52, 1551.72, and 1550.92nm, respectively. The tuning characteristic is demonstrated in Table 1, and the spectra of all the 6 WDM channels are shown in Fig. 6. DC side-mode suppression ratio (SMSR) keeps greater than 35dB over the total tuning range. We observe no significant variation in the extinction ratio when the laser wavelength is tuned to a given channel, which is due to the small wavelength tuning range.

Table 1　Tuning characteristic of the TEML

$I_{grating}$/mA	I_{phase}/mA	Peak wavelength/nm
0	6	1554.94
4	18	1554.13
7	3	1553.33
18	6	1552.52
30	12	1551.72
42	9	1550.92

The capacitance of the modulator is measured to be 0.88pF under −2V bias voltage and 1MHz frequency, and dynamic characteristics of the device will be further investigated.

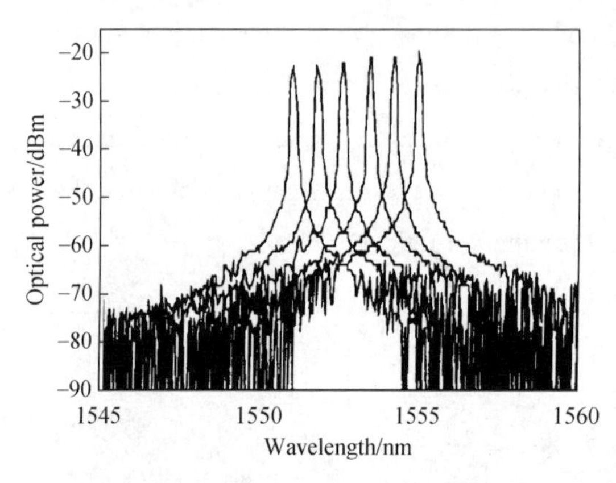

Fig. 6　Tuning spectra for TEML showing 6 channels spaced at 100GHz WDM grid over a 4.4nm tuning range The SMSR is greater than 35dB over the entire tuning range

4　Conclusion

A combined method of SAG and QWI was successfully utilized to realize a wavelength tunable electro-absorption modulated DBR laser for the first time. Without extra epitaxial regrowth, three functional sections with different wavelengths are integrated on the same wafer. This approach simplifies the fabrication process without significantly compromising the performances of the device, and therefore is a promising technique in the fabrication of photonic integrated circuits.

References

[1] Koji K, Kenichiro Y, Tatsuya S, et al. 1.55μm wavelength-selectable microarray DFB-LD's with monolithically integrated MMI combiner, SOA, and EA-modulator. IEEE Photonics Technol Lett, 2000, 12(3):242.

[2] Yashiki K, Kudo K, Morimoto T, et al. Wavelength-independent of EA-modulator integrated wavelength selectable microarray light source. IEEE Photonics Technol Lett, 2000, 14(2):137.

[3] Johnson J E, Ketelsen L, Ackerman D A, et al. Fully stabilized electroabsorption-modulated tunable DBR laser transmitter for long-haul optical communications. IEEE J Sel Topics . Quantum Electron, 2001, 7(2):168.

[4] Raring J W, Skogen E J, Johansson L A, et al. Demonstration of widely tunable single-chip 10-Gb/s laser-modulators using multiple-bandgap InGaAsP quantum-well intermixing. IEEE Photonics Technol Lett, 2004, 16(7):1613.

[5] Haysom J E, Poole P J, Feng J, et al. Lateral selectivity of ion- induced quantum-well intermixing. J Vac Sci Technol A, 1998, 16(2);817.

[6] Liu Guoli, Wang Wei, Zhang Jingyuan, et al. Wavelength tunable electroabsorption modulated DFB laser with thin film heater. 13th IEEE Lasers and Electro-Optics Society Annual Meeting, 2000:504.

[7] Zhang J, Lu Y, Zhao L J, et al. An integratable distributed Bragg reflector laser by low-energy ion implantation induced quantum well intermixing. Chinese Journal of Semiconductors, 2004, 25(8):894.

Lossless Electroabsorption Modulator Monolithically Integrated With a Semiconductor Optical Amplifier and Dual-Waveguide Spot-Size Converters

Lianping Hou, Hongliang Zhu, Fan Zhou, Lufeng Wang,
Jing Bian, and Wei Wang

Abstract　Semiconductor optical amplifier and electroabsorption modulator monolithically integrated with dual-waveguide spot-size converters at the input and output ports is demonstrated by means of selective area growth, quantum-well intermixing, and asymmetric twin waveguide technologies. At the wavelength range of 1550–1600nm, lossless operation with extinction ratios of 25-dB dc and 11.8-dB radio frequency and more than 10-GHz 3-dB modulation bandwidth is successfully achieved. The output beam divergence angles of the device in the horizontal and vertical directions are as small as $7.3° \times 10.6°$, respectively, resulting in 3.0-dB coupling loss with cleaved single-mode optical fiber.

1　INTRODUCTION

Monolithic integration component with a variety of active and passive photonic devices is becoming increasingly attractive due to its miniaturized multifunction optical circuits, compactness, low-cost batch fabrication, and high stability. Semiconductor optical amplifier (SOA) integrated with an electroabsorption modulator (EAM) is promising for a high-performance modulator, because the SOA can compensate for the inevitable insertion loss of the EAM and coupling loss to a fiber[1-3]. Monolithic integration of an SOA and an EAM with a spot-size converter (SSC) input and output has been paid more attention for its direct coupling to an optical fiber with low-loss coupling, large alignment tolerances, and simple packaging schemes without using a microlens or tapered fiber [4-6]. However, most of them have been based on buried structure or with butt-joint selective area growth (BJ-SAG) technique, which involves complex growth steps, excessive processing steps, and strict process tolerance. In this letter, a novel structure is demonstrated using a relatively simple fabrication approach in which selective area growth (SAG), quantum-well intermixing

原载于：Photonics Technology Letters, 2005, 17(8): 1635–1637.

(QWI), and asymmetric twin waveguide(ATG) technologies were successively used. For the SOA/EAM section, SAG technology was employed to exactly control bandgap difference of the SOA gain peak and the exciton absorption edge. For the input and output SSC sections, QWI was used to make the bandgap blue-shift from the EAM material to reduce the direct bandgap absorption while ATG technology is employed to expand the mode spot size to match to that of a single-mode fiber (SMF). Low-energy P^+ ion-implantation-induced intermixing method was used in this work. For the so-called ATG structure, the active waveguide is laterally tapered and combined with an underling passive waveguide. Such a combination makes it easy to control the beam divergence at the output facet. For the device structure, in the SOA/EAM section a double-ridge structure was employed to reduce the EAM capacitances and enable high-bit-rate operation. For the SSC sections, a buried ridge double-core structure(BRS) was incorporated. Such a combination of ridge, ATG, and BRS structure is reported for the first time in which SAG, QWI, and ATG technologies were successively used.

2 DEVICE STRUCTURE AND FABRICATION

Fig. 1 shows the schematic structure of the device. At the ends, it has a 300μm-long dual-waveguide SSC, in which the active core is linearly tapered from 3 to 0μm while its passive core is 8μm wide and 50nm thick, with 0.2μm InP space layer between them. So in the SOA/EAM section, most optical power is confined in the active core. However, in the SSC section, as the active waveguide is tapered by reducing its width, the mode couples quasi-adiabatically to the underlying passive waveguide, which is designed to expand and stabilize the beam from the SOA/EAM for efficient coupling to an SMF. The SOA and EAM sections are 600 and 150μm long, respectively, with 50μm-long etched electrical isolation region between them.

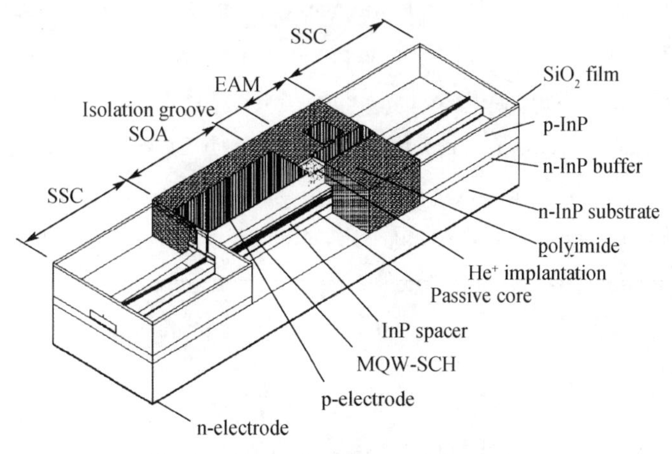

Fig. 1 Schematic diagram of the device

The device is fabricated using only a three-step lower-pressure metal-organic vapor phase epitaxial process, the second of which is an SAG step. For the first epitaxial growth, InP buffer, 50nm-thick n-type 1.15μm bandgap InGaAsP quaternary(Q) lower waveguide, and a 0.2μm n-InP spacer layer are grown. Then, two SiO_2 pads are patterned on the spacer layer in the SOA region. The multiquantum-well and separate confinement heterojunction (MQW-SCH) stack and 150nm undoped InP implant buffer layer is then grown in the second epitaxial growth. The MQW structure consists of ten strained InGaAsP quantum wells and nine InGaAsP barriers, SCH layers(100nm, $\lambda = 1.2$μm) on both sides of the MQW-layer. The SAG process creates a bandgap difference between the modulator and the SOA of 75nm as measured with small-spot photoluminescence (PL) at room temperature. After removing the SiO_2 pads, the SOA/EAM section is encapsulated by a 400nm-thick SiO_2 layer which is grown by plasma-enhanced chemical vapor deposition (PECVD) and QWI process was carried out. The QWI process involved a 50keV P^+ ion implantation with a dose of 5×10^{13} cm^{-3} and a rapid thermal annealing (RTA) for 2min at 700℃. During the RTA process, the whole wafer was covered by a PECVD-grown SiO_2 layer to prevent surface from degradation. After P^+ ion implantation, lots of group-V interstitial point defects were generated in the undoped InP buffer layer of SSC section. And they were activated during the subsequent RTA process. The diffusion of the point defects will cause the composition intermixing between the well and the barrier, and group-V intermixing is much significant than group-Ⅲ intermixing. As a result, the input and output SSC sections peak PL wavelength is blue-shifts from 1500 to 1400nm. Then the SiO_2 layer and the undoped InP buffer layer were removed by wet etching and the lateral taper is formed by selective etchant of MQW-SCH layers in the SSC regions. A sharp taper tip less than 0.2μm at SSC section was easily achieved by normal photolithography combined with an undercut etching. A thin P-InP cladding layer, 1.2Q etch stop layer, P-InP overcladding, and an InGaAs cap layer are then grown in the third epitaxial growth step. This is followed by conventional double ridge waveguide processing of the SOA/EAM sections. The width of SOA/EAM upper and lower mesa is 3 and 8μm, respectively. The SOA and EAM sections are electrically isolated by etching away the highly conductive InGaAs cap layers between them and He^+ is implanted in the trench. A SiO_2 dielectric layer is then deposited on the wafer. Polyimide was defined on either side of the SOA/EAM mesa for planarization of its ridge structure and reduces EAM spurious capacitance of p-contact pads to enhance the modulation bandwidth. After a contact hole etch on top of the SOA/EAM ridges, standard p- and n-metal layers and TiO_2-SiO_2 antireflection films on the input and output facets were formed.

3 DEVICE PERFORMANCE

Fig. 2 shows the far-field pattern observed from the SSC facet. The device emits in a single transverse mode, which indicated that there was no degradation of single transverse mode characteristics with the introduction of SSC. The side-lobe at an angle of 10° in a horizontal far-field pattern (FFP) is caused by the reflected light from the submount. The divergence angles from SSC facet are as small as 7.3°×10.6° in the horizontal and vertical directions, respectively. In contrast, those from the EAM facet are as large as 30.0° and 49°. The coupling loss and 1dB align tolerance for SSC facet are about 3.0dB, ±3.1μm (horizontal) × ± 2.60μm (vertical), when the device was coupled to a cleaved SMF. However, at the same case, those from the EAM facet are about 9dB, ±2.0μm (horizontal) × ±1.7μm (vertical).

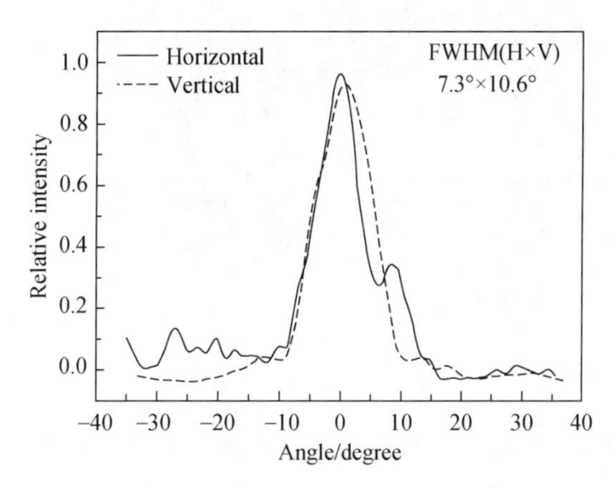

Fig. 2 Far-field pattern from SSC facet

Fig. 3 shows the spectral dependence of the fiber-to-fiber gain in the SOA active region, with−13dBm incident optical power, 100mA bias SOA current, and zero bias voltage on the modulator. The spectral range where the fiber-to-fiber gain changes by less than 3dB is larger than 40nm. We achieved lossless operation even at the range of 1550−1600nm due to the optimization of both the gain peak of the SOA and the absorption edge of the EAM and SSC section. These results also come from the high coupling efficiency to an SMF due to the introduction of spot size converters at input and output ports.

Shown in Fig. 4 is the set of small-signal response (S_{21}) curves taken at different dc biases. At 0V, the 3dB bandwidth for the modulator exceeds 10GHz. The 3dB bandwidth is inevitably more than 10GHz because the modulator operating condition is at reverse dc bias. The 3dB bandwidth increases with negative dc bias because the capacitance of the reverse-biased p-n junction decreases as the reverse bias increases.

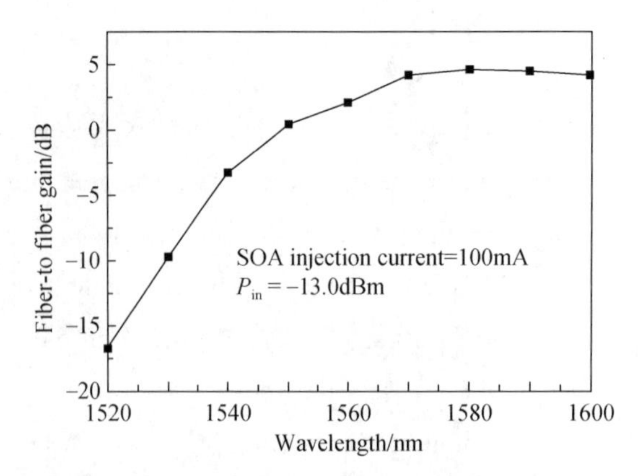

Fig. 3　Optical gain in ON state as function of injected light wavelength

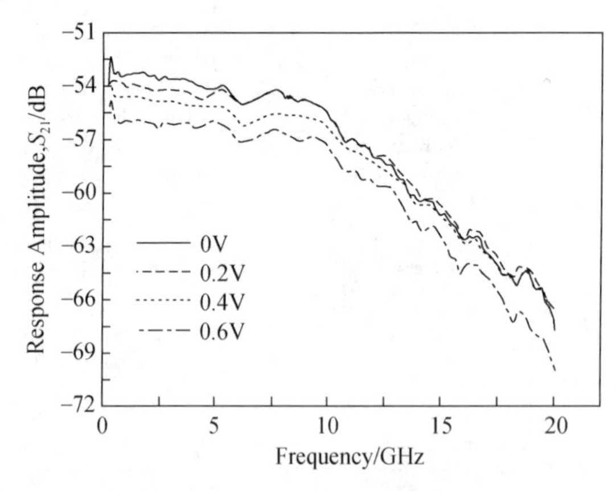

Fig. 4　Small-signal response curves of EAM at different dc biases

Fig. 5 shows the dc extinction characteristics at wavelength of 1580 and 1600nm with an input optical power of −13dBm and the optical injection from the SOA side of the device. The injection current to the SOA was 100mA. A high extinction ratio of 25dB was achieved at a reverse bias of 3.5V for 1600nm incident light. This means that our fabrication process does not degrade device performance. At a wavelength of 1580nm, a high extinction ratio of 20dB was also obtained at a lower reverse bias of 2.5V.

The radio frequency (RF) extinction ratio was measured using the chips mounted on a silicon submount with an integrated 50Ω terminating resistor in parallel with the modulator. The modulator was driven with a 3-V_{pp} 2^{31}-1 pseudorandom bit pattern at 10Gb/s. The ON state (high-level) voltage was maintained at 0V. Typical eye diagrams of the modulated optical signal are shown in Fig. 6. The SOA current is 100mA, and the input wavelength is 1580nm. The optical eye is clear and open, while better than 11.8dB RF extinction ratio is obtained.

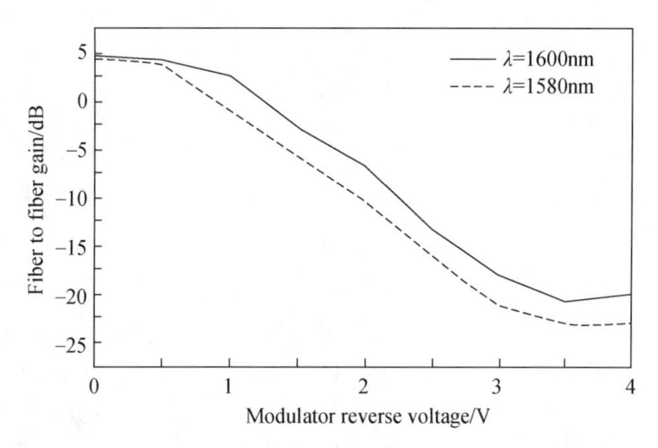

Fig. 5 Modulator dc extinction ratio as a function of wavelength

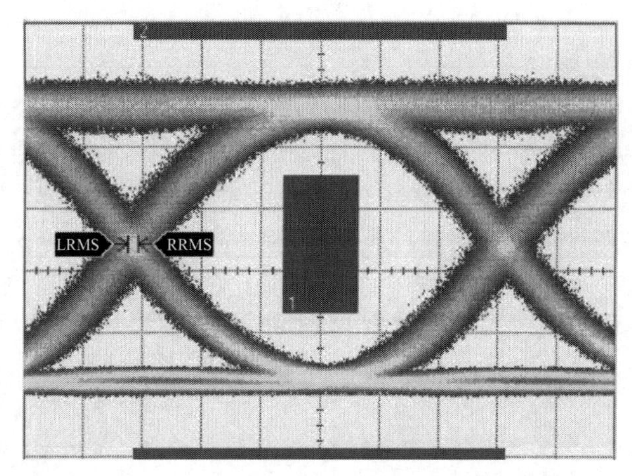

Fig. 6 10Gb/s nonreturn-to-zero eye diagram measured at 4-dBm output power

4 CONCLUSION

An SOA and EAM monolithically integrated with novel dual-core spot-size converters at the input and output ports for low-loss coupling to cleaved SMF is fabricated by means of SAG, QWI, and ATG technologies. The output beam divergence angles of the spot-size were as small as 7.3°×10.6°, in the horizontal and vertical directions, respectively, resulting in low-coupling losses with a cleaved SMF (3.0dB loss) and 1-dB alignment tolerance better than ±3.1μm (horizontal) × ±2.60μm (vertical). At the wavelength range of 1550−1600nm, lossless operation was achieved with high dc extinction ratio of 25dB. The device module also achieved clear eye opening and error-free operation at 10Gb/s with a wide range of incident optical power from −13 to +8dBm. Simple fabrication procedure and excellent performance make the device suitable for mass-production and cost-effective device for advanced wavelength-division-multiplexing or optical time-division-multiplexing systems.

References

[1] J. R. Burie, F. Dumont, O. I. Gouezigou, S. Lamy, D. Cornec, and P. André, "50Gb/s capability for a new zero loss integrated SOA/EA modulator," in Proc. ECOC 2000, 2000, Paper 1.3.3, pp. 43–44.

[2] J. E. Johnson, L. J. P. Ketelsen, J. A. Grenko, S. K. Sputz, J. Vanden- berg, M. W. Focht, D. V. Stampone, L. J. Peticolas, L. E. Smith, K. G. Glogovsky, G. J. Przybylek, S. N. G. Chu, J. L. Lentz, N. N. Tzafaras, L. C. Luther, T. L. Pernell, F. S. Walters, D. M. Romero, J. M. Freund, C. L. Reynolds, L. A. Gruezke, R. People, and M. A. Alam, "Monolithically integrated semiconductor optical amplifier and electroabsorption modulator with dual-waveguide spot-size converter input," IEEE J. Sel. Topics Quantum Electron., vol. 6, no. 1, pp. 19–25, Jan./Feb. 2000.

[3] K. Tsuzuki, S. Kondo, Y. Noguchi, R. Iga, S. Oku, T. Yamanaka, and H. Takeuchi, "Polarization-independent, loss less SOA integrated EA modulator with Fe-doped InP buried structure," in Proc. OECC 2001, 2001, pp. 581–582.

[4] U. Koren, B. I. Miller, M. G. Young, M. Chien, G. Raybon, T. Brenner, R. B.-M. Dreyer, and R. J. Capik, "Polarization insensitive semiconductor optical amplifier with integrated electroabsorption modulators," Electron. Lett., vol. 32, no. 2, pp. 111–112, 1996.

[5] B. Mason, A. Ougazzaden, C. W. Lentz, K. G. Glogovsky, C. L. Reynolds, G. J. Przybylek, R. E. Leibenguth, T. L. Kercher, J. W. Boardman, M. T. Rader, J. M. Geary, F. S. Walters, L. J. Peticolas, J. M. Freund, S. N. G. Chu, A. Sirenko, R. J. Jurchenko, M. S. Hybertsen, L. J. P. Ketelsen, and G. Raybon, "40Gb/s tandem electroabsorption modulator," IEEE Photon. Technol. Lett., vol. 14, no. 1, pp. 27–29, Jan. 2002.

[6] K. Asaka, Y. Suzaki, Y. Kawaguchi, S. Kondo, Y. Noguchi, H. Okamoto, R. Iga, and S. Oku, "Lossless electroabsorption modulator monolithi- cally integrated with a semiconductor optical amplifier and a passive waveguide," IEEE Photon. Technol. Lett., vol. 15, no. 5, pp. 679–681, May 2003.

1.55μm Ridge DFB Laser Integrated With a Buried-Ridge-Stripe Dual-Core Spot-Size Converter by Quantum-Well Intermixing

Lianping Hou, Hongliang Zhu, Qiang Kan, Ying Ding,
Baojun Wang, Fan Zhou, and Wei Wang

Abstract A ridge distributed feedback laser monolithically integrated with a buried-ridge-stripe spot-size converter operating at 1.55μm was successfully fabricated by means of low-energy ion implantation quantum-well intermixing and dual-core technologies. The passive waveguide was optically combined with a laterally exponentially tapered active core to control the mode size. The devices emit in a single transverse and single longitudinal mode with a sidemode suppression ratio of 38.0dB. The threshold current was 25mA. The beam divergence angles in the horizontal and vertical directions were as small as 8.0°×12.6°, respectively, resulting in 3.0dB coupling loss with a cleaved single-mode optical fiber.

1 Introduction

An optical device integrated with a spot-size converter (SSC) has been paid much attention for its direct coupling to an optical fiber without using a microlens or a tapered fiber[1]. In particular, a distributed feedback (DFB) laser diode (LD) integrated with an SSC (DFB-SS) is very attractive for its direct coupling to an optical fiber with low-loss coupling, large alignment tolerances, and simple packaging schemes due to its large spot size that is well matched to that of a single-mode fiber (SMF)[2-4]. In addition, resistance against external optical feedback would further reduce cost because we could then remove the isolators from optical modules. Three main classes of SSC such as vertical [5], lateral [6], and double-core[7] taper have been developed to confine and, thus, to expand the optical mode. Though there has been progress in the development of the DFB-SS fabricated approaches, most of them have been based on buried structure with selective area growth (SAG) or butt-joint SAG technique, which involves complex growth steps, excessive processing steps, and strict process tolerance. In this letter, a novel structure DFB-SS was

原载于：IEEE Photonics Technology Letters, 2005, 17(11): 2259-2261.

fabricated with a relatively simple fabricating process in which quantum-well intermixing (QWI) and double-core structure associated with a buried ridge stripe (BRS) technologies are successively exploited. A ridge DFB LD section combined with a BRS SSC one is its key characteristics. Such a combination of ridge and BRS structure is reported for the first time in which QWI and double-core technologies were successively used. Such structure can take advantage of both easy processing of ridge structure and the excellent mode characteristic of BRS. In the SSC section, QWI is exploited to make this region blue-shifted as far as possible to reduce the direct bandgap absorption. By contrast with SAG technology, QWI does not change the average composition, but only slightly changes the compositional profile; hence, there is a negligible index discontinuity at the interface between adjacent sections. This eliminates parasitic reflections that can degrade performance[8]. Various approaches to achieve QWI have been exploited before[9-12]. In this work, a low-energy p^+ ion-implantation-induced intermixing method was employed for the QWI process, which involved ion implantation in the SSC region and subsequent rapid thermal annealing (RTA). The so-called double-core taper, whose active waveguide is laterally tapered and combined with underlying passive waveguide, makes it easy to control the beam divergence at the output facet because the taper shape and the passive waveguide can be optimized independently. Furthermore, double-core technology is robust, low-loss, compatible with existing epitaxial designs, and uses fabrication techniques that are common in InP laser manufacture.

2 Device structure and fabrication

Fig. 1 shows the schematic structure of the device. The DFB LD and SSC section are both 300μm long. The total length of the device is 600μm. At the output end of the device is the dual-waveguide SSC, whose active core is exponentially tapered from 3 to 0μm along with the propagation direction while its passive core is 8μm wide and 50nm thick, with 0.2μm InP space layer between them. So in the DFB LD section most optical power is confined in the active core. However, in the SSC section, the optical power is gradually transferred to the passive core along with the SSC active core becoming narrow. Eventually, at the output facet of SSC, the optical mode is determined only by the thin passive core, which is designed to expand and stabilize the beam from the LD for efficient coupling to an SMF. By contrast with linear tapers, nonlinear tapers can efficiently expand optical fields and the sum of spot-conversion loss and coupling loss can be greatly reduced [13, 14].

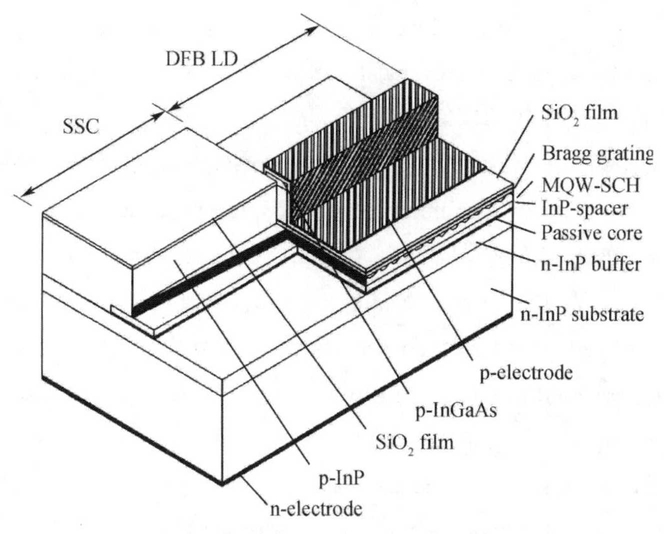

Fig. 1 Schematic diagram of the device

The device was fabricated by conventional two-stage lower-pressure metal-organic vapor phase epitaxial growth and processing techniques. For the first epitaxial growth, InP buffer, 50nm-thick n-type InGaAsP quaternary lower passive waveguide with bandgap wavelength of 1.08μm (1.08Q) and a 0.2μm n-InP spacer layer, multiquantum-well and separate confinement heterojunction (MQW-SCH) stack, and 150nm undoped InP implant buffer layer was successively grown. The MQW structure consisted of ten compressively strained InGaAsP quantum wells and nine lattice-matched InGaAsP barriers (1.2Q), SCH layers (100nm, 1.2Q) on both sides of the MQW-layer. Then the LD section was encapsulated by a 400nm-thick SiO_2 layer which is grown by plasma-enhanced chemical vapor deposition (PECVD) and QWI process was carried out. The QWI process involved a 50keV p^+ ion implantation with a dose of $5\times10^{13}cm^{-3}$ and an RTA for 2min at 700℃. The depth of implantation is estimated to be about 100nm, which is much less than the thickness of the undoped InP buffer layer. During the RTA process, the whole wafer was covered by a PECVD grown SiO_2 layer to prevent surface from degradation. After p^+ ion implantation, lots of group-V interstitial point defects were generated in the undoped InP buffer layer of SSC section. And they were activated during the subsequent RTA process. The diffusion of the point defects will cause the composition intermixing between the well and the barrier, and group-V intermixing is much more significant than group-Ⅲ intermixing. As a result, the peak photoluminescence (PL) wavelength in the SSC sections experienced a large blue shift (>78nm, see Fig. 2), while the bandgap for the LD region remained unchanged. Then the SiO_2 layer and the undoped InP buffer layer in the LD section were removed by wet etching solution. A uniform grating was formed on the entire region of the wafer by using holographic patterning and etching processes. After that, the InP buffer layer in the SSC section is removed by hydrochloric acid etching solution. So the grating is only localized in the LD section. The lateral taper is formed by selective etching of MQW-SCH layers in the SSC regions. A sharp taper tip less than 0.3μm at SSC section was easily achieved by normal photolithography combined with an undercut etching. So, there was no need for a submicron pattering using expensive and time-consuming electron beam lithography. The second (8μm wide) ridge was formed by Bromine type etching solution. A thin p-InP cladding layer, 1.2*Q* etch stop layer, p-InP over-cladding, and an InGaAs cap layer were then grown in the second epitaxial growth step. This is followed by conventional ridge waveguide processing of the LD sections. The width of LD mesa is 3μm. The InGaAs cap layer in the SSC region was entirely etched away to eliminate excess light absorption (lattice-matched InGaAs has an absorption wavelength of 1.67μm). A SiO_2 dielectric layer was then deposited and Ti-Pt-Au p-contact electrode was formed over the DFB LD section. Last, the wafer is thinned and Au-Ge-Ni contact was formed on the n-side.

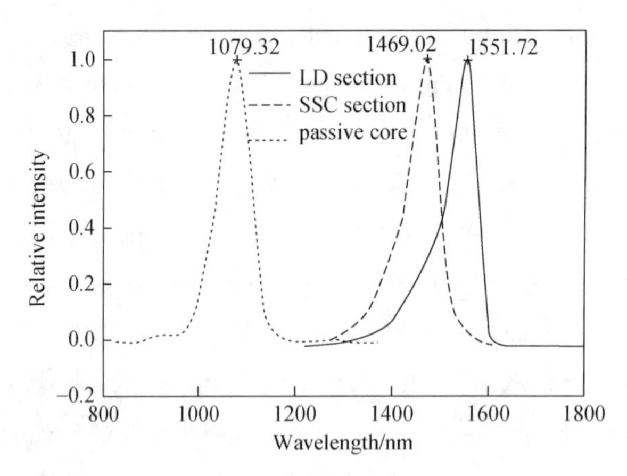

Fig. 2 PL spectra of the LD, SSC, and passive core region

3 Device performance

The device reproducibility and stability is excellent. Fig. 3 shows the laser typical optical spectra of the device at 90mA and 25℃. The typical lasing wavelength of the device is around at 1.554μm and single longitudinal mode was observed with a sidemode suppression ratio (SMSR) of 38.0dB. The set shows the continuous-wave light-current (*L-I*) characteristics of the 600μm-long DFB-SS device and 300μm-long cleaved DFB LD device, without an SSC section. The former showed threshold around 25mA, while the latter had threshold around 20mA and their slope efficiency almost remained the same. These results come from both the low radiation loss of the mode transformation and the less direct bandgap absorption in SSC region. The *L-I* curve shows stable spatial-mode operation without any kinks. A reduction in the threshold current is possible by high reflectivity on the rear facet and antireflective coatings on the SSC output facet.

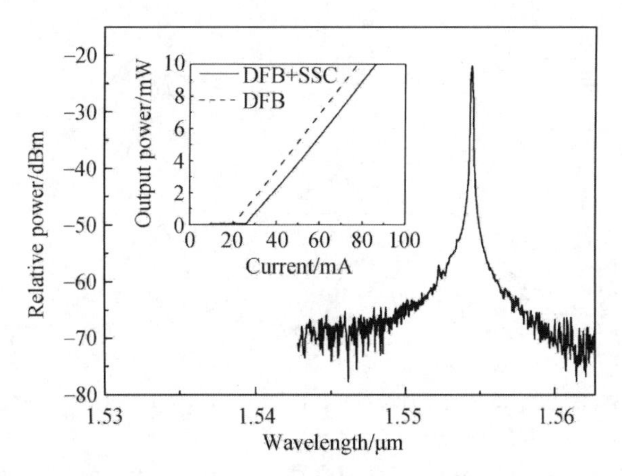

Fig. 3 Typical lasing spectrum of the device. The inset shows *L-I* characteristics of 600-μm-long DFB-SS device and 300μm-long DFB LD, without an SSC section

Fig. 4 shows the far-field pattern observed from SSC facet and that from the LD rear facet at 50mA. As can be seen in this figure, the DFB-SS emits in a single transverse mode, which indicates that there is no degradation of single transverse mode characteristics with the introduction of the SSC. The divergence angles from SSC facet are as small as 8.0°×12.6° in the horizontal and vertical directions, respectively. In contrast, those from the LD rear facet are as large as 30.0° and 49°. The coupling loss and 1-dB alignment tolerance for SSC facet are about 3.0dB, ±3.1μm(horizontal)×±2.60μm(vertical), when the device was coupled to a cleaved SMF. However, on the other hand, those from the LD rear facet are about 9dB, ±2.0μm(horizontal)×±1.7μm(vertical).

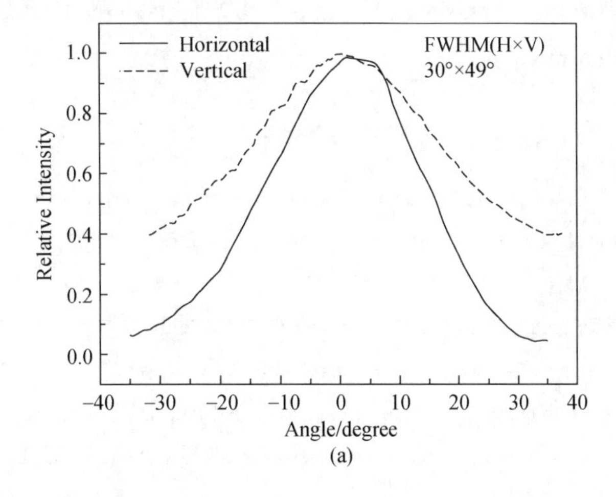

(a)

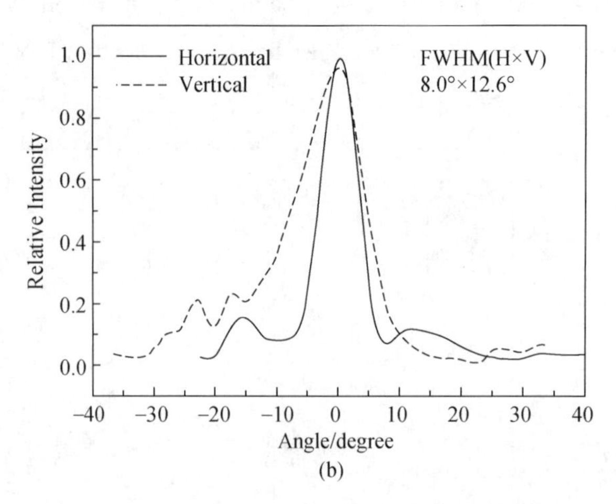

Fig. 4　Far-field pattern from (a) DFB-SS rear facet and (b) SSC output facet

The chips were tested at 150mA and 100℃ for 96 h under a hard screening to test the chips reliability. Threshold current increase is not more than 5%. So the chips reliability is high.

4　Conclusion

A 1.55μm ridge DFB laser monolithically integrated with an SSC output for low-loss coupling to a cleaved SMF is fabricated by means of low-energy ion implantation QWI and dual-core technologies. The devices emit in a single transverse and single longitudinal mode with SMSR of 38.0dB. Typical threshold current is 25mA. The beam divergence angles in the horizontal and vertical directions are as small as 8.0°×12.6°, in the horizontal and vertical directions, respectively. A simple fabrication procedure and excellent performance of the device proves that it would be reasonable as a low-cost light source for high bit rate and high optical power data transmission.

References

[1] A. Lestra and J.-Y. Emery, "Monolithic integration of spot-size converters with 1.3-μm lasers and 1.55μm polarization insensitive semiconductor optical amplifiers," IEEE J. Sel. Topics Quantum Electron., vol. 3, no. 12, pp. 1429–1440, Dec. 1997.

[2] P. J. Williams, D. J. Robbins, J. Fine, I. Griffith, and D. C. J. Reid, "1.55μm DFB lasers incorporating etched lateral taper spot size converters," Electron. Lett., vol. 34, pp. 770–771, 1998.

[3] L. N. Langley, D. J. Robbins, P. J. Williams, T. J. Reid, I. Moerman, X. Zhang, P. Van Daele, and P. Demeester, "DFB laser with integrated waveguide taper grown by shadow masked MOVPE," Electron. Lett., vol. 32, pp. 738–739, 1996.

[4] M. Kito, Y. Inaba, H. Nakayama, T. Chino, M. Ishino, Y. Matsui, and K. Itoh, "High slope efficiency and low noise characteristics in tapered-ac- tive-stripe DFB lasers with narrow beam divergence," IEEE J. Quantum Electron., vol. 35, no. 12, pp. 1765–1770, Dec. 1999.

[5] I. Moerman, M. D'Hondt, W. Vanderbauwhede, G. Coudenys, J. Haes, P. De Dobbelaere, R. Baets, P. Van Daele, and P. Demeester, "Monolithic integration of a spot-size transformer with a planar buried heterostructure InGaAsP/InP-laser using the shadow masked growth technique," IEEE Photon. Technol. Lett., vol. 6, no. 8, pp. 888–890, Aug. 1994.

[6] H. Sato, M. Aoki, M. Takahashi, M. Komori, K. Uomi, and S. Tsuji, "1.3μm beam-expander integrated laser grown by single-step MOVPE," Electron. Lett., vol. 31, no. 15, pp. 1241–1242, 1995.

[7] A. Lestra, P. Aubert, V. Colson, J. L. Gentner, E. Grard, J. L. Lafragette, L. Le Gouezigou, A. Pinquier, L. Roux, D. Toullier, D. Tregoat, and B. Fernier, "Encapsulated tapered active layer 1.3μm Fabry-Perot laser operating at high temperature," in Proc. 23rd Eur. Conf. Optical Communication, vol. 1, Edinburg, U. K., Sep. 22-26, 1997, pp. 38–41.

[8] E. J. Skogen, J. W. Raring, J. S. Barton, S. P. DenBaars, and L. A. Coldren, "Postgrowth control of the quantum-well band edge for the monolithic integration of widely tunable lasers and electroabsorption modulators," IEEE J. Sel. Topics Quantum Electron., vol. 9, no. 5, pp. 1183–11 190, Sep./Oct. 2003.

[9] A. McKee, C. J. McLean, G. Lullo, A. C. Bryce, R. M. De La Rue, J. H. Marsh, and C. C. Button, "Monolithic integration in InGaAs-In- GaAsP multiple quantum-well structures using laser intermixing," IEEE J. Quantum Electron., vol. 33, no. 1, pp. 45–55, Jan. 1997.

[10] M. K. Leel, J. D. Songl, J. S. Yul, T. W. Kim, H. Lim, and Y. T. Lee, "Intermixing behavior in InGaAs. InGaAsP multiple quantum wells with dielectric and lnGaAs capping layers," Appl. Phys. A, vol. 73, pp. 357–360, 2001.

[11] T. Wolf, C. L. Shieh, R. Engelmann, K. Alavi, and J. Mantz, "Lateral refractive index step in GaAs/AlGaAs multiple quantum well waveguides fabricated by impurity induced disordering," Appl. Phys. Lett., vol. 55, pp. 1412–1414, 1989.

[12] V. Aimez, J. Beauvais, J. Beerens, D. Morris, H. S. Lim, and B. -S. Ooi, "Low-energy ion-implantation-induced quantum-well intermixing," IEEE J. Sel. Topics Quantum Electron., vol. 8, no. 8, pp. 870–879, Aug. 2002.

[13] K. Kawano, M. Kohtoku, H. Okamoto, Y. Itaya, and M. Naganuma, "Coupling and conversion characteristics of spot-size-converter integrated laser diodes," IEEE J. Sel. Topics Quantum Electron., vol. 3, no. 12, pp. 1351–1359, Dec. 1997.

[14] V. Vusirikala, S. S. Saini, R. E. Bartolo, M. Dagenais, and D. R. Stone, "Compact mode expanders using resonant coupling between a tapered active region and an underlying coupling waveguide," IEEE Photon. Technol. Lett., vol. 10, no. 2, pp. 203–205, Feb. 1998.

Widely Tunable Sampled-Grating DBR Laser

Kan Qiang, Zhao Lingjuan, Zhang Jing, Zhou Fan, Wang Baojun,
Wang Lufeng, and Wang Wei

(Institute of Semiconductors, Chinese Academy of Sciences, Beijing, 100083, China)

Abstract The 3-section SG-DBR tunable laser is fabricated using an ion implantation quantum-well intermixing process. The over 30nm discontinuous tuning range is achieved with the SMSR greater than 30dB.

1 Introduction

Tunable lasers will be key components in future wavelength-division-multiplexing (WDM) transmission and photonic switching system. The classical tunable laser is the distributed bragg reflector (DBR) laser[1]. In this structure an integrated Bragg reflector performs the wavelength tuning selection. By current injection in the Bragg section the laser wavelength can be tuned. The tuning range of these lasers is normally in the order of 5–10nm[1,2], limited by the refractive index change caused by current injection ($\Delta\lambda/\lambda = \Gamma\Delta n/n$), where Γ accounts for the overlap of the optical mode with the region of index change, n is the refractive index in the Bragg section. $\Delta n/n$ is usually no more than 0.01. To achieve wider tuning range, several tunable laser structures were introduced[3], such as super-structure-grating(SSG) DBR laser[4], grating-assisted codirectional coupler(GACC) laser[5], grating coupler sampled reflector(GCSR) laser[6], sampled-grating DBR(SG-DBR) laser[7]. All of these structures can achieve tuning range of 40–60nm. The fabrication of GCSR laser is difficult, so it is hard to integrate with other components. The SSG-DBR laser needs expensive electron-beam etching grating technology. Sampled-grating DBR(SG-DBR) lasers are one of the most promising tunable lasers for WDM applications since they can provide both wide tuning range and high mode suppression ratio[7]. Moreover, the fabrication procedure is also relatively simple compared to other structures.

原载于：半导体学报，2005，26(5)：853–856.

2 Tuning mechanism of SG-DBR

The sampled-grating is a conventional grating with grating elements removed in a periodic fashion, Fig. 1 shows a schematic structure of sampled-grating. L_s is sampled period and L_g is the grating burst for each sampled period. Due to the sampling of the grating, the reflectivity of a SG reflector exhibits several peaks, regularly spaced around the main peak corresponding to the Bragg wavelength, as shown in Fig. 2. We call the reflectivity of the SG reflector comb-like spectrum. The peaks spacing of the comb-like spectrum is defined by the following relation: $p=\frac{\lambda^2}{2n_g L_s}$ [7]. The main peak reflectivity is determined by the formula: $R=\tanh^2(\kappa L_G)$, κ denotes the coupling coefficient of grating, L_G is the total length of grating in one mirror. And the envelope of the reflective widens as the L_g/L_s is reduced. The reflectivity spectrum of the sampled-grating can be computed using transfer-matrix method[8].

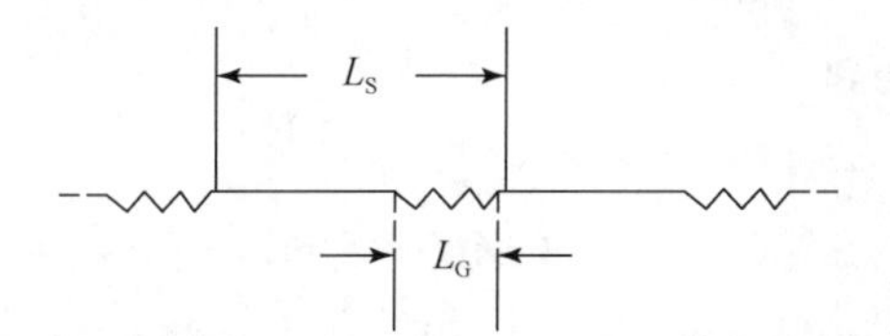

Fig. 1 Schematic structure of sampled grating

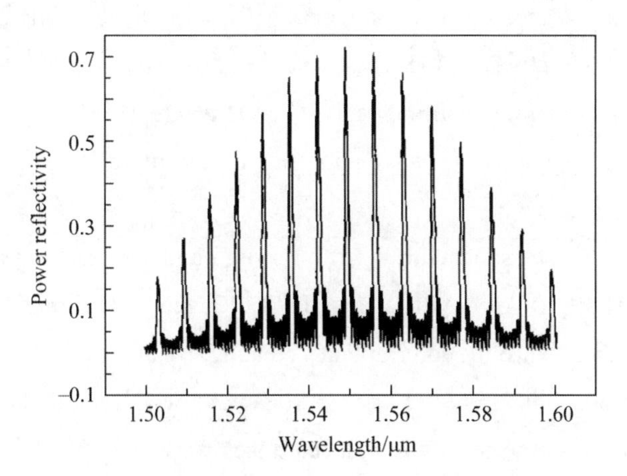

Fig. 2 Reflectivity of SG-DBR reflector

Fig. 3 shows a schematic structure of our 3section SG-DBR. The gain section is sandwiched by two SG-DBR mirrors. The two SG-DBR reflections are designed with slightly mismatch of peaks spacing, so that only one pair of reflective peak can be aligned. And lasing occurs at the pair of reflective peaks that are aligned. When a small index changes in one mirror, the adjacent reflective peaks will come into alignment. So the small index change causes a large mount lasing wavelength tuning. The tuning between the reflective peaks can be obtained by inducing identical index changes in the two mirrors.

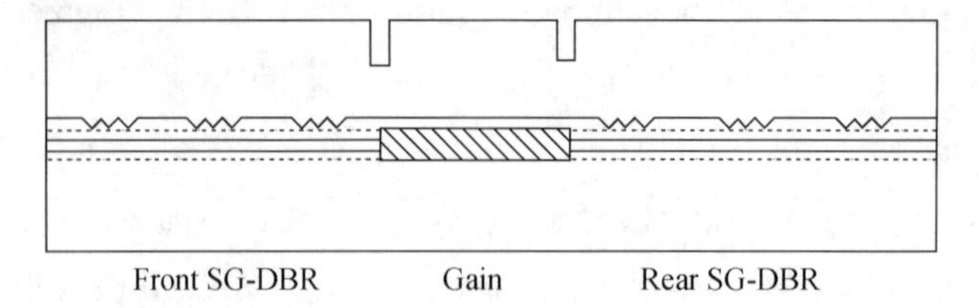

Fig. 3 Schematic structure of 3-section SG-DBR

The laser has three sections: a 400μm-long gain section and two sampled-grating mirrors, the back mirror contains ten 57μm sampling periods and the front mirror has six 55μm sampling periods, for both sampled periods $L_G = 7\mu m$ peaks spacing in the front-SG is 6.804nm and 6.565nm for the rear-SG if the Bragg wavelength is 1550nm.

3 Fabrication process

The fabrication involves two steps of MOVPE growth and an ion implantation induced disordering(IID) quantum well intermixing(QWI) process which blueshift the quantum well band edge to create nonabsorbing sections for the sampled-grating mirror[9, 10].

The epitaxial base structure was grown on (100) oriented n-InP substrate using low pressure MOCVD. The active region is strained multi-quantum well structure, which is sandwiched by step separate confinement heterostructure (SCH) of 1.2*Q* and 1.1*Q* waveguide. Above the upper 1.1*Q* waveguide are a 120nm InP mask layer and a 300nm implant buffer layer.

The gain region was masked with 5μm of resist, and the ion implant was carried out using p^+ at an energy of 100keV with a dose of $5 \times 10^{14} cm^{-3}$. The implant buffer layer was designed to completely capture the ion implant, creating vacancies far from the active region. The vacancies were then diffused through the quantum well region during a 680℃ rapid thermal anneal(RTA), so the quantum well interfaces were smoothed causing an increase of quantized energy level in the well, due to a reduction of the As concentration in the well. A blue shift of 90nm was measured by room temperature photoluminescence. The implant buffer layer was then removed by wet etching leaving a planar surface.

The 120nm InP layer was used as sampling mask. After the holographic exposure, the sampled- grating mirrors were defined by reactive ion etching(RIE) and chemical etching, 80nm. Then the InP mask layer was etched away. Fig. 4 is the SEM picture of the sampled-grating.

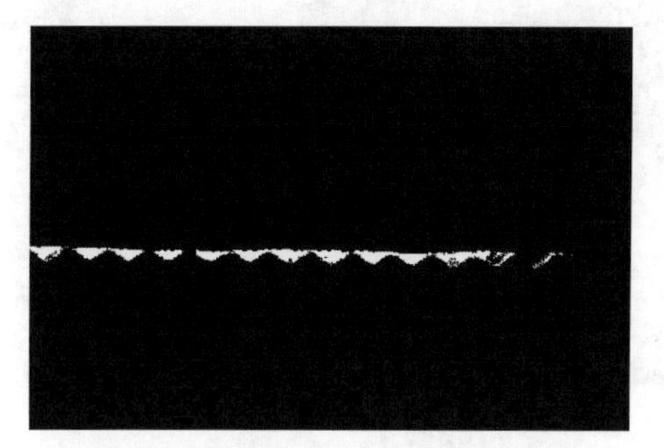

Fig. 4 SEM picture of sampled-grating

Then the ridge waveguide structure and electrode were performed after the p-type InP and the InGaAs contact layer regrowthing.

4 Results

Fig. 5 is the *P-I* relationship of the SG-DBR laser. The threshold current is 37mA and the output optical power is about 9.5mW at 200mA driving current. The twisting of the curve dues to the mode hopping when the injecting current increases.

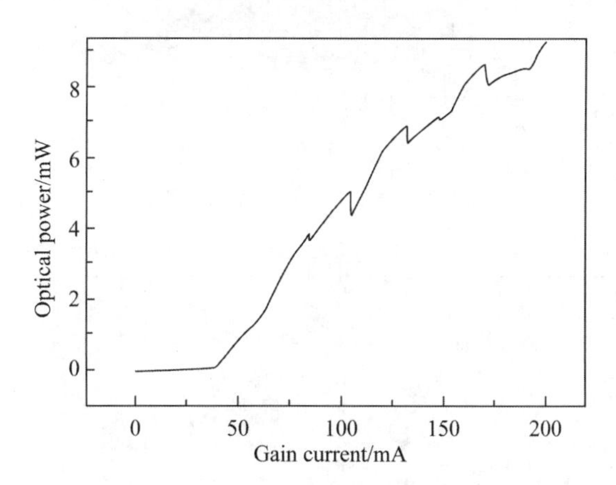

Fig. 5 *P-I* curve of the SG-DBR laser

Fig. 6 shows the tuning range obtained by current injection in the back SG-reflector. The tuning range is above 30nm. The side mode suppression ratio maintains over 30dB. Fig. 7 shows the superimposed spectrum of tuning range.

The wavelength tuning is discontinuous since the Bragg section is not optimized well. The injection causing index change is too small so that the comb-like spectrum shifting can not cover the peaks spacing. Furthermore, the phase section is indispensable for the quasi-continuous tuning of any DBR laser because the lasing occurs only when the cavity mode coincides with the reflectivity peaks.

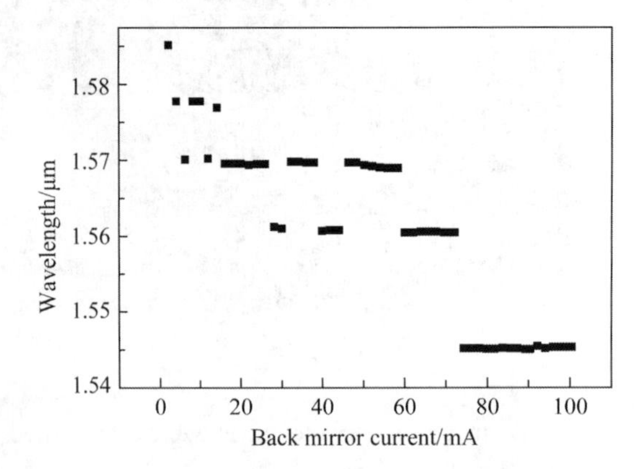

Fig. 6　Wavelength tuning with rear SG-reflector current

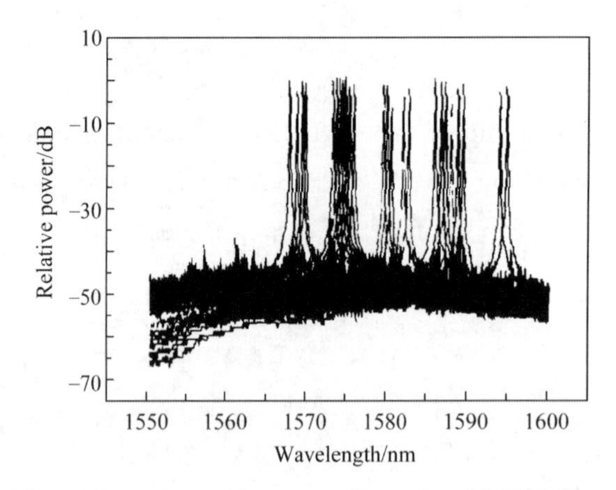

Fig. 7　Supperimposed spectra of 3-section SG-DBR laser

5　Conclusion

We apply implant-enhanced intermixing to fabricate the 3-section SG-DBR laser. The over 30nm discontinuous tuning range is achieved and the corresponding SMSR is greater than 30dB.

References

[1] Lu Yu, Wang Wei, Zhu Hongliang, et al. Tunable distributed Bragg reflector laser fabricated by bundle integrated guide. Chinese Journal of Semiconductors, 2003, 24(2): 113.

[2] Lu Yu, Zhang Jing, Wang Wei, et al. Wavelength tuning in two-section distributed Bragg reflector laser by selective intermixing of InGaAsP-InGaAsP quantum well structure. Chinese Journal of

Semiconductors, 2003, 24(9): 903.

[3] Coldren L A. Monolithic tunable diode lasers. IEEE J Sel Topics Quantum Electron, 2000, 6(6): 1824.

[4] Ishii H, Tanobe H, Kano F, et al. Quasi-continuous wavelength tuning in super-structure-grating (SSG) DBR lasers. IEEE J Quantum Electron, 1996, 32(3): 433.

[5] Chuang Z M, Coldren L A. Widely tunable semiconductor lasers using grating-assisted codirectional coupler filters. SPIE OCCC, Hsinchu, Taiwan, 1992 : 1813.

[6] Rigole P J, Nilsson S, Backbom L. Quasi-continuous tuning range from 1560 to 1520nm in a GCSR laser, with high power and low tuning currents. IEE Electron Lett, 1996, 32(12): 2352.

[7] Jayaraman V, Chuang Z M, Coldren L A. Theory, design, and performance of extended tuning range insampled grating DBR lasers. IEEE J Quantum Electron, 1993, 29(6): 1824.

[8] Amann M C, Buus J. Tunable laser diode. Artech House, 1998.

[9] Aimez V, Beauvais J, Beerens J, et al. Low-energy ion-implantation-induced quantum-well intermixing. IEEE J Sel Topics Quantum Electron, 2002, 8(4): 870.

[10] Zhang Jing, Lu Yu, Zhao Lingjuan, et al. An integratable distributed Bragg reflector laser by low-energy ion implantation induced quantum well intermixing. Chinese Journal of Semiconductors, 2004, 25 (8): 894.

Compressively Strained InGaAs/InGaAsP Quantum Well Distributed Feedback Laser at 1.74μm

Pan Jiaoqing, Wang Wei, Zhu Hongliang, Zhao Qian, Wang Baojun, Zhou Fan, and Wang Lufeng

(Optoelectronic Research and Development Center, Institute of Semiconductors, Chinese Academy of Sciences, Beijing 100083, China)

Abstract The compressively strained InGaAs/InGaAsP quantum well distributed feedback laser with ridge-waveguide is fabricated at 1.74μm. It is grown by low-pressure metal organic chemical vapor deposition (MOCVD). A strain buffer layer is used to avoid indium segregation. The threshold current of the device uncoated with length of 300μm is 11.5mA. The maximum output power is 14mW at 100mA. A side mode suppression ratio of 35.5dB is obtained.

1 Introduction

High strained InGaAs/InGaAsP quantum well distributed feedback lasers at wavelength range from 1.6 to 2.0μm can be used in remote sensing, pollutant detection, and molecular spectroscopy[1]. However, the high strain quantum wells make it difficult to obtain high performance laser diodes. With the increase of the wavelength from 1.6 to 2.0μm, the indium concentration in the quantum well should be increased. However, high indium concentration will lead indium segregation during the quantum well growth. At long wavelength range the laser characteristics deteriorate because of large optical loss, such as Auger recombination and intervalence band absorption. Much effort has been spent on the research of long wavelength lasers, most of which were prepared by MBE such as a 2.05μm DFB MQWs laser successfully fabricated by metalorganic molecular beam epitaxy (MO-MBE) under low temperature[2-4]. A high performance InGaAs/InGaAlAs QW 1.83μm laser was realized by solid-source molecular-beam epitaxy (MBE)[5].

Hydrogen chloride (HCl) gas monitoring is important, such as in the semiconductor processes, because it is widely used for etching or cleaning in LSI manufacturing and silicon epitaxial process. HCl has a strong absorption line at 1.744μm. In this paper we report on the

原载于：半导体学报，2005，26(9)：1688-1691.

low threshold InGaAs/InGaAsP QWs diode lasers with wavelength of 1. 74μm grown by MOCVD. During the MOCVD growth, a strain buffer layer is used to avoid indium segregation. Mechanisms of indium segregation are related to the growth conditions and the surface quality of the interface. Growth conditions are well understood, such as low growth temperature, high Ⅴ/Ⅲ, and growth rate are widely used in high strained materials growth. Based on the knowledge that strained layers can be used to remove threading dislocation, we insert a strain buffer layer to improve the quality of the interface on which the strained quantum wells are grown. The thickness of the strain buffer layer is below the critical thickness.

2 Experiment

The wafer used in this work was grown by metalorganic vapor phase epitaxy(MOVPE) with a horizontal reactor under low pressure of 2. 2kPa and at 655℃. TMGa, TEGa, and TMIn were Ⅲ group metalorganic sources, PH_3 and AsH_3 were Ⅴ group sources. SiH_4 and DEZn were employed as n-and p-type dopants. Ⅴ to Ⅲ ratio are 70 in the InGaAs well layer and 250 in the InGaAsP barrier layer as well as confinement layer. A 40nm thick InGaAs layer(with strain of 1.9%) was grown first as shown in Fig. 1. A strain InGaAs layer(with strain of 0. 9%) was grown before the high strained InGaAs layer as strain buffer layer to improve the quality of the interface between InP and high strained InGaAs. The band diagram of the laser structure is shown in Fig. 2. The buffer layer of 1μm-thick with graded n-type doping InP(Si-doped, $n=1\times10^{18}-5\times10^{17}$ cm^{-3}) was grown on the n-InP substrate. The four-pair quantum-well structures sandwiched between 100nm-thick InGaAsP(λ = 1.3μm) SCH layers were grown successfully. The same strain buffer layer as described above was grown in the lower InGaAsP SCH layer. The wells were compressively strained(+1.6%) $In_{0.77}$ $Ga_{0.23}$ As with a thickness of 7nm and the barriers were tensile strained(−0. 3%) InGaAsP(λ = 1.2μm) with a thickness of 10nm. The E_g increased from SCH layer(λ = 1. 3μm) to the barrier layer (λ = 1. 2μm) continuously. Relatively high barrier heights also act as carrier blocking layers[6, 7]. Bragg corrugation with a pitch of 271nm was formed on the upper confinement layer using holographic lithography. After definition the grating was dry-etched and chemically wet-etched to transfer the pattern from the resist into the semiconductor. Following removal of the resist, the grating was then overgrown with InP and highly doped InGaAs layer to make a good Ohmic contact, At last, a ridge wave-guide laser with an active region width of 3μm was fabricated. The uncoated laser samples were mounted on a copper heat sink with p-side up.

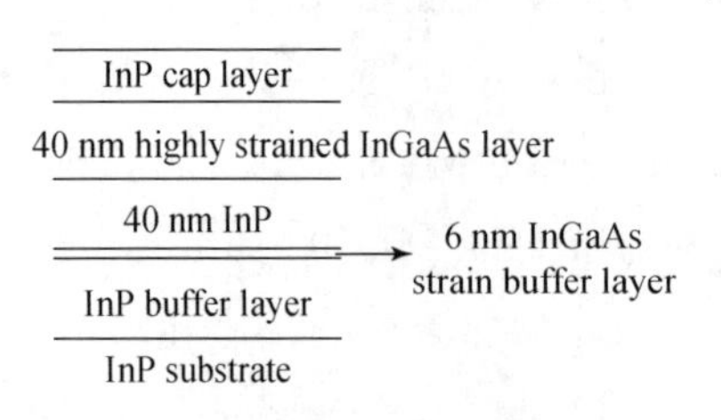

Fig. 1 Schematic of the structure used for investigating the effect of a InGaAs strain buffer layer on surface quality

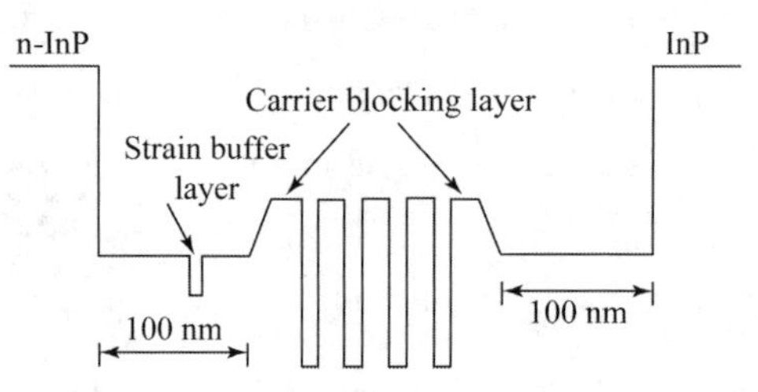

Fig. 2 Band diagram of InGaAs strained QWs laser structure

3 Results and discussion

In Fig. 3 the Pendellösung fringes appear between the InP substrate peak and high strained InGaAs peak, indicating a very high crystalline quality of the high strained InGaAs layer. Without the strain buffer layer there is no Pendellösung fringes and the FWHM of the peak of high strained InGaAs is wider (not shown in this paper). So the strain buffer layer improves the quality of the surface of InP on which the high strained InGaAs is grown. The strain buffer layer was also used in the DFB laser to improve the quality of the quantum wells.

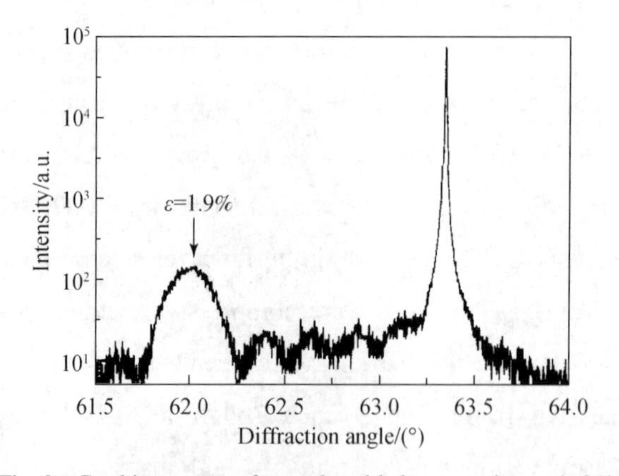

Fig. 3 Rocking curve of sample with large strain $\varepsilon = 1.9\%$

Fig. 4 shows the CW light-current characteristics of the DFB laser in the temperature range from 10 to 40℃. The laser cavity length is 300μm. At 20℃, the threshold current is 11.5mA and the slope efficiency ranges from 0.31 to 0.35W/A. There is no saturation of output power up to 14mW. In the temperature ranges from 10 to 40℃, the characteristic temperature T_0 is 57K, which is comparable to that of the 1.55μm-wavelength InGaAsP/InP-DFB laser. Both the maximum output power and the slope efficiency are higher than those of the 1.74μm DFB laser reported in Ref. [8] which is the best result until now as far as we know. Fig. 5 shows the lasing emission wavelength with the injection current of 50mA (6.7mW). The side mode suppression ratio (SMSR) is 33.5dB. Single-mode operation is observed over relatively wide temperature and injection current range. Fig. 6 shows the changes in wavelength with current in temperature range from 10 to 30℃. The current-tuning rate of the DFB mode is 0.014nm/mA at 10℃, 0.016nm/mA at 20℃, and 0.013nm/mA at 30℃, which is in the same order as those of the conventional 1.3 and 1.5μm lasers. The total wavelength tuning range is 2.6nm from 10 to 30℃. The laser diodes had a screening procedure: 24h under automatic current control (ACC) at 150mA driving current and 100℃ (measured at the heat sink). The threshold current and the slope efficiency almost did not change.

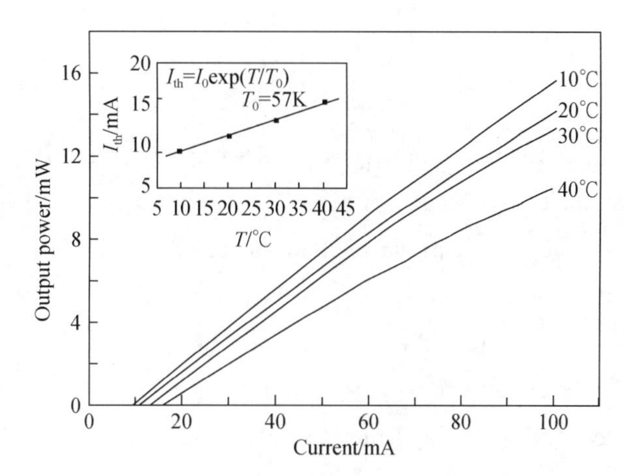

Fig. 4 Light-current characteristics under CW operation Inset shows the current dependence on mount temperature

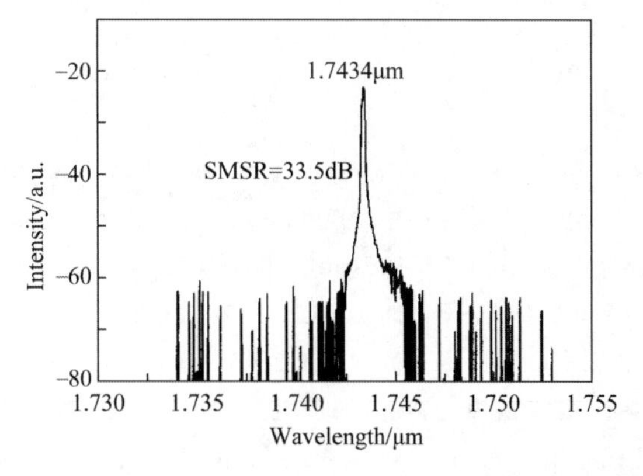

Fig. 5 Wavelength of DFB laser at CW operation with injection current of 50mA

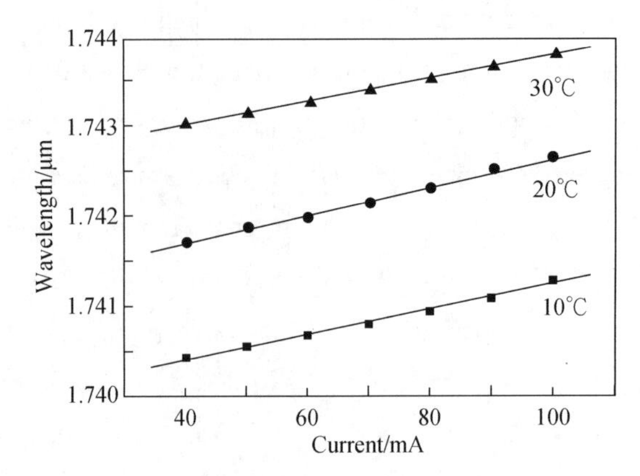

Fig. 6 Wavelength variation with changes in operation temperature and injection current

4 Conclusion

In conclusion, the DFB laser emitting at 1.74μm has been fabricated by introducing a large compressive strain in the InGaAs/InGaAsP quantum well. The laser performance is comparable to that of the 1.55μm-wavelength InGaAsP/InP-DFB laser, which has the same MOCVD growth condition and fabrication process. Under CW operation the threshold current is 11.5mA and the maximum output power is more than 12mW. The slope efficiency and the characteristic temperature in a 300μm long laser were 0.31–0.35W/A and 57K, respectively. The wavelength tuning range was 2.6nm from 10 to 30℃ with a tuning rate of about 0.014nm/mA. As an optical source, it is suitable for HCl gas monitor system.

References

[1] Cassidy D T. Trace gas detection using 1.3μm InGaAsP diode laser transmitter modules. Appl Opt, 1988, 27(3): 610.

[2] Mitsuhara M, Ogasawara M, Oishi M, et al. Metalorganic mo-lecular-beam-epitaxy-grown $In_{0.77}Ga_{0.23}As$ multiple quantum well lasers emitting at 2.07μm wavelength. Appl Phys Lett, 1998, 72(24): 3106.

[3] Bai J S, Fang Z J, Zhang Y M, et al. GSMBE-grown InGaAs/InGaAsP strained quantum well lasers at 1.84μm wavelength. Chinese Journal of Semiconductors, 2001, 22(2): 126.

[4] Mitsuhara M, Ogasawara M, Oishi M, et al. 2.05μm wavelength InGaAs-InGaAs distributed-feedback multiquantum well lasers with 10mW output power. IEEE Photonics Tech- nol Lett, 1999, 11(1): 33.

[5] Kuang G K, Böhm G, Grau M, et al. High-performance InGaAs-InGaAlAs 1.83μm lasers. Electron Lett, 2000, 36(7): 634.

[6] Ubukata A, Dong J, Matsumoto K. Improvement of characteristic temperature in $In_{0.81}Ga_{0.19}As$/InGaAsP multiple quantum well lasers operating at 1.74μm for laser monitor. Jpn J Appl Phys, 1999,

38:1243.

[7] Hausser S, Meier H P, Germann R, et al. 1. 3μm multiquantum well decoupled confinement heterostructure(MQW- DCH) laser diodes. IEEE J Quantum Electron, 1993, 29(6):1596.

[8] Ubukata A, Dong J, Matsumoto K. Hydrogen chloride gas monitoring at 1. 74μm with InGaAs/InGaAsP strained quantum well laser. Jpn J Appl Phys, 1998, 37:2521.

10Gbit · s^{-1} electroabsorption-modulated laser light-source module using selective area MOVPE

Baoxia Li, Hongliang Zhu, Jing Zhang, Qian Zhao, Jiaoqing Pan, Ying Ding, Baojun Wang, Jing Bian, Lingjuan Zhao and Wei Wang

(National Research Center for Optoelectronics Technology, Institute of Semiconductors, Chinese Academy of Sciences, Beijing, 100083, China)

Abstract A distributed-feedback (DFB) laser and a high-speed electroabsorption (EA) modulator are integrated, on the basis of the selective area MOVPE growth (SAG) technique and the ridge waveguide structure, for a 10Gbit · s^{-1} optical transmission system. The integrated DFB laser/EA modulator device is packaged in a compact module with a 20% optical coupling efficiency to the single-mode fibre. The typical threshold current is 15mA, and the side-mode suppression ratio is over 40dB with the single-mode operation at 1550nm. The module exhibits 1.2mW fibre output power at a laser gain current of 70mA and a modulator bias voltage of 0V. The 3dB bandwidth is 12GHz. A dynamic extinction ratio of over 10dB has been successfully achieved under 10Gbit · s^{-1} non-return to zero (NRZ) operation, and a clearly open eye diagram is obtained.

1 Introduction

The electroabsorption-modulated DFB laser (EML), due to its low wavelength chirp, small size and low driving voltage, is a promising light source for the high-speed wavelength-division-multiplexing (WDM) optical transmission system. A variety of laser-modulator monolithic integration solutions have been explored. The most popular one is the buttjoint coupling, which allows us to design the laser and modulator active layers independently[1-4]. Unfortunately, this approach needs critical etching and multi-regrowth steps. The complex fabrication makes it difficult to create a smooth and high-quality interface and to get a highly reproducible joint geometry in each processing run.

A simple and reproducible process is important to lower the cost and address new opening markets of WDM metropolitan networks[5, 6]. Selective area growth (SAG) is one of the simplest ways of integrating a DFB laser and an electroabsorption (EA) modulator on the

原载于：Semicond. Sci. Technol., 2005, 20: 917-920.

same chip. This method allows one to define different multiquantum well (MQW) bandgap regions under one single growth process above the masked substrates. We know that MQW EA modulators are very sensitive to the detuning $\Delta\lambda$ between the modulator absorption edge and the laser emitting wavelength. By using the SAG integration scheme, the bandgaps of laser and modulator active layers can be exactly controlled just by designing the width of dielectric masks, and high-efficiency optical coupling between the laser and modulator can easily be achieved by sharing one continuous core waveguide with a taper-like portion between them.

In this paper, a 12GHz bandwidth EAM/DFB-LD module is demonstrated on the basis of the SAG integration scheme. A clearly open eye diagram with a dynamic extinction ratio over 10dB has been achieved under 10Gbit · s^{-1} non-return to zero (NRZ) modulation.

2 Device design and fabrication

The fabrication of an EAM/DFB laser involves only two MOVPE growth steps, as shown in Fig. 1. First, a 150nm thick SiO_2 dielectric film is deposited by PECVD on (100)-oriented n-InP substrates. Parallel SiO_2 mask stripes are defined along the [110] direction. The width (W_o) of the opening growth region between the mask stripes is 15μm, and the width of mask stripes (W_s) is set to be 22μm. Second, an 8-pair strained InGaAsP MQW active waveguide is grown by low pressure MOVPE. The InGaAsP MQW consists of 6nm compressively strained (0.4%) wells, separated by 7nm tensile-strained (−0.2%) barriers ($\lambda_g = 1.2\mu m$). The crystal quality and MQW bandgaps of selectively grown layers are characterized by microscope photoluminescence (PL). The PL peak wavelength (λ_{PL}) at the centre of the SAG opening growth region is 1.548μm, while λ_{PL} is 1.492μm at the flat unmasked region. This controllable λ_{PL} detuning is attributed to the growth rate enhancement and composition variation at the opening growth region driven by fast diffusion and incorporation of In-containing species. After the grating process in the laser section, the common p-InP confining layer and p^+-InGaAs contact layer are grown over the entire structure. A thin InGaAsP etch-stop layer is grown within p-InP just 100nm above the core waveguide, aiming to simplify and stabilize the following fabrication process.

The schematic of the device structure is shown in Fig. 1 (4). The lengths of the laser and modulator are set to be 250μm and 170μm, respectively. As for the waveguide structure, we have adopted a self-aligned ridge structure, in which a 2μm wide low-mesa ridge etching was stopped just above the InGaAsP core layer, for both devices. A 6μm wide deep-mesa ridge in the EAM section, centred on the 2μm ridge, is etched completely through the active layer to reduce the capacitance. Polyimide is used to surround the mesa ridge and buried under the bonding pad of the EAM. Over 50 kΩ electrical isolation between LD and MD is realized by etching off the InGaAs contact layer and deep helium ion implantation at a 50μm wide trench section. An InP-window structure was introduced to the modulator facet to prevent wavelength chirping caused by light reflection. Self-aligned Ti-Pt-Au patterned p-contacts are formed for the laser and modulator. The next steps of the integrated EML chip are wafer thinning, AuGeNi back metallization and bar cleaving. Finally AR and HR coating are applied to the facets of the EA modulator and DFB laser, respectively.

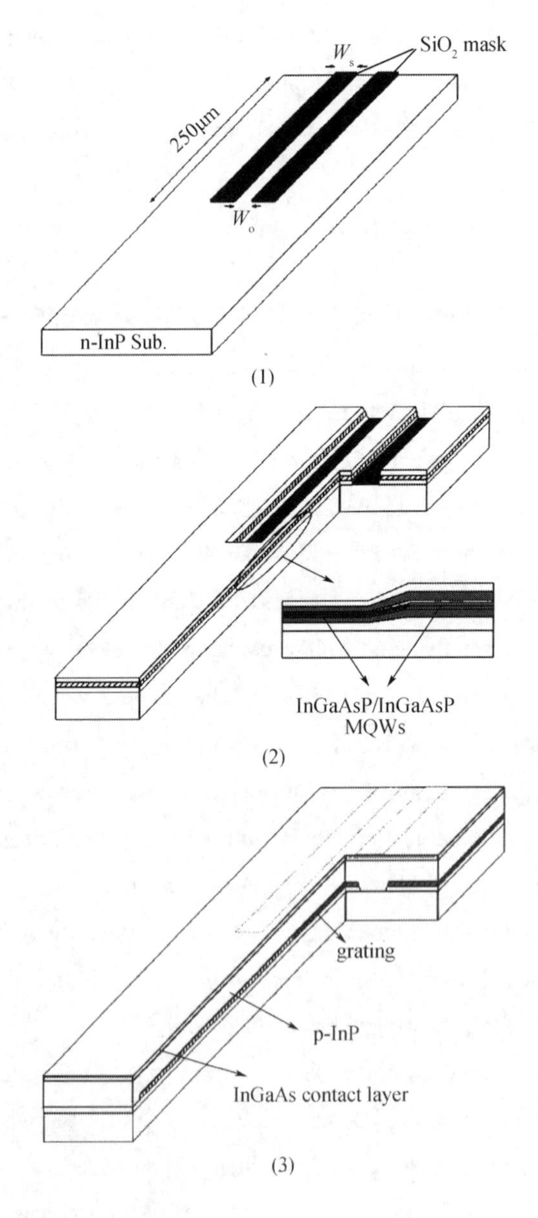

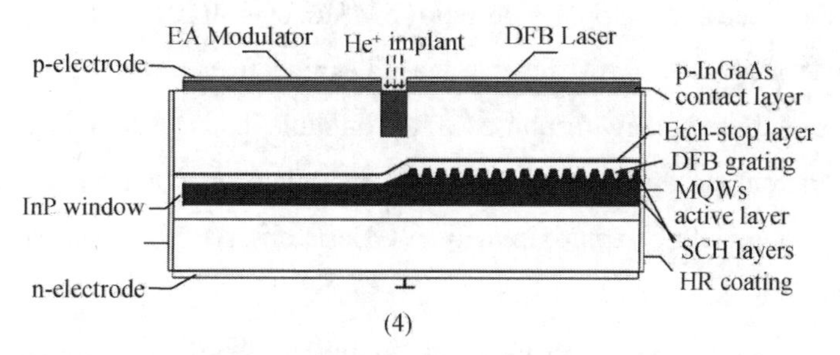

Fig. 1 Fabrication process of the EA-modulated DFB laser: (1) wafer preparation; (2) selective area MOVPE; (3) growth of p-InP and p^+-InGaAs contact layers; (4) schematic cross section of final device

3 Module performance

Photographs of the integrated EML chip and light source module are shown in Fig. 2. This compact 7-pin butterfly package contains not only the EML chip which is soldered on a wide-bandwidth AlN submount with a 50Ω TaN load resistor, but also a thermoelectric cooler, a monitor photodiode and a set of optical coupling subsystem. The GPO-type RF coaxial connector is used as the modulation input.

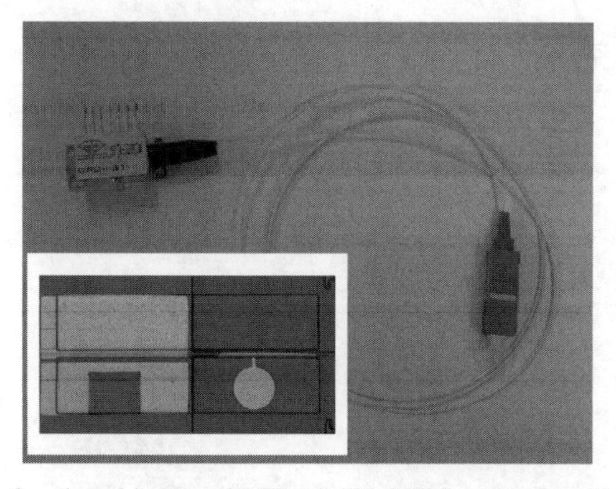

Fig. 2 Picture of packaged integrated DFB LD/EA MD light source with GPO connector (inset: photograph of the EML chip)

Fig. 3 shows the fiber output power from the module as a function of LD drive current at different EAM bias voltages. The threshold current of the EML module is 15mA. The constancy of the threshold current at various EAM reverse bias suggests that the electrical isolation between the integrated laser and modulator is large enough. The fibre output power is over 1. 2mW when the injection current to the DFB laser is 70mA and the integrated modulator is short-circuited. The wavelength spectra exhibit a longitudinal single mode at

1.550μm with the side-mode suppression ratio (SMSR) over 40dB. A static extinction (shown in Fig. 4) is about 30dB with EAM reverse bias changing from 0V to −5V.

The small-signal frequency response of the module is measured prior to 10Gbit · s^{-1} transmission operations. In this measurement, the modulator was biased at −2.5V. As shown in Fig. 5, a 3dB bandwidth of approximately 12GHz is observed, which exceeds the required bandwidth for 10Gbit · s^{-1} transmission.

Back-to-back transmission experiments at 10Gbit · s^{-1} NRZ modulation are carried out. A 10Gbit · s^{-1} NRZ electrical signal comes from a pulse pattern generator, and the PRBS sequence is $2^{31}-1$. A driving signal with 2V peak-to-peak voltage is applied to the light-source module. The modulated light from the module is directly detected with a wide-bandwidth oscilloscope. Fig. 6 shows the corresponding optical output, with a laser current of 70mA and the EAM static bias of −2.5V. A clearly open eye diagram is observed, and the dynamic extinction ratio is over 10dB.

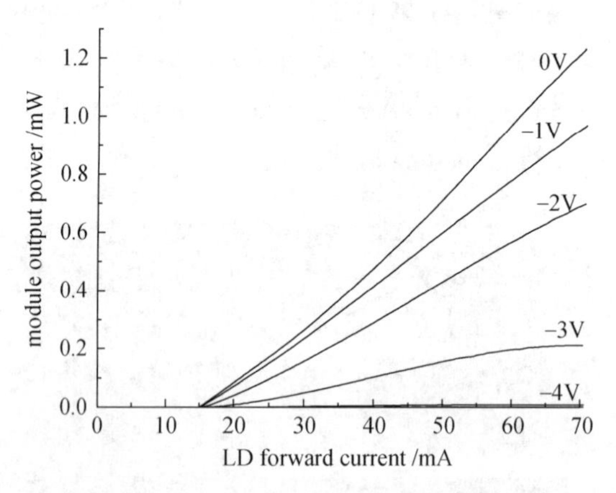

Fig. 3 The fiber output power versus injection current of DFB laser at different EAM bias

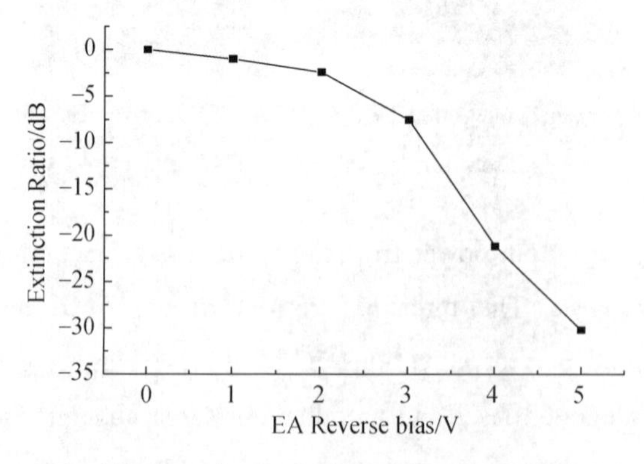

Fig. 4 The extinction ratio for the EA modulator

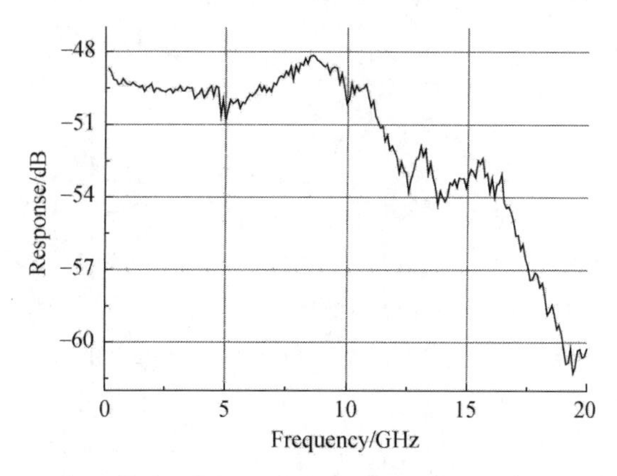

Fig. 5 The measured small-signal frequency response of the integrated EML light source

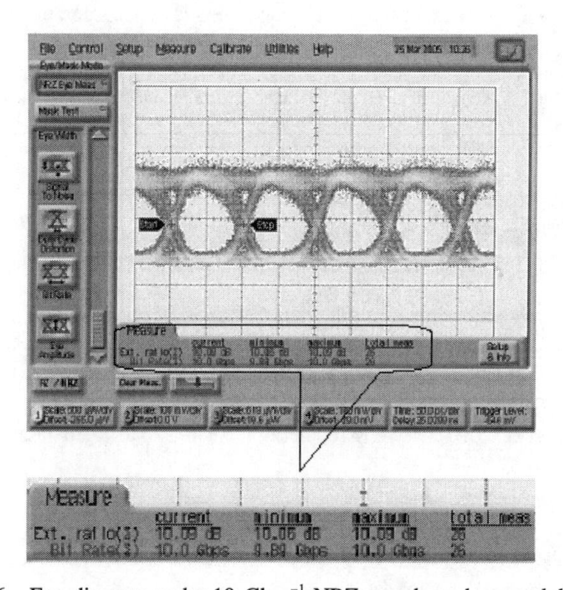

Fig. 6 Eye diagram under 10 Gb s^{-1} NRZ pseudorandom modulation

4 Conclusion

We have developed a high-speed integrated DFB laser and EA modulator light-source module for a 10Gbit · s^{-1} optical transmission system. The fabrication of the EML is greatly simplified thanks to the SAG technique and the ridge waveguide structure, which reduces the number of epitaxial growth steps to only two, thus resulting in a high device yield. The EML chips exhibited low threshold current and high output power. Small-signal response with a 3dB bandwidth of 12GHz is observed in the compact EML module. 10Gbit · s^{-1} back-to-back NRZ transmission experiments are successfully performed. A clearly open eye diagram is obtained in the module output with over 10dB dynamic extinction ratio.

Acknowledgments

The authors would like to express their thanks to Professor Z Y Wang for his support on the transmission experiment, and Y Liu, X Wang and Q Yuan for their help through the package process. This work was supported by the National "973" (G2000068301) project, the National "863" (2002AA312150, 2002AA312150) project and the National Natural Sciences Foundation (90101023, 60176023, 60476009) of the Chinese government.

References

[1] Morito K et al 1995 High power modulator integrated DFB laser incorporating strain-compensated MQW and graded SCH modulator for 10Gbit/s transmission Electron. Lett. 31 975–6.

[2] Kawanishi H et al 2001 EAM-integrated DFB laser modules with more than 40-GHz bandwidth IEEE Photon. Technol. Lett. 13 954–7.

[3] Akage Y et al 2001 Wide bandwidth of over 50GHz travelling wave electrode electroabsorption modulator integrated DFB lasers Electron. Lett. 37 299–300.

[4] Li B et al 2005 Butt-joint monolithically integrated DFB-LD/EA-MD light source for 10Gbit/s transmission Chin. J. Semicond. 26 1100–3.

[5] Prosyk K et al 2005 Common shallow ridge waveguide laser-electroabsorption modulator using lateral ion implantation Optical Fibre Communication Conf. 2005, OTuM 6.

[6] Debrégeas-Sillard H et al 2004 Low-cost coolerless 10Gb/s integrated laser-modulator Optical Fibre Communication Conf. 2004.

Comparative study of InAs quantum dots grown on different GaAs substrates by MOCVD

S. Liang, H. L. Zhu, J. Q. Pan, L. P. Hou, W. Wang

(National Research Center of Optoelectronic Technology, Institute of Semiconductors, Chinese Academy of Science, Beijing, 100083, China)

Abstract We present a comparative study of InAs quantum dots grown on Si-doped GaAs(100) substrates, Si-doped GaAs(100) vicinal substrates, and semi-insulating GaAs(100) substrates. The density and size distribution of quantum dots varied greatly with the different substrates used. While dots on exact substrates showed only one dominant size, a clear bimodal size distribution of the InAs quantum dots was observed on GaAs vicinal substrates, which is attributed to the reduced surface diffusion due to the presence of multiatomic steps. The emission wavelength is blueshifted during the growth of GaAs cap layer with a significant narrowing of FWHM. We found that the blueshift is smaller for QDs grown on GaAs(100) vicinal substrates than that for dots on exact GaAs(100) substrates. This is attributed to the energy barrier formed at the multiatomic step kinks which prohibits the migration of In adatoms during the early stage of cap layer growth.

1 Introduction

There has been considerable interest in the fabrication of Stranski-Krastanow mode quantum dots (QD) in V-III semiconductors by metalorganic chemical vapor deposition (MOCVD) and molecular beam epitaxy (MBE)[1-5]. Due to their δ-like density of states, laser structures containing QDs as active material are expected to have high differential gain, low threshold current and high characteristic temperature[5]. This would make it possible that the InP-based devices be replaced by the less expensive GaAs devices.

In order to fully utilize the superior electronic and optical properties of QDs, it is essential to control both the size and spatial ordering. However, the stochastic nature of the nucleation of S-K QDs makes the task extremely challenging. Efforts have been made to develop methods for position control of QDs, involving substrate lithography prior to growth, and/or selective area growth techniques[6, 7], which usually introduce defects into

原载于：Journal of Crystal Growth, 2005, 282: 297-304.

the QDs structures. A more simple but effective approach to achieve lateral ordered InAs QD arrays in a GaAs matrix has been realized by using GaAs(100) vicinal substrates [8,9]. In this case, the self-aligned QDs are formed along the multiatomic step edges on GaAs(100) vicinal surface.

In this work, the influence of substrates on the density and size distribution of InAs/GaAs self-assembled QDs was studied first. For this purpose, QD samples on three different substrates were prepared in the same growth run simultaneously. Then the dependence of the blueshift of emission wavelength during the GaAs cap layer growth on substrates was examined. The structural characterization was performed by SEM and atomic force microscopy (AFM) and optical investigations were done by low temperature photoluminescence measurements.

2 Experimental details

All the QD samples were grown via a horizontal low-pressure MOCVD reactor (AIXTRON-200) at a total pressure of 60 mbar, with Pd-diffused H_2 as carrier gas. Trimethylgallium (TMGa), trimethylindium (TMIn), arsine (AsH_3) were used as source materials. The source temperature and pressure were −10℃ and 1000 mbar for TMGa, 17℃ and 200 mbar for TMIn, respectively. Three kinds of samples were prepared in this study, with differences in only the substrates used. The three substrates were exactly oriented semi-insulating (100) GaAs and two kinds of HB grown *n*-GaAs with a Si dope concentration of $1.7\times10^{18}cm^{-3}$, which were exactly (100) oriented and vicinal (100) (2 degree tilted toward (110)), respectively.

Prior to the growth, the substrates, which were loaded simultaneously side by side, were preannealed at 700℃ for 5 min in arsine flow for deoxidation. Then, a 200nm GaAs buffer layer was grown at 600℃ with a growth rate of 1ML/s and V-Ⅲ ratio of 25. Under this growth condition, a step flow growth mode was found for the buffer layer on the exact substrate and multiatomic steps were formed on the vicinal substrate. The detail step-bunching mechanism has already been reported[10]. The QDs were formed by depositing at 507℃ with a nominal InAs layer thickness of 1.7MLs. The growth rate and V-Ⅲ ratio was 0.032ML/s and 5, respectively. After a growth interruption of 20s under arsine flow, a 30nm GaAs cap layer was started with a growth rate of 0.3ML/s and V-Ⅲ ration of 25.

For SEM and AFM measurements, the growth was stopped after the formation of QDs. The SEM measurements were performed using a XL30-FEG microscope at 20kV. A

Nanoscope Dimension 3100 SPM system with a tapping mode in air was used for AFM measurements. The PL measurements were carried out in closed-cycle He cryostat under the excition of 514.5nm line of Ar^+ laser focused onto a 0.5mm^2 spot. The luminescence spectra were detected with a Fourier transform infrared spectrometer operating with an InGaAs photodetector.

3 Results and discussion

Fig. 1 shows the SEM images of InAs QDs grown on different substrates, which shows the formation of QDs clearly. The dot density is $0.83\times10^{10}cm^{-2}$ when the QDs are grown on semi-insulating(100)GaAs(Fig. 1(a)), lower than that of QDs on Si-doped exact(100) GaAs(Fig. 1(c)), which is $1.21\times10^{10}cm^{-2}$. The average lateral size of QDs on semi-insulating GaAs is smaller than that of QDs on Si-doped GaAs, which are 33 and 39nm with

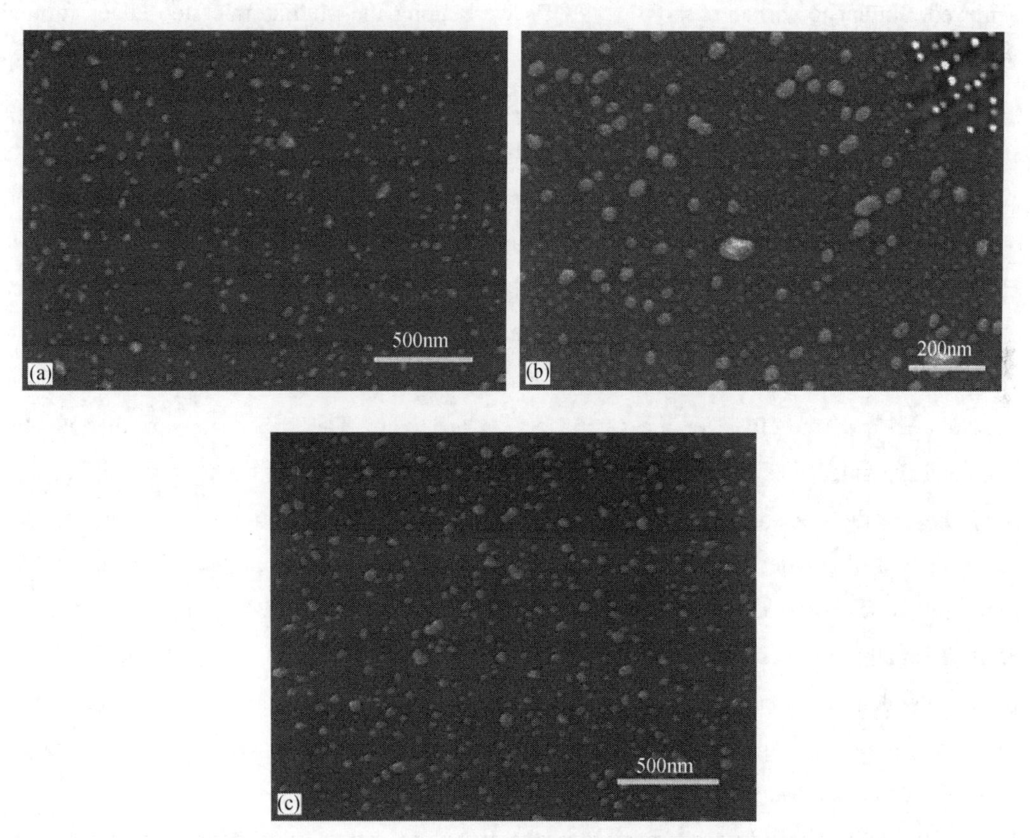

Fig. 1 SEM images of quantum dots on(a) semi-insulating GaAs(100) substrate, (b) Si-doped GaAs(100)2 off(110) substrate, and(c) Si-doped GaAs(100) substrate. The inset of Fig. 1(b) shows a 250nm×300nm AFM image showing dots grown on edges of the multiatomic steps

a standard deviation of 21% and 25%, respectively, as summarized in Table 1. The height of QDs on semi-insulating GaAs(100) is also smaller than that of dots on Si-doped exact (100)GaAs, which are 14.4 and 16.5nm, respectively. The differences in QD density and size are due to the different state of strain experienced by the InAs layers when they are grown on semi-insulating and Si-doped substrate. In the heavily doped GaAs substrates, the strain field experienced by the InAs layer is increased by a small quantity with respect to the semi-insulating substrate[1]. QDs are showed to have a slightly small critical layer thickness (CLT) with a small increase in the strain [11, 12]. Thus, with the same deposition thickness, InAs grown on Si-doped substrate has a smaller CLT and more InAs is used to form QDs, resulting in the relatively large QD density and lateral size, compared to the semi-insulating substrates with a larger CLT.

Fig. 1(b) shows the QDs grown on the vicinal(100) GaAs substrate. As shown in the SEM image, QDs were formed in lines and a certain degree of spatial ordering was achieved. Similar to earlier reports[8, 9], QDs were along the multiatomic step edges formed during the deposition of the GaAs buffer layer by step bunching [10], which is shown clearly in the inset of Fig. 1(b). Another feature that can be seen from Fig. 1(b) is QD's bimodal size distribution. Both the lateral size histogram in Fig. 2(b) derived from SEM measurements and the height histogram in Fig. 3(b) from AFM measurements show a clear evidence of the bimodal size distribution. The density of the large and small QDs are 0.91×10^{10} and $4.05\times10^{10}cm^{-2}$, respectively, with a total of $4.96\times10^{10}cm^{-2}$, greater than that of the QDs on exact substrates, which is resulted from the larger number of nucleation sites at step edges on the vicinal surface. The average lateral size and the standard deviation are 43nm and 13% for the large dots, 21nm and 10% for the small dots, respectively. The size dispersion of both the large and the small dots is smaller than that of the QDs on the exact GaAs(100) substrates. According to the research work of Leon et al. [8], surfaces with multiatomic steps enable the formation of smaller critical nuclei for stable island growth, since nucleation on steps is energetically favorable. The effects of smaller critical nuclei for stable nucleus formation result in smaller average diameters and higher island densities when step nucleation (heterogeneous nucleation) is predominant which is the case when the adatom diffusion lengths are larger the step spacing. Their work also indicated that the best island uniformity was achieved when nucleation is heterogeneous. Our uniform and dense arrays of QDs imply that, in the growth conditions we used in the InAs deposition, the diffusion length of In adatom is larger than the multiatomic step spacing which is about 41nm in our case and the nucleation of QDs are primarily on the step edge.

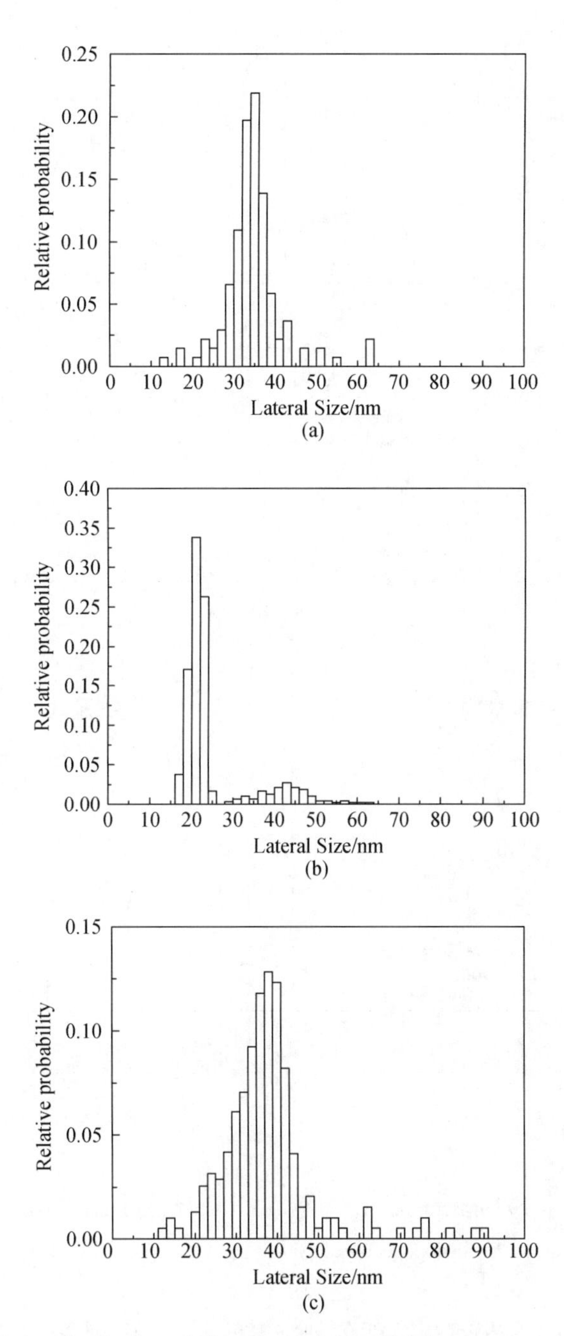

Fig. 2 Histograms of size distribution of QDs obtained from SEM measurements on (a) semi-insulating GaAs(100) substrate, (b) Si-doped vicinal GaAs(100), and (c) Si-doped exact GaAs(100)

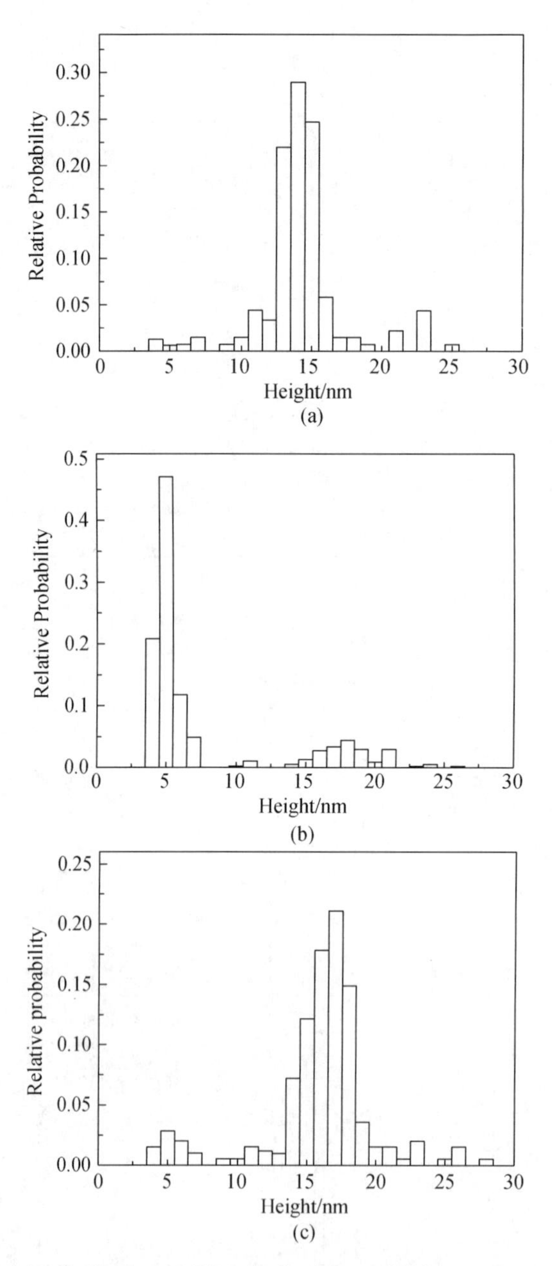

Fig. 3 Histograms of height distribution of QDs obtained from AFM measurements on (a) semi-insulating GaAs(100) substrate, (b) Si-doped vicinal GaAs(100), and (c) Si-doped exact GaAs(100)

In thermaldynamic equilibrium, only the larger QDs are expected for their lower total energy consisting of strain, surface and boundary energy. The coexistence of both the large and small QDs can be related to the reduced surface diffusion during MOCVD growth [13]. The small QDs formed on step edges are not in thermal equilibrium, will subsequently develop into the energetically favorable large QDs. However, on the vicinal substrate, migration of adatoms from a terrace to another terrace across the steps is prohibited due to the energy barrier formed at the step kinks [14], resulting in a lower surface diffusion length compared to the case of exact surface. The reduced surface diffusion may slow down the transformation of the small QDs into the energetically favorable dots and in this case bimodal distribution of QDs appears. As has been mentioned above, the lateral size dispersion of our large QDs on vicinal substrate is smaller than that of dots on exact oriented substrates. This can also be attributed to the effect of multiatomic steps on the substrates. The multiatomic steps reduce the reservoir of atoms available for further growth of the QDs, together with the strong binding effect of the step edges, resulting in the size saturation of the dots.

Table 1 Parameters of the InAs quantum dots with and without GaAs cap layer

Substrate		Semi-insulating GaAs(100)	Si-doped GaAs(100)	Si-doped GaAs(100)2° off(110)
Surface dots	Peak/nm	1405	1306	1327
	Width/nm	156	267	302
	Density/($\times 10^{10}$ cm^{-2})	0.83	1.21	0.91(large)4.05(small)
	Lateral size(nm)/SD	33/25%	39/21%	43/13%(large)21/10%(small)
	Height/nm	14.4	16.5	17.6(large)5.1(small)
Capped dots	Peak/nm	1180	1128	1169
	Width/nm	47	61	42

The 77K photoluminescence spectra of the three surface QD samples are shown in Fig. 4 and each can be decomposed into several dominant peaks with Gaussian. To clarify the exact nature of these peaks, we have investigated the excitation power dependences of PL spectra, which are shown in Fig. 5. As can be seen, for all the three samples, there is almost no change in the intensity profiles with the increase of excitation power, which means that no peaks in the PL spectra can be related to the excited state emission of InAs QDs due to band filling dynamics. So we attribute the peaks at 1.405μm (Fig. 4 (a)) and 1.306μm (Fig. 4 (c)) to the ground state emission of surface InAs QDs on semi-insulating (100) GaAs and Si-doped exact (100) GaAs, respectively (summarized in Table 1). The PL spectra of surface dots on vicinal (100) GaAs (Fig. 4 (b)) can be well fitted with two Gaussian peaks at 1.086 and 1.326μm, which are attributed to ground state emission of the small and large dots, respectively, indicating that both the two groups of dots are coherently strained. As can be seen in Table 1, though QDs on semi-insulating (100) GaAs have the smallest average size among the three samples, they have the longest emission wavelength which is 1.405μm. This indicates that the emission wavelength of the QDs is dominated by the compressive strain [15]. On semi-insulating GaAs substrates, the strain field experienced by the InAs QDs is decreased by a small quantity with respect to the Si-doped substrate, resulting in longer emission wavelength. Since QDs on semi-insulating substrates show only one dominant size,

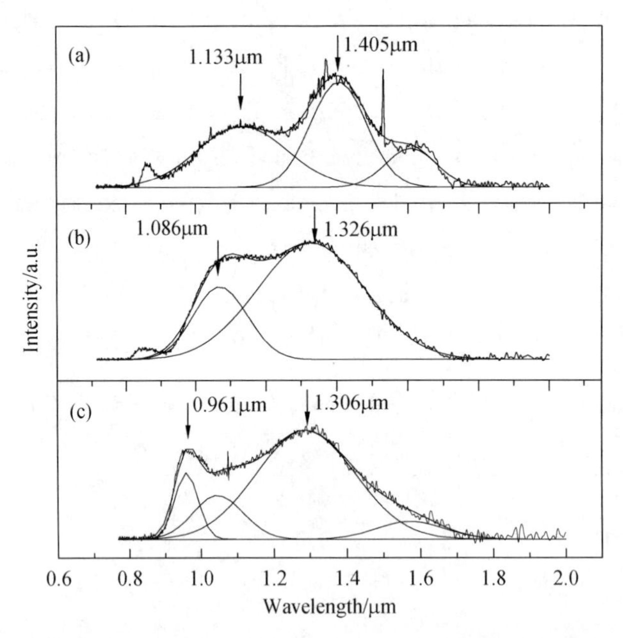

Fig. 4　Low temperature (77K) PL spectra from surface InAs/GaAs QDs on (a) semi-insulating (100) GaAs, (b) Si-doped vicinal (100) GaAs, and (c) Si-doped exact (100) GaAs. The excitation power is 25mW

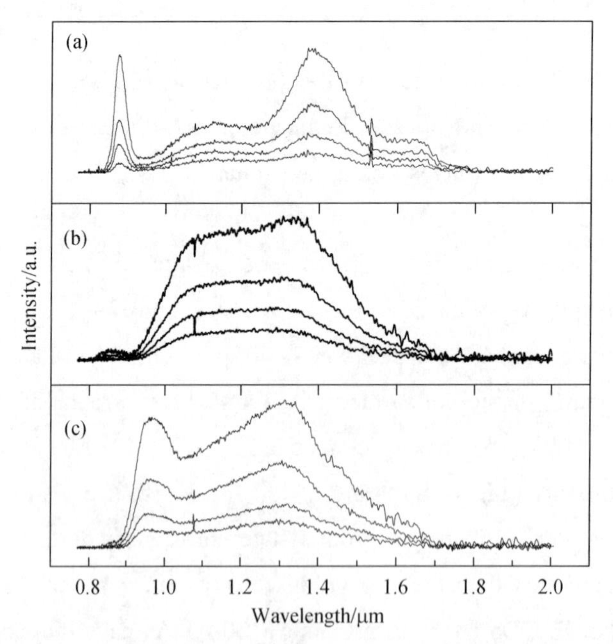

Fig. 5　Excitation power dependent PL spectra (77K) from surface InAs/GaAs QDs on (a) semi-insulation (100) GaAs, (b) Si-doped vicinal (100) GaAs, and (c) Si-doped exact (100) GaAs. The four excitation powers are 25, 50, 100 and 200mW, respectively

the peak at 1.133μm in Fig. 3(a) is attributed to the emission of wetting layers, with the same origin as that of the peak at 0.961μm in Fig. 3(c). The two peak's different position and width may be related to the wetting layer's different thickness resulting from different state of strain during the dot growth. The peaks around 1.6μm in Fig. 4(a) and (c) can be attributed to the small number of very large QDs. The peak at about 1.08μm in Fig. 4(c) is attributed to the group of dots with small height as shown in Fig. 3(c). The peaks centered around 860nm in all the spectra are related to the GaAs substrates.

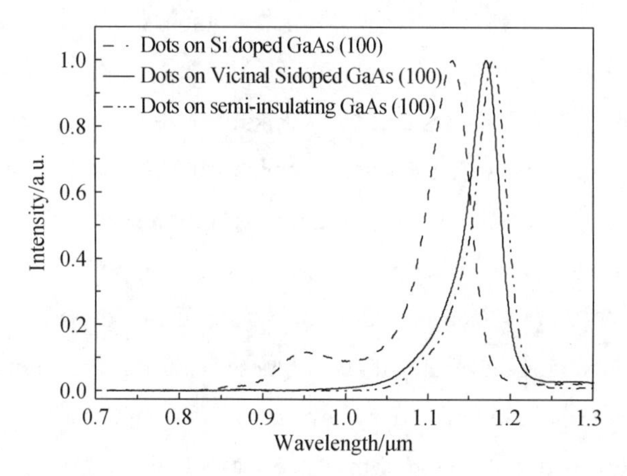

Fig. 6 Low temperature PL spectra from InAs/GaAs quantum dots with 40nm GaAs cap layers. The excitation power is 25mW

Fig. 6 shows the normalized low temperature photoluminescence spectra of the QDs capped with 30nm GaAs. For QDs on exact (100) GaAs substrates, vicinal (100) GaAs substrates and semi-insulating substrates, the peak wavelength are 1.128, 1.169 and 1.180 μm, with the measured full width at half maximum (FWHM) of 61, 42 and 47nm, respectively, as shown in Table 1. As expected, compared to the surface QDs, the capped dots have remarkable shorter wavelength and narrower FWHM, for which several facts can be counted as follows. The free surface of the uncapped QDs allows the strained InAs atoms to slightly relax, thereby increasing the wavelength. HRTEM study showed that the lattice constant is expended by 4% from the QD/bulk interface to the QDs surface[2]. Studies show that both the size and compositional changes of the QDs induced by the interdiffusion of In and Ga atoms at the QD/bulk interface are responsible for the blueshift and the linewidth narrowing of PL peaks during thermal annealing[16]. Similar In and Ga atoms interdiffusion between the QDs and the GaAs cap layers also happens during the process of cap layer growth [17], which will blueshift the emission wavelength. The strong coupling of the QD's confined states with the surface states is reported to cause a redshift in the surface QD emission [18]. The size of QDs can also effect the change of emission wavelength. There is a residual strain in and around the QDs and the branch of large dots have larger strains in contrast to that of small dots, thus they obtain lower activation energy of interface atom inter-diffusion [19]. Therefore, during the cap layer growth and thermal treatment, large QDs will have a stronger interdiffusion of In/Ga atoms, leading to a greater reduction of In concentration in the dots and larger blueshift of PL emission compared to the small ones. Since all our QD samples are prepared in the same growth run, they have identical state of strain and energy barrier. Considering that QDs on vicinal GaAs(100) substrate has a larger size than that of dots on GaAs(100) exact substrates, they should have the largest blueshift among all the three samples after capping with GaAs. This is contrary to our PL results as summarized in Table 1, which shows that the blueshift of QDs on vicinal substrate is 150nm, smaller than that of dots on exact substrates, which are 172 and 225nm for si-doped and semi-insulating surface, respectively. We have several other series of samples (not purposely prepared for this study) with differences in only the capping layer growth conditions (difference such as Ⅴ-Ⅲ ratio and growth rate), which show the same trend as above, that is, QDs on vicinal substrates have the smallest blueshift during the capping process.

This discrepancy can be addressed by taking into account the presence of multiatomic steps on the buffer layers during the growth of the GaAs capping layers. The growth of GaAs on the QD layer is affected by the inhomogeneous strain field due to the dots [20]. The gradient of the surface chemical potential leads to a locally directional migration of Ga adatoms away from the InAs islands, resulting in a reduction of the growth rate and in a curved growth front in the vicinity of the islands. STM studies on QDs samples grown by MBE have shown important changes of islands size, shape, density occurring during the GaAs cap layers overgrowth [21]. The growth of InAs QDs leads to a complex surface structure, resulting in an important variation of the local GaAs growth rate during the capping procedure. Growth of GaAs on the top of the dots, which is the most unfavorable growth site, will begin only at a later stage of cap growth and the delayed GaAs growth on top of the QDs prevents a reduction in size. For partially covered QDs, there exists a thermodynamically favored tendency for indium atoms to be detached from the InAs islands and to cover the GaAs surface, the InAs of the upper part of the partially covered InAs islands are available and the top of the dots can be dissolved [20]. This we believe is also happening to our QDs on exact GaAs substrate during the early stage of GaAs overgrowth, when no GaAs is grown on the upper parts of the dots, which results in a decrease of QDs height. For QDs on vicinal GaAs surface, because of the presence of the multiatomic steps, the migration of In adatoms away from the InAs islands can be prohibited by the energy barrier formed at the step kinks [14] in the direction perpendicular to the step edges. Thus the height of the QDs is more preserved relative to dots on exact substrate, resulting in smaller blueshift of emission wavelength. As shown in Table 1 the blueshift of QDs on the semi-insulating substrate during GaAs overgrowth is larger than that of dots on the Si-doped substrate. This is due to the much smaller size of dots on semi-insulating substrate. Small QDs have earlier coverage compared to large dots during the GaAs overgrowth, enhancing In/Ga intermixing, thereby increasing the emission energy of samples.

Note that though the emission peak related to the small QDs is present in the PL spectrum performed on the surface QDs on vicinal Si-doped GaAs(100), it is not in the spectrum on the capped QDs. A possible reason is that the In/Ga intermixing during the capping layer growth results in a shallower confining potential and a wider band gap of the small QDs. This makes it easier for the carrier to be thermally excited out of the small dots and recombination in the large dots at the temperature [22].

4 Conclusions

The size, distributions, and emission wavelength of surface InAs/GaAs QDs vary greatly when they are grown on different type of GaAs substrates due to the effects of different state of strain or the presence of multiatomic steps on the substrate. The emission wavelength is blueshifted during the process of GaAs cap layer growth with a significant narrowing of FWHM. The blueshift is smaller for QDs grown on vicinal(100)GaAs surface than that for dots on exact GaAs(100) substrate. This is attributed to the energy barrier formed at the multiatomic step kinks which prohibits the migration of In adatoms during the early stage of cap layer growth.

Acknowledgements

The authors would like to thank Dr. X. L. Ye for luminescence measurements. The work was supported by National Natural Science Foundation of China(No. 60476009).

References

[1] A. Passaseo, R. Rinaldi, M. Longo, S. Antonaci, A. L. Convertino, R. Cingolani, A. Taurino, M. Catalano, J. Appl. Phys. 89(2001)4341.

[2] A. A. El-Emawy, S. Birudavolu, P. S. Wong, Y. B. Jiang, H. Xu, S. Huang, D. L. Huffakera, J. Appl. Phys. 93(2003)3529.

[3] J. G. Cederberg, F. H. Kaatz, R. M. Biefeld, J. Crystal Growth 261(2004)197.

[4] A. Passaseo, et al. , Appl. Phys. Lett. 82(2003)3632.

[5] Y. Arakawa, H. Sakaki, Appl. Phys. Lett. 40(1982)939.

[6] J. Tatebayashi, M. Nishioka, T. Someya, Y. Arakawa, Appl. Phys. Lett. 77(2000)3382.

[7] A. Konkar, A. Madhukar, P. Chen, Appl. Phys. Lett. 72(1998)220.

[8] R. Leon, T. J. Senden, Y. Kim, C. Jagadish, A. Clark, Phys. Rev. Lett. 78(1997)4942.

[9] H. J. Kim, Y. J. Park, Y. M. Park, E. K. Kim, T. W. Kim, Appl. Phys. Lett. 78(2001)3253.

[10] M. Shinohara, N. Inoue, Appl. Phys. Lett. 66(1995)1936.

[11] C. W. Snyder, B. G. Orr, D. Kessler, L. M. Sander, Phys. Rev. Lett. 66(1991)3032.

[12] F. Hiwatashi, K. Yamaguchi, Appl. Surf. Sci. 130(1998)737.

[13] J. Porsche, A. Ruf, M. Geiger, F. Scholz, J. Crystal Growth 195(1998)591.

[14] F. W. Sinden, L. C. Feldman, J. Appl. Phys. 67(1990)745.

[15] N. T. Yeh, T. E. Nee, J. I. Chyi, T. M. Hsu, C. C. Huang, Appl. Phys. Lett. 76(2000)1567.

[16] S. J. Xu, X. C. Wang, S. J. Chu, C. H. Wang, W. J. Fan, J. Jiang, X. G. Xie, Appl. Phys. Lett. 72 (1998)3335.

[17] J. M. Garcya, G. Medeiros-Ribeiro, K. Schmidt, T. Ngo, J. L. Feng, A. Lorke, J. Kotthaus, P. M. Petroff, Appl. Phys. Lett. 71(1997)2015.

[18] Z. L. Miao, Y. W. Zhang, S. J. Chua, Y. H. Chye, P. Chen, S. Tripathy, Appl. Phys. Lett. 86 (2005)31914.

[19] Y. C. Zhanga, Z. G. Wang, B. Xu, F. Q. Liu, Y. H. Chen, P. Dowd, J. Crystal Growth 244(2002)136.

[20] N. N. Ledentsov, et al., Phys. Rev. B 54(1996)8743.

[21] P. B. Joyce, T. J. Krzyzewski, G. R. Bell, T. S. Jones, Appl. Phys. Lett. 79(2001)3615.

[22] G. Saint-Girons, I. Sagnes, J. Appl. Phys. 91(2002)10115.

Dual-Wavelength Distributed Feedback Laser for CWDM Based on Non-Identical Quantum Well

Xie Hong-Yun(谢红云), Pan Jiao-Qing(潘教青), Zhao Ling-Juan(赵玲娟), Zhu Hong-Liang(朱洪亮), Wang Lu-Feng(王鲁峰), Wang Wei(王圩)

(National Research Center of Optoelectronic Technology, Institute of Semiconductors, Chinese Academy of Sciences, Beijing, 100083, China)

Abstract Using non-identical quantum wells as the active material, a new distributed-feedback laser is fabricated with period varied Bragg grating. The full width at half maximum of 115nm is observed in the amplified spontaneous emission spectrum of this material, which is flatter and wider than that of the identical quantum wells. Two wavelengths of 1.51μm and 1.53μm are realized under different work conditions. The side-mode suppression ratios of both wavelengths reach 40dB. This device can be used as the light source of coarse wavelength division multiplexer communication systems.

Optical fibre communication system exhibits extremely broad bandwidth, almost covering the range from 1.2μm to 1.6μm with a loss of less than 1dB/km. The coarse wavelength division multiplexer(CWDM) is a form of multiplexing used in wideband fibre communication systems. The channel spacing was wide, such as 20nm specified by International Telecommunication Union(ITU-T). Low cost and light source simplicity are the main requirements for a CWDM system. Thus to meet the requirements, first a gain medium with a wider and flatter bandwidth spectrum is needed. Several technologies have been pursed to satisfy this requirement. The use of multiple quantum wells with different widths or compositions is one convenient way to broaden the bandwidth of a gain medium. Semiconductor-optical-amplifier (SOA), superluminescent diodes (SLDs) and an external cavity laser based on such materials were reported in Refs. [1-3]. Then, multiple parallel DFB laser modules or varied Bragg gratings in a DFB laser array have been fabricated as multiple wavelength light source. However, parallel DFB laser modules require a complex fabrication process, [5] and the e-beam writing necessary to create varied Bragg gratings is expensive, we wish to vary the lasing wavelength of the CWDM light source without

原载于：Chin. Phys. Lett., 2006, 23(1): 126–128.

complicated or expensive procedures.

In this Letter, an InGaAsP/InP medium based on non-identical quantum wells is grown by low pressure metal organic vapor-phase epitaxy (MOVPE), yielding a bandwidth of 115nm. Using this gain medium, a novel DFB laser with varied Bragg gratings in serial is fabricated by use of a modified holographic exposure technology.[7] Two wavelengths 1.51μm and 1.53μm are achieved in this novel device under different work conditions. The power of each wavelengths reach several milliwatts, both the side-mode suppression ratios (SMSRs) reach 40dB.

For quantum well, the effective bandgap energy of the quantum well changes as the well width changes. Thus the emitted photon energy depends on the well width. The transition energy can also be altered by different material gradients in the wells. With MOCVD epitaxial growth, we have better control over the well width than that over the material gradient, so we opt to use stacked quantum wells of different widths to spread the emitted photon energy over a wide range. Because electron is distributed non-uniformly in different wells, creating the right sequence and number of wells is necessary to obtain quasi-equal gain in each well. In general, the wider wells are placed near to the n-type material while the narrower wells are closed to p-type material. When the injected current is small, the transition in the wider wells occurs because the carriers fill up the wider wells firstly. Since the Fermi level of the narrower well is far away from its quantized energy level, very few carriers exist in it. As the injection current increases, the carrier distribution shifts toward the narrow wells, leading to a significant increase of the population in the narrow wells.[3] As a result, quantized transitions occur simultaneously in wide and narrow wells when the injection current is large.

To obtain the required wavelength of the CWDM, the InGaAsP quantum wells were designed with widths of 5.8nm, 6.3nm, and 7.7nm. These wells were separated by 12nm InGaAsP barriers to prevent coupling between their energy levels, ensuring that the transitions would occur at the desired energy levels. Two 7.7nm wells, corresponding to the lower transition energy, were placed near the n-type material. Beside them, three 6.3nm wells were placed, and then three 5.8nm wells were placed by the p-type material. Fig. 1 shows a drawing and a scanning electron microscopic (SEM) photo of this structure. Fig. 2 shows the amplified spontaneous emission (ASE) spectrum measured at a current of 16mA, which is lower than the threshold current of the DFB laser fabricated with this material. The FWHM of the ASE spectrum is about 115nm, which demonstrates that this material has a wide bandwidth.[6]

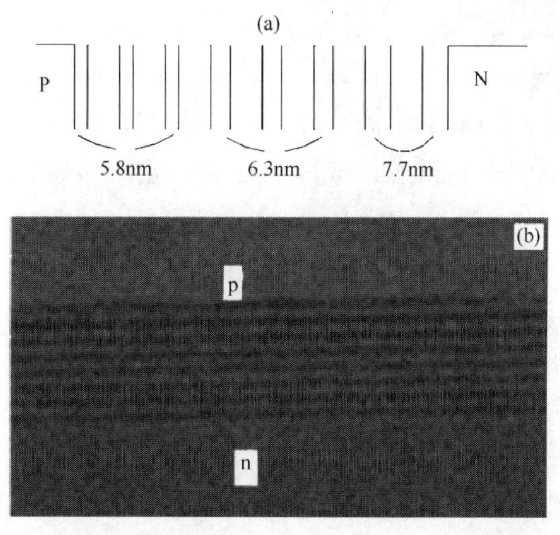

Fig. 1 (a) Layer structure and (b) SEM photo of the non-identical quantum wells

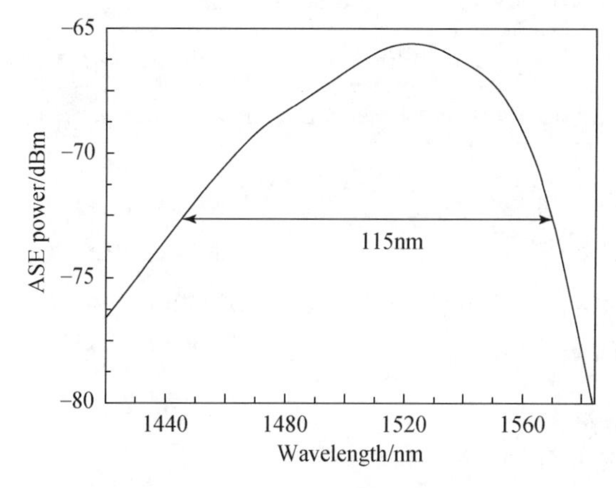

Fig. 2 ASE spectrum of the non-identical quantum wells at 16mA

The DFB laser was fabricated on an InP substrate. The waveguide structure, including the lower waveguide layer, the upper waveguide layer and the active layer of non-identical quantum wells, was grown successfully by low pressure MOCVD at 665℃. Two Bragg gratings in serial with different periods were fabricated in the upper waveguide layer by a modified holographic exposure technology. This method fabricates different gratings in an identical chip based on the simple fast low-cost traditional holographic exposure.[7] To achieve excellent single-mode performance and quasi-equal output power for both the sections, the grating with the longer period was placed in rear section and the other was put in the front section[8]. This arrangement and the big gap (20nm) of the two Bragg wavelengths are helpful to reduce the interaction between the two laser sections. To further reduce it, a thin n-reverse InP layer was grown on the upper waveguide layer, which can induce a weak gain-coupling to the Bragg gratings. Standard DFB laser processes were completed in sequence after the varied grating of different periods were completed by modified holographic exposure. Fig. 3 shows a sketch of the new device. The ridge width of the laser array was about 2μm The total device length was about 550μm, and each laser section was 250μm, He^{+} ion implantation into the 50 um partition between the two sections and the independent electrodes for both the sections preserved electrical isolation, while optical isolation was achieved by the use of an AR coating on the front facet and the weak gain-couple in the grating.

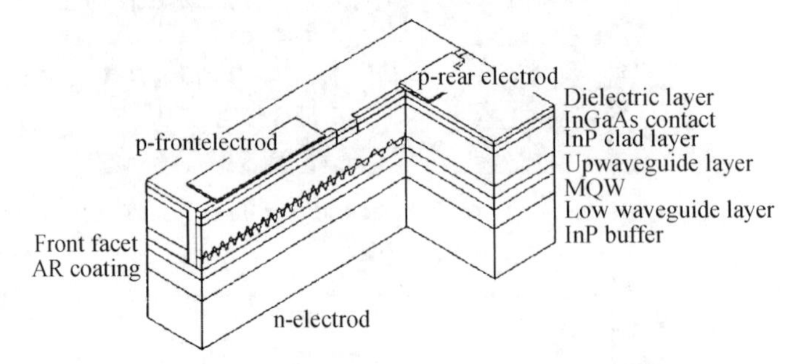

Fig. 3　Schematic diagram of the DFB laser with different gratings in serial

When testing, the current was injected separately into the front or the rear section through the separate electrodes for them. We found that when the rear section was working, the front section could be used as an SOA to amplify the light coming from the rear if a current less than or just equal to the threshold current of the front section was injected in it. Thus the light power and spectrum of the front section were measured as the rear one unbiased, while the light power and spectrum of the rear section were measured when the front one was biased less than its threshold current. Fig. 4 shows the *P-I* graph of the front

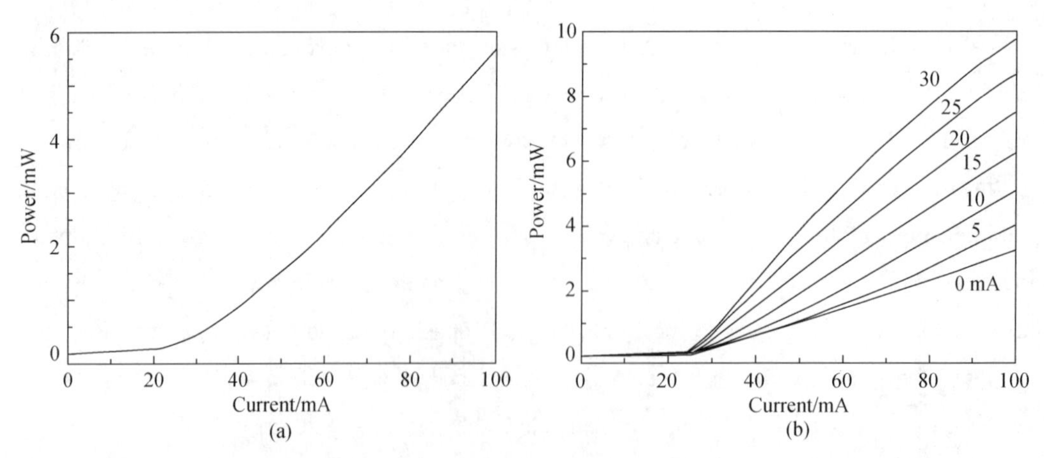

Fig. 4　Power-current of the new DFB laser under continuous wave: (a) the front section, (b) the rear section for different currents injected in the front section

and rear section under cw condition. The output light power of the front section and the rear section after the amplification of the front section both reached several milliwatts. The lasing spectra of this device are illustrated in Fig. 5. Two different wavelengths 1.51μm and 1.53 μm (with spacing of 20nm) are produced. The SMSR of the two wavelengths exceed 40dB. The small signal modulation frequency response of both the sections shown in Fig. 6 shows the modulation bandwidths reach 8GHz. From the above results, this new device can be used in the CWDM system as the direct modulation light source.

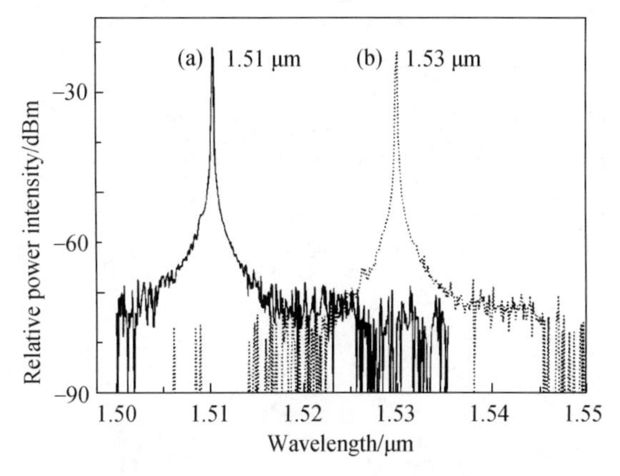

Fig. 5 Emitting spectrum of the new DFB laser: (a) front section at 80mA, (b) rear section at 80mA. The current in front section is 15mA

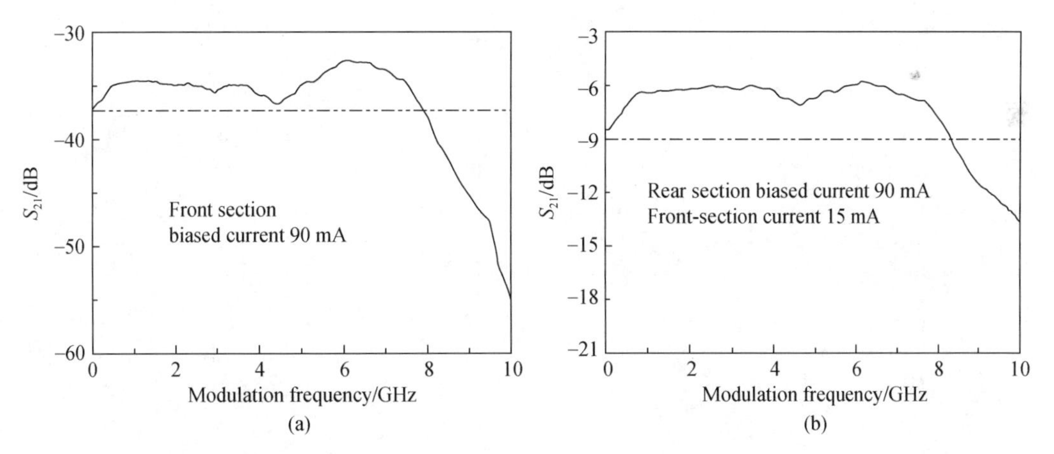

Fig. 6 Frequency response of the new DFB laser

In summary, we have presented a gain medium of stacked non-identical quantum wells with widths of 5.8nm, 6.3nm and 7.7nm. The gain bandwidth of this material is 115nm. We have designed and fabricated a novel DFB laser with two Bragg gratings on the identical active area. Two stable distinct single longitudinal modes of 1.51μm and 1.53μm with an SMSR of 40dB are realized when the current is independently injected into the front or rear section of the device. The fabrication process is as simple as that of the traditional DFB laser diode. This new DFB laser can be used in CWDM communication systems because of its high performance, compact size, low cost, easy fabrication and easy operation.

References

[1] Lin C H, Su Y S and Wu B R 2002 IEEE Photon. Technol. Lett. 143.

[2] Wu B R, Lin C H, Laih L W and Shih T T 2000 Electron, Lett. 362093.

[3] Lin C H and Lee B L 1997 IEEE Appl. Phys. Lett, 711598.

[4] Lauder R and Halgren R 2003 Lightwave 20.

[5] Pezeshki B, Vail E and Kubicky J et al OFC 2002 ThGG84730.

[6] Zhang W L, Wei T and Feng G 2004 Chin. Phys. Lett. 211359.

[7] Xie H X, Wang W and Zhou F et al 2005 Chin. Opt. Lett. 3156.

[8] Hong J, Kim H, Shepherd F, Rogers C, Baulcomb B and Clenents S 1999 IEEE Photo. Technol. Lett. 11515.

Low-Microwave Loss Coplanar Waveguides Fabricated on High-Resistivity Silicon Substrate

Yang Hua†, Zhu Hongliang, Xie Hongyun, Zhao Lingjuan, Zhou Fan, and Wang Wei

(Institute of Semiconductors, Chinese Academy of Sciences, Beijing, 100083, China)

Abstract Three kinds of coplanar waveguides (CPWs) are designed and fabricated on different silicon substrates——common low-resistivity silicon substrate (LRS), LRS with a 3μm-thick silicon oxide interlayer, and high-resistivity silicon (HRS) substrate. The results show that the microwave loss of a CPW on LRS is too high to be used, but it can be greatly reduced by adding a thick interlayer of silicon oxide between the CPW transmission lines and the LRS. A CPW directly on HRS shows a loss lower than 2dB/cm in the range of 0–26GHz and the process is simple, so HRS is a more suitable CPW substrate.

1 Introduction

With the rapid development of the internet and wireless communication, there has been a great demand for low-loss, low-cost, and small-size radio frequency (RF) and microwave circuits, which are necessary for supplying the devices and modules with high speed drive during the course of optoelectronic and microelectronic packaging. In microwave circuits, the coplanar waveguide (CPW) is one of the most popular microwave components. A qualified CPW should have low loss, high transmission power, wide working bandwidth, and low cost.

Silicon has been the preferred substrate material for CPWs because of its many advantages, such as mature technology, good thermal conductivity, easy integration with the microelectronic devices, and low cost[1-4]. However, transmission lines and passive components on standard low-resistivity silicon substrate have high loss because of its semiconductor characteristics. To overcome this problem, many approaches have been used. One is to use a material with a low dielectric constant, such as silicon oxide or polyimide, as the interlayer between the transmission lines and silicon substrate to reduce the

原载于：半导体学报，2006，27(1)：1-4.

attenuation[5, 6]. Though it has been approved as an effective way, it makes the process more complicated and is incompatible with other processes. The other straightforward approach that directly fabricates microwave transmission lines on the high-resistivity silicon (HRS) substrate is preferable because the process is simple, and the price of HRS is comparable with standard low-resistivity silicon now, which is around $15 for a 100mm wafer with a resistivity of around 4000Ω · cm. According to Refs. [7, 8], a resistivity of over 2500Ω · cm is enough for the demand of low loss at high frequencies for transmission line.

In this paper, three kinds of CPWs were made on high-resistivity silicon substrate, standard low- resistivity silicon (LRS) substrate, and LRS substrate with a silicon oxide interlayer. The design and fabrication of CPWs are introduced.

2 Design

In the packaging of optoelectronic devices, CPWs with an impedance of 50Ω are very popular for meeting the impedance match. The common CPW structure is shown in Fig. 1(a), in which the impedance of the CPW is related to the parameters W, G, T, and H. In this paper, microwave office software was used to determine these parameters with the existing CPW model to make sure the impedance of the CPW is 50Ω. Also taking the convenience of measurements into consideration, the parameters were determined to be $W = 120\mu m$, $G = 75\mu m$, $H = 500\mu m$, and $T = 2\mu m$. The structure of the CPW on the substrate with the interlayer is shown in Fig. 1(b).

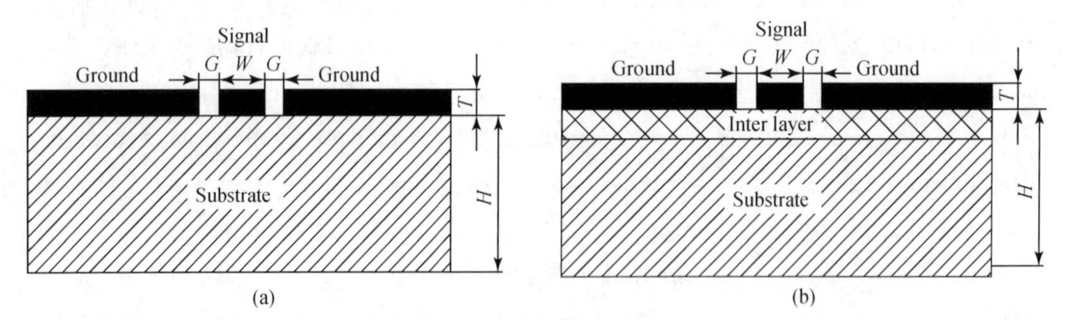

Fig. 1 (a) Cross section geometries of the standard CPW; (b) Cross section geometries of the CPW with an interlayer

3 Fabrication

In the experiment, we fabricated the CPW transmission lines on LRS, LRS with a silicon oxide interlayer, and HRS. The three kinds of sample substrates used in the experiments were all 500μm thick, the resistivity of the HRS used was around 4000Ω · cm, the LRS was 3–5Ω · cm, and the silicon oxide interlayer between the transmission lines and the LRS substrate was 3μm thick, which was obtained through thermal oxidation in the LRS wafer. The same fabrication process was used for all samples. First, a 300nm thick CrAu was deposited on the wafers through evaporation. Then the resist was coated. After exposure and wet etching, the CPW pattern was formed. Finally, a 2μm of Au was electroplated onto the CPW transmission lines.

4 Results and discussion

The measurements were taken on wafers using an HP 8510C network analyzer and high frequency coplanar probes. The S parameters S_{21} and S_{11} of three kinds of CPWs were obtained and are shown in Fig. 2 and Fig. 3. The attenuation was calculated and is plotted, see Fig. 4.

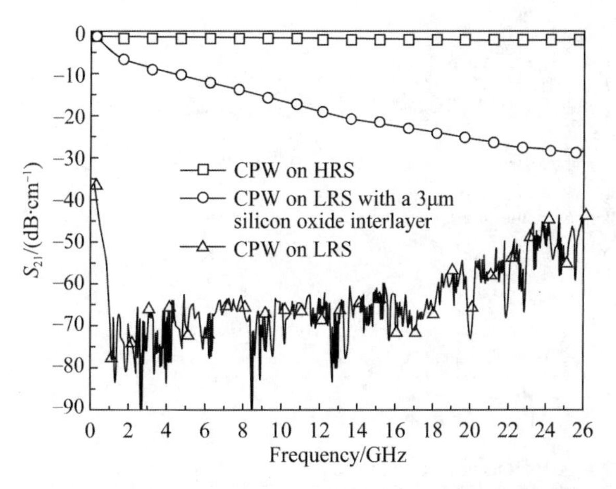

Fig. 2 S_{21} of the CPWs on HRS, LRS, and LRS with a 3μm interlayer

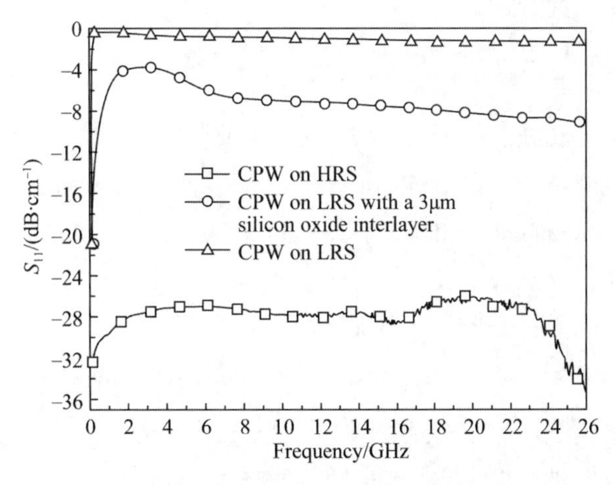

Fig. 3 S_{11} of the CPWs on HRS, LRS, and LRS with a 3μm interlayer

From the figures, we can see that the performance of the CPW on the LRS substrate is very poor because of the low resistivity, which leads to "through state" between the signal and ground lines at high frequencies. The loss is more than 200dB/cm, which is too high for use as a CPW substrate. When a 3μm silicon oxide interlayer is added between the transmission lines and the LRS, because of its insulating character, the performance is improved greatly and the loss is reduced to less than 100dB/cm in the frequency range of 0–26GHz, but it is still too high for practical use. A thicker silicon oxide layer is needed, which means a longer oxidation time. Not only does this increase the cost, but a thick silicon oxide layer would be an obstacle for other processes. The CPWs on HRS show good performance because of the limit of measurements. They demonstrated a loss lower than 2dB/cm in the frequency range of 0 – 26GHz, which we predict will be still lower at higher frequencies. The HRS is therefore a more suitable low microwave loss substrate for CPWs.

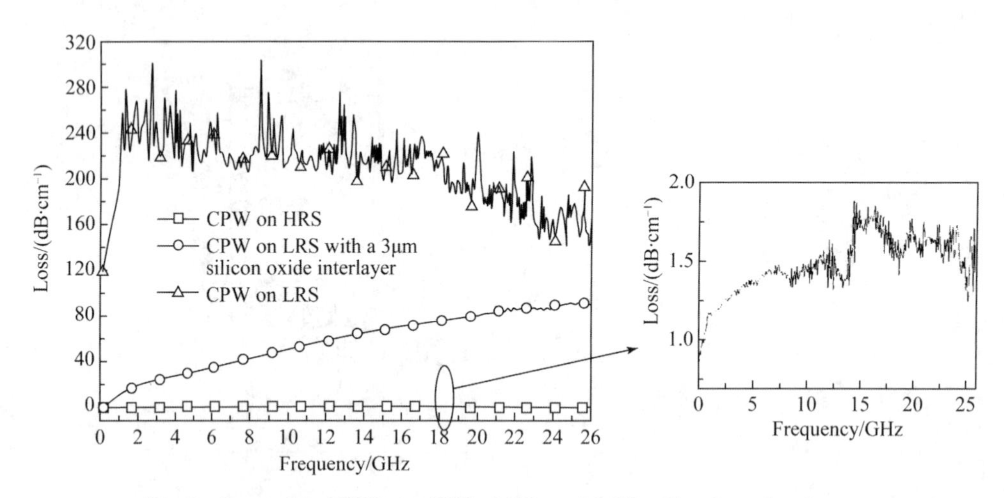

Fig. 4　Loss of the CPWs on HRS, LRS, and LRS with a 3μm interlayer

5　Conclusion

In this paper, three kinds of CPWs were made on HRS substrate, standard LRS substrate, and LRS substrate with a silicon oxide interlayer. The results show that the LRS is unsuitable for high frequency coplanar waveguides because of the high microwave loss. Adding a silicon oxide interlayer between the coplanar waveguide transmission lines and the LRS substrate, the loss can be greatly reduced, but a thick silicon oxide layer is necessary, which will increase the cost and complicate other processes. The coplanar waveguide made directly on HRS has a very low loss at high frequencies, proving to be an effective way to obtain a high frequency and low loss coplanar waveguide.

References

[1] Reyes A C, El-Ghazaly S M, Dorn S, et al. Coplanar waveguides and microwave inductors on silicon substrates. IEEE Trans Microw Theory Tech, 1995, 43(9): 2016.

[2] Reyes C, El-Ghazaly S M, Dorn S, et al. Silicon as a microwave substrate. IEEE MIT-S International Microwave Symposium Digest, 1994, 3: 1759.

[3] Xiong B, Wang J, Cai P F, et al. Novel low-cost wideband Si- based submount for 40Gb/s optoelectronic devices. Microwave and Optical Technology Letters, 2005, 45: 90.

[4] Xiong B, Wang J, Cai P F, et al. Novel low-cost wideband Si-based submount for 40Gb/s optoelectronic devices. Chinese Journal of Semiconductors, 2005, 26(10): 2001 (in Chinese) [熊兵,王健,蔡鹏飞,等. 用于40Gb/s光电子器件的新型低 成本硅基过渡热沉. 半导体学报, 2005, 26(10): 2001].

[5] Ponchak G E, Margomenos A, Katchi L P B. Low-loss CPW on low-resistivity Si substrates with a micro machined polyim- ide interface layer for RFIC interconnects. IEEE Trans Mi- crow Theory Tech, 2001, 49(5): 866.

[6] Wu Y H, Gamble H S, Armstrong B M, et al. SiO_2 Interface layer effects on microwave loss of high-resistivity CPW line. IEEE Microw Guided Wave Lett, 1999, 9: 10.

[7] Luy F, Strohm KM, Sasse H E, et al. Si/SiGe MMICs. IEEE Trans Microw Theory Tech, 1995, 43(4): 705.

[8] Rich S, Lu L H, Bhattacharya L P, et al. X-and Ku-band amplifiers based on Si/Si Ge HBT' s and micromachined lumped components. IEEE Trans Microw Theory Tech, 1998, 46(5): 685.

Monolithic integration of electroabsorption modulator and DFB laser for 10Gb/s transmission

Q. Zhao*, J. Q. Pan, J. Zhang, B. X. Li, F. Zhou, B. J. Wang, L. F. Wang, J. Bian, L. J. Zhao, W. Wang

(National Research Center of Optoelectronics Technology, Institute of Semiconductors, Chinese Academy of Sciences, Beijing, 100083, China)

Abstract A strained InGaAsP-InP multiple-quantum-well DFB laser monolithically integrated with electroabsorption modulator by ultra-low-pressure (22mbar) selective-area-growth is presented. The integrated chip exhibits superior characteristics, such as low threshold current of 19mA, single-mode operation around 1550nm range with side-mode suppression ratio over 40dB, and larger than 16dB extinction ratio when coupled into a single-mode fiber. More than 10GHz modulation bandwidth is also achieved. After packaged in a compact module, the device successfully performs 10Gb/s NRZ transmission experiments through 53.3km of standard fiber with 8.7dB dynamic extinction ratio. A receiver sensitivity of −18.9dBm at bit-error-rate of 10^{-10} is confirmed.

1 Introduction

External modulation of 1.55μm wavelength range for high-speed telecommunication application is getting more and more interest because of high performance, low chirp etc. Especially, the monolithic integration of MQW DFB lasers and electroabsorption modulators has been intensively investigated due to high coupling efficiency, low drive voltage, and low packaging costs. However, one major difficulty in fabricating the monolithic integrated device is to obtain large wavelength blue shift between the functional elements. Although the modulators and the lasers share almost the same processing technology, the optical coupling is not very efficient using conventional photolithographic technology and etching for each functional element separately grown followed by re-growth. On the other hand, the integration scheme should preserve the respective performance of the elements, as well as high output power, low wavelength chirp, and high operation frequency etc. More recently,

原载于：Optics Communications, 2006, 60: 666-669.

a novel integration method for band-gap energy controlling during simultaneous selective-area-growth (SAG) process in MOCVD has received great attention due to the large degree of freedom in band-gap energy control[1-5]. Different band-gaps of MQW structures can be easily achieved in a substrate by changing the dielectric mask geometry. The band-gap energy detuning mainly depends on thickness growth enhancement, with small composition modulation. EAM is very sensitive to the detuning λ between the modulator absorption edge and the laser emitting wavelength. Using SAG integration scheme, the band-gaps of laser and modulator active layers can be exactly controlled just through designing the width of dielectric masks. Moreover, it is well known that low-pressure growth is beneficial to obtain abrupt hetero-interface and good homogeneity, while low growth rate is often induced simultaneously.

In this work, a 10Gb/s DFB/EAM module based on ultra-low-pressure (22 mbar) SAG integration scheme with the operating bandwidth over 10.5 GHz is demonstrated. To our knowledge, this is the lowest pressure condition during SAG process ever reported. The integrated chip exhibits superior characteristics, such as low threshold current of 19mA, single-mode operation around 1550nm range with side-mode suppression ratio (SMSR) over 40dB, and larger than 16dB extinction ratio when coupled into a single-mode fiber. A clearly open eye diagram is observed when the integrated EAM is driven with a 10Gb/s electrical NRZ signal. A good transmission characteristic is exhibited with power penalties less than 1.5dB for bit error ratio (BER) = 10^{-10} after 53.3km standard fiber transmission. A receiver sensitivity of −18.9dBm at BER of 10^{-10} is also experimentally confirmed.

2 Device design and fabrication

Device fabrication starts with deposition of 200nm thick SiO_2 dielectric films on the S-doped (100) InP substrates by plasma-enhanced chemical vapor deposition (PECVD). In order to keep the uniformity of the MQWs grown in the selective area, novel tapered masks were employed. Tapered masks were patterned parallel to the [0 1 1] direction. The mask width (W_m) is 22μm with 600μm length, while the width of the gap region (W_g) between the masks is fixed at 15μm. The schematic view of the masks is shown as the inset in Fig. 1. Then, SAG process is carried out on the patterned substrates. An eight-pair InGaAsP/InGaAsP MQWs structure is grown by ultra-low-pressure MOCVD (22 mbar, 655℃). The MQWs consist of undoped 8nm-thick 0.7% compressive strain InGaAsP wells separated by 9nm-thick lattice-matched InGaAsP barriers, sandwiched between 100nm-thick lattice-matched InGaAsP (λ_{PL} = 1200nm) optical confinement layers. The selectively grown MQWs layers are characterized by spatially resolved micro-photoluminescence (μ-PL) at room temperature, where an Ar^+

pumping laser beam(λ = 514. 5nm) is focused on the 4μm-diameter spot. Fig. 1 shows the PL spectra of the DFB laser and modulator sections. The λ_{PL} are 1485 (planar area) and 1547nm (selective area) for the modulator and laser sections, respectively. It is obvious that a 62nm wavelength red shift, which is wide enough to achieve monolithic integration of the laser/modulator, at the 1. 55μm wavelength window is obtained. It is well known that the principal mechanism of selectively grown MOCVD lies in the lateral gas phase diffusion group-Ⅲ precursors. In the ultra-low pressure, the reagents particles can easily diffuse out of stagnation gas phase layer thanks to the large mean free path of the particles. The FWHM of the PL spectra is rather small which demonstrates that high quality crystal can be obtained with the ultra-low pressure growth conditions. After a conventional first-order grating is partially formed on the laser section only, a p-type InP cladding layer and p^+-InGaAs contact layer are successively grown. In order to reduce the lateral current spreading as well as lower the parasitic capacitance, a 3μm-wide high-mesa ridge structure is formed by the conventional photolithographic technology and etching. To electrically isolate the elements, a 50-μm-wide trench and He^+ implantation are performed. An isolation resistance greater than 100 kΩ is obtained by this way. Polyimide is used under the bonding pad to reduce the parasitic capacitance of EAM. Dielectric layers for high reflection(HR) coating and anti-reflection(AR) coating are deposited on the laser rear facet and modulator output facet, respectively. The structure of the integrated device is schematically shown in Fig. 2. The devices are cleaved with typical length of the modulator and DFB laser of 150 and 300μm, respectively.

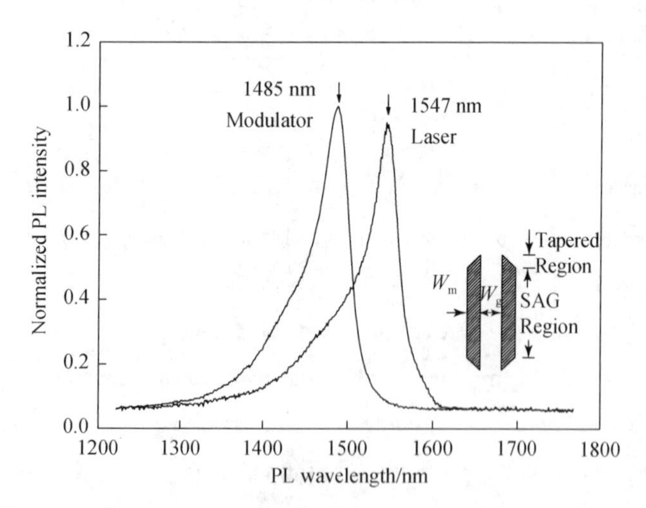

Fig. 1　The room-temperature PL spectra of the selectively grown InGaAsP/InGaAsP MQWs for the laser and modulator sections. The inset is the schematic view of the tapered mask used during the selective growth of the InGaAsP/InGaAsP MQWs

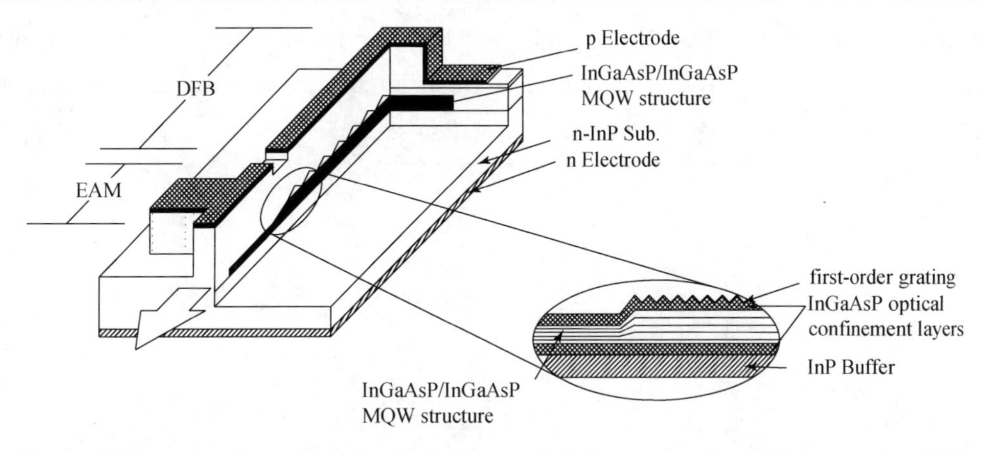

Fig. 2 Ridge-waveguide configuration of the integrated device consists of a DFB laser and an EAM

3 Module performance

The typical *L-I* curve of the integrated device is shown in Fig. 3. Continuous wave threshold current of 19mA is measured at room temperature. About 7mW output power is available at the modulator facet at the reverse bias voltage of 0V. The inset of Fig. 3 shows the side-mode suppression ratio (SMSR) over 40dB is achieved. These properties reflect the high crystalline quality of SAG and the high optical coupling efficiency between the functional elements. The modulation performances have further been investigated by coupling the output light from the modulator facet into a single-mode fiber. A clear attenuation characteristic of the device is shown in Fig. 4 when the bias applied to the modulator is

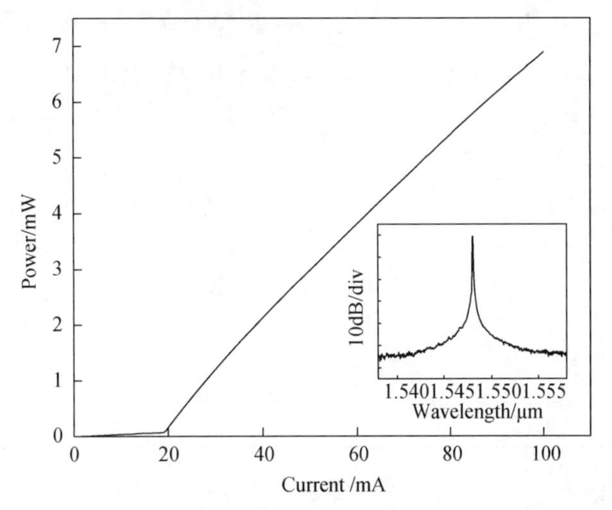

Fig. 3 CW output power from the modulator facet versus laser drive current. The inset illustrates lasing spectrum of the integrated device (I_{LD} = 80mA)

changed from 0 to −5V. The residual light output power is rather weak at higher applied reverse voltage, which suggests that the perfect optical coupling between the laser and the modulator section is achieved by the SAG integration scheme.

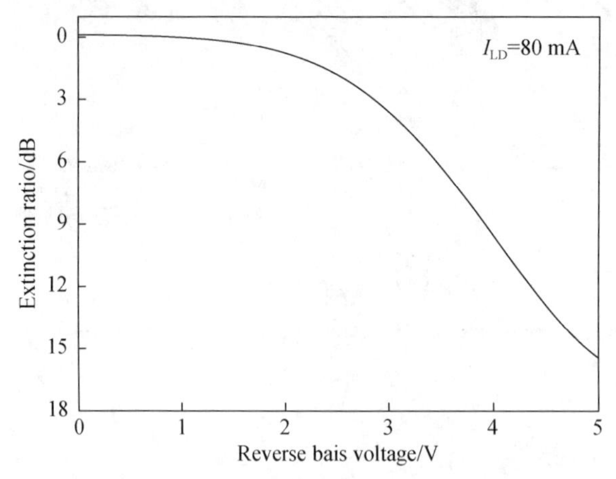

Fig. 4　Attenuation characteristic of the integrated device

Then, the integrated device soldered on high-frequency submount with 50Ω load resistor is completely packaged into a 7pin butterfly compact module, which contains a thermoelectric cooler, a monitor photodiode and an optical coupling subsystem. A SMA type RF coaxial connector is used for the modulation input.

The small signal response of the modulator with the laser operated CW is measured, the measured 3dB frequency bandwidth is shown in Fig. 5. The reverse bias voltage of modulator is 3V and the laser current is 100mA. The frequency response rolls off smoothly with a 3dB frequency bandwidth of 10. 5GHz. This is enough for operation at 10Gb/s. These results confirm the small carrier pile-up for the InGaAsP/InGaAsP MQW system achievable with the SAG integration approach.

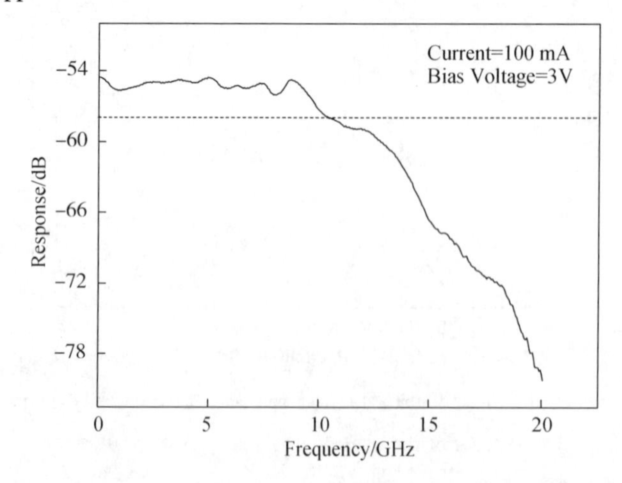

Fig. 5　Small signal response of the integrated device. The 3dB bandwidth is 10. 5GHz

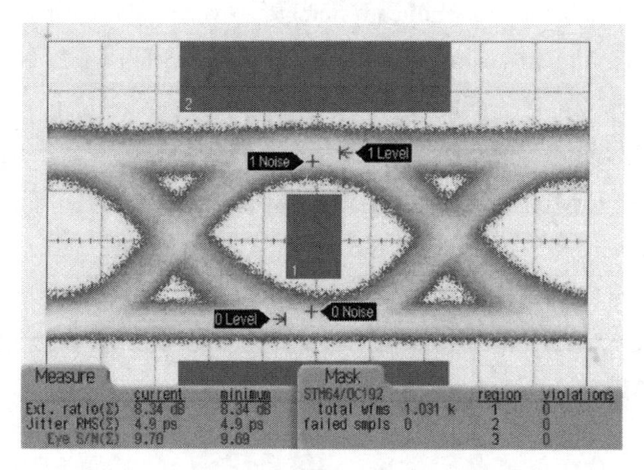

Fig. 6 The observed eye diagram at 10Gb/s NRZ pattern of the integrated device

To demonstrate the high-speed performance of the integrated device, 10Gb/s NRZ transmission experiment is carried out in standard single-mode fiber. Fig. 6 shows a clear open eye diagram at 10Gb/s NRZ electrical signal. The PRBS sequence is $2^{31}-1$. The dynamic extinction ratio estimated from the observed eye diagram is about 8.3dB. The BER performance is summarized in Fig. 7. The receiver sensitivity, measured at a BER of 10^{-10}, is from −18.9 to −17.4dBm. Power penalty less than 1.5dB is obtained for BER = 10^{-10} after 53.3km standard fiber transmission.

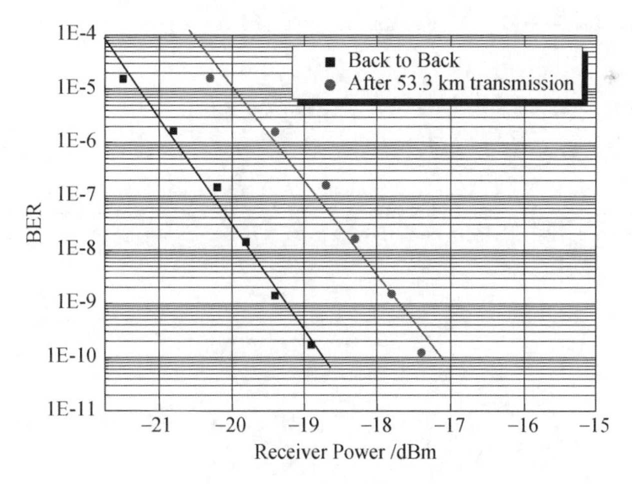

Fig. 7 BER performance of the integrated device at 10Gb/s

4 Conclusion

In conclusion, a growth technique of ultra-low-pressure SAG process for the precisely control of band-gap energy shift is developed. By applying the technique, the InGaAsP/

InGaAsP MQW DFB laser is monolithically integrated with the same-material MQW electro-absorption. The method greatly simplifies the integration process while achieving high device performance, such as low threshold current of 19mA, a high extinction ratio of over 16dB coupled into a single-mode fiber. The device is packaged in a 7pin butterfly compact module for 10Gb/s optical transmission. A 3dB bandwidth over 10GHz and good attenuation characteristics is obtained. 10Gb/s NRZ transmission experiments are successfully performed in standard fiber. A clearly open eye diagram is achieved in the module output with over 8.3dB dynamic extinction ratio. Power penalty less than 1.5dB has been obtained after transmission through 53.3km of standard fiber.

Acknowledgments

The authors express their thanks to Prof. Z. Y. Wang for his support on transmission experiment. This work is supported by National 973 Project (Grant No. G20000683-1) and National Natural Science Foundation of China (Grant No. 69896260).

References

[1] Y. Sakata, T. Hosoda, Y. Sasaki, S. Kitamura, M. Yamamoto, Y. Inomoto, K. Komatsu, IEEE J. Quantum Electron. 35(1999)368.

[2] S. Sudo, Y. Yokoyama, T. Nakazaki, K. Mori, K. Kudo, M. Yamaguchi, T. Sasaki, J. Crystal Growth 221 (2000)189.

[3] Edward H. Sargent, Solid State Electron. 44(2000)147.

[4] Q. Zhao, J. Q. Pan, F. Zhou, B. J. Wang, L. F. Wang, W. Wang, Semicond. Sci. Technol. 20(2005)544.

[5] A. Ramdane, P. Krauz, E. V. K. Rao, A. Hamoudi, A. Ougazzaden, D. Robein, A. Glouhian, M. Carre, IEEE Photon. Technol. Lett. 7(1995)1016.

Selective growth of absorptive InGaAsP layer on InP corrugation for a buried grating structure

W. Feng, J. Q. Pan, Y. B. Cheng, Z. Y. Liao, B. J. Wang, F. Zhou, L. J. Zhao, H. L. Zhu, and W. Wang

(State Key Laboratory on Integrated Optoelectronics, Institute of Semiconductors, Chinese Academy of Sciences, Beijing, 100083, China)

Abstract A buried grating structure with a selectively grown absorptive InGaAsP layer was fabricated and characterized by scanning electron microscopy and photoluminescence. The InP corrugation was etched by introducing a SiO_2 mask that was more stable than a conventional photoresist mask during the etching process. Moreover, the corrugation was efficaciously preserved during the selective growth of the absorptive layer with the SiO_2 mask. Though this absorptive layer was only selectively grown on the concave region of the corrugation, it has a high intensity around the peak wavelength in comparison with that of InGaAlAs multiple quantum well, which was grown on the buried grating structure.

Overgrowth on a corrugated semiconductor surface is a key step in the fabrication of grating structures used for InP-based optoelectronic devices such as distributed feedback lasers and distributed Bragg reflector lasers.[1-4] For fabricating suitable grating structures, it is essential to preserve the InP corrugation during the overgrowth process. However, the InP corrugation is easily damaged due to the thermal deformation mechanism during the heating process.[5] Various methods have been used to solve this problem, such as the adoption of a pregrowth layer prior to the designed growth,[6] the addition of an arsine ambient during the heating process,[7] increasing the heating speed,[8] and decreasing the carrier gas flow during the heating process.[9] However, all these methods require strict growth conditions and cannot solve the problem completely. When the position of the grating structure is referred for optical devices, there are two advantages to placing the grating under the active region as opposed to placing it on top of the active region. One is that there will be less accumulation of holes in the grating under the active region so that holes can sufficiently be injected into the active region,[10] and the other is that the grating structure under the active region is the

原载于：Applied Physics Letters, 2007, 90: 011117.

only possibility for some optical devices, such as the lasers fabricated by the narrow stripe selective growth.[11]

Recently, the selective growth technique has been widely used to fabricate InP-based optoelectronic devices.[11, 12] The nucleation properties for the growth species on the semiconductor surface and the dielectric mask are very different, favoring the selective growth of the semiconductor compound on the window region, but not on the dielectric mask. In this work, the selective growth method was developed to fabricate the buried grating structure with an absorptive InGaAsP layer. A SiO_2 mask was introduced not only for the etching of the corrugated InP substrate but also for the selective growth of the absorptive InGaAsP layer on the corrugated InP substrate.

Fig. 1 shows the fabrication process of the buried grating structure with the absorptive InGaAsP layer on the corrugated InP substrate. At first, the InP corrugation along the [-110] direction was formed on (100) oriented *n*-typed InP substrate by conventional holographic photolithography and etching, as shown in Fig. 1(a). A SiO_2 mask with the thickness of 30nm was introduced during the etching process of the InP corrugation instead of the conventional photoresist mask. In the second step, the absorptive InGaAsP layer was selectively grown on the corrugated InP substrate with the existence of the SiO_2 mask, as displayed in Fig. 1(b). After removing the SiO_2 mask, the InGaAlAs multiple quantum well (MQW) was grown on the wafer. The MQW consisted of eight wells and barriers and was enclosed with two AlInAs separate confinement heterostructure layers. The band gap of the absorptive InGaAsP layer was narrower than that of the designed InGaAlAs MQW. For contrast, a buried grating structure was also fabricated by the conventional method, by which

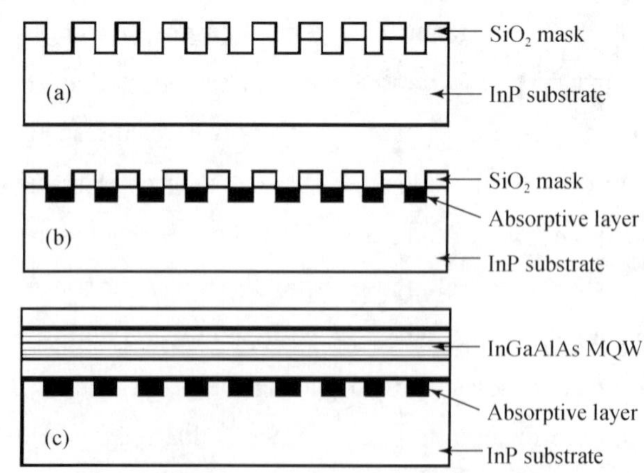

Fig. 1　Schematic showing the fabrication process of the buried grating structure: (a) etching of the InP corrugation, (b) selective growth of the absorptive InGaAsP layer, and (c) growth of the InGaAlAs MQW

the absorptive InGaAsP layer and the InGaAlAs MQW were overgrown on the InP corrugation without the SiO_2 mask. The growth experiments were performed by metal organic vapor phase epitaxy in a horizontal reactor at a growth pressure of 22mbars. The source materials carried by hydrogen gas included trimethylaluminum, trimethylgallium, trimethylindium, arsine, and phosphine. The characteristics of the buried grating structure were mainly evaluated by scanning electron microscopy and photoluminescence(PL).

The quality of the InP corrugation is important to the fabrication of the buried grating structure. Fig. 2 shows cross sections of the corrugated InP substrates etched with SiO_2 mask (a) and without SiO_2 mask (b). The InP corrugation with a depth of 65nm in Fig. 2(a) is deeper than the InP corrugation in Fig. 2(b). Moreover, the profile of the InP corrugation in Fig. 2(a) is trapezoidal and is better than that in Fig. 2(b). The semiconductor surface under the SiO_2 mask is well protected because the SiO_2 mask is more stable than the conventional photoresist mask during the etching process of the InP corrugation.

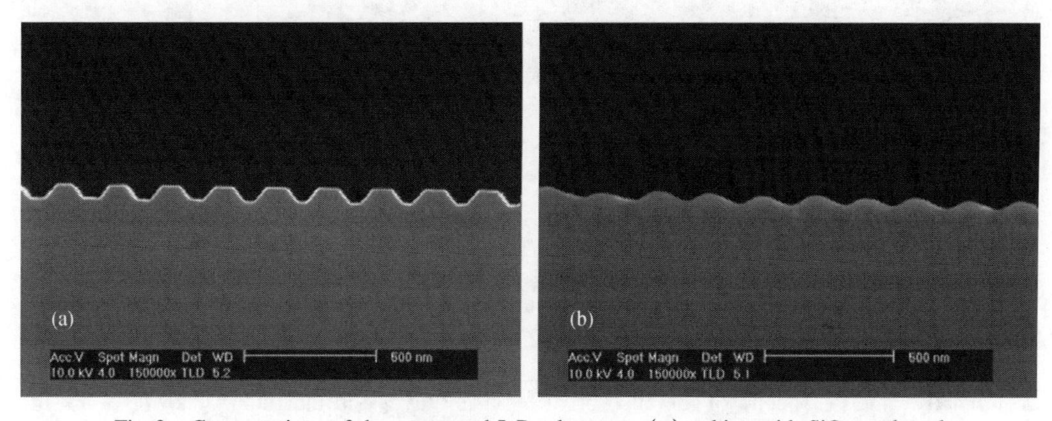

Fig. 2 Cross sections of the corrugated InP substrates: (a) etching with SiO_2 mask and (b) etching without SiO_2 mask

The buried grating structure fabricated by the selective growth of the absorptive InGaAsP layer is displayed in Fig. 3(a). It is shown that the rectangular profile is obtained for the buried grating. The InGaAsP layer is filled in the concave region of the InP corrugation. The depth of the buried grating is equal to that of the InP corrugation before the selective growth of the absorptive InGaAsP layer. However, the InP corrugation of the buried grating structure fabricated by the conventional method was almost eradicated, as shown in Fig. 3(b). The results in Fig. 3 show that the InP corrugation can be efficaciously preserved during the selective growth process of the absorptive InGaAsP layer. During the heating step for the selective growth, the convex part of the InP corrugation was well preserved by the SiO_2 mask, while the concave part exposed to the gas ambient was deformed because of the thermal instability. The change of the InP corrugation profile from trapezoid to rectangle can also be attributed to the above reason. For different grating shapes, the coupling coefficient can be written as $\kappa = (2\Delta n_{\text{eff}}/\lambda_B) f_{\text{red}}$, where Δn_{eff}, λ_B, and f_{red} are the difference of the effective refractive indices of the two layers forming the grating, the Bragg wavelength, and the reduction factor, respectively.[13] The value of f_{red} in the common triangular grating structure is fixed at 0. 63, while that in the rectangular grating structure can reach the maximal value of 1. This rectangular grating structure is more effective for acquiring a large coupling coefficient than the triangular grating structure. Meanwhile, in Fig. 3, clear and flat interfaces can be seen for the InGaAlAs MQWs grown on the buried grating structures by the two different methods. The selective growth method did not noticeably deteriorate the quality of the InGaAlAs MQW.

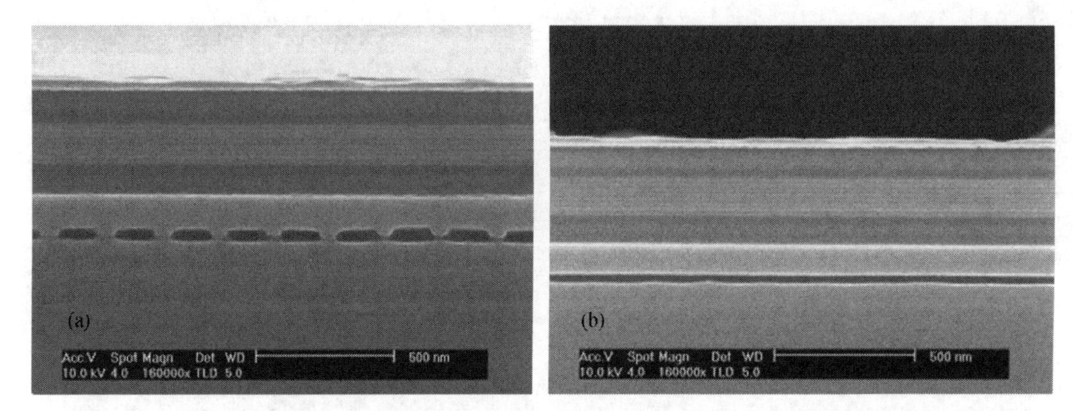

Fig. 3 Cross sections of the buried grating: (a) fabricated by the selective growth method and (b) fabricated by the conventional method

Finally, the PL spectra of the absorptive InGaAsP layer and the InGaAlAs MQW are investigated in Fig. 4. The PL spectrum of the absorptive InGaAsP layer was measured just after its selective growth. The wavelength peaks at 1315 and 1300nm correspond to the InGaAsP layer and the InGaAlAs MQW, respectively. Though the InGaAsP layer is only selectively grown on the concave region of the InP corrugation, it still has a high intensity around the peak wavelength in comparison with that of the InGaAlAs MQW.

In summary, the buried grating structure was fabricated by the selective growth of an absorptive InGaAsP layer. The shape of the InP corrugation was well controlled because the introduced SiO_2 mask was more stable than the conventional photoresist mask. Furthermore, the InP corrugation was efficaciously preserved during the selective growth of the InGaAsP absorptive layer with the existence of the SiO_2 mask. The InGaAsP absorptive layer has a relatively high intensity around the peak wavelength in comparison with that of the InGaAlAs MQW and can play the role of an absorptive layer for the InGaAlAs MQW.

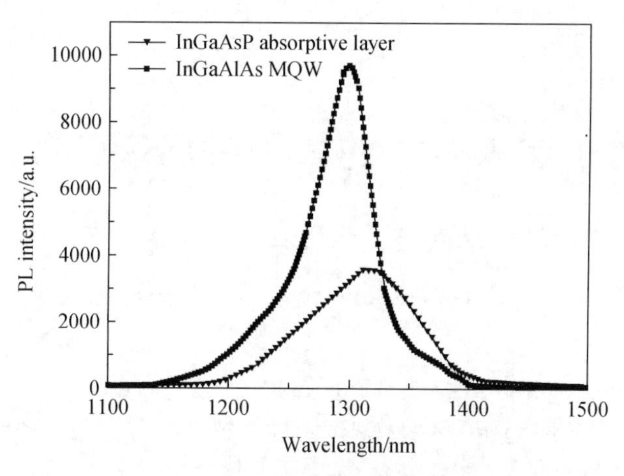

Fig. 4 PL spectra of the absorptive InGaAsP layer and the InGaAlAs MQW

This work was partly supported by the National "973" (G2000068301) project, the National "863" (2002AA312150) project, and the National Natural Science Foundation (90401025, 90101023, 60176023, and 60476009) of China.

References

[1] J. K. White, C. Blaauw, P. Firth, and P. Aukland, IEEE Photonics Technol. Lett. 13, 773 (2001).

[2] K. Nakahara, T. Tsuchiya, T. Kitatani, K. Shinoda, T. Kikawa, F. Hamano, S. Fujisaki, T. Taniguchi, E. Nomoto, M. Sawada, and T. Yuasa, J. Lightwave Technol. 22, 159 (2004).

[3] S. H. Oh, J. M. Lee, K. S. Kim, C. W. Lee, H. Ko, S. Park, and M. H. Park, IEEE Photonics Technol. Lett. 15, 1680 (2003).

[4] H. X. Shi, D. A. Cohen, J. Barton, M. Majewski, L. A. Coldren, M. C. Larson, and G. A. Fish, Electron. Lett. 38, 181 (2002).

[5] H. Nagai, Y. Noguchi, and Takashi Matsuoka, J. Cryst. Growth 71, 225 (1985).

[6] Y. Kashima, T. Nozawa, and T. Munakata, J. Cryst. Growth 204, 429 (1999).

[7] K. Sato, M. Oishi, Y. Itaya, M. Nakao, and Y. Imamura, J. Cryst. Growth 93, 825 (1988).

[8] P. Daste, Y. Miyake, M. Cao, Y. Miyamoto, S. Arai, and Y. Suematsu, J. Cryst. Growth 93, 365 (1988).

[9] S. W. Park, C. K. Moon, J. H. Kang, Y. K. Kim, E. H. Hwang, B. J. Koo, D. Y. Kim, and J. I. Song, J. Cryst. Growth 258, 26 (2003).

[10] K. Takagi, S. Shirai, Y. Tatsuoka, C. Watatani, T. Ota, T. Takiguchi, T. Aoyagi, T. Nishimura, and N. Tomita, IEEE Photonics Technol. Lett. 16, 2415 (2004).

[11] J. Cai, F. Choa, Y. Gu, X. Ji, J. Yan, G. Ru, L. Cheng, and J. Fan, Appl. Phys. Lett. 88, 171110 (2006).

[12] T. Tsuchiya, J. Shimizu, M. Shirai, and M. Aoki, J. Cryst. Growth 276, 439 (2005).

[13] J. Buus, M. C. Amann, and D. J. Blumenthal, Tunable Laser Diodes and Related Optical Sources, 2nd ed. (Wiley, Somerset, NJ, 2005), p. 56.

低能氦离子注入引入的量子阱混杂带隙波长蓝移

周静涛，朱洪亮，程远兵，王宝军，王　圩

（中国科学院半导体研究所，北京，100083）

摘要　提出了采用低能氦离子注入多量子阱（MQW）材料和合适的快速退火条件，实现了 MQW 带隙波长的蓝移。用这种材料制作了 FP 腔激光器，与未注入器件相比，实现了 37nm 的激射波长蓝移。

1　引言

近年来，人们对半导体光电集成和光子集成的研究持续升温。在光集成技术中，关键的问题是能在同一基片上实现具有多种带隙的有源材料和无源材料的组合。为此提出了一些功能集成技术，如选择区域生长技术、对接生长技术、非对称双波导技术和量子阱混杂技术等。前三种技术与外延生长技术有关，而量子阱混杂（quantum well intermixing，QWI）技术则属于外延后续处理技术，该技术与前三种技术结合起来，对光电功能集成拓展了更加广阔的发展空间。

QWI 技术通常包括三个过程：在量子阱材料表面产生点缺陷；点缺陷向量子阱区迁移；迁移导致量子阱/垒材料的组分原子在界面处发生混杂，改变材料组分进而改变带隙波长[1]。产生点缺陷实现 QWI 有多种途径，主要包括无杂质空位扩散[2]、光吸收诱导混杂[3]、离子注入诱导混杂[4]和低温生长诱导混杂[5]等。

离子注入诱导混杂是半导体集成器件制造中的一项重要工艺。在 InP 基光电器件中，广泛使用 As 离子[6]和 P 离子[7]作为注入源，往常使用的注入能量在兆电子伏特（MeV）量级，以实现大的波长蓝移量。由于 As 和 P 离子的原子量大，穿透性不好，高能离子注入常常在材料表面和 MQW 有源区引入较严重的注入损伤，即使经高温退火也不可能完全消除和恢复。目前常采用几十到数百 keV 的低能离子注入以减弱注入损伤的影响。

He^+在 InP 基材料中一般被作为电隔离注入源使用[8]。近年来，He^+诱导量子阱混杂技术的研究也开始被关注。加拿大 McMaster 大学的 Yin 等采用了 He 等离子体辅助分子束外延（MBE）生长技术。这种技术是样片在普通的分子束外延生长过程中，从电子回旋共振等离子源中引出一定能量的 He^+束入射到样片表面，从而在 MQW 上生长

原载于：半导体学报，2007，28（1）：477-451.

一层含 He 离子杂质的缺陷扩散层，经快速退火后，材料的带隙波长实现了 42nm 的蓝移[9]。但是，这种方法需使用等离子体辅助分子束外延设备，材料生长周期长、设备维护费用昂贵等缺点使得材料生长成本较高，限制了它的应用。相比之下，经过科学计算离子注入深度来确定注入条件，直接采用超低能的 He^+注入材料表面，通过适当快速退火实现量子阱混杂，从而产生带隙波长蓝移的技术可控性强，由于采用金属有机化学气相沉积（metal-organic chemical vapor deposition，MOCVD）设备，使材料生长周期短，设备维护费用低，因而材料生长成本低，适合大规模生产。本文首次报道采用低能氦离子注入引入的量子阱混杂带隙波长蓝移技术。

He^+的原子量小，穿透力强，因此估计达到一定蓝移量所需的注入能量会低，对材料表面的损伤会小，从而使材料保持较高的晶体质量。本文中，作者将 6keV 的低能 He^+注入 MQW 结构表层，经过适当的快速退火处理，获得了近 40nm 的带隙波长蓝移，用经过 He^+注入混杂后的 MQW 结构外延片制作了 FP 腔条形激光器，使带隙波长蓝移了 37nm。

2 实验

实验样品为在掺 S 的 n 型 InP（100）衬底上采用 MOCVD 技术生长的匹配 MQW（multiple quantum well）外延结构。各层依次是：厚度为 400nm 的 n-InP 缓冲层；厚度为 80nm、带隙波长为 1.2μm 的 InGaAsP 下分别限制层（1.2Q-SCH）；MQW 有源区层；厚度为 130nm 的 1.2Q 上分别限制异质结构（separate confinement heterostructure，SCH）层以及 200nm 厚的本征 InP 层。MQW 包括 8 个阱（阱厚 10.5nm，带隙波长 1.58μm）和 9 个垒（垒厚 8nm，带隙波长 1.15μm）。MQW 层结构如图 1 所示。顶层 200nm 的 InP 层起离子注入屏蔽和杂质缺陷扩散的作用。样片的 PL 谱中心波长为 1487nm。

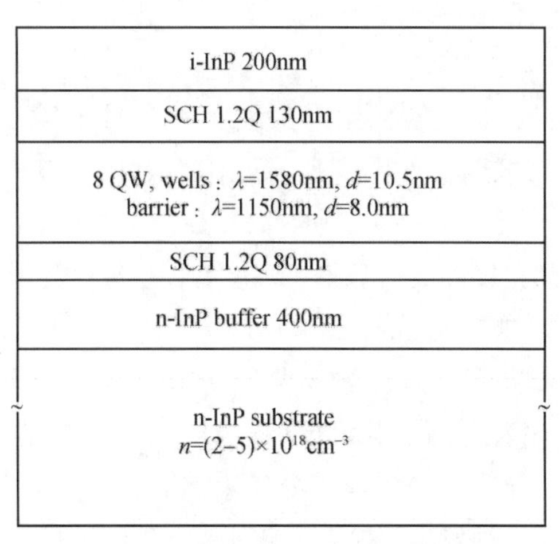

图 1 1.5μm InGaAsP/InP 多量子阱结构

He^+注入是在室温下进行的，为使最大模拟射程控制在样片的本征 InP 层厚度之内，作者利用 TRIM 软件模拟了 He^+入射 InP 材料时纵向的入射离子分布。图 2 所示为注入能量 6keV，倾斜角为 30°时，He^+在 InP 材料中的纵向（垂直于样品面方向）浓度分布。由图可见，He^+的平均射程为 56nm，最大离子射程约为 160nm，小于最顶层 i-InP层 200nm 的厚度，这样，注入所产生的杂质和缺陷将被完全控制在本征 InP 层之内，使多量子阱有源区避免了离子注入的直接影响，从而可以尽量减弱离子注入对 MQW 有源层的损伤。据此，实验采用 6keV 的 He^+注入，注入剂量为 $5\times10^{13}cm^{-3}$，注入倾角为 30°。在随后的快速退火中，借助于 InP 层内的 He^+杂质和注入缺陷的扩散，希望在下层的 MQW 区内产生量子阱混杂效应。

快速退火（rapid thermal anneal，RTA）使用的是国产 RTP-300 快速退火炉，退火过程中样品夹在两片硅片之间并用氮气保护，退火温度在 700–800℃。

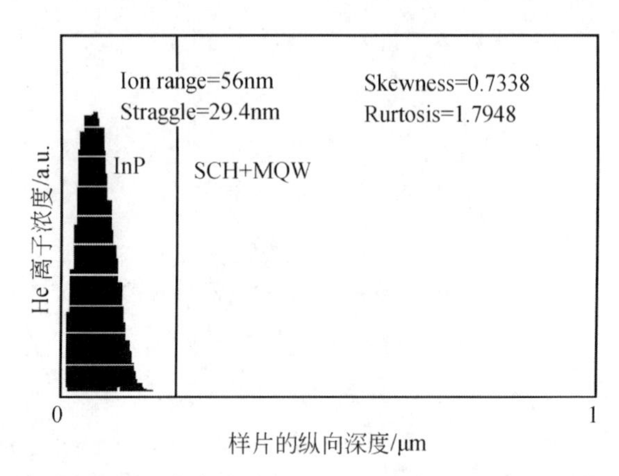

图 2　注入能量为 6keV，倾斜角为 30°时，He^+在 InP 材料中的纵向浓度分布

退火后的样品利用微区 PL 设备检测波长漂移情况。

3　结果与分析

对上述低能注入样品，首先在固定退火温度为 700℃的条件下，进行了离子注入 MQW 层的诱导蓝移退火试验，如图 3 所示，作为对比，未注入样品也一同进行了退火。

随着退火时间的增加，样品的蓝移量一直呈增长趋势。经过 He^+注入的样品，蓝移量从 23nm（退火 60s）增加到 59nm（退火 360s）。而未进行离子注入的样品在相同退火条件下产生的蓝移量却不到注入片的一半，为 10. 5nm（退火 60s）和 29nm（退火 360s）。显然，低能 He^+注入后，在本征 InP 层内产生的杂质和点缺陷，在退火过程中迁移至深层 MQW 区，诱导阱和垒材料组分发生扩散和相互混杂，改变了量子阱的形状，从而导致量子阱带隙波长发生了较大的蓝移变化。而未进行 He^+注入样品，由于只

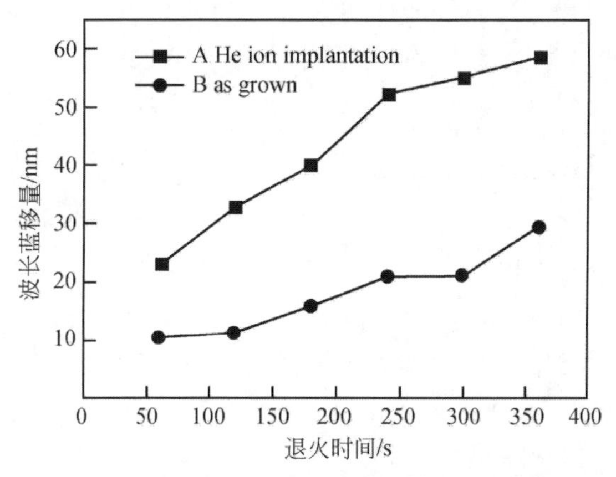

图3 退火时间与材料的波长蓝移量变化曲线 退火温度：700℃

有高温引入的阱、垒材料组分互扩散的影响，因而波长蓝移量明显小得多。随着退火时间的增加，可以看出两条试验曲线之间的差别越来越大，说明 He^+注入诱导蓝移的效果随退火时间而增强。

图4为图3退火样品的PL(photoluminescence)谱图。可以看出，对 He^+注入样品，随着退火时间的增加，PL谱峰值波长向短波长方向移动（蓝移），峰值强度是一直增加的，但半峰宽则略有展宽. 这一实验结果说明，退火时间的增加不但促进了量子阱混杂蓝移效应的增加，而且有效地恢复了离子注入带来的晶体表面损伤，改善了样品的发光特性。PL谱半峰宽的展宽对应着阱、垒互扩散导致的界面模糊度增强。延长退火时间对PL谱峰值强度有一定的恢复作用。

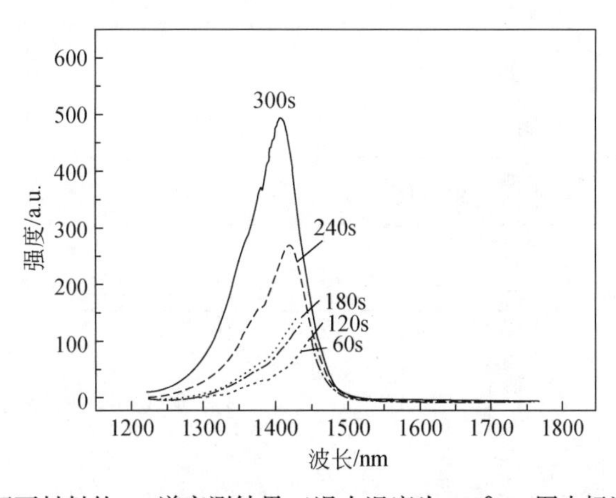

图4 不同退火时间下材料的PL谱实测结果（退火温度为700℃，图中标注数字为退火时间）

图5为固定退火时间（60s）而改变退火温度的试验曲线。在实验所及温度范围，蓝移量随退火温度的增加而增加。经 He^+注入的样品，退火温度从700℃升高到800℃，样品带隙波长蓝移量从23nm增加到51nm，而未进行离子注入的样品只从10. 5nm增加到31nm，蓝移量明显小得多，这与前述固定退火温度而改变退火时间的结果基本类

似。然而，随温度的升高，注入样品和未注入样品波长蓝移量的差值变化不大，这说明在退火时间为 60s 时，注入样品的波长蓝移效果对退火温度不敏感，可能是选择的退火时间太短。

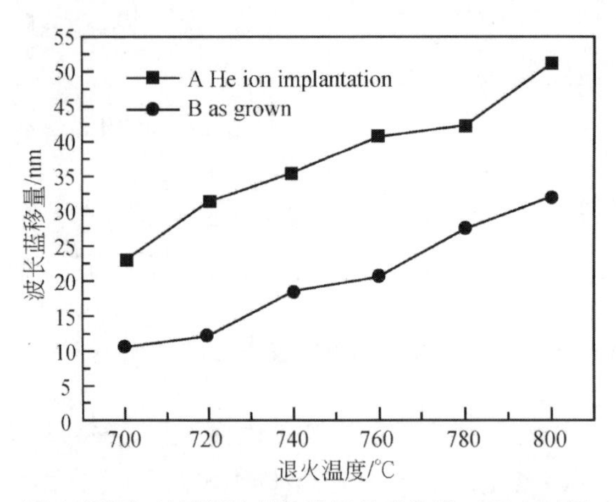

图 5　退火温度与材料的波长蓝移量关系曲线（退火时间：60s）

图 6 是图 5 退火样品的 PL 谱图。同样可见，对 He^+注入样品而言，随着退火温度的提升，PL 谱峰值波长向短波长方向蓝移，当退火温度从 700℃升高到 740℃时，PL 谱峰值强度增加很快，但退火温度高于 740℃以后，PL 谱峰值强度的增加就很有限了，可见温度高于 740℃以后，提升退火温度对 PL 谱峰值强度的恢复作用有限。

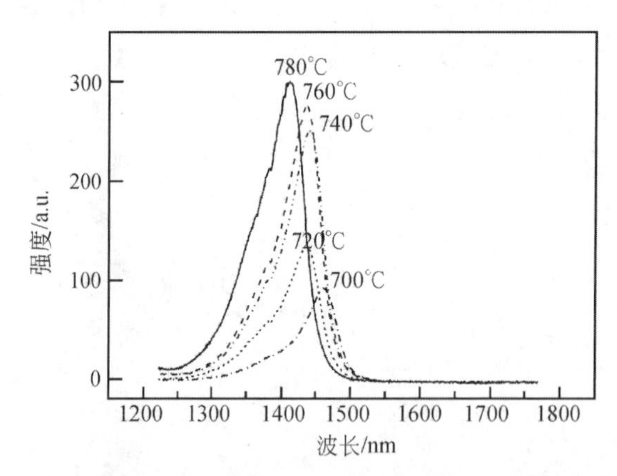

图 6　不同退火温度下材料的 PL 谱实测结果（退火时间为 60s，图中标注数字为退火温度）

实验结果说明，退火温度的增加同样可以促进量子阱混杂蓝移效应，在 740℃以下时，提升退火温度可以有效地恢复离子注入损伤，改善发光特性。

4　器件结果

为了检验 He^+注入样品的实际效果，作者分别用 He^+注入样品和未经任何处理的原始样品制作了 FP 腔条型激光器。He^+注入样品的退火温度为700℃，退火时间为120s。将两样品选择腐蚀去掉顶层本征 InP 层，清洗后在 MOCVD 外延炉中依次生长 1. 8μm 厚的 p-InP 层和200nm 厚的 p-InGaAs 接触层，然后按照标准的激光器工艺制作了 FP 腔脊波导条型激光器。

图7是这两种 FP 腔条型激光器的 *P-I* 曲线图。用He^+注入样片制作的激光器，阈值电流为45mA，在100mA 电流下，出光功率为5. 3mW；原始样片制作的激光器，阈值电流为34mA，在100mA 电流下，出光功率为6. 4mW。He^+注入样品的阈值电流略高，表明 MQW 材料经过离子注入混杂后，内部损耗增加了。但两种激光器的斜率效率没有什么变化，表明两者的内量子效率差别不大。

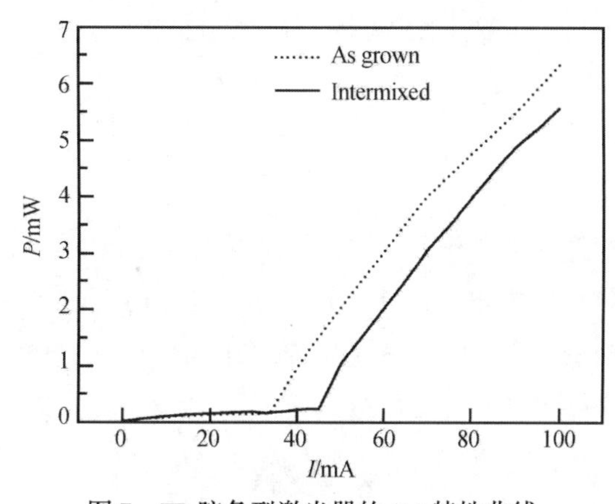

图7　FP 腔条型激光器的 *P-I* 特性曲线

图8为这两种激光器的电致发光光谱。图8(a)为He^+离子注入样品的光谱，激射中心波长为1449nm；图8(b)为原始样品的光谱，激射中心波长为1486nm，两者的波长差为37nm，这是超低能He^+离子注入引入的 MQW 混杂蓝移的实际结果。

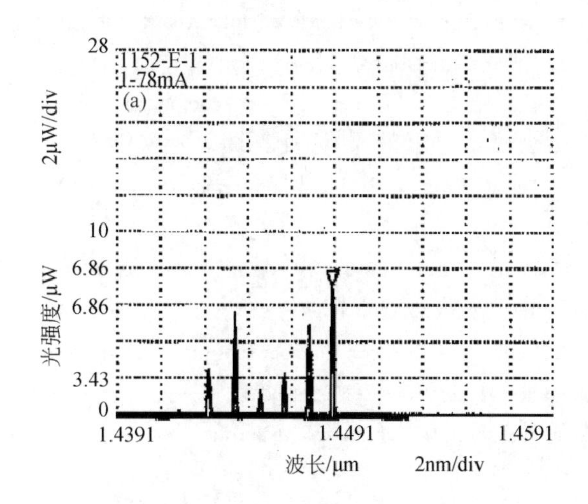

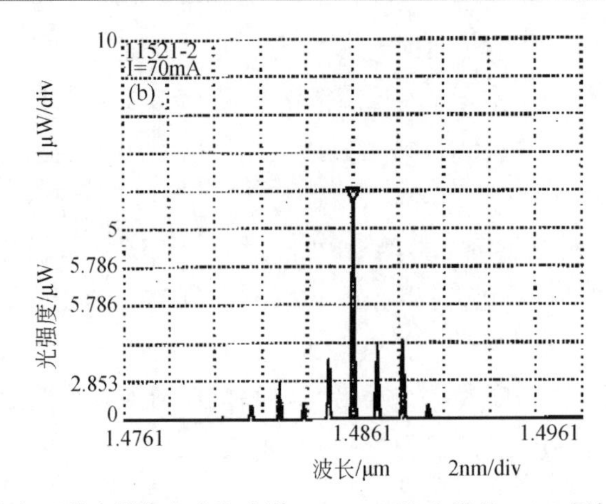

图 8 FP 腔条型激光器的电致发光谱（(a)He$^+$注入样品；(b)原始参照样品）

5 结论

本文首次提出采用低能 He$^+$注入诱导量子阱混杂蓝移技术，并通过实验成功验证了用该技术实现 MQW 材料带隙波长蓝移的有效性。在所述实验条件范围，He$^+$注入诱导蓝移的效果随退火时间的延长和退火温度的提升而增强。用 He$^+$注入样品制作的脊型 FP 腔激光器，相比于原始的样品，激射光谱产生了 37nm 的波长蓝移。

参考文献

[1] Qiu W, Wang W, Dong J, et al. Selective-area MOCVD growth for distributed feedback lasers integrated with verli cally tapered self-aligned waveguide. J Cryst Growth, 2003, 250: 83.

[2] Si S K, Yeo D H, Yoon K H, et al. Area selectivity of In-GaAsP-InP multiquantum-well intermixing by impurity free vacancy diffusion. IEEE J Sel Topics Quantum Electron, 1998, 4: 619.

[3] Mclean C J, McKee A, Lullo G, et al. Quantum well interm-xing with high spatial selectivity using a pulse laser technique. Electron Lett, 1995, 31: 1284.

[4] Xia W, Pappert S A, Zhu B, et al. Ion mixing of Ⅲ－Ⅴ compound semiconductor layered structures. J Appl Phys, 1992, 71: 2602H

[5] Haysom J E, Poole P J, Aers G C, et al. Quantum intermixing caused by nonstoichiometric InP. IPRM, 2000: 56.

[6] Aimez V, Beauvais J, Beerens J, et al. Low-energy ion-implantation-induced quantum-well intermixing. IEEE J Sel Topics Quantum Electron, 2002, 8: 870.

[7] Skogen E J, Barton J S, DenBaars S P, et al. Tunable sam-pled-grating DBR lasers using quantum-well intermixing. IEEE Photonics Technol Lett, 2002, 14: 1243.

[8] Liu Q Z, Chen W X. Planar semiconductor lasers using the photo elastic effect. J Appl Phys, 1998, 83 (12): 7442.

[9] Yin T, Letal G J, Robinson B J, et al. The effects of InP grown by He$^+$-plasma assisted epitaxy on quantum-well intermixing. IEEE J Quantum Electron, 2001, 37(3): 426.

Monolithically Integrated Transceiver with Novel Y-Branch by Bundle Integrated Waveguide for Fibre Optic Gyroscope

Wang Lu(王路)**, Liao Zai-Yi(廖栽宜), Cheng Yuan-Bing(程远兵), Zhao Ling-Juan(赵玲娟), Pan Jiao-Qing(潘教青), Zhou Fan(周帆), Wang Wei(王圩)

(State Key Laboratory on Integrated Optoelectronics, Institute of Semiconductors, Chinese Academy of Sciences, Beijing, 100083, China; Key Laboratory of Semiconductors Materials, Institute of Semiconductors, Chinese Academy of Sciences, Beijing, 100083, China)

Abstract A novel Y-branch based monolithic transceiver with a superluminescent diode and a waveguide photodiode(Y-SDL-PD) is designed and fabricated by the method of bundle integrated waveguide(BIG) as the scheme for monolithic integration and angled Y-branch as the passive bi-directional waveguide. The simulations of BIG and Y-branches show low losses and improved far-field patterns, based on the beam propagation method (BPM). The amplified spontaneous emission of the device is up to 10mW at 120mA with no threshold and saturation. Spectral characteristics of about 30nm width and less than 1dB modulation are achieved using the built-in anti-lasing ability of Y-branch. The beam divergence angles in horizontal and vertical directions are optimized to as small as 12°×8°, resulting in good fibre coupling.

A fibre optic gyroscope(FOG) based on Sagnac phase shift has been widely used as a promising sensor in both military and civil applications.[1,2] Superluminescent diodes(SLDs) are the optimum light sources for FOG because of their high output power and low coherence, which is indicated by small spectral modulation and broad spectral width.[3,4] As the FOG system shown in Fig. 1, it is attractive to monolithically integrate SLD and waveguide photodiode (WGPD) with 3dB coupler in the same InP wafer due to its compactness, reliability, environmental stability, low coupling loss and cost effectiveness for light emitting and detecting of FOG bi-directional operation. Related studies have been rarely seen up to date. US Patent 5724462 by Hitachi Corp. describes the butt- joint method, and an approach named silicon optical bench using polymer waveguide by U. S. Army Aviation and

原载于: Chin. Phys. Lett., 2007, 24(12): 3424–3247.

Missile Research, Development, and Engineering Center (AMRDEC) was reported in 2004. Unlike those, our solution is based on simpler monolithic integration in an InP substrate. In particular, a passive Y-branch can exhibit good performance as the 3dB coupler used in the transceiver (Y-SLD-PD).

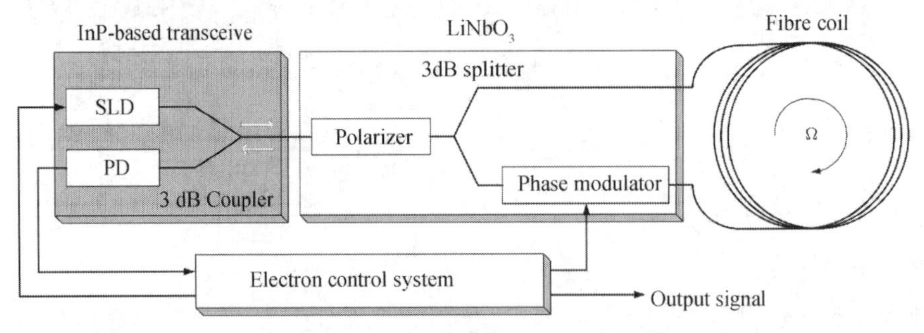

Fig. 1 Schematic diagram of the FOG system

For monolithic integration, passive region has wider bandgap energy than active region to reduce the direct bandgap absorption. Different techniques such as selective area growth (SAG) and quantum well intermixing (QWI) have been developed. Although the SAG method is flexible and accurate because the mask width precisely determines the bandgap energy, it has the disadvantages of complex epitaxial growth and insufficient blue-shift. The QWI process could in duce large blue-shift but will also introduce damages to material while ion implantation is carried out. [5, 6] In contrast, as a simpler mutation from butt-joint, bundle integrated waveguide (BIG) takes the advantage of large blue-shift, low loss, small vertical divergence angle, simplicity of fabrication and so appears to be an elegant monolithic integration solution, because BIG involves only one step selective removal of the active core in passive region, which is followed by a non-selective epitaxial growth all over the wafer with relatively good butt-joint interface. [7]

So far, several 3dB coupler schemes such as multimode interference (MMI) coupler and Y-branch has been reported. [8, 9] MMI suffers from inconsistency of bi-directional propagation and strict process tolerance, and s-bend Y-branch is subjected to poor horizontal divergence angle and excessive loss. [10] In comparison with those, angled Y-branch is an eligible candidate because it avoids all the shortcomings just mentioned, only with the expense of relatively longer device size.

To suppress the Fabry-Perot (FP) spectral modulation of SLD, various device structures and techniques such as tilting stripe geometry, bent waveguide and absorption near one of the facets have been proposed. [11-13] However, considering integration issues in Y-SLD-PD such as device size and crosstalk, these approaches are no longer necessary. Instead, FP spectral modulation can be effectively restrained by the tilting waveguide of Y-branch with anti-reflection(AR)coating.

Though there has been a great deal of progress in the development of SLDs, Y-branch, they are separately optimized, not integratedly. In this Letter, a novel Y-SLD-PD is demonstrated with a relatively simple fabricating process in which a BIG and an angled Y-branch are successively exploited. The active region consists of a paratactic SLD and a WGPD with identical multiquantum wells(MQWs). The combination of the BIG and angled Y-branch can provide improved divergence angle, low loss and anti-lasing capability. Furthermore, the novel Y-SLD-PD is fabricated using only two steps of low-pressure metal organic vapour phase epitaxial (LP-MOVPE) growth, while the device performance is comparable with that of others.

The schematic diagram of the device and the cross section of active region are shown in Fig. 2. The SLD/WGPD active region and the Y-branch passive region are in length of 800μm and 2000μm respectively, which are monolithically joined together by BIG interface of about 0.3μm in length (see Fig. 2). In the 20μm interval between SLD and WGPD, a 6μm-wide groove is formed to isolate crosstalk. The light generated in SLD is coupled from active core in SLD to passive core in Y-branch via BIG interface with low loss and expanded mode size. The radiation loss in Y-branch arm and mode-mismatch loss in Y- branch joint are low enough to be neglected. When the signal comes back from FOG coil, a 3dB split loss is produced in Y-branch joint before its ingress to WGPD.

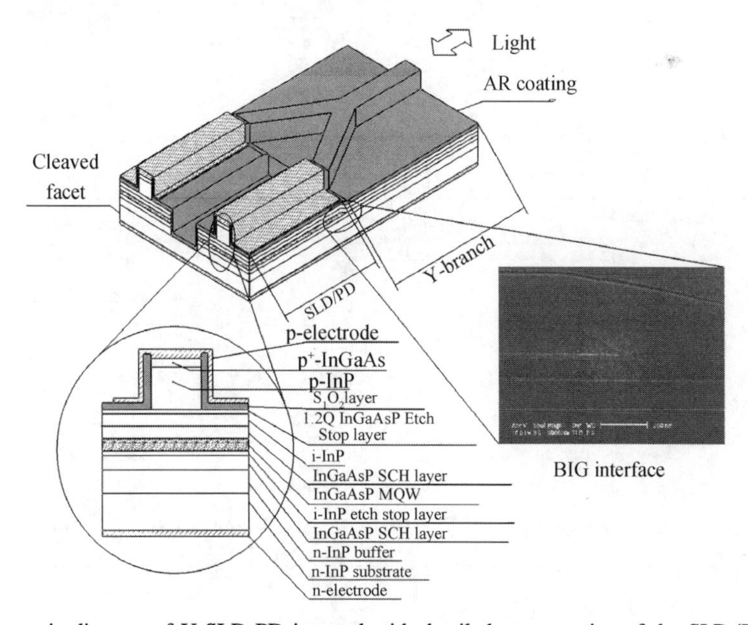

Fig. 2 Schematic diagram of Y-SLD-PD inserted with detailed cross section of the SLD/PD structure and SEM picture of BIG interface

Finite-difference beam propagation method(FD- BPM) is used to calculate transmission behaviour and mode characteristics in BIG and Y-branch. [14] In this work the basic approach is illustrated by formulating the problem under the scalar and paraxial approximation which solves monochromatic wave equation quickly and well. Therefore, the wave equation can be written as

$$\frac{\partial u}{\partial z}=\frac{i}{2\beta}\left(\frac{\partial^2 u}{\partial x^2}+\frac{\partial^2 u}{\partial y^2}+(k^2-\beta^2)\ u\right) \tag{1}$$

where $u=u(x, y, z)$ is the waveguide field, $k=k_0 \cdot n(x, y, z)$ is wave number, and $\beta=k_0 \cdot n(z)$ is reference wave number. Transmission power can be figured out by the overlap integral of waveguide field. Fourier transformation of waveguide field at the output facet indicates the far-field pattern.

Simulations on how BIG interface influences the transmission power and optical confinement factor Γ_{WG} are perform by solving Eq. (1), as shown in Fig. 3. The loss is estimated to be 0.7dB through the BIG interface. Γ_{WG} declines from 0.55 in MQW-SCH of active region to 0.22 in SCH of passive region, which rounds the mode size(1/e width in intensity) from 2.8μm(lateral)1.0μm(vertical) at the active region to 2.5μm(lateral)1.6μm (vertical) at the passive region. Accordingly, a constringent vertical divergence angle of 23.8° is achieved from the facet of the passive region, far less than the original 41.7° from the facet of the active region, as shown in Fig. 4.

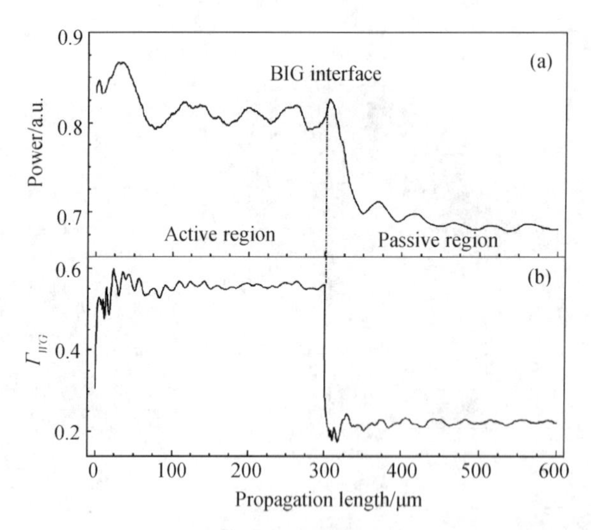

Fig. 3 Influences of BIG interface on(a) transmission power and(b) optical confinement factor in the waveguide

The bi-directional transmission powers of angled Y-branch are simulated versus branch angle, as shown in Fig. 5. The solid circles indicate the transmission powers regarding Y-branch as a beam coupler, while the hollow circles represent transmission powers in the

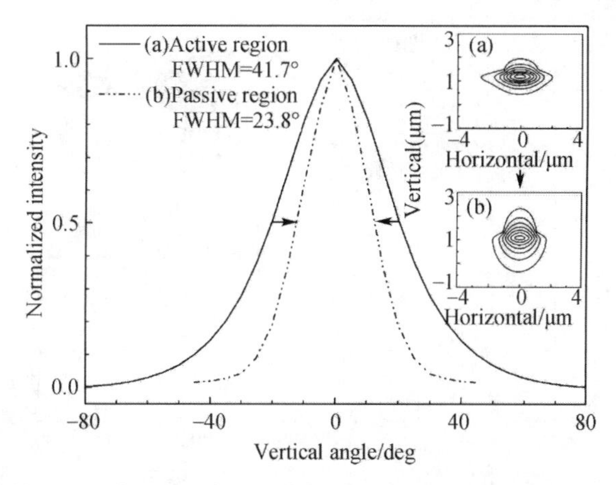

Fig. 4 Vertical far-field pattern from the facets of the active and passive section. The insets are intensity distribu-tions of waveguide modes at the facets of(a)active region and(b)passive region

reverse direction regarding Y-branch as a beam splitter. In the case of coupler, strong beam interference exists between two branches when angle is less than 0.6°, which leads to intense mode-mismatch loss of about 10dB near the joint. A minimum loss of 1.55dB occurs at the angle of 1°, and after that larger angle results in higher loss because steeper redirection at each end of Y-branch tilted waveguide causes worse radiation loss. In the case of splitter, beam is simply divided into two counterparts without any interference regardless of the distance between branches, because there is no difference of beam intensity among branches to motivate interferential coupling. In the range between 0.8° to 1.8°, Y-branch coupler and splitter both take on their best transmission performances.

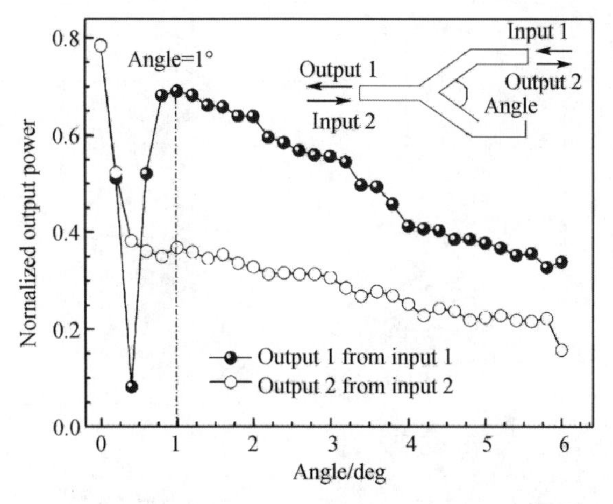

Fig. 5 Bi-directional transmission powers versus Y-branch angle

Fig. 6 shows the simulated transmission powers of s-bend Y-branch (with a radius of about 3.3mm) and angled Y-branch (with an angle of 1°) along the propagation length, with

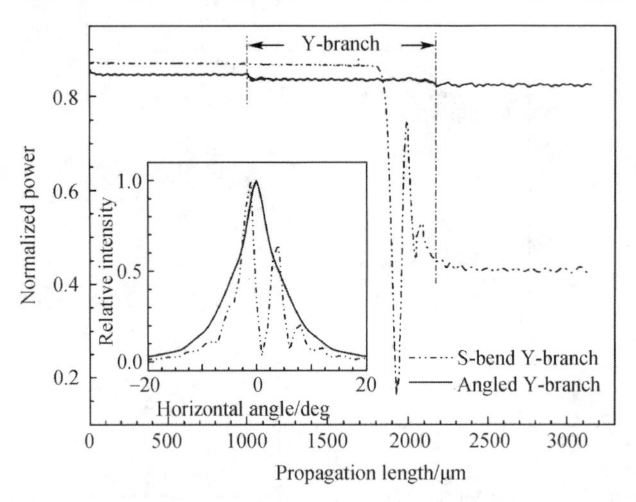

Fig. 6 Comparison of transmission powers through s-bend Y-branch and angled Y-branch along the propagation length. Inset: comparison of horizontal farfield patterns from the output facets of s-bend Y-branch and angled Y-branch

the same Y-branch interval of 20μm and length of 1150μm. It is observed that s-bend Y-branch has little radiation loss in branch arm but high mode-mismatch loss of greater than 3.2dB in branch joint. Contrarily, a total loss of no more than 0.1dB is attained in angled Y-branch. Moreover, It can be seen in the inset of Fig. 6 that angled Y-branch has a narrow horizontal divergence angle of 8.9° while the far-field pattern of s-bend Y-branch shows multi-peaks, probably because of the serious mode-mismatch in branch joint. Thus, with concern of low loss and easy coupling, 1° angled Y-branch is a better choice.

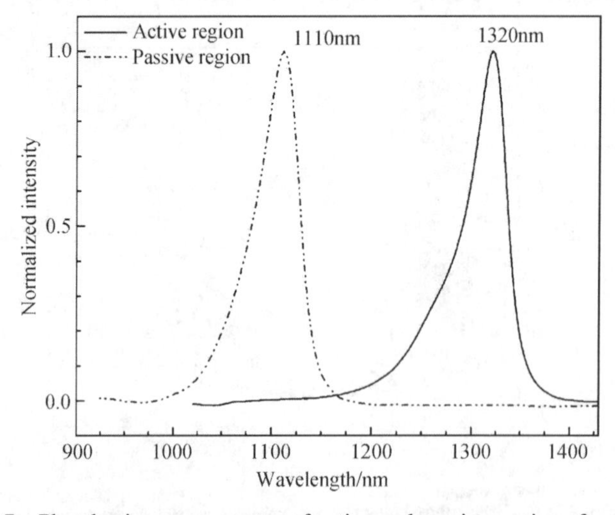

Fig. 7 Photoluminescence spectra of active and passive section after BIG

The device was fabricated using only a two-step LP-MOVPE process, the second of which includes BIG regrowth. For the first epitaxial growth, n-InP buffer layer, a 100nm thick undoped 1.10μm bandgap InGaAsP quaternary(1.1Q) lower separate confinement heterojunction (SCH) layer, and intrinsic MQW structure surrounded by two 20nm thick undoped InP etch stop layer (ESL) were successively grown. The intrinsic MQW structure consists of seven compressively strained 1.32Q quantum wells and eight tensile strained 1.1Q barriers, with thicknesses of 6.5nm and 10nm, respectively. Then, the active region was encapsulated by photoresist and then BIG was carried out. Chemical wet etching was used to selectively remove the MQW in passive region. As a result, the peak photoluminescence(PL) wavelength in the passive section experienced a large blue-shift of over 210nm and non-expanded FWHM (see Fig. 7), which indicates a good crystalline quality. After the removal of upper ESL in active region and lower ESL in passive region, a 100nm thick undoped 1.1Q upper SCH layer, a 150nm thick undoped InP cladding layer, a 15nm thick undoped 1.2Q ESL, a 1.8μm thick p-InP over-cladding layer and a 200nm thick p^+-InGaAs cap layer are grown in the second epitaxial growth step. This was followed by a combination of reactive ion etching (RIE) and chemical wet etching to make a steep and smooth ridge waveguide of about 2μm in width. Especially, the subtle joint of angled Y-branch was easily achieved by normal photolithography so that there was no need for a submicron patterning using expensive and time-consuming e-beam lithography. After isolation by He^+ implantation and etched groove between SLD and WGPD, p-and n-electrode were evapourated with SiO_2 as the dielectric layer. Finally, anti-reflection coating on the facet of Y-branch was deposited.

The continuous-wave (cw) light-current characteristics were measured at the Y-branch output side of the devices under operation temperature of 25℃ and a typical result is shown in Fig. 8. The optical output power is up to 10mW at the 120mA SLD injection current with no obvious threshold and a high slope efficiency of 0.15 W/A, and shows no saturation at higher injection. It is proven that Y-branch has the ability to suppress lasing. In addition, the loss of BIG interface and angled Y-branch is low enough. The differential resistance is 5Ω.

The inset of Fig. 8 shows the output spectra of the device from Y-branch facet, with different SLD injection currents at CW operation under 25℃ operation temperature. Operating at different injection currents, the central wavelength is fixed around 1.315μm with about 14nm wide flat roof within fluctuation of less than 1dB. The spectral widths (FWHM) are observed to be 27nm at 80mA and 29nm at 120mA, and the spectral modulations(Ripple) are still maintained at less than 0.5dB and 1dB, respectively. The results show little occurrence of FP modes, demonstrating that Y-SLD operates in the spontaneous emission regime throughout the range of operating current, achieving true inherent superluminescent mode operation.

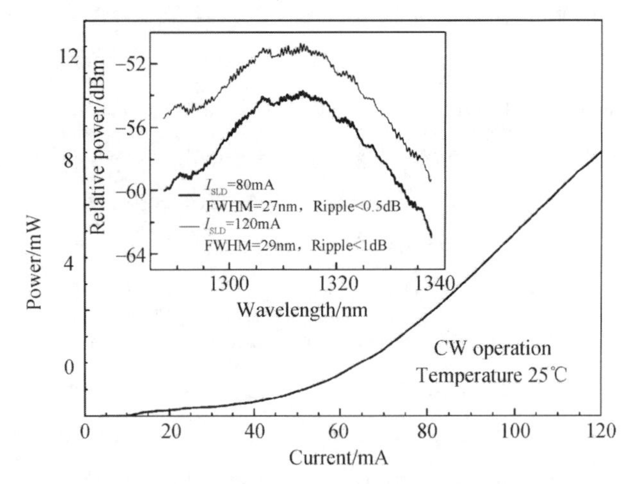

Fig. 8　Light-current characteristics of the device from facet of Y-branch section. Inset: spectral characteristics with different SLD injection currents of 80mA and 120mA

The far-field pattern observed from Y-branch facet is illustrated in Fig. 9. The divergence angles are as small as 12°×8° in horizontal and vertical directions respectively. The horizontal far-field pattern matches well up to the simulation result shown in Fig. 6. The dig atop and the side lobe at −18° in the horizontal far-field pattern are probably caused by the reflected light from the submount. However, the vertical far-field pattern is far narrower than 23.8° in BIG simulation. This unexpected better vertical far-field pattern probably results from excess scattering caused by defects in forming BIG interface, as well as in the helium implantation for electrical isolation. In contrast with the devices using SAG, QWI and s-bend Y-branch, this work demonstrates high output power and estimated good fibre coupling, which also benefits the response of WGPD.

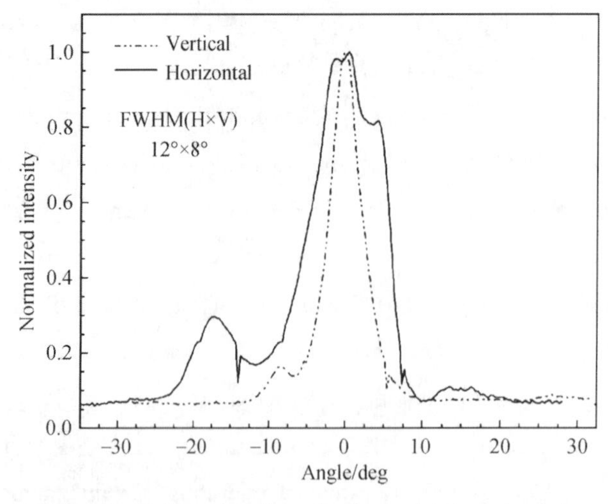

Fig. 9　Far-field pattern from the facet of Y-branch section

A 1.315 μm SLD/PD monolithically integrated with a novel angled Y-branch passive waveguide for the FOG system is fabricated by means of BIG technology. Simulations of BIG and Y-branch are conducted to ascertain the low loss and practical far-field pattern using BPM. The spontaneous emission of the device is up to 10mW at 120mA with no threshold and saturation. Spectral characteristics of about 30nm width and less than 1dB modulation are achieved using no special means. The beam divergence angles in horizontal and vertical directions are optimized to as small as $12° \times 8°$, resulting in good fibre coupling. The compactness, simplicity in fabrication, good superluminescent performance, low loss and small divergence angle of Y-SLD-PD make the device a promising component in FOG system.

References

[1] Miguel J et al 2000 Handbook of Fibre Optic Sensing Technology (New York: John Wiley & Sons) chap 16.

[2] Lee B 2003 Opt. Fiber Technol. (9) 57.

[3] Goldberg L and Mehuys D 1994 Electron. Lett. (30) 1682.

[4] Burns W K, Chen C L and Moeller R P 1983 J. Lightwave Techol. (1) 98.

[5] Tae-Wan Lee et al 1997 J. Crystal Growth (182) 299.

[6] Vincent Aimez et al 2002 IEEE J. Sel. Top. Quantum Electron. (8) 870.

[7] Jong-in Shim et al 1991 IEEE J. Quantum Electron. (27) 1736.

[8] Dhruv K et al 1999 Appl. Opt. (38) 3917.

[9] Qian Wang, Jun Lu and Sailing He 2002 Appl. Opt. (41) 7644.

[10] Mustieles F J, Ballesteros E and Baquero P 1993 IEEE Photon. Technol. Lett. (5) 551.

[11] Alphonse G A, Gilbert D B, Harvey M G and Ettenberg M 1988 IEEE J. Quantum Electron. (24) 2454.

[12] Lin C F and Juang C S 1996 IEEE Photon. Technol. Lett. (8) 206.

[13] Song J H, Cho S H, Han I K, Hu Y, Heim P J S, Johnson F G, Stone D R and Dagenais M 2000 IEEE Photon. Technol. Lett. (12) 783.

[14] Scarmozzino R, Gopinath A, Pregla R and Helfert S 2000 IEEE J. Sel. Top. Quantum Electron. (6) 150.

40Gb/s Low Chirp Electroabsorption Modulator Integrated With DFB Laser

Yuanbing Cheng, Jiaoqing Pan, Yang Wang, Fan Zhou, Baojun Wang, Lingjuan Zhao, Hongliang Zhu, and Wei Wang

Abstract A 40Gb/s monolithically integrated transmitter containing an InGaAsP multiple-quantum-well electroabsorption modulator (EAM) with lumped electrode and a distributed-feedback semiconductor laser is demonstrated. Superior characteristics are exhibited for the device, such as low threshold current of 20mA, over 40dB sidemode suppression ratio at 1550nm, and more than 30dB dc extinction ratio when coupled into a single-mode fiber. By adopting a deep ridge waveguide and planar electrode structures combined with buried benzocyclobutene, the capacitance of the EAM is reduced to 0.18pF and the small-signal modulation bandwidth exceeds 33GHz. Negative chirp operation is also realized when the bias voltage is beyond 1.6V.

Ⅰ. Introduction

The growth of the Internet and associated data-driven applications has resulted in increased bandwidth demand, which necessitates the development of higher speed transmission systems. Recently, a 40Gb/s transmission technology has been widely considered as a strong candidate for the next-generation terabit-per-second communication networks[1]. Owing to its compactness, low packaging cost, low driving voltage, and high stability, the 40Gb/s electroabsorption modulated distributed-feedback laser (EML) has attracted much attention[2-6]. For EMLs used in 40Gb/s systems, it is desirable to realize low chirp operation in addition to extending the modulation bandwidth to 40GHz or more[7, 8]. Since the transmission distance limited by fiber dispersion is roughly inversely proportional to the square of the data rate, the chirp parameter for a 40Gb/s electroabsorption distributed-feedback (DFB) strongly influences the data transmission, even in very short reach applications. Efficient transmission is far more difficult at a bit rate of 40Gb/s and is found to be only 1/16 the distance achievable at 10Gb/s. Negative or zero chirp is much preferred for

原载于：IEEE Photonics Technology Letters, Vol, 2009, 21(6): 356-358.

EMLs because low power penalty is important to both long- and short-haul transmission. Primarily, there are three ways of controlling the chirp parameter, i. e., design of the multiple-quantum-well (MQW) core, biasing the chip voltage and control over the wavelength detuning between the DFB and electroabsorption modulator (EAM). A combination of the above approaches is, therefore, a promising approach towards achieving a practical solution to these difficulties.

Among the many ways of laser-modulator monolithic integration explored[2-6], selective area growth (SAG) has received great attention due to the large degree of freedom in bandgap energy control and almost 100% optical coupling achievable between the components[9]. This method allows definition of different regions of MQW bandgaps on a single masked substrate with a one-step growth process. The bandgap energy detuning depends primarily on MQW thickness growth enhancement, with small composition modulation. Desirable characteristics of the SAG methods have been already demonstrated through 10Gb/s EMLs[4]. However, the SAG method cannot optimize the EAM and DFB respectively because of the single material growth by metal-organic chemical vapor deposition (MOCVD). Generally, the length of the EAM is reduced to less than 100μm in order to obtain the bandwidth of 40GHz or more, and the extinction ratio of the EAM has been sacrificed. Up to now, there are limited reports on 40Gb/s applications using the SAG method due to rather strict and limited design margins for realizing high-performance 40Gb/s EMLs.

Yun et al. have reported an SAG structure EML for a 40Gb/s system by adopting a traveling-wave electrode structure in the modulator section[5]. They emphasized the package structures and characteristics of the module. In this letter, the design and fabrication of InGaAsP MQW EMLs with a simple device structure for 40Gb/s applications are reported, in which a lumped-electrode structure is used for the EAM to avoid the fabrication complexity and stringent process tolerances in the traveling-wave electrode modulators. Low chirp operation is realized through carefully designing the MQW core material of the EAM, and the wavelength detuning between EAM and DFB.

Ⅱ. Device Fabrication

Fig. 1 shows the schematic of the 40Gb/s EML device, which is composed of a 250μm long DFB laser and a 100μm long EAM. Different active regions of laser and EAM at 1552 and 1495nm, respectively, have been obtained by the SAG method. Device fabrication started with a deposition of 200nm thick SiO_2 dielectric films on the S-doped (100) InP substrates by plasma-enhanced chemical vapor deposition (PECVD). Masks were patterned along the[11] direction by conventional photolithography. Then, the SAG process was carried out on the patterned substrates. An n-InP buffer layer and an eight-pair InGaAsP-InGaAsP MQW structure were successively grown by ultra-low-pressure MOCVD(30 mbar, 655℃). The MQWs consist of undoped 8nm thick 0.7% compressive strain InGaAsP wells separated by 9nm thick 0.3% tensile strain $In_{0.85}Ga_{0.15}As_{0.42}P_{0.58}$ barriers, sandwiched between 100nm thick lattice-matched $In_{0.78}Ga_{0.22}As_{0.47}P_{0.53}$ optical confinement layers. It is well known that the principal mechanism of selectively grown MOCVD lies in the lateral gas phase diffusion of group-Ⅲ precursors. At ultralow pressures, the reagent particles can easily diffuse out of the stagnation gas phase layer. The measured growth enhancement rate between the stripes is 20% which fits well with the lateral gas phase diffusion model[10]. A first-order grating is partially formed on the laser section by conventional holographic exposure followed by chemical etching. The exposure and dry-etching processes were controlled to achieve a grating duty factor of approximately 50% for an optimum coupling coefficient. To complete the epitaxial structure, a p-type InP cladding layer and p^+-InGaAs contact layer were successively grown. To ensure a small series resistance of the DFB laser and a low capacitance of the EAM, a single reverse-mesa-ridge structure has been formed by conventional photolithographic technology and etching. The EAM section was further processed into a deep mesa ridge waveguide structure by reactive ion etching to reduce the junction capacitance of the device. Electrical isolation between the laser and the modulator were realized by forming 50μm-wide trench between them and adopting He^+ implantation in the trench. Three steps of He^+ implantation were used for a flat ion distribution with doses of 1×10^4, 8×10^3, and 5×10^3 cm^{-3} and at energies of 180, 100, and 80keV, respectively. An isolation resistance greater than 100kΩ was obtained. Benzocyclobutene(BCB) was used under the bonding pad to reduce the parasitic electrode pad capacitance of EAM. The scanning electron microscope(SEM) image of the ridge EAM section is shown in Fig. 2. The

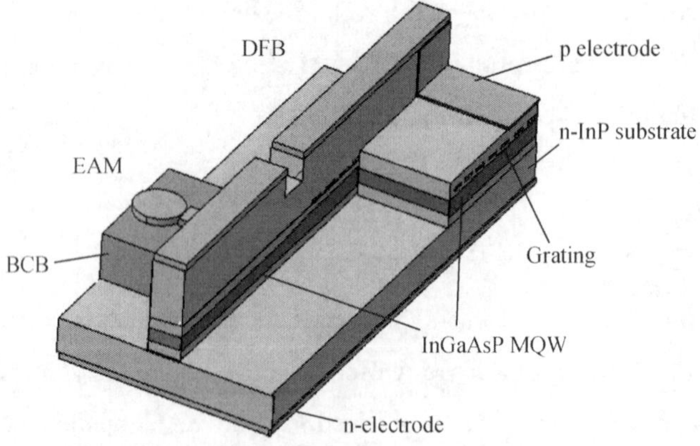

Fig. 1　Schematic of the EML chip

ridge waveguide was well protected and passivated. Thus low capacitance of the modulator (estimated to be 0. 14pF) and low leakage currents were obtained. Then, patterned Ti-Au p-electrode was formed on top of the planarized wafer. Au-Ge-Ni n-electrode was evaporated onto the backside of the device after thinning the wafer down to about 100μm. Finally, the wafer was cleaved into device chips, and the facet of the EAM and DFB laser were antireflection and high-reflection coated with dielectric layers deposited by PECVD, respectively. A 40GHz vector network analyzer and a calibrated receiver were applied for a high-speed measurements.

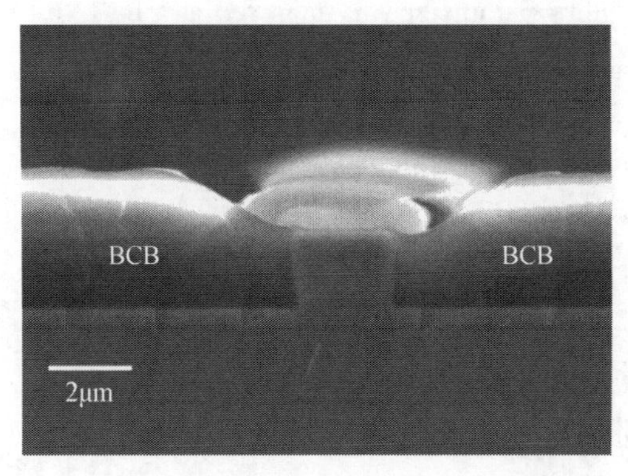

Fig. 2 SEM image of a planarized ridge

Ⅲ. Characteristics of EML's Chip

The measured light output power versus current curve of a typical EML chip is shown in Fig. 3. A threshold current as low as 20mA and an output power of 8mW at 100mA were achieved. A sidemode suppression ratio of more than 40dB has been realized at an injection current of 65mA. The divergence angles from the EAM output are $40.2° \times 34.6°$ in the vertical and horizontal, respectively; the coupling efficiency to single-mode fiber reached 42% in the experiment. In Fig. 4, the dc extinction ratio measured using an integrating sphere is plotted as a function of the reverse bias applied to the EAM. The extinction ratio at 4V reverse bias is estimated to be approximately 10dB. When coupled to single-mode fiber, the dc extinction ratio at 4V reverse bias is more than 30dB. By adopting a deep ridge waveguide and planar electrode structures combined with buried BCB, the capacitance of the EAM is reduced to 0. 18 pF. The measured relative electrical-optical(E/O) responses of the EML are shown in Fig. 5, which has been calibrated to account for the frequency response of the photodetector and high-frequency probe. The measured 3dB bandwidth is more than 33GHz at various reverse bias voltages, making it suitable for 40Gb/s nonreturn-to-zero signal transmission. High-frequency oscillation with large amplitude is also seen in the figure when the frequency is beyond 35GHz. It is limited by the high-frequency characteristics of the submount, because the S11 is greater than −5dB in the range of 28−35GHz. The intrinsic 3dB E/O response of the EML chip is supposed to be higher. Wavelength chirping, which is defined as the ratio of the increments of the real and imaginary parts of the EAM complex refractive index, is important to the transmission characteristics of an EAM. The wavelength chirping is estimated from the small signal parameter measurements using a fiber resonance method proposed by Devaux et al. [11]. Fig. 6 shows the reverse bias voltage dependence of the α parameter. The α parameter varies from 2.1 to −4, as the reverse bias voltage increases from 0 to 2.5V. A zero chirp parameter was achieved at a bias voltage of 1.6V. The transfer characteristic of the device offers potential for getting a low dispersion penalty.

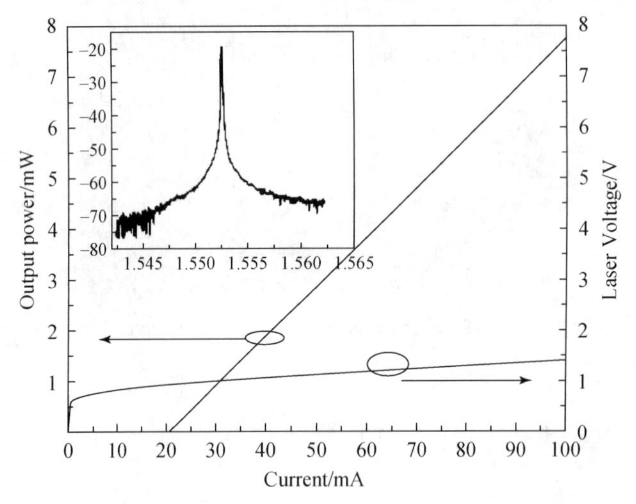

Fig. 3　Typical light output power versus current curve of EML chip. The inset shows the typical lasing spectrum at 65mA

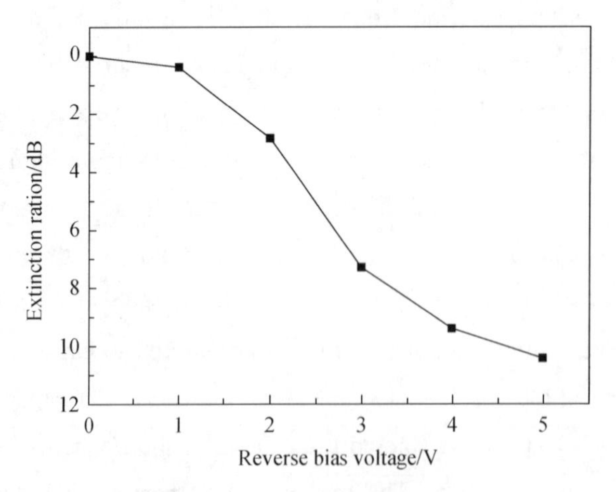

Fig. 4　Measured extinction behavior of integrated light source with 100μm EAM section using an integrating sphere

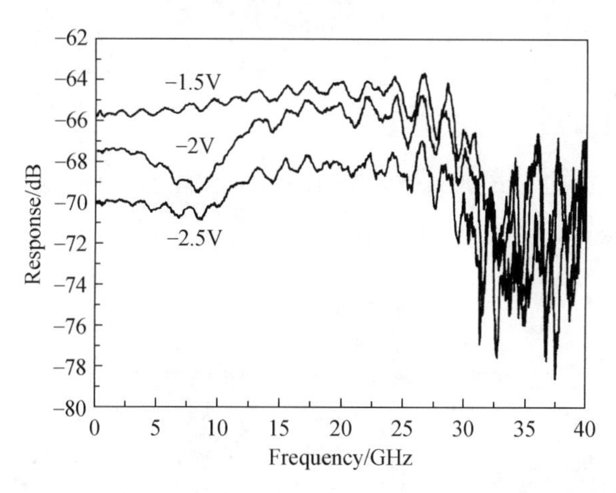

Fig. 5 Measured E/O responses of the EML chip at various reverse bias voltage

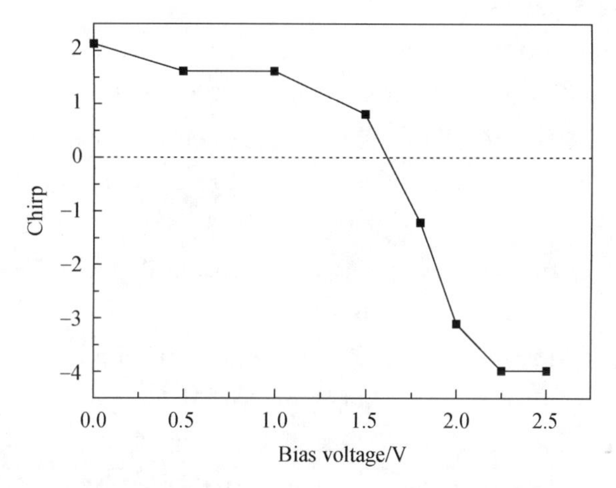

Fig. 6 Measured reverse bias voltage dependence of the α parameter

Ⅳ. Conclusion

The fabrication and performance of a low chirp InGaAsP-InP MQW EML for 40Gb/s applications is presented in the letter. The SAG structure has not only simplified the fabrication process, but also realized good optical coupling. Accordingly, the potential reliability and output power of the device have been improved. In order to realize high-speed operation, a deep ridge structure combined with BCB as the ridge passivation material is adopted to reduce parasitic capacitance. A 3dB small-signal response of more than 33GHz is demonstrated for the EML chip, which is suitable for 40-Gb/s operation. The chirp values of the EML chip was measured using a fiber resonance method. The chirp varied from 2.1 to −4 as the bias voltage was increased from 0 to 2.5V, respectively. The transfer characteristic of the device indicates potential for transmission with a low dispersion penalty.

Acknowledgment

The authors would like to thank Dr. Y. Liu, Prof. N. H. Zhu, and Prof. L. Xie for the dynamic signal measurement of the device.

References

[1] Y. H. Kwon et al., "Fabrication of 40Gb/s front-end optical receivers using spot-size converter integrated waveguide photodiodes," ETRI J., vol. 27, pp. 484–490, 2005.

[2] H. Kawanishi, Y. Yamauchi, N. Mineo, Y. Shibuya, H. Mural, K. Yamada, and H. Wada, "EAM-integrated DFB laser modules with more than 40-GHz bandwidth," IEEE Photon. Technol. Lett., vol. 13, no. 9, pp. 954–956, Sep. 2001.

[3] Y. Adage et al., "Wide bandwidth of over 50GHz traveling-wave electrode electroabsorption modulator integrated DFB lasers," Electron. Lett., vol. 37, no. 5, pp. 299–300, Mar. 2001.

[4] R. A. Salvatore, R. T. Sahara, M. A. Bock, and I. Libenzon, "Electroabsorption modulated laser for long transmission spans," IEEE J. Quantum Electron., vol. 38, no. 5, pp. 464–476, May 2002.

[5] H. -G. Yun, K. -S. Choi, Y. -H. Kwon, J. -S. Choe, and J. -T. Moon, "Fabrication and characteristics of 40-Gb/s traveling-wave electroabsorption modulator-integrated DFB laser modules," IEEE Trans. Adv. Packag., vol. 31, no. 2, pp. 351–356, May 2008.

[6] C. Kazmierski et al., "High speed AlGalnAs electroabsorption modulated laser with optically equalized error free operation at 86Gb/s," in ECOC 2008, Sep. 2008, vol. 3, pp. 173–174, Paper We. 3. C. 2.

[7] B. K. Saravanan, T. Wenger, C. Hanke, P. Gerlach, M. Peschke, T. Knoedl, and R. Macaluso, "Wide temperature operation of 40-Gb/s 1550-nm electroabsorption modulated lasers," IEEE Photon. Technol. Lett., vol. 18, no. 7, pp. 862–865, Apr. 1, 2006.

[8] Fukano, Y. Akage, Y. Kawaguchi, Y. Suzaki, K. Kishi, T. Yamanaka, Y. Kondo, and H. Yasaka, "Low chirp operation of 40 Gbit/S EAM integrated DFB laser module with low driving voltage," IEEE J. Sel. Quantum Electron., vol. 13, no. 5, pp. 1129–1134, Sep. /Oct. 2007.

[9] Q. Zhao, J. Q. Pan, J. Zhang, B. X. Li, F. Zhou, B. J. Wang, L. F. Wang, J. Bian, L. J. Zhao, and W. Wang, "Monolithic integration of electroabsorption modulator and DFB laser for 10Gb/s transmission," Opt. Commun., vol. 260, pp. 666–669, 2006.

[10] T. V. Caenegem, I. Moerman, and P. Demeester, "Selective area growth on planar masked InP substrates by metal organic vapor phase epitaxy," Prog. Cryst. Growth and Charact., vol. 35, no. 2-4, pp. 263–268, 1997.

[11] F. Devaux, Y. Sorel, and J. F. Kerdiles, "Simple measurement of fiber dispersion and of chirp parameter of intensity modulated light emitter," J. Lightw. Technol., vol. 11, no. 12, pp. 1937–1940, Dec. 1993.

Design of novel three port optical gates scheme for the integration of large optical cavity electroabsorption modulators and evanescently-coupled photodiodes

Liao Zai-Yi(廖栽宜)[†], Yang Hua(杨华), and Wang Wei(王圩)

(State Key Laboratory on Integrated Optoelectronics and Key Laboratory of Semiconductors Materials of Chinese Academy of Sciences, Institute of Semiconductors, Chinese Academy of Sciences, Beijing, 100083, China)

Abstract This paper presents a novel scheme to monolithically integrate an evanescently-coupled uni-travelling carrier photodiode with a planar short multimode waveguide structure and a large optical cavity electroabsorption modulator based on a multimode waveguide structure. By simulation, both electroabsorption modulator and photodiode show excellent optical performances. The device can be fabricated with conventional photolithography, reactive ion etching, and chemical wet etching.

1 Introduction

Integrated photodiode (PD) and electroabsorption modulator (EAM) optical gates have become very attractive in optical signal processing lately. The operation is mature and stable because it is an optical-electrical-optical type device and has high speed-operation capacity due to its short electrical interconnecting distance and release of electrical amplification.[1] It has demonstrated a very short open gate time of 2.3ps and has been used in diversiform optical signal processes.[2-5] It suffers from high light power consumption due to low responsivity of the planar PD. By adopting a waveguide type PD, these devices could serve as a transceiver used in 40Gb/s wavelength conversion if integrated with lasers and semiconductor optical amplifiers.[6]

Though the results of these devices are often reported, their fabrication and design details are seldom mentioned. To design PD in these devices, we must not only enhance its responsivity and bandwidth, but also insure that its radio frequency (RF) output is high enough to drive EAM directly. To design EAM, we must reduce its insertion loss and drive voltage. Evanescently coupled waveguide-fed uni-travelling carrier (UTC)-PD is the best

原载于：Chinese Physics B, 2008, 17(7): 2557–2561.

choice in PD-EAM optical gate applications because it can simultaneously achieve high output, high responsivity, and high bandwidth. [7-10] It is based on a multimode waveguide structure, while an EAM waveguide must operate in a single-mode. One optional method is integrating single mode spot-size-convertors to reduce insertion loss, [11] but this requires complex fabrication steps, such as sub-micron microlithography and etching. Here we propose a large optical cavity (LOC) structure EAM to integrate a PD, which requires much simpler fabrication techniques and fewer steps.

In this paper, a novel scheme is presented to monolithically integrate evanescently-coupled UTC- PD photodiode with a planar short multimode waveguide structure (PSMW) with LOC-EAM. The three optical ports are in different directions, which make them easy to couple with fibre. The optimized design analysis, the fabrication process, and the results simulated by using the beam propagation method are also presented in detail below.

2 Optical design and optimization

Fig. 1 is a schematic drawing of the PD-EAM. The signal light is coupled into UTC-PD and converted into an RF signal to drive EAM directly by electrical connection. Waveguide (WG)-PD and EAM are in separate directions, making it possible to adjust each port when aligning fibre with the waveguide. The chip has an area of 0. 6mm×0. 8mm. The active region of EAM, which employs InGaAsP/InGaAsP multiple-quantum-wells (MQW), is 300μm long, and the passive region on each side is 150μm long. The input waveguide of the PD is 20μm and the absorbed region is 6μm×50μm^2.

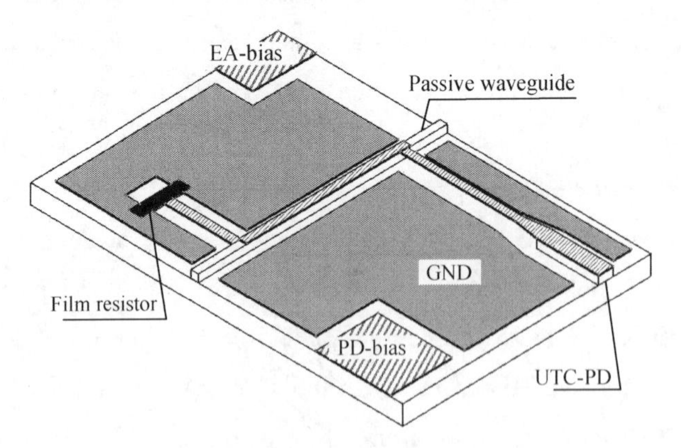

Fig. 1　Schematic drawing of a PD-EAM optical gate

2.1 PSMW UTC-PD design

A schematic cross section of the PSMW UTC-PD is shown in Fig. 2. The multimode waveguide consists of a 1.15Q n-waveguide and two optical matching layers. Different from the PIN structure, the absorber of the UTC structure consists of a 250nm gradually doping p-InGaAs layer. Two optical matching layers are un-doped and serve as a collecting layer. Optical coupling between the fibre and the WGPD is our primary concern. The coupling efficiency η is calculated by integration over the area of overlap between the normalized optical field of the light emitted from a single-mode fibre $\varphi(x, y)$ and the normalized optical field of the light guided through the WGPD $\Phi_{i,j}(x, y)$:

$$\eta = \sum_{i,j} \left| \iint \varphi(x, y) \Phi_{i,j}(x, y) \, dx dy \right|^2$$

where i and j are the orders in the horizontal and vertical directions of the guided light mode at the WG-PD, respectively. If the waveguide exists second order mode, the coupling efficiency can increase dramatically, attributable to the higher order modes.[12] Fig. 3 shows that the coupling efficiency can reach higher than 80% with a 1.1μm 1.15Q lower waveguide, while the efficiency of traditional WG-PD (0.1μm lower and upper separate confinement heterojunction (SCH) layer and 0.25μm absorption layer) is below 60%.

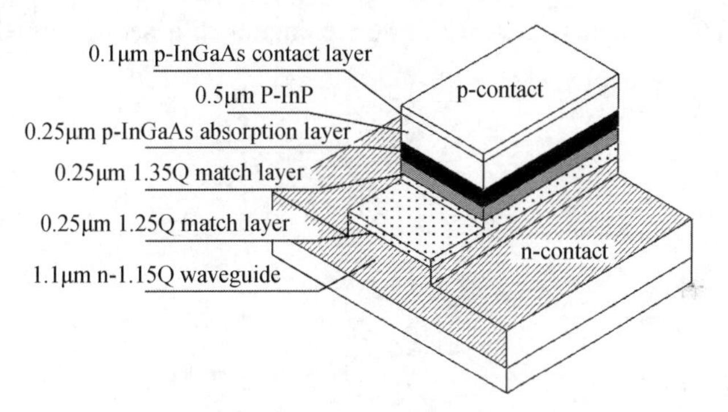

Fig. 2 Schematic of PSMW-UTC-PD

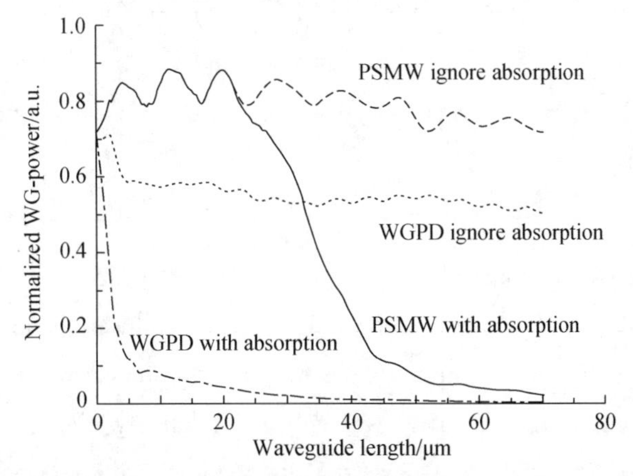

Fig. 3 Simulated optical power absorption distribution along the waveguide direction for PSMW-PD and traditional WG-PD

The PSMW structure also improves high-power performance of the PD. In the WGPD, the input light is directly focused on the edge of the InGaAs absorption layer, while, in the PSMW-PD, the input light is focused on the passive guide layer, and gradually penetrates into the absorption layer. Thus, for the PSMW-PD, the photocurrent density in the vicinity of the input edge of the absorption layer is greatly reduced in comparison with that for the WGPD. This reduction implies that the PSMW-PD will be more saturated under higher-input-power conditions than the WGPD. Fig. 3 shows that most optical power is absorbed in first 5μm in WG-PD, while optical power is near-linearly absorbed over the 20μm region in PSMW-PD.

The thickness of the index matching layer needs to be optimized. If it is too thin, mode beating cannot be obtained and the coupling process is too slow. Consequently, it needs a long absorption distance, which leads to larger capacitance. However, if the index matching layer is too thick, optical power is strongly guided in this layer and mode beating cannot be obtained either. The simulated result is shown in Fig. 4. When the index matching layer is inserted, mode beating results, and the optical power in the absorption layer increases. Moreover, the etching of the input guide must be deep enough, otherwise the optical beam is less laterally confined, resulting in losses. The etching depth is set to around 0. 5μm to ensure fabricated compatibility with EAM.

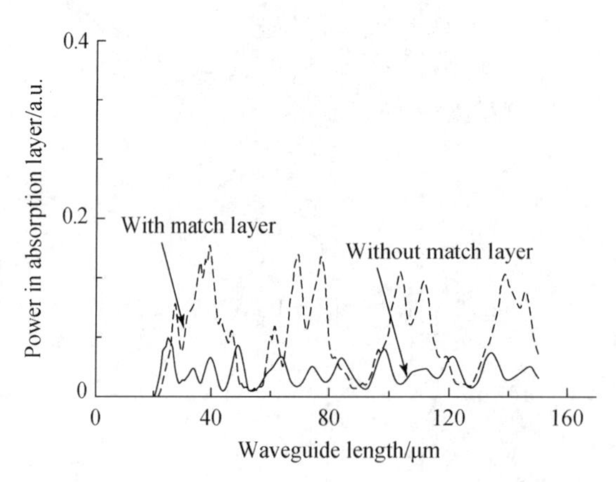

Fig. 4　Optical intensity in the absorption layer with the match layer and without the match layer

2. 2　LOC-EAM design

Fig. 5 shows a cross sectional view of the LOC-EAM. A 0. 15μm 1. 25Q index matching layer and a 1. 1μm 1. 15Q lower waveguide layer are inserted under the traditional symmetrical sandwich structure. Coupling efficiency is very important in the EAM design. A large insertion loss will lead to a lower RF-gain and relatively higher noise. Assuming the fibre mode and waveguide mode is a Gaussian distribution, we can represent the coupling efficiency η as follows: [13]

$$\eta=\frac{4}{\left(\frac{w_x}{a}+\frac{a}{w_x}\right)\left(\frac{w_y}{a}+\frac{a}{w_y}\right)}$$

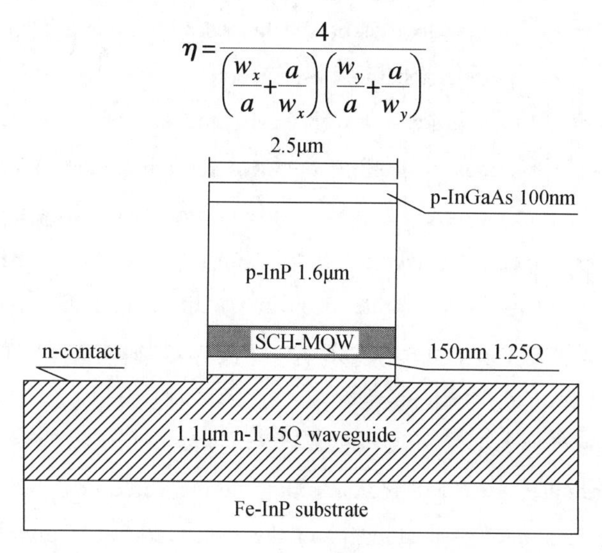

Fig. 5 Schematic cross section of the LOC-EAM

where w_x and w_y are the spot size of the waveguide in the horizontal and vertical directions respectively, and a is the spot size of fibre. Coupling efficiency will increase if w_x, w_y and a are close to each other. Fig. 6 shows that the LOC structure supports a nearly-circular

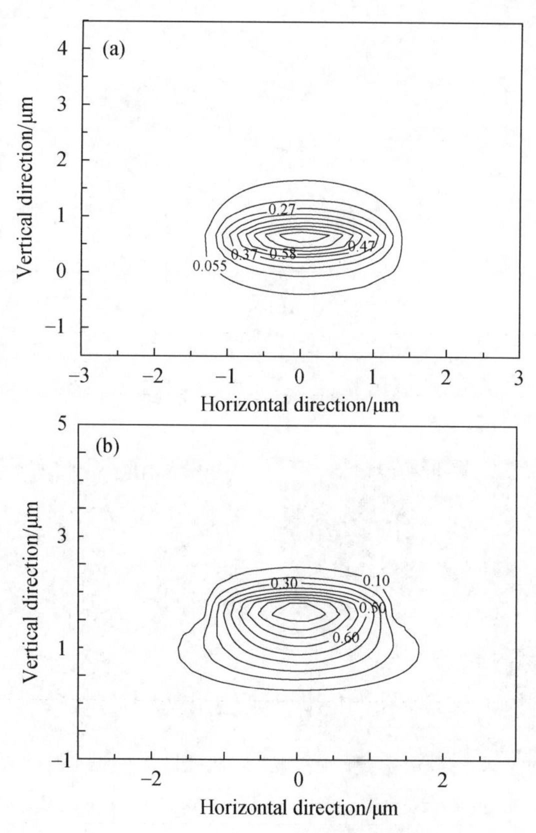

Fig. 6 Intensity distribution of waveguide modes (a) without lower waveguide layer (b) with lower waveguide layer

fundamental optical mode similar to that of the lensed fibre, which leads to high coupling efficiency between the waveguide and the lensed fibre.

Fig. 7 demonstrates that a thicker lower waveguide layer leads to a larger ω_y, which means that better mode matches with fibre but a lower optical confinement factor reduces modulation efficiency. Furthermore, a thick lower waveguide layer crystal is difficult to epitaxy, so the lower waveguide layer is set to 1.1μm. After the 1.1μm lower waveguide layer is added, by simulation, the mode sizes in the horizontal and vertical directions are expanded to 2.23μm × 1.45μm from 2.02μm × 0.85μm, and the beam divergence angles in the horizontal and vertical directions decrease to 29.5°×40.0° from 36.5°×49.0°, and the optical confinement factor is 0.2. Such a LOC-EAM was fabricated and compared with one without the LOC structure.[14] Fig. 8 indicates that the measured near-field spot shape is more circular after the LOC structure is added, and the measured beam divergence angles in the horizontal and vertical directions decrease to 25°×35° from 30°×52°, which is consistent with the simulation results.

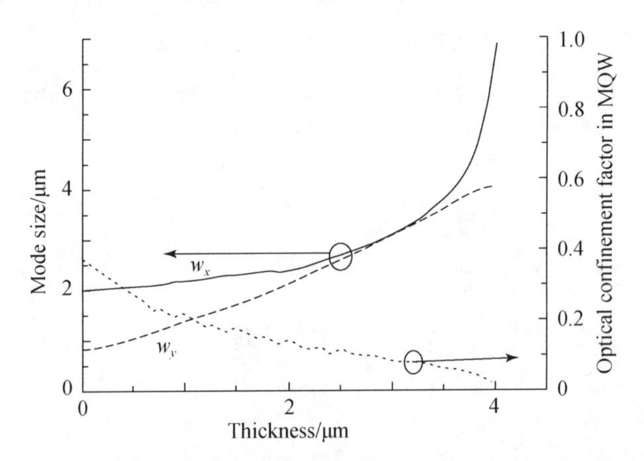

Fig. 7　Measured near-field spot patterns of EAM. without lower waveguide layer with lower waveguide layer

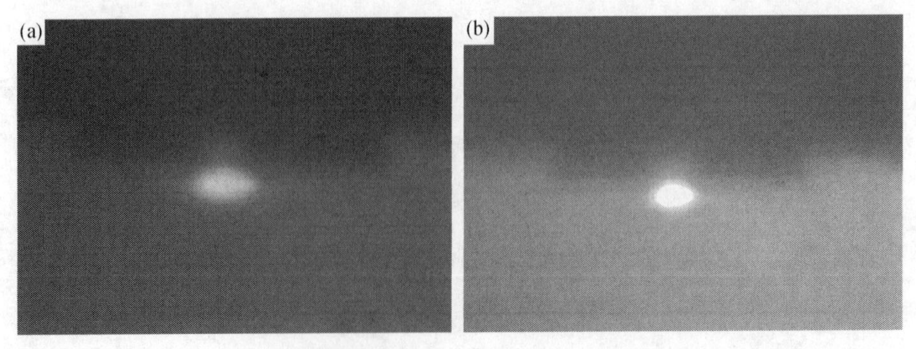

Fig. 8　Spot-size in the horizontal and vertical direction, and optical confinement factor versus the thickness of the lower waveguide layer

3 Material growth and fabrication

The device can be easily fabricated using a low-pressure metal-organic vapour phase epitaxial process with conventional photolithography. For the first epitaxial growth, an InP buffer, a 1.1μm-thick-1.15 lower waveguide layer, a 0.15μm 1.25 index-matching layer, a MQW and a SCH stack, and a 150nm undoped InP implant buffer layer are grown. The passive sections of EAM are then blue-shifted through a P ion implantation quantum well intermixing process. p-InP overcladding, and an InGaAs cap layer are grown in the second epitaxial growth step. A PSMW UTC-PD structure is grown in the third epitaxy after selectively etching the PD region to the index-matching layer with a 250nm SiO_2 mask.

In our design, the fabricated processes of PSMW-PD and EAM are compatible, so the fabricated process is the same as that of a single PSMW-PD. [15] It contains self-aligned dry etching, polyimide planarization, airbridge-electroplating, and finally V-groove cleaving, which is reported in Ref. [16] in detail.

4 Conclusions

In this paper, a novel method is proposed to integrate LOC-EAM with evanescently coupled waveguide-fed UTC-PD based on a multimode waveguide structure. Both the EAM and PD benefit from the lower multimode waveguide. In simulations, LOC-EAM is released from mode-hopping problem. Its mode size is $2.23\mu m \times 1.45\mu m$, and the beam divergence angles in the horizontal and vertical directions are as small as $29.5° \times 40.0°$. The PSMW-PD shows high coupling efficiency and high power performance ability. It is easy to align into fibre because the three optical ports are in different directions. The crystal epitaxy growth scheme is feasible and the fabrication process is the same as the single PSMW-PD, which make integration easy.

References

[1] Demir H V, Sabnis V A, Fidaner O, Zheng J F, Harris J S and Miller D A B 2005 IEEE J. Selected Topic in Quantum Electronics(11)86.

[2] Kodama S, Yoshimatsu T and Ito H 2004 Electron. Lett. (40)555.

[3] Kodama S, Yoshimatsu T and Ito H 2004 Electron. Lett. (40)626.

[4] Kodama S, Yoshimatsu T and Ito H 2004 Electron. Lett. (40)696.

[5] Kodama S, Yoshimatsu T and Ito H 2005 IEEE Photon. Technol. Lett. (17)2367.

[6] Raring J W and Coldren L A 2007 IEEE J. Selected Topics in Quantum Electronics(13)3.

[7] Jasmin S, Vodjdani N, Renaud J C and Enard A 1997 IEEE Trans. Microwave Theory and Techniques (45) 1337.

[8] Takeuchi T, Nakata T, Makita K and Yamaguchi M 2000 Electron. Lett. (36) 972.

[9] Li N, Demiguel S, Chen H, Zhang X, Campbell J C, Wei J, Lu H and Anselm A 2005 Optical Fiber Communication Conference (1) 3.

[10] Shi J W, Wu Y S, Wu C Y, Chiu P H and Hong C C 2005 IEEE Photon. Technol. Lett. (17) 1929.

[11] Young-Shik Kang, Sung-Bock Kim, Yong-Duck Chung and Jeha Kim 2005 Laser and Electro-Optics Society 422.

[12] Kato K, Hata S, Kawano K, Yoshida, J and Kozen A 1992 IEEE J. Quantum Electronics (28) 2728.

[13] Wang S Y and Lin S H 1988 J. Lightwave Technol (6) 758.

[14] Yang H 2007 Acta Phys. Sin. (56) 2751 (in Chinese).

[15] Magnin N, Harari J, Marceaux J, Parillaud O, Decoster D and Vodjdani N 2006 IEE Proc-Optoelectron. (153) 199.

[16] Li N, Demiguel S, Chen H, Zhang X, Campbell J C, Wei J, Lu H and Anselm A 2005 Optical Communication Fiber Conference (1) 3.

All-Optical Clock Recovery for 20Gb/s Using an Amplified Feedback DFB Laser

Yu Sun, Jiao Qing Pan, Ling Juan Zhao, Weixi Chen, Wei Wang, Li Wang, Xiao Fan Zhao, and Cai Yun Lou

Abstract We report all optical clock recovery based on a monolithic integrated four-section amplified feedback semiconductor laser (AFL), with the different sections integrated based on the quantum well intermixing (QWI) technique. The beat frequency of an AFL is continuously tunable in the range of 19.8–26.3GHz with an extinction ratio above 8dB, and the 3dB linewidth is close to 3MHz. All optical clock recovery for 20Gb/s was demonstrated experimentally using the AFL, with a time jitter of 123.9 fs. Degraded signal clock recovery was also successfully demonstrated using both the dispersion and polarization mode dispersion (PMD) degraded signals separately.

Ⅰ. Introduction

3R signal regeneration (Re-amplification, Retiming, and Reshaping) is a key function for ultra-long-haul transmission and for scalable networks with optical switching nodes. The 3R regeneration which can improve signal in both the amplitude and the time domains is important for repairing optical signals that has been degraded from accumulated noises after data transmission. Clock recovery is a key component of 3R regeneration for retiming and reshaping. As high-speed optical transmission such as all-optical packet routing systems requires high-speed operation and data transparency, all-optical 3R regeneration approach is preferred compared to electrical 3R regeneration. Monolithic InP based self-pulsation laser devices have demonstrated all optical clock recovery based on the injection locking mechanism. These devices have many advantages such as compactness, low-power consumption, good reliability, low cost, simple biasing circuit, and have been studied extensively. Several types of compact InP based semiconductor laser based devices have been reported for all-optical clock recovery, such as mode-locked laser diodes (MLLD)[1], dual-mode laser with two different DFB-sections (TS-DFB)[2] and amplified feedback DFB lasers (AFL)[3-5]. For MLLDs the RF oscillating frequency is to first order determined by

原载于：Journal of Lightwave Technology, 2010, 28(17): 2521–2525.

the length of their cavities, the limitation of the fabrication accuracy makes achieving precise frequency control difficult. TS-DFB and AFL designs both include frequency tuning sections. The TS-DFB laser is composed of two different DFB sections, making the fabrication process rather complicated. The TS-DFB laser operation is based on the well-balanced interaction of dual lasing modes from the two different DFB sections, which requires precise control of the device dimensions and biasing conditions. Compared to TS-DFB, AFLs based on a single DFB section has a simpler fabrication process. It consists of a tunable compound cavity with two longitudinal lasing modes which can be adjusted to have the same threshold gain.

The previous work had theoretically predicted that compound cavity semiconductor lasers could generate dual longitudinal modes[6]. Amplified external cavity feedback lasers had been fabricated as microwave sources, which could generated 28GHz to 41GHz tunable frequency microwave[7]. Four-section AFL and three-section AFL were fabricated to realize 10Gb/s clock recovery based on passive mode locking mechanism and 33Gb/s clock recovery based on compound cavity mode beating mechanism, respectively.

One of the major challenges of AFL device process is achieving correct wavelength detuning between the DFB section and the phase control section. Previous works adopted the butt-joint selective area growth (BJ-SAG) technique, which involves the selective removal of waveguide core material, followed by the regrowth of an alternate waveguide core using different material composition. This process allows the independent control of individual sections, but the reproducibility and controllability are poor as it involves complex growth steps, excessive processing steps and strict process tolerance. Quantum well intermixing (QWI) is another technique which could widen selectively the bandgap of phase control section and without requiring additional material regrowth step[8]. Compared to BJ-SAG, the QWI technique is much simpler and reproducible technique. Furthermore, the use of QWI ensures perfect alignment between the active and passive sections of the device and results in a negligibly small interfacial reflection.

In this paper, we describe the fabrication of a four-section AFL using QWI technique, we also present experimental results for the tunable self-pulsation operation near 20GHz, and 20Gbit/s all-optical clock recovery based on the fabricated device. Section Ⅱ describes the structure and process flow of an AFL device. Section Ⅲ describes the self-pulsation characteristics of the four-section AFL. The optical clock recovery experiment setup and results are given in Section Ⅳ.

Ⅱ. Structure and fabrication

A schematic illustration of the AFL chip is shown in Fig. 1. The device consists of four separate sections: a 300μm long DFB section, a 350μm long phase control section, a 350μm long amplifier section and a 300μm long transparent section. Shallow etched isolation trenches 20μm in width separate each adjacent section. The AFL laser operates as a single mode laser with a short feedback cavity generates RF pulsation with the frequency determined by the beating frequency of two longitudinal compound cavity modes with comparable threshold gains. A gain-coupled grating is included in the DFB section in order to provide single-mode operation. The phase control, the amplifier section and the transparent section form an integrated feedback cavity. The amplifier section and the phase control section allow the feedback strength and phase to be controlled via current injection and, accordingly, the pulsation frequency to be tuned. The transparent section is for the device length, and it works as a waveguide with no current applied. Because the beat frequency range of AFL is almost determined by the length of the feedback cavity. As the transparent section has the same material with the phase control section, the transparent section can also be used as another phase control section.

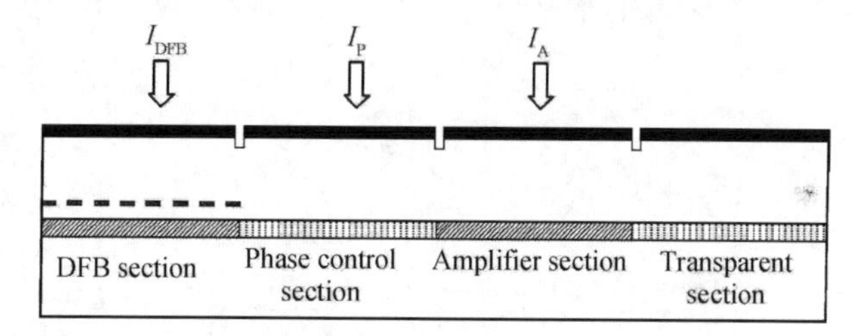

Fig. 1 Schematic diagram of AFL

The device material was grown on an InP substrate by one step metal-organic chemical vapor deposition (MOCVD). The active region consists of a separate graded-index confinement heterostructure with strain-compensated InGaAsP-InGaAsP multiple quantum wells. The lasing wavelength(λ) of DFB section is 1545.5nm, and the amplifier section is the same material as the DFB section except for the absence of the grating. The phase control and transparent sections are passive regions which required low absorption at the lasing wavelength. By using QWI technique, which involved P^+ ion implantation with a dose of 5×10^{13} cm^{-3} and a rapid thermal annealing (RTA) at 650℃ for 120s, the peak photoluminescence (PL) wavelength of phase control and transparency section are blue shift to 1455nm. The 90nm blue shift ensures that there is low absorption and the phase of the longitudinal modes could still be controlled. The front and the end facets are as cleaved with semiconductor-air interface reflectivity of 0.3. Independent biasing and control currents I_{DFB}, I_P and I_A are applied respectively to DFB section, phase control section, and the amplifier sections.

Ⅲ. Device characteristics

The lasing threshold of the AFL is I_{DFB} = 30mA, and the lasing wavelength is 1545.5 nm. Self-pulsation can be achieved with I_A and I_P appropriately adjusted. The AFL output is coupled into a 40GHz bandwidth high-speed photodiode and the RF spectrum characterized with a microwave spectrum analyzer and the optical spectrum with an optical spectrum analyzer. Fig. 2(a) shows the optical spectra and Fig. 2(b) shows the RF spectrum(biasing

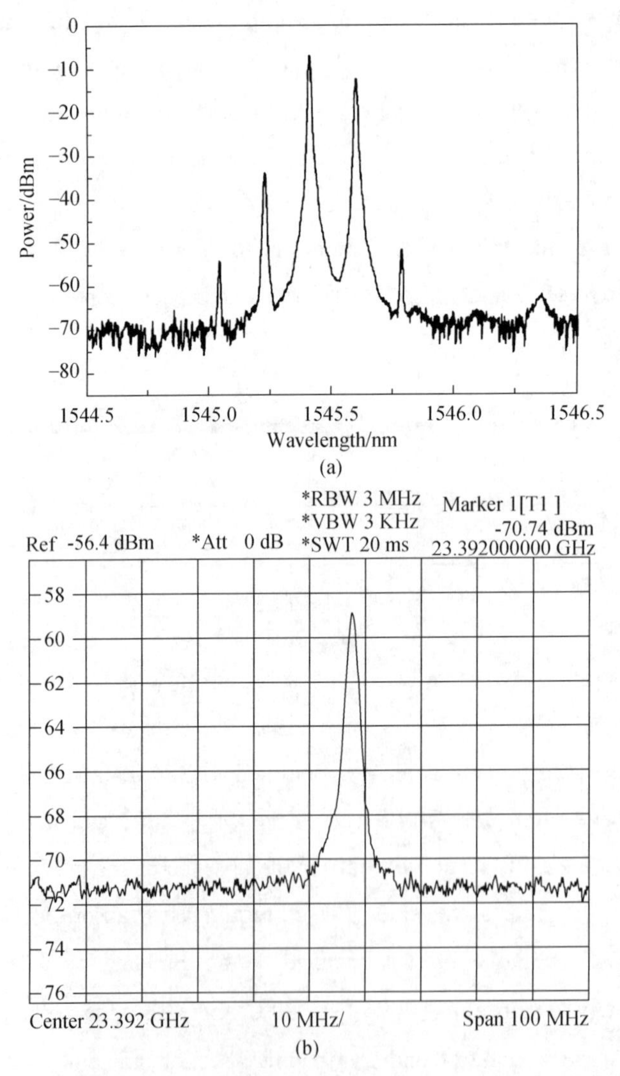

Fig. 2 (a) The optical spectrum when I_P=0mA, I_A=100mA, I_{DFB}=100mA, $\Delta\lambda$=0.187nm. (b) The RF spectrum analyzer screen. The frequency span is 100MHz, and the beat-frequency is 23.4GHz with 3dB linewidth is 3MHz

condition: I_P = 0mA, I_A = 100mA and I_{DFB} = 100mA). The frequency span is 100MHz and 3dB linewidth is 3 MHz. The wavelength detuning ($\Delta\lambda$) between the two optical modes is 0.187nm, and matching the 23.4GHz beat signal as shown in Fig. 2(b). The beat frequency changes with the currents injected into the amplifier section, DFB section, and phase control section[9]. Fig. 3 shows the sample frequency scatter gram with I_P fixed at 3mA, no current applied to the transparent section. The color of the points represents the current interval applied to amplifier section, and the dash line demonstrated the continuously tuning trace. The RF frequency can be continuously tuned in the range of 19.8–26.3GHz. Fig. 4 shows the variation in the RF extinction ratio with the frequency. The extinction ratio is above 8dB over the entire frequency range, and the RF with extinction ratios higher than 10dB is obtained in the 6GHz-wide frequency band of 20–26GHz.

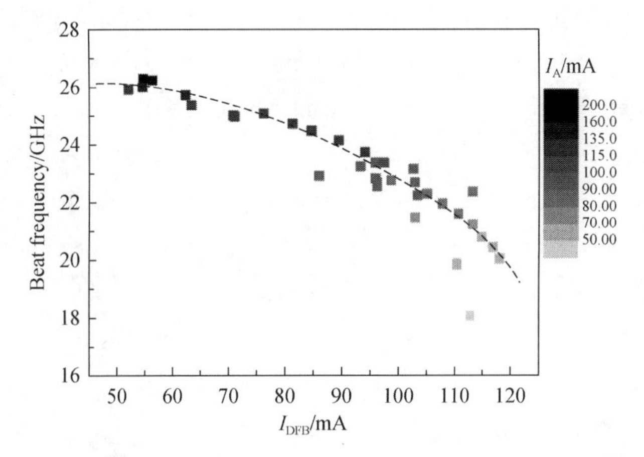

Fig. 3 The sample frequency scatter gram with I_P = 3mA and no current applied to transparent section. The dash line shows the continuously tuning trace

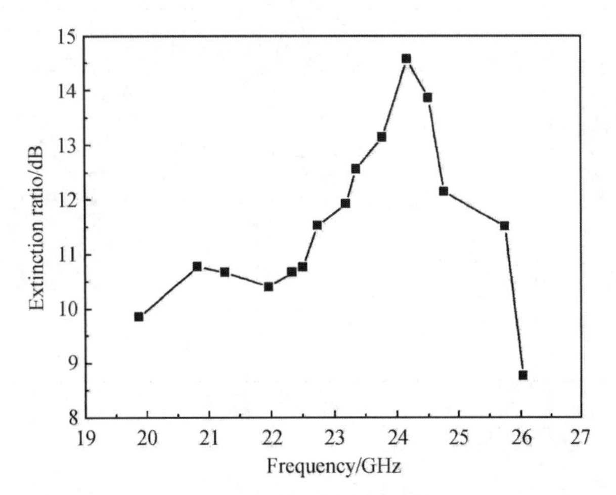

Fig. 4 RF extinction ratio variation with frequency. The extinction ratio is above 8dB over the entire frequency range, and the RF with extinction ratios higher than 10dB is obtained in the 6 GHz-wide frequency band of 20–26GHz

Ⅳ. All optical clock recovery

All optical clock recovery is an important application of AFLs. 10Gb/s all optical clock recovery using AFLs has been reported[4]. In this paper, 20Gb/s all clock recovery has been demonstrated, and optical clock was recovered from degraded signals. Fig. 5 is the schematic illustration of injection locking experiment setup. A 10GHz, 2ps optical pulse train at 1554nm was generated using an electroabsorption modulator (EAM) and a two-stage nonlinear compressor that consists of a section of dispersion shifted fiber (DSF) and a comb-like dispersion profiled fiber (CDPF). Subsequently the 10GHz pulse train was modulated with a return to zero (RZ) pseudo random bit sequence (PRBS) of $2^{31}-1$ at 10Gbit/s by a $LiNbO_3$ Mach-Zehnder modulator (MZM) with a pulse pattern generator (PPG) and further multiplexed to 20 Gbit/s with a passive fiber multiplexer[10]. The optical band pass filter (OBPF) with a center frequency of 1554nm and bandwidth of 1nm was employed after the signal was amplified by EDFA. The free-running pulsation from the AFL was set to a central frequency of 20GHz. When the PRBS RZ data are injected into the DFB section via an optical circulator after its polarization is controlled, the free-running pulsation locks to the frequency of 20GHz, the optical outputs from the optical circulator are measured using a sampling oscilloscope and an RF spectrum analyzer. Fig. 6 (a) shows the sampling oscilloscope traces for the input 20Gb/s RZ PRBS ($2^{31}-1$) optical data pattern. The optical outputs from the optical circulator are measured using a sampling oscilloscope and an RF spectrum analyzer. Fig. 6(b) shows the optical clock recovered from the input data by AFL.

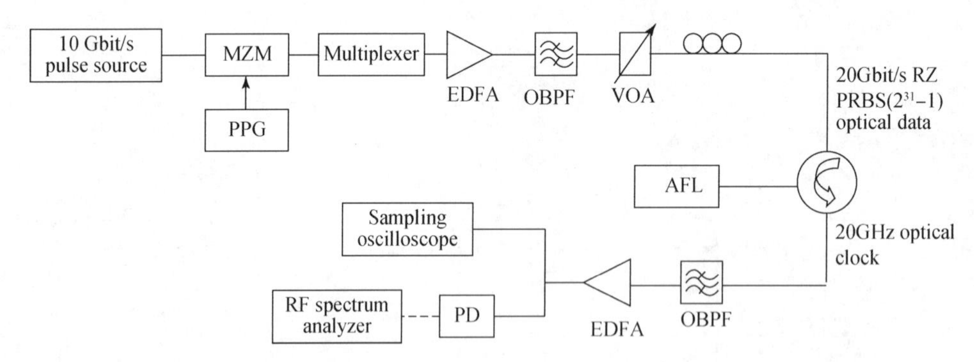

Fig. 5　Experiment setup of optical clock recovery.

The time jitter can be calculated from the RF spectrum using formula (1)[10-12]

$$\sigma_c = \frac{1}{2\pi nf}\sqrt{\frac{P_n}{P_c} \cdot \frac{\Delta f}{RB}} \tag{1}$$

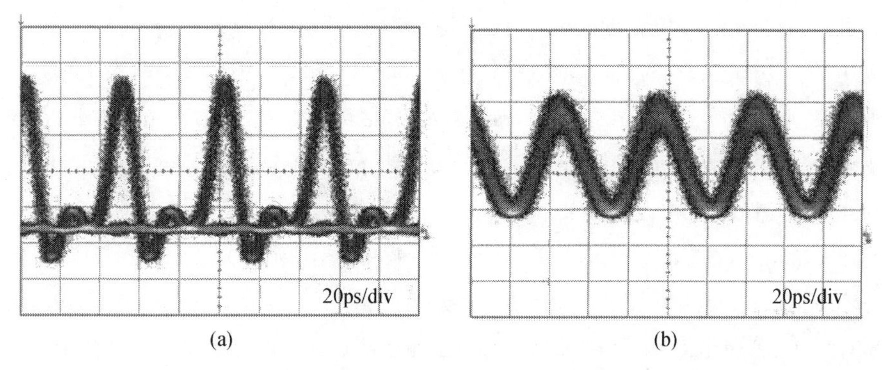

Fig. 6 (a) 20 Gbit/s RZ PRBS($2^{31}-1$) optical data, (b) The 20GHz optical clock recovered from 20 Gbit/s RZ PRBS($2^{31}-1$) optical data by AFL

Here, in this equation, n is the harmonic number, P_n and P_c, are the powers contained in the phase noise side band and the carrier, respectively, Δf is the -3dB bandwidth of the noise band, RB is the resolution bandwidth of the RF spectrum analyzer, f is the pulse frequency, with σ_c being the timing jitter. The RF spectrum of recovered 20Gb/s clock and the value of parameters in formula (1) are shown in Fig. 7 and Table 1. The time jitter was calculated to be 123.9 fs.

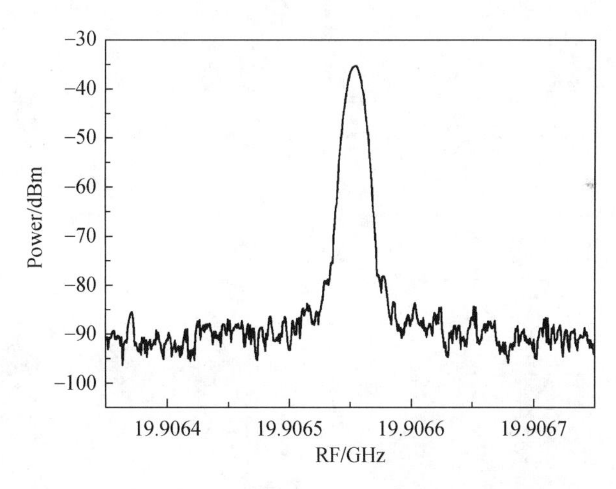

Fig. 7 The RF spectrum of the recovered 20Gb/s clock

Table 1 The value of parameters in formula

n	2
f	10GHz
P_n/P_c	$1/10^{4.3}$ (P_c/P_n = 43dB)
Δf	2.5MHz
RB	10kHz
Time jitter	123.9fs

We also performed clock recovery experiment based on degraded signals. The 20 Gbit/s RZ PRBS($2^{31}-1$) optical signal was degraded by single mode fiber(SMF) or DSF, and then went into the circulator, and the clock was regenerated by AFL. Fig. 8 shows the experiment results. Picture(a) shows the 3.3km single mode fiber(SMF) dispersion degraded 20 Gbit/s data signal. The dispersion parameter of SMF is 17 ps/(nm-km), so that the dispersion is 56.1 ps/nm. Picture(b) shows the 20GHz clock recovered using AFL from the 3.3km SMF dispersion degraded signal which showed in picture(a). And the time jitter of the recovered clock is 371.7 fs. Picture(c) shows the polarization mode dispersion(PMD) degraded 20 Gbit/s signal which the differential group delay(DGD) is about 11.2 ps. And picture(d) shows the 20GHz clock recovered from the PMD degraded signal showed in picture(c). AFL shows good performance for dispersion degraded signal, and not so good for PMD degraded signal. That's because the material of AFL MQW is polarization sensitive. We are now working on the polarization independent material AFL.

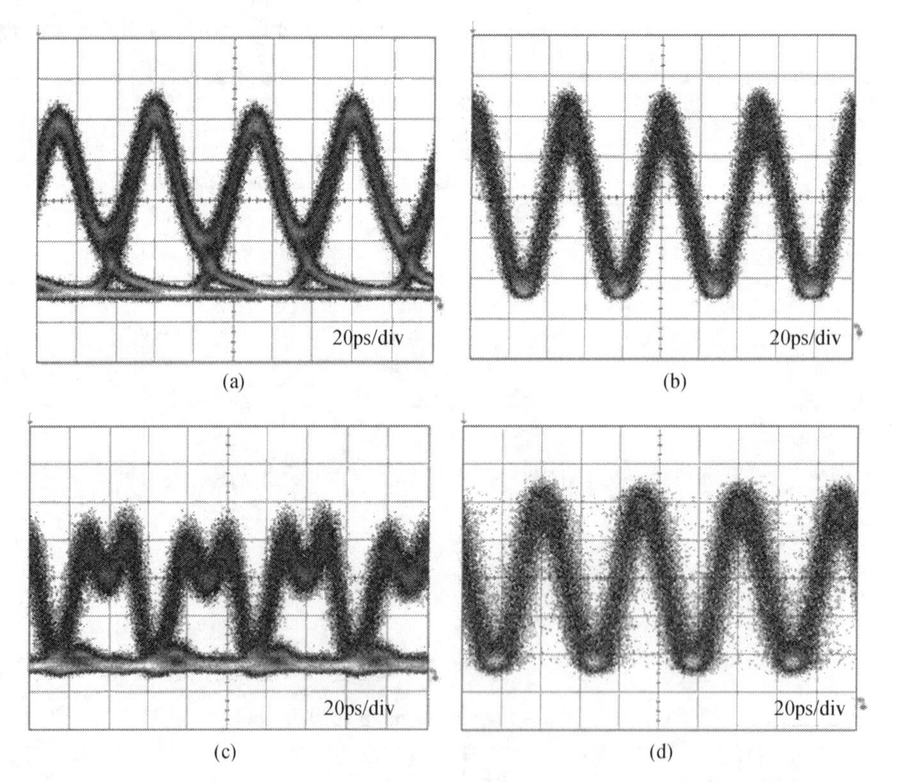

Fig. 8 (a) The 3.3km single mode fiber(SMF) dispersion degraded signal (b) The clock recovered from 3.3km SMF dispersion degraded signal using AFL. (c) The PMD degraded signal. (d) The clock recovered from the PMD degraded signal

V. Conclusion

A four-section amplified feedback laser(AFL) is fabricated which generated 19.8–26.3 GHz tunable beat-frequency of optical microwave with extinction ratio above 8dB over the entire frequency range and 3dB linewidth about 3 MHz. And the RF with extinction ratios higher than 10dB is obtained in the 6-GHz-wide frequency band of 20–26GHz. 20Gb/s all clock recovery for RZ PRBS $2^{31}-1$ data has been demonstrated with time jitter about 123.9 fs, and optical clock was recovered from 56.1 ps/nm dispersion degraded signal and 11.2 ps DGD PMD degraded signal.

Acknowledgment

The authors would like to thank Zhou Fan, Wang Bao-jun, Shu Hui-yun for help with the experiment, and Wang Lu-feng, Bian Jing, An Xin for their support on the device test.

References

[1] I. Ogura, T. Sasaki, H. Yamada, and H. Yokoyama, "Precise SDH frequency operation of monolithic mode locked laser diodes with frequency tuning function," Electron. Lett., vol. 35, pp. 1275–1277, 1999.

[2] B. Sartorius, "3R regeneration for all-optical networks transparent optical networks, 2001," in Proc. 2001 3rd Int. Conf. ICTON, Jun. 18-21, 2001, pp. 333–337.

[3] O. Brox, S. Bauer, M. Radziunas, M. Wolfrum, J. Sieber, J. Kreissl, B. Sartorius, and H.-J. Wünsche, "High-frequency pulsations in DFB lasers with amplifed feedback," IEEE J. Quantum Electron., vol. 39, no. 11, pp. 1381–1387, Nov. 2003.

[4] Y. A. Leem, D. C. Kim, E. Sim, S.-B. Kim, H. Ko, K. H. Park, D.-S. Yee, J. O. Oh, S. H. Lee, and M. Y. Jeon, "The characterization of all-optical 3R regeneration based on InP-related semiconductor optical devices," IEEE J. Sel. Topics Quantum Electron., vol. 12, no. 4, pp. 726–735, Jul./Aug. 2006.

[5] D.-S. Yee, Y. A. Leem, S.-T. Kim, K. H. Park, and B.-G. Kim, "Self- pulsating amplified feedback laser based on a loss-coupled DFB laser," IEEE J. Quantum Electron., vol. 43, no. 11, pp. 1095–1103, Nov. 2007.

[6] A. A. Tager and K. Petermann, "High-frequency oscillations and selfmode locking in short external-cavity laser diodes," IEEE J. Electron. Lett., vol. 30, no. 7, pp. 1553–1561, Jul. 1994.

[7] S. Bauer, O. Brox, J. Kreissl, G. Sahin, and B. Sartorius, "Optical microwave source," Electron. Lett., vol. 38, pp. 334–335, 2002.

[8] J. Zhang, Y. Lu, and W. Wang, "Quantum well intermixing of InGaAsP QWs by impurity free vacancy diffusion using SiO_2 encapsulation," Chin. J. Semi Conductors, vol. 24, pp. 785–788, 2003.

[9] Y. Sun, Y. B. Chen, Y. Wang, J. Q. Pan, L. J. Zhao, W. X. Chen, andW. Wang, "Widely frequency-tunable optical microwave source based on amplified feedback laser," in Proc. IEEE PhotonicsGlobal@ Singapore(IPGC), 2008, vol. 1 and 2, pp. 524-527.

[10] L. Huo, S. L. Pan, Z. X. Wang, Y. F. Yang, C. Y. Lou, and Y. Z. Gao, "Optical 3R regeneration of 40 Gbit/s degraded data signals," Opt. Commun., vol. 266, pp. 290-295, 2006.

[11] P. J. Delfyett, "Optical clock distribution using a mode-locked semiconductor-laser diode system.," J. Lightw. Technol., vol. 9, no. 12, pp. 1646-1649, 1991.

[12] D. von der Linde, "Characterization of noise in continuously operating mode locked lasers," Appl. Phys. B., vol. 39, pp. 201-217, 1986.

Design and Characterization of Evanescently Coupled Uni-Traveling Carrier Photodiodes with a Multimode Diluted Waveguide Structure

Zhang Yun-Xiao(张云霄), Pan Jiao-Qing(潘教青), Zhao Ling-Juan (赵玲娟), Zhu Hong-Liang(朱洪亮), Wang Wei(王圩)

(Key Laboratory of Semiconductor Materials Science, Institute of Semiconductors, Chinese Academy of Sciences, Beijing, 100083, China)

Abstract A new evanescently coupled uni-traveling carrier photodiode (EC-UTC-PD) is designed, fabricated and characterized, which incorporates a multimode diluted waveguide structure and UTC active waveguide structure together. A high responsivity of 0.68 A/W at 1.55μm without an anti-reflection coating, a linear photocurrent responsivity of more than 21mA, and a large −1dB vertical alignment tolerance of 2.5μm are achieved.

High performance photo-detectors operating at a 1.55μm wavelength wave band are required for ultra fast photo detection in optical communication, measurement, and sampling systems.[1-4] Evanescent edge coupled waveguide PDs have been applied widely because one can design independently PD structure (bandwidth) and fiber-device coupling (external quantum efficiency). This approach was first demonstrated using a spot-size converter to improve coupling efficiency with a responsibility of 0.56 A/W and a wide −1dB vertical alignment tolerance of 5μm.[5] However, fabrication of a spot-size converter requires submicron lithography and two additional waveguide etching steps for the realization of the tapers, which increases propagation losses due to the roughness of the waveguide sidewall by the etching process.[6] A multimode diluted waveguide structure employing a quaternary layer with a compositional wavelength varying from 1.0 to 1.4μm was reported and achieved a responsivity of 0.97 A/W on cleaved facet evanescently coupled PDs.[7] In addition, the unique feature of UTC-PD, which utilizes only electrons as the active carriers, is the key for its ability to achieve excellent high-speed and high-output characteristics simultaneously.[8,9] However, the tradeoff between quantum efficiency and transit time limits the responsivity for small devices. Therefore, efficiency and saturation power will be further improved by a new

原载于：Chin. Phys. Lett., 2010, 27(2): 028501-4.

evanescently coupled uni-traveling-carrier photodiode structure combining a multimode diluted waveguide structure with a uni-traveling-carrier photodiode structure.

In this Letter, we report evanescently coupled uni-traveling carrier photodiodes (EC-UTC-PDs), in which a multimode diluted waveguide[10, 11] was designed and fabricated by using only four $Q_{1.2}$ (GaInAsP with band gap wavelength of 1.2μm) layers alternating with four InP layers associated with three optical matching layers ($Q_{1.1}$, $Q_{1.2}$ and $Q_{1.3}$). Upper uni-traveling carrier photodiode (UTC-PD) structures were adopted as the active carriers. Such a design has been proven to have high responsibility, large alignment tolerance and high-output characteristics simultaneously. A high responsibility of 0.68 A/W at 1.55μm without an anti-reflection coating, a linear photocurrent responsivity of 21mA, together with large −1dB vertical coupling tolerances of 2.5μm were demonstrated by using the structure.

Fig. 1 shows the schematic structure of EC- UTC-PD grown by metal-organic chemical vapor deposition (MOCVD) on a (100) S-doped InP substrate. The device epitaxial structure is depicted in Table 1. The device consists of an active waveguide (upper UTC-PD) grown on the surface of a multimode waveguide used for efficient coupling to the fiber. The active guide (UTC-PD) is 6μm wide, which is composed of a 0.25μm thick $In_{0.53}Ga_{0.47}As$ absorption layer. As seen from Table 1, the $In_{0.53}Ga_{0.47}As$ absorption layer is "graded" with four doping levels, which creates a potential gradient $\Delta\Phi_{eff} = (2\ln 2 + \ln 2.5)\kappa T/q = 60$ meV in total that can help electrons diffuse more rapidly into the collector. The structure was analyzed by the three-dimensional beam propagation method (3-D BPM). The optical refractive indexes and the optical absorption constants of InGaAsP quaternaries employed in the optical waveguide simulation of BPM can be adopted from Ref. [12]. The simulated external responsivity of the structure (with 70μm long active waveguide) versus the passive waveguide length is shown in Fig. 2. It is demonstrated that the optimized range of input passive waveguide length for high responsivity is from 20 to 25μm. Fig. 3 shows the simulated absorption curve for the optimized structure with 20μm long input passive waveguide at 1550nm wavelength. According to Fig. 3, most of the input optical power is absorbed within 50μm (from 20μm to 70μm shown in the plot) for the EC-UTC-PD.

Fig. 1　Schematic structure of the evanescently coupled uni-traveling carrier (EC-UTC) photodiodes

According to this epitaxial structure and the simulation result, the length of the input passive waveguide was set at 20μm and that of the active waveguide was set at 70μm for sufficient absorption.

Table 1 Layer structure of EA-UTC-PD. Here λ_g is the energy band gap wavelength

Material	Thickness/nm	Doping/cm^{-3}	Function
N-InP		S	Substrate
InP	50	Si: 1×10^{18}	Buffer layer
$Q_{1.2}$(InGaAsP with λ_g = 1.2μm)/InP	80/300(4 periods)	Si: 1×10^{18}	Diluted multimode guide (fiber guide)
$Q_{1.1}$	250	Si: 1×10^{18}	
$Q_{1.2}$	150	Si: 1×10^{18}	
	150	undoped	Match WG and Collection layer
InP	10	undoped	Etch stop layer
$Q_{1.1}$	10	undoped	Conduction band Smooth layer
$Q_{1.3}$	300	undoped	Match WG and Collection layer
InGaAs	10	undoped	Absorber
	60	Zn: 1×10^{17}	
	60	Zn: 2×10^{17}	
	60	Zn: 5×10^{17}	
	60	Zn: 1×10^{18}	
InP	350	Zn: 1×10^{18}	Cladding layer
InGaAs	100	Zn: 1×10^{19}	Contact layer

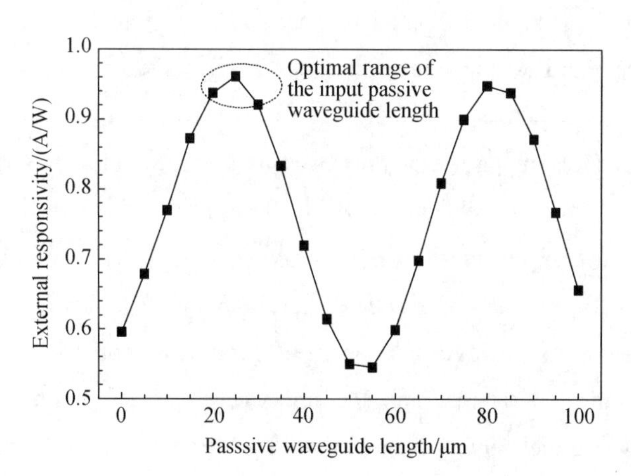

Fig. 2 External responsivity versus passive waveguide length simulated with BPM

The optimized device structure was grown by MOCVD on a(100)S-doped InP substrate. First, the chip was etched over the full length of the photodiode and below the two optical matching layers with reactive ion etches(RIE)method, followed by O_2 plasma cleaning and a

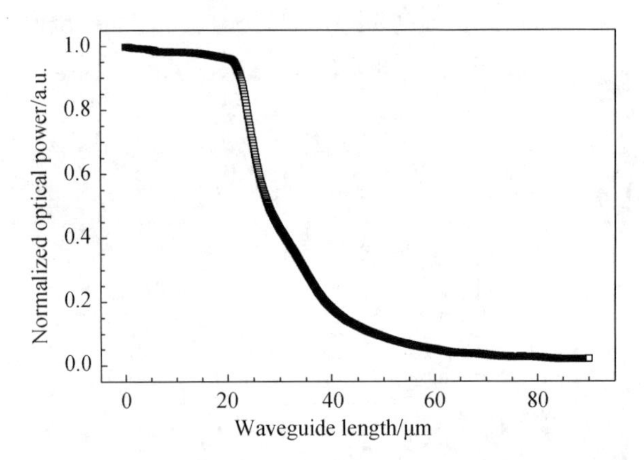

Fig. 3 Absorption curve of the optimized structure with 20-μm-long input passive waveguide

sequence of wet etching to reduce the damage caused by RIE. Second, the passive waveguide was fabricated using a self-aligned fabrication process: the active part of the waveguide was protected with silicon dioxide, and the remainder of the ridge of the waveguide was etched with a sequence of wet etching setups. Third, the whole waveguide was protected with silicon dioxide, and then the silicon dioxide on the top of the active waveguide was removed. Finally, following Ti-Au deposition for p-contact, the wafers were lapped and polished down to about 70μm and then the polished backside was covered with AuGeNi n-contact metallization. The samples were finally rapid-thermal annealed at 420℃ for 20 s to reduce contact resistance. The cross-sectional SEM pictures of the active and the passive sections of the fabricated EC-UTC-PD are shown in Figs. 4(a) and 4(b), respectively. As shown in the SEM image, the width of the active waveguide is about 5.3μm and is close to the designed value. The fabricated EC-UTC-PDs show excellent *I-V* character with about 10 Ω resistance and over 14V breakdown voltage.

A tunable semiconductor laser was employed as the light source for the dc photocurrent measurement. The central wavelength of this laser was fixed at 1550nm during dc measurement. The measured responsivity is 0.68 A/W at 1.55μm wavelength. The measured responsivity is much lower than the simulated result in Fig. 2, which could result from the scattering loss in the passive waveguide and reflection loss from the front of the passive waveguide in the fabricated devices and the imperfect internal quantum efficiency because some photons may waste their energy in free-carrier absorption and scattering loss during light propagation. [13]

Fig. 5(a) shows the photocurrent versus reverse bias and Fig. 5(b) shows photo current versus optical input power for the fabricated EC-UTC-PDs at 1.55μm wavelength. As seen from Fig. 5(a), first the photocurrent increases approximately linearly with the reverse bias except for when the reverse bias is larger than 1.5V, in which the corresponding

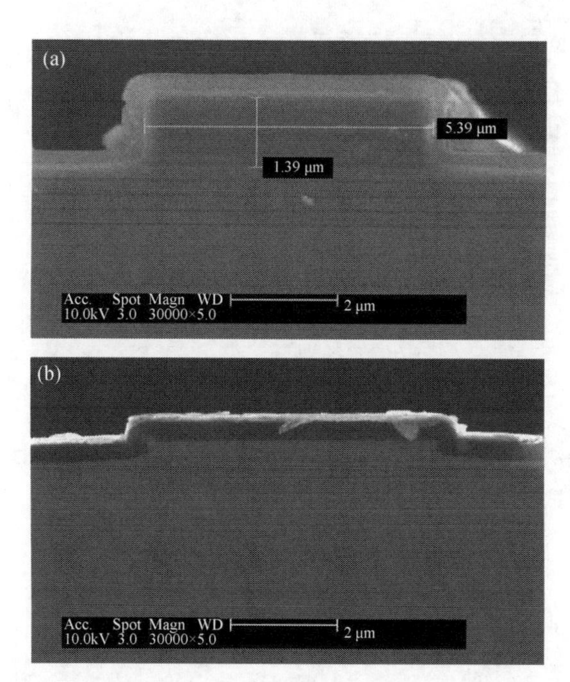

Fig. 4 (a) Cross-sectional SEM picture of the passive section of the fabricated EC-UTC-PD and (b) the cross-sectional SEM picture of the passive section of the fabricated EC-UTC-PD

photocurrent reaches saturation at a certain input optical power, and such a phenomenon shows that 1.5V or more higher reverse biases can eliminate the electric field screening.[14] In addition, the photocurrent at the low input optical power level is flatter than that at the high input optical power level, which could result from the temporal electric field screening effect at high input optical power level. As seen from Fig. 5(b), the photocurrent of the photodiode is linear up to an input optical power of 30mW and then comes to saturation. The linear responsivity is kept at more than 21mA at 2V reverse bias voltage which confirms that the EC-UTC-PD can have high power performance even at lower potential difference or lower bias voltage.

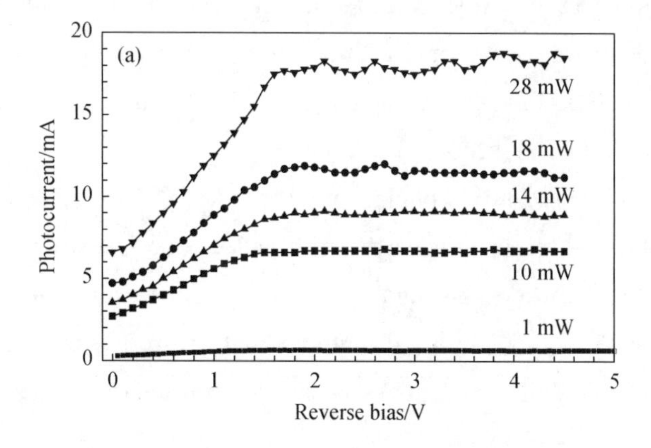

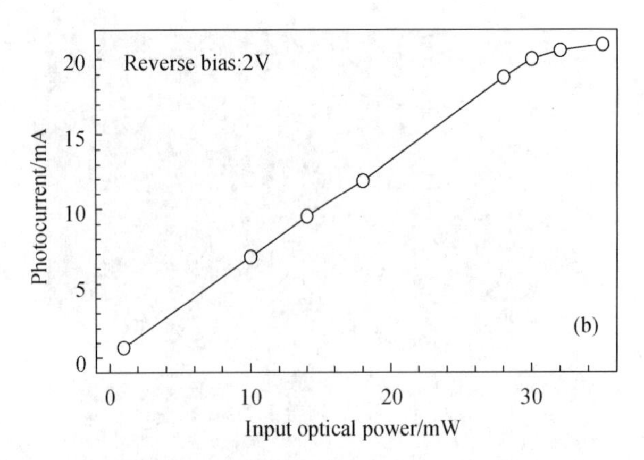

Fig. 5 (a) Photocurrent versus reverse voltage under various optical input powers. (b) Photocurrent versus optical input power versus photocurrent of the photodetector under −2V

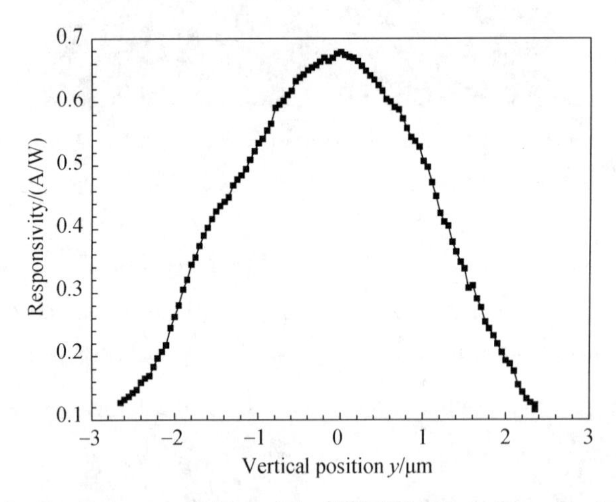

Fig. 6 External responsivities of the EC-UTC-PDs in the vertical plane

The alignment tolerance performance of the fabricated EC-UTC-PDs was also investigated. The horizontal misalignment tolerance was not critical because the waveguide width of the photodiodes is wide. Fig. 6 presents the responsibility tolerance of the photodiodes at 1.55μm wavelength and a fiber mode as high as 8μm. According to Fig. 4, the responsivity of the ECUTC-PD is as high as 0.68 A/W with the fiber alignment tolerance of 2.5μm at 1dB in vertical directions (y axis).

In conclusion, evanescently coupled uni-travelcarrier photodiodes integrated with multimode diluted fiber waveguides have been designed, fabricated and characterized. The carefully optimized passive waveguide and active waveguide structures are able to get high dc responsivity (0.68 A/W at 1.55μm wavelength without anti-reflection coating), large linear photocurrent (21mA), and a large −1dB vertical alignment tolerance of 2.5μm.

References

[1] Ohno T, Fukano H, Muramoto Y, Ishibashi T, Yoshimatsu T and Doi Y 2002 IEEE Photon. Technol. Lett. (14)375.

[2] Ito H, Kodama S, Muramoto Y, Furuta T, Nagatsuma T and Ishibashi T 2004 IEEE J. Quantum Electron. (10)709.

[3] Li N, Li X, Demiguel S, Zheng X, Campbell J, Tulchinsky D, Williams J, Isshiki T, Kinsey G and Sudharsansan R 2004 IEEE Photon. Technol. Lett. (16)864.

[4] Zhang Y G, Zhang X J, Zhu X R, Li A Z and Liu S 2007 Chin. Phys. Lett. (24)2301.

[5] Schlaak W, Mekonnen G G and Bach H G 2001 Proc. OFC 3 WQ4-1-WQ 4-3.

[6] Achouche M, Magnin V, Harari J, Carpentier D, Derouin E, Jany C and Deco D 2006 IEEE Photon. Technol. Lett(18)556.

[7] Takeuchi T, Nakata T, Makita K and Torikai T 2001 Proc. OFC 3 WQ2-1-WQ 2-3.

[8] Ishibashi T, Furuta T and Fushimi H 2000 IEICE Trans. Electron. E 83-C 938.

[9] Ishibashi T, Kodama S, Shimizu N and Furuta T 1997 Jpn. J. Appl. Phys. (36)6263.

[10] Magnin V, Giraudet L and Harari J 2002 J. Lightwave Technol. (20)477.

[11] Magnin V, Giraudet L, Harari J and Decoster D 2005 IEEE Photon. Technol. Lett. (17)459.

[12] Levinshtein M, Rumyantsev S and Shur M 1998 Handbook Series on Semiconductor Parameters (Singapore: World Scientific) (2)190.

[13] Fiedler F and Schlachetzki A 1987 Solid-State Electron. (30)73.

[14] Shimizu N, Watanabe N and Furuta T 1999 IEEE Photon. Technol. Lett. (10)412.

DC Characterizations of MQW Tunnel Diode and Laser Diode Hybrid Integration Device

Bin Niu, Yanping Li, Tao Hong, Weixi Chen, Song Liang, Jiaoqing Pan, Jifang Qiu, Chong Wang, Guangzhao Ran, Lingjuan Zhao, Guogang Qin, and Wei Wang

Abstract A multiple quantum well tunnel diode (TD) and laser diode (LD) hybrid integration device (TD-LD) was fabricated. Additional current supply was applied to adjust the LD's operating point. DC characteristics were investigated in both voltage source and current source drive circuits at room temperature. Different results from the two drive circuits are discussed.

1 Introduction

MICROWAVE photonics has become a booming thread in optical communication field. Optoelectronic oscillator (OEO) has been demonstrated to have the ability of generating ultrastable, spectrally pure microwave-reference signals[1]. However, the traditional optoelectronic oscillator system contains many separated devices such as radio frequency (RF) amplifier, RF coupler and filter etc. Also an optoelectronic modulator (EAM) or a Mach-Zehnder interferometer (MZI) is needed to modulate the DC-drived laser. To simplify the system, negative differential resistance (NDR) devices such as tunnel diode (TD) and resonant tunneling diode (RTD) can be used for generating high frequency RF signal.

Recently, hybrid and monolithically integrated RTD-LDs were reported and optical RF signal generation has been demonstrated[2],[3]. Romeira et al. set up a self-synchronized opto-electronic oscillator using an integrated RTD-PD, a commercial laser diode and an optical fiber delay line, which generated stable optical and microwave signals at 1.4GHz. Under proper design, the optical RF frequency generated may rise up to much higher level[4].

Tunnel diode (TD), compared to RTD, have several disadvantages such as little control over parameters capacitance, peak current, current and voltage ratios. However, TD can be grown by MOCVD because it is not necessary to have the strict well and barrier width control which is needed for RTD grown by MBE.

原载于：IEEE Photonics Technology Letters, 2012, 24(16): 1369-1371.

MQW layer integrated with negative differential device have various applications such as optical bistability[5, 6].

In this letter, we report an InP MQW tunnel diode and its hybrid integration with laser diode(TD-LD). DC characteristics of the TD-LD were investigated in both voltage source drive circuit and current source drive circuit at room temperature. Results from the two drive circuit are discussed.

2 Experiment

A. MQW TD

The MQW TD was grown on a p-InP substrate by metal organic chemical vapor deposition. The epitaxial layer structure is shown in Fig. 1.

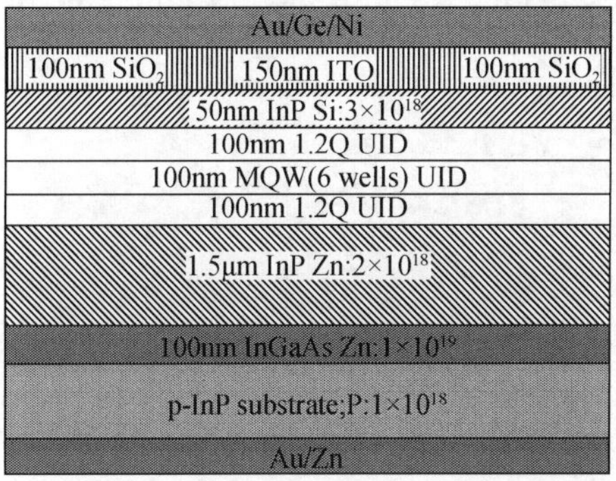

Au/Ge/Ni
100nm SiO_2 | 150nm ITO | 100nm SiO_2
50nm InP Si:3×10^{18}
100nm 1.2Q UID
100nm MQW(6 wells) UID
100nm 1.2Q UID
1.5μm InP Zn:2×10^{18}
100nm InGaAs Zn:1×10^{19}
p-InP substrate;P:1×10^{18}
Au/Zn

Fig. 1 MQW TD's layer structure

A 100nm InGaAs layer with $1\times10^{19}cm^{-3}$ Zn doping was grown on the substrate as an etch stop layer, followed by a 1.5μm InP layer with $2\times10^{18}cm^{-3}$ Zn doping. Above the InP layer, MQW sandwiched by two 100nm 1.2Q(InGaAsP quaternary material with a photoluminescence spectrum peaks at 1.2μm) layers. These three layers were programed to have unintended doping(UID). However, due to the high diffusion property of Zn atom at MOCVD epitaxial condition[7], these UID layers have an average doping concentration of $1\times10^{18}cm^{-3}$ after epitaxy. The MQW consists of six 8.3nm 1.59Q wells and five 11.4nm 1.2Q barriers. After that, a 50nm InP with $3\times10^{18}cm^{-3}$ Si doping was above the upper 1.2Q layer. 100nm SiO_2 film was grown by plasma enhanced chemical vapor deposition(PECVD) as electrical isolation. Then, the SiO_2 was etched to open a 6μm stripe window. 150nm ITO was magnetron sputtered on the entire wafer. Then, a 100nm Au/Ge/Ni layer was vaporized on it. After thinning the wafer, Au/Zn was vaporized onto the p side of the chip. Finally the wafer was annealed for 120s at 420° to form Ohm contact.

ITO is needed because our samples without ITO have no tunneling current near zero voltage bias. The reason may be that the Sn atom in the ITO layer acts as donor impurity in InP. During the annealing process, Sn atoms in the ITO layer and Ge atoms in the Au/Ge/Ni layer diffused into the device and formed high n doping concentration in the n side of the MQW. Therefore a high doping pn junction was formed. When both p and n doping concentration are high enough to meet $E_{fp} < E_{vp}$ and $E_{fn} > E_{cn}$, together with an abrupt doping type change, there will be tunneling effect property[8, 9]. E_{fp} and E_{fn} refer to the Fermi level of p side and n side respectively. E_{vp} and E_{cn} refer to the valence band edge of junction's p side and conduction band edge of junction's n side respectively.

The chip was cleaved with two different sizes, 360μm × 360μm and 360μm × 720μm. Both had three 6μm width contact windows, as Fig. 2 shows. The current areas were 18μm × 360μm and 18μm × 720μm respectively. IV characteristics at room temperature are shown in Fig. 3. Negative differential resistor (NDR) regions can be seen clearly. A flat current plateau in the NDR region exists, which is the result of the interaction of NDR and the drive circuit impedance[10, 11].

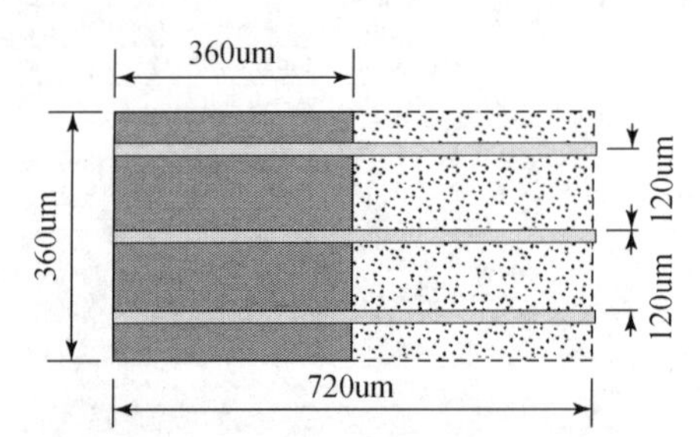

Fig. 2　Schematic of the top view of the TD

According to Fig. 3(c), the peak current of 360μm long device and 720μm long device are 12.7mA and 9.6mA, respectively. Valley current are 6.8mA and 7.9mA, respectively. It seems smaller current area would lead to larger peak current and smaller valley current. The largest peak current of the 360μm devices is measured to be 25mA with a peak to valley current difference of 10mA.

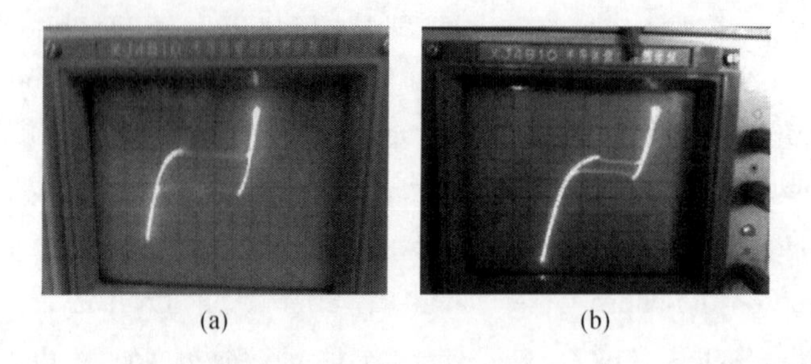

(a)　　　　　　　　(b)

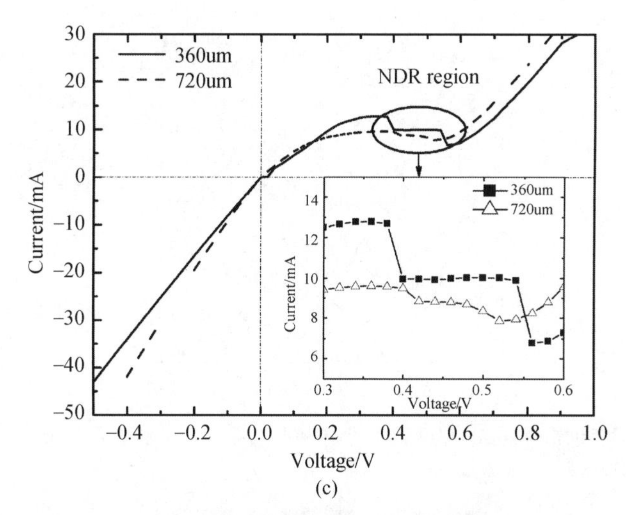

Fig. 3 (a) Oscilloscope photo of a 360μm MQW TD. (b) Oscilloscope photo of a 720μm MQW TD. (c) I–V curve of an MQW TD at room temperature

B. TD-LD Hybrid Integration

The scheme of the hybrid integration is shown in Fig. 4. An InP based DFB laser diode chip is used, which has the same epitaxial structure with the laser reported in[12, 13]. The 360μm width LD chip contains two strips of laser ridge. Each laser has a 3μm wide shallow ridge with cavity length of 720μm. We used two lasers in one chip because a larger chip is easier to manipulate, and higher light power can be provided by two lasers. At room temperature, each LD lased at 1585.6nm, and the threshold current is around 47mA.

The LD chip was mounted on the copper submount with its p side up. The TD chip was stacked on the laser chip also with its p side up using silver epoxy. Two Au wire bonds were made from the p side of both TD chip and LD chip to two metal pads. The metal pads are electrically isolated from the submount with glass-ceramics. Oscilloscope photo of TD-LD's IV characteristic is shown in Fig. 5(a). Because of the large threshold current of the lasers, the TD current alone is not enough to modulate the lasers. Thus we applied an additional bias current source to adjust the operating point of the lasers. The voltage source and current source drive circuit were shown in Fig. 5(b). In both voltage source drive and current source drive circuit, I_{bias} was set at 150mA.

Fig. 5(c) shows the P-V and I-V curve for the voltage source drive circuit. I-V curve represents the TD current(I_{device}) versus source voltage(V_{source}). The chair shape NDR region is similar to single TD's IV characteristics, except for a voltage shift equal to the voltage drop of LD chip. Also the P-V curve has the same shape with I-V curve. This is because light

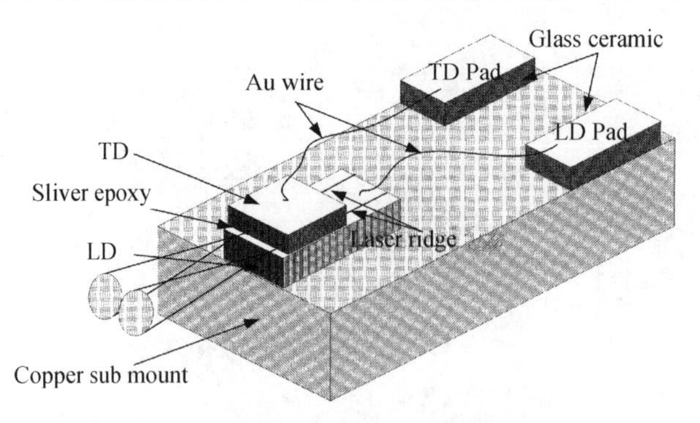

Fig. 4　Hybrid integrated TD and LD

power increased linearly as I_{device} increased when the LD biased above threshold current, according to Fig. 5(b).

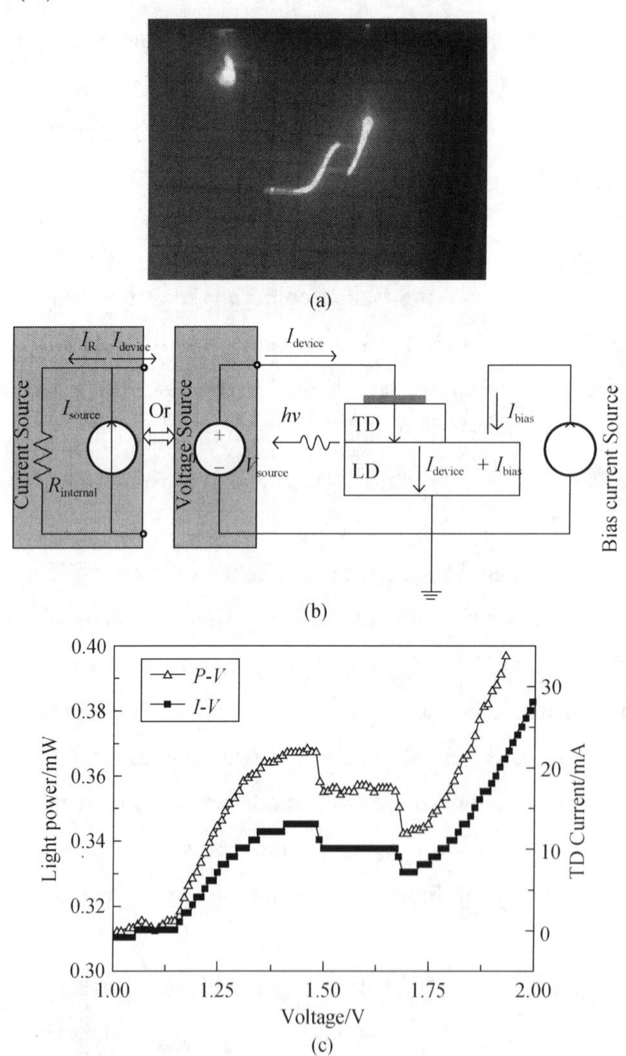

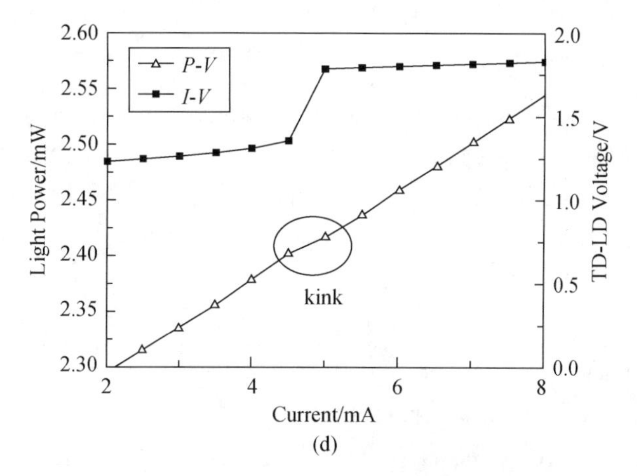

Fig. 5 (a) Oscilloscope photo of a TD-LD. (b) Voltage source and current source drive circuits. (c) *P-V* and *I-V* curves for the voltage source drive circuit with a 150-mA bias current at room temperature. (d) *P-I* and *V-I* curves for the current source drive circuit with a 150-mA bias current at room temperature

Fig. 5 (d) shows the *P-I* and *V-I* curve for the current source drive circuit. Instead of chair shape NDR region, a voltage jump was observed in the *V-I* curve, which is actually a large positive differential resistor (PDR) region. As a result, a small kink occurred in the *P-I* curve. The reason can be seen from Fig. 5 (b). In the PDR region, device's differential resistance increased abruptly. Current through the internal resistance of the current source (I_R) increased when entering the PDR region, leading to a decrease of current through TD (I_{device}). Therefor a kink appeared in the *P-I* curve.

3 Conclusion

We have fabricated a MQW TD, and characterized its IV curve at room temperature. Samples of different current area were compared. TD-LD device was fabricated by hybrid integrating the MQW TD and InP based DFB laser chip. Additional current supply was applied to adjust the LD's operating point. DC characteristics were investigated in both voltage source drive circuit and current source drive circuit at room temperature. Different results from these two drive circuit are discussed.

Acknowledgment

B. Niu and Y. Li contributed equally to this work.

References

[1] X. S. Yao and L. Maleki, "Optoelectronic oscillator for photonic systems," IEEE J. Quantum Electron., vol. 32, no. 7, pp. 1141–1149, Jul. 1996.

[2] T. J. Slight and C. N. Ironside, "Investigation into the integration of a resonant tunneling diode and an optical communications laser: Model and experiment," IEEE J. Quantum Electron., vol. 43, no. 7, pp. 580–587, Jul. 2007.

[3] T. J. Slight, B. Romeira, L. Wang, J. M. L. Figueiredo, E. Wasige, and C. N. Ironside, "A liénard oscillator resonant tunnelling diode-laser diode hybrid integrated circuit: Model and experiment," IEEE J. Quantum Electron., vol. 44, no. 12, pp. 1158–1163, Dec. 2008.

[4] B. Romeira, K. Seunarine, C. N. Ironside, A. E. Kelly, and J. M. L. Fifueiredo, "A self-synchronized optoelectronic oscillator based on an RTD photodetector and a laser diode," IEEE Photon. Technol. Lett., vol. 23, no. 16, pp. 1148–1150, Aug. 15, 2011.

[5] H. Sakaki, H. Kurata, and M. Yamanishi, "Novel quantum-well optical bistability device with excellent on/off ratio and high speed capability," Electron. Lett., vol. 24, no. 1, pp. 1–2, 1988.

[6] K. Yuichi, A. Hiromitsu, M. Shinji, and C. Amano, "InGaAs-InAlAs multiple quantum well optical bistable devices using the resonant tunneling effect," IEEE J. Quantum Electron., vol. 28, no. 1, pp. 308–314, Jan. 1992.

[7] K. Kadoiwa, "Zn diffusion behavior at the InGaAsP/InP heterointerface grown using MOCVD," J. Cryst. Growth, vol. 297, no. 1, pp. 44–51, 2006.

[8] E. O. Kane, "Theory of tunneling," J. Appl. Phys., vol. 32, no. 1, pp. 83–91, 1961.

[9] S. M. Sze, Physics of Semiconductor Devices. New York: Wiley, 1981.

[10] C. Y. Belhadj, et al., "Bias circuit effects on the current-voltage characteristic of double-barrier tunneling structures: Experimental and theoretical results," Appl. Phys. Lett., vol. 57, no. 1, pp. 58–60, 1990.

[11] M. Q. Bao and K. L. Wang, "Accurately measuring current-voltage characteristics of tunnel diodes," IEEE Trans. Electron Devices, vol. 53, no. 10, pp. 2564–2568, Oct. 2006.

[12] T. Chen, et al., "Electrically pumped room-temperature pulsed InGaAsP-Si hybrid lasers based on metal bonding," Chin. Phys. Lett., vol. 26, no. 6, pp. 064211-1-064211-3, Jun. 2009.

[13] T. Hong, et al., "A selective-are metal bonding InGaAsP-Si laser," IEEE Photon. Technol. Lett., vol. 22, no. 15, pp. 1141–1143, Aug. 1, 2010.

Monolithic integration of electroabsorption modulators and tunnel injection distributed feedback lasers using quantum well intermixing

Wang Yang(汪洋)†, Pan Jiao-Qing(潘教青), Zhao Ling-Juan(赵玲娟), Zhu Hong-Liang(朱洪亮), and Wang Wei(王圩)

(Key Laboratory of Semiconductor Materials Science, Institute of Semiconductors, Chinese Academy of Sciences, Beijing, 100083, China)

Abstract Electroabsorption modulators combining Franz-Keldysh effect and quantum confined Stark effect have been monolithically integrated with tunnel-injection quantum-well distributed feedback lasers using a quantum well intermixing method. Superior characteristics such as extinction ratio and temperature insensitivity have been demonstrated at wide temperature ranges.

1 Introduction

Electroabsorption modulated lasers (EMLs) have been widely used in high speed fibre optical communications as the light sources. In such EMLs, electroabsorption modulators (EAMs) are monolithically integrated with distributed feedback (DFB) lasers. The output light power can be modulated in the EAMs utilizing the Franz-Keldysh effect (F-KE) or the quantum confined Stark effect (QCSE).[1-10] Wide temperature operation is desired to lower the power consumption with the demand of EMLs increasing. The uncooled operations of 1.55μm 10Gb/s and 40Gb/s EMLs have been realized in InGaAlAs-InP material systems due to large conduction band offset (ΔE_C) and small valence band offset (ΔE_V) between quantum wells (QW) and barriers.[8, 11-16] However, conventional InGaAsP-InP DFB lasers cannot work at high temperatures easily and show a lower characteristic temperature (T_0) than that of InGaAlAs-InP system because of the poor electron confinement in quantum wells with small ΔE_C. To overcome the disadvantage of small ΔE_C and make InGaAsP-InP EMLs operate in a wide temperature range, a tunnel injection (TI) quantum well scheme was proposed.[17, 18]

As shown in Fig. 1, electron currents are analysed in InGaAlAs quantum well (Fig.

原载于:Chin. Phys. B. 2010, 19(12):124215.

1(a)), InGaAsP quantum well(Fig. 1(b)), and InGaAsP tunnel injection quantum well (Fig. 1(c)). In Figs. 1(a) and 1(b), the injection electron currents(I_{in}) are separated into two parts, the current due to captive electrons in QW(I_{cap}) and the current due to leakage electrons(I_{leak}). The energy of partial captive electrons in QW transfers to photons through radiative transition(I_{rad}), while another part of these captive electrons recombine with holes without radiation ($I_{non\text{-}rad}$) such as Auger recombination. The leakage current and the nonradiative current are the main causes for the degeneration of laser diodes at high operation temperatures. Owing to larger ΔE_C, InGaAlAs-QW is able to confine electrons better than InGaAsP-QW, and I_{leak} is smaller in InGaAlAs-QW. In Fig. 1(c), the electrons are firstly thermalized in a narrow bandgap(slightly bigger than QW) bulk material, namely injector layer and then directly injected in QW through tunneling a thin and high barrier, which blocks hot carriers and makes I_{leak} small. The tunnel injection quantum well lasers with good performance have been realized, exhibiting the wide temperature operation capability.[18-20]

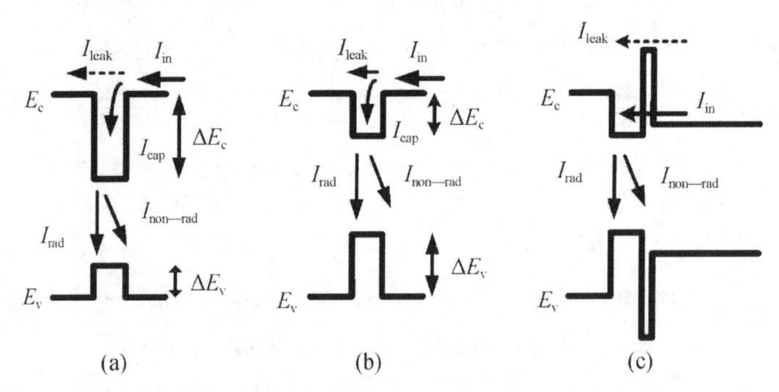

Fig. 1　Electron currents in(a)InGaAlAs quantum well, (b)InGaAsP quantum well and (c)InGaAsP tunnel injection quantum well

In addition to power consumption, the fabrication cost is another problem of wide application. Easy fabrication processes are preferable on condition that device performance is acceptable. There have been many methods to obtain photonic integrated circuits(PICs), such as butt-joint method,[4, 5] selective area growth(SAG) method,[1, 6, 10] twin waveguide method[7, 8] and identical active layer (IAL) method,[9] an especial method for EML fabrication. However, these methods have their own drawbacks. For example, butt joint method involves a selective etching and a regrowth of active layer, which requires rigorous control. For the SAG method, the undesired thickness change between the selective growth area and planar growth area depresses optical confinement and coupling. The IAL is an easy and low-cost method, using detuning between Bragg wavelength and gain/absorption peak wavelength, but sacrifices the gain of laser and the insertion loss of modulator. As a substitute for the IAL method, an ion-implantation-induced quantum-well-intermixing(QWI) process is employed in this work, which preserves optical gain in un-implanted section and forms blue shift of band edge in implanted section after annealing.[21] Owing to the TI structure, the EAMs in our design combine QCSE in disordered QWs with F-KE in the injector layer, compared with conventional quantum well structures using only QCSE as shown in Fig. 2.[22, 23]

In Figs. 2(a) and 2(c), the bandgap energy of QW(ΔE_{g1}) is larger than the photon energy(hv) and photons can hardly be absorbed by QW. The bandgap of QW(ΔE_{g2}) under electric field becomes smaller and photons can easily be absorbed using QCSE in both Figs. 2(b) and 2(d). In addition to absorption in QW, Fig. 2(d) shows that the injector layer in TI-QW makes a contribution to photon absorption using F- KE, which is beneficial to the improvement of extinction characteristic of disordered QW.

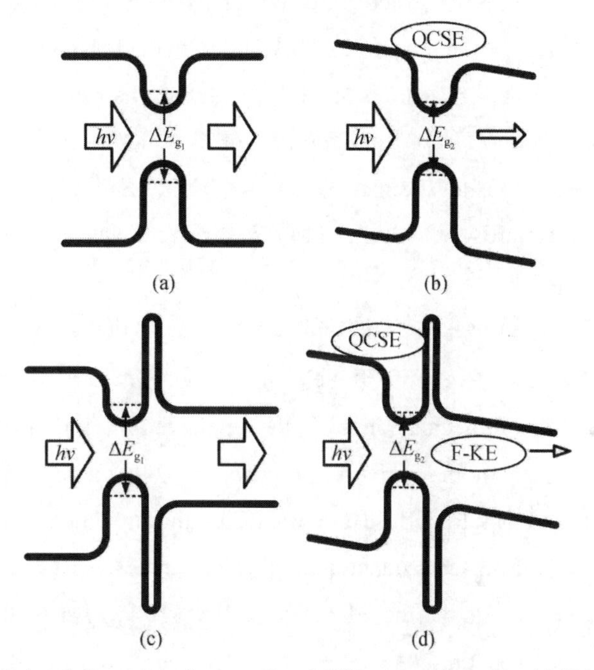

Fig. 2 Schematic band diagrams of conventional QW without(a) and with(b) reverse bias and tunnel-injection QW without(c) and with(d) reverse bias

In this paper, tunnel-injection quantum-well(TI- QW) DFB lasers are used to achieve wide temperature range operation of EMLs for the first time, and lowcost QWI process is utilized to obtain the blue shift of bandgap in EAM, in which F-KE is combined with QCSE.

2 Device fabrication

The structure grown on a sulfur-doped InP substrate by metal-organic chemical vapour deposition(MOCVD) is shown in Fig. 3.

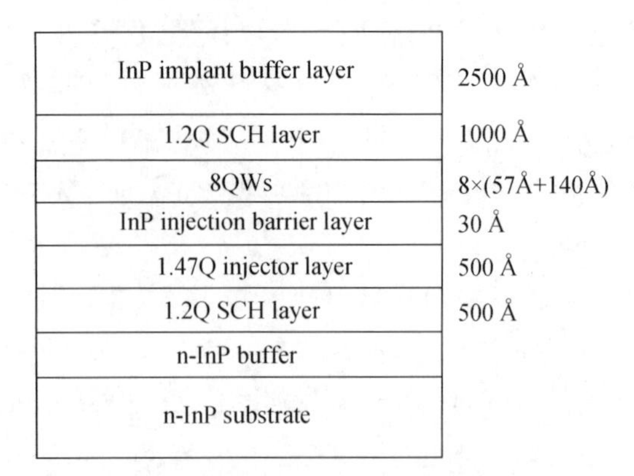

Fig. 3　Epitaxy structure prior to QWI by MOCVD(1Å = 0.1nm)

In conventional MQW laser structure, QWs are sandwiched by separate confinement heterostructure (SCH) layers. In contrast, a 500Å lattice matching InGaAsP layer with a photoluminescence (PL) peak at 1.47μm and a 30Å InP tunnel barrier were grown followed by the first quantum well in the TI-QW structure. Eight 57Å compressively strained (1.57%) quantum wells and 140Å tensile strained (0.4%) barriers were grown alternately before a 1000Å SCH layer. Afterwards, the basic TI-QW structure was covered by a 2500Å InP implanting buffer.

The laser regions were masked with 4500Å SiO_2 layer, and P^+ ions were implanted in the EAM regions with an energy of 30 keV and a dose of 5×10^{13} cm^{-3} at a substrate temperature of 200℃. The projected range of the implanted P^+ ions in InP layer was only 360Å, creating no damage in the active region. Then a 240 second, 650℃ rapid thermal anneal (RTA) was carried out to diffuse the vacancies through quantum well structure and intermix the components of adjacent quantum wells and barriers, resulting in blue shift of the EAM region. As shown in Fig. 4, the PL peak of EAM (λ_{EAM}) after RTA was shifted by 58nm relative to the laser section.

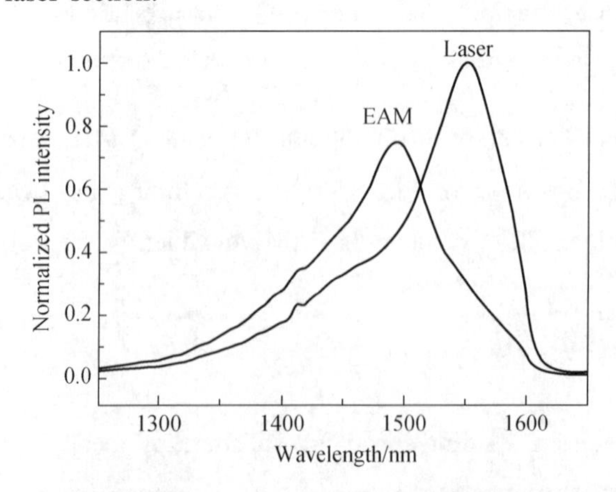

Fig. 4　Normalized PL spectra of laser and EAM sections after RTA

After removing the InP implant buffer, holographic grating with a period of 242nm was etched on the upper SCH layer in the laser section. Following a regrowth of InP layer to bury the grating, a 200-Å InGaAsP etching stop layer, a 17000Å p-InP cladding layer and a 2000Å p^+-InGaAs contact layer were grown in sequence.

A conventional 3μm-width ridge waveguide structure was formed by dry and wet etching. The top contact layer of a 50μm-long isolation section between DFB laser and EAM was removed and He^+ implantation was used to increase the isolation resistance. Then the surface of the wafer was covered by a 4000-Å SiO_2 passivation layer with contact layers on the top of DFB and EAM sections exposed. Eventually, the p-and n-electrodes were made. The final device structure was shown in Fig. 5, and total length of the device is 470μm, including a 250μm DFB laser and a 170μm EAM.

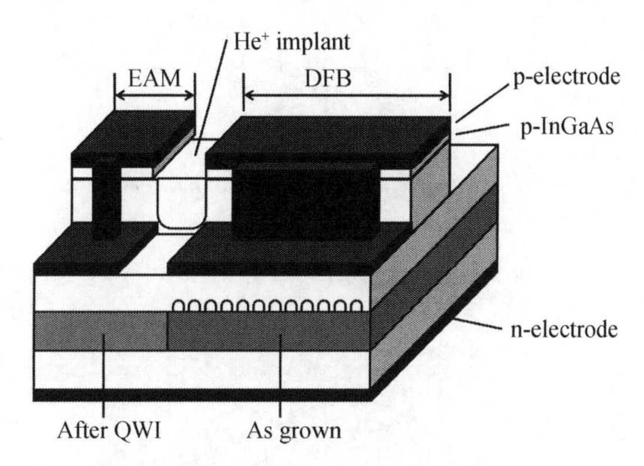

Fig. 5 Schematic structure of final devices

3 Structure analysis

The conductive band offset between quantum well and barrier in our structure is 89 meV, while ΔE_c between 1.47Q injector layer and InP injection barrier is over 200 meV. The relationship between leakage current and ΔE_c is given by

$$I_{leak} \sim \exp\left[(E_{fc} - \Delta E_c)/k_B T\right] \tag{1}$$

where E_{fc} is the Fermi level of conductive band, k_B is the Boltzmann constant, and T is the absolute temperature. So at room temperature, leakage current through InP injection barrier in the TI-QW structure is about 1.4% of that through 1.2Q barrier in conventional QW structure.

The fundamental transverse mode of the ridge waveguide is calculated by beam propagation method, in which the multiple-quantum-well region is treated as a bulk material with an efficient refractive index

$$N_{\mathrm{eff}}=\sqrt{(t_{\mathrm{w}}\cdot N_{\mathrm{w}}^{2}+t_{\mathrm{b}}\cdot N_{\mathrm{b}}^{2})/(t_{\mathrm{w}}+t_{\mathrm{b}})} \tag{2}$$

where t_w/t_b and N_w/N_b are thickness and refractive index of a quantum well/barrier respectively. Optical mode profile $U(y)$ around the active region in the vertical(y) direction is depicted in Fig. 6.

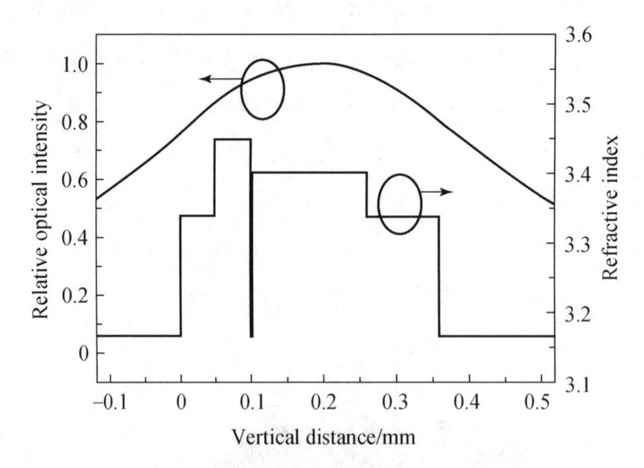

Fig. 6　Calculated optical mode profile and refractive index distribution in vertical direction

The optical confinement factor in the multiple-quantum-well region(Γ_{MQW}) of 30.176% can be obtained as

$$\Gamma_{\mathrm{MQW}}=\frac{\int_{0.1030}^{0.2606}U(y)\,\mathrm{d}y}{\int_{-\infty}^{\infty}U(y)\,\mathrm{d}y} \tag{3}$$

while that in the injector layer(Γ_{IL}) of 11.341% is similarly calculated from

$$\Gamma_{\mathrm{IL}}=\frac{\int_{0.05}^{0.1}U(y)\,\mathrm{d}y}{\int_{-\infty}^{\infty}U(y)\,\mathrm{d}y} \tag{4}$$

As the introduction of a high-refractive-index injector layer close to multiple-quantum-well region, the Γ_{MQW} is slightly higher than that of conventional QW structure with 100-nm-thick upper and lower SCH layers, thereby improving the mode gain of laser.

The absorption of TI-QW in an electric field can be divided into two parts: utilizing QCSE in QWs and F-KE in injector layer. $\Delta\alpha_{\mathrm{QCSE}}(E)$ and $\Delta\alpha_{\mathrm{F\text{-}KE}}(E)$ are defined as absorption coefficient changes in QW and injector layer with the electronic field E respectively, and static extinction ratio(ER) is given by

$$\mathrm{ER}=10\log\left(\frac{P(E)}{P(0)}\right)\approx 10\log\left[\exp\left(-\Delta\alpha_{\mathrm{QCSE}}\frac{t_{\mathrm{w}}}{t_{\mathrm{w}}+t_{\mathrm{b}}}\Gamma_{\mathrm{MQW}}L-\Delta\alpha_{\mathrm{F\text{-}KE}}\Gamma_{\mathrm{IL}}L\right)\right] \tag{5}$$

where $P(E)/P(0)$ is the output power from EAM with/without bias electric field E, and L

is the length of EAM. The first and second exponential terms on the right-hand side of Eq. (5) denote the absorptions in QWs and in injector layer respectively, while the second term was absent in the case of EMLs with conventional QW.

If a thicker 1.47Q injector layer is applied, the Γ_{MQW} will change little and Γ_{IL} will be larger, which can improve the ER characteristic. However, the bandgap of 1.47Q is so close to lasing photon energy that thicker injector layer lowers the mode gain in laser and increases the insertion loss in EAM. So a 50-nm- thick injector layer is chosen for the first experiment.

4 Experiment result

The TI-QW DFB lasers were cleaved into discrete devices, and light-current (*L-I*) curves at various temperatures were measured as shown in Fig. 7. A characteristic temperature of 70 K has been achieved, indicating wide temperature range operation of the lasers. A threshold current (I_{th}) of 23mA and a slop efficiency of 0.19mW/mA per facet are exhibited at 10℃. The lasing wavelength (λ_{lasing}) is around 1.57μm, which is not sensitive to the temperature with a red shift of 0.1nm/℃.

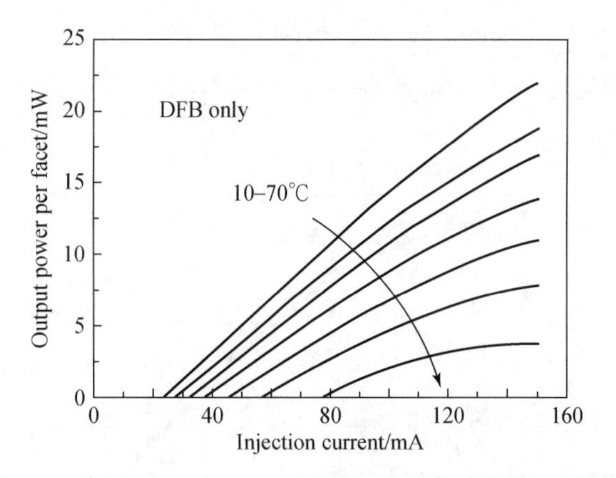

Fig. 7 Light-current curves of DFB lasers from 10℃ to 70℃

Fig. 8 shows the curves for output power from EAM end versus the injection current to DFB laser of an integrated device under EAM voltage from 0V to −5V at 25℃. The threshold current of the EML is 30mA, which is nearly the same as that of discrete DFB lasers. The output power reaches up to 5mW with a laser current less than 100mA at 0V EAM bias, showing a slop efficiency of 0.08mW/mA. The isolation resistance between p-electrodes of EAM and DFB laser is as high as 200 kΩ, so a fixed I_{th} is achieved at various EAM reverse biases.

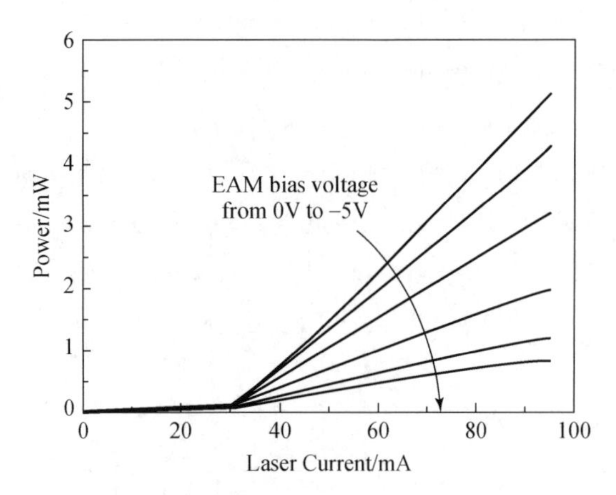

Fig. 8　*L-I* curves of an integrated device under various bias voltages of EAM

Another EML chip with conventional QW structure was also fabricated using the QWI method, and wavelength detuning ($\Delta\lambda = \lambda_{lasing} - \lambda_{EAM}$) of ~ 80nm is the same as that of EML with TI-QW structure. The values of static extinction ratio have been measured by an integrating sphere, and superior characteristic of the TI-QW structure shown in Fig. 9 testifies the combination of F-KE and QCSE. And a comparatively small difference has been found between extinction ratios measured by an integrating sphere and a coupled single-mode fibre (over 10dB at $V_{pp} = 4V$), which indicates a good optical coupling between DFB and EAM waveguides.

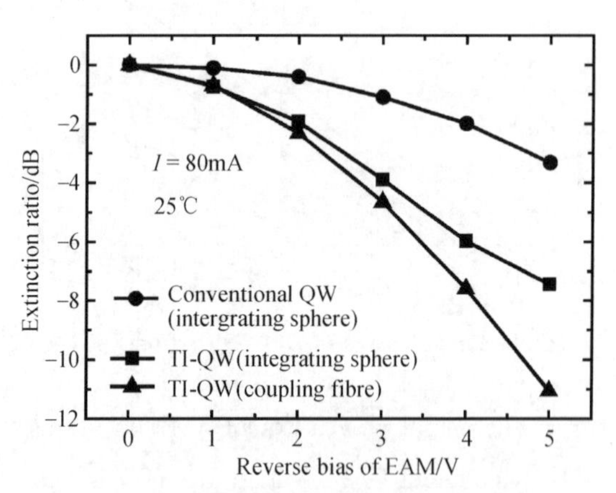

Fig. 9　Static extinction ratios of an EML with conventional quantum well structure and an EML with TI-QW structure

The extinction characteristics at temperatures from 20℃ to 40℃ are shown in Fig. 10, and measured data are fitted to curves of third-order polynomials. It is found that the maximum extinction efficiency point of 4V at 20℃ decreases to 3. 5V at 30℃ and 3V at 40℃, due to red shift of exciton absorption peak as temperature increases. On the other

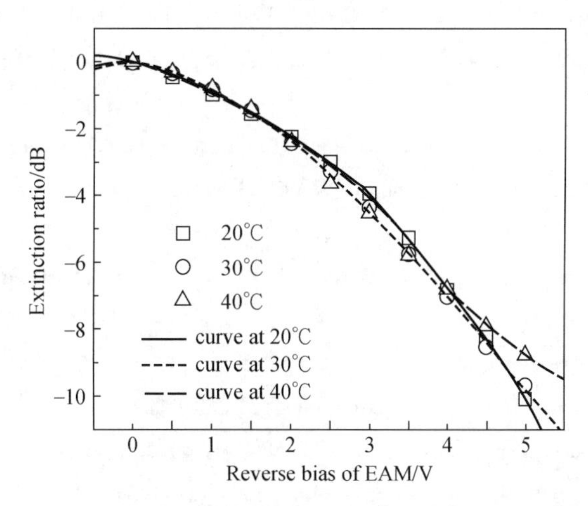

Fig. 10 Static extinction ratios at 20℃, 30℃, and 40℃

hand, the extinction efficiency decreases at higher temperatures because of the broadening of exciton absorption spectra. The two effects above are well compensated with each other in our devices, so the static extinction ratio varies very little with temperature, which makes possible the wide temperature range operation.

5 Conclusion

In this paper, an EAM has been monolithically integrated with a TI-QW DFB laser using the low-cost QWI method, based on the InGaAsP/InP material system. The integrated EML operating with a threshold current of 30mA, a slop efficiency of 0.08mW/mA and an extinction ratio over 10dB at V_{pp} of 4V has been demonstrated. The combination of F-KE and QCSE in EAM by the TI-QW structure shows favourable performances. The low sensitivity to operating temperature of extinction ratio proves the wide temperature rang operation potential of our devices.

References

[1] Ishizaka M, Yamaguchi M, Shimizu J and Komatsu K 1997 IEEE Photon. Technol. Lett. (9)1628.

[2] Suzuki M, Noda Y, Tanaka H, Akiba S, Kushiro Y and Isshiki H 1987 J. Lightwave Technol. (5)1277.

[3] Sahlen O 1994 J. Lightwave Technol. (12)969.

[4] Takeuchi H, Tsuzuki K, Sato K, Yamamoto M, Itaya Y, Sano A, Yoneyama M and Otsuji T 1997 IEEE Journal of Selected Topics in Quantum Electronics(3)336.

[5] Miyazaki Y, Tada H, Aoyagi T, Nishimura T and Mitsui Y 2002 IEEE J. Quantum Electron. (38)1075.

[6] Aoki M, Takahashi M, Suzuki M, Sano H, Uomi K, Kawano T and Takai A 1992 IEEE Photon. Technol. Lett. (4)580.

[7] Stegmueller B, Baur E and Kicherer M 2002 IEEE Photon. Technol. Lett. (14)1647.

[8] Kobayashi W, Tsuzuki K, Shibata Y, Yamanaka T, Kondo Y and Kano F 2009 J. Lightwave Technol. (27)5084.

[9] Delprat D, Ramdane A, Ougazzaden A, Nakajima H and Carre M 1997 Electron. Lett. (33)53.

[10] Zhao Q, Pan J Q, Zhang J, Li B X, Zhou F, Wang B J, Wang L F, Bian J, Zhao L J and Wang W 2006 Acta Phys. Sin. (55)1259(in Chinese).

[11] Saravanan B K, Wenger T, Hanke C, Gerlach P, Peschke M and Macaluso R 2006 IEEE Photon. Technol. Lett. (18)862.

[12] Aubin G, Seoane J, Merghem K, Berger M S, Jespersen C F, Garreau A, Blache F, Jany C, Provost J G, Kazmierski C and Jeppesen P 2009 Electron. Lett. 45 1263-U100.

[13] Kobayashi W, Arai M, Yamanaka T, Fujiwara N, Fujisawa T, Ishikawa M, Tsuzuki K, Shibata Y, Kondo Y and Kano F 2009 IEEE Photon. Technol. Lett. (21)1054.

[14] Kobayashi W, Yamanaka T, Arai M, Fujiwara N, Fujisawa T, Tsuzuki K, Ito T, Tadokoro T and Kano F 2009 IEEE Photon. Technol. Lett. (21)1317.

[15] Makino S, Shinoda K, Kitatani T, Hayashi H, Shiota T, Tanaka S, Aoki M, Sasada N and Naoe K 2009 IEICE Transac. Electron. (E92c)937.

[16] Kobayashi W, Arai M, Yamanaka T, Fujiwara N, Fujisawa T, Tadokoro T, Tsuzuki K, Kondo Y and Kano F 2010 J. Lightwave Technol. (28)164.

[17] Sun H C, Davis L, Lam Y, Sethi S, Singh J and Bhattacharya P K 1994 Gallium Arsenide and Related Compounds 1993(136)197.

[18] Bhattacharya P, Zhang X K, Yuan Y S, Kamath K, Klotzkin D, Caneau C and Bhat R 1998 Physics and Simulation of Optoelectronic Devices Vi, Parts 1 and 2(3283)702.

[19] Bhattacharya P, Yuan Y, Brock T, Caneau C and Bhat R 1998 IEEE Photon. Technol. Lett. (10)778.

[20] Yoon H, Gutierrezaitken A L, Jambunathan R, Singh J and Bhattacharya P K 1995 IEEE Photon. Technol. Lett. (7)974.

[21] Marsh J H 1993 Semicond. Sci. Technol. (8)1136.

[22] Ramdane A, Krauz P, Rao E V K, Hamoudi A, Ougaz-zaden A, Robein D, Gloukhian A and Carre M 1995 IEEE Photon. Technol. Lett. (7)1016.

[23] Raring J W, Johansson L A, Skogen E J, Sysak M N, Poulsen H N, DenBaars S P and Coldren L A 2007 J. Lightwave Technol. (25)239.

A modified SAG technique for the fabrication of DWDM DFB laser arrays with highly uniform wavelength spacings

Can Zhang, Song Liang, *Hongliang Zhu, Baojun Wang and Wei Wang

(Key Laboratory of Semiconductor Materials, Institute of Semiconductors,
Chinese Academy of Sciences, Beijing, 100083, China)

Abstract A modified selective area growth (SAG) technique, in which the effective index of only the upper separate confinement heterostructure (SCH) layer are modulated to obtain different emission wavelengths, is reported for the fabrication of dense wavelength division multiplexing (DWDM) multi-wavelength laser arrays (MWLAs). InP based 1.5 μm distributed feedback (DFB) laser arrays with 0.8nm, 0.42nm, and 0.19nm channel separations are demonstrated, all showing highly uniform wavelength spacings. The standard deviation of the distribution of the wavelength residues with respect to the corresponding linear fitting values is 0.0672nm, which is a lot smaller than those of the MWLAs fabricated by other techniques including electron beam lithography. These results indicate that our SAG technique which needs only a simple procedure is promising for the fabrication of low cost DWDM MWLAs.

1 Introduction

Monolithically integrated multi-wavelength laser arrays (MWLAs) are promising light sources for modern dense wavelength division multiplexing (DWDM) systems. Compared with multiple discrete lasers, MWLAs have many advantages such as lower packaging cost, lower power consuming and compact sizes and thus have aroused great interest for years[1-3]. For MWLAs, different laser emissions have to be defined side by side on the wafer and must match a series of wavelengths that are typically uniformly spaced. The uniformity of the wavelength spacing determines the applicability of a laser array and is the most critical factor related to array yield[1].

Up to now, several techniques have been proposed for the fabrication of MWLAs such as electron beam lithography (EBL)[1], ridge width variation[4], and multiple holographic exposures[5]. Among them EBL is the most widely used technique, which is very flexible in defining gratings. However, the EBL equipment is expensive and because gratings are written

原载于：Optics express, 2012, 20(28): 29620-29625.

in a line by line manner, the EBL process is rather time consuming. These aspects lead to high costs and low throughput of fabricated devices. What is more important, the resolution of typical EBL makes it a challenge for the fabrication of laser arrays with channel spacings less than one nanometer through adjusting pitches of laser gratings.

MWLAs have also been fabricated by selective area growth (SAG) technique[6]. Compared with EBL, SAG technique needs only a simple procedure and has the benefits of low cost and fitting for mass production. In such a case, the effective index (n_{eff}) of the laser material is tuned by pairs of dielectric mask strips. By applying distributed feedback (DFB) gratings with uniform pitches (Λ) the wavelength of each element in a laser array can be varied by SAG according to $\lambda = 2n_{\mathrm{eff}}A$. However, in the conventional approach[7], the SAG layers include both the two separate confinement heterostructure (SCH) layers and the multiquantum wells (MQWs), which induces several problems. First, the photoluminescence (PL) peak wavelengths of the SAG MQWs change much rapidly than the emission wavelengths of DFB lasers which are determined by n_{eff} of the laser material. Then, because of the SAG, the thickness, composition and state of strain of the thick SAG materials vary from element to element in an array[7]. This will inevitably lead to the deviation of the material parameters from the optimized values, causing the deterioration of material quality for some elements. These aspects may result in varying device performance. What is more, the ability of controlling the wavelength spacing may also be damaged. The uniformity of wavelength spacings of the laser arrays fabricated by the conventional SAG technique is not enough for practical applications[6].

In this paper, we report a modified SAG technique, in which only the upper SCH layer is modulated to obtain different emission wavelengths. DFB laser arrays with 0.8nm, 0.42nm, and 0.19nm channel spacings are presented, all showing excellent wavelength uniformity. The results indicate that the SAG technique is promising for the fabrication of MWLAs with low cost and high quality.

2 Experimental procedure

Different from the conventional SAG procedure[7], in which dielectric masks are formed on the buffered substrates, to fabricate MWLAs with our modified SAG technique, a buffer layer, a lower SCH layer and a MQW layer are first grown on the substrates. Then mask strip pairs with gradually changed dimensions are formed on the MQW layer. In the following SAG run, just an upper SCH layer is grown and the thickness of only the layer is changed by the SAG masks to obtain different Bragg wavelengths, as shown schematically in Fig. 1(a).

The materials including the lower SCH layer and especially the MQW layer whose properties are sensitive to different growth conditions are left untouched, which results in a precise control of wavelength spacing as confirmed by the following experiment results.

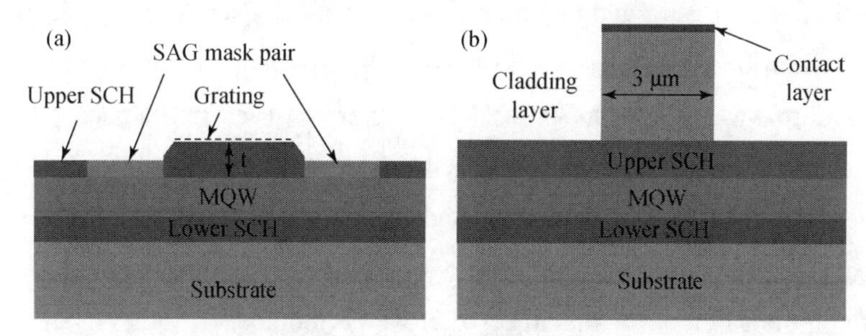

Fig. 1 (a) Schematic structure of the laser material obtained by our modified SAG technique. (b) Schematic ridge waveguide structure of the fabricated lasers

InP based 1.5μm InGaAsP MQW laser arrays were fabricated. The devices have a 500nm InP buffer layer, an 80nm InGaAsP lower SCH layer lattice matched to InP with 1.2μm PL peak wavelength (λ_{PL} = 1.2μm), and a MQW layer which consists of 6 compressively strained InGaAsP wells ($+1.1\times10^{-2}$, λ_{PL} = 1.59μm) and 7 tensile strained InGaAsP barriers(-3×10^{-3}, λ_{PL} = 1.2μm). The thicknesses of the wells and the barriers are 4nm and 8nm, respectively. The separation of each SiO_2 strip pair is 20μm and the width of the strip is increased linearly for different channels, which leads to an increase of n_{eff} and thus the laser wavelength. A bigger increase step of strip width results in a larger wavelength spacing. The mask pairs are arranged with a 250μm period, which is also the separation between each two adjacent lasers. The selective area grown upper SCH layer consists of three InP lattice matched InGaAsP layers (λ_{PL} = 1.2μm) which are un-doped, p-doped, and n-doped in the growth direction, with the thicknesses of 70nm, 5nm, and 7nm, respectively, on plane substrates. The reverse junction on top of the SCH layer induces a weak gain coupling into the DFB structure, which helps to increase the rate of single mode lasing[8]. After gratings with uniform pitches were formed at the top of the upper SCH layer as marked in Fig. 1(a) by conventional holographic exposure combined with conventional photolithography, a p-doped 1.5μm thick InP cladding layer and a 300nm InGaAs contact layer finished the material structure of the device. A 3μm wide ridge waveguide structure as shown schematically in Fig. 1(b) was adopt. The devices were mounted on Cu heat sink and tested at room temperature. The cavity length of the arrays is 300μm, with both facets left uncoated. The light of each laser element was coupled into a single mode fiber one at a time for measurement with an optical spectrum analyzer.

3　Result and discussion

Laser arrays with 0. 8nm and 0. 42nm average channel spacings were fabricated through increasing the width of the SAG strips from 0μm by 3μm and 1. 5μm steps, respectively. The thickness differences of the upper SCH layer between each two adjacent lasers are 4nm and 2nm, respectively, for the 0. 8nm and 0. 42nm spacing arrays. All the spectra shown in this paper were obtained with inject currents between 59mA and 61mA. The serial resistance of the fabricated lasers is 3. 45±0. 19Ω(mean value±standard deviation) and the wavelength thermal shift of the lasers with the inject current is about 0. 015nm/A. Thus the drift of wavelength caused by the 2mA inject current difference is well smaller than the channel spacings of the laser arrays studied. The laser spectra of the 0. 8nm and 0. 42nm spacing

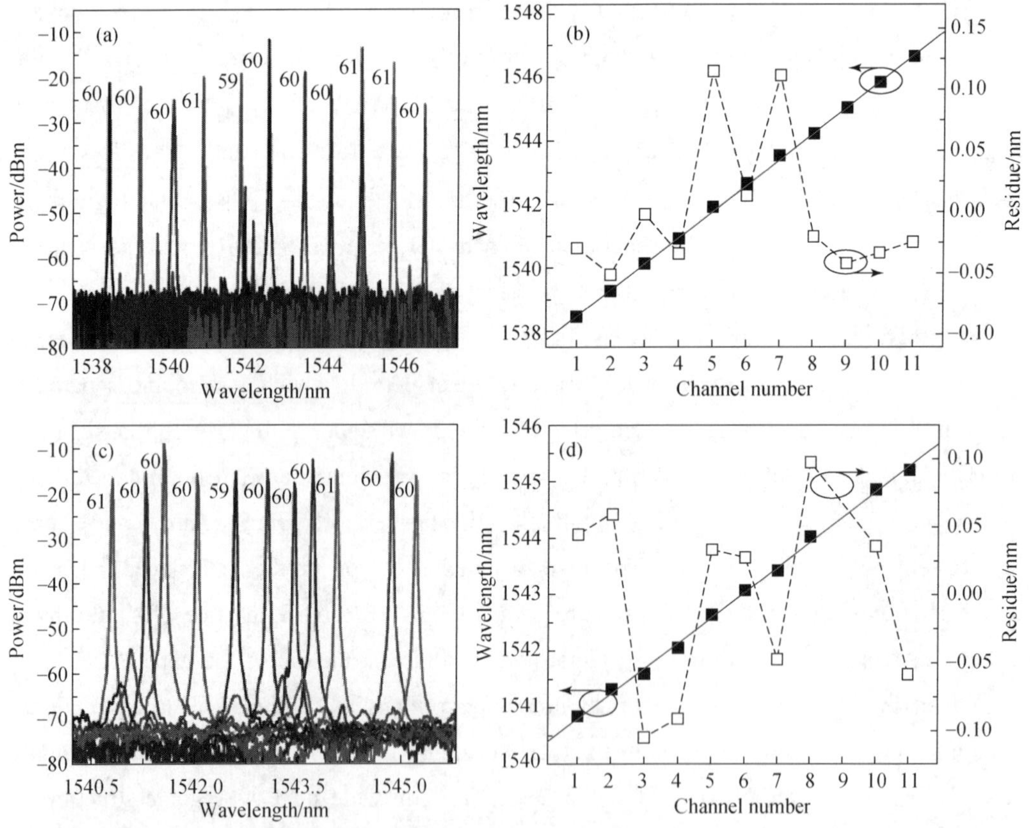

Fig. 2　Measured spectra of the 0. 8nm(a) and 0. 42(c) spacing laser arrays, measured laser wavelength (filled square) and wavelength residue(open square) with respect to linear fitting value of the 0. 8nm (b) and 0. 42nm(d) spacing laser arrays. The solid line is the linear fitting of the wavelength. The ninth channel in Fig. c did not lase. The number beside each spectrum is the corresponding bias current(mA)

arrays are shown in Fig. 2(a) and Fig. 2(c), respectively. The measured laser wavelengths for different channels show very good linearity as can be seen from Fig. 2(b) and Fig. 2(d). The wavelength residues with respect to the corresponding linear fitting values are between −0.05nm and +0.11nm, and −0.1 and +0.09nm, respectively, for the 0.8nm and 0.42nm laser arrays. Fig. 3 shows the distribution of the wavelength residues of five laser arrays (three with around 0.8nm and two with around 0.4nm spacings) that have been measured. The standard deviation of the distribution is 0.0672nm, which is smaller than those (>0.1nm) of MWLAs fabricated by other techniques including EBL[1, 4, 5, 9-11].

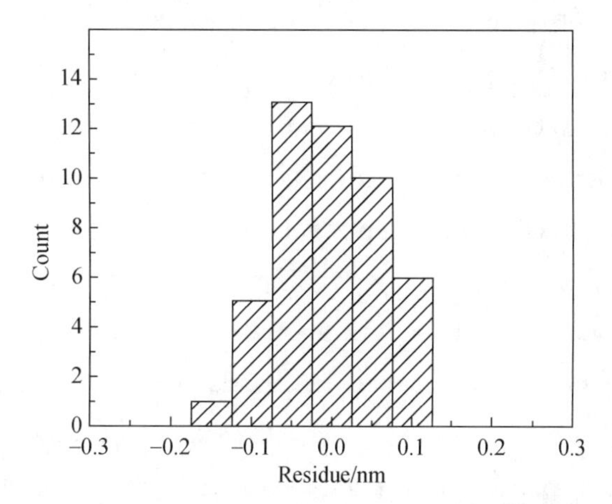

Fig. 3 Histogram of wavelength residues with respect to linear fitting values of five fabricated laser arrays (three with around 0.8nm and two with around 0.4nm spacings)

By reducing the increase step of the thickness of the upper SCH layer to about 1nm (the width of the SAG strip is increased from 0μm by a 1.2μm step), a laser array with a 0.19nm spacing was also obtained. The laser spectra and the measured wavelength as a function of channel number are shown in Figs. 4(a) and 4(b), respectively. Again, a very good linearity is obtained with wavelength residues from −0.04nm to +0.02nm. The standard deviation of the residue distribution is as small as 0.02nm, which is much better than that (0.07nm) of the laser arrays with similar channel spacings fabricated with EBL by varying the grating pitches[12]. To match a specific wavelength spacing precisely, fine adjusting of laser wavelengths such as by thermal effect is usually needed. The small wavelength residues of our laser arrays will ease the wavelength tuning, which helps to increase the yield of the arrays and lower the related power consumption.

The good uniformity of the wavelength spacing is originated from the fact that the SAG patterns modulate only the upper SCH layer. The properties of the lower SCH layer and the sensitive MQW material are the same for all the elements, thus eliminating the fluctuation of n_{eff} resulted from SAG of the two layers. This makes it easy to obtain MWLAs with uniform spacings: no intentional optimizations of the conditions of material growth and the process of fabrication were done for the devices reported in this paper. The uniform wavelength spacings of the arrays reflect the high accuracy of thickness and composition control realized by our novel SAG procedure. For our laser arrays, the span of the laser wavelength is less than 10nm, which is well smaller than the full-width at half-maximum of the PL spectrum(50nm) of the MQWs. Plus the unaffected MQWs, the laser elements in our arrays have uniform light output versus current (*L-I*) characteristics with threshold currents around 18mA. As an example, the *L-I* curves of the 0.4nm laser array are shown in Fig. 5. The real and imaginary parts of the coupling coefficient of the laser element with 82nm upper SCH layer, estimated by the method in ref [13], are 60 and 10 cm^{-1}, respectively, rendering a κL of 1.8. The coupling coefficient is expected to decrease with the increase of the upper SCH layer. The effect, however, should not be prominent for the fabricated laser arrays because there is no clear trend of decrease of side mode suppression ratio (SMSR) of the laser spectra with the channel number as shown in Fig. 2 and Fig. 4. The single mode yield of discrete lasers in our study is over 60%, which can be further increased by optimizing the fabrication of the gratings and applying of AR/HR coatings on the laser facets[14]. The thermal cross talk between nearby elements of the arrays was characterized by measuring the wavelength shift of a laser (its inject current fixed) with the injection current of one of its adjacent lasers. A 0.0013nm/mA average wavelength shift was measured, which can be further reduced by introducing separation grooves between the lasers. As can be seen from Fig. 2 (c) and Fig. 4 (a), there are non-lasing channels in the arrays, which can be caused by imperfections in either the material growth or the fabrication processes. For practical use, the laser array emissions need to match the ITU channels, which can be realized by moving the laser wavelengths of a laser array as a group through adjusting the temperature of the heat sink[1].

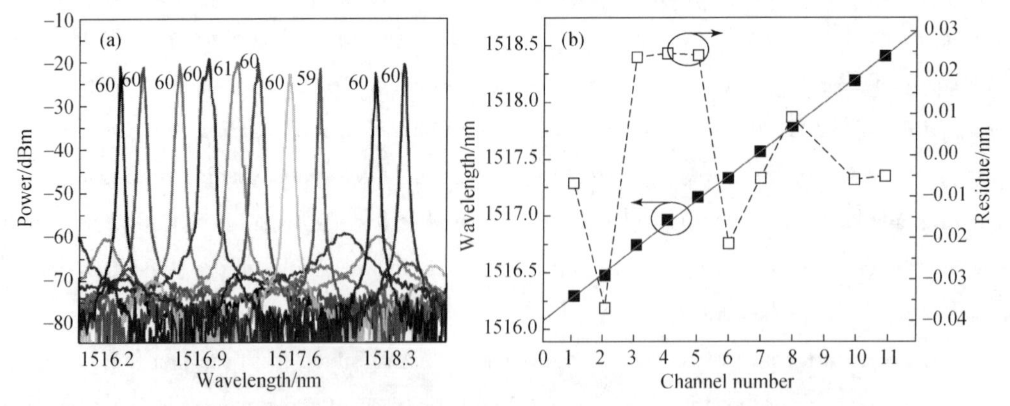

Fig. 4　(a) Measured spectra of the 0.19nm spacing laser array, (b) measured laser wavelength (filled square) and wavelength residue (open square) with respect to linear fitting value for different channels. The solid line is the linear fitting of the wavelength. The ninth channel in Fig. a did not lase. The number beside each spectrum is the corresponding bias current (mA)

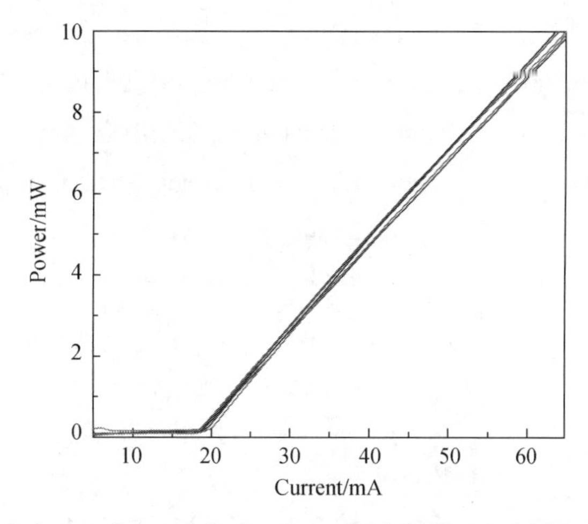

Fig. 5 *L-I* characteristics of the laser array with 0.42nm wavelength spacing

Besides accurate wavelength spacings, another important issue for the fabrication of MWLAs is high single mode yield of laser elements. Complex-coupled DFB lasers as has been used in this study are a good choice. Not only do these lasers show a high single-mode stability and single-mode ratio, but also feedback sensitivity of these lasers is reduced[8, 14, 15]. Laser arrays with complex-coupled DFB lasers have been fabricated successfully and rather good array performances have been demonstrated[4, 16~18]. Combined with complex-coupled DFB structures which can be fabricated easily, our novel SAG technique is promising for obtaining low cost MWLAs.

When the EBL technique is used, gratings with $\lambda/4$ phase shift can be fabricated to realize very high single mode yield of DFB lasers. However, it is challenging to obtain channel spacings less than 1nm as in this study with typical EBL through varying the grating pitches[19]. By combining EBL with post growth fabrication of gratings having different recess depths laser arrays with 0.16nm wavelength spacing were fabricated[19]. This, however, requires very deep reactive ion etching, which is complex and difficult in process control. Our SAG technique is then another option which can be used in combination with the EBL technique for the fabrication of MWLAs with small channel spacings. A high yield and equally accurate wavelength spacing can be obtained at the same time with a much easy fabrication process.

4 Conclusion

A novel SAG technique is reported for the fabrication of DWDM MWLAs. In the technique, only the upper SCH layer is modulated by the SAG patterns to obtain different emission wavelengths. InP based 1.5μm laser arrays with 0.8nm, 0.42nm, and 0.19nm channel spacings are presented, all showing very good wavelength linearity. The wavelength residues with respect to linear fitting values are from −0.05nm to+0.11nm, from −0.1 to+0.09nm and −0.04nm to+0.02nm, respectively, for the 0.8nm, 0.42nm, and 0.19nm spacing arrays. The experiment results indicate that our SAG technique is a simple and powerful tool for the fabrication of high quality multi-wavelength laser arrays.

Acknowledgments

The work is supported by the National "863" project (Grant No. 2011AA010303), the National Nature Science Foundation of China (NSFC) (Grant Nos. 61090392, 61274071, 61006044), and the National 973 Program (Grant No. 2012CB934202).

References

[1] C. Zah, M. R. Amersfoort, B. N. Pathak, F. J. Favire, Jr., P. S. D. Lin, N. C. Andreadakis, A. W. Rajhel, R. Bhat, C. Caneau, M. A. Koza, and J. Gamelin, "Multiwavelength DFB Laser Arrays with Integrated Combiner and Optical Amplifier for WDM Optical Networks," IEEE J. Sel. Top. Quantum Electron. 3 (2), 584–597 (1997).

[2] T. Fujisawa, S. Kanazawa, K. Takahata, W. Kobayashi, T. Tadokoro, H. Ishii, and F. Kano, "1.3-μm, 4 × 25-Gbit/s, EADFB laser array module with large-output-power and low-driving-voltage for energy-efficient 100GbE transmitter," Opt. Express 20(1), 614–620(2012).

[3] S. Corzine, P. Evans, M. Fisher, J. Gheorma, M. Kato, V. Dominic, P. Samra, A. Nilsson, J. Rahn, I. Lyubomirsky, A. Dentai, P. Studenkov, M. Missey, D. Lambert, A. Spannagel, S. Murthy, E. Strzelecka, J. Pleumeekers, A. Chen, R. Schneider, R. Nagarajan, M. Ziari, J. Stewart, C. Joyner, F. Kish, and D. Welch, "Large-scale InP transmitter PICs for PM-DQPSK fiber transmission systems," IEEE Photon. Technol. Lett. 22(14), 1015–1017(2010).

[4] G. P. Li, T. Makino, A. Sarangan, and W. Huang, "A16-Wavelength Gain-Coupled DFB Laser Array with Fine Tunability," IEEE Photon. Technol. Lett. 8(1), 22–24(1996).

[5] M. G. Young, U. Koren, B. I. Miller, M. A. Newkirk, M. Chien, M. Zirngibl, C. Dragone, B. Tell, H. M. Presby, and G. Raybon, "A 16 x 1 Wavelength Division Multiplexer with Integrated Distributed Bragg Reflector Lasers and Electroabsorption Modulators," IEEE Photon. Technol. Lett. 5 (8), 908 – 910 (1993).

[6] M. Aoki, M. Suzuki, and Y. Okuno, "Multi-wavelength DFB laser arrays grown by in-plane thickness control epitaxy," in Proceedings of the 7th International Conference on Indium Phosphide and Related Materials, (IEEE 1995), pp. 53–56.

[7] G. Zimmermann, A. Ougazzaden, A. Gloukhian, E. V. K. Rao, D. Delprat, A. Ramdane, and A. Mircea, "Selective area MOVPE growth of InP, InGaAs and InGaAsP using TBAs and TBP at different growth conditions," J. Cryst. Growth 170(1-4), 645–649(1997).

[8] R. Tohmon, Y. Takahashi, and T. Kilcugawa, "Complex-coupled DFB lasers based on acurrent

modulation concept", in Proceedings of the 10th International Conference on Indium Phosphide and Related Materials, (IEEE 1998), pp. 725-728.

[9] S. L. Lee, I. F. Jang, C. Y. Wang, C. T. Pien, and T. T. Shih, "Monolithically Integrated Multiwavelength Sampled Grating DBR Lasers for Dense WDM Applications," IEEE J. Sel. Top. Quantum Electron. 6(1), 197-206(2000).

[10] C. E. Zah, M. R. Amersfoort, B. Pathak, F. Favire, P. S. D. Lin, A. Rajhel, N. C. Andreadakis, R. Bhat, C. Caneau, and M. A. Koza, "Wavelength accuracy and output power of multiwavelength DFB laser arrays with integrated star couplers and optical amplifier," IEEE Photon. Technol. Lett. 8(7), 864-866 (1996).

[11] T. P. Lee, C. E. Zah, R. Bhat, W. C. Young, B. Pathak, F. Favire, P. S. D. Lin, N. C. Andreadakis, C. Caneau, A. W. Rahjel, M. Koza, J. K. Gamelin, L. Curtis, D. D. Mahoney, and A. Lepore, "Multiwavelength DFB laser array transmitters for ONTC reconfigurable optical network testbed," J. Lightwave Technol. 14(6), 967-976(1996).

[12] Y. Muroya, T. Nakamura, H. Yamada, and T. Torikai, "Precise Wavelength Control for DFB Laser Diodes by Novel Corrugation Delineation Method," IEEE Photon. Technol. Lett. 9(3), 288-290 (1997).

[13] T. Nakura and Y. Nakano, "LAPAREX-An automatic parameter extraction program for gain and index coupled distributed feedback semiconductor lasers, and its application to observation of changing coupling coefficient with current," IEICE Trans. Electron. 83(3), 488-495(2000).

[14] S. W. Park, C. K. Moon, J. C. Han, and J. I. Song, "1.55μm DFB Lasers Utilizing an Automatically Buried Absorptive InAsP Layer Having a High Single-Mode Yield," IEEE Photon. Technol. Lett. 16(6), 1426-1428(2004).

[15] F. M. Lee, C. L. Tsai, C. W. Hu, F. Y. Cheng, M. C. Wu, and C. C. Lin, "High-Reliable and High-Speed 1.3μm Complex-Coupled Distributed Feedback Buried-Heterostructure Laser Diodes With Fe-Doped InGaAsP/InP Hybrid Grating Layers Grown by MOCVD," IEEE Trans. Electron. Dev. 55(2), 540-546(2008).

[16] A. Talneau, N. Bouadma, S. Slempkes, A. Ougazzaden, and S. Hansmann, "Accurate Wavelength Spacing from Absorption-Coupled DFB Laser Arrays," IEEE Photon. Technol. Lett. 9(10), 1316-1318(1997).

[17] S. Hansmann, K. Dahlhof, B. E. Kempf, R. Gobel, E. Kuphal, B. Hubner, H. Burkhard, A. Krost, K. Schatke, and D. Bimberg, "Properties of Loss-Coupled Distributed Feedback Laser Arrays for Wavelength Division Multiplexing Systems," J. Lightwave Technol. 15(7), 1191-1197(1997).

[18] H. Hillmer and B. Klepser, "Low-Cost Edge-Emitting DFB Laser Arrays for DWDM Communication Systems Implemented by Bent and Tilted Waveguides," IEEE J. Quantum Electron. 40(10), 1377-1383(2004).

[19] M. Zanola, M. J. Strain, G. Giuliani, and M. Sorel, "Post-Growth Fabrication of Multiple Wavelength DFB Laser Arrays With Precise Wavelength Spacing," IEEE Photon. Technol. Lett. 24(12), 1063-1065(2012).

附　录

获奖情况

1. 2007 年获：何梁何利科学与技术进步奖。

2. “InP 基半导体光电子功能材料集成技术平台”

2006 年获：中国材料研究学会科学技术奖一等奖（第一完成人）。

3. “长波长应变量子阱分布反馈激光器”

1997 年获：国家科学技术进步奖二等奖（第一完成人）。

4. “1.55 微米应变量子阱分布反馈激光器”

1996 年获：中国科学院科技进步奖一等奖（第一完成人）。

5. “1.5 微米分布反馈激光器”

1991 年获：中国科学院科学技术进步奖二等奖（第一完成人）。

6. 1988 年被国家人事部授予“中青年有突出贡献专家”称号。

7. “长波长光探测器件及光发射器件”

1987 年获：国家科学技术进步奖二等奖（含电子部 13 所、44 所、中科院上海冶金所和半导体所四单位）（第一完成人，半导体所）。

8. “1.3 微米单横模低阈值长寿命激光器”

1986 年获：中国科学院科学技术进步奖二等奖（课题组长，没有排序）。

9. “1.3 微米低阈值基横模长寿命激光器研制”

1986 年获：“六五”国家科技攻关奖（课题组长，没有排序）。

10. “高辐射率匀相位 GaAs 面发射 LED”

1980 年获：中国科学院科学技术成果奖二等奖（课题组长，没有排序）。

大事记（年鉴）

➢ 1960 年　北京大学物理系半导体专业毕业，分配到中国科学院（以下简称中科院）物理研究所半导体研究室（同年扩建为科学院半导体研究所），进入林兰英先生领导的半导体材料研究室硅单晶组从事硅单晶材料研究工作。

➢ 1961 年　在林兰英先生的倡议和指导下，参与了开门式直拉硅单晶生长设备的设计，并作为半导体所设计方代表和北京机械学院机械制造系合作从事了设备的研制工作。

➢ 1963 年　在首台国产的开门式直拉硅单晶炉上研制出无位错（位错密度小于 $100/cm^2$）的直拉硅单晶，获 1964 年国家科学技术委员会（以下简称国家科委）科技成果奖。

➢ 1965 年　转向Ⅲ-Ⅴ族金属间化合物半导体薄膜材料的液相外延研究。

➢ 1977 年　在开展 GaAs/GaAlAs 异质结液相外延中，解决铝氧化问题，开发了突变结生长等技术，率先在国内研制成功单异质结室温脉冲大功率激光器和高亮度匀相位 GaAs 面发射发光管，并推广到上海邮电部 519 厂和长春半导体厂生产，为后来的室温连续工作的短波长双异质结激光器的发展打下了基础。其中 GaAs 面发射发光管获 1979 年中科院重大科技成果二等奖。

➢ 1979 年　继美国 MIT 林肯实验室谢肇金（J. J. Scie）在 70 年代末采用液相外延技术实现了 InP 基 1. 31μm 和 1. 55μm InGaAsP/InP 双异质结激光器的室温连续工作之后，中国科学院半导体所光电子研究室（七室）也于 1979 年底及时开展了 InP 基长波长激光器的研究工作，以跟上光纤通信从 0. 85μm 短波长的多模光纤传输向以 1. 31μm 零色散和 1. 55μm 低损耗 InP 基长波长激光器为光源的单模光纤传输的第二代过渡的步伐，成立了由彭怀德负责的 1. 3μm 激光器研究组和以王圩负责的 1. 55μm 激光器研究组，主要成员包括张静媛、汪孝杰、田惠良、段树坤、王莉、马英棣、孙富荣和马朝华等同志。

➢ 1981 年　1. 55μm 激光器研究小组采用质子轰击条型结构于 1981 年率先在国内得到了室温连续工作的 1. 55μm 激光器。

➢ 1985 年　国家科委于 1983 年下达了由中科院半导体所、上海冶金所、电子部 13 所、44 所和武汉邮电科学院五单位共同承担的 1. 3μm 激光器“六五”攻关任务，对器件的阈值、输出功率、线性度等特性和工作寿命都提出了严格的考核指标和考核条件，并确定于 1985 年由科委主持、统一对各承担单位的完成情况进行检查和评比验收。

➢ 1984年下半年，为了确保攻关任务的完成，中科院半导体所决定调1.55μm激光器研究组集中专攻1.3μm激光器，经过全体人员通力合作，采用EMBH结构于1985年研制出了符合攻关要求的1.3μm激光器，全面完成了国家科委下达的“光通信用长波长、大功率、高线性度”对器件阈值电流、出光功率、效率、线性度的要求，室温下的器件寿命超过了3万小时，在科委组织的评比中，名列第一；为此，国家科委拨专款40万美元给中科院半导体所以示嘉奖，从而确立了半导体所在国内半导体光电子器件研究领域的领先地位。此项研究成果于1986年初通过了由国家科委组织、以学部委员叶培大教授为主任的专家委员会的鉴定。本项成果获“六五”攻关奖；中科院1986年国家科学技术进步奖二等奖，王圩、彭怀德是第一、二受奖人；1987年与长波长探测器共同获国家科学技术进步奖二等奖，王圩和彭怀德是中科院半导体所的第一、二受奖人。

➢ 1987–1988年　20世纪80年代初，日本东京工业大学的末松安晴教授研究室首先研制成功用光栅代替F–P腔激光器的腔面反馈光的激光器结构，并获得了室温连续工作的器件，从而成为光纤通信系统向大容量、长距离发展的里程碑。作为访问学者王圩被公派赴末松安晴研究室访问。在日研修期间独立研制出“内岛衬底限流结构的集束波导（BIG）1.55μm DBR激光器”。

➢ 1988年　王圩被授予“国家有突出贡献中青年专家”称号。

➢ 1989–1991年　863计划实施后，信息领域光电子主题专家组（307专家组）根据我国光纤通信事业的发展，确立了“1.5μm动态单模激光器”“七五”攻关课题。并沿用国家科委“六五”攻关模式，先预拨少量经费由国内5家（含半导体所）在半导体光电子器件研究领域有基础的单位同时启动，而后再通过评比择优1–2家予以重点支持。时任中科院半导体所长的王启明同志和七室主任陈良惠同志决定采用自力更生和吸收国外先进技术相结合，在王圩赴日本东京工业大学末松研究室研修DBR激光器期间（1987年3月–1988年3月），由张静媛同志负责，郑育红、田惠良和缪育博同志参加，先行展开1.55μm二级光栅的研制和分布反馈（DFB）激光器的相关预研工作。王圩回国后，迅速地投入到国内DFB组夜以继日地进行研究探索。80年代，受巴黎统筹会禁运的限制，我国还不能引进金属有机化合物气相淀积（MOCVD）设备，而用液相外延方法在InGaAsP四元化合物上生长InP外延层时，存在着四元化合物表面被二元材料母液严重回溶问题。由于InP/In母液和InGaAsP固相表面接触时，不是一个热力学稳定态，它将通过回溶InGaAsP表面来补充交界面附近处母液中所欠缺的Ga、As原子，以达到交界面处固液相的平衡为止。对于通常只有50nm深度的InGaAsP光栅很容易在随后生长InP光限制层时被回溶掉，而形不成器件的内光栅结构。通过DFB组全体成员的努力，进行了一系列的科学试验，最终找到了一种满意的抗回溶技术。1988 年底，终于研制出一批边模抑制比在 30dB 以上的脊波导结构的 1.55μm DFB 激光器。在国家科委组织的全国评比中名列第一，再次为半导体所赢得了荣誉，打破了西方在动态单模激光器方面的禁运封锁，为包括清华大学、北京大学、天津大学、中国科学技术以及上海科技大学等高校光通信系统科研单位解决了动态单模激光器的来源，也为后来西方就光通信先进光源的解禁起到了促进作用。自此，我国自行研制的第三代光通信动态单模激光器诞生了。本项成果获中科院 1991 年度科学技术进步奖二等奖，王圩是第一受奖人。

➢ 1993–1996 年 国家科委为了加强 863 计划信息技术领域所属国家光电子工艺中心的光电子器件的研发力量，DFB 组被调入工艺中心，王圩被任命为工艺中心副主任，经该组的力荐，中心引入了 Axitron200 型 MOCVD 设备，由 DFB 组负责验收并以此设备为基础开始了 InP 基超薄层量子阱激光器的研究。该组于 1995 年初在国内率先研制成功应变量子阱结构的 1.5μm 和 1.3μm DFB 激光器，圆满完成了 863 计划信息技术领域 307 专家组下达的 2.5Gb/s 长波长 DFB 激光器的研制任务。封装好的 DFB 激光器模块成功地应用于从山西榆次到榆社 103km 的波分复用演播级通信示范工程中。本成果作为长波长量子阱激光器在国内首次研发成功，被列为 1995 年度中国十大科技新闻之一，获得中科院 1996 年科学技术进步奖一等奖和国家 1997 年度科学技术进步奖二等奖。王圩均为第一受奖人。

➢ 1997 年 王圩当选为中国科学院信息技术科学学部院士。

➢ 1998–2006 年 通过完成自然科学基金重点课题（半导体光放大器、电吸收调制器和模斑转换器串接集成）、973 课题（新型量子阱功能材料）和 863 攻关课题（宽带可调谐激光器）在量子阱材料应变量的控制、不同带隙量子阱材料的剪裁和集成、多功能器件的集成设计与制作等关键技术领域，建立了研究 InP 基光电子功能材料的集成技术平台以及对功能集成材料进行能带剪裁的数据库。在圆满完成研究技术指标的同时，凝练了 35 项发明专利技术，初步建成了光电子功能材料集成技术平台，并为相关单位提供了开展光网络研究用的电吸收调制器及其集成器件，为加速开拓 InP 基光电子功能集成材料和器件的研究及应用奠定了良好的基础。

➢ 2006 年本项综合研究成果“半导体光电子功能材料集成技术平台”获中国材料研究学会授予的科学技术奖一等奖，王圩是第一受奖人。

➢ 2007 年 获 2007 年度何梁何利科学与技术进步奖。
举荐组内年富力强的同事赵玲娟担任课题组长。

自 1980 年研究组成立，经过 30 多年不懈的努力，采用液相外延（LPE）技术和金属有机化合物气相淀积（MOCVD）技术实现了半导体光电子器件材料由二元Ⅲ–Ⅴ族化合物晶体向三元和四元合金薄膜晶体乃至应变量子阱材料的研发应用；研制出了一系列光通信用的光信号源，为国家一代、二代和三代光纤通信事业的发展做出了贡献。

实现了 InP 基多功能、不同带隙材料的横向区域单片集成和 InP 基多功能量子材料的纵向能带控制和剪裁技术。建立了研究 InP 基光电子功能材料和器件的集成技术平台，先后开发了选择区域外延、对接耦合、非对称双波导、集束波导及量子阱混杂等多种光子集成技术，在光子集成器件设计、器件结构生长、器件工艺技术领域一直处于先进行列。目前已和相关企业成立了联合实验室并正在进行研究成果向产品的转化工作。研究组几十年来承担了 02 专项、973 项目、863 项目、自然科学基金等多项国家级科研项目并相继于 1986、1987、1996、1997 和 2006 分别获国家"六五"攻关奖 1 次、中国科学院科学技术进步奖一等奖 1 次、二等奖 2 次；国家科学技术进步奖二等奖 2 次；中国材料研究学会科学技术一等奖 1 次。课题组目前有院士 1 名，研究员 3 名、副研究员 4 名和研究技术辅助人员等共 19 名，在读硕士和博士研究生 30 余名，形成了一支老中青相结合，研究与工艺技术人员配备合理的光子集成芯片研究与技术辐射的研发团队。

桃李满天下

姓名	在组学习时间	在组学习阶段	现工作地
余　尽	1988-1992 年	博士	松下航空电子公司（美国）
何振华	1989-1992 年	硕士	德国
陈　晖	1991-1994 年	硕士	美国
张济志	1992-1995 年	硕士	Walnut, CA（美国）
陈　博	1993-1999 年	硕博	美国
王志杰	1994-1997 年	博士	JDSU（美国湾区）
颜学进	1994-1997 年	博士	华为技术有限公司（美国）
陈根祥	1994-1997 年	博士	中央民族大学
赵玉成	1994-1997 年	博士	美国
王之禹	1996-1999 年	硕士	中国科学院声学研究所
许国阳	1996-1999 年	博士	Princeton optronics（美国）
周凯明	1996-1999 年	博士	中国科学院西安光学精密机械研究所
赵艳蕊	1996-1999 年	硕士	Andover, MA（美国）
陈少武	1997-1999 年	博士后	中国科学院半导体研究所
刘　明	1997-1999 年	博士后	中国科学院微电子研究所
刘国利	1997-2001 年	博士	相干公司（美国）
张佰君	1998-2000 年	博士后	中山大学
孙　洋	1998-2001 年	硕士	美国
冯志伟	1999-2002 年	硕士	中国科学院国家天文台
张瑞英	1999-2005 年	博士、博士后	中国科学院苏州纳米技术与纳米仿生研究所
张　靖	1999-2005 年	硕博	中国电子科技集团公司第四十四研究所
陆　羽	2000-2003 年	博士	安徽工业大学
邱伟彬	2000-2003 年	博士	华侨大学
胡小华	2000-2004 年	博士	华为技术有限公司（深圳）
徐　遥	2000-2003 年	硕士	Mentor Graphics（美国湾区）
阚　强	2000-2005 年	硕博	中国科学院半导体研究所
王书荣	2001-2004 年	博士	云南师范大学
刘志宏	2001-2004 年	硕士	Singapore-MIT Alliance for Research and Technology

续表

姓名	在组学习时间	在组学习阶段	现工作地
李宝霞	2002–2005 年	博士	中国航天科技集团公司第九研究院 771 所
丁　颖	2002–2005 年	博士	格拉斯哥大学（英国）
潘教青	2003–2005 年	博士后	中国科学院半导体研究所
侯廉平	2003–2005 年	博士	格拉斯哥大学（英国）
赵　谦	2003–2006 年	博士	苹果公司（美国）
谢红云	2003–2006 年	博士	北京工业大学
梁　松	2003–2006 年	博士	中国科学院半导体研究所
杨　华	2003–2006 年	博士	科克大学 Tyndall National Institute（爱尔兰）
王　路	2003–2008 年	硕博	中国移动研究院
冯　文	2004–2007 年	博士	JDSU（美国湾区）
周静涛	2004–2007 年	博士	中国科学院微电子研究所
廖栽宜	2004–2009 年	硕博	华为技术有限公司（北京）
程远兵	2004–2009 年	硕博	华为技术有限公司（武汉）
陈定波	2005–2008 年	硕士	菲尼萨（Finisar 美国湾区）
刘泓波	2005–2008 年	博士	ASM America（Phoenix 美国）
张云霄	2005–2010 年	硕博	航天科工集团三院 8358 所
孙　瑜	2005–2010 年	硕博	中国科学院微电子研究所
王　桓	2006–2009 年	博士	中国电子学会
张　伟	2006–2009 年	博士	保定英利集团
王列松	2006–2009 年	博士	苏州华博电子科技有限公司
汪　洋	2006–2011 年	硕博	中国科学院空间应用中心
刘　扬	2006–2011 年	硕博	爱立信（北京）
孔端花	2006–2011 年	硕博	三星电子（韩国）
许晓冬	2007–2010 年	硕士	华为技术有限公司（北京）
邵永波	2007–2012 年	硕博	中兴通讯股份有限公司（北京）
邱应平	2008–2011 年	硕士	鼎桥通信技术有限公司
叶　楠	2008–2011 年	硕士	University of Virginia
牛　斌	2008–2013 年	硕博	中国电子科技集团公司第五十五研究所
于红艳	2009–2011 年	硕士	中国科学院半导体研究所
陈　琤	2009–2012 年	博士	菲尼萨（Finisar 中国）
刘德伟	2009–2012 年	博士	郑州大学
马丽	2009–2013 年	博士	海航集团有限公司

续表

姓名	在组学习时间	在组学习阶段	现工作地
张希林	2009–2014 年	硕博	中国航天科技集团公司五院
翟腾	2009–2014 年	硕博	赛迪顾问股份有限公司
周旭亮	2009–2014 年	硕博	中国科学院半导体研究所
张　灿	2009–2014 年	硕博	华为技术有限公司（武汉）
邱吉芳	2010–2012 年	博士后	北京邮电大学
王熙元	2010–2013 年	博士	京东方科技集团股份有限公司
朱小宁	2010–2013 年	博士	陕西煤业化工技术研究院
袁丽君	2010–2015 年	硕博	京东方科技集团股份有限公司
王火雷	2010–2015 年	硕博	California Institute of Technology
谭少阳	2010–2015 年	硕博	苏州长光华芯光电有限公司
余力强	2010–2015 年	硕博	华为技术有限公司（武汉）
崔　晓	2011–2014 年	硕士	华为技术有限公司（武汉）
王会涛	2011–2016 年	硕博	华为技术有限公司（武汉）
潘碧玮	2011–2016 年	硕博	华为技术有限公司（武汉）
郭　菲	2011–2016 年	硕博	中国航天科技集团公司第九研究院
韩良顺	2011–2016 年	硕博	University of California, San Diego
米俊萍	2011–2016 年	硕博	电子工业出版社
李士颜	2011–2016 年	硕博	中国电子科技集团公司第五十五研究所
李梦珂	2011–2016 年	硕博	郑州大学
柯　青	2012–2015 年	硕士	华为技术有限公司（武汉）
周代兵	2012–2015 年	博士	中国科学院半导体研究所
邓庆维	2012–2015 年	硕士	华为技术有限公司（武汉）
张莉萌	2012–2017 年	硕博	华为技术有限公司（武汉）
乔丽君	2012–2017 年	硕博	太原理工大学
许俊杰	2012–2017 年	硕博	上海舜茂信息科技有限公司
刘松涛	2012–2017 年	硕博	University of California, Santa Barbara
孔祥挺	2012–2017 年	硕博	华为技术有限公司（深圳）
孙梦蝶	2013–2016 年	硕士	华为技术有限公司（武汉）
刘　震	2013–2016 年	硕士	锐迪科微电子有限公司
戴　兴	2014–2017 年	博士	A * STARs DSI（新加坡）
王嘉琪	2014–2017 年	硕士	海信集团有限公司（青岛）
王　薇	2014–2017 年	硕士	中兴通信股份有限公司（南京）

后　　记

2017 年 12 月 25 日，值此中国科学院院士王圩先生 80 华诞之际，中国科学院半导体研究所编辑出版《**惟实求真**　王圩院士文集》一书，系统梳理王圩院士近 60 年的科研历程，谨以本书表达对王圩院士的敬仰之情。

本书从各个方面、不同角度反映了王圩院士近 60 年来在半导体科学技术领域里辛勤耕耘、不断开拓，取得的一系列开创性成果的奋斗历程。本书的编写是一项复杂的工程，凝聚了许多人的共同心血。半导体研究所所长李树深院士在百忙之中给予了大力支持，并提出了宝贵意见和建议；王圩院士亲自编写了框架目录和文集内容，并提供了大量的图文资料；半导体研究所材料科学重点实验室副主任赵玲娟研究员，阚强研究员、王皓助理研究员，科研秘书李颖迪、综合办公室主任慕东、宣传主管高艳等相关人员都为本书的出版做了大量的工作；学生陈光灿、毛远峰、赵武、李亚节、贺一鸣、刘云龙、唐强、王鹏飞、解潇对文集进行了认真负责的校对工作；石岩老师精心拍摄封面照片；北京大学陈娓兮教授、半导体研究所朱洪亮研究员、苏州纳米技术与纳米仿生研究所张瑞英研究员和格拉斯哥大学侯廉平博士提供了感情真挚的回忆文章。在此，向他们表示衷心的感谢。

本书中的照片、论文、获奖情况、学生名单均反映了王圩院士几十年来的成绩。每一幅历史图片，都展示了王圩院士的人生轨迹；每一篇学术论文，都凝结着王圩院士的心血与汗水；每一次获奖，都体现了王圩院士勇攀科技高峰的精神；每一位毕业学生，都寄托着王圩院士真切的教诲和殷切的期望。

由于编辑时间仓促，资料的搜集还不够全面，书中难免存在疏漏及错误之处，加之编者水平有限，编写会有不尽如人意之处，敬请读者见谅。

中国科学院半导体研究所
2017 年 10 月